Rust编程之道

张汉东◎著

电子工业出版社
Publishing House of Electronics Industry
北京·BEIJING

U0259398

内 容 简 介

Rust 是一门利用现代化的类型系统,有机地融合了内存管理、所有权语义和混合编程范式的编程语言。它不仅能科学地保证程序的正确性,还能保证内存安全和线程安全。同时,还有能与 C/C++语言媲美的性能,以及能和动态语言媲美的开发效率。

本书并非对语法内容进行简单罗列讲解,而是从四个维度深入全面且通透地介绍了 Rust 语言。从设计哲学出发,探索 Rust 语言的内在一致性;从源码分析入手,探索 Rust 地道的编程风格;从工程角度着手,探索 Rust 对健壮性的支持;从底层原理开始,探索 Rust 内存安全的本质。

本书涵盖了 Rust 2018 的特性,适合有一定编程经验且想要学习 Rust 的初学者,以及对 Rust 有一定的了解,想要继续深入学习的进阶者。

图书在版编目(CIP)数据

Rust 编程之道 / 张汉东著. —北京:电子工业出版社,2019.1
ISBN 978-7-121-35485-4

Ⅰ. ①R··· Ⅱ. ①张··· Ⅲ. ①程序语言—程序设计 Ⅳ. ①TP312

中国版本图书馆 CIP 数据核字(2018)第 251334 号

策划编辑:刘恩惠
责任编辑:张春雨
印　　刷:三河市良远印务有限公司
装　　订:三河市良远印务有限公司
出版发行:电子工业出版社
　　　　　北京市海淀区万寿路 173 信箱　邮编:100036
开　　本:787×1092　1/16　印张:36.25　字数:1018 千字
版　　次:2019 年 1 月第 1 版
印　　次:2019 年 1 月第 1 次印刷
定　　价:128.00 元

凡所购买电子工业出版社图书有缺损问题,请向购买书店调换。若书店售缺,请与本社发行部联系,联系及邮购电话:(010)88254888,88258888。

质量投诉请发邮件至 zlts@phei.com.cn,盗版侵权举报请发邮件至 dbqq@phei.com.cn。

本书咨询联系方式:(010)51260888-819,faq@phei.com.cn。

推荐序一

Even though I had to read this book through Google Translate, *The Tao of Rust* is an extremely interesting book. It starts off explaining exactly why it is different: it's a book that gets you to think about Rust, and its perspective on the world. I only wish I could read it in its native tounge, as I'm sure it's even better then! I have been working on Rust for six years now, and this book changed my perspective on some aspects of the language. That's very powerful!

即便我不得不通过谷歌翻译阅读这本书，但也不难发现《Rust 编程之道》是一本非常有趣的书。它解释了 Rust 为何与众不同：这本书可以让你思考 Rust，以及 Rust 语言所蕴含的世界观。我好希望能读懂中文原版书，因为我相信它会更精彩！ 我已经从事 Rust 的相关工作六年了，这本书改变了我对 Rust 语言的某些看法。这非常强大！

——Steve Klabnik，Rust 官方核心团队成员及文档团队负责人

推荐序二

I knew Rust was a notoriously difficult programming language to learn, but it wasn't until I read the preface to *The Tao of Rust*, by Alex Zhang, that I realized why it is so difficult. Alex writes:

> Rust covers a wide range of knowledge, including object-oriented, functional programming, generics, underlying memory management, type systems, design patterns, and more.

Alex covers all of these topics and more in *The Tao of Rust*. A single text that ties all of this together will be invaluable for Rust learners. So far I've read a couple of chapters translated from the original Chinese, and I can't wait to read more.

Rust 语言难学，这已经是众所周知的了。但是直到我看到 Alex（张汉东）的《Rust 编程之道》的前言时，我才明白它为什么如此难学，Alex 写道：

> "Rust 涉及的知识范围非常广泛，涵盖了面向对象、函数式、泛型、底层内存管理、类型系统、设计模式等知识。"

《Rust 编程之道》一书涵盖了所有这些主题和内容，并且将这些内容有机地联系在一起，这对于 Rust 的学习者来说是非常宝贵的。我阅读了本书部分内容的英文译稿后，就已经迫不及待地想要阅读更多的内容了。

—— Patrick Shaughnessy，《Ruby 原理剖析》原著作者

推荐序三

三年前，当我们决定为 TiDB 开发自有的分布式 key-value 存储系统 TiKV 时，我们首先要面对的就是选择什么语言的问题。当时，摆在我们面前的有多个选择：Go、C++、Java 和 Rust。在仔细评估之后，我们决定使用 Rust，虽然那时候 Rust 并没有太多成功的项目案例。我清晰地记得当时选择一门语言的条件如下。

- 我们需要一门安全的语言，让我们处理内存和多线程的时候更加游刃有余，不用担心类似垂悬指针、数据争用等问题。
- 我们需要一门高性能的静态语言，以便更好地与内存、CPU 打交道，不用担心 GC 引起的延迟突然上升等问题。
- 我们需要一个强大的包管理系统，以避免陷入编译构建工具的细节中，也不用为管理多个版本的库而发愁。
- 我们需要一个友善的社区，在需要时能从这个社区得到帮助，与大家一起成长。

以上这些条件，Rust 全部满足。事实也没有让我们失望。我们使用 Rust 快速地对 TiKV 进行了迭代。现在，TiKV 不仅大量用在生产环境中，还进入了 CNCF 基金会，成为了一个在 Cloud 上面构建其他服务的原生基础组件。

但是，我们使用 Rust 的历程并不是一帆风顺的。在早期，Rust 相关的文档非常稀缺，网上也没有很好的参考资料，更别提专业系统的 Rust 书籍了。所以，当我拿到汉东同学的《Rust编程之道》时，我是非常兴奋的。本书不仅介绍了 Rust 的基础知识，还详细地解释了 Rust 里面非常难以理解的所有权系统、内存模型、并发编程等特性。尤其是所有权这个概念，对很多同学来说，所有权就是从其他语言切换到 Rust 的第一个拦路虎，而汉东同学在本书中进行了细致清晰的讲解，相信大家会有一种"哦，原来如此"的感慨。更难能可贵的是，本书还从工程角度讲解了如何使用 Rust 来编写健壮的应用程序，提升产品质量。

Rust 是一门相对难学的语言，我个人认为它的学习曲线比 C++的学习曲线更陡峭，但我相信，通过《Rust编程之道》，大家能快速掌握 Rust，体验使用 Rust 编程的乐趣，也能更快地在项目中使用 Rust 来保证程序的健壮性。如果你遇到了困难，不用害怕，你可以很方便地从 Rust 社区得到帮助。

欢迎来到 Rust 的世界！！！

——唐刘，PingCAP 首席架构师，TiKV 负责人

序

当我 2015 年开始学习 Rust 的时候，我绝对没有想过要写一本 Rust 编程的书。

缘起

当时我刚刚翻译完《Ruby 原理剖析》一书，开始对底层开发产生了一点点兴趣。从 2006 年入行以来，我就一直和动态语言打交道。虽然自己也想学习底层开发，但能选择的语言几乎只有 C++。我在学校里浅浅地学过 C++ 这门语言，也许是第一印象作怪，总难以提起对 C++ 的兴趣。

当 Rust 1.0 发布时，我去官方网站了解了一下 Rust 语言，发现它的主要特点有以下几方面：

- 系统级语言
- 无 GC
- 基于 LLVM
- 内存安全
- 强类型+静态类型
- 混合编程范式
- 零成本抽象
- 线程安全

我一下子就被这些鲜明的特性"击中"了，从此开始了 Rust 的学习。

再一次爱上编程

第一次爱上编程是在上小学时。父亲给我买回来一台金字塔学习机，这台学习机有两种功能，一种是学习 Logo 语言，另一种是玩卡带游戏。编写 Logo 语言就是用小海龟画图，也许是因为太早了，也许是因为没有人引导，那时的我选择了痛快地玩游戏。总想着先玩游戏，再去学怎么编程，然后还幻想着能不能用 Logo 语言编写一个游戏。其实这时候的我对编程更多的是一种憧憬，并没有在学习编程上付出更多的实际行动。

第二次爱上编程是在大学初次学习 C 语言的时候。我本可以选择计算机科学专业，但是最后还是选了电子信息科学与技术专业。这样选是因为我想把软硬件都学了。想法是好的，可惜实施起来并不容易。最后的结果就是，软硬件都没学好。

第三次爱上编程是在遇到 Ruby 语言的时候。当时我在用 Java，并且已经完全陷入了 Java 语言和 Web 框架纷繁复杂的细节中，痛苦不堪。Ruby on Rails 框架的横空出世，把我从这种状态中解救了出来。Ruby 语言的优雅和自由，以及"让程序员更快乐"的口号深深地吸引了我。这一次我是真正爱上了编程，并且积极付诸行动去学习和提升自己。此时也恰逢互联网创业大潮的开始，Ruby 语言的开发效率让它迅速成为创业公司的宠儿，因此，我也借着 Ruby 这门语言参与到了这股创业洪流中。

第四次爱上编程是在遇到 Rust 的时候。此时，创业洪流已经退潮。技术圈有句话，叫"十年一轮回"。当年喜欢 Ruby 给开发过程带来的快乐，但是随着时代的变革和业务规模的增长，我不禁开始重新思考一个问题：何谓快乐？真正的快乐不仅仅是写代码时的"酸爽"，更应该是代码部署到生产环境之后的"安稳"。Rust 恰恰可以给我带来这种"双重快乐"体验。

为什么是 Rust

社区中有人模仿阿西莫夫的机器人三大定律，总结了程序的三大定律[1]：

- 程序必须正确。
- 程序必须可维护，但不能违反第一条定律。
- 程序必须高效，但不能违反前两条定律。

程序的正确性，一方面可以理解为该程序满足了实际的问题需求，另一方面是指满足了它自身的程序规约。那么如何保证程序的正确性呢？首先，可以通过对程序的各种测试、断言和错误处理机制，来保证其满足实际的问题需求。其次，在数学和计算机科学已经融合的今天，通过较为成熟的类型理论即可保证程序自身的规约正确。

以我最熟悉的 Ruby 语言为例，程序的正确性必须依赖于开发者的水平，并需要大量的测试代码来保证正确性。即便在 100%测试覆盖率的条件下，也经常会遇到 NilError 之类的空指针问题。也就是说，Ruby 程序自身的正确性还没有得到保证。以此类推，C、C++、Python、Java、JavaScript 等语言都有同样的问题。

而函数式编程语言在这方面要好很多，尤其是号称纯函数式的 Haskell 语言，它具有融合了范畴理论的类型系统，利用了范畴理论自身的代数性质和定律保证了程序自身的正确性。然而，Haskell 也有比较明显的缺点，比如它不满足上述第三条定律，运行效率不高。

反观 Rust 语言，对程序的三定律支持得恰到好处。它借鉴了 Haskell 的类型系统，保证了程序的正确性。但还不止于此，在类型系统的基础上，Rust 借鉴了现代 C++的内存管理机制，建立了所有权系统。不仅保证了类型安全，还保证了内存安全。同时，也解决了多线程并发编程中的数据竞争问题，默认线程安全。再来看代码的可维护性，Rust 代码的可读性和抽象能力都是一流的。不仅拥有高的开发效率，还拥有可以和 C/C++媲美的性能。当然，没有银弹，但 Rust 就是我目前想要的语言。

目前 Rust 被陆续应用在区块链、游戏、WebAssembly 技术、机器学习、分布式数据库、网络服务基础设施、Web 框架、操作系统和嵌入式等领域。时代在变化，未来的互联网需要的是安全和性能并重的语言，Rust 必然会在其中大放异彩。

学习 Rust 带来了什么收获

Rust 是一门现代化的语言，融合了多种语言特性，而且 Rust 语言可以应用的领域范围非常广泛。在学习 Rust 的过程中，我发现自己的编程能力在很多方面存在短板。突破这些短板的过程实际上就是一次自我提升的过程。

1　https://medium.com/@schemouil/rust-and-the-three-laws-of-informatics-4324062b322b

Rust 是一门成长中的新语言，学习 Rust，跟随 Rust 一起成长，可以体验并参与到一门真正工业化语言的发展进程中，感觉就像在创造历史。虽然我并未给 Rust 语言提交过 PR，但也为 Rust 语言和社区多次提交过 Bug，以及文档和工具的改进意见。

Rust 自身作为一个开源项目，算得上是开源社区中的"明星"项目了。学习 Rust 的过程加深了我对开源社区的认识，也开拓了我的眼界。

为什么要写这本书

在学习 Rust 一年之后，我写下了《如何学习一门新语言》一文，其中记录了我学习 Rust 的心得，这篇文章颇受好评。也正因为这篇文章，电子工业出版社的刘恩惠编辑找到了我，并询问是否可以出一本 Rust 编程的书籍。我当时也正想通过一本书来完整地表达自己的学习心得，再加上中文社区中没有较全面系统的 Rust 书籍，于是，一拍即合。

写书的过程可以形容为痛并快乐着。Rust 语言正值成长期，很多语言特性还在不断地完善。举一个极端的例子，比如写下某段代码示例并成功编译后，过了三天却发现它无法编译通过了。于是，我再一次跟进 Rust 的 RFC、源码、ChangeLog 去看它们的变更情况，然后再重新修订代码示例。这个过程虽然痛苦，但改完之后会发现 Rust 的这个改进确实是有必要的。在这个过程中，我看到了 Rust 的成长，以及 Rust 团队为保证语言一致性和开发者的开发体验所付出的努力，让我感觉自己花再多时间和精力去修改本书的内容都是值得的。

话说回来，任何人做事都是有动机或目的的，我也不例外。我写这本书的目的主要有以下三个。

- 为 Rust 中文社区带来一本真正可以全面系统地学习 Rust 的书。
- 以教为学。在写作的过程中，让自己所学的知识进一步内化。
- 传播一种自学方法。本书内容以 Rust 语言的设计哲学为出发点，按照从整体到细节的思路逐个阐述每个语言特性，希望读者可以产生共鸣。

结语

我自己作为本书的第一位读者，目前对这本书是非常满意的。衷心希望每一位读者都能从本书中收获新知。当然，我也知道不可能让每一位读者都满意。在我看来，写书不仅是在传播知识和思想，更是一种交流和沟通。所以，当你不满意的时候，可以来找我交流，提出更多建设性意见，帮助我成长。我争取在写下一本书的时候，让更多的人满意。而且，如果你的建议确实中肯，让我得到了成长，我也为你准备了不错的小礼物。

前言

在我刚开始学习 Rust 的时候，在社区里听到最多的声音就是"Rust 学习曲线陡"。已经有一定编程经验的人在学习一门新语言时，都喜欢直接上手写代码，因为这样可以快速体验这门语言的特色。对于大多数语言来说，这样确实可以达到一定的学习目的。但是当他们在初次学习 Rust 的时候，就很难通过直接上手来体验这种快感。

我第一次学习 Rust 时就遇到了这样的情况。我按以往的编程经验直接写下了代码，但是编译无法通过；可是有时候简单调换两行代码的顺序，程序就能顺利编译成功了，这让我非常困惑。我想这也是大多数人感觉"Rust 学习曲线陡"的原因吧。经过和 Rust 编译器的多次"斗争"之后，我不得不重新反思自己的学习方法。看样子，Rust 编译器暗含了某种规则，只要程序员违反了这些规则，它就会检查出来并阻止你。这就意味着，作为程序员，你必须主动理解并遵守这些规则，编译器才能和你"化敌为友"。

所以，我就开始了对 Rust 的第二轮学习，忘掉自己以往的所学，抱着初学者的心态，从零开始系统地学习 Rust。然而，事情并没有这么简单。

Rust 官方虽然提供了 *Rust Book*，但是内容的组织非常不友好，基本就是对知识点的罗列，系统性比较差。后来官方也意识到了这个问题，推出了第 2 版的 *Rust Book*，内容组织方面改善了很多，对学习者也非常友好，但系统性还是差了点。后来又看了国内 Rust 社区组织群友们合著的 *Rust Primer*，以及国外的 *Programming Rust*，我才对 Rust 建立了基本的认知体系。

直到此时，我才意识到一个重要的问题：Rust 学习曲线陡的根本原因在于 Rust 语言融合了多种语言特性和多种编程范式。这就意味着，Rust 涉及的知识范围非常广泛，涵盖了面向对象、函数式、泛型、底层内存管理、类型系统、设计模式等知识。从底层到上层抽象，从模式到工程化健壮性，无所不包。可以说，Rust 是编程语言发展至今的集大成者。对于大多数 Rust 语言的初学者来说，他掌握的知识体系范围是小于 Rust 所包含的知识量的，所以在学习 Rust 的过程中会遇到无法理解的内容。

我在学习 Rust 之前，所掌握的编程语言知识体系大多是和拥有 GC 的动态语言相关的，对于底层内存管理知之甚少。所以在我学习 Rust 所有权的时候，就很难理解这种机制对于内存安全的意义所在；而我所认识的一些拥有 C 语言编程经验的朋友，在学习 Rust 时面临的问题是，难以理解 Rust 支持的上层抽象，对他们来说，Rust 中融合的类型系统和编程范式就是他们学习道路上的"拦路虎"；对于拥有 Haskell 等函数式编程经验的朋友，会感觉 Rust 的类型系统很容易理解，但是底层的内存管理和所有权机制又成了需要克服的学习障碍；来自 C++编程圈的朋友，尤其是懂现代 C++的朋友，对 Rust 所有权机制理解起来几乎没有困难，但是类型系统和函数式编程范式可能会阻碍他们的学习。当然，如果正好你没有上述情况，那说明你的相关知识体系已经很全面了，你在 Rust 的学习之路上将会非常顺利。

这是不是意味着，在学习 Rust 之前需要把其他语言都学一遍呢？答案是否定的。

Rust 编程语言虽然融合了很多其他语言的特性和范式，但它不是进行简单的内容堆叠，而是有机地融合了它们。也就是说，Rust 遵循着高度的一致性内核来融合这些特性。我们只需要从 Rust 的设计哲学出发，牢牢地把握它的设计一致性，就可以把它的所有特性都串起来，从而达到掌握它的目的。这正是本书遵循的写作逻辑。

本书特点

从设计哲学出发，探索 Rust 语言的内在一致性。设计哲学是一门优秀编程语言保持语言一致性的关键所在。设计哲学是语言特性和语法要素设计的诱因和准则。理解 Rust 语言的设计哲学，有助于把握 Rust 语言的内核与一致性，把 Rust 看似纷繁复杂的特性都系统地串起来。

从源码分析入手，探索 Rust 地道的编程风格。Rust 是一门自举的语言，也就是说，Rust 语言由 Rust 自身实现。通过阅读 Rust 标准库和一些第三方库的源码，不仅可以深入理解 Rust 提供的数据类型和数据结构，更能体验和学习地道的 Rust 编程风格。

从工程角度着手，探索 Rust 对健壮性的支持。Rust 通过类型系统、断言、错误处理等机制保证内存安全的同时，还保证了系统的健壮性。从工程角度去看 Rust，才能看到 Rust 对系统健壮性的支持是多么优雅。

从底层原理开始，探索 Rust 内存安全的本质。只有深入底层，才能理解 Rust 所有权机制对于内存安全的意义。而且可以进一步理解 Rust 的类型系统，以及 Unsafe Rust 存在的必要性。

读者群体

适合本书的读者群体包括：

- 有一定编程经验，想要学习 Rust 的初学者。
- 对 Rust 有一定了解，还想对 Rust 深入学习的进阶者。

本书不适合完全没有编程基础的人学习。

如何阅读本书

对于 Rust 初学者，建议按照章节顺序去阅读。因为本书每一章内容基本都依赖于前一章内容的前置知识。

对于 Rust 有一定了解的朋友，可以选择你感兴趣的章节去阅读。因为本书的每一章也是对一个垂直主题的深入探讨。

一些章节的开头罗列出了通用概念，这是为了更通透地讲解相关知识的来龙去脉。如果你对这部分内容不了解，那么建议你把这部分内容（属于前置知识）认真看完再去看后面的内容。如果你对这部分内容已经有了充分的了解，那么完全可以跳过，直接选择你最关心的内容去阅读。

章节概述

第 1 章 新时代的语言。这一章将从 Rust 语言的发展历史概述开始，引出 Rust 的设计哲学，通过设计哲学进一步阐述 Rust 的语言架构。该语言架构也是本书组织内容时遵循的准则之一。这一章还将介绍 Rust 语言社区的现状和未来展望。最重要的是，这一章将介绍 Rust 代码的执行流程，这对于理解本书后面的章节会有所帮助。

第 2 章 语言精要。学习任何一门语言时，首先要做的就是了解其语法。这一章将罗列 Rust 语言中的常用语法，但不是简单罗列，而是遵循一定的逻辑进行罗列。在介绍语法之前，这一章会先对 Rust 语言的基本构成做整体概述。然后将介绍一个非常重要的概念：表达式。它是 Rust 语法遵循的最简单的准则之一。接下来才会依次介绍 Rust 中最常用的语法，让读者对 Rust 语言有一个初步的了解。

第 3 章 类型系统。类型系统是现代编程语言的重要支柱。这一章首先将以通用概念的形式介绍类型系统相关的概念，目的是帮助不了解类型系统的读者建立初步认知。接下来将从三方面阐述 Rust 的类型系统。为了理解 Rust 基于栈来管理资源的思想，有必要先了解 Rust 中对类型的分类，比如可确定大小类型、动态大小类型和零大小类型等。这一章还将介绍 Rust 类型推导功能及其不足。接下来将介绍 Rust 中的泛型编程。泛型是 Rust 类型系统中最重要的一个概念。最后会介绍 Rust 的"灵魂"，trait 系统。对类型系统建立一定的认知，有利于学习后面的内容。

第 4 章 内存管理。这一章首先将介绍底层内存管理的通用概念。在此基础上，围绕内存安全这个核心，从变量定义到智能指针，逐渐阐述 Rust 中资源管理的哲学。这部分内容是真正理解 Rust 所有权机制的基础。

第 5 章 所有权系统。这一章首先会介绍关于值和引用语义的通用概念，然后在此基础上探讨 Rust 的所有权机制。读者将看到，Rust 如何结合类型系统和底层内存管理机制，以及上层值和引用的语义形成现在的 Rust 所有权系统。然后，进一步围绕内存安全的核心，阐述借用检查和生命周期参数的意义。通过这一章的学习，读者将会对 Rust 的所有权系统有全面深入的了解。

第 6 章 函数、闭包和迭代器。在对 Rust 的类型系统和内存安全机制有了一定了解之后，我们将开始深入学习 Rust 编程最常用的语法结构。函数是 Rust 中最常用的语法单元。Rust 的函数承载了诸多函数式编程范式的特性，比如高阶函数、参数模式匹配等，同时也承载了面向对象范式的特性，比如为结构体及其实例实现方法，实际上就是一个函数调用的语法糖。然后将介绍闭包的用法和特性，帮助读者对闭包建立全面深入的认知，更重要的是，通过学习闭包的实现原理，进一步了解 Rust 中零成本抽象的哲学思想。最后介绍迭代器模式，以及 Rust 中的迭代器实现机制。迭代器也是 Rust 最常用的特性，通过这一章的学习，你将彻底了解迭代器。

第 7 章 结构化编程。这一章将对 Rust 混合范式编程进行探讨，会重点介绍 Rust 中的结构体和枚举体，以及它们如何在日常编程中以面向对象风格编程。同时，还将介绍三种设计模式，前两种是 Rust 标准库以及第三方库常用的设计模式，最后是一种合理利用 Rust 资源管理哲学的设计模式。通过学习这一章的内容，有利于掌握地道的 Rust 编程风格。

第 8 章 字符串与集合类型。字符串是每门编程语言最基本的数据类型，Rust 自然也不例外。出于内存安全的考虑，Rust 中的字符串被分为了多种，并且语言自身没有自带正则表达式引擎。这一章将从字符编码开始，围绕内存安全，对 Rust 中的字符和字符串做彻底梳理，并且阐述如何在没有正则表达式引擎的情况下，满足字符串进行匹配搜索等的需求。集合类型也是编程中必不可少的数据结构。这一章将着重介绍动态数组 Vector 和 Key-Value 映射集 HashMap 的使用，而且还会深入挖掘 HashMap 底层的实现原理，介绍 Rust 标准库提供的 HashMap 安全性，进一步探讨如何用 Rust 实现一个生产级的数据结构。最后将通过探讨一个

Rust 安全漏洞的成因，来帮助读者正确理解容量的概念，从而写出更安全的代码。

第 9 章 构建健壮的程序。对于如何构建健壮的系统，Rust 给出了非常工程化的解决方案。Rust 将系统中的异常分为了多个层次，分别给出了对应的处理手段。在这一章，读者将学习 Rust 是如何以分层的错误处理解决方案来帮助开发者构建健壮系统的。

第 10 章 模块化编程。现代编程语言的一大特色就是可以方便地进行模块化，这样有利于系统的设计、维护和协作。Rust 在模块化编程方面做得很好。这一章首先将介绍 Rust 强大的包管理系统 Cargo。然后会以真实的代码实例阐述 Rust 的模块系统，并且将包含 Rust 2018 版本中模块系统的重大改进。最后将以一个完整的项目为例阐述如何使用 Rust 开发自己的 crate。

第 11 章 安全并发。Rust 从两方面支持并发编程。首先，利用类型安全和内存安全的基础，解决了多线程并发安全中的痛点：数据竞争。Rust 可以在编译时发现多线程并发代码中的安全问题。其次，Rust 为了达成高性能服务器开发的目标，开始全面拥抱异步开发。这一章将从线程安全的通用概念开始，从 Rust 多线程并发讲到异步并发支持，带领读者逐步形成全面、深入、通透的理解。

第 12 章 元编程。元编程即程序生成程序的能力。Rust 为开发者提供了多种元编程能力。这一章将从反射开始介绍 Rust 中的元编程。虽然 Rust 的反射功能没有动态语言的那么强大，但是 Rust 提供了强大的宏系统。这一章将从 Rust 的编译过程出发，带领读者深入理解 Rust 的宏系统的工作机制，并且以具体的实例帮助读者理解编写宏的技巧。从声明宏到过程宏，再到编译器插件，以及第三方库 syn 和 quote 最新版的配合使用，都将在本章进行阐述。

第 13 章 超越安全的边界。前面的章节内容基本都是建立在 Safe Rust 的基础上的。而这一章将主要围绕 Unsafe Rust 的内容来构建，主要分为 4 大部分。首先将介绍 Unsafe Rust 的基本语法和特性。然后，围绕基于 Unsafe 进行安全抽象的核心，阐述 Unsafe Rust 开发过程中可能引起未定义行为的地方，以及相应的解决方案。然后介绍 FFI，通过具体的实例来阐述 Rust 如何和其他语言交互，涉及 C、C++、Ruby、Python、Node.js 等语言，还将介绍相关的第三方库。最后，将介绍未来互联网的核心技术 WebAssembly，以及 Rust 如何开发 WebAssembly 和相关的工具链。

相信通过这 13 章的内容，读者将会对 Rust 有全面、深入和系统的认识。

勘误及更多资源

有人的地方就有 Bug，此书当然也不例外。写书不仅是正确地传播知识和思想的途径，更是一种交流和沟通的方式。如果你发现本书中的任何错误、遗漏和解释不清楚的地方，欢迎提出反馈。

随书源码地址：https://github.com/ZhangHanDong/tao-of-rust-codes

勘误说明：

- 直接提交 issues。
- 标明具体的页码、行数和错误信息。
- 积极提出勘误者将获得合金 Rust 勋章一枚。

更多的学习资源：

- 官方 doc.rust-lang.org 列出了很多学习文档和资源。
- 订阅 Rust 每日新闻[1]，了解 Rust 社区生态发展，学习 Rust。

致谢

首先，我要感谢 Rust 社区中每一位帮助过我的朋友，没有你们的奉献，就没有这本书。

感谢 Mike 组织社区编写的免费书籍 *Rust Primer*。感谢 Rust 社区中不知名的翻译者翻译官方的 *Rust Book*。感谢知乎《Rust 编程》专栏作者辛苦的写作。感谢 KiChjang、ELTON、CrLF0710、F001、Lingo、tennix、iovxw、wayslog、Xidorn、42、黑腹喵等其他社区里的朋友们，你们在我学习的过程中给予了我无私的帮助和解答，Rust 社区有你们真好。感谢知道我写作并一直鼓励和支持我的朋友们。衷心希望 Rust 社区可以一直这么强大、温柔和友好。

然后，我要感谢电子工业出版社的刘恩惠编辑。感谢你给了我这个机会，让这本书从想法成为了现实。

最后，感谢我的妻子宋欣欣，因为她的温柔、大度、包容、信任和支持，才让我能够踏实且满含信心地做我自己想做的事。感谢我的父母，正是他们的培养，才使我具有积极、坚持不懈做事情的品格。

读者服务

轻松注册成为博文视点社区用户（www.broadview.com.cn），扫码直达本书页面。

- **下载资源：** 本书如提供示例代码及资源文件，均可在 下载资源 处下载。
- **提交勘误：** 您对书中内容的修改意见可在 提交勘误 处提交，若被采纳，将获赠博文视点社区积分（在您购买电子书时，积分可用来抵扣相应金额）。
- **交流互动：** 在页面下方 读者评论 处留下您的疑问或观点，与我们和其他读者一同学习交流。

页面入口：http://www.broadview.com.cn/35485

---

1 https://github.com/RustStudy/rust_daily_news

目录

第 1 章　新时代的语言 1

　　1.1　缘起 1

　　1.2　设计哲学 3

　　　　1.2.1　内存安全 3

　　　　1.2.2　零成本抽象 4

　　　　1.2.3　实用性 5

　　1.3　现状与未来 7

　　　　1.3.1　语言架构 8

　　　　1.3.2　开源社区 9

　　　　1.3.3　发展前景 9

　　1.4　Rust 代码如何执行 10

　　1.5　小结 10

第 2 章　语言精要 11

　　2.1　Rust 语言的基本构成 11

　　　　2.1.1　语言规范 11

　　　　2.1.2　编译器 12

　　　　2.1.3　核心库 12

　　　　2.1.4　标准库 12

　　　　2.1.5　包管理器 13

　　2.2　语句与表达式 13

　　2.3　变量与绑定 14

　　　　2.3.1　位置表达式和值表达式 15

　　　　2.3.2　不可变绑定与可变绑定 15

　　　　2.3.3　所有权与引用 16

　　2.4　函数与闭包 17

　　　　2.4.1　函数定义 17

　　　　2.4.2　作用域与生命周期 18

　　　　2.4.3　函数指针 19

　　　　2.4.5　CTFE 机制 20

2.4.6 闭包 20

2.5 流程控制 22

2.5.1 条件表达式 22

2.5.2 循环表达式 23

2.5.3 match 表达式与模式匹配 24

2.5.4 if let 和 while let 表达式 25

2.6 基本数据类型 26

2.6.1 布尔类型 26

2.6.2 基本数字类型 26

2.6.3 字符类型 27

2.6.4 数组类型 28

2.6.5 范围类型 29

2.6.6 切片类型 29

2.6.7 str 字符串类型 30

2.6.8 原生指针 31

2.6.9 never 类型 31

2.7 复合数据类型 32

2.7.1 元组 32

2.7.2 结构体 33

2.7.3 枚举体 36

2.8 常用集合类型 38

2.8.1 线性序列：向量 38

2.8.2 线性序列：双端队列 39

2.8.3 线性序列：链表 40

2.8.4 Key-Value 映射表：HashMap 和 BTreeMap 40

2.8.5 集合：HashSet 和 BTreeSet 41

2.8.6 优先队列：BinaryHeap 42

2.9 智能指针 42

2.10 泛型和 trait 43

2.10.1 泛型 43

2.10.2 trait 44

2.11 错误处理 47

2.12 表达式优先级 48

2.13 注释与打印 48

2.14 小结 50

第 3 章　类型系统 51

　3.1　通用概念 51

　　　3.1.1　类型系统的作用 51

　　　3.1.2　类型系统的分类 52

　　　3.1.3　类型系统与多态性 53

　3.2　Rust 类型系统概述 53

　　　3.2.1　类型大小 53

　　　3.2.2　类型推导 58

　3.3　泛型 60

　　　3.3.1　泛型函数 60

　　　3.3.2　泛型返回值自动推导 62

　3.4　深入 trait 62

　　　3.4.1　接口抽象 63

　　　3.4.2　泛型约束 69

　　　3.4.3　抽象类型 71

　　　3.4.4　标签 trait 77

　3.5　类型转换 83

　　　3.5.1　Deref 解引用 83

　　　3.5.2　as 操作符 86

　　　3.5.3　From 和 Into 88

　3.6　当前 trait 系统的不足 89

　　　3.6.1　孤儿规则的局限性 90

　　　3.6.2　代码复用的效率不高 91

　　　3.6.3　抽象表达能力有待改进 93

　3.7　小结 94

第 4 章　内存管理 95

　4.1　通用概念 95

　　　4.1.1　栈 96

　　　4.1.2　堆 99

　　　4.1.3　内存布局 101

　4.2　Rust 中的资源管理 103

　　　4.2.1　变量和函数 103

　　　4.2.2　智能指针与 RAII 106

　　　4.2.3　内存泄漏与内存安全 110

　　　4.2.4　复合类型的内存分配和布局 115

　4.3　小结 117

第 5 章　所有权系统 119

　5.1　通用概念 120

　5.2　所有权机制 123

　5.3　绑定、作用域和生命周期 125

　　　5.3.1　不可变与可变 126

　　　5.3.2　绑定的时间属性——生命周期 127

　5.4　所有权借用 131

　5.5　生命周期参数 135

　　　5.5.1　显式生命周期参数 136

　　　5.5.2　省略生命周期参数 143

　　　5.5.3　生命周期限定 145

　　　5.5.4　trait 对象的生命周期 145

　5.6　智能指针与所有权 146

　　　5.6.1　共享所有权　Rc<T>和 Weak<T> 149

　　　5.6.2　内部可变性 Cell<T>和 RefCell<T> 151

　　　5.6.3　写时复制 Cow<T> 153

　5.7　并发安全与所有权 156

　5.8　非词法作用域生命周期 157

　5.9　小结 161

第 6 章　函数、闭包与迭代器 162

　6.1　函数 162

　　　6.1.1　函数屏蔽 164

　　　6.1.2　函数参数模式匹配 164

　　　6.1.3　函数返回值 165

　　　6.1.4　泛型函数 166

　　　6.1.5　方法与函数 167

　　　6.1.6　高阶函数 168

　6.2　闭包 171

　　　6.2.1　闭包的基本语法 172

　　　6.2.2　闭包的实现 173

　　　6.2.3　闭包与所有权 178

　　　6.2.4　闭包作为函数参数和返回值 184

　　　6.2.5　高阶生命周期 190

　6.3　迭代器 194

　　　6.3.1　外部迭代器和内部迭代器 194

　　　6.3.2　Iterator trait 195

　　　6.3.3　IntoIterator trait 和迭代器 199

6.3.4 迭代器适配器 202

6.3.5 消费器 207

6.3.6 自定义迭代器适配器 211

6.4 小结 214

第 7 章 结构化编程 216

7.1 面向对象风格编程 217

7.1.1 结构体 217

7.1.2 枚举体 225

7.1.3 析构顺序 230

7.2 常用设计模式 233

7.2.1 建造者模式 234

7.2.2 访问者模式 236

7.2.3 RAII 模式 239

7.3 小结 243

第 8 章 字符串与集合类型 244

8.1 字符串 244

8.1.1 字符编码 244

8.1.2 字符 247

8.1.3 字符串分类 249

8.1.4 字符串的两种处理方式 251

8.1.5 字符串的修改 253

8.1.6 字符串的查找 256

8.1.7 与其他类型相互转换 265

8.1.8 回顾 270

8.2 集合类型 271

8.2.1 动态可增长数组 271

8.2.2 映射集 281

8.3 理解容量 289

8.4 小结 292

第 9 章 构建健壮的程序 294

9.1 通用概念 294

9.2 消除失败 295

9.3 分层处理错误 297

9.3.1 可选值 Option<T> 298

9.3.2 错误处理 Result<T, E> 302

9.4 恐慌（Panic） 314

9.5 第三方库 316

9.6 小结 319

第 10 章 模块化编程 320

10.1 包管理 321

10.1.1 使用 Cargo 创建包 321

10.1.2 使用第三方包 323

10.1.3 Cargo.toml 文件格式 331

10.1.4 自定义 Cargo 337

10.2 模块系统 339

10.3 从零开始实现一个完整功能包 344

10.3.1 使用 Cargo 创建新项目 345

10.3.2 使用 structopt 解析命令行参数 345

10.3.3 定义统一的错误类型 347

10.3.4 读取 CSV 文件 348

10.3.5 替换 CSV 文件中的内容 351

10.3.6 进一步完善包 353

10.4 可见性和私有性 358

10.5 小结 360

第 11 章 安全并发 362

11.1 通用概念 362

11.1.1 多进程和多线程 363

11.1.2 事件驱动、异步回调和协程 364

11.1.3 线程安全 365

11.2 多线程并发编程 370

11.2.1 线程管理 371

11.2.2 Send 和 Sync 375

11.2.3 使用锁进行线程同步 379

11.2.4 屏障和条件变量 384

11.2.5 原子类型 386

11.2.6 使用 Channel 进行线程间通信 388

11.2.7 内部可变性探究 397

11.2.8 线程池 399

11.2.9 使用 Rayon 执行并行任务 407

11.2.10 使用 Crossbeam 409

11.3 异步并发 412

11.3.1 生成器 413

11.3.2 Future 并发模式 418

11.3.3 async/await 421

11.4 数据并行 428

11.4.1 什么是 SIMD 429

11.4.2 在 Rust 中使用 SIMD 430

11.5 小结 434

第 12 章 元编程 435

12.1 反射 436

12.1.1 通过 is 函数判断类型 436

12.1.2 转换到具体类型 437

12.1.3 非静态生命周期类型 439

12.2 宏系统 440

12.2.1 起源 440

12.2.2 Rust 中宏的种类 441

12.2.3 编译过程 442

12.2.4 声明宏 445

12.2.5 过程宏 458

12.3 编译器插件 472

12.4 小结 475

第 13 章 超越安全的边界 477

13.1 Unsafe Rust 介绍 477

13.1.1 Unsafe 语法 478

13.1.2 访问和修改可变静态变量 480

13.1.3 Union 联合体 480

13.1.4 解引用原生指针 483

13.2 基于 Unsafe 进行安全抽象 484

13.2.1 原生指针 484

13.2.2 子类型与型变 489

13.2.3 未绑定生命周期 494

13.2.4 Drop 检查 495

13.2.5 NonNull<T>指针 505

13.2.6 Unsafe 与恐慌安全 508

13.2.7 堆内存分配 508

13.2.8 混合代码内存安全架构三大原则 510

13.3 和其他语言交互 510

13.3.1 外部函数接口 510

13.3.2 与 C/C++语言交互 514

13.3.3 使用 Rust 提升动态语言性能 528

13.4　Rust 与 WebAssembly 532

　　13.4.1　WebAssembly 要点介绍.. 533

　　13.4.2　使用 Rust 开发 WebAssembly 539

　　13.4.3　打造 WebAssembly 开发生态.. 541

13.5　小结...543

附录 A　Rust 开发环境指南...544

附录 B　Rust 如何调试代码...549

第 1 章
新时代的语言

不谋全局者，不足谋一域。

你肯定有过夏夜仰望星空的时候，但不知道你是否思考过这样一个问题：如何才能知道宇宙万物星罗棋布的规律？科学家们殚精竭虑地研究，就是为了探寻这个秘密。如果科学家们能和宇宙的设计者对话，就可以通过设计者的亲口描述了解其对宇宙万物的规划，这样就可以对研究宇宙万物起到提纲挈领的作用，科学家们的工作会更有成效。但是，没有这种"如果"。

一门编程语言就像一个小宇宙，语言中的各种语法概念就像一颗颗星辰。对于初学者来说，看这些语法概念与看星罗棋布时产生的迷惑是相似的。幸亏编程语言是由人类创造的，编程语言的作者可以被找到，编程语言的源码也可以被看到，甚至一些好的编程语言还会为你准备好非常丰富的文档，供你参阅学习。通过这些信息我们可以了解到：一门语言缘何诞生？它想解决什么问题？它遵循什么样的设计哲学？一门好的语言是有内涵哲学的语言，它表里如一，有所想，有所为。

Rust 语言就是这样一门哲学内涵丰富的编程语言。通过了解 Rust 遵循什么样的设计哲学，进一步了解它的语法结构和编程理念，就可以系统地掌握这门语言的核心，而不至于在其纷繁复杂的语法细节中迷失。

1.1 缘起

任何一门新技术的兴起，都是为了解决一个问题。

自操作系统诞生以来，系统级主流编程语言，从汇编语言到 C++，已经发展了近 50 个年头，但依然存在两个难题：

- 很难编写内存安全的代码。
- 很难编写线程安全的代码。

这两个难题存在的本质原因是 C/C++ 属于类型不安全的语言，它们薄弱的内存管理机制导致了很多常见的漏洞。其实 20 世纪 80 年代也出现过非常优秀的语言，比如 Ada 语言。Ada 拥有诸多优秀的特性：可以在编译期进行类型检查、无 GC 式确定性内存管理、内置安全并发模型、无数据竞争、系统级硬实时编程等。但它的性能和同时期的 C/C++ 相比确实是有差距的。那个时代计算资源匮乏，大家追求的是性能。所以，大家都宁愿牺牲安全性来换取性能。这也是 C/C++ 得以普及的原因。

时间很快到了 2006 年，自称"职业编程语言工程师"的 **Graydon Hoare**（简称为 GH），开始开发一门名为 Rust 的编程语言。

什么是"职业编程语言工程师"？用 GH 自己的话说，职业编程语言工程师的日常工作就是给其他语言开发编译器和工具集，但并未参与这些语言本身的设计。自然而然地，GH 萌生了自己开发一门语言的想法，这门语言就是 **Rust**。

"Rust"这个名字包含了 GH 对这门语言的预期。在自然界有一种叫作锈菌（Rust Fungi）的真菌，这种真菌寄生于植物中，引发病害，而且号称"本世纪最可怕的生态病害"之一。这种真菌的生命力非常顽强，其在生命周期内可以产生多达 5 种孢子类型，这 5 种生命形态还可以相互转化，如果用软件术语来描述这种特性，那就是"鲁棒性超强"。可以回想一下 Rust 的 Logo 形状（如图 1-1 所示），像不像一个细菌？Logo 上面有 5 个圆圈，也和锈菌这 5 种生命形态相对应，暗示了 Rust 语言的鲁棒性也超强。"Rust"也有"铁锈"的意思，暗合"裸金属"之意，代表了 Rust 的系统级编程语言属性，有直接操作底层硬件的能力。此外，"Rust"在字形组合上也糅合了"Trust"和"Robust"，暗示了"信任"与"鲁棒性"。因此，"Rust"真可谓一个好名字。事实证明，Rust 语言不仅仅是名字起得好。

图 1-1：Rust 语言的 Logo

GH 认为，未来的互联网除了关注性能，还一定会高度关注安全性和并发性。整个世界对 C 和 C++的设计方式的青睐在不断地发生改变。其实 20 世纪七八十年代涌现了很多优秀的语言，拥有很多优秀的特性，但它们的内存模型非常简易，不能保证足够的安全。比如 Ada 语言的动态内存管理虽然是高规格的安全设计，但还是引起了非常重大的安全事故[1]。

所以，GH 对这门语言的期望如下。

- 必须是更加安全、不易崩溃的，尤其在操作内存时，这一点更为重要。
- 不需要有垃圾回收这样的系统，不能为了内存安全而引入性能负担。
- 不是一门仅仅拥有一个主要特性的语言，而应该拥有一系列的广泛特性，这些特性之间又不乏一致性。这些特性可以很好地相互协作，从而使该语言更容易编写、维护和调试，让程序员写出更安全、更高效的代码。

总而言之，就是可以提供高的开发效率，代码容易维护，性能还能与 C/C++媲美，还得保证安全性的一门语言。正是因为 GH 以这种观点作为基石，才使得今天的 **Rust 成为了一门同时追求安全、并发和性能的现代系统级编程语言**。

GH 确实找对了本质问题——互联网发展至今，性能问题已经不再是其发展瓶颈，安全问题才是阻碍其发展的"重疾"。但凭什么说 Rust 就能解决这个问题呢？

1　20 世纪 90 年代，欧洲空间局阿丽亚娜五号运载火箭发射失败，原因是 Ada 在将 64 位浮点数转换为 16 位无符号整数时，发生了溢出。

1.2 设计哲学

为了达成目标，Rust 语言遵循了三条设计哲学：

- 内存安全
- 零成本抽象
- 实用性

也就是说，Rust 语言中所有语法特性都围绕这三条哲学而设计，这也是 Rust 语言一致性的基础。

1.2.1 内存安全

安全是 Rust 要保证的重中之重。如果不能保证安全，那么 Rust 就没有存在的意义。Rust 语言如何设计才能保证安全呢？

现代编程语言早已发展到了"程序即类型证明"的阶段，类型系统基本已经成为了各大编程语言的标配，尤其是近几年新出现的编程语言。类型系统提供了以下好处：

- 允许编译器侦测无意义甚至无效的代码，暴露程序中隐含的错误。
- 可以为编译器提供有意义的类型信息，帮助优化代码。
- 可以增强代码的可读性，更直白地阐述开发者的意图。
- 提供了一定程度的高级抽象，提升开发效率。

一般来说，一门语言只要保证类型安全，就可以说它是一门安全的语言。简单来说，类型安全是指类型系统可以保证程序的行为是意义明确、不出错的。像 C/C++语言的类型系统就不是类型安全的，因为它们并没有对无意义的行为进行约束。一个最简单的例子就是数组越界，在 C/C++语言中并不对其做任何检查，导致发生了语言规范规定之外的行为，也就是**未定义行为（Undefined Behavior）**。而这些未定义行为恰恰是漏洞的温床。所以，像 C/C++这种语言就是类型不安全的语言。

Rust 语言如果想保证内存安全，首先要做的就是保证类型安全。

在诸多编程语言中，OCaml 和 Haskell 是公认的类型安全的典范，它们的类型系统不仅仅有强大的类型论理论"背书"，而且在实践生产环境中也久经考验。所以，Rust 语言借鉴了它们的类型系统来保证类型安全，尤其是 Haskell，你能在 Rust 语言中看到更多 Haskell 类型系统的影子。

然而，直接使用 Haskell 的类型系统也无法解决内存安全问题。类型系统的作用是定义编程语言中值和表达式的类型，将它们归类，赋予它们不同的行为，指导它们如何相互作用。Haskell 是一门纯函数式编程语言，它的类型系统主要用于承载其"纯函数式"的思想，是范畴论的体现。而对于 Rust 来说，它的类型系统要承载其"内存安全"的思想。所以，还需要有一个安全内存管理模型，并通过类型系统表达出来，才能保证内存安全。

那么，什么是内存安全呢？简单来说，就是不会出现内存访问错误。

只有当程序访问未定义内存的时候才会产生内存错误。一般来说，发生以下几种情况就会产生内存错误：

- 引用空指针。
- 使用未初始化内存。

- 释放后使用，也就是使用悬垂指针。
- 缓冲区溢出，比如数组越界。
- 非法释放已经释放过的指针或未分配的指针，也就是重复释放。

这些情况之所以会产生内存错误，是因为它们都访问了未定义内存。为了保证内存安全，Rust 语言建立了严格的安全内存管理模型：

- **所有权系统**。每个被分配的内存都有一个独占其所有权的指针。只有当该指针被销毁时，其对应的内存才能随之被释放。
- **借用和生命周期**。每个变量都有其生命周期，一旦超出生命周期，变量就会被自动释放。如果是借用，则可以通过标记生命周期参数供编译器检查的方式，防止出现悬垂指针，也就是释放后使用的情况。

其中所有权系统还包括了从现代 C++ 那里借鉴的 RAII 机制，这是 Rust 无 GC 但是可以安全管理内存的基石。

建立了安全内存管理模型之后，再用类型系统表达出来即可。Rust 从 Haskell 的类型系统那里借鉴了以下特性：

- 没有空指针
- 默认不可变
- 表达式
- 高阶函数
- 代数数据类型
- 模式匹配
- 泛型
- trait 和关联类型
- 本地类型推导

为了实现内存安全，Rust 还具备以下独有的特性：

- 仿射类型（Affine Type），该类型用来表达 Rust 所有权中的 Move 语义。
- 借用、生命周期。

借助类型系统的强大，Rust 编译器可以在编译期对类型进行检查，看其是否满足安全内存模型，在编译期就能发现内存不安全问题，有效地阻止未定义行为的发生。

内存安全的 Bug 和并发安全的 Bug 产生的内在原因是相同的，都是因为内存的不正当访问而造成的。同样，利用装载了所有权的强大类型系统，Rust 还解决了并发安全的问题。Rust 编译器会通过静态检查分析，在编译期就检查出多线程并发代码中所有的数据竞争问题。

1.2.2　零成本抽象

除了安全性，Rust 还追求高效开发和性能。

编程语言如果想做到高效开发，就必须拥有一定的抽象表达能力。关于抽象表达能力，最具代表性的语言就是 Ruby。Ruby 代码和 Rust 代码的对比示意如代码清单 1-1 所示。

代码清单 1-1：Ruby 代码和 Rust 代码对比示意

```
1.   # Ruby 代码
2.   5.times{ puts "Hello Ruby"}
```

```
3.    2.days.from_now
4.    // Rust 代码
5.    5.times(|| println!("Hello Rust"));
6.    2.days().from_now();
```

在代码清单 1-1 中，代码第 2 行和第 3 行是 Ruby 代码，分别表示"输出 5 次"Hello Ruby""和"从现在开始两天之后"，代码的抽象表达能力已经非常接近自然语言。再看第 5 行和第 6 行的 Rust 代码，它和 Ruby 语言的抽象表达能力是不相上下的。

但是 Ruby 的抽象表达能力完全是靠牺牲性能换来的。而 Rust 的抽象是零成本的，Rust 的抽象并不会存在运行时性能开销，这一切都是在编译期完成的。代码清单 1-1 中的迭代 5 次的抽象代码，在编译期会被展开成和手写汇编代码相近的底层代码，所以不存在运行时因为解释这一层抽象而产生的性能开销。对于一门系统级编程语言而言，运行时零成本是非常重要的。这一点，Rust 做到了。

Rust 中零成本抽象的基石就是泛型和 trait，在后面的章节中会逐步探索其中的"魔法"。

1.2.3 实用性

如何评价一门编程语言的实用性？事实上并没有统一的说法，但可以从以下三个方面进行评判：

- **实践性**，首先必须能够应用于开发工业级产品，其次要易于学习和使用。
- **有益性**，是指能够对业界产生积极的效果或影响。
- **稳定性**，是指语言自身要稳定。在解决同一个问题时，不会因为使用者不同而出现随机的结果。

那么 Rust 语言在这三个方面的表现如何呢？

实践性

Rust 已经为开发工业级产品做足了准备。

为了保证安全性，Rust 引入了强大的类型系统和所有权系统，不仅保证内存安全，还保证了并发安全，同时还不会牺牲性能。

为了保证支持硬实时系统，Rust 从 C++ 那里借鉴了确定性析构、RAII 和智能指针，用于自动化地、确定性地管理内存，从而避免了 GC 的引入，因而就不会有"世界暂停"的问题了。这几项虽然借鉴自 C++，但是使用起来比 C++ 更加简洁。

为了保证程序的健壮性，Rust 重新审视了错误处理机制。日常开发中一般有三类非正常情况：失败、错误和异常。但是像 C 语言这种面向过程的语言，开发者只能通过返回值、goto 等语句进行错误处理，并且没有统一的错误处理机制。而 C++ 和 Java 这种高级语言虽然引入了异常处理机制，但没有专门提供能够有效区分正常逻辑和错误逻辑的语法，而只是统一全局进行处理，导致开发者只能将所有的非正常情况都当作异常去处理，这样不利于健壮系统的开发。并且异常处理还会带来比较大的性能开销。

Rust 语言针对这三类非正常情况分别提供了专门的处理方式，让开发者可以分情况去选择。

- 对于失败的情况，可以使用断言工具。
- 对于错误，Rust 提供了基于返回值的分层错误处理方式，比如 Option<T> 可以用来处理可能存在空值的情况，而 Result<T>就专门用来处理可以被合理解决并需要传播的错误。

- 对于异常，Rust 将其看作无法被合理解决的问题，提供了线程恐慌机制，在发生异常的时候，线程可以安全地退出。

通过这样精致的设计，开发者就可以从更细的粒度上对非正常情况进行合理处理，最终编写出更加健壮的系统。

为了和现有的生态系统良好地集成，Rust 支持非常方便且零成本的 FFI 机制，兼容 C-ABI，并且从语言架构层面上将 Rust 语言分成 Safe Rust 和 Unsafe Rust 两部分。其中 Unsafe Rust 专门和外部系统打交道，比如操作系统内核。之所以这样划分，是因为 Rust 编译器的检查和跟踪是有能力范围的，它不可能检查到外部其他语言接口的安全状态，所以只能靠开发者自己来保证安全。Unsafe Rust 提供了 unsafe 关键字和 unsafe 块，显式地将安全代码和访问外部接口的不安全代码进行了区分，也为开发者调试错误提供了方便。Safe Rust 表示开发者将信任编译器能够在编译时保证安全，而 Unsafe Rust 表示让编译器信任开发者有能力保证安全。

有人的地方就有 Bug。Rust 语言通过精致的设计，将机器可以检查控制的部分都交给编译器来执行，而将机器无法控制的部分交给开发者自己来执行。Safe Rust 保证的是编译器在编译时最大化地保障内存安全，阻止未定义行为的发生。Unsafe Rust 用来提醒开发者，此时开发的代码有可能引起未定义行为，请谨慎！人和编译器共享同一个"安全模型"，相互信任，彼此和谐，以此来最大化地消除人产生 Bug 的可能。

为了让开发者更方便地相互协作，Rust 提供了非常好用的包管理器 Cargo。Rust 代码是以包（crate）为编译和分发单位的，Cargo 提供了很多命令，方便开发者创建、构建、分发、管理自己的包。Cargo 也提供插件机制，方便开发者编写自定义的插件，来满足更多的需求。比如官方提供的 rustfmt 和 clippy 工具，分别可以用于自动格式化代码和发现代码中的"坏味道"。再比如，rustfix 工具甚至可以帮助开发者根据编译器的建议自动修复出错的代码。Cargo 还天生拥抱开源社区和 Git，支持将写好的包一键发布到 crates.io 网站，供其他人使用。

为了方便开发者学习 Rust，Rust 官方团队做出了如下努力：

- 独立出专门的社区工作组，编写官方 *Rust Book*[1]，以及其他各种不同深度的文档，比如编译器文档、nomicon book 等。甚至组织免费的社区教学活动 Rust Bridge，大力鼓励社区博客写作，等等。
- Rust 语言的文档支持 MarkDown 格式，因此 Rust 标准库文档表现力丰富。生态系统内很多第三方包的文档的表现力也同样得以提升。
- 提供了非常好用的在线 Playground 工具，供开发者学习、使用和分享代码。
- Rust 语言很早就实现了自举，方便学习者通过阅读源码了解其内部机制，甚至参与贡献。
- Rust 核心团队一直在不断改进 Rust，致力于提升 Rust 的友好度，极力降低初学者的心智负担，减缓学习曲线。比如引入 NLL 特性来改进借用检查系统，使得开发者可以编写更加符合直觉的代码。
- 虽然从 Haskell 那里借鉴了很多类型系统相关的内容，但是 Rust 团队在设计和宣传语言特性的时候，会特意地去学术化，让 Rust 的概念更加亲民。
- 在类型系统基础上提供了混合编程范式的支持，提供了强大而简洁的抽象表达能力，

---

1 即 *The Rust Programming Language*。

　　　　极大地提升了开发者的开发效率。

- 提供更加严格且智能的编译器。基于类型系统，编译器可以严格地检查代码中隐藏的问题。Rust 官方团队还在不断优化编译器的诊断信息，使得开发者可以更加轻松地定位错误，并快速理解错误发生的原因。

　　虽然 Rust 官方团队做了以上诸多努力，但是目前还有一大部分开发者认为 Rust 语言学习曲线颇陡。其中最为诟病的就是 Rust 目前的借用检查系统。这其实是因为 Rust 语言的设计融合了诸多语言的特点，而当今大部分开发者只是擅长其中一门语言，对其他语言的特性不太了解。C 语言的开发者虽然对底层内存管理比较熟悉，但是未必熟悉 C++的 RAII 机制；即使熟悉 C++，也未必熟悉 Haskell 的类型系统；即便熟悉 Haskell 的类型系统，也未必懂得底层内存管理机制。更不用说内置 GC 的 Java、Ruby、Python 等面向对象语言的开发者了。

　　要解决这个问题，可以从以下几点出发来学习 Rust：

- **保持初学者心态**。当面对 Rust 中难以理解的概念时，先不要急于把其他语言的经验套用其上，而应该从 Rust 的设计哲学出发，去理解如此设计 Rust 的语言特性的原因，寻找其内在的一致性。
- **先学习概念再动手实践**。很多传统语言开发者在学习 Rust 的时候，一上来就开始动手写代码，结果却栽了跟头，连编译都无法通过。看似符合直觉的代码，却因为借用检查而导致编译失败。这是因为 Rust 编译器在你编写的代码中发现了隐藏的错误，而你却未察觉。所以，其实不是 Rust 学习曲线陡，而是直接动手写代码的学习方法有问题。
- **把编译器当作朋友**。不要忽略 Rust 编译器的诊断信息，大多数情况下，这些诊断信息里已经把错误原因阐述得非常明确。这些诊断信息可以帮助你学习 Rust，纠正自己的错误认知。

　　俗话说得好，逆境也是机遇。正是因为 Rust 有这些特点，学习 Rust 的过程也是一次自我提升的过程，能够帮助你成为更好的程序员。

有益性和稳定性

　　Rust 语言解决了内存安全和并发安全的问题，可以极大地提升软件的质量。Rust 的诞生为业界提供了一个除 C 和 C++之外的更好的选择。因为 Rust 是对安全、并发和性能都很看重的语言，它可以用于嵌入式系统、操作系统、网络服务等底层系统，但它并不局限于此，它还可以用于开发上层 Web 应用、游戏引擎和机器学习，甚至基于 WebAssembly 技术还可以开发前端组件。因为高的安全性和不逊于 C/C++的性能，Rust 也被应用于新的前沿领域，比如区块链技术。

　　看得出来，Rust 的诞生给业界带来了非常积极的影响。Rust 语言自从发布了 1.0 版以来已经进入了稳定期。虽然还在不断地改进和发布新的特性，但是 Rust 的核心是不变的。

　　综上所述，Rust 在实践性、有益性和稳定性三方面都做到位了，Rust 的实用性毋庸置疑。

1.3　现状与未来

　　从 2015 年 Rust 发布 1.0 版本以来，Rust 语言已经被广泛应用于各大公司及诸多领域。每一年，Rust 社区都会聚集在一起制订路线图，规划 Rust 未来的发展。在 2018 年，Rust 团队推出了新的大版本（edition）计划：

- **Rust 2015 版本**，包含 Rust 1.0~1.30 语义化版本。目标是让 Rust 更加稳定。

- **Rust 2018 版本**，Rust 1.31 将是 Rust 2018 版本的首个语义版本。目标是让 Rust 进一步走向生产级。

这个大版本和语义化版本是正交的。大版本的意义在于方便 Rust 自身的进化。例如，想在 Rust 中引入新的关键字 try，但是如果只有语义化版本这一个维度，新的关键字可能会破坏现有的 Rust 生态系统。所以，就需要引入一个大版本，在 Rust 2018 版本中引入 try 关键字。开发者选择 "edition=2018"，就代表了开发者接受 Rust 的这种内部变化，接受新的关键字 try。大版本升级的只是表面的语法功能，Rust 的核心概念是不会改变的。

Rust 的编译器可以方便地管理版本的兼容性：

- Rust 2015 和 Rust 2018 是彼此兼容的。
- Rust 编译器知道如何编译这两个版本，就像 javac 知道如何编译 Java 9 和 Java 10、gcc 和 clang 知道如何处理 C++ 14 和 C++ 17 一样。
- 可以在 Rust 2018 版本中依赖 Rust 2015 的库，反之亦然。
- Rust 2015 版本并未冻结。

此外，大版本可能是每三年发布一次，那么下一次发布就是在 2021 年。不过 Rust 团队对此还保留修改权。

1.3.1 语言架构

为了便于学习，笔者针对 Rust 语言概念的层次结构进行了梳理，如图 1-2 所示。

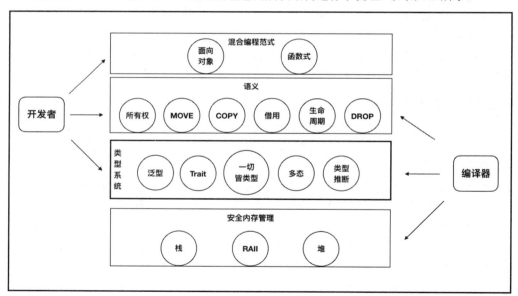

图 1-2：Rust 中概念层次结构梳理

图 1-2 将 Rust 语言中的概念分成了 4 个层次。

最底层是安全内存管理层，该层主要是涉及内存管理相关的概念。

倒数第二层是类型系统层，该层起到承上启下的作用。类型系统层承载了上层的所有权系统语义和混合编程范式，赋予了 Rust 语言高级的抽象表达能力和安全性。同时，还保留了对底层代码执行、数据表示和内存分配等操作的控制能力。

对于开发者而言，只需要掌握类型系统、所有权系统和混合式编程范式即可，不需要操心底层的内存是否安全，因为有编译器和类型系统帮忙处理。在这个语言架构之下，人和编译器共用同一套"心智模型"，这样可以极大地保证系统的安全和健壮性。

在后续的章节中，会依照该语言架构对 Rust 语言自底向上进行分层探索，以帮助读者对 Rust 语言的概念融会贯通。

1.3.2　开源社区

Rust 语言自身作为一个开源项目，也是现代开源软件中的一颗璀璨的明珠。

在 Rust 之前诞生的所有语言，都仅仅用于商用开发，但是 Rust 语言改变了这一状况。对于 Rust 语言来说，Rust 开源社区也是语言的一部分。同时，Rust 语言也是属于社区的。

Rust 团队由 Mozilla 和非 Mozilla 成员组成，至今[1]Rust 项目贡献者已经超过了 1900 人。Rust 团队分为核心组和其他领域工作组，针对 Rust 2018 的目标，Rust 团队被分为了嵌入式工作组、CLI 工作组、网络工作组以及 WebAssembly 工作组，另外还有生态系统工作组和社区工作组等。

这些领域中的设计都会先经过一个 RFC 流程，对于一些不需要经过 RFC 流程的更改，只需要给 Rust 项目库提交 Pull Request 即可。所有的过程都是对社区透明的，并且贡献者都可参与评审，当然，最终决策权归核心组及相关领域工作组所有。

Rust 团队维护三个发行分支：**稳定版（Stable）**、**测试版（Beta）**和**开发版（Nightly）**。其中稳定版和测试版每 6 周发布一次。标记为**不稳定（Unstable）**和**特性开关（Feature Gate）**的语言特性或标准库特性只能在开发版中使用。

1.3.3　发展前景

根据社区的流行度调查报告，截至 2018 年 7 月，由 Pull Request 统计的 GitHub Octoverse 报告显示，Rust 语言的总 PR 数排名第 15 位，呈上升趋势。从活跃的项目数来看，Rust 语言一共有 2604 个活跃项目。

目前在商业领域，Rust 的重磅商业用户增长迅速，其中包括：

- Amazon，使用 Rust 作为构建工具。
- Atlassian，在后端使用 Rust。
- Dropbox，在前后端均使用了 Rust。
- Facebook，使用 Rust 重写了源码管理工具。
- Google，在 Fuchsia 项目中部分使用了 Rust。
- Microsoft，在 Azure IoT 网络上部分使用了 Rust。
- npm，在其核心服务上使用了 Rust。
- RedHat，使用 Rust 创建了新的存储系统。
- Reddit，使用 Rust 处理评论。
- Twitter，在构建团队中使用 Rust。

除了以上罗列的公司，还有很多其他公司，可以在官方 Rust 之友页面上找到，包括百度、三星、Mozilla 等。Rust 覆盖了数据库、游戏、云计算、安全、科学、医疗保健和区块链等领

1　写作本节时是 2018 年 7 月。

域，相关的工作岗位越来越多。Rust 的前景越来越明朗，未来 Rust 将大有可为。

1.4　Rust 代码如何执行

在进一步学习之前，我们有必要了解一下 Rust 代码是如何执行的。Rust 是跨平台语言，一次编译，到处运行，这得益于 LLVM。Rust 编译器是一个 LLVM 编译前端，它将代码编译为 LLVM IR，然后经过 LLVM 编译为相应的平台目标。

Rust 源码经过分词和解析，生成 AST（抽象语法树）。然后把 AST 进一步简化处理为 HIR（High-level IR），目的是让编译器更方便地做类型检查。HIR 会进一步被编译为 MIR（Middle IR），这是一种中间表示，它在 Rust1.12 版本中被引入，主要用于以下目的。

- **缩短编译时间**。MIR 可以帮助实现增量编译，当你修改完代码重新编译的时候，编译器只计算更改过的部分，从而缩短了编译时间。
- **缩短执行时间**。MIR 可以在 LLVM 编译之前实现更细粒度的优化，因为单纯依赖 LLVM 的优化粒度太粗，而且 Rust 无法控制，引入 MIR 就增加了更多的优化空间。
- **更精确的类型检查**。MIR 将帮助实现更灵活的借用检查，从而可以提升 Rust 的使用体验。

最终，MIR 会被翻译为 LLVM IR，然后被 LLVM 的处理编译为能在各个平台上运行的目标机器码。

1.5　小结

Rust 的产生看似偶然，其实是必然。未来的互联网注重安全和高性能是必然的趋势。GH 看到了这一点，Mozilla 也看到了这一点，所以两者才能一拍即合，创造出 Rust。

Rust 从 2006 年诞生之日开始，目标就很明确——追求安全、并发和高性能的现代系统级编程语言。为了达成这一目标，Rust 语言遵循着内存安全、零成本抽象和实用性三大设计哲学。借助现代化的类型系统，赋予了 Rust 语言高级的抽象表达能力，与此同时又保留了对底层的控制能力。开发者和 Rust 编译器共享着同一套"心智模型"，相互信任，相互协作，最大化地保证系统的安全和健壮性。

Rust 语言有别于传统语言的另一点在于，其将开源社区视为语言的一部分。Rust 本身就是开源项目中的典范，非常值得学习。通过本章的讲解，希望可以帮助读者建立对 Rust 语言的系统性认知，在以后的学习中起到提纲挈领的作用，不至于迷失在细节中。

第 2 章
语言精要

好读书，不求甚解；每有会意，便欣然忘食。

在学习一门新语言的时候，不要力求一次性就掌握它的全部，因为那是不可能做到的事情。应该先从整体出发，对该语言的语法做系统性梳理。这样做有两个目的：第一，可以消除对该语言的陌生感；第二，可以对基本的语法建立结构化的知识体系。

基于上述认知，本章对 Rust 语言的语法要点进行了归纳与提炼，基本可以覆盖大部分语法，更多的细节会在后面的章节中逐步进行探索。在学习本章之前，希望你能保持内心的平静，看不懂不必着急，该动手练习的时候不要偷懒。

2.1 Rust 语言的基本构成

Rust 语言主要由以下几个核心部件组成：

- 语言规范
- 编译器
- 核心库
- 标准库
- 包管理器

2.1.1 语言规范

Rust 语言规范主要由 Rust 语言参考（The Rust Reference）和 RFC 文档共同构成。

Rust 语言参考

Rust 语言参考是官方团队维护的一份参考文档，包含了三类内容：

- 对每种语言结构及其用法的描述。
- 对内存模型、并发模型、链接、调试等内存的描述。
- 影响语言设计的基本原理和参考。

该参考文档不算 Rust 语言的正式规范，但目前官方只有这么一份最接近规范的文档，在不久的将来，Rust 官方会出一份正式的文档。虽然该文档还在变更中，但目前也可以作为初学者的参考。

RFC 文档

Rust 引入了规范化的 RFC 流程，RFC 文档是涵盖了语言特性的设计意图、详细设计、优缺点的完整技术方案。社区中的每个人都可以提 RFC，经过社区讨论、核心开发团队评审，通过之后才能进入具体实现阶段。

Rust 源码中也规范地使用了 RFC 编号，来对应相应的功能特性。使用 RFC 的好处是，形成了规范化的文档，利于方案实施和后期维护，利于核心开发组主导项目进展方向。Rust 学习者也可以通过 RFC 来深入了解某个语言特性的来龙去脉。

2.1.2 编译器

Rust 是一门静态编译型语言。Rust 官方的编译器叫 **rustc**，负责将 Rust 源代码编译为可执行文件或其他库文件（.a、.so、.lib、.dll 等）。

rustc 有如下特点：

- rustc 是跨平台的应用程序，支持 UNIX/Linux 等类 UNIX 平台，也支持 Windows 平台。
- rustc 支持交叉编译，可以在当前平台下编译出可运行于其他平台上的应用程序和库。
- rustc 使用 LLVM 作为编译器后端，具有很好的代码生成和优化技术，支持多个目标平台。
- rustc 是用 Rust 语言开发的，包含在 Rust 语言源码中。
- rustc 对 Rust 源码进行词法语法分析、静态类型检查，最终将代码翻译为 LLVM IR。
- rustc 输出的错误信息非常友好和详尽，是开发者的良师益友。

2.1.3 核心库

Rust 语言的语法由核心库和标准库共同提供。其中 Rust 核心库是标准库的基础。核心库中定义的是 Rust 语言的核心，不依赖于操作系统和网络等相关的库，甚至不知道堆分配，也不提供并发和 I/O。

可以通过在模块顶部引入#![no_std]来使用核心库。核心库和标准库的功能有一些重复，包括如下部分：

- 基础的 trait，如 Copy、Debug、Display、Option 等。
- 基本原始类型，如 bool、char、i8/u8、i16/u16、i32/u32、i64/u64、isize/usize、f32/f64、str、array、slice、tuple、pointer 等。
- 常用功能型数据类型，满足常见的功能性需求，如 String、Vec、HashMap、Rc、Arc、Box 等。
- 常用的宏定义，如 println!、assert!、panic!、vec!等。

做嵌入式应用开发的时候，核心库是必需的。

2.1.4 标准库

Rust 标准库提供应用程序开发所需要的基础和跨平台支持。标准库包含的内容大概如下：

- 与核心库一样的基本 trait、原始数据类型、功能型数据类型和常用宏等，以及与核心库几乎完全一致的 API。
- 并发、I/O 和运行时。例如线程模块、用于消息传递的通道类型、Sync trait 等并发模块，文件、TCP、UDP、管道、套接字等常见 I/O。

- 平台抽象。os 模块提供了许多与操作环境交互的基本功能，包括程序参数、环境变量和目录导航；路径模块封装了处理文件路径的平台特定规则。
- 底层操作接口，比如 std::mem、std::ptr、std::intrinsics 等，操作内存、指针、调用编译器固有函数。
- 可选和错误处理类型 Option 和 Result，以及各种迭代器等。

2.1.5　包管理器

把按一定规则组织的多个 rs 文件编译后就得到一个**包**（**crate**）。包是 Rust 代码的基本编译单元，也是程序员之间共享代码的基本单元。

Rust 社区的公开第三方包都集中在 crates.io 网站上面，它们的文档被自动发布到 docs.rs 网站上。

Rust 提供了非常方便的**包管理器 Cargo**。Rust 中的 Cargo 类似于 Ruby 中的 bundler、Python 中的 pip、Node.js 中的 npm。但 Cargo 不仅局限于包管理，它还为 Rust 生态系统提供了标准的工作流。Cargo 能够管理整个工作流程，从创建项目、运行单元测试和基准测试，到构建发布链接库，再到运行可执行文件，等等。Cargo 为开发者提供了极大的方便。

在安装好 Rust 环境之后，可以直接使用 Cargo 命令来创建包。Cargo 命令的示例如代码清单 2-1 所示。

代码清单 2-1：cargo 命令示例

```
1.  $ cargo new bin_crate
2.  $ cargo new --lib lib_crate
```

在代码清单 2-1 中，使用 **cargo new** 命令默认可以创建一个用于编写可执行二进制文件的项目。通过给 cargo new 命令添加--lib 参数，则可以创建用于编写库的项目。此外，通过 cargo build 和 cargo run 命令可以方便地对项目进行编译和运行。

2.2　语句与表达式

Rust 中的语法可以分成两大类：**语句**（**Statement**）和**表达式**（**Expression**）。语句是指要执行的一些操作和产生副作用的表达式。表达式主要用于计算求值。

语句又分为两种：**声明语句**（**Declaration statement**）和**表达式语句**（**Expression statement**）。

- 声明语句，用于声明各种语言项（Item），包括声明变量、静态变量、常量、结构体、函数等，以及通过 extern 和 use 关键字引入包和模块等。
- 表达式语句，特指以分号结尾的表达式。此类表达式求值结果将会被舍弃，并总是返回单元类型()。

语句和表达式的示例如代码清单 2-2 所示。

代码清单 2-2：语句和表达式

```
1.  // extern crate std;
2.  // use std::prelude::v1::*;
3.  fn main() {
```

```
4.      pub fn answer() -> (){
5.          let a = 40;
6.          let b = 2;
7.          assert_eq!(sum(a, b), 42);
8.      }
9.      pub fn sum(a: i32, b: i32) -> i32 {
10.         a + b
11.     }
12.     answer();
13. }
```

在代码清单 2-2 中，第 1 行和第 2 行是声明语句，它们并不需要求值，只是用来引入标准库包以及 prelude 模块的。这里之所以将它们注释掉，是因为 Rust 会为每个 crate 都自动引入标准库模块，除非使用#[no_std]属性明确指定了不需要标准库。

然后使用 fn 关键字定义了两个函数 answer 和 sum。关键字 fn 是 function 的缩写。

函数 answer 没有输入参数，并且返回值为**单元类型**()。单元类型拥有唯一的值，就是它本身，为了描述方便，将该值称为**单元值**。单元类型的概念来自 OCmal，它表示"没有什么特殊的价值"。所以，这里将单元类型作为函数返回值，就表示该函数无返回值。当然，通常无返回值的函数默认不需要在函数签名中指定返回类型。

在函数 answer 中，使用 let 声明了两个变量 a 和 b，其后必须加分号。assert_eq!则是宏语句，它是 Rust 提供的断言，允许判断给定的两个表达式求值结果是否相同。像这种名字以叹号结尾，并且可以像函数一样被调用的语句，在 Rust 中叫作**宏**。

函数 sum 的两个输入参数和返回值均指定为 i32 类型。其函数体只包含了一个表达式，用于计算 a 与 b 的值，并返回。

代码清单 2-2 其实可以去掉换行符，完全写成一整行代码，而不影响程序编译。

Rust 编译器在解析代码的时候，如果碰到分号，就会继续往后面执行；如果碰到语句，则执行语句；如果碰到表达式，则会对表达式求值，如果分号后面什么都没有，就会补上单元值()。

当遇到函数的时候，会将函数体的花括号识别为块表达式（**Block Expression**）。块表达式是由一对花括号和一系列表达式组成的，它总是返回块中最后一个表达式的值。因此，对于 answer 函数来说，它也是一个块表达式，块中的最后一个表达式是宏语句，所以返回单元值()。对于 sum 函数来说，其最后一行是一个表达式，因为没有分号，所以直接返回其求值结果。

从这个角度来看，可以将 Rust 看作一切皆表达式。由于当分号后面什么都没有时自动补单元值()的特点，我们可以将 Rust 中的语句看作计算结果均为()的特殊表达式。而对于普通的表达式来说，则会得到正常的求值结果。

2.3　变量与绑定

通过 let 关键字来创建变量，这是 Rust 语言从函数式语言中借鉴的语法形式。let 创建的变量一般称为**绑定**（**Binding**），它表明了标识符（Identifier）和值（Value）之间建立的一种关联关系。

2.3.1 位置表达式和值表达式

Rust 中的表达式一般可以分为**位置表达式**（**Place Expression**）和**值表达式**（**Value Expression**）。在其他语言中，一般叫作左值（LValue）和右值（RValue）。

顾名思义，位置表达式就是表示内存位置的表达式。分别有以下几类：

- 本地变量
- 静态变量
- 解引用（*expr）
- 数组索引（expr[expr]）
- 字段引用（expr.field）
- 位置表达式组合

通过位置表达式可以对某个数据单元的内存进行读写。主要是进行写操作，这也是位置表达式可以被赋值的原因。

除此之外的表达式就是值表达式。值表达式一般只引用了某个存储单元地址中的数据。它相当于数据值，只能进行读操作。

从语义角度来说，位置表达式代表了持久性数据，值表达式代表了临时数据。位置表达式一般有持久的状态，值表达式要么是字面量，要么是表达式求值过程中创建的临时值。

表达式的求值过程在不同的上下文中会有不同的结果。求值上下文也分为**位置上下文**（**Place Context**）和**值上下文**（**Value Context**）。下面几种表达式属于位置上下文：

- 赋值或者复合赋值语句左侧的操作数。
- 一元引用表达式的独立操作数。
- 包含隐式借用（引用）的操作数。
- match 判别式或 let 绑定右侧在使用 ref 模式匹配的时候也是位置上下文。

除了上述几种情况，其余表达式都属于值上下文。值表达式不能出现在位置上下文中，如代码清单 2-3 所示。

代码清单 2-3：值表达式不能出现在位置上下文中

```
1.  pub fn temp() -> i32 {
2.      return 1;
3.  }
4.  fn main(){
5.      let x = &temp();
6.      temp() = *x;   // error[E0070]: invalid left-hand side expression
7.  }
```

代码清单 2-3 定义了函数 temp。在 main 函数中，使用 temp 函数的调用放到了赋值语句左边的位置上下文中，此时编译器就会报错。因为 temp 函数调用是一个无效的位置表达式，它是值表达式。

2.3.2 不可变绑定与可变绑定

使用 let 关键字声明的**位置表达式默认不可变**，为不可变绑定。代码清单 2-4 展示了不可变绑定与可变绑定。

代码清单 2-4：不可变绑定与可变绑定

```
1.   fn main(){
2.       let a = 1;
3.       // a = 2; // immutable and error
4.       let mut b = 2;
5.       b = 3; // mutable
6.   }
```

在代码清单 2-4 中，变量 a 默认是不可变绑定，对其重新赋值后编译器会报错，如代码第 3 行所示。通过 mut 关键字，可以声明可变的位置表达式，即可变绑定。可变绑定可以正常修改和赋值。

从语义上来说，let 默认声明的不可变绑定只能对相应的存储单元进行读取，而 let mut 声明的可变绑定则是可以对相应的存储单元进行写入的。

2.3.3   所有权与引用

当位置表达式出现在值上下文中时，该位置表达式将会把内存地址转移给另外一个位置表达式，这其实是所有权的转移，如代码清单 2-5 所示。

代码清单 2-5：所有权转移

```
1.   fn main(){
2.       let place1 = "hello";
3.       let place2 = "hello".to_string();
4.       let other = place1;
5.       println!("{:?}", other);
6.       let other = place2;
7.       println!("{:?}", other); // Err: other value used here after move
8.   }
```

在代码清单 2-5 中，使用 let 声明了两个绑定，place1 和 place2。然后将 place1 赋值给新的变量 other。**因为 place1 是一个位置表达式，现在出现在了赋值操作符右侧，即一个值上下文内，所以 place1 会将内存地址转移给 other**。同理，将 place2 赋值给新声明的 other，place2 的内存地址同样会转移给 other。

代码编译执行以后，代码第 5 行可以正常打印 other 的值，但是代码第 7 行就会报错，编译器提示"other value used here after move"，此提示的意思是该处使用了已经移动的值。为什么会有这两种区别呢？这其实和底层内存安全管理有关系。这两种行为虽然不同，但都是 Rust 为了保证内存安全刻意而为之的，在第 3 章中会有更详细的解释。

在语义上，每个变量绑定实际上都拥有该存储单元的所有权，这种转移内存地址的行为就是所有权（OwnerShip）的转移，在 Rust 中称为移动（Move）语义，那种不转移的情况实际上是一种复制（Copy）语义。Rust 没有 GC，所以完全依靠所有权来进行内存管理。

在日常开发中，有时候并不需要转移所有权。Rust 提供**引用操作符（&）**，可以直接获取表达式的存储单元地址，即内存位置。可以通过该内存位置对存储进行读取。引用操作示例如代码清单 2-6 所示。

代码清单 2-6：引用操作示例

```
1.   fn main(){
2.       let a = [1,2,3];
```

```
3.      let b = &a;
4.      println!("{:p}", b); // 0x7ffcbc067704
5.      let mut c = vec![1,2,3];
6.      let d = &mut c;
7.      d.push(4);
8.      println!("{:?}", d); // [1, 2, 3, 4]
9.      let e = &42;
10.     assert_eq!(42, *e);
11. }
```

在代码清单 2-6 中，定义了固定长度数组 a，并且使用引用操作符&取得 a 的内存地址，赋值给 b。这种方式不会引起所有权的转移，因为使用引用操作符已经将赋值表达式右侧变成了位置上下文，它只是共享内存地址。通过 println!宏指定{:p}格式，可以打印 b 的指针地址，也就是内存地址。

同时，也通过 let mut 声明了动态长度数组 c。然后通过&mut 获取 c 的可变引用，赋值给 d。调用 d 的 push 方法插入新的元素 4。注意，要获取可变引用，必须先声明可变绑定。

对于字面量 42 来说，其本身属于值表达式。通过引用操作符，相当于值表达式在位置上下文中进行求值，所以编译器会为&42 创建一个临时值，如代码清单 2-7 所示。

代码清单 2-7：值表达式在位置上下文中求值时会被创建临时值

```
1.  let mut _0: &i32;
2.  let mut _1: i32;
3.  _1 = const 42i32;
4.  _0 = &_1;
```

代码清单 2-7 是编译器为 let e = &42 创建临时值的示意代码，仅用于演示。

最后，通过解引用操作符*将引用 e 中的值取出来，以供 assert_eq!宏使用。

从语义上来说，不管是&a 还是&mut c，都相当于对 a 和 c 所有权的借用，因为 a 和 c 还依旧保留它们的所有权，所以引用也被称为借用。

2.4 函数与闭包

前文已经出现了不少函数，出现最多的就是 **main 函数，它代表程序的入口**。对于二进制可执行文件来说，main 函数必不可少。对于库函数来说，main 函数就没那么必要了。

2.4.1 函数定义

通过前文我们也了解到，**函数是通过关键字 fn 定义的**。这种关键字使用了极简缩写，这也算是 Rust 独有的一种风格，不仅仅是 fn，还有很多其他关键字都使用了缩写。有些初学者可能不太喜欢这样缩写，但是习惯之后，这种想法就会改变。

接下来定义一个 FizzBuzz 函数。FizzBuzz 函数很简单：输入一个数字，当数字是 3 的倍数时，输出 fizz；当数字是 5 的倍数时，输出 buzz；当数字是 3 和 5 共同的倍数时，输出 fizzbuzz；其他情况返回该数字，如代码清单 2-8 所示。

代码清单 2-8：FizzBuzz 函数示例

```
1.  pub fn fizz_buzz(num: i32) -> String {
```

```
2.        if num % 15 == 0 {
3.            return "fizzbuzz".to_string();
4.        } else if num % 3 == 0 {
5.            return "fizz".to_string();
6.        } else if num % 5 == 0 {
7.            return "buzz".to_string();
8.        } else {
9.            return num.to_string();
10.       }
11.   }
12.  fn main(){
13.      assert_eq!(fizz_buzz(15), "fizzbuzz".to_string());
14.      assert_eq!(fizz_buzz(3), "fizz".to_string());
15.      assert_eq!(fizz_buzz(5), "buzz".to_string());
16.      assert_eq!(fizz_buzz(13), "13".to_string());
17.  }
```

代码清单 2-8 中使用 fn 关键字定义了 fizz_buzz 函数，其函数签名 pub fn fizz_buzz(num: i32) -> String 清晰地反映了函数的类型约定：传入 **i32** 类型，返回 **String** 类型。**Rust** 编译器会严格遵守此类型的契约，如果传入或返回的不是约定好的类型，则编译时会报错。

我们从前文中已经知晓，函数体是由花括号括起来的，它实际上是一个块表达式，最终只返回块中最后一个表达式的求值结果。如果想提前返回，则需要使用 return 关键字。请参考代码清单 2-8。

return 表达式用于退出一个函数，并返回一个值。但是如果 return 后面没有值，就会默认返回单元值。

代码清单 2-8 中使用了 to_string 方法，它将表达式的求值结果转换为 String 类型。Rust 中的字符串类型不仅包括 String 类型，第 8 章讲字符串的时候会介绍更多相关内容。

2.4.2 作用域与生命周期

Rust 语言的作用域是静态作用域，即词法作用域（**Lexical Scope**）。由一对花括号来开辟作用域，其作用域在词法分析阶段就已经确定了，不会动态改变。词法作用域如代码清单 2-9 所示。

代码清单 2-9：词法作用域示例

```
1.  fn main(){
2.      let v = "hello world!";
3.      assert_eq!(v, "hello world!");
4.      let v = "hello Rust!";
5.      assert_eq!(v, "hello Rust!");
6.      {
7.          let v = "hello World!";
8.          assert_eq!(v, "hello World!");
9.      }
10.     assert_eq!(v, "hello Rust!");
11. }
```

在代码清单 2-9 中，代码第 2 行到第 5 行首先定义了变量绑定 v，赋值为 hello world!，然后通过断言验证其值。再次通过 let 声明变量绑定 v，赋值为 hello Rust!。这种连续用 let

定义同名变量的做法叫**变量遮蔽**（**Variable Shadow**）。但是最终的变量 v 的值是由第二个变量定义所决定的。变量遮蔽可以为日常开发提供诸多方便。

代码第 6 行到第 9 行使用花括号开辟了一个块空间，它实际上是一段词法作用域。其中同样使用 let 声明了变量绑定 v，赋值为 hello World!。

代码第 10 行使用宏断言 assert_eq!验证 v 的值，该值依然等于 hello Rust!，并没有因为块代码中的重新声明而发生改变。

这证明，在词法作用域内部使用花括号开辟新的词法作用域后，两个作用域是相互独立的。在不同的词法作用域内声明的变量绑定，拥有不同的**生命周期**（**LifeTime**）。尽管如此，变量绑定的生命周期总是遵循这样的规律：**从使用 let 声明创建变量绑定开始，到超出词法作用域的范围时结束**。

2.4.3 函数指针

在 Rust 中，**函数为一等公民**。这意味着，函数自身就可以作为函数的参数和返回值使用。

代码清单 2-10 展示了函数作为参数的情况。

代码清单 2-10：函数作为参数的情况

```
1.  pub fn math(op: fn(i32, i32) -> i32, a: i32, b: i32) -> i32{
2.      op(a, b)
3.  }
4.  fn sum(a: i32, b: i32) -> i32 {
5.      a + b
6.  }
7.  fn product(a: i32, b: i32) -> i32 {
8.      a * b
9.  }
10. fn main(){
11.     let a = 2;
12.     let b = 3;
13.     assert_eq!(math(sum, a, b), 5);
14.     assert_eq!(math(product, a, b), 6);
15. }
```

在代码清单 2-10 中，定义了函数 math，其函数签名的第一个参数为 fn(i32, i32) -> i32 类型，这在 Rust 中是函数指针（fn pointer）类型。

在 main 函数中，调用了 math 函数两次，分别传入了 sum 和 product 作为参数。而 sum 和 product 分别是用于求和和求积的两个函数，它们的类型是 fn(i32, i32) -> i32，所以可以作为参数传给 math 函数。注意这里直接使用函数的名字来作为函数指针。

函数也可以作为返回值使用，如代码清单 2-11 所示。

代码清单 2-11：函数作为返回值的情况

```
1.  fn is_true() -> bool { true }
2.  fn true_maker() -> fn() -> bool { is_true }
3.  fn main(){
4.      assert_eq!(true_maker()(), true);
5.  }
```

在代码清单 2-11 中，定义了函数 is_true，返回 true。还定义了函数 true_maker，返回 fn()->bool 类型，其函数体内直接将 is_true 函数指针返回。注意此处也使用了函数名字作为函数指针，如果加上括号，就会调用该函数。

在 main 函数的断言中，true_maker()() 调用相当于(true_maker())()。首先调用 true_maker()，会返回 is_true 函数指针；然后再调用 is_true()函数，最终得到 true。

2.4.5   CTFE 机制

Rust 编译器也可以像 C++或 D 语言那样，拥有**编译时函数执行（Compile-Time Function Execution，CTFE）**的能力。在 Rust 2018 版本的首个语义化版本 1.30 中，CTFE 的一个最小化子集已经稳定了。在该版本之前，如果想使用此功能，必须使用 Nightly Rust 版本。代码清单 2-12 展示了使用 CTFE 功能的一个示例——const fn 示例。

代码清单 2-12：const fn 示例

```
1.  //#![feature(const_fn)]
2.  const fn init_len() -> usize {
3.      return 5;
4.  }
5.  fn main(){
6.      let arr = [0; init_len()];
7.  }
```

在代码清单 2-12 中，使用了 const fn 来定义函数 init_len，该函数返回一个固定值 5。并且在 main 函数中，通过[0; N]这种形式来初始化初始值为 0、长度为 N 的数组，其中 N 是由调用函数 init_len 来求得的。

Rust 中固定长度的数组必须在编译期就知道长度，否则会编译出错。所以函数 init_len 必须在编译期求值。这就是 CTFE 的能力。注意，使用 Rust 2018 版本时，不需要加 #![feature(const_fn)]特性；而使用 Rust 2015 版本时，还需要加此特性。使用 const fn 定义的函数，必须可以确定值，不能存在歧义。与 fn 定义函数的区别在于，const fn 可以强制编译器在编译期执行函数。其中关键字 const 一般用于定义全局常量。

除了 const fn，官方还在实现 const generics 特性。支持 const generics 特性，将可以实现类似 impl <T,const N:usize> Foo for [T; N] {...}的代码，可以为所有长度的数组实现 triat Foo。那么使用数组的体验将会得到很大的提升。

Rust 中的 CTFE 是由 miri 来执行的。miri 是一个 MIR 解释器，目前已经被集成到了 Rust 编译器 rustc 中。Rust 编译器目前可以支持的常量表达式有：字面量、元组、数组、字段结构体、枚举、只包含单行代码的块表达式、范围等。Rust 想要拥有完善的 CTFE 支持，还有很多工作要做。

2.4.6   闭包

闭包也叫匿名函数。闭包有以下几个特点：

- 可以像函数一样被调用。
- 可以捕获上下文环境中的自由变量。
- 可以自动推断输入和返回的类型。

代码清单 2-13 展示了一个闭包的示例。

代码清单 2-13：闭包示例

```
1.   fn main(){
2.       let out = 42;
3.       // fn  add(i: i32, j: i32) -> i32 { i + j + out}
4.       fn  add(i: i32, j: i32) -> i32 { i + j }
5.       let closure_annotated = |i: i32, j: i32| -> i32 { i + j + out};
6.       let closure_inferred = |i, j| i + j + out;
7.       let i = 1;
8.       let j = 2;
9.       assert_eq!(3, add(i, j));
10.      assert_eq!(45, closure_annotated(i, j));
11.      assert_eq!(45, closure_inferred(i, j));
12.  }
```

在代码清单 2-13 中，在 main 函数中定义了另外一个函数 add，以及两个闭包 closure_annotated 和 closure_inferred。

闭包调用和函数调用非常像，如代码第 9 行到第 11 行所示。**但是闭包和函数有一个重要的区别，那就是闭包可以捕获外部变量，而函数不可以**。如代码第 3 行，在 add 函数内使用外部定义的变量 out，编译器会报错。但是代码第 5 行和第 6 行定义的闭包就可以直接使用 out。

闭包也可以作为函数参数和返回值，但使用起来略有区别。代码清单 2-14 展示了闭包作为参数的情况。

代码清单 2-14：闭包作为参数的情况

```
1.   fn closure_math<F: Fn() -> i32>(op: F) -> i32 {
2.        op()
3.   }
4.   fn main(){
5.       let a = 2;
6.       let b = 3;
7.       assert_eq!(math(|| a + b), 5);
8.       assert_eq!(math(|| a * b), 6);
9.   }
```

在代码清单 2-14 中，定义了函数 closure_math，其参数是一个泛型 F，并且该泛型受 Fn()->i32 trait 的限定，代表该函数只允许实现 Fn()->i32 trait 的类型作为参数。

Rust 中闭包实际上就是由一个匿名结构体和 **trait** 来组合实现的。所以，在 main 函数调用 math 函数的时候，分别传入|| a+b 和|| a* b 这两个闭包，都实现了 Fn()->i32。在 math 函数内部，通过在后面添加一对圆括号来调用传入的闭包。

闭包同样也可以作为返回值，如代码清单 2-15 所示。

代码清单 2-15：闭包作为返回值的情况

```
1.   fn two_times_impl() -> impl Fn(i32) -> i32 {
2.       let i = 2;
3.       move |j| j * i
4.   }
```

```
5.    fn main(){
6.        let result = two_times_impl();
7.        assert_eq!(result(2), 4);
8.    }
```

在代码清单 2-15 中使用了 impl Fn(i32) -> i32 作为函数的返回值，它表示实现 Fn(i32) -> i32 的类型。在函数定义时并不知道具体的返回类型，但是在函数调用时，编译器会推断出来。这个过程也是零成本抽象的，一切都发生在编译期。

需要注意的是，在函数 two_times_impl 中最后返回闭包时使用了 **move** 关键字。这是因为在一般情况下，闭包默认会按引用捕获变量。如果将此闭包返回，则引用也会跟着返回。但是在整个函数调用完毕之后，函数内的本地变量 i 就会被销毁。那么随闭包返回的变量 i 的引用，也将成为悬垂指针。Rust 是注重内存安全的语言，绝对不会让这种事情发生。所以如果不使用 move 关键字，编译器会报错。使用 move 关键字，将捕获变量i的所有权转移到闭包中，就不会按引用进行捕获变量，这样闭包才可以安全地返回。

在第 5 章中还会讲述更多关于闭包的内容。

2.5   流程控制

一般编程语言都会有常用的流程控制语句：条件语句和循环语句，Rust 也不例外。但是在 Rust 中不叫流程控制语句，而叫流程控制表达式。

2.5.1   条件表达式

表达式一定会有值，所以 if 表达式的分支必须返回同一个类型的值才可以。这也是 Rust 没有三元操作符? :的原因。if 表达式的求值规则和块表达式一致。

if 表达式如代码清单 2-16 所示。

代码清单 2-16：if 表达式

```
1.    fn main(){
2.        let n = 13;
3.        let big_n = if (n < 10 && n > -10) {
4.            10 * n
5.        } else {
6.            n / 2
7.        };
8.        assert_eq!(big_n, 6);
9.    }
```

在代码清单 2-16 中，变量绑定 big_n 的赋值是由一个 if 表达式来完成的。通过计算 n 的区间大小，来决定最终的值。因为 n 是整数 13，虽然没有明确指定类型，但 Rust 编译器会默认推断其为 i32 类型。在 if 条件分支中，对 n 求积得到的结果肯定是整数。在 else 分支中，按直觉来说，n 除以 2 应该是小数 6.5 才对。但是如果是小数，if 和 else 分支的求值结果类型会不一致，编译器会不会报错？

其实这里不需要担心，因为 big_n 的类型已经被 Rust 编译器根据上下文默认推断为 i32 类型。类型已经确定了，所以在计算 n 除以 2 的时候，Rust 编译器会将结果进行截取，去除小数点后面的部分。最终 big_n 的值是 6。

2.5.2 循环表达式

Rust 中包括三种循环表达式: while、loop 和 for…in 表达式, 其用法和其他编程语言相应的表达式基本类似。

现在我们用 for…in 表达式来实现 FizzBuzz, 如代码清单 2-17 所示。

代码清单 2-17: 用 for…in 表达式实现 FizzBuzz

```
1.   fn main(){
2.       for n in 1..101 {
3.           if n % 15 == 0 {
4.               println!("fizzbuzz");
5.           } else if n % 3 == 0 {
6.               println!("fizz");
7.           } else if n % 5 == 0 {
8.               println!("buzz");
9.           } else {
10.              println!("{}", n);
11.          }
12.      }
13.  }
```

在代码清单 2-17 中, for…in 表达式本质上是一个迭代器。其中 1..101 是一个 Range 类型, 它是一个迭代器。for 的每一次循环都从迭代器中取值, 当迭代器中没有值的时候, for 循环结束。第 5 章会介绍关于迭代器的更多内容。

在本书源码包中还可以找到使用 while 和 loop 循环的 FizzBuzz 示例。这里值得注意的是, 当需要使用无限循环的时候, 请务必使用 loop 循环, 避免使用 while true 循环。代码清单 2-18 展示了使用 while true 循环的情况, 我们看看会产生什么后果。

代码清单 2-18: 使用 while true 循环示例

```
1.   fn while_true(x: i32) -> i32 {
2.       while true {
3.           return x+1;
4.       }
5.   }
6.   fn main(){
7.       let y = while_true(5);
8.       assert_eq!(y, 6);
9.   }
```

代码清单 2-18 中定义了函数 while_true, 其中 while 循环条件使用了硬编码 true, 目的是实现无限循环。这种看似非常正确的代码会引起 Rust 编译器报错。

错误提示称 while true 循环块返回的是单元值, 而函数 while_true 返回值是 i32, 所以不匹配。但是在 while true 循环中使用了 return 关键字, 应该返回 i32 类型才对, 为什么会报错呢?

这是因为 Rust 编译器在对 while 循环做**流分析**(**Flow Sensitive**)的时候, 不会检查循环条件, 编译器会认为 while 循环条件可真可假, 所以循环体里的表达式也会被忽略, 此时编译器只知道 while true 循环返回的是单元值, 而函数返回的是 i32, 其他情况一概不知。这一切都是因为 CTFE 功能的限制, while 条件表达式无法作为编译器常量来使用。只有等将来

CTFE 功能完善了，才可以正常使用。同理，if true 在只有一条分支的情况下，也会发生类似情况。

修复此错误也很容易，如代码清单 2-19 所示。

代码清单 2-19：while true 错误修复

```
1.  fn while_true(x: i32) -> i32 {
2.      while true {
3.          return x+1;
4.      }
5.      x
6.  }
```

在代码清单 2-19 中，在 while_true 函数的最后一行（第 5 行）加了 x 变量，这是为了让编译器以为返回的类型是 i32 类型。但实际上，程序在运行以后，将永远在 while true 循环中执行。

2.5.3　match 表达式与模式匹配

Rust 提供了 match 表达式，如代码清单 2-20 所示。

代码清单 2-20：match 表达式

```
1.  fn main() {
2.      let number = 42;
3.      match number {
4.          0 => println!("Origin"),
5.          1...3 => println!("All"),
6.          | 5 | 7 | 13 => println!("Bad Luck"),
7.          n @ 42 => println!("Answer is {}", n),
8.          _ => println!("Common"),
9.      }
10. }
```

在代码清单 2-20 中，match 用于匹配各种情况。有点类似其他编程语言中的 switch 或 case 语句。

在 Rust 语言中，match 分支使用了**模式匹配**（**Pattern Matching**）技术。模式匹配在数据结构字符串中经常出现，比如在某个字符串中找出与该子串相同的所有子串。在编程语言中，模式匹配用于判断类型或值是否存在可以匹配的模式。模式匹配在很多函数式语言中已经被广泛应用。

在 Rust 语言中，match 分支左边就是模式，右边就是执行代码。模式匹配同时也是一个表达式，和 if 表达式类似，所有分支必须返回同一个类型。但是左侧的模式可以是不同的。代码清单 2-20 中使用的模式分别是单个值、范围、多个值和通配符。其中值得注意的是，在代码第 7 行中，使用操作符@可以将模式中的值绑定给一个变量，供分支右侧的代码使用，**这类匹配叫绑定模式（Binding Mode）**。match 表达式必须穷尽每一种可能，所以一般情况下，会使用通配符_来处理剩余的情况。

除了 match 表达式，还有 let 绑定、函数参数、for 循环等位置都用到了模式匹配，在后面章节中我们会陆续看到相关示例。

2.5.4 if let 和 while let 表达式

Rust 还提供了 if let 和 while let 表达式，分别用来在某些场合替代 match 表达式。使用 if let 表达式的代码如代码清单 2-21 所示。

代码清单 2-21：使用 if let 表达式

```
1.  fn main(){
2.      let boolean = true;
3.      let mut binary = 0;
4.      if let true = boolean {
5.          binary = 1;
6.      }
7.      assert_eq!(binary, 1);
8.  }
```

代码清单 2-21 中使用了 if let 表达式，和 match 表达式相似，if let 左侧为模式，右侧为要匹配的值。该代码表示 binary 默认为 0，如果 boolean 为 true，则将 binary 的值修改为 1。

在使用循环的某些场合下，也可以使用 while let 来简化代码。我们先来看不使用 while let 表达式，而使用 match 表达式的情况，如代码清单 2-22 所示。

代码清单 2-22：使用 match 表达式

```
1.  fn main(){
2.      let mut v = vec![1,2,3,4,5];
3.      loop {
4.          match v.pop() {
5.              Some(x) => println!("{}", x),
6.              None => break,
7.          }
8.      }
9.  }
```

在代码清单 2-22 中，创建了动态数组 v，并且想要将其中的元素通过 pop 方法依次取出来并打印。此处使用 loop 循环，因为调用 v 的 pop 方法会返回 Option 类型，所以用 match 匹配两种情况，Some(x)和 None。Rust 中引入 Option 类型是为了防止空指针的出现。Some(x)用于匹配数组中的元素，而 None 用于匹配数组被取空的情况。当数组取空时，就从循环中跳出（break）。

这段代码比较烦琐，因为第 6 行代码其实什么都没做，只是跳出循环而已。使用 while let 正好可以简化这段代码，如代码清单 2-23 所示。

代码清单 2-23：使用 while let 简化代码

```
1.  fn main(){
2.      let mut v = vec![1,2,3,4,5];
3.      while let Some(x) = v.pop() {
4.          println!("{}", x);
5.      }
6.  }
```

代码清单 2-23 使用了 while let 表达式。与 if let 类似，其左侧 Some(x)为匹配模式，它会匹配右侧 pop 方法调用返回的 Option 类型结果，并自动创建 x 绑定供 println!宏语句使用。

如果数组中的值取空，则自动跳出循环。

2.6　基本数据类型

Rust 提供了很多原始基本数据类型，下面分别介绍它们。

2.6.1　布尔类型

Rust 内置了布尔类型，类型名为 bool。bool 类型只有两个值——true 和 false，其示例如代码清单 2-24 所示。

代码清单 2-24：bool 类型示例

```
1.  fn main(){
2.      let x = true;
3.      let y: bool = false;
4.      let x = 5;
5.      if x > 1 { println!( "x is bigger than 1")};
6.      assert_eq!(x as i32, 1);
7.      assert_eq!(y as i32, 0);
8.  }
```

在代码清单 2-24 中，第 2 行和第 3 行声明 x 和 y 绑定的写法是等价的。对于 x 绑定，Rust 可以自动推断其类型为 bool。当然也可以像声明 y 那样显式地指定其类型为 bool。

任意一个比较操作都会产生 bool 类型，如第 5 行代码所示。

也可以通过 as 操作符将 bool 类型转换为数字 0 和 1。但要注意，Rust 并不支持将数字转换为 bool 类型。

2.6.2　基本数字类型

Rust 提供的基本数字类型大致可以分为三类：固定大小的类型、动态大小的类型和浮点数，分别介绍如下。

- 固定大小的类型包括无符号整数（Unsigned Integer）和符号整数（Signed Integer）。其中，无符号整数包括：
  - ➢ u8，数值范围为 $0\sim2^{8-1}$，占用 1 个字节。u8 类型通常在 Rust 中表示字节序列。在文件 I/O 或网络 I/O 中读取数据流时需要使用 u8。
  - ➢ u16，数值范围为 $0\sim2^{16-1}$，占用 2 个字节。
  - ➢ u32，数值范围为 $0\sim2^{32-1}$，占用 4 个字节。
  - ➢ u64，数值范围为 $0\sim2^{64-1}$，占用 8 个字节。
  - ➢ u128，数值范围为 $0\sim2^{128-1}$，占用 16 个字节。

  符号整数包括：
  - ➢ i8，数值范围为 $-2^7\sim2^{7-1}$，占用 1 个字节。
  - ➢ i16，数值范围为 $-2^{15}\sim2^{15-1}$，占用 2 个字节。
  - ➢ i32，数值范围为 $-2^{31}\sim2^{31-1}$，占用 4 个字节。
  - ➢ i64，数值范围为 $-2^{63}\sim2^{63-1}$，占用 8 个字节。
  - ➢ i128，数值范围为 $-2^{127}\sim2^{127-1}$，占用 16 个字节。

- 动态大小类型分为：
  - ➤ usize，数值范围为 $0\sim2^{32-1}$ 或 $0\sim2^{64-1}$，占用 4 个或 8 个字节，具体取决于机器的字长。
  - ➤ isize，数值范围为 $-2^{31}\sim2^{31-1}$ 或 $-2^{63}\sim2^{63-1}$，占用 4 个或 8 个字节，同样取决于机器的字长。
- 浮点数类型分为：
  - ➤ f32，单精度 32 位浮点数，至少 6 位有效数字，数值范围为 $-3.4\times10^{38}\sim3.4\times10^{38}$。
  - ➤ f64，单精度 64 位浮点数，至少 15 位有效数字，数值范围为 $-1.8\times10^{308}\sim1.8\times10^{308}$。

基本数字类型的示例如代码清单 2-25 所示。

代码清单 2-25：基本数字类型示例

```
1.   fn main(){
2.      let num = 42u32;
3.      let num: u32 = 42;
4.      let num = 0x2A;   // 十六进制
5.      let num = 0o106;   // 八进制
6.      let num = 0b1101_1011; // 二进制
7.      assert_eq!(b'*', 42u8); // 字节字面量
8.      assert_eq!(b'\'', 39u8);
9.      let num = 3.1415926f64;
10.     assert_eq!(-3.14, -3.14f64);
11.     assert_eq!(2., 2.0f64);
12.     assert_eq!(2e4, 20000f64);
13.     println!("{:?}", std::f32::INFINITY);
14.     println!("{:?}", std::f32::NEG_INFINTLY);
15.     println!("{:?}", std::f32::NAN);
16.     println!("{:?}", std::f32::MIN);
17.     println!("{:?}", std::f32::MAX);
18.  }
```

代码清单 2-25 中创建的数字字面量后面可以直接使用**类型后缀**，比如 42u32，代表这是一个 u32 类型。如果不加后缀或者没有指定类型，Rust 编译器会默认**推断**数字为 i32 类型。

可以用前缀 0x、0o 和 0b 分别表示十六进制、八进制和二进制类型。比如 0x2A、0o106、0b1101_1011。

Rust 中也可以写**字节字面量**，比如以 b 开头的字符 b'*'，它实际等价于 42u8。

浮点数同样也可以为字面量加类型后缀。如果不加后缀或没有指定类型，Rust 会默认推断浮点数为 f64 类型。标准库 std::f32 和 std::f64 都提供了 IEEE 所需的特殊常量值，比如 INFINITY（无穷大）、NEG_INFINITY（负无穷大）、NAN（非数字值）、MIN（最小有限值）和 MAX（最大有限值）。

2.6.3　字符类型

在 Rust 中，使用**单引号**来定义字符（Char）类型。字符类型代表的是一个 **Unicode 标量值**，每个字符占 4 个字节，字符类型的示例如代码清单 2-26 所示。

代码清单 2-26：字符类型示例

```
1.   fn main(){
```

```
2.      let x = 'r';
3.      let x = 'Ú';
4.      println!("{}", '\'');
5.      println!("{}", '\\');
6.      println!("{}", '\n');
7.      println!("{}", '\r');
8.      println!("{}", '\t');
9.      assert_eq!('\x2A', '*');
10.     assert_eq!('\x25', '%');
11.     assert_eq!('\u{CA0}', 'ಠ');
12.     assert_eq!('\u{151}', 'ő');
13.     assert_eq!('%' as i8, 37);
14.     assert_eq!('ಠ' as i8, -96);
15. }
```

在代码清单 2-26 中，使用了多个 Unicode 值来定义字符，比如'Ú'、'ಠ'、'*'等。同时，Rust 的字符也支持转义符，如代码第 4 行到第 8 行所示。

字符也可以使用 ASCII 码和 Unicode 码来定义，'2A'为 ASCII 码表中表示符号'*'的十六进制数，格式为'\xHH'。'151'是 Unicode 十六进制码，格式为'\u{HHH}'，如代码第 9 行到第 12 行所示。

同样，可以使用 as 操作符将字符转为数字类型。'%'的十进制 ASCII 值是 37。'ಠ'转换为 i8，该字符值的高位会被截断，最终得到−96。

2.6.4   数组类型

数组（Array）是 Rust 内建的原始集合类型，数组的特点为：

- 数组大小固定。
- 元素均为同类型。
- 默认不可变。

数组的类型签名为[T; N]。T 是一个泛型标记，后面会具体介绍，它代表数组中元素的某个具体类型。N 代表数组的长度，是一个编译时常量，必须在编译时确定其值。数组类型的示例如代码清单 2-27 所示。

代码清单 2-27：数组类型示例

```
1.  fn main(){
2.      let arr: [i32; 3] = [1, 2, 3];
3.      let mut mut_arr = [1, 2, 3];
4.      assert_eq!(1, mut_arr[0]);
5.      mut_arr[0] = 3;
6.      assert_eq!(3, mut_arr[0]);
7.      let init_arr = [0; 10];
8.      assert_eq!(0, init_arr[5]);
9.      assert_eq!(10, init_arr.len());
10.     // println!("{:?}", arr[5]); // Error: index out of bounds
11. }
```

在代码清单 2-27 中，定义了类型为[i32; 3]的数组，该数组是固定长度的，不允许对其添加或删除元素。即使通过 let mut 关键字定义可变绑定 mut_arr，也只能修改已存在于索引位上的元素。

另外，还可以通过[0; 10]这样的语法创建初始值为 0 且指定长度为 10 的数组。对于越界访问的情况，Rust 会报编译错误，有效阻止了内存不安全的操作，如代码第 10 行所示。

对于原始固定长度数组，只有实现 Copy trait 的类型才能作为其元素，也就是说，只有可以在栈上存放的元素才可以存放在该类型的数组中。不过，在不远的将来，Rust 还将支持 **VLA（variable-length array）**数组，即**可变长度数组**。对于可变长度数组，将会基于可以在栈上动态分配内存的函数来实现。在本书写作时，支持该功能的 Unsized Rvalues 特性[1]已经被实现了一小部分。

2.6.5　范围类型

Rust 内置了范围（Range）类型，包括**左闭右开**和**全闭**两种区间。范围类型的示例如代码清单 2-28 所示。

代码清单 2-28：范围类型示例

```
1.  fn main(){
2.      assert_eq!((1..5), std::ops::Range{ start: 1, end: 5 });
3.      assert_eq!((1..=5), std::ops::RangeInclusive::new(1, 5));
4.      assert_eq!(3+4+5, (3..6).sum());
5.      assert_eq!(3+4+5+6, (3..=6).sum());
6.      for i in (1..5) {
7.          println!("{}", i); // 1,2,3,4
8.      }
9.      for i in (1..=5) {
10.         println!("{}", i); // 1,2,3,4,5
11.     }
12. }
```

代码清单 2-28 中展示了两种范围区间。(1..5)表示左闭右开区间，(1..=5)则表示全闭区间。它们分别是 std::ops::Range 和 std::ops::RangeInclusive 的实例。

范围自带了一些方法，比如 sum，可以为范围中的元素进行求和。并且每个范围都是一个迭代器，可以直接使用 for 循环进行打印。请注意两种区间的不同。

2.6.6　切片类型

切片（Slice）类型是对一个数组（包括固定大小数组和动态数组）的引用片段，有利于安全有效地访问数组的一部分，而不需要拷贝。因为理论上讲，切片引用的是已经存在的变量。在底层，切片代表一个指向数组起始位置的指针和数组长度。用[T]类型表示连续序列，那么切片类型就是&[T]和&mut [T]。

切片类型的示例如代码清单 2-29 所示。

代码清单 2-29：切片类型示例

```
1.  fn main(){
2.      let arr: [i32; 5] = [1, 2, 3, 4, 5];
```

1　该特性在 RFC1909 中被描述。

```
3.        assert_eq!(&arr, &[1, 2,3,4,5]);
4.        assert_eq!(&arr[1..], [2,3,4,5]);
5.        assert_eq!(&arr.len(), &5);
6.        assert_eq!(&arr.is_empty(), &false);
7.        let arr = &mut [1, 2, 3];
8.        arr[1] = 7;
9.        assert_eq!(arr, &[1, 7, 3]);
10.       let vec = vec![1, 2, 3];
11.       assert_eq!(&vec[..], [1,2,3]);
12.   }
```

在代码清单 2-29 中，通过引用操作符&对数组进行引用，就产生了一个切片&arr。也可以结合范围对数组进行切割，比如&arr[1..]，表示获取 arr 数组中在索引位置 1 之后的所有元素。

切片也提供了两个 const fn 方法，len 和 is_empty，分别用来得到切片的长度和判断切片是否为空。

通过&mut 可以定义可变切片，这样可以直接通过索引来修改相应位置的值，如代码第 7 行到第 9 行所示。

对于使用 vec!宏定义的动态数组，也可以通过引用操作符来得到一个切片，如代码第 10 行和第 11 行所示。

2.6.7　str 字符串类型

Rust 提供了原始的字符串类型 str，也叫作**字符串切片**。它通常以不可变借用的形式存在，即&str。**出于内存安全的考虑，Rust 将字符串分为两种类型**，一种是固定长度字符串，不可随便更改其长度，就是 str 字符串；另一种是可增长字符串，可以随意改变其长度，就是 String 字符串。str 字符串的示例如代码清单 2-30 所示。

代码清单 2-30：str 字符串示例

```
1.    fn main(){
2.        let truth: &'static str = "Rust 是一门优雅的语言";
3.        let ptr = truth.as_ptr();
4.        let len = truth.len();
5.        assert_eq!(28, len);
6.        let s = unsafe {
7.            let slice = std::slice::from_raw_parts(ptr, len);
8.            std::str::from_utf8(slice)
9.        };
10.       assert_eq!(s, Ok(truth));
11.   }
```

代码清单 2-30 中定义了字符串字面量 truth。本质上，字符串字面量也属于 str 类型，只不过它是**静态生命周期字符串& 'static str**。所谓静态生命周期，可以理解为该类型字符串和程序代码一样是持续有效的。

str 字符串类型由两部分组成：指向字符串序列的指针和记录长度的值。可以通过 str 模块提供的 as_ptr 和 len 方法分别求得指针和长度，如代码第 3 行和第 4 行所示。

Rust 中的字符串本质上是一段有效的 UTF8 字节序列。所以，可以将一段字节序列转换为 str 字符串。如代码第 6 行到第 9 行所示。通过调用 std::slice::from_raw_parts 函数，传入指针和长度，可以将相应的字节序列转换为切片类型&[u8]。然后再使用 std::str::from_utf8 函数将得到的切片转换为 str 字符串。因为整个过程并没有验证字节序列是否为合法的 UTF8 字符串，所以需要放到 **unsafe 块**中执行整个转换过程。如果开发者看到 unsafe 块，就意味着 Rust 编译器将内存安全交由开发者自行负责了。关于 unsafe 块的更多细节，将在第 13 章详细阐述。

2.6.8　原生指针

我们将可以表示内存地址的类型称为**指针**。Rust 提供了多种类型的指针，包括引用（Reference）、原生指针（Raw Pointer）、函数指针（fn Pointer）和智能指针（Smart Pointer）。

我们在前面介绍过引用，它本质上是一种**非空指针**。Rust 可以划分为 **Safe Rust 和 Unsafe Rust** 两部分，引用主要应用于 Safe Rust 中。在 Safe Rust 中，编译器会对引用进行借用检查，以保证内存安全和类型安全。

原生指针主要用于 Unsafe Rust 中。直接使用原生指针是不安全的，比如原生指针可能指向一个 Null，或者一个已经被释放的内存区域，因为使用原生指针的地方不在 Safe Rust 的可控范围内，所以需要程序员自己保证安全。Rust 支持两种原生指针：不可变原生指针*const T 和可变原生指针*mut T。

原生指针的示例如代码清单 2-31 所示。

代码清单 2-31：原生指针示例

```
1.   fn main(){
2.       let mut x = 10;
3.       let ptr_x = &mut x as *mut i32;
4.       let y = Box::new(20);
5.       let ptr_y = &*y as *const i32;
6.       unsafe {
7.           *ptr_x += *ptr_y;
8.       }
9.       assert_eq!(x, 30);
10. }
```

在代码清单 2-31 中，通过 as 操作符将&mut x 可变引用转换为*mut i32 可变原生指针 ptr_x，如代码第 2 行和第 3 行所示。

代码第 4 行使用 Box::new(20)代表在堆内存上存储数字 20。然后通过一系列操作转成不可变原生指针 ptr_y。

然后对 ptr_x 和 ptr_y 指针解引用，并将两个指针指向的值求和，最终得到 30。如代码第 6 行到第 8 行所示，注意操作原生指针要使用 unsafe 块。

关于原生指针的更多内容，在第 13 章中有详细阐述。

2.6.9　never 类型

Rust 中提供了一种特殊数据类型，never 类型，即!。**该类型用于表示永远不可能有返回值的计算类型**，比如线程退出的时候，就不可能有返回值。Rust 是一个类型安全的语言，所以也需要将这种情况纳入类型系统中进行统一管理。

never 类型的示例如代码清单 2-32 所示。

代码清单 2-32：never 类型示例

```
1.   #![feature(never_type)]
2.   fn foo() -> u32 {
3.       let x: ! = {
4.           return 123
5.       };
6.   }
7.   fn main() {
8.       let num: Option<u32> = Some(42);
9.       match num {
10.          Some(num) => num,
11.          None => panic!("Nothing!"),
12.      };
13.  }
```

在代码清单 2-32 中使用了#![feature(never_type)]特性，这是因为当前 never 类型属于实验特性，所以必须在 Nightly 版本下使用该特性，才可以显式地使用 never 类型。

代码第 2 行到第 6 行定义了 foo 函数，其内部定义的绑定 x 指定了 never 类型，右侧块中使用了 return 表达式。因为 return 表达式会将 123 返回，绑定 x 永远都不会被赋值，所以这里使用 never 类型不会出现编译错误。与 return 表达式类似的还有 break 和 continue。

在 main 函数中使用了 match 匹配表达式，注意其中 None 分支使用了 panic!宏。因为 match 表达式要求所有的分支都必须返回相同的类型，这里 panic!宏其实是会返回 never 类型!的，而 Some(num)分支会返回 u32 类型。为什么编译器没有报错呢？这是因为 never 类型是可以强制转换为其他任何类型的。

2.7　复合数据类型

Rust 提供了 4 种复合数据类型，分别是：

- **元组**（Tuple）
- **结构体**（Struct）
- **枚举体**（Enum）
- **联合体**（Union）

这 4 种数据类型都是异构数据结构，意味着可以使用它们将多种类型构建为统一的数据类型。本章只介绍前 3 种复合数据类型，联合体将在第 7 章介绍。

2.7.1　元组

元组（Tuple）是一种异构有限序列，形如(T, U, M, N)。所谓异构，就是指元组内的元素可以是不同类型的；所谓有限，是指元组有固定的长度，如代码清单 2-33 所示。

代码清单 2-33：元组示例

```
1.   fn move_coords( x: (i32,i32) ) -> (i32, i32) {
2.       (x.0 + 1, x.1 + 1)
3.   }
```

```
4.   fn main(){
5.       let tuple : (&'static str, i32, char) = ("hello", 5, 'c');
6.       assert_eq!(tuple.0, "hello");
7.       assert_eq!(tuple.1, 5);
8.       assert_eq!(tuple.2, 'c');
9.       let coords = (0, 1);
10.      let result = move_coords(coords);
11.      assert_eq!(result, (1, 2));
12.      let (x, y) = move_coords(coords);
13.      assert_eq!(x, 1);
14.      assert_eq!(y, 2);
15.  }
```

在代码清单 2-33 中，定义了类型为(&'static str, i32, char)的元组 tuple。可以通过**索引**来获取元组内元素的值，如代码第 6 行到第 8 行所示。

利用元组也可以让函数返回多个值，如代码第 1 行到第 3 行函数 move_coords 的定义所示。

因为 let 支持模式匹配，所以可以用来解构元组，如代码第 12 行到第 14 行所示。函数 move_coords 返回一个元组，通过 let 解构，返回的元组第一位会绑定给 x，第二位会绑定给 y。之后就可以直接使用 x 和 y。

当元组中只有一个值的时候，需要加逗号，即 (0,)，这是为了和括号中的其他值进行区分，其他值形如(0)。实际上前面函数部分讲到的单元类型就是一个空元组，即()。

2.7.2 结构体

Rust 提供三种结构体：

- 具名结构体（Named-Field Struct）
- 元组结构体（Tuple-Like Struct）
- 单元结构体（Unit-Like Struct）

具名结构体是最常见的结构体，如代码清单 2-34 所示。

代码清单 2-34：具名结构体示例

```
1.   #[derive(Debug, PartialEq)]
2.   struct People {
3.       name: &'static str,
4.       gender: u32,
5.   }
6.   impl People {
7.       fn new(name: &'static str, gender: u32) -> Self{
8.           return People{name: name, gender: gender};
9.       }
10.      fn name(&self) {
11.          println!("name: {:?}", self.name);
12.      }
13.      fn set_name(&mut self, name: &'static str) {
14.          self.name = name;
15.      }
```

```
16.    fn gender(&self){
17.        let gender = if (self.gender == 1) {"boy"} else {"girl"};
18.        println!("gender: {:?}", gender);
19.    }
20. }
```

代码清单 2-34 中通过 struct 关键字定义了一个结构体 People，注意结构体名称要遵从**驼峰式命名**规则。虽然不按驼峰式命名也可以通过编译，但是编译器会警告你：should have a camel case name。

结构体里面字段格式为 name: type，name 是字段的名称，type 是此字段的类型，所以称此类结构体为具名结构体。结构体中字段默认不可变，而且字段可以是任意类型的，甚至是结构体本身。

People 结构体上方的**#[derive(Debug, PartialEq)]**是属性，可以让结构体自动实现 Debug trait 和 PartialEq trait，它们的功能是允许对结构体实例进行打印和比较。

在 impl People { … }块中为 People 结构体实现了 4 个方法，new、name、set_name 和 gender。

在 Rust 中，函数和方法是有区别的。如果不是在 impl 块里定义的函数，就是自由函数。**而在 impl 块中定义的函数被称为方法，这和面向对象有点渊源**。从代码清单 2-34 中可以看出来，name 和 gender 函数的定义中有一个参数&self，它代表一个对结构体实例自身的引用，这样方便我们使用圆点记号来调用结构体实例中定义的相关函数，如代码清单 2-35 所示。

代码清单 2-35：用圆点记号调用结构体实例中定义的相关函数

```
1.  fn main(){
2.      let alex = People::new( "Alex", 1);
3.      alex.name();
4.      alex.gender();
5.      assert_eq!(alex, People { name: "Alex", gender: 1 });
6.      let mut alice = People::new("Alice", 0);
7.      alice.name();
8.      alice.gender();
9.      assert_eq!(alice, People { name: "Alice", gender: 0 });
10.     alice.set_name("Rose");
11.     alice.name();
12.     assert_eq!(alice, People { name: "Rose", gender: 0 });
13. }
```

在代码清单 2-35 中，通过 People::new 方法来创建 People 结构体实例 alex。并且可以通过圆点记号来调用结构体中的函数 name 和 gender。代码第 3 行和第 4 行的写法完全符合面向对象消息通信模型 receiver.message。所以说，**Rust 具名结构体是面向对象思想的一种体现**。

所以，这里实现的 name 和 set_name 两个方法，有点类似于面向对象中的 getter 和 setter 方法，这两个方法的作用就是获取和修改成员变量的具体值。注意这两个方法签名中的&self 和&mut self 的用法。结构体中定义的 new 方法，则类似于面向对象语言中类的构造函数，但实际上 Rust 中并没有构造函数。注意 new 方法参数并没有&self，在调用 new 方法的时候直接使用了一对冒号，而不是圆点记号。

除了具名结构体，Rust 中还有一种结构体，它看起来像元组和具名结构体的混合体，叫**元组结构体**，如代码清单 2-36 所示。其特点是，**字段没有名称，只有类型**。

代码清单 2-36：元组结构体示例

```
1.  struct Color(i32, i32, i32);
2.  fn main(){
3.      let color = Color(0, 1, 2);
4.      assert_eq!(color.0, 0);
5.      assert_eq!(color.1, 1);
6.      assert_eq!(color.2, 2);
7.  }
```

代码清单 2-36 中定义了元组结构体 Color，看上去就像具名的元组。注意，元组结构体后面要加分号。元组结构体访问字段的方式和元组一样，也是使用圆点记号按位置索引访问。

当一个元组结构体只有一个字段的时候，我们称之为 New Type 模式，如代码清单 2-37 所示。

代码清单 2-37：New Type 模式示例

```
1.  struct Integer(u32);
2.  type Int = i32;
3.  fn main(){
4.      let int = Integer(10);
5.      assert_eq!(int.0, 10);
6.      let int: Int = 10;
7.      assert_eq!(int, 10);
8.  }
```

代码清单 2-37 中定义了 Integer 单字段结构体，字段为 u32 类型。之所以称为 New Type 模式，是因为相当于把 u32 类型包装成了新的 Integer 类型。

也可以使用 type 关键字为一个类型创建别名，如代码第 2 行为 i32 类型创建了一个别名 Int，但是其本质还是 i32 类型，它所拥有的行为和 i32 是一样的。相比之下，New Type 模式属于自定义类型，更加灵活。

Rust 中可以定义一个没有任何字段的结构体，即单元结构体，如代码清单 2-38 所示。

代码清单 2-38：单元结构体示例

```
1.  struct Empty;
2.  fn main() {
3.      let x = Empty;
4.      println!("{:p}", &x);
5.      let y = x;
6.      println!("{:p}", &y);
7.      let z = Empty;
8.      println!("{:p}", &z);
9.      assert_eq!((..), std::ops::RangeFull);
10. }
```

代码清单 2-38 中定义了 Empty 结构体，等价于 struct Empty {}。单元结构体实例就是其本身。也许有的人会有疑问：为同一个单元结构体创建多个实例，这些实例是否是同一个对象？注意，此处的"对象"是广义层面的，并非特指面向对象中的"对象"。

代码第 5 行将 x 赋值给新的绑定 y。此时因为 x 是位置表达式，而它的上下文是值上下文，所以它的内存地址会移动给新的位置表达式 y。

代码第 7 行定义了新的绑定 z，将新的单元结构体实例赋予了 z。

然后通过{:p}格式符在 println!宏语句中打印&x、&y 和&z 的内存地址，会发现以下事实：

- 在 Debug 编译模式下，x、y 和 z 是不同的内存地址。
- 在 Release 编译模式下，x、y 和 z 是相同的内存地址。

这证明，在 Release 编译模式下，单元结构体实例会被优化为同一个对象。而在 Debug 模式下，则不会进行这样的优化。

单元结构体与 New Type 模式类似，也相当于定义了一个新的类型。单元结构体一般用于一些特定场景，标准库中表示全范围(..)的 RangeFull，就是一个单元结构体，如代码第 9 行所示。

2.7.3　枚举体

枚举体（Enum，也可称为枚举类型或枚举），顾名思义，该类型包含了全部可能的情况，可以有效地防止用户提供无效值。在 Rust 中，枚举类型可以使用 enum 关键字来定义，并且有三种形式，其中一种是无参数枚举体，如代码清单 2-39 所示。

代码清单 2-39：无参数枚举体示例

```
1.  enum Number {
2.      Zero,
3.      One,
4.      Two,
5.  }
6.  fn main() {
7.      let a = Number::One;
8.      match a {
9.          Number::Zero => println!("0"),
10.         Number::One => println!("1"),
11.         Number::Two => println!("2"),
12.     }
13. }
```

代码清单 2-39 中定义了枚举体 Number，包含了三个值 Zero、One 和 Two。需要注意，这三个是值，而非类型。

在 main 函数中，想要使用枚举体的值，需要使用 Number 前缀，如代码第 7 行所示。可以使用 match 匹配来枚举所有的值，以处理相应的情况。

Rust 也可以编写像 C 语言中那种形式的枚举体，就是我们要讲的第二种形式的枚举体，我们称之为类 C 枚举体，如代码清单 2-40 所示。

代码清单 2-40：类 C 枚举体示例

```
1.  enum Color {
2.      Red = 0xff0000,
3.      Green = 0x00ff00,
4.      Blue = 0x0000ff,
5.  }
6.  fn main(){
7.      println!("roses are #{:06x}", Color::Red as i32);
```

```
8.        println!("violets are #{:06x}", Color::Blue as i32);
9.    }
```

代码清单 2-40 中定义了枚举体 Color，其中包含了三个枚举值：Red、Green 和 Blue，还分别被赋予了相应的值。同样，如果要使用具体的枚举值，需要加 Color 前缀，如代码第 7 行和第 8 行所示。

Rust 还支持携带类型参数的枚举体，也就是我们要讲的第三种枚举体，如代码清单 2-41 所示。

代码清单 2-41：带参数枚举体示例

```
1.    enum IpAddr {
2.        V4(u8, u8, u8, u8),
3.        V6(String),
4.    }
5.    fn main(){
6.        let x : fn(u8, u8, u8, u8) -> IpAddr = IpAddr::V4;
7.        let y : fn(String) -> IpAddr = IpAddr::V6;
8.        let home = IpAddr::V4(127, 0, 0, 1);
9.    }
```

代码清单 2-41 中定义的枚举体 IpAddr，其枚举值携带了类型参数。这样的枚举值本质上属于函数指针类型。

从代码第 6 行和第 7 行中看得出来，IpAddr::V4 是 fn(u8, u8, u8, u8) -> IpAddr 函数指针，IpAddr::V6 是 fn(String) -> IpAddr 函数指针。

使用这类枚举值就像函数调用那样，需要传入实际的参数，如代码第 8 行所示。

枚举体在 Rust 中属于非常重要的类型之一。一方面它为编程提供了很多方便，另一方面，它保证了 Rust 中避免出现空指针。其应用示例如代码清单 2-42 所示。

代码清单 2-42：枚举体应用示例

```
1.    enum Option{
2.        Some(i32),
3.        None,
4.    }
5.    fn main(){
6.        let s = Some(42);
7.        let num = s.unwrap();
8.        match s {
9.            Some(n) => println!("num is: {}", n),
10.           None => (),
11.       };
12.   }
```

在代码清单 2-42 中定义了 **Option** 枚举类型，现在想用该类型表示**有值**和**无值**两种情况。其中 Some(i32)代表有 i32 类型的值，而 None 代表无任何值。

该类型可以作为某些函数的返回值。如果函数有合法的值返回，则使用 Some(i32)枚举值；如果函数要返回空，则可以使用 None。这样一来，该函数的值就确定了，无非就是两种，有值或无值。调用该函数的开发者就可以分别处理这两种情况，从而提升程序的健壮性。

在 main 函数中，定义了绑定 s 的值为 Some(42)。因为这里的值是确定的，所以可以使用 unwrap 方法将 Some(42)中的数字 42 取出来。如果在不确定的情况下使用 unwrap，可能会导致运行时错误。我们可以使用 match 匹配来枚举这两种情况，并分别处理，如代码第 8 行到第 11 行所示。

这个 Option 类型可以有效地避免开发中出现 Null 值，所以 Rust 标准库中也内置了相应的类型，只不过它是泛型的枚举体 Option<T>，如代码清单 2-43 所示。这样一来，开发者无须自己定义就可以直接使用泛型的枚举体了。

代码清单 2-43：Option<T>示例

```
1.  fn main(){
2.      let s: &Option<String> = &Some("hello".to_string());
3.      // Rust 2015 版本
4.      match s {
5.          &Some(ref s) => println!("s is: {}", s),
6.          _ => (),
7.      };
8.      // Rust 2018 版本
9.      match s {
10.         Some(s) => println!("s is: {}", s),
11.         _ => (),
12.     };
13. }
```

在代码清单 2-43 中，可以直接使用 Some(T)，T 是泛型，此处具体类型为&str 字符串。

代码第 2 行定义了&Option<&str>类型的绑定 s，这里使用引用是为了演示 match 匹配的两种写法。

代码第 4 行到第 7 行是 Rust 2015 版本中的写法。在 match 匹配分支中，使用&Some(ref s)这样的匹配模式是为了解构&Some("hello".to_string())。其中 ref 也是一种模式匹配，是为了解构&Some(ref s)中 s 的引用，避免其中的 s 被转移所有权。

代码第 9 行到第 12 行是 Rust 2018 版本中的写法。目的和第 4 行到第 7 行相同，但是不需要再使用引用操作符和 ref 来进行解构了。在新的版本中，match 匹配会自动处理这种情况。

2.8　常用集合类型

在 Rust 标准库 std::collections 模块下有 4 种通用集合类型，分别如下。

- 线性序列：向量（Vec）、双端队列（VecDeque）、链表（LinkedList）。
- Key-Value 映射表：无序哈希表（HashMap）、有序哈希表（BTreeMap）。
- 集合类型：无序集合（HashSet）、有序集合（BTreeSet）。
- 优先队列：二叉堆（BinaryHeap）。

2.8.1　线性序列：向量

向量也是一种数组，和基本数据类型中的数组的区别在于，向量可动态增长。代码清单 2-44 展示了一个向量的示例。

代码清单 2-44：Vec<T>示例

```
1.   fn main(){
2.       let mut v1 = vec![];
3.       v1.push(1);
4.       v1.push(2);
5.       v1.push(3);
6.       assert_eq!(v1, [1,2,3]);
7.       assert_eq!(v1[1], 2);
8.       let mut v2 = vec![0; 10];
9.       let mut v3 = Vec::new();
10.      v3.push(4);
11.      v3.push(5);
12.      v3.push(6);
13.      // v3[4];  error: index out of bounds
14.  }
```

在代码清单 2-44 中，使用了三种方法来初始化向量，分别见 v1、v2 和 v3 的初始化方法。向量的用法和一般数组是类似的，但是如果要往向量中增加元素，则需要用 mut 来创建可变绑定。访问元素也是通过下标索引来访问的。

vec!是一个宏，用来创建向量字面量。宏语句可以使用圆括号，也可以使用中括号和花括号，一般使用中括号来表示数组。可以使用 push 方法往向量数组中添加新的元素。向量也内置了很多其他方法，在第 8 章将详细介绍它们。

Rust 对向量和数组都会做越界检查，以保证安全。如代码第 13 行所示，调用 v3[4]，编译器会报 panic 错误：thread 'main' panicked at 'index out of bounds。

2.8.2　线性序列：双端队列

双端队列（Double-ended Queue，缩写为 Deque）是一种同时具有队列（先进先出）和栈（后进先出）性质的数据结构。双端队列中的元素可以从两端弹出，插入和删除操作被限定在队列的两端进行。

Rust 中的 VecDeque 是基于可增长的 RingBuffer 算法实现的双端队列。代码清单 2-45 展示了一个双端队列的示例。

代码清单 2-45：VecDeque<T>示例

```
1.   use std::collections::VecDeque;
2.   fn main () {
3.       let mut buf = VecDeque::new();
4.       buf.push_front(1);
5.       buf.push_front(2);
6.       assert_eq!(buf.get(0), Some(&2));
7.       assert_eq!(buf.get(1), Some(&1));
8.       buf.push_back(3);
9.       buf.push_back(4);
10.      buf.push_back(5);
11.      assert_eq!(buf.get(2), Some(&3));
12.      assert_eq!(buf.get(3), Some(&4));
13.      assert_eq!(buf.get(4), Some(&5));
14.  }
```

　　在代码清单 2-45 中，需要通过 use 关键字引入 std::collections::VecDeque，因为
VecDeque<T>并不会像 Vec<T>那样被自动引入。

　　双端队列 VecDeque 实现了两种 push 方法，push_front 和 push_back。push_front 的行为
像栈，push_back 的行为像队列。通过 get 方法加索引值可以获取队列中相应的值。

　　代码第 6 行和第 7 行通过 push_front 先后添加了元素 1 和 2，但是相应的索引是 1 和 0，
正是栈数据结构先进后出的体现。

　　代码第 11 行到第 13 行通过 push_back 先后添加了元素 3、4 和 5，相应的索引位置是 2、
3 和 4，正是队列先进先出的体现。

2.8.3 线性序列：链表

　　Rust 提供的链表是双向链表，允许在任意一端插入或弹出元素。但是通常最好使用 Vec
或 VecDeque 类型，因为它们比链表更加快速，内存访问效率更高，并且可以更好地利用 CPU
缓存。

　　代码清单 2-46 展示了一个链表的示例。

代码清单 2-46：LinkedList<T>示例

```
1.   use std::collections::LinkedList;;
2.   fn main() {
3.       let mut list1 = LinkedList::new();
4.       list1.push_back('a');
5.       let mut list2 = LinkedList::new();
6.       list2.push_back('b');
7.       list2.push_back('c');
8.       list1.append(&mut list2);
9.       println!("{:?}", list1); // ['a', 'b', 'c']
10.      println!("{:?}", list2); // []
11.      list1.pop_front();
12.      println!("{:?}", list1); // ['b', 'c']
13.      list1.push_front('e');
14.      println!("{:?}", list1); // ['e', 'b', 'c']
15.      list2.push_front('f');
16.      println!("{:?}", list2); // ['f']
17.   }
```

　　在代码清单 2-46 中，依然使用 use 显式引入 std::collections::LinedList。因为是双向列表，
所以提供了 push_back 和 push_front 两类方法，方便操作此链表。也提供了 append 方法，可
以用来连接两个链表。更多相关的操作，可以查看标准库文档。

2.8.4 Key–Value 映射表：HashMap 和 BTreeMap

　　Rust 集合模块一共为我们提供了两个 Key-Value 哈希映射表：

- **HashMap<K, V>**
- **BTreeMap<K, V>**

　　Key 必须是可哈希的类型，Value 必须是在编译期已知大小的类型。这两种类型的区别之
一是，**HashMap 是无序的，BTreeMap 是有序的**。它们的类型签名分别是 HashMap<K, V>

和 BTreeMap<K, V>，如代码清单 2-47 所示。

代码清单 2-47：HashMap<K, V>和 BTreeMap<K, V>示例

```
1.   use std::collections::BTreeMap;
2.   use std::collections::HashMap;
3.   fn main() {
4.       let mut hmap = HashMap::new();
5.       let mut bmap = BTreeMap::new();
6.       hmap.insert(3, "c");
7.       hmap.insert(1, "a");
8.       hmap.insert(2, "b");
9.       hmap.insert(5, "e");
10.      hmap.insert(4, "d");
11.      bmap.insert(3, "c");
12.      bmap.insert(2, "b");
13.      bmap.insert(1, "a");
14.      bmap.insert(5, "e");
15.      bmap.insert(4, "d");
16.      println!("{:?}", hmap);
17.      println!("{:?}", bmap);
18. }
```

在代码清单 2-47 中，同样引入了 use std::collections::BTreeMap 和 use std::collections::HashMap。通过内置的 new 方法，可以创建相应的实例 hmap 和 bmap。然后通过 insert 方法插入键值对。

代码第 16 行的 hmap 的输出结果为{1: "a", 2: "b", 3: "c", 5: "e", 4: "d"}，但 key 的顺序是随机的，每次执行可能会不一样，因为 HashMap 是无序的。

代码第 17 行的 bmap 的输出结果永远都是{1: "a", 2: "b", 3: "c", 4: "d", 5: "e"}，顺序不会改变，因为 BTreeMap 是有序的。

标准库中还提供了不少操作这两种映射表的方法，可以去文档中查看。在第 8 章中也会有更详细的介绍。

2.8.5 集合：HashSet 和 BTreeSet

HashSet<K>和 BTreeSet<K>其实就是 HashMap<K, V>和 BTreeMap<K, V>把 Value 设置为空元组的特定类型，等价于 HashSet<K, ()>和 BTreeSet<K, ()>。所以这两种集合类型的特性大概如下：

- 集合中的元素应该是唯一的，因为是 Key-Value 映射表的 Key。
- 同理，集合中的元素应该都是可哈希的类型。
- HashSet 应该是无序的，BTreeSet 应该是有序的。

HashSet<K>和 BTreeSet<K>的示例如代码清单 2-48 所示。

代码清单 2-48：HashSet<K>和 BTreeSet<K>示例

```
1.   use std::collections::HashSet;
2.   use std::collections::BTreeSet;
3.   fn main() {
4.       let mut hbooks = HashSet::new();
```

```
5.      let mut bbooks = BTreeSet::new();
6.      hbooks.insert("A Song of Ice and Fire");
7.      hbooks.insert("The Emerald City");
8.      hbooks.insert("The Odyssey");
9.      if !hbooks.contains("The Emerald City") {
10.       println!("We have {} books, but The Emerald City ain't one.",
11.         hbooks.len()
12.       );
13.     }
14.     println!("{:?}", hbooks);
15.     bbooks.insert("A Song of Ice and Fire");
16.     bbooks.insert("The Emerald City");
17.     bbooks.insert("The Odyssey");
18.     println!("{:?}", bbooks);
19. }
```

在代码清单 2-48 中，第 14 行的 hbooks 内容的输出顺序是随机的，因为 HashSet 是无序的。

第 18 行的 bbooks 的输出顺序永远是{"A Song of Ice and Fire", "The Emerald City", "The Odyssey"}，因为 BTreeSet 是有序的。

2.8.6　优先队列：BinaryHeap

Rust 提供的优先队列是基于**二叉最大堆（Binary Heap）**实现的，如代码清单 2-49 所示。

代码清单 2-49：BinaryHeap<T>示例

```
1.  use std::collections::BinaryHeap;
2.  fn main() {
3.      let mut heap = BinaryHeap::new();
4.      assert_eq!(heap.peek(), None);
5.      let arr = [93, 80, 48, 53, 72, 30, 18, 36, 15, 35, 45];
6.      for &i in arr.iter() {
7.          heap.push(i);
8.      }
9.      assert_eq!(heap.peek(), Some(&93));
10.     // [93, 80, 48, 53, 72, 30, 18, 36, 15, 35, 45]
11.     println!("{:?}", heap);
12. }
```

在代码清单 2-49 中，我们使用 BinaryHeap::new 创建了空的最大堆。使用 peek 方法可以取出堆中的最大值。在代码第 4 行中，因为堆中没有任何值，所以 peek 方法取出的是 None。

代码第 5 行到第 8 行通过迭代将数组中的元素依次 push 到堆中。然后再通过 peek 方法取出堆中最大的元素，即 93。

标准库还提供了很多操作 BinaryHeap 的方法，可以查看其文档。

2.9　智能指针

智能指针（Smart Pointer）的功能并非 Rust 独有的，它源自 C++语言，Rust 将其引入，并使之成为 Rust 语言中最重要的一种数据结构。

Rust 中的值默认被分配到栈内存。可以通过 **Box <T>**将值装箱（在堆内存中分配）。Box<T>是指向类型为 T 的堆内存分配值的智能指针。当 Box<T>超出作用域范围时，将调用其析构函数，销毁内部对象，并自动释放堆中的内存。可以通过解引用操作符来获取 Box<T>中的 T。

看得出来，Box<T>的行为像引用，并且可以自动释放内存，所以我们称其为智能指针。

Rust 中提供了很多智能指针类型，本章只介绍 Box<T>。使用 Box<T>可以在堆内存中分配一个值，如代码清单 2-50 所示。

代码清单 2-50：Box<T>在堆内存中分配值的示例

```
1.   fn main(){
2.       #[derive(PartialEq)]
3.       struct Point {
4.           x: f64,
5.           y: f64,
6.       }
7.       let box_point = Box::new(Point { x: 0.0, y: 0.0 });
8.       let unboxed_point: Point = *boxed_point;
9.       assert_eq!(unboxed_point, Point { x: 0.0, y: 0.0 });
10. }
```

在代码清单 2-50 中，我们在 main 函数内部定义了结构体 Point，并使用 Box::new 方法将其直接装箱，这样它就被分配给了堆内存。然后使用解引用操作符将其解引用，就可以得到内部的 Point 实例。

通过 Box<T>，开发者可以方便无痛地使用堆内存，并且无须手工释放堆内存，可以确保内存安全。第 5 章会介绍关于智能指针的更多细节。

2.10　泛型和 trait

泛型和 **trait** 是 Rust 类型系统中最重要的两个概念。

泛型并不是 Rust 特有的概念，在很多强类型编程语言中也支持泛型。泛型允许开发者编写一些在使用时才指定类型的代码。泛型，顾名思义，就是泛指的类型。我们在日常的编程中会写一些函数，并可能将其用在很多类型中。如果为每个类型都实现一遍，那么工作量会成倍增加。泛型就是为了解决这个问题的，可以方便代码的复用。

trait 同样也不是 Rust 独有的概念，它借鉴了 Haskell 的 Typeclass。第 1 章已经介绍过，trait 是 Rust 实现零成本抽象的基石，它有如下机制：

- trait 是 Rust 唯一的接口抽象方式。
- 可以静态生成，也可以动态调用。
- 可以当作标记类型拥有某些特定行为的"标签"来使用。

简单来说，trait 是对类型行为的抽象。

2.10.1　泛型

Rust 标准库中定义了很多泛型类型，包括 Option<T>、Vec<T>、HashMap<K, V>以及

Box<T>等。其中 Option<T>就是一种典型的使用了泛型的类型，代码清单 2-51 展示了其定义。

代码清单 2-51：Option<T>定义示例

```
1.   // std::option::Option
2.   enum Option<T>{
3.       Some(T),
4.       None,
5.   }
```

在泛型的类型签名中，通常使用字母 T 来代表一个泛型。也就是说这个 Option<T>枚举类型对于任何类型都适用。这样的话，我们就没必要给每个类型都定义一遍 Option 枚举，比如 Option<u32> 或 Option<String> 等。标准库提供的 Option<T>类型已经通过 use std::prelude::v1::*自动引入了每个 Rust 包中，所以可以直接使用 Some(T)或 None 来表示一个 Option<T>类型，而不需要写 Option::Some(T)或 Option::None。

Option<T>的应用示例如代码清单 2-52 所示。

代码清单 2-52：Option<T>应用示例

```
1.   use std::fmt::Debug;
2.   fn match_option<T: Debug>(o: Option<T>) {
3.       match o {
4.           Some(i) => println!("{:?}", i),
5.           None => println!("nothing"),
6.       }
7.   }
8.   fn main(){
9.      let a: Option<i32> = Some(3);
10.     let b: Option<&str> = Some("hello");
11.     let c: Option<char> = Some('A');
12.     let d: Option<u32>  = None;
13.     match_option(a);  // 3
14.     match_option(b);  // "hello"
15.     match_option(c);  // 'A'
16.     match_option(d);  // nothing
17.  }
```

在代码清单 2-52 中，定义了 match_option 泛型函数，此处<T: Debug>是增加了 trait 限定的泛型，也就是说，只有实现了 Debug trait 的类型才适用。只有实现了 Debug trait 的类型才拥有使用"{:?}"格式化打印的行为。

如果去掉 Debug 限定，编译器会报错 'T' cannot be formatted using ':?'，这也充分体现了 Rust 的类型安全保证。

代码第 9 行到第 12 行定义的 a、b、c、d 这 4 个变量绑定，分别为 Option<T>指定了 4 种具体的类型。Rust 编译器会在编译期间自动为这 4 种类型生成 Option<i32>、Option<&str>、Option<char>和 Option<u32>这 4 种具体的代码实现，方便开发者直接使用。

2.10.2   trait

trait 和类型的行为有关，trait 的示例如代码清单 2-53 所示。

代码清单 2-53：trait 示例

```
1.   struct Duck;
2.   struct Pig;
3.   trait Fly {
4.       fn fly(&self) -> bool;
5.   }
6.   impl Fly for Duck {
7.       fn fly(&self) -> bool {
8.           return true;
9.       }
10.  }
11.  impl Fly for Pig {
12.     fn fly(&self) -> bool {
13.         return false;
14.     }
15.  }
16.  fn fly_static<T: Fly>(s: T) -> bool {
17.     s.fly()
18.  }
19.  fn fly_dyn(s: &Fly) -> bool {
20.     s.fly()
21.  }
22.  fn main() {
23.     let pig = Pig;
24.     assert_eq!(fly_static::<Pig>(pig), false);
25.     let duck = Duck;
26.     assert_eq!(fly_static::<Duck>(duck), true);
27.     assert_eq!(fly_dyn(&Pig), false);
28.     assert_eq!(fly_dyn(&Duck), true);
29.  }
```

在代码清单 2-53 中，代码第 1 行和第 2 行分别定义了两个结构体 Duck 和 Pig。如果你有编写面向对象语言的经验，你甚至可以将它们看作两个类。

代码第 3 行到第 5 行使用 trait 关键字定义了一个 Fly trait。**在 Rust 中，trait 是唯一的接口抽象方式。**使用 trait 可以让不同的类型实现同一种行为，也可以为类型添加新的行为。在 Fly trait 中只包含了一个函数签名 fly，包含了参数及参数类型、返回值类型，但没有函数体。函数签名已经基本反映了该函数的所有意图，在返回值类型中甚至还可以包含错误处理相关的信息。这就是类型系统带来的好处之一：提升了可读性。当然，在 trait 中也可以定义函数的默认实现。

代码第 6 行到第 10 行使用 impl 关键字为 Duck 实现 Fly trait。形如 impl Trait for Type 的写法在语义上也非常直观，可以表达"为 Type 实现 Trait 接口"这样的意思。在该段代码中，对 fly 函数增加了 Duck 这个类型的具体实现。因为 Duck 是可以执行"飞"这个动作的，所以其 fly 函数的返回值为 true。

同理，代码第 11 行到第 15 行使用 impl 关键字为 Pig 实现 Fly trait。但是因为 Pig 不能执行"飞"这个动作，所以 fly 函数的返回值为 false。

这就是一种接口抽象。Duck 和 Pig 根据自身的类型针对同一个接口进行 Fly，实现了不同的行为。Rust 中并没有传统面向对象语言中的继承的概念。Rust 通过 trait 将类型和行为明确地进行了区分，充分贯彻了**组合优于继承和面向接口编程**的编程思想。

代码第 16 行到第 18 行实现了 fly_static 泛型函数，其中泛型参数声明为 T，代表任意类型。T: Fly 这种语法形式使用 Fly trait 对泛型 T 进行行为上的限制，代表实现了 Fly trait 的类型，或者拥有 fly 这种行为的类型。这种限制在 Rust 中称为 trait 限定（trait bound）。通过 trait 限定，限制了 fly_static 泛型函数参数的类型范围。如果有不满足该限定的类型传入，编译器就会识别并报错。

代码第 19 行到第 21 行实现了 fly_dyn 函数，它的参数是一个 &Fly 类型。&Fly 类型是一种动态类型，代表所有拥有 fly 这种行为的类型。fly_static 和 fly_dyn 的区别是，其函数实现内 fly 方法的调用机制不同。

代码第 22 行到第 29 行的 main 函数调用了 fly_static 和 fly_dyn 函数。

代码第 23 行通过 let 声明了变量 pig，并指定一个 Pig 结构体实例。代码第 24 行使用了 assert!断言，用于判断 fly_static::<Pig>(pig)的调用结果是否将会返回 false。其中::<Pig>这样的语法形式用于给泛型函数指定具体的类型，这里调用的是 Pig 实现的 fly 方法。

同理，代码第 25 行和第 26 行通过 fly_static::<Duck>(duck)调用了 Duck 实现的 fly 方法，并返回 true。

上面这种调用方式在 **Rust** 中叫**静态分发**。Rust 编译器会为 fly_static::<Pig>(pig)和 fly_static::<Duck>(duck)这两个具体类型的调用生成特殊化的代码。也就是说，对于编译器来说，这种抽象并不存在，因为在编译阶段，泛型已经被展开为具体类型的代码。

代码第 27 行和第 28 行分别调用了 fly_dyn(&Pig)和 fly_dyn(&Duck)，也可以实现同样的效果。但是 fly_dyn 函数是**动态分发**方式的，它会在运行时查找相应类型的方法，会带来一定的运行时开销，不过这种开销很小。

通过此例可以看出来，Rust 的 trait 完全符合 C++之父提出的**零开销原则**：如果你不使用某个抽象，就不用为它付出开销（静态分发）；如果你确实需要使用该抽象，可以保证这是开销最小的使用方式（动态分发）。目前在一些基准测试中，Rust 已经拥有了能够和 C/C++ 竞争的性能。

Rust 中内置了很多 trait，开发者可以通过实现这些 trait 来扩展自定义类型的行为。比如，实现了最常用的 Debug trait，就可以拥有在 println!宏语句中使用{:?}格式进行打印的行为，如代码清单 2-54 所示。

代码清单 2-54：实现 Debug trait

```
1.   use std::fmt::*;
2.   struct Point {
3.       x: i32,
4.       y: i32,
5.   }
6.   impl Debug for Point {
7.       fn fmt(&self, f: &mut Formatter) -> Result {
8.           write!(f, "Point {{ x: {}, y: {} }}", self.x, self.y)
9.       }
10.  }
11.  fn main(){
12.      let origin = Point { x: 0, y: 0 };
13.      println!("The origin is: {:?}", origin);
14.  }
```

在代码清单 2-54 中，定义了结构体 Point，为了给 Point 实现 Debug trait，必须先使用 use 引入 std::fmt 模块，因为 Debug 是在其中定义的。

Debug trait 中定义了 fmt 函数，所以只需要为 Point 实现该函数即可，如代码第 6 行到第 10 行所示。之后，main 函数就可以直接使用 println!宏语句来打印 Point 结构体实例 origin 的值。

也可以使用**#[derive(Debug)]**属性帮助开发者自动实现 Debug trait。这类属性本质上属于 Rust 中的一种宏，在第 12 章中会详细介绍关于宏的各种细节。

第 3 章会介绍关于泛型和 trait 的更多内容。

2.11　错误处理

Rust 中的错误处理是通过返回 **Result<T, E>**类型的方式进行的。Result<T, E>类型是 Option<T>类型的升级版本，同样定义于标准库中。

代码清单 2-55 展示了 Result<T, E>的源码实现。

代码清单 2-55：Result<T, E>源码实现

```
1.  enum Result<T, E> {
2.     Ok(T),
3.     Err(E),
4.  }
```

Option<T>类型表示值存在的可能性，Result<T, E>类型表示错误的可能性，其中泛型 E 代表 Error。Result<T,E>的使用示例如代码清单 2-56 所示。

代码清单 2-56：Result<T, E>使用示例

```
1.  fn main(){
2.     let x: Result<i32, &str> = Ok(-3);
3.     assert_eq!(x.is_ok(), true);
4.     let x: Result<i32, &str> = Err("Some error message");
5.     assert_eq!(x.is_ok(), false);
6.  }
```

在代码清单 2-56 中，分别定义了 Ok(-3)和 Err("Some error message")枚举值，可通过 is_ok 方法来判断是否为 Ok(T)枚举值。

和 Option<T>类似，可以将 Result<T, E>作为函数返回值。这样一来，在调用该函数的时候，如果返回类型是 Result<T, E>，那么开发者就不得不处理正常和错误这两种情况，这就为程序的健壮性提供了保证。

在 **Rust 2015** 版本中，main 函数并不能返回 Result<T, E>。但是在实际开发中，二进制可执行库也需要返回错误，比如，读取文件的时候发生了错误，这时需要正常退出程序。于是在 **Rust 2018** 版本中，允许 main 函数返回 Result<T, E>了，如代码清单 2-57 所示。

代码清单 2-57：main 函数中返回 Result<T, E>示例

```
1.  // Rust 2018 版本
2.  use std::fs::File;
3.  fn main() -> Result<(), std::io::Error> {
4.     let f = File::open("bar.txt")?;
```

```
5.    Ok(())
6.  }
```

代码清单 2-57 中的 main 函数通过调用 File::open 方法打开一个文件，后面跟随的问号操作符（?）是一个错误处理的语法糖，它会自动在出现错误的情况下返回 std::io::Error。这样就可以在程序发生错误时自动返回错误码，并在退出程序时打印相关的错误信息，方便调试，而不需要开发者手动处理错误了。

关于错误处理的更多细节会在第 9 章进行详细阐述。

2.12　表达式优先级

在 Rust 中，一切皆表达式，那么了解表达式的优先级就非常重要了，表 2-1 将 Rust 的操作符和表达式按优先级由高到低的顺序列了出来，具有相同优先级的操作符按相关性给定的顺序进行优先级计算。

表 2-1：操作符和表达式的优先级

操作符或表达式	相 关 性
路径（Path）	
方法调用（Method Call）	
字段表达式（Field Expression）	从左到右
函数调用、数组索引	
问号操作符（?）	
一元操作符（–、*、!、&、&mut）	
as	
二元计算（*、/、%）	从左到右
二元计算（+、–）	从左到右
位移计算（<<、>>）	从左到右
位操作（&）	从左到右
位操作（^）	从左到右
位操作（|）	从左到右
比较操作（==、!=、<、>、<=、>=）	需要括号
逻辑与（&&）	从左到右
逻辑或（||）	从左到右
范围（..、..=）	需要括号
赋值操作（=、+=、–=、*=、/=、%=、&=、|=、^=、<<=、>>=）	从右到左
return、break 闭包	

2.13　注释与打印

Rust 是一门现代语言，这一点从注释方面也能体现出来。Rust 文档的哲学是：**代码即文档，文档即代码**。

所以 Rust 支持的注释种类比较丰富，介绍如下。

- 普通的注释。

> ➤ 使用//对整行注释。
> ➤ 使用/* ... */ 对区块注释。
- 文档注释，内部支持 Markdown 标记，也支持对文档中的示例代码进行测试，可以用 rustdoc 工具生成 HTML 文档。
  > ➤ 使用///注释可以生成库文档，一般用于函数或结构体的说明，置于说明对象的上方。
  > ➤ 使用//!也可以生成库文档，一般用于说明整个模块的功能，置于模块文件的头部。

代码清单 2-58 展示了不同种类的注释。

代码清单 2-58：注释示例

```
1.  /// # 文档注释：Sum 函数
2.  /// 该函数为求和函数
3.  /// # usage:
4.  ///     assert_eq!(3, sum(1, 2));
5.  fn sum(a: i32, b: i32) -> i32 {
6.      a + b
7.  }
8.  fn main() {
9.      // 这是单行注释的示例
10.     /*
11.     * 这是区块注释，被包含的区域都会被注释
12.     * 你可以把/* 区块 */ 置于代码中的任何位置
13.     */
14.     /*
15.     注意上面区块注释中的*符号纯粹是一种注释风格，
16.     实际并不需要
17.     */
18.     let x = 5 + /* 90 + */ 5;
19.     assert_eq!(x, 10);
20.     println!("2 + 3 = {}", sum(2, 3));
21. }
```

代码清单 2-58 展示了文档注释和普通的注释。使用 cargo doc 命令可以将文档注释直接生成 HTML 格式的文档，普通的注释和其他语言中的注释没什么区别。

读者也可以参考本书的随书源码，其中大量使用了文档注释。另外 Rust 还支持文档测试，在第 9 章会详细介绍。

在日常开发中，我们经常会使用 println!宏语句来进行格式化打印，这对于调试代码非常重要。println!宏中的格式化形式列表如下：

- nothing 代表 Display，比如 println!("{}", 2)。
- **?**代表 Debug，比如 println!("{:?}", 2)。
- **o** 代表八进制，比如 println!("{:o}", 2)。
- **x** 代表十六进制小写，比如 println!("{:x}", 2)。
- **X** 代表十六进制大写，比如 println!("{:X}", 2)。
- **p** 代表指针，比如 println!("{:p}", 2)。
- **b** 代表二进制，比如 println!("{:b}", 2)。
- **e** 代表指数小写，比如 println!("{:e}", 2)。
- **E** 代表指数大写，比如 println!("{:E}", 2)。

2.14　小结

Rust 是一门表达式语言，Rust 中一切皆表达式。在 Rust 的学习中，掌握表达式的求值机制很重要。

本章首先介绍了 Rust 中表达式的分类和性质，从而帮助读者掌握 Rust 中表达式的求值机制。不管 Rust 有多少种表达式，它们都包含在此分类中，并符合这些性质。同时也介绍了什么是常量表达式和 CTFE 机制，以及 Rust 中的 CTFE 的发展方向。

其中值得注意的是，if 流程控制在 Rust 中也是表达式，所以 Rust 不需要单独提供?:条件表达式。当处理一些 Option 类型的时候，可以用 if let 或 while let 表达式来简化代码。然后通过一些示例对循环表达式做了深入探讨，揭示了 Rust 编译期对 while 循环条件不进行求值的事实，这同样也是因为受到了 CTFE 功能的限制。所以如果需要使用无限循环，则要使用 loop 循环。

本章还依次介绍了 Rust 中的一些重要的语法要素，目的是让读者了解 Rust 的语法风格，通过对这些概念和示例的掌握，消除对 Rust 语言的陌生感，从而为后面的深入学习做好准备。

第 3 章
类型系统

本性决定行为，本性取决于行为。

众所周知，计算机以二进制的形式来存储信息。对于计算机而言，不管什么样的信息，都只是 0 和 1 的排列，所有的信息对计算机来说只不过是字节序列。作为开发人员，如果想要存储、表示和处理各种信息，直接使用 0 和 1 必然会产生巨大的心智负担，所以，类型应运而生。类型于 20 世纪 50 年代被 FORTRAN 语言引入，历经诸多高级语言的洗礼，其相关的理论和应用已经发展得非常成熟。直到现代，类型已经成为了各大编程语言的核心基础。

3.1 通用概念

所谓类型，其实就是对表示信息的值进行的细粒度的区分。比如整数、小数、文本等，粒度再细一点，就是布尔值、符号整型值、无符号整型值、单精度浮点数、双精度浮点数、字符和字符串，甚至还有各种自定义的类型。不同的类型占用的内存不同。与直接操作比特位相比，直接操作类型可以更安全、更有效地利用内存。例如，在 Rust 语言中，如果你创建一个 u32 类型的值，Rust 会自动分配 4 个字节来存储该值。

计算机不只是用来存储信息的，它还需要处理信息。这就必然会面临一个问题：不同的类型该如何计算？因此需要对这些基本的类型定义一系列的组合、运算、转换等方法。如果把编程语言看作虚拟世界的话，那么类型就是构建这个世界的基本粒子，这些类型粒子通过各种组合、运算、转换等"物理化学反应"，造就了此世界中的各种"事物"。类型之间的纷繁复杂的交互形成了类型系统，类型系统是编程语言的基础和核心，因为编程语言的目的就是存储和处理信息。不同编程语言之间的区别就在于如何存储和处理信息。

其实在计算机科学中，对信息的存储和处理不止类型系统这一种方式，还有其他的一些理论框架，只不过类型系统是最轻量、最完善的一种方式。**在类型系统中，一切皆类型。基于类型定义的一系列组合、运算和转换等方法，可以看作类型的行为。**类型的行为决定了类型该如何计算，同时也是一种约束，有了这种约束才可以保证信息被正确处理。

3.1.1 类型系统的作用

类型系统是一门编程语言不可或缺的部分，它的优势有以下几个方面。

- **排查错误**。很多编程语言都会在编译期或运行期进行类型检查，以排查违规行为，保证程序正确执行。如果程序中有类型不一致的情况，或有未定义的行为发生，则可能导致错误的产生。尤其是对于静态语言来说，能在编译期排查出错误是一个很大的优势，这样可以及早地处理问题，而不必等到运行后系统崩溃了再解决。

- **抽象**。类型允许开发者在更高层面进行思考,这种抽象能力有助于强化编程规范和工程化系统。比如,面向对象语言中的类就可以作为一种类型。
- **文档**。在阅读代码的时候,明确的类型声明可以表明程序的行为。
- **优化效率**。这一点是针对静态编译语言来说的,在编译期可以通过类型检查来优化一些操作,节省运行时的时间。
- **类型安全**。
  - ➤ 类型安全的语言可以避免类型间的无效计算,比如可以避免 3/"hello"这样不符合算术运算规则的计算。
  - ➤ 类型安全的语言还可以保证内存安全,避免诸如空指针、悬垂指针和缓存区溢出等导致的内存安全问题。
  - ➤ 类型安全的语言也可以避免语义上的逻辑错误,比如以毫米为单位的数值和以厘米为单位的数值虽然都是以整数来存储的,但可以用不同的类型来区分,避免逻辑错误。

虽然类型系统有这么多优点,但并非所有的编程语言都能百分百拥有这些优点,这与它们的类型系统的具体设计和实现有关系。

3.1.2 类型系统的分类

在编译期进行类型检查的语言属于**静态类型**,在运行期进行类型检查的语言属于**动态类型**。如果一门语言不允许类型的自动隐式转换,在强制转换前不同类型无法进行计算,则该语言属于**强类型**,反之则属于**弱类型**[1]。

静态类型的语言能在编译期对代码进行静态分析,依靠的就是类型系统。我们以数组越界访问的问题为例来说明。有些静态语言,如 C 和 C++,在编译期并不检查数组是否越界访问,运行时可能会得到难以意料的结果,而程序依旧正常运行,这属于类型系统中未定义的行为,所以它们不是类型安全的语言。而 **Rust 语言在编译期就能检查出数组是否越界访问**,并给出警告,让开发者及时修改,如果开发者没有修改,那么在运行时也会抛出错误并退出线程,而不会因此去访问非法的内存,从而保证了运行时的内存安全,所以 **Rust 是类型安全的语言**。强大的类型系统也可以对类型进行**自动推导**,因此一些静态语言在编写代码的时候不用显式地指定具体的类型,比如 Haskell 就被称为隐式静态类型。Rust 语言的类型系统受 Haskell 启发,也可以自动推导,但不如 Haskell 强大。在 Rust 中大部分地方还是需要显式地指定类型的,类型是 Rust 语法的一部分,因此 **Rust 属于显式静态类型**。

动态类型的语言只能在运行时进行类型检查,但是当有数组越界访问时,就会抛出异常,执行线程退出操作,而不是给出奇怪的结果。所以一些动态语言也是类型安全的,比如 Ruby 和 Python 语言。在其他语言中作为基本类型的整数、字符串、布尔值等,在 Ruby 和 Python 语言中都是对象。实际上,也可将对象看作类型,Ruby 和 Python 语言在运行时通过一种名为 Duck Typing 的手段来进行运行时类型检查,以保证类型安全。在 Ruby 和 Python 语言中,对象之间通过消息进行通信,如果对象可以响应该消息,则说明该对象就是正确的类型。

对象是什么样的类型,决定了它有什么样的行为;反过来,对象在不同上下文中的行为,也决定了它的类型。这其实是一种**多态性**。

---

1 这里只是从广义上来定义强类型和弱类型。事实上 Rust 也包含自动隐式转换,本章后面会讲到。

3.1.3　类型系统与多态性

如果一个类型系统允许一段代码在不同的上下文中具有不同的类型，这样的类型系统就叫作**多态类型系统**。对于静态类型的语言来说，多态性的好处是可以在不影响类型丰富的前提下，为不同的类型编写通用的代码。

现代编程语言包含了三种多态形式：**参数化多态**（**Parametric polymorphism**）、**Ad-hoc 多态**（**Ad-hoc polymorphism**）和**子类型多态**（**Subtype polymorphism**）。如果按多态发生的时间来划分，又可分为**静多态**（**Static Polymorphism**）和**动多态**（**Dynamic Polymorphism**）。静多态发生在编译期，动多态发生在运行时。参数化多态和 Ad-hoc 多态一般是静多态，子类型多态一般是动多态。静多态牺牲灵活性获取性能，动多态牺牲性能获取灵活性。动多态在运行时需要查表，占用较多空间，所以一般情况下都使用静多态。Rust 语言同时支持静多态和动多态，静多态就是一种零成本抽象。

参数化多态实际就是指泛型。很多时候函数或数据类型都需要适用于多种类型，以避免大量的重复性工作。泛型使得语言极具表达力，同时也能保证静态类型安全。

Ad-hoc 多态也叫特定多态。Ad-hoc 短语源自拉丁语系，用于表示一种特定情况。**Ad-hoc 多态是指同一种行为定义**，在不同的上下文中会响应不同的行为实现。Haskell 语言中使用 Typeclass 来支持 Ad-hoc 多态，Rust 受 Haskell 启发，使用 trait 来支持 Ad-hoc 多态。所以，Rust 的 trait 系统的概念类似于 Haskell 中的 Typeclass。

子类型多态的概念一般用在面向对象语言中，尤其是 Java 语言。Java 语言中的多态就是子类型多态，它代表一种包含关系，父类型的值包含了子类型的值，所以子类型的值有时也可以看作父类型的值，反之则不然。而 Rust 语言中并没有类似 Java 中的继承的概念，所以也不存在子类型多态。所以，**Rust 中的类型系统目前只支持参数化多态和 Ad-hoc 多态，也就是，泛型和 trait**。

3.2　Rust 类型系统概述

Rust 是一门强类型且类型安全的静态语言。Rust 中一切皆表达式，表达式皆有值，值皆有类型。所以可以说，**Rust 中一切皆类型**。

除了一些基本的原生类型和复合类型，Rust 把作用域也纳入了类型系统，这就是第 4 章将要学到的生命周期标记。还有一些表达式，有时有返回值，有时没有返回值（也就是只返回单元值），或者有时返回正确的值，有时返回错误的值，Rust 将这类情况也纳入了类型系统，也就是 Option<T> 和 Result<T, E> 这样的可选类型，从而强制开发人员必须分别处理这两种情况。一些根本无法返回值的情况，比如线程崩溃、break 或 continue 等行为，也都被纳入了类型系统，这种类型叫作 never 类型。可以说，Rust 的类型系统基本囊括了编程中会遇到的各种情况，一般情况下不会有未定义的行为出现，所以说，Rust 是类型安全的语言。

3.2.1　类型大小

编程语言中不同的类型本质上是内存占用空间和编码方式的不同，Rust 也不例外。Rust 中没有 GC，内存首先由编译器来分配，Rust 代码被编译为 LLVM IR，其中携带了内存分配的信息。**所以编译器需要事先知道类型的大小，才能分配合理的内存**。

可确定大小类型和动态大小类型

Rust 中绝大部分类型都是在**编译期可确定大小的类型**（**Sized Type**），比如原生整数类型 u32 固定是 4 个字节，u64 固定是 8 个字节，等等，都是可以在编译期确定大小的类型。然而，Rust 也有少量的**动态大小的类型**（**Dynamic Sized Type，DST**），比如 str 类型的字符串字面量，编译器不可能事先知道程序中会出现什么样的字符串，所以对于编译器来说，str 类型的大小是无法确定的。对于这种情况，Rust 提供了引用类型，因为引用总会有固定的且在编译期已知的大小。字符串切片&str 就是一种引用类型，它由指针和长度信息组成，如图 3-1 所示。

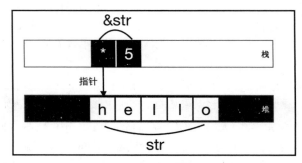

图 3-1：&str 由指针和长度信息组成

&str 存储于栈上，str 字符串序列存储于堆上。这里的堆和栈是指不同的内存空间，在第 4 章会详细介绍。&str 由两部分组成：**指针**和**长度信息**，如代码清单 3-1 所示。其中指针是固定大小的，存储的是 str 字符串序列的起始地址，长度信息也是固定大小的整数。这样一来，&str 就变成了可确定大小的类型，编译器就可以正确地为其分配栈内存空间，str 也会在运行时在堆上开辟内存空间。

代码清单 3-1：&str 的组成部分

```
1.   fn main() {
2.       let str = "Hello Rust";
3.       let ptr = str.as_ptr();
4.       let len = str.len();
5.       println!("{:p}", ptr); // 0x555db4b96c00
6.       println!("{:?}", len); // 10
7.   }
```

代码清单 3-1 声明了字符串字面量 str，通过 as_ptr()和 len()方法，可以分别获取该字符串字面量存储的地址和长度信息。这种包含了动态大小类型地址信息和携带了长度信息的指针，叫作**胖指针**（**Fat Pointer**），所以&str 是一种胖指针。

与字符串切片同理，Rust 中的数组[T]是动态大小类型，编译器难以确定它的大小。如代码清单 3-2 所示是将数组直接作为函数参数的情况。

代码清单 3-2：将数组直接作为函数参数

```
1.   fn reset(mut arr: [u32]) {
2.       arr[0] = 5;
3.       arr[1] = 4;
4.       arr[2] = 3;
5.       arr[3] = 2;
6.       arr[4] = 1;
```

```
7.     println!("reset arr {:?}", arr);
8.   }
9.   fn main() {
10.    let arr: [u32] = [1, 2, 3, 4, 5];
11.    reset(arr);
12.    println!("origin arr {:?}", arr);
13.  }
```

代码清单 3-2 编译会报错：

```
fn reset(mut arr: [u32]) {
|            ^^^^^^^^ `[u32]` does not have a constant size known at
compile-time
```

意思是，编译器无法确定参数[u32]类型的大小。有两种方式可以修复此错误，第一种方式是使用[u32; 5]类型，如代码清单 3-3 所示。

代码清单 3-3：函数参数使用[u32; 5]类型

```
1.   fn reset(mut arr: [u32; 5]) {
2.     arr[0] = 5;
3.     arr[1] = 4;
4.     arr[2] = 3;
5.     arr[3] = 2;
6.     arr[4] = 1;
7.     println!("reset arr {:?}", arr); // [5, 4, 3, 2, 1]
8.   }
9.   fn main() {
10.    let arr: [u32; 5] = [1, 2, 3, 4, 5];
11.    reset(arr);
12.    println!("origin arr {:?}", arr); // [1, 2, 3, 4, 5]
13.  }
```

代码清单 3-3 能够正常编译，从输出结果可以看出来，修改的数组并未影响原来的数组。这是因为 u32 类型是可复制的类型，实现了 Copy trait，所以整个数组也是可复制的。所以当数组被传入函数中时就会被复制一份新的副本。这里值得注意的是，[u32]和[u32; 5]是两种不同的类型。

另外一种解决代码清单 3-2 编译错误的方式是使用胖指针，类似&str，这里只需要将参数类型改为&mut [u32]即可。&mut [u32]是对[u32]数组的借用，会生成一个数组切片&[u32]，它会携带长度信息，如代码清单 3-4 所示。

代码清单 3-4：使用&mut [u32]作为参数类型

```
1.   fn reset(arr: &mut [u32]) {
2.     arr[0] = 5;
3.     arr[1] = 4;
4.     arr[2] = 3;
5.     arr[3] = 2;
6.     arr[4] = 1;
7.     // 重置之后，原始数组为 [5, 4, 3, 2, 1]
8.     println!("array length {:?}", arr.len());
9.     // arr 已被重置为 [5, 4, 3, 2, 1]
10.    println!("reset array {:?}", arr);
11.  }
```

```
12.  fn main() {
13.      let mut arr = [1, 2, 3, 4, 5];
14.      // 重置之前，原始数组为 [1, 2, 3, 4, 5]
15.      println!("reset before : origin array {:?}", arr);
16.      {
17.          let mut_arr: &mut [u32] = &mut arr;
18.          reset(mut_arr);
19.      }
20.      println!("reset after : origin array {:?}", arr);
21.  }
```

代码清单 3-4 中使用了&mut [u32]，它是可变借用，&[u32]是不可变借用。因为这里要修改数组元素，所以使用可变借用。从输出的结果可以看出，胖指针&mut [u32]包含了长度信息。将引用当作函数参数，意味着被修改的是原数组，而不是最新的数组，所以原数组在reset 之后也发生了改变。

代码清单 3-5 比较了&[u32; 5]和&mut [u32]两种类型的空间占用情况。

代码清单 3-5：比较&[u32; 5]和&mut [u32]两种类型的空间占用情况

```
1.  fn main() {
2.      assert_eq!(std::mem::size_of::<&[u32; 5]>(), 8);
3.      assert_eq!(std::mem::size_of::<&mut [u32]>(), 16);
4.  }
```

代码清单 3-5 中的 std::mem::size_of<&[u32; 5]>()函数可以返回类型的字节数。输出结果分别为 8 和 16。&[u32; 5]类型为普通指针，占 8 个字节；&mut [u32]类型为胖指针，占 16个字节。可见，整整多出了一倍的占用空间，这也是称其为胖指针的原因。

零大小类型

除了可确定大小类型和 DST 类型，Rust 还支持**零大小类型（Zero Sized Type，ZST）**，比如单元类型和单元结构体，大小都是零。代码清单 3-6 展示了一组零大小的类型。

代码清单 3-6：一组零大小的类型示例

```
1.   enum Void {}
2.   struct Foo;
3.   struct Baz {
4.       foo: Foo,
5.       qux: (),
6.       baz: [u8; 0],
7.   }
8.   fn main() {
9.       assert_eq!(std::mem::size_of::<()>(), 0);
10.      assert_eq!(std::mem::size_of::<Foo>(), 0);
11.      assert_eq!(std::mem::size_of::<Baz>(), 0);
12.      assert_eq!(std::mem::size_of::<Void>(), 0);
13.      assert_eq!(std::mem::size_of::<[(); 10]>(), 0);
14.  }
```

代码清单 3-6 编译输出的类型大小均为零。所以，**单元类型和单元结构体大小为零，由单元类型组成的数组大小也为零。ZST** 类型的特点是，它们的值就是其本身，运行时并不占用内存空间。ZST 类型代表的意义正是"空"。

代码清单 3-7 展示了使用单元类型来查看数据类型的一个技巧。

代码清单 3-7：使用单元类型查看数据类型

```
1.   fn main() {
2.       let v: () = vec![(); 10];
3.   }
```

代码清单 3-7 编译会报错，如下：

```
|     let v: () = vec![(); 10];
|                 ^^^^^^^^^^^^ expected (), found struct `std::vec::Vec`
```

编译器会提示：期望的是单元类型，这是因为代码里直接指定了单元类型，但是却发现了 std::vec::Vec 类型。这样我们就知道了右值 vec![(); 10] 是向量类型。

代码清单 3-8 展示了一种迭代技巧，使用 Vec<()> 迭代类型。

代码清单 3-8：使用 Vec<()> 迭代类型

```
1.   fn main() {
2.       let v: Vec<()> = vec![(); 10];
3.       for i in v {
4.           println!("{:?}", i);
5.       }
6.   }
```

在代码清单 3-8 中，使用了 Vec<()> 类型，使用单元类型制造了一个长度为 10 的向量。在一些只需要迭代次数的场合中，使用这种方式能获得较高的性能。因为 Vec 内部迭代器中会针对 ZST 类型做一些优化。

另外一个使用单元类型的示例是在第 2 章中介绍过的 Rust 官方标准库中的 HashSet<T> 和 BTreeSet<T>。它们其实只是把 HashMap<K, T> 换成了 HashMap<K, ()>，然后就可以共用 HashMap<K, T> 之前的代码，而不需要再重新实现一遍 HashSet<T> 了。

底类型

底类型（Bottom Type）是源自类型理论的术语，它其实是第 2 章介绍过的 never 类型。它的特点是：

- 没有值。
- 是其他任意类型的子类型。

如果说 ZST 类型表示"空"的话，那么底类型就表示"无"。底类型无值，而且它可以等价于任意类型，有点无中生有之意。

Rust 中的**底类型用叹号（！）表示**。此类型也被称为 Bang Type。Rust 中有很多种情况确实没有值，但为了类型安全，必须把这些情况纳入类型系统进行统一处理。这些情况包括：

- **发散函数（Diverging Function）**
- continue 和 break 关键字
- loop 循环
- **空枚举**，比如 enum Void{}

先来看前三种情况。发散函数是指会导致线程崩溃的 panic!("This function never returns!")，或者用于退出函数的 std::process::exit，这类函数永远都不会有返回值。continue

和 break 也是类似的，它们只是表示流程的跳转，并不会返回什么。loop 循环虽然可以返回某个值，但也有需要无限循环的时候。

Rust 中 if 语句是表达式，要求所有分支类型一致，但是有的时候，分支中可能包含了永远无法返回的情况，属于底类型的一种应用，如代码清单 3-9 所示。

代码清单 3-9：底类型的应用

```
1.    #![feature(never_type)]
2.    fn foo() -> ! {
3.        // …
4.        loop { println!("jh"); }
5.    }
6.    fn main() {
7.        let i = if false {
8.            foo();
9.        } else {
10.           100
11.       };
12.       assert_eq!(i, 100);
13.   }
```

代码清单 3-9 的 if 条件表达式中，foo 函数返回!，而 else 表达式返回整数类型，但是编译可以正常通过，假如把 else 表达式中的整数类型换成字符串或其他类型，编译也可以通过。

空枚举，比如 enum Void{}，完全没有任何成员，因而无法对其进行变量绑定，不知道如何初始化并使用它，所以它也是底类型。代码清单 3-10 展示了空枚举的一种用法。

代码清单 3-10：空枚举的用法（编译无法通过，还在完善中）

```
1.    enum Void {}
2.    fn main() {
3.        let res: Result<u32, Void> = Ok(0);
4.        let Ok(num) = res;
5.    }
```

Rust 中使用 Result 类型来进行错误处理，强制开发者处理 Ok 和 Err 两种情况，但是有时可能永远没有 Err，这时使用 enum Void{}就可以避免处理 Err 的情况。当然这里也可以用 if let 语句处理，但是这里为了说明空枚举的用法故意这样使用。

但是可惜的是，当前版本的 Rust 还不支持上面的语法，编译会报错。不过 Rust 团队还在持续完善中，在不久的将来 Rust 就会支持此用法。

底类型将上述几种特殊情况纳入了类型系统，以便让 Rust 可以统一进行处理，从而保证了类型安全。

3.2.2　类型推导

类型标注在 Rust 中属于语法的一部分，所以 Rust 属于显式类型语言。Rust 支持类型推断，但其功能并不像 Haskell 那样强大，**Rust 只能在局部范围内进行类型推导。**

代码清单 3-11 展示了 Rust 中的类型推导。

代码清单 3-11：类型推导

```
1.  fn sum(a: u32, b: i32) -> u32 {
2.      a + (b as u32)
3.  }
4.  fn main() {
5.      let a = 1;
6.      let b = 2;
7.      assert_eq!(sum(a, b), 3);
8.      let elem = 5u8;
9.      let mut vec = Vec::new();
10.     vec.push(elem);
11.     assert_eq!(vec, [5]);
12. }
```

在代码清单 3-11 中，第 5 行和第 6 行声明了两个变量 a 和 b，并没有标注类型。但是传入 sum 函数中却可以正常运行，这代表 Rust 自动推导了 a 和 b 的类型。代码第 8 行声明了一个 u8 类型 elem，第 9 行创建了一个空的向量，类型为 Vec<_>，可以通过代码清单 3-7 的方法来查看此类型。第 10 行用 push 方法将 elem 插入 vec 中，此时 vec 的类型为 Vec<u8>。

Turbofish 操作符

当 Rust 无法从上下文中自动推导出类型的时候，编译器会通过错误信息提示你，请求你添加类型标注，代码清单 3-12 展示了这种情况。

代码清单 3-12：Rust 无法根据上下文自动推导出类型的情况

```
1.  fn main() {
2.      let x = "1";
3.      println!("{:?}", x.parse().unwrap());
4.  }
```

编译代码清单 3-12，会给出如下错误信息：

```
error[E0284]: type annotations required
|    println!("{:?}", x.parse().unwrap());
|                     ^^^^^
```

代码清单 3-12 是想把字符串"1"转换为整数类型 1，但是 parse 方法其实是一个泛型方法，当前无法自动推导类型，所以 Rust 编译器无法确定到底要转换成哪种类型的整数，是 u32 还是 i32 呢？毕竟 Rust 中整数类型很丰富。所以这里就需要直接给出明确的类型标注信息了，如代码清单 3-13 所示。

代码清单 3-13：添加明确的类型标注信息

```
1.  fn main() {
2.      let x = "1";
3.      let int_x: i32 = x.parse().unwrap();
4.      assert_eq!(int_x, 1);
5.  }
```

Rust 还提供了一种标注类型的方法，用于方便地在值表达式中直接标注类型，如代码清单 3-14 所示。

代码清单 3-14：另一种标注类型的方法

```
1.  fn main() {
2.      let x = "1";
3.      assert_eq!( x.parse::<i32>().unwrap(), 1);
4.  }
```

在代码清单 3-14 中，使用了 parse::<i32>()这样的形式为泛型函数标注类型，这就避免了代码清单 3-13 第 3 行的变量声明。很多时候并不需要声明太多变量，代码看上去也能更加紧凑。这种标注类型（::<>）的形式就叫作 **turbofish** 操作符。

类型推导的不足

目前看来，Rust 的类型推导还不够强大。代码清单 3-15 展示了另外一种类型推导的缺陷。

代码清单 3-15：类型推导缺陷

```
1.  fn main() {
2.      let a = 0;
3.      let a_pos = a.is_positive();
4.  }
```

代码清单 3-15 中的 is_positive()是整数类型实现的用于判断正负的方法。但是当前 Rust 编译时此代码会出现下面的错误：

```
error[E0599]: no method named `is_positive` found for type `{integer}`
in the current scope
```

这里出现的 **{integer}**类型并非真实类型，它只是被用于错误信息中，表明此时编译器已经知道变量 a 是整数类型，但并未推导出变量 a 的真正类型，因为此时没有足够的上下文信息帮助编译器进行推导。所以在用 Rust 编程的时候，应尽量显式声明类型，这样可以避免一些麻烦。

3.3　泛型

泛型（Generic）是一种参数化多态。使用泛型可以编写更为抽象的代码，减少工作量。简单来说，泛型就是把一个泛化的类型作为参数，单个类型就可以抽象化为一簇类型。在第 2 章中介绍过的 Box<T>、Option<T>和 Result<T, E>等，都是泛型类型。

3.3.1　泛型函数

除了定义类型，泛型也可以应用于函数中，代码清单 3-16 就是一个泛型函数的示例。

代码清单 3-16：泛型函数

```
1.  fn foo<T>(x: T) -> T {
2.      return x;
3.  }
4.  fn main(){
5.      assert_eq!(foo(1), 1);
6.      assert_eq!(foo("hello"), "hello");
7.  }
```

也可以在结构体中使用泛型，如代码清单 3-17 所示。

代码清单 3-17：泛型结构体

```
1.   struct Point<T> {  x: T, y: T }
```

与枚举类型和函数一样，结构体名称旁边的<T>叫作**泛型声明**。**泛型只有被声明之后才可以被使用**。在为泛型结构体实现具体方法的时候，也需要声明泛型类型，如代码清单 3-18 所示。

代码清单 3-18：为泛型结构体实现具体方法

```
1.   #[derive(Debug, PartialEq)]
2.   struct Point<T> {x: T, y: T}
3.   impl<T> Point<T> {
4.      fn new(x: T, y: T) -> Self{
5.         Point{x: x, y: y}
6.      }
7.   }
8.   fn main(){
9.      let point1 = Point::new(1, 2);
10.     let point2 = Point::new("1", "2");
11.     assert_eq!(point1, Point{x: 1, y: 2});
12.     assert_eq!(point2, Point{x: "1", y: "2"});
13.  }
```

注意看第 3 行代码中的 impl<T>，此处必须声明泛型 T。Rust 标准库提供的各种容器类型大多是泛型类型。比如向量 Vec<T>就是一个泛型结构体，代码清单 3-19 展示了其在 Rust 源码中的实现。

代码清单 3-19：标准库中的 Vec<T>源码

```
1.   pub struct Vec<T> {
2.      buf: RawVec<T>,
3.      len: usize,
4.   }
```

Rust 中的泛型属于静多态，它是一种编译期多态。在编译期，不管是泛型枚举，还是泛型函数和泛型结构体，都会被**单态化（Monomorphization）**。单态化是编译器进行静态分发的一种策略。以代码清单 3-16 中的泛型函数为例，**单态化意味着编译器要将一个泛型函数生成两个具体类型对应的函数**，代码清单 3-16 等价于代码清单 3-20。

代码清单 3-20：编译期单态化的泛型函数

```
1.   fn foo_1(x: i32) -> i32 {
2.      return x;
3.   }
4.   fn foo_2(x: &'static str) -> &'static str {
5.      return x;
6.   }
7.   fn main(){
8.      foo_1(1);
9.      foo_2("2");
10.  }
```

泛型及单态化是 Rust 的最重要的两个功能。**单态化静态分发的好处是性能好，没有运行时开销；缺点是容易造成编译后生成的二进制文件膨胀**。这个缺点并不影响使用 Rust 编程。

但是需要明白单态化机制，在平时的编程中注意二进制的大小，如果变得太大，可以根据具体的情况重构代码来解决问题。

3.3.2 泛型返回值自动推导

编译器还可以对泛型进行自动推导。代码清单 3-21 展示了对泛型返回值类型的自动推导。

代码清单 3-21：泛型返回值类型的自动推导

```
1.   #[derive(Debug, PartialEq)]
2.   struct Foo(i32);
3.   #[derive(Debug, PartialEq)]
4.   struct Bar(i32, i32);
5.   trait Inst {
6.       fn new(i: i32) -> Self;
7.   }
8.   impl Inst for Foo {
9.       fn new(i: i32) -> Foo {
10.          Foo(i)
11.      }
12.  }
13.  impl Inst for Bar {
14.      fn new(i: i32) -> Bar {
15.          Bar(i, i + 10)
16.      }
17.  }
18.  fn foobar<T: Inst>(i: i32) -> T {
19.      T::new(i)
20.  }
21.  fn main() {
22.      let f: Foo = foobar(10);
23.      assert_eq!(f, Foo(10));
24.      let b: Bar = foobar(20);
25.      assert_eq!(b, Bar(20, 30));
26.  }
```

代码清单 3-21 中定义了两个元组结构体 Foo 和 Bar，分别为它们实现了 Inst trait 中定义的 new 方法。然后定义了泛型函数 foobar，以及函数内调用泛型 T 的 new 方法。

代码第 22 行调用 foobar 函数，并指定其返回值的类型为 Foo，那么 Rust 就会根据该类型自动推导出要调用 Foo::new 方法。同理，代码第 24 行指定了 foobar 函数的返回值应该为 Bar 类型，那么 Rust 就自动推导出应该调用 Bar::new 方法。这为日常的编程带来了足够的方便。

3.4 深入 trait

可以说 trait 是 Rust 的灵魂。Rust 中所有的抽象，比如接口抽象、OOP 范式抽象、函数式范式抽象等，均基于 trait 来完成。同时，trait 也保证了这些抽象几乎都是运行时零开销的。

那么，到底什么是 trait？从类型系统的角度来说，trait 是 Rust 对 Ad-hoc 多态的支持。

从语义上来说，trait 是在行为上对类型的约束，这种约束可以让 trait 有如下 4 种用法：

- **接口抽象**。接口是对类型行为的统一约束。
- **泛型约束**。泛型的行为被 trait 限定在更有限的范围内。
- **抽象类型**。在运行时作为一种间接的抽象类型去使用，动态地分发给具体的类型。
- **标签 trait**。对类型的约束，可以直接作为一种"标签"使用。

下面依次介绍 trait 的这 4 种用法。

3.4.1 接口抽象

trait 最基础的用法就是进行接口抽象，它有如下特点：

- 接口中可以定义方法，并支持默认实现。
- 接口中不能实现另一个接口，但是接口之间可以继承。
- 同一个接口可以同时被多个类型实现，但不能被同一个类型实现多次。
- 使用 impl 关键字为类型实现接口方法。
- 使用 trait 关键字来定义接口。

图 3-2 形象地展示了 trait 接口抽象。

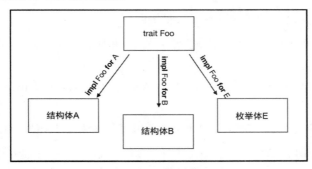

图 3-2：trait 作为接口抽象的形象表示

在第 2 章的代码清单 2-53 中定义的 Fly trait 就是一个典型的接口抽象。类型 Duck 和 Pig 均实现了该 trait，但具体的行为各不相同。**这正是一种 Ad-hoc 多态：同一个 trait，在不同的上下文中实现的行为不同**。为不同的类型实现 trait，属于一种**函数重载**，也可以说函数重载就是一种 Ad-hoc 多态。

关联类型

事实上，Rust 中的很多操作符都是基于 trait 来实现的。比如加法操作符就是一个 trait，加法操作不仅可以针对整数、浮点数，也可以针对字符串。

那么如何对这个加法操作进行抽象呢？除了两个相加的值的类型，还有返回值类型，这三个类型不一定相同。我们首先能想到的一个方法就是结合泛型的 trait，如代码清单 3-22 所示。

代码清单 3-22：利用泛型 trait 实现加法抽象

```
1.   trait Add<RHS, Output > {
2.       fn add(self, rhs: RHS) -> Output;
3.   }
4.   impl Add<i32, i32> for  i32 {
```

```
5.      fn my_add(self, rhs: i32) -> i32 {
6.          self + rhs
7.      }
8.  }
9.  impl Add<u32, i32> for  u32 {
10.     fn my_add(self, rhs: u32) -> i32 {
11.         (self + rhs ) as i32
12.     }
13. }
14. fn main(){
15.     let (a, b, c, d) = (1i32, 2i32, 3u32, 4u32);
16.     let x: i32 = a.my_add(b);
17.     let y: i32 = c.my_add(d);
18.     assert_eq!(x, 3i32);
19.     assert_eq!(y, 7i32);
20. }
```

代码清单 3-22 中定义了 Add trait。它包含了两个类型参数：RHS 和 Output，分别代表加法操作符右侧的类型和返回值的类型。在该 trait 内定义的 add 方法签名中，以 self 为参数，代表实现该 trait 的类型。

接下来为 i32 和 u32 类型分别实现了 Add trait。

代码第 4 行到第 8 行表示为 i32 类型实现 Add，并且要求只能和 i32 类型相加，且返回值也是 i32 类型。

代码第 9 行到第 13 行表示为 u32 类型实现 Add，并且要求只能和 u32 类型相加，但是返回值是 i32 类型。

然后在 main 函数中分别声明了 i32 和 u32 两组数字，分别让其相加，得到了预期的结果。

使用 trait 泛型来实现加法抽象，看上去好像没什么问题，但是仔细考虑一下，就会发现它有一个很大的问题。一般来说，对于加法操作要考虑以下两种情况：

- 基本数据类型，比如 i32 和 i32 类型相加，出于安全考虑，结果必然还是 i32 类型。
- 也可以对字符串进行加法操作，但是 Rust 中可以动态增加长度的只有 String 类型的字符串，所以一般是 String 类型的才会实现 Add，其返回值也必须是 String 类型。但是加法操作符右侧也可以是字符串字面量。所以，面对这种情况，String 的加法操作还必须实现 Add<&str, String>。

不管是以上两种情况中的哪一种，Add 的第二个类型参数总是显得有点多余。所以，Rust 标准库中定义的 Add trait 使用了另外一种写法。

代码清单 3-23 展示了 Rust 标准库中 Add trait 的定义。

代码清单 3-23：标准库 Add trait 的定义

```
1.  pub trait Add<RHS = Self> {
2.      type Output;
3.      fn add(self, rhs: RHS) -> Self::Output;
4.  }
```

代码清单 3-23 中同样使用了泛型 trait，但是与代码清单 3-22 的区别在于，它将之前的第二个类型参数去掉了。取而代之的是 type 定义的 Output，以这种方式定义的类型叫作**关联**

类型。而 Add<RHS = Self>这种形式表示为类型参数 RHS 指定了默认值 Self。Self 是每个 trait 都带有的**隐式类型参数**，代表实现当前 trait 的具体类型。

当代码中出现操作符"+"的时候，Rust 就会自动调用操作符左侧的操作数对应的 add()方法，去完成具体的加法操作，也就是说"+"操作与调用 add()方法是等价的，如图 3-3 所示。

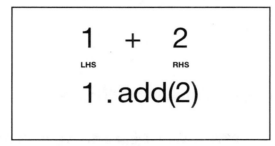

图 3-3："+"操作等价于调用 add()方法

代码清单 3-24 展示了标准库中为 u32 类型实现 Add trait 来定义加法的源码，为了突出重点，这里删减了一些不必要的内容。

代码清单 3-24：标准库中为 u32 类型实现 Add trait

```
1.    impl Add for $t {
2.        type Output = $t;
3.        fn add(self, other: $t) -> $t { self + other }
4.    }
```

因为 Rust 源码为 u32 实现 Add trait 的操作是用宏来完成的，所以代码清单 3-24 中出现了$t 这样的符号，在第 12 章会讲到关于宏的更多细节。当前这里的$t 可以看作 u32 类型，如代码清单 3-25 所示。

代码清单 3-25：可以将上面的$t 看作 u32 类型

```
1.    impl Add for u32 {
2.        type Output = u32;
3.        fn add(self, other: u32) -> u32 { self + other }
4.    }
```

这里的关联类型是 u32，因为两个 u32 整数相加结果必然还是 u32 整数。如果实现 Add trait 时并未指明泛型参数的具体类型，则默认为 Self 类型，也就是 u32 类型。

除了整数，String 类型的字符串也支持使用加号进行连接。代码清单 3-26 展示了为 String 类型实现 Add trait 的源码。同样，为了突出重点，我们进行了删减。

代码清单 3-26：标准库中为 String 类型实现 Add trait

```
1.    impl Add<&str> for String {
2.        type Output = String;
3.        fn add(mut self, other: &str) -> String {
4.            self.push_str(other);
5.            self
6.        }
7.    }
```

代码清单 3-26 中的 impl Add<&str>指明了泛型类型为&str，并没有使用 Self 默认类型参数，这表明对于 String 类型字符串来说，加号右侧的值类似&str 类型，而非 String 类型。关联类型 Output 指定为 String 类型，意味着加法返回的是 String 类型。代码清单 3-27 展示了 String 字符串的加法运算。

代码清单 3-27：String 类型字符串的加法运算

```
1.   fn main(){
2.       let a = "hello";
3.       let b = " world";
4.       let c = a.to_string() + b;
5.       println!("{:?}", c); // "hello world"
6.   }
```

在代码清单 3-27 中，变量 a 和 b 为&str 类型，所以将二者相加时，必须将 a 转换为 String 类型。

综上所述，使用关联类型能够使代码变得更加精简，同时也对方法的输入和输出进行了很好的隔离，使得代码的可读性大大增强。在语义层面上，使用关联类型也增强了 **trait** 表示行为的这种语义，因为它表示了和某个行为（**trait**）相关联的类型。在工程上，也体现出了高内聚的特点。

trait 一致性

既然 Add 是 trait，那么就可以通过 impl Add 的功能来实现操作符重载的功能。在 Rust 中，通过上面对 Add trait 的分析就可以知道，u32 和 u64 类型是不能直接相加的。代码清单 3-28 尝试重载整数的加法操作，实现 u32 和 u64 类型直接相加。

代码清单 3-28：尝试重载整数的加法操作

```
1.   use std::ops::Add;
2.   impl Add<u64> for u32{
3.       type Output = u64;
4.       fn add(self, other: u64) -> Self::Output {
5.           (self as u64) + other
6.       }
7.   }
8.   fn main(){
9.       let a = 1u32;
10.      let b = 2u64;
11.      assert_eq!(a+b, 3);
12.  }
```

代码清单 3-28 编译会出错：

```
error[E0117]: only traits defined in the current crate can be implemented
for arbitrary types
```

这是因为 Rust 遵循一条重要的规则：**孤儿规则（Orphan Rule）**。孤儿规则规定，**如果要实现某个 trait，那么该 trait 和要实现该 trait 的那个类型至少有一个要在当前 crate 中定义。** 在代码清单 3-28 中，Add trait 和 u32、u64 都不是在当前 crate 中定义的，而是定义于标准库中的。如果没有孤儿规则的限制，标准库中 u32 类型的加法行为就会被破坏性地改写，导致所有使用 u32 类型的 crate 可能产生难以预料的 Bug。

因此，要想正常编译通过，就需要把 Add trait 放到当前 crate 中来定义，如代码清单 3-29 所示。

代码清单 3-29：在当前 crate 中定义 Add trait

```
1.   trait Add<RHS=Self> {
2.       type Output;
3.       fn add(self, rhs: RHS) -> Self::Output;
4.   }
5.   impl Add<u64> for u32{
6.       type Output = u64;
7.       fn add(self, other: u64) -> Self::Output {
8.           (self as u64) + other
9.       }
10.  }
11.  fn main(){
12.      let a = 1u32;
13.      let b = 2u64;
14.      assert_eq!(a.add(b), 3);
15.  }
```

代码清单 3-29 在当前 crate 中定义了 Add trait，这样就不会违反孤儿规则。并且在 impl Add 的时候，将 RHS 和关联类型指定为 u64 类型。注意在调用的时候要用 add，而非操作符+，以避免被 Rust 识别为标准库中的 add 实现。这样就可以正常编译通过了。

当然，除了在本地定义 Add trait 这个方法，还可以在本地创建一个新的类型，然后为此新类型实现 Add，这同样不会违反孤儿规则，如代码清单 3-30 所示。

代码清单 3-30：为新类型实现 Add 操作

```
1.   use std::ops::Add;
2.   #[derive(Debug)]
3.   struct Point {
4.       x: i32,
5.       y: i32,
6.   }
7.   impl Add for Point {
8.       type Output = Point;
9.       fn add(self, other: Point) -> Point {
10.          Point {
11.              x: self.x + other.x,
12.              y: self.y + other.y,
13.          }
14.      }
15.  }
16.  fn main() {
17.      // Point { x: 3, y: 3 }
18.      println!("{:?}", Point { x: 1, y: 0 } + Point { x: 2, y: 3 });
19.  }
```

还需要注意，**关联类型 Output 必须指定具体类型**。函数 add 的返回类型可以写 Point，也可以写 Self，也可以写 Self::Output。

trait 继承

Rust 不支持传统面向对象的继承，但是**支持 trait 继承**。子 trait 可以继承父 trait 中定义或实现的方法。在日常编程中，trait 中定义的一些行为可能会有重复的情况，使用 trait 继承可以简化编程，方便组合，让代码更加优美。

接下来以 Web 编程中常见的分页为例，来说明 trait 继承的一些应用场景。代码清单 3-31 以分页为例展示了如何定义 trait。

代码清单 3-31：以分页为例定义 trait

```
1.   trait Page{
2.       fn set_page(&self, p: i32){
3.           println!("Page Default: 1");
4.       }
5.   }
6.   trait PerPage{
7.       fn set_perpage(&self, num: i32){
8.           println!("Per Page Default: 10");
9.       }
10.  }
11.  struct MyPaginate{ page: i32 }
12.  impl Page for MyPaginate{}
13.  impl PerPage for MyPaginate{}
14.  fn main(){
15.      let my_paginate = MyPaginate{page: 1};
16.      my_paginate.set_page(2);
17.      my_paginate.set_perpage(100);
18.  }
```

代码清单 3-31 中定义了 Page 和 PerPage 两个 trait，分别代表当前页面的页码和每页显示的条目数。并且分别实现了两个默认方法：set_page 和 set_perpage，分别用于设置当前页面页码和每页显示条目数，默认值被设置为了第 1 页和每页显示 10 个条目。

代码第 11 行定义了 MyPaginate 结构体。

代码第 12 行和第 13 行分别为 MyPaginate 实现了 Page 和 PerPage，使用空的 impl 块代表使用 trait 的默认实现。

在代码第 14 行到第 18 行的 main 函数中，创建了 MyPaginate 的一个实例 my_paginate，并分别调用 set_page 和 set_perpage 方法，输出结果为默认值。

假如此时需要多加一个功能，要求可以设置直接跳转的页面页码，为了不影响之前的代码，可以使用 trait 继承来实现，如代码清单 3-32 所示。

代码清单 3-32：使用 trait 继承扩展功能

```
1.   trait Paginate: Page + PerPage{
2.       fn set_skip_page(&self, num: i32){
3.           println!("Skip Page : {:?}", num);
4.       }
5.   }
6.   impl <T: Page + PerPage>Paginate for T{}
```

代码清单 3-32 中定义了 Paginate，并使用冒号代表继承其他 trait。代码中 Page + PerPage 表示 Paginate 同时继承了 Page 和 PerPage 这两个 trait。总体来说，trait 名后面的冒号代表 trait 继承，其后跟随要继承的父 trait 名称，如果是多个 trait 则用加号相连。

代码第 6 行为泛型 T 实现了 Paginate，并且包括空的 impl 块。整行代码的意思是，为所有拥有 Page 和 PerPage 行为的类型实现 Paginate。

然后就可以使用 set_skip_page 方法了，如代码清单 3-33 所示。

代码清单 3-33：调用 set_skip_page 方法

```
1.   fn main(){
2.      let my_paginate = MyPaginate{page: 1};
3.      my_paginate.set_page(1);
4.      my_paginate.set_perpage(100);
5.      my_paginate.set_skip_page(12);
6.   }
```

在代码清单 3-33 中，我们直接调用了 set_skip_page 方法，而不会影响之前的代码。另外，trait 继承也可以用于扩展标准库中的方法。

3.4.2 泛型约束

使用泛型编程时，很多情况下的行为并不是针对所有类型都实现的，代码清单 3-34 所示的泛型求和函数就是这样一个例子。

代码清单 3-34：泛型求和函数

```
1.   fn sum<T>(a: T, b: T){
2.      a + b
3.   }
```

想象一下，如果向代码清单 3-34 的 sum 函数中传入的参数是两个整数，那么加法行为是合法的。如果传入的参数是两个字符串，理论上也应该是合法的，加法行为可以是字符串相连。但是假如传入的两个参数是整数和字符串，或者整数和布尔值，意义就不太明确了，有可能引起程序崩溃。

那么，如何修正呢？答案是，用 trait 作为泛型的约束。

trait 限定

对于代码清单 3-34 中的求和函数来说，只要两个参数是可相加的类型就可以，如代码清单 3-35 所示。

代码清单 3-35：修正泛型求和函数

```
1.   use std::ops::Add;
2.   fn sum<T: Add<T, Output=T>>(a: T, b: T) -> T{
3.      a + b
4.   }
5.   fn main(){
6.      assert_eq!(sum(1u32, 2u32), 3);
7.      assert_eq!(sum(1u64, 2u64), 3);
8.   }
```

在代码清单 3-35 中，我们使用<T: Add<T, Output=T>>对泛型进行了约束，表示 sum 函数的参数必须实现 Add trait，并且加号两边的类型必须一致。这里值得注意的是，对泛型约束的时候，Add<T, Output=T>通过类型参数确定了关联类型 Output 也是 T，也可以省略类型参数 T，直接写为 Add<Output=T>。

如果该 sum 函数传入两个 String 类型参数，就会报错。因为 String 字符串相加时，右边的值必须是&str 类型。所以不满足此 sum 函数中 Add trait 的约束。

使用 **trait** 对泛型进行约束，叫作 **trait 限定**（**trait Bound**）。格式如下：

```
fn generic<T: MyTrait + MyOtherTrait + SomeStandardTrait>(t: T) {}
```

该泛型函数签名要表达的意思是：需要一个类型 T，并且该类型 T 必须实现 MyTrait、MyOtherTrait 和 SomeStandardTrait 中定义的全部方法，才能使用该泛型函数。

理解 trait 限定

trait 限定的思想与 Java 中的泛型限定、Ruby 和 Python 中的 **Duck Typing**、Golang 中的 **Structural Typing**、Elixir 和 Clojure 中的 **Protocol** 都很相似。所以有编写这些编程语言经验的开发者看到 trait 限定会觉得很熟悉。在类型理论中，Structural Typing 是一种根据结构来判断类型是否等价的理论，翻译过来为结构化类型。Duck Typing、Protocol 都是 Structural Typing 的变种，一般用于动态语言，在运行时检测类型是否等价。Rust 中的 trait 限定也是 Structural Typing 的一种实现，可以看作一种**静态 Duck Typing**。

从**数学角度**来理解 trait 限定可能更加直观。**类型可以看作具有相同属性值的集合**。当声明变量 let x: u32 时，意味着 x∈u32，也就是说，x 属于 u32 集合。可以再来回顾一下代码清单 3-32 中声明的 trait：

```
trait Paginate: Page + PerPage
```

trait 也是一种类型，是一种方法集合，或者说，是一种行为的集合。它的意思是，Paginate⊂(Page∩Perpage)，Paginate 集合是 Page 和 Perpage 交集的子集，如图 3-4 所示。

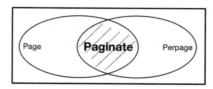

图 3-4：Paginate 集合包含于 Page 和 Perpage 集合的交集中

由此可以得出，Rust 中冒号代表集合的"包含于"关系，而加号则代表交集。所以下面这种写法：

```
impl<T: A + B> C for T
```

可以解释为"为所有 T⊂(A∩B)实现 Trait C"，如图 3-5 所示。

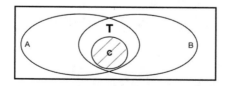

图 3-5：为所有 T⊂(A∩B)实现 Trait C

Rust 编程的哲学是组合优于继承，Rust 并不提供类型层面上的继承，Rust 中所有的类型都是独立存在的，所以 Rust 中的类型可以看作语言允许的最小集合，不能再包含其他子集。而 trait 限定可以对这些类型集合进行组合，也就是求交集。

总的来说，trait 限定给予了开发者更大的自由度，因为不再需要类型间的继承，也简化了编译器的检查操作。包含 trait 限定的泛型属于静态分发，在编译期通过单态化分别生成具体类型的实例，所以调用 trait 限定中的方法也都是运行时零成本的，因为不需要在运行时再进行方法查找。

如果为泛型增加比较多的 trait 限定，代码可能会变得不太易读，比如下面这种写法：

```
fn foo<T: A, K: B+C, R: D>(a: T, b: K, c: R){. . .}
```

Rust 提供了 **where 关键字**，用来对这种情况进行重构：

```
fn foo<T, K, R>(a: T, b: K, c: R) where T: A, K: B+C, R: D {. . .}
```

这样重构之后，代码的可读性就提高了。

3.4.3 抽象类型

trait 还可以用作**抽象类型**（**Abstract Type**）。抽象类型属于类型系统的一种，也叫作**存在类型**（**Existential Type**）。相对于具体类型而言，抽象类型无法直接实例化，它的每个实例都是具体类型的实例。

对于抽象类型而言，编译器可能无法确定其确切的功能和所占的空间大小。所以 Rust 目前有两种方法来处理抽象类型：**trait 对象**和 **impl Trait**。

trait 对象

在泛型中使用 trait 限定，可以将任意类型的范围根据类型的行为限定到更精确可控的范围内。从这个角度出发，也可以将共同拥有相同行为的类型集合抽象为一个类型，这就是 trait **对象**（**trait Object**）。"对象"这个词来自面向对象编程语言，因为 trait 对象是对具有相同行为的一组具体类型的抽象，等价于面向对象中一个封装了行为的对象，所以称其为 trait 对象。

代码清单 3-36 对比了 trait 限定和 trait 对象的用法。

代码清单 3-36：trait 限定和 trait 对象的用法比较

```
1.   #[derive(Debug)]
2.   struct Foo;
3.   trait Bar {
4.       fn baz(&self);
5.   }
6.   impl Bar for Foo {
7.       fn baz(&self) { println!("{:?}", self) }
8.   }
9.   fn static_dispatch<T>(t: &T) where T:Bar {
10.      t.baz();
11.  }
12.  fn dynamic_dispatch(t: &Bar) {
13.      t.baz();
14.  }
15.  fn main() {
16.      let foo = Foo;
17.      static_dispatch(&foo);
18.      dynamic_dispatch(&foo);
19.  }
```

代码清单 3-36 中定义了结构体 Foo 和 Bar trait，并且为 Foo 实现了 Bar。

代码第 9 行到第 14 行分别定义了带 trait 限定的泛型函数 staitc_dispatch 和使用 trait 对象的 dynamic_dispatch 函数。

代码第 15 行到第 19 行分别调用了 static_dispatch 和 dynamic_dispatch 函数。static_dispatch 是属于静态分发的，参数 t 之所以能调用 baz 方法，是因为 Foo 类型实现了 Bar。dynamic_dispatch 是属于动态分发的，参数 t 标注的类型&Bar 是 trait 对象。那么，什么是动态分发呢？它的工作机制是怎样的呢？

trait 本身也是一种类型，但它的类型大小在编译期是无法确定的，所以 trait 对象必须使用指针。可以利用引用操作符&或 Box<T>来制造一个 trait 对象。trait 对象等价于代码清单 3-37 所示的结构体。

代码清单 3-37：等价于 trait 对象的结构体

```
1.    pub struct TraitObject {
2.        pub data: *mut (),
3.        pub vtable: *mut (),
4.    }
```

代码清单 3-37 的结构体 TraitObject 来自 Rust 标准库，但它并不能代表真正的 trait 对象，它仅仅用于操作底层的一些 Unsafe 代码。这里使用该结构体只是为了用它来帮助理解 trait 对象的行为。

TraitObject 包括两个指针：**data 指针**和 **vtable 指针**。以 impl MyTrait for T 为例，data 指针指向 trait 对象保存的类型数据 T，vtable 指针指向包含为 T 实现的 MyTrait 的 Vtable（Virtual Table），该名称来源于 C++，所以可以称之为**虚表**。虚表的本质是一个结构体，包含了析构函数、大小、对齐和方法等信息。TraitObject 的结构如图 3-6 所示。

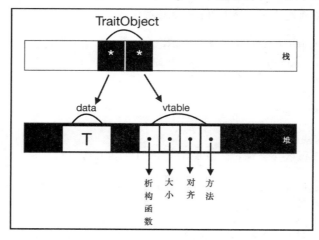

图 3-6：TraitObject 结构示意

在编译期，编译器只知道 TraitObject 包含指针的信息，并且指针的大小也是确定的，并不知道要调用哪个方法。在运行期，当有 trait_object.method()方法被调用时，**TraitObject 会根据虚表指针从虚表中查出正确的指针，然后再进行动态调用**。这也是将 trait 对象称为动态分发的原因。

所以，当代码清单 3-36 中的 dynamic_dispatch(&foo)函数在运行期被调用时，会先去查虚表，取出相应的方法 t.baz()，然后调用。

讲到 trait 对象时，我们需要特别讲一下对象安全的问题。

并不是每个 trait 都可以作为 trait 对象被使用，这依旧和类型大小是否确定有关系。每个 trait 都包含一个隐式的类型参数 Self，代表实现该 trait 的类型。Self 默认有一个隐式的 trait 限定?Sized，形如<Self: ?Sized>，?Sized trait 包括了所有的动态大小类型和所有可确定大小的类型。Rust 中大部分类型都默认是可确定大小的类型，也就是<T: Sized>，这也是泛型代码可以正常编译的原因。

当 trait 对象在运行期进行动态分发时，也必须确定大小，否则无法为其正确分配内存空间。所以必须同时满足以下两条规则的 trait 才可以作为 trait 对象使用。

- trait 的 Self 类型参数不能被限定为 Sized。
- trait 中所有的方法都必须是对象安全的。

满足这两条规则的 trait 就是对象安全的 trait。那么，什么是对象安全呢？

trait 的 Self 类型参数绝大部分情况默认是**?Sized**，但也有可能出现被限定为 Sized 的情况，如代码清单 3-38 所示。

代码清单 3-38：标记为 Sized 的 trait

```
1.   trait Foo: Sized {
2.       fn some_method(&self);
3.   }
```

代码清单 3-38 中的 Foo 继承自 Sized，这表明，要为某类型实现 Foo，必须先实现 Sized。所以，Foo 中的隐式 Self 也必然是 Sized 的，因为 Self 代表的是那些要实现 Foo 的类型。

按规则一，Foo 不是对象安全的。trait 对象本身是动态分发的，编译期根本无法确定 Self 具体是哪个类型，因为不知道给哪些类型实现过该 trait，更无法确定其大小，现在又要求 Self 是可确定大小的，这就造就了图 3-7 所示的**薛定谔的类型**：既能确定大小又不确定大小。

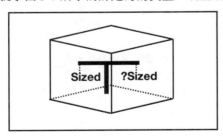

图 3-7：薛定谔的类型

当把 trait 当作对象使用时，其内部类型就默认为 Unsize 类型，也就是动态大小类型，只是将其置于编译期可确定大小的胖指针背后，以供运行时动态调用。对象安全的本质就是为了让 trait 对象可以安全地调用相应的方法。如果给 trait 加上 Self: Sized 限定，那么在动态调用 trait 对象的过程中，如果碰到了 Unsize 类型，在调用相应方法时，可能引发段错误。所以，就无法将其作为 trait 对象。反过来，当不希望 trait 作为 trait 对象时，可以使用 Self: Sized 进行限定。

而对象安全的方法必须满足以下三点之一。

- 方法受 **Self: Sized** 约束。
- 方法签名同时满足以下三点。
  - ➤ 必须不包含任何泛型参数。如果包含泛型，**trait** 对象在**虚表（Vtable）**中查找方法时将不确定该调用哪个方法。

➤ **第一个参数必须为 Self 类型或可以解引用为 Self 的类型**（也就是说，必须有接收者，比如 self、&self、&mut self 和 self: Box<Self>，没有接收者的方法对 trait 对象来说毫无意义）。

➤ Self 不能出现在除第一个参数之外的地方，包括返回值中。这是因为如果出现 Self，那就意味着 Self 和 self、&self 或&mut self 的类型相匹配。但是对于 trait 对象来说，根本无法做到保证类型匹配，因此，这种情况下的方法是对象不安全的。

这三点可以总结为一句话：**没有额外 Self 类型参数的非泛型成员方法**。

- trait 中不能包含关联常量（Associated Constant）。在 Rust 2018 版本中，trait 中可以增加默认的关联常量，其定义方法和关联类型差不多，只不过需要使用 const 关键字。

代码清单 3-39 展示了一个标准的对象安全的 trait。

代码清单 3-39：标准的对象安全的 trait

```
1.   trait Bar {
2.       fn bax(self, x: u32);
3.       fn bay(&self);
4.       fn baz(&mut self);
5.   }
```

代码清单 3-39 满足对象安全 trait 的规则，所以它是对象安全的。trait Bar 不受 Sized 限定，trait 方法都是没有额外 Self 类型参数的非泛型成员方法。代码清单 3-40 展示了典型的对象不安全的 trait。

代码清单 3-40：典型的对象不安全的 trait

```
1.   // 对象不安全的 trait
2.   trait Foo {
3.       fn bad<T>(&self, x: T);
4.       fn new() -> Self;
5.   }
6.   // 对象安全的 trait，将不安全的方法拆分出去
7.   trait Foo {
8.       fn bad<T>(&self, x: T);
9.   }
10.  trait Foo: Bar {
11.      fn new() -> Self;
12.  }
13.  // 对象安全的 trait，使用 where 子句
14.  trait Foo {
15.      fn bad<T>(&self, x: T);
16.      fn new() -> Self where Self: Sized;
17.  }
```

在代码清单 3-40 中，代码第 2 行到第 5 行定义的 trait Foo 显然违反了对象安全 trait 方法的规则，所以它不能被作为 trait 对象使用。但是如果想继续把该 trait 作为对象使用，可以将此 trait 分离为两个 trait，如代码第 7 行到第 12 行所示，将对象不安全的方法摘到另一个 Bar trait 中。但是这种方法比较烦琐。最好的办法是使用 where 子句，如代码第 14 行到第 16 行所示，在 new 方法签名后面使用 where 子句，增加 Self: Sized 限定，则 trait Foo 又成为了一个对象安全的 trait。只不过在 trait Foo 作为 trait 对象且有**?Sized** 限定时，不允许调用该 new 方法。

impl Trait

在 **Rust 2018** 版本中，引入了可以静态分发的抽象类型 **impl Trait**。如果说 **trait** 对象是装箱抽象类型（**Boxed Abstract Type**）的话，那么 **impl Trait** 就是拆箱抽象类型（**Unboxed Abstract Type**）。"装箱"和"拆箱"是业界的抽象俗语，其中"装箱"代表将值托管到堆内存，而"拆箱"则是在栈内存中生成新的值，更详细的内容会在第 4 章中描述。总之，装箱抽象类型代表动态分发，拆箱抽象类型代表静态分发。

目前 **impl Trait** 只可以在输入的参数和返回值这两个位置使用，在不远的将来，还会拓展到其他位置，比如 let 定义、关联类型等。

接下来使用 impl Trait 语法重构第 2 章的代码清单 2-53，如代码清单 3-41 所示。

代码清单 3-41：使用 impl Trait 语法重构第 2 章的代码清单 2-53

```
1.   use std::fmt::Debug;
2.     pub trait Fly {
3.         fn fly(&self) -> bool;
4.     }
5.     #[derive(Debug)]
6.     struct Duck;
7.     #[derive(Debug)]
8.     struct Pig;
9.     impl Fly for Duck {
10.        fn fly(&self) -> bool {
11.            return true;
12.        }
13.    }
14.    impl Fly for Pig {
15.        fn fly(&self) -> bool {
16.            return false;
17.        }
18.    }
19.    fn fly_static(s: impl Fly+Debug) -> bool {
20.        s.fly()
21.    }
22.    fn can_fly(s: impl Fly+Debug) -> impl Fly {
23.        if s.fly(){
24.            println!("{:?} can fly", s);
25.        }else{
26.            println!("{:?} can't fly", s);
27.        }
28.        s
29.    }
30.    let pig = Pig;
31.    assert_eq!(fly_static(pig), false);
32.    let duck = Duck;
33.    assert_eq!(fly_static(duck), true);
34.    let pig = Pig;
35.    let pig = can_fly(pig);        // Pig 不能执行"飞"这个动作
36.    let duck = Duck;
37.    let duck = can_fly(duck);      // Duck 能执行"飞"这个动作
38.  }
```

代码清单 3-41 第 19 行到第 21 行使用 impl Fly+Debug 替换了之前的泛型写法,整个代码看上去清爽不少。将 impl Trait 语法用于参数位置的时候,等价于使用 trait 限定的泛型。

代码第 22 行到第 29 行定义了 can_fly 函数,参数使用 impl Fly+Debug 抽象类型,而返回值指定了 impl Fly 抽象类型。**将 impl Trait 语法用于返回值位置的时候,实际上等价于给返回类型增加一种 trait 限定范围。**

在 main 函数中调用 fly_static 函数的时候,也不再需要使用 turbofish 操作符来指定类型。当然,如果在 Rust 无法自动推导类型的情况下,还需要显式指定类型,只不过无法使用 turbofish 操作符。调用 can_fly 函数可以返回 impl Fly 类型,但它属于静态分发,在调用的时候根据上下文确定返回的具体类型。

但是目前,还不能在 let 语句中为变量指定 impl Fly 类型。比如 let duck: impl Fly = can_fly(duck) 这样的写法是不允许的,但是在不远的将来是可以使用的。相比于使用 trait 对象,使用 impl Trait 会拥有更高的性能。

另外,impl Trait 只能用于为单个参数指定抽象类型,如果对多个参数使用 impl Trait 语法,编译器将报错,如代码清单 3-42 所示。

代码清单 3-42:多个参数类型使用 impl Trait 语法的情况

```
1.   use std::ops::Add;
2.   fn sum<T>(a: impl Add<Output=T>, b: impl Add<Output=T>) -> T{
3.       a + b
4.   }
```

代码清单 3-42 中的 sum 泛型函数包含了两个参数:a 和 b,如果都指定了 impl Add<Output=T> 抽象类型,编译将会报错。a 和 b 会被编译器认为是两个不同的类型,不能进行加法操作。这一点在使用时要注意。

在 Rust 2018 版本中,为了在语义上和 impl Trait 语法相对应,专门为动态分发的 **trait 对象**增加了新的语法 **dyn Trait**,其中 dyn 是 Dynamic(动态)的缩写。即,impl Trait 代表静态分发,dyn Trait 代表动态分发。

我们可以在代码清单 3-42 的基础上新增使用 dyn Trait 语法的函数,如代码清单 3-43 所示。

代码清单 3-43:在代码清单 3-42 的基础上新增使用 dyn Trait 语法的函数

```
1.   fn dyn_can_fly(s: impl Fly+Debug+'static) -> Box<dyn Fly> {
2.       if s.fly(){
3.           println!("{:?} can fly", s);
4.       }else{
5.           println!("{:?} can't fly", s);
6.       }
7.       Box::new(s)
8.   }
```

代码清单 3-43 在代码清单 3-42 的基础上新增了函数 dyn_can_fly,使用了新的 dyn Trait 语法。形如 Box<dyn Fly> 实际上就是返回的 trait 对象,在 Rust 2015 版本中也可以写作 Box<Fly>。方法签名中出现的'static 是一种生命周期参数,它限定了 impl Fly+Debug 抽象类型不可能是引用类型,因为这里出现引用类型可能会引发内存不安全。我们会在第 5 章更详细地介绍关于生命周期参数的内容。

3.4.4 标签 trait

trait 这种对行为约束的特性也非常适合作为**类型的标签**。这就好比市场上流通的产品，都被厂家盖上了"生产日期"和"有效期"这样的标签，消费者通过这种标签就可以识别出未过期的产品。Rust 就是"厂家"，类型就是"产品"，标签 trait 就是"厂家"给"产品"盖上的各种标签，起到标识的作用。当开发者消费这些类型"产品"时，编译器会进行"严格执法"，以保证这些类型"产品"是"合格的"。

Rust 一共提供了 5 个重要的标签 trait，都被定义在标准库 std::marker 模块中。它们分别是：

- **Sized** trait，用来标识编译期可确定大小的类型。
- **Unsize** trait，目前该 trait 为实验特性，用于标识动态大小类型（DST）。
- **Copy** trait，用来标识可以按位复制其值的类型。
- **Send** trait，用来标识可以跨线程安全通信的类型。
- **Sync** trait，用来标识可以在线程间安全共享引用的类型。

除此之外，Rust 标准库还在增加新的标签 trait 以满足变化的需求。

Sized trait

Sized trait 非常重要，**编译器用它来识别可以在编译期确定大小的类型**。代码清单 3-44 展示了 Sized trait 的内部实现。

代码清单 3-44：Sized trait 内部实现

```
1.   #[lang = "sized"]
2.   pub trait Sized {
3.       //代码为空，无具体实现方法
4.   }
```

Sized trait 是一个**空 trait**，因为仅仅作为标签 trait 供编译器使用。这里真正起"打标签"作用的是代码清单 3-44 第 1 行的属性**#[lang = "sized"]**，该属性 lang 表示 Sized trait 供 Rust 语言本身使用，声明为"sized"，称为**语言项（Lang Item）**，这样编译器就知道 Sized trait 如何定义了。还有一个相似的例子是加号操作，当两个整数相加的时候，比如 a + b，编译器就会去找 Add::add(a, b)，这也是因为加号操作是语言项**#[lang="add"]**。

Rust 语言中大部分类型都是默认 Sized 的，所以在写泛型结构体的时候，没有显式地加上 Sized trait 限定，如代码清单 3-45 所示。

代码清单 3-45：泛型默认 Sized trait 限定

```
1.   struct Foo<T>(T);
2.   struct Bar<T: ?Sized>(T);
```

代码清单 3-45 中的 Foo 是一个泛型结构体，等价于 Foo<T: Sized>，如果需要在结构体中使用动态大小类型，则需要改为<T: ?Sized>限定。

?Sized 是 Sized trait 的另一种语法。Sized、Unsize 和?Sized 的关系如图 3-8 所示。

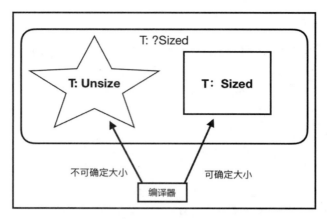

图 3-8：Sized、Unsize 和?Sized 的关系

Sized 标识的是在编译期可确定大小的类型，而 Unsize 标识的是动态大小类型，在编译期无法确定其大小。目前 Rust 中的动态类型有 trait 和[T]，其中[T]代表一定数量的 T 在内存中依次排列，但不知道具体的数量，所以它的大小是未知的，用 Unsize 来标记。比如 str 字符串和定长数组[T; N]。[T]其实是[T; N]的特例，当 N 的大小未知时就是[T]。

而?Sized 标识的类型包含了 Sized 和 Unsize 所标识的两种类型。所以代码清单 3-45 中泛型结构体 Bar<T: ?Sized>支持编译期可确定大小类型和动态大小类型两种类型。

但是动态大小类型不能随意使用，还需要遵循如下三条限制规则：

- 只可以通过胖指针来操作 Unsize 类型，比如&[T]或&Trait。
- 变量、参数和枚举变量不能使用动态大小类型。
- 结构体中只有最后一个字段可以使用动态大小类型，其他字段不可以使用。

所以，当使用?Size 限定时，应该想想这三条规则。

Copy trait

Copy trait 用来标记可以按位复制其值的类型，按位复制等价于 C 语言中的 memcpy[1]。代码清单 3-46 展示了 Copy trait 的内部实现。

代码清单 3-46：Copy trait 内部实现

```
1.    #[lang = "copy"]
2.    pub trait Copy : Clone {
3.        //代码为空，无具体实现方法
4.    }
```

注意代码清单 3-46 第 1 行的 lang 属性，此时声明为"copy"。此 Copy trait 继承自 Clone trait，意味着，要实现 Copy trait 的类型，必须实现 Clone trait 中定义的方法。代码清单 3-47 展示了定义于 std::clone 模块中的 Clone trait 内部实现。

代码清单 3-47：Clone trait 内部实现

```
1.    pub trait Clone : Sized {
2.        fn clone(&self) -> Self;
```

---

1   C 语言中的 memcpy 会从源所指的内存地址的起始位置开始拷贝 *n* 个字节，直到目标所指的内存地址的起始位置。可以拷贝任意类型，主要是栈拷贝。

```
3.        fn clone_from(&mut self, source: &Self) {
4.            *self = source.clone()
5.        }
6.    }
```

看得出来，Clone trait 继承自 Sized，意味着要实现 Clone trait 的对象必须是 Sized 类型。代码清单 3-47 第 3 行的 clone_from 方法有默认的实现，并且其默认实现是调用 clone 方法，所以对于要实现 Clone trait 的对象，只需要实现 clone 方法就可以了。

如果想让一个类型实现 Copy trait，就必须同时实现 Clone trait，如代码清单 3-48 所示。

代码清单 3-48：想实现 Copy trait 就必须同时实现 Clone trait

```
1.    struct MyStruct;
2.    impl Copy for MyStruct { }
3.    impl Clone for MyStruct {
4.        fn clone(&self) -> MyStruct {
5.            *self
6.        }
7.    }
```

如果每次都这样实现一遍，会比较麻烦。所以 Rust 提供了更方便的 derive 属性供我们完成这项重复的工作，如代码清单 3-49 所示。

代码清单 3-49：使用 derive 属性实现 Copy trait 和 Clone trait

```
1.    #[derive(Copy, Clone)]
2.    struct MyStruct;
```

这样代码就简练多了。

Rust 为很多基本数据类型实现了 Copy trait，比如常用的数字类型、字符（Char）、布尔类型、单元值、不可变引用等。代码清单 3-50 提供了一个检测函数，可以检测哪些类型实现了 Copy trait。实际上就是利用了一个加上 Copy trait 限定的泛型函数 test_copy，如果实现了 Copy trait 的类型，则可以正常编译；如果没有实现，则会报错。

代码清单 3-50：检测类型是否实现了 Copy trait

```
1.    fn test_copy<T: Copy>(i: T) {
2.        println!("hhh");
3.    }
4.    fn main(){
5.        let a = "String".to_string();
6.        test_copy(a);
7.    }
```

代码清单 3-50 测试的类型是 String，即字符串，编译会报以下错误：

```
error[E0277]: the trait bound `std::string::String: std::marker::Copy`
is not satisfied
|    test_copy(a);
|    ^^^^^^^^^ the trait `std::marker::Copy` is not implemented for
`std::string::String`
```

看得出来，String 类型并没有实现 Copy trait。

那么这个空的 Copy trait 到底有什么作用呢？不要忘记，Copy 是一个标签 trait，编译器做类型检查时会检测类型所带的标签，以验证它是否"合格"。**Copy 的行为是一个隐式的行为，开发者不能重载 Copy 行为，它永远都是一个简单的位复制。**Copy 隐式行为发生在执行变量绑定、函数参数传递、函数返回等场景中，因为这些场景是开发者无法控制的，所以需要编译器来保证。在学习完第 4 章之后，我们会对 Copy 语义有更深的了解。

Clone trait 是一个显式的行为，任何类型都可以实现 Clone trait，开发者可以自由地按需实现 Copy 行为。比如，String 类型并没有实现 Copy trait，但是它实现了 Clone trait，如果代码里有需要，只需要调用 String 类型的 clone 方法即可。但需要记住一点，如果一个类型是 Copy 的，它的 clone 方法仅仅需要返回*self 即可（参考代码清单 3-48）。

并非所有类型都可以实现 Copy trait。对于自定义类型来说，必须让所有的成员都实现了 Copy trait，这个类型才有资格实现 Copy trait。如果是数组类型，且其内部元素都是 Copy 类型，则数组本身就是 Copy 类型；如果是元组类型，且其内部元素都是 Copy 类型，则该元组会自动实现 Copy；如果是结构体或枚举类型，只有当每个内部成员都实现 Copy 时，它才可以实现 Copy，并不会像元组那样自动实现 Copy。图 3-9 形象地总结了 Copy 和 Clone 的区别。

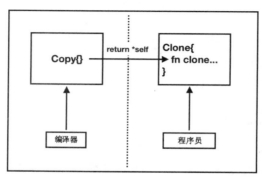

图 3-9：Copy 和 Clone 的区别

Send trait 和 Sync trait

Rust 作为现代编程语言，自然也提供了**语言级的并发支持**。只不过 Rust 对并发的支持和其他语言有所不同。Rust 在标准库中提供了很多并发相关的基础设施，比如线程、Channel、锁和 Arc 等，这些都是独立于语言核心之外的库，意味着基于 Rust 的并发方案不受标准库和语言的限制，开发人员可以编写自己所需的并发模型。

一直以来，多线程并发编程都存在很大问题，因为它会增加复杂性，想要编写正确非常困难，调试也非常困难，难以将问题复现。线程不安全的代码会因为共享内存而产生内存破坏（Memory Corruption）行为。

多线程编程之所以有这么严重的问题，是因为系统级的线程是不可控的，编写好的代码不一定会按期望的顺序执行，会带来**竞态条件（Race Condition）**。不同的线程同时访问一块共享变量也会造成**数据竞争（Data Race）**。**竞态条件是不可能被消除的，数据竞争是有可能被消除的，而数据竞争是线程安全最大的"隐患"。**很多其他语言通过各种成熟的并发解决方案来支持并发编程，比如 Erlang 提供轻量级进程和 Actor 并发模型；Golang 提供了协程和CSP 并发模型。而 Rust 则从正面解决了这个问题，它的"秘密武器"是类型系统和所有权机制。

Rust 提供了 **Send** 和 **Sync** 两个标签 trait，它们是 Rust 无数据竞争并发的基石。

- 实现了 Send 的类型，可以安全地在线程间传递值，也就是说可以跨线程传递所有权。
- 实现了 Sync 的类型，可以跨线程安全地传递共享（不可变）引用。

有了这两个标签 trait，就可以把 Rust 中所有的类型归为两类：**可以安全跨线程传递的值和引用，以及不可以跨线程传递的值和引用**。再配合所有权机制，带来的效果就是，**Rust 能够在编译期就检查出数据竞争的隐患，而不需要等到运行时再排查**。

代码清单 3-51 尝试在多线程之间共享不可变变量。

代码清单 3-51：多线程之间共享不可变变量

```
1.  use std::thread;
2.  fn main() {
3.      let x = vec![1, 2, 3, 4];
4.      thread::spawn(|| x);
5.  }
```

代码清单 3-51 使用标准库 thread 模块中的 spawn 函数来创建子线程，需要一个闭包作为参数，可以编译通过。变量 x 被闭包捕获，传递到子线程中，但是 x 默认不可变，所以多线程之间共享是安全的。再看看如果传入的是可变变量会怎么样？如代码清单 3-52 所示。

代码清单 3-52：多线程之间共享可变变量

```
1.  use std::thread;
2.  fn main() {
3.      let mut x = vec![1, 2, 3, 4];
4.      thread::spawn(|| {
5.          x.push(1);
6.      });
7.      x.push(2);
8.  }
```

我们在代码清单 3-52 中声明了可变变量 x，然后在子线程中通过 push 方法在 x 中插入元素 5，在父线程中又通过 push 方法插入元素 2。

可以分析一下这个过程，假如编译正常通过的话，那么在父子线程中就都可以访问这个共享的可变变量，这就有可能出现数据竞争的问题。比如在父线程中其他地方判断数组长度等于 5 的时候，取出数组最后一个值，那么这个值可能是 2，也可能是 5，这就造成了线程不安全的问题。

但实际上，代码清单 3-51 是无法编译通过的，会报如下错误：

```
error[E0373]: closure may outlive the current function, but it borrows
`x`, which is owned by the current function
   |
   |     thread::spawn( || {
   |                    ^^ may outlive borrowed value `x`
   |         x.push(1);
   |         - `x` is borrowed here
help: to force the closure to take ownership of `x` (and any other referenced
variables), use the `move` keyword, as shown:
   |     thread::spawn( move || {
```

因为闭包中的 x 实际为借用，Rust 无法确定本地变量 x 可以比闭包中的 x 存活得更久，假如本地变量 x 被释放了，闭包中的 x 借用就成了悬垂指针，造成内存不安全。所以这里的编译器建议在闭包前面使用 move 关键字来转移所有权，转移了所有权意味着 x 变量只可以在子线程中访问，而父线程再也无法操作变量 x，这就阻止了数据竞争。代码清单 3-53 通过在多线程之间 move 可变变量修正了数据竞争的问题。

代码清单 3-53：在多线程之间 move 可变变量

```
1.  use std::thread;
2.  fn main() {
3.      let mut x = vec![1, 2, 3, 4];
4.      thread::spawn(move || x.push(1));
5.      // x.push(2);
6.  }
```

代码清单 3-53 中编译器的检查利用了所有权机制，我们会在第 5 章学习关于所有权的更多细节。但这里之所以可以正常地 move 变量，也是因为数组 x 中的元素均为原生数据类型，默认都实现了 Send 和 Sync 标签 trait，所以它们跨线程传递和访问都很安全。在 x 被转移到子线程之后，就不允许父线程对 x 进行修改，如代码清单 3-53 的第 5 行所示，如果对该行代码解开注释，编译会报错。

代码清单 3-54 展示了没有实现 Send 和 Sync 的类型在多线程中传递的情况。

代码清单 3-54：在多线程之间传递没有实现 Send 和 Sync 的类型

```
1.  use std::thread;
2.  use std::rc::Rc;
3.  fn main() {
4.      let x = Rc::new(vec![1, 2, 3, 4]);
5.      thread::spawn( move || {
6.          x[1];
7.      });
8.  }
```

代码清单 3-54 中使用了 std::rc::Rc 容器来包装数组，Rc 没有实现 Send 和 Sync，所以不能在线程之间传递变量 x。编译报错如下：

```
error[E0277]: the    trait    bound    `std::rc::Rc<std::vec::Vec<i32>>:
std::marker::Send`   is   not   satisfied   in   `[closure@src/main.rs:
x:std::rc::Rc<std::vec::Vec<i32>>]`
  |    thread::spawn( move || {
  |    ^^^^^^^^^^^^^ `std::rc::Rc<std::vec::Vec<i32>>` cannot be sent
between threads safely
```

编译错误信息显示：变量 x，也就是 std::rc::Rc<std::vec::Vec<i32>>，不能在线程之间传递。因为 Rc 是用于引用计数的智能指针，如果把 Rc 类型的变量 x 传递到另一个线程中，会导致不同线程的 Rc 变量引用同一块数据，Rc 内部实现并没有做任何线程同步的处理，因此这样做必然不是线程安全的。可见，Rust 又帮助开发者避免了一场"并发浩劫"。

Send 和 Sync 标签 trait 和前面所说的 Copy、Sized 一样，内部也没有具体的方法实现。它们仅仅是标记，可以安全地跨线程传递和访问的类型用 Send 和 Sync 标记，否则用!Send 和!Sync 标记。代码清单 3-55 展示了其内部实现。

代码清单 3-55：Send 和 Sync 的内部实现

```
1.  #[lang = "send"]
2.  pub unsafe trait Send {
```

```
3.       //代码为空，无具体实现方法
4.    }
5.    …
6.    #[lang = "sync"]
7.    pub unsafe trait Sync {
8.        //代码为空，无具体实现方法
9.    }
```

代码清单 3-56 展示了 Rust 为所有类型实现 Send 和 Sync 的过程。

代码清单 3-56：Rust 为所有类型实现 Send 和 Sync

```
1.    unsafe impl Send for .. { }
2.    impl<T: ?Sized> !Send for *const T { }
3.    impl<T: ?Sized> !Send for *mut T { }
```

代码清单 3-56 的第 1 行使用了特殊的语法 for ..，表示为所有类型实现 Send，Sync 也同理。同时，第 2 行和第 3 行也对两个原生指针实现了!Send，代表它们不是线程安全的类型，将它们排除出去。代码 3-56 仅仅展示了部分代码，完整的代码可以参考 Rust 源码的 src/libcore/marker.rs 源文件。

对于自定义的数据类型，如果其成员类型必须全部实现 Send 和 Sync，此类型才会被自动实现 Send 和 Sync。Rust 也提供了类似 Copy 和 Clone 那样的 derive 属性来自动导入 Send 和 Sync 的实现，但并不建议开发者使用该属性，因为它可能引起编译器检查不到的线程安全问题。

总体来说，Rust 凭借 Send、Sync 和所有权机制，在编译期就可以检测出线程安全的问题，保证了无数据竞争的并发安全，让开发者可以"无恐惧"地编写多线程并发代码，并且可以让开发者自由使用各种并发模型。

3.5 类型转换

在编程语言中，类型转换分为**隐式类型转换**（**Implicit Type Conversion**）和**显式类型转换**（**Explicit Type Conversion**）。隐式类型转换是由编译器或解释器来完成的，开发者并未参与，所以又称之为**强制类型转换**（**Type Coercion**）。显式类型转换是由开发者指定的，就是一般意义上的**类型转换**（**Type Cast**）。

不当的类型转换会带来内存安全问题。比如 C 语言和 JavaScript 语言中的隐式类型转换，如果不多加注意，可能会得到意料之外的结果。再比如 C 语言不同大小类型相互转换，长类型转换为短类型会造成溢出等问题。反观 Rust 语言，只要不乱用 unsafe 块来跳过编译器检查，就不会因为类型转换出现安全问题。

3.5.1 Deref 解引用

Rust 中的隐式类型转换基本上只有**自动解引用**。自动解引用的目的主要是方便开发者使用智能指针。Rust 中提供的 Box<T>、Rc<T> 和 String 等类型，实际上是一种**智能指针**。它们的行为就像指针一样，可以通过"解引用"操作符进行解引用，来获取其内部的值进行操作。第 4 章会介绍关于智能指针的更多细节。

自动解引用

自动解引用虽然是编译器来做的，但是**自动解引用的行为可以由开发者来定义**。

一般来说，引用使用&操作符，而解引用使用*操作符。可以通过实现 **Deref** trait 来自定义解引用操作。Deref 有一个特性是强制隐式转换，规则是这样的：**如果一个类型 T 实现了 Deref<Target=U>，则该类型 T 的引用（或智能指针）在应用的时候会被自动转换为类型 U。**

代码清单 3-57 展示了 Deref trait 内部实现。

代码清单 3-57：Deref trait 内部实现

```
1.  pub trait Deref {
2.      type Target: ?Sized;
3.      fn deref(&self) -> &Self::Target;
4.  }
5.  pub trait DerefMut: Deref {
6.      fn deref_mut(&mut self) -> &mut Self::Target;
7.  }
```

DerefMut 和 **Deref** 类似，只不过它是返回**可变引用**的。Deref 中包含关联类型 Target，它表示解引用之后的目标类型。

String 类型实现了 Deref。比如在代码清单 3-58 中连接了两个 String 字符串。

代码清单 3-58：连接两个 String 字符串

```
1.  fn main(){
2.      let a = "hello".to_string();
3.      let b = " world".to_string();
4.      let c = a + &b;
5.      println!("{:?}", c); // "hello world"
6.  }
```

变量 a 和 b 都是 String 类型字符串，当使用加号操作符将它们连接起来时，我们使用了 &b，它应该是一个&String 类型，而 String 类型实现的 add 方法的右值参数必须是&str 类型。按理说，代码清单 3-58 应该编译出错，但现在它是可以正常运行的。原因就是 String 类型实现了 Deref<Target=str>，代码清单 3-59 展示了其内部实现。

代码清单 3-59：String 实现 Deref<Target=str>

```
1.  impl ops::Deref for String {
2.      type Target = str;
3.      fn deref(&self) -> &str {
4.          unsafe { str::from_utf8_unchecked(&self.vec) }
5.      }
6.  }
```

所以&String 类型会被自动隐式转换为&str，代码清单 3-58 才得以正常运行。除了 String 类型，标准库中常用的其他类型都实现了 Deref，比如 Vec<T>（其实现 Deref 的代码参见代码清单 3-60）、Box<T>、Rc<T>、Arc<T>等。**实现 Deref 的目的只有一个，就是简化编程。**

代码清单 3-60：Vec<T>实现 Deref

```
1.  fn foo(s: &[i32]){
2.      println!("{:?}", s[0]);
3.  }
```

```
4.    fn main(){
5.        let v = vec![1,2,3];
6.        foo(&v)
7.    }
```

在代码清单 3-60 中，foo 函数的参数为&[T]类型。而在调用 foo(&v)的时候，&v 的类型为&Vec<T>，这里也发生了自动解引用，因为 Vec<T>实现了 Deref<Target=[T]>，所以&Vec<T>会被自动转换为&[T]类型，foo 函数得以正确调用。自动解引用避免了开发者自己手工转换，简化了编程。

在函数调用时，自动解引用也提供了极大的方便。如代码清单 3-61 所示，Rc 指针实现了 Deref，使函数调用变得非常方便。

代码清单 3-61：Rc 指针实现 Deref

```
1.    use std::rc::Rc;
2.    fn main() {
3.        let x = Rc::new("hello");
4.        println!("{:?}", x.chars());
5.    }
```

在代码清单 3-61 中，变量 x 是 Rc<&str>类型，它并没有实现过 chars()方法。但是现在可以直接调用，因为 Rc<T>实现了 Deref<Target<T>>。这就是自动解引用的魔法，使用起来完全透明，就好像 Rc 并不存在一样。

手动解引用

但在有些情况下，就算实现了 Deref，编译器也不会自动解引用。比如，代码清单 3-61 是因为 Rc 没有实现 chars 方法，所以正常解引用，但是当某类型和其解引用目标类型中包含了相同的方法时，编译器就不知道该用哪一个了。此时就需要**手动解引用**，如代码清单 3-62 所示。

代码清单 3-62：手动解引用的情况

```
1.    use std::rc::Rc;
2.    fn main() {
3.        let x = Rc::new("hello");
4.        let y = x.clone();    // Rc<&str>
5.        let z = (*x).clone();   // &str
6.    }
```

在代码清单 3-62 中，clone 方法在 Rc 和&str 类型中都被实现了，所以调用时会直接调用 Rc 的 clone 方法，如果想调用 Rc 里面&str 类型的 clone 方法，则需要使用"解引用"操作符手动解引用。

另外，match 引用时也需要手动解引用，如代码清单 3-63 所示。

代码清单 3-63：match 引用时需要手动解引用

```
1.    fn main() {
2.        let x = "hello".to_string();
3.        match &x {
4.            "hello" => {println!("hello")},
5.            _ => {}
6.        }
```

```
7.    }
```

在代码清单 3-63 所示的情况中，只能通过手动解引用把&String 类型转换成&str 类型，具体有下列几种方式。

- match x.deref()，直接调用 deref 方法，需要 use std::ops::Deref。
- match **x.as_ref()**，String 类型提供了 as_ref 方法来返回一个&str 类似，该方法定义于 **AsRef** trait 中。
- match **x.borrow()**，方法 borrow 定义于 Borrow trait 中，行为和 AsRef 类型一样。需要 **use std::borrow::Borrow**。
- match **&*x**，使用"解引用"操作符，将 String 转换为 str，然后再用"引用"操作符转为&str。
- match **&x[..]**，这是因为 String 类型的 index 操作可以返回&str 类型。

总体来说，除了自动解引用隐式转换，Rust 还提供了不少显式的手动转换类型的方式。平时编程过程中建议多翻阅标准库文档，能够发现很多技巧。

3.5.2 as 操作符

as 操作符最常用的场景就是转换 Rust 中的基本数据类型。需要注意的是，as 关键字不支持重载。原生类型使用 as 操作符进行转换的代码如代码清单 3-64 所示。

代码清单 3-64：原生类型使用 as 操作符进行转换

```
1.    fn main(){
2.        let a = 1u32;
3.        let b = a as u64;
4.        let c = 3u64;
5.        let d = c as u32;
6.    }
```

代码清单 3-64 展示了 u32 和 u64 之间的转换，其他的原生类型也都可以使用 as 操作符进行转换。需要注意的是，短（大小）类型转换为长（大小）类型的时候是没有问题的，但是如果反过来，则会被**截断处理**，如代码清单 3-65 所示。

代码清单 3-65：u32 最大值转为 u16 类型时被截断处理

```
1.    fn main(){
2.        let a = std::u32::MAX; // 4294967295
3.        let b = a as u16;
4.        assert_eq!(b, 65535);
5.        let e = -1i32;
6.        let f = e as u32;
7.        println!("{:?}", e.abs()); // 1
8.        println!("{:?}", f); // 4294967295
9.    }
```

在代码清单 3-65 中，变量 a 被赋予了 u32 类型的最大值，当转换为 u16 类型的时候，被截断处理，变量 b 的值就变成了 u16 类型的最大值。另外当从有符号类型向无符号类型转换的时候，最好使用标准库中提供的专门的方法，而不要直接使用 as 操作符。

无歧义完全限定语法

为结构体实现多个 trait 时，可能会出现同名的方法，代码清单 3-66 就展示了这种情况。此时使用 as 操作符可以帮助避免歧义。

代码清单 3-66：为结构体实现多个 trait 时出现同名方法的情况

```
1.   struct S(i32);
2.   trait A {
3.       fn test(&self, i: i32);
4.   }
5.   trait B {
6.       fn test(&self, i: i32);
7.   }
8.   impl A for S {
9.       fn test(&self, i: i32) {
10.          println!("From A: {:?}", i);
11.      }
12.  }
13.  impl B for S {
14.      fn test(&self, i: i32) {
15.          println!("From B: {:?}", i+1);
16.      }
17.  }
18.  fn main() {
19.      let s = S(1);
20.      A::test(&s, 1);
21.      B::test(&s, 1);
22.      <S as A>::test(&s, 1);
23.      <S as B>::test(&s, 1);
24.  }
```

在代码清单 3-66 中，结构体 S 实现了 A 和 B 两个 trait，虽然包含了同名的方法 test，但是其行为不同。有两种方式调用可以避免歧义。

- 第一种就是代码清单 3-66 中的第 20 行和 21 行，直接当作 trait 的静态函数来调用，A::test()或 B::test()。
- 第二种就是使用 as 操作符，<S as A>::test()或<S as B>::test()。

这两种方式叫作无歧义完全限定语法（**Fully Qualified Syntax for Disambiguation**），曾经也有另外一个名字：通用函数调用语法（**UFCS**）。这两种方式的共同之处就是都需要将结构体实例变量 s 的引用显式地传入 test 方法中。但是建议使用第二种方式，因为<S as A>::test()语义比较完整，它表明了调用的是 S 结构体实现的 A 中的 test 方法。而第一种方式遗漏了 S 结构体这一信息，可读性相对差一些。这两种方式都可以看作对 trait 行为的转换。

类型和子类型相互转换

as 转换还可以用于**类型和子类型**之间的转换。Rust 中没有标准定义中的子类型，比如结构体继承之类，但是**生命周期标记可看作子类型**。比如**&'static str** 类型是**&'a str** 类型的子类型，因为二者的生命周期标记不同，'a 和'static 都是生命周期标记，其中'a 是泛型标记，是&str 的通用形式，而'static 则是特指静态生命周期的&str 字符串。所以，通过 as 操作符转换可以将&'static str 类型转为&'a str 类型，如代码清单 3-67 所示。

代码清单 3-67：通过 as 操作符转换类型和子类型

```
1.   fn main(){
2.       let  a: &'static str  = "hello";  // &'static str
3.       let  b: &str = a as &str; // &str
4.       let  c: &'static str = b as &'static str; // &'static str
5.   }
```

代码清单 3-67 显示，可以通过 as 操作符将&'static str 和&'a str 相互转换。

3.5.3　From 和 Into

From 和 Into 是定义于 std::convert 模块中的两个 trait。它们定义了 **from** 和 **into** 两个方法，这两个方法互为反操作。代码清单 3-68 展示了这两个 trait 的内部实现。

代码清单 3-68：From 和 Into 的内部实现

```
1.   pub trait From<T> {
2.       fn from(T) -> Self;
3.   }
4.   pub trait Into<T> {
5.       fn into(self) -> T;
6.   }
```

对于类型 T，如果它实现了 From<U>，则可以通过 T::from(u)来生成 T 类型的实例，此处 u 为 U 的类型实例。代码清单 3-69 展示了 String 类型的 from 方法。

代码清单 3-69：String 类型的 from 方法

```
1.   fn main(){
2.       let string = "hello".to_string();
3.       let other_string = String::from("hello");
4.       assert_eq!(string, other_string);
5.   }
```

对于类型 T，如果它实现了 Into<U>，则可以通过 into 方法来消耗自身转换为类型 U 的新实例。代码清单 3-70 展示了如何使用 String 类型的 into 方法来简化代码。

代码清单 3-70：使用 into 方法来简化代码

```
1.   #[derive(Debug)]
2.   struct Person{ name: String }
3.   impl Person {
4.      fn new<T: Into<String>>(name: T) -> Person {
5.          Person {name: name.into()}
6.      }
7.   }
8.   fn main(){
9.      let person = Person::new("Alex");
10.     let person = Person::new("Alex".to_string());
11.     println!("{:?}", person);
12.  }
```

代码清单 3-70 第 4 行的 new 方法是一个泛型方法,它允许传入的参数是&str 类型或 String 类型，方便进行开发。使用了<T: Into<String>>限定就意味着，实现了 into 方法的类型都可以作为参数。&str 和 String 类型都实现了 Into。当参数是&str 类型时，会通过 into 转换为 String

类型；当参数是 String 类型时，则什么都不会发生。

关于 Into 有一条默认的规则：**如果类型 U 实现了 From<T>，则 T 类型实例调用 into 方法就可以转换为类型 U**。这是因为 Rust 标准库内部有一个默认的实现，如代码清单 3-71 所示。

代码清单 3-71：为所有实现了 From<T>的类型 T 实现 Into<U>

```
impl<T, U> Into<U> for T where U: From<T>
```

代码清单 3-72 通过 String 和&str 类型展示了这条规则。

代码清单 3-72：可以使用 into 方法将&str 类型转换为 String 类型

```
1.    fn main(){
2.        let  a = "hello";
3.        let  b: String = a.into();
4.    }
```

String 类型实现了 From<&str>，所以可以使用 into 方法将&str 转换为 String。图 3-10 形象地展示了 From 和 Into 的关系。

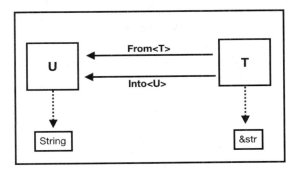

图 3-10：From 和 Into 的关系

所以，一般情况下，只需要实现 From 即可，除非 From 不容易实现，才需要考虑实现 Into。

在标准库中，还包含了 **TryFrom** 和 **TryInto** 两种 trait，是 **From** 和 **Into** 的错误处理版本，因为类型转换是有可能发生错误的，所以在需要进行错误处理的时候可以使用 **TryFrom** 和 **TryInto**。不过 **TryFrom** 和 **TryInto** 目前还是实验性特性，只能在 Nightly 版本下使用，在不久的将来也许会稳定。

另外，标准库中还包含了 **AsRef** 和 **AsMut** 两种 trait，可以将值分别转换为不可变引用和可变引用。AsRef 和标准库的另外一个 **Borrow** trait 功能有些类似，但是 AsRef 比较轻量级，它只是简单地将值转换为引用，而 Borrow trait 可以用来将某个复合类型抽象为拥有借用语义的类型。更详细的内容请参考标准库文档。

3.6　当前 **trait** 系统的不足

虽然当前的 trait 系统很强大，但依然有很多需要改进的地方，主要包括以下三点：

- 孤儿规则的局限性。
- 代码复用的效率不高。
- 抽象表达能力有待改进。

接下来分别讨论这三点。

3.6.1　孤儿规则的局限性

孤儿规则虽然在一定程度上保持了 trait 的一致性，但是它还有一些局限性。

在设计 trait 时，还需要考虑是否会影响下游的使用者。比如在标准库实现一些 trait 时，还需要考虑是否需要为所有的 T 或&'a T 实现该 trait，如代码清单 3-73 所示。

代码清单 3-73：为所有的 T 或& 'a T 实现 Bar trait

```
1.  impl<T:Foo> Bar for T { }
2.  impl<'a,T:Bar> Bar for &'a T { }
```

对于下游的子 crate 来说，如果想要避免孤儿规则的影响，还必须使用 NewType 模式或者其他方式将远程类型包装为本地类型。这就带来了很多不便。

另外，对于一些本地类型，如果将其放到一些容器中，比如 Rc<T>或 Option<T>，那么这些本地类型就会变成远程类型（如代码清单 3-74 所示），因为这些容器类型都是在标准库中定义的，而非本地。

代码清单 3-74：Option<T>会将本地类型变成远程类型

```
1.  use std::ops::Add;
2.  #[derive(PartialEq)]
3.  struct Int(i32);
4.  impl Add<i32> for Int {
5.      type Output = i32;
6.      fn add(self, other: i32) -> Self::Output {
7.          (self.0) + other
8.      }
9.  }
10. // impl Add<i32> for Option<Int> {
11. //     // TODO
12. // }
13. impl Add<i32> for Box<Int> {
14.     type Output = i32;
15.     fn add(self, other: i32) -> Self::Output {
16.         (self.0) + other
17.     }
18. }
19. fn main(){
20.     assert_eq!(Int(3) + 3, 6);
21.     assert_eq!(Box::new(Int(3)) + 3, 6);
22. }
```

代码清单 3-74 在本地创建了自定义类型 Int，然后为其实现 Add trait。Add trait 是定义于标准库中的，Int 是在本地的，所以并不违反孤儿规则。

但是当给 Option<Int>实现 Add 时，编译器就会报错，因为触发了孤儿规则。如代码第 10 行到第 12 行所示。

但是当给 Box<Int>实现 Add 时，则可以正常编译执行。如代码第 20 行和第 21 行所示。看到这里是不是有些困惑？

这是因为 Box<T>在 Rust 中属于最常用的类型,经常会遇到像代码清单 3-74 这样的情况:从子 crate 为 Box<Int>这种自定义类型扩展 trait 实现。标准库中根本做不到覆盖所有的 crate 中的各种可能性,所以必须将 Box<T>开放出来,脱离孤儿规则的限制,否则就会限制子 crate 要实现的一些功能。

那么,Box<T>是怎么做到如此特殊的呢?这其实是因为 Rust 内部使用了一个叫 **#[fundamental]**的属性标识,Box<T>的实现源码如代码清单 3-75 所示。

代码清单 3-75:Box<T>实现源码示意

```
1.    #[fundamental]
2.    pub struct Box<T: ?Sized>(Unique<T>);
```

代码清单 3-75 展示了 Box<T>的源码示意,可以看到其定义上方标识了**#[fundamental]**属性,该属性的作用就是告诉编译器,Box<T>享有"特权",不必遵循孤儿规则。

除了 Box<T>,还有 Fn、FnMut、FnOnce、Sized 等都加上了**#[fundamental]**属性,代表这些 trait 也同样不受孤儿规则的限制。所以,在阅读 Rust 源码的时候,如果看到该属性标识,就应该知道它和孤儿规则有关。

3.6.2 代码复用的效率不高

除了孤儿规则,Rust 其实还遵循另外一条规则:**重叠(Overlap)规则**。该规则规定了不能为重叠的类型实现同一个 trait。什么叫重叠的类型?如代码清单 3-76 所示。

代码清单 3-76:重叠的类型示意

```
1.    impl<T> AnyTrait for T {…}
2.    impl<T> AnyTrait for T where T: Copy {…}
3.    impl<T> AnyTrait for i32 {…}
```

代码清单 3-76 中分别为三种类型实现了 AnyTrait。

- T 是泛型,指代所有的类型。
- T where T: Copy 是受 trait 限定约束的泛型 T,指代实现了 Copy 的一部分 T,是所有类型的子集。
- i32 是一个具体的类型。

显而易见,上面三种类型发生了重叠。T 包含了 T: Copy,而 T: Copy 包含了 i32。这违反了重叠规则,所以编译会失败。这种实现 trait 的方式在 Rust 中叫**覆盖式实现(Blanket Impl)**。

重叠规则和孤儿规则一样,都是为了保证 trait 一致性,避免发生混乱,但是它也带来了一些问题,主要包括以下两个方面:

- 性能问题。
- 代码很难重用。

性能会有什么问题呢?且看一个示例,如代码清单 3-77 所示。

代码清单 3-77:为所有类型 T 实现 AddAssign

```
1.    impl<R, T: Add<R> + Clone> AddAssign<R> for T {
2.        fn add_assign(&mut self, rhs: R) {
3.            let tmp = self.clone() + rhs;
```

```
4.            *self = tmp;
5.        }
6.    }
```

在代码清单 3-77 中，为所有类型 T 实现了 AddAssign，该 trait 定义的 add_assign 方法是+=赋值操作对应的方法。这样实现虽然好，但是会带来性能问题，因为会强制所有类型都使用 clone 方法，clone 方法会有一定的成本开销，但实际上有的类型并不需要 clone。因为有重叠规则的限制，不能为某些不需要 clone 的具体类型重新实现 add_assign 方法。所以，在标准库中，为了实现更好的性能，只好为每个具体的类型都各自实现一遍 AddAssign。

从代码清单 3-77 也看得出来，**重叠规则严重影响了代码的复用**。试想一下，如果没有重叠规则，则可以默认使用上面对泛型 T 的实现，然后对不需要 clone 的类型重新实现 AddAssign，那么就完全没必要为每个具体类型都实现一遍 add_assign 方法，可以省掉很多重复代码。当然，此处只是为了说明重叠规则的问题，实际上在标准库中会使用宏来简化具体的实现代码。

那么为了缓解重叠规则带来的问题，Rust 引入了**特化**（**Specialization**）。特化功能暂时只能用于 impl 实现，所以也称为 **impl 特化**。不过该功能目前还未稳定发布，只能在 Nightly 版本的 Rust 之下使用**#![feature(specialization)]**特性。

trait 包含默认实现的特化示例如代码清单 3-78 所示。

代码清单 3-78：trait 包含默认实现的特化示例

```
1.   #![feature(specialization)]
2.   struct Diver<T> {
3.       inner: T,
4.   }
5.   trait Swimmer {
6.       fn swim(&self) {
7.           println!("swimming")
8.       }
9.   }
10.  impl<T> Swimmer for Diver<T> {}
11.  impl Swimmer for Diver<&'static str> {
12.      fn swim(&self) {
13.          println!("drowning, help!")
14.      }
15.  }
16.  fn main(){
17.      let x = Diver::<&'static str> { inner: "Bob" };
18.      x.swim();  // drowning, help!
19.      let y = Diver::<String> { inner: String::from("Alice") };
20.      y.swim();  // swimming
21.  }
```

在代码清单 3-78 中，定义了一个泛型结构体 Diver<T>，以及一个携带默认实现的 Swimmer trait。然后为 Diver<T>实现了该 trait，如第 10 行所示。

代码第 11 行到第 15 行为 Diver< &'static str>实现了 Swimmer。

然后在 main 函数中分别调用 Diver::<&'static str>和 Diver::<String>类型的 swim 方法，输出不同的结果。

看得出来，特化功能有点类似面向对象语言中的继承，Diver::<String>"继承"了 Diver::<T> 中的实现。而 Diver::<&'static str> 则使用了本身的 swim 方法实现。

代码清单 3-78 展示了 trait 默认实现的情况。如果 trait 没有默认实现，特化功能的写法就会稍微有点区别，如代码清单 3-79 所示。

代码清单 3-79：trait 没有默认实现的特化示例

```
1.  // 其他代码不变
2.  trait Swimmer {
3.      fn swim(&self);
4.  }
5.  impl<T> Swimmer for Diver<T> {
6.      default fn swim(&self) {
7.          println!("swimming")
8.      }
9.  }
10. //其他代码不变
```

代码清单 3-79 是对代码清单 3-78 进行的修改。将原本 Swimmer 中的默认实现去掉，然后在为 Diver<T> 实现 Swimmer 的时候编写具体的 swim 实现。请注意这里多了一个 **default** 关键字。代码清单 3-78 中其余的代码保持不变。

如果不加 default，编译会报错。这是因为默认 impl 块中的方法不可被特化，必须使用 default 关键字来标记那个需要被特化的方法，这是出于代码的兼容性考虑的。同时，通过显式地使用 default 标记，也增强了代码的维护性和可读性。

目前特化的功能还在不断地演进和完善，在不远的将来会稳定发布。到时候 Rust 代码的性能和重用性将会显著提高，而且在特化的支持下，还可能会实现高效的继承方案。让我们拭目以待。

3.6.3 抽象表达能力有待改进

迭代器在 Rust 中应用广泛，但是它目前有一个**缺陷：在迭代元素的时候，只能按值进行迭代，有的时候必须重新分配数据，而不能通过引用来复用原始的数据**。比如标准库中的 std::io::Lines 类型用于按行读取文件数据，但是该实现迭代器只能读一行数据分配一个新的 String，而不能重用内部缓存区。这样就影响了性能。这里提到的迭代器相关的内容会在第 6 章进行详细介绍。

这是因为迭代器的实现基于关联类型，而关联类型目前只能支持具体的类型，而不能支持泛型。不能支持泛型就导致无法支持引用类型，因为 Rust 里规定使用引用类型必须标明生命周期参数，而生命周期参数恰恰是一种泛型类型参数。

为了解决这个问题，就必须允许迭代器支持引用类型。只有支持引用类型，才可以重用内部缓存区，而不需要重新分配新的内存。所以，就必须实现一种更高级别的类型多态性，即**泛型关联类型**（**Generic Associated Type，GAT**）[1]，如代码清单 3-80 所示。

代码清单 3-80：支持 GAT 的 trait 实现示例

```
1.  trait StreamingIterator {
```

---

1 相关 RFC：https://github.com/rust-lang/rfcs/blob/master/text/1598-generic_associated_types.md。

```
2.        type Item<'a>;
3.        fn next<'a>(&'a mut self) -> Option<Self::Item<'a>>;
4.    }
```

我们在代码清单 3-80 中定义了一种迭代器 StreamingIterator，它的特点是包含了泛型关联类型，这里 Item<'a>中的'a 就是一种泛型类型参数，叫作生命周期参数，表示这里可以使用引用。

这样一来，如果给 std::io::Lines 实现了 StreamingIterator 迭代器，它就可以复用内存缓存区，而不需要为每行数据新开辟一份内存，因而提升了性能。

Item<'a>是一种类型构造器。就像 Vec<T>类型，只有在为其指定具体的类型之后才算一个真正的类型，比如 Vec<i32>。所以，**GAT** 也被称为 **ACT**（**Associated type constructor**），即**关联类型构造器**。

但遗憾的是，目前 GAT 功能还在紧张地实现中，还不能使用。在不久的将来，GAT 稳定功能会被发布，到时候将进一步提升 Rust 类型系统的抽象能力。

3.7　小结

本章阐述了 Rust 最为重要的类型系统：从通用概念开始，介绍了什么是类型系统、类型系统的种类、类型系统中的多态等；然后逐步探索了 Rust 中的类型系统。如果没有类型系统，Rust 语言的安全基石将不复存在。通过学习本章，可以对 Rust 的类型系统建立完善的**心智模型**（**Mental Model**），为彻底掌握 Rust 打下重要的基础。

Rust 除了使用类型系统来存储信息，还试图将信息处理过程中的各种行为都纳入类型系统，以防止未定义的行为发生。如果说类型系统是"法律"，那么编译器就是 Rust 类型系统世界中最严格的"执法者"。编译器在编译期进行严格的类型检查，保证了 Rust 的内存安全和并发安全。

Rust 的类型系统也是其"零成本抽象"的保证。trait 是 Rust 中 Ad-hoc 多态的实现，trait 可以进行接口抽象，对泛型进行限定，支持静态分发。trait 也模糊了类型和行为的界限，让开发者可以在多种类型之上按照行为统一抽象为抽象类型。抽象类型支持 trait 对象和 impl Trait 语法，分别为动态分发和静态分发。

最后，我们了解了 Rust 中的隐式类型转换和显示类型转换的区别和各自的方法。其中隐式类型转换基本上只有自动解引用，它是为了简化编程而提供的。跟其他弱类型语言中的隐式类型转换不一样，Rust 中的隐式类型转换是类型安全的。通过 as 关键字可以对原生类型进行安全的显示转换，但对一些自定义类型，还需要实现 AsRef 或 From/Into 这样的 trait 来支持显式类型转换。

第 4 章
内存管理

清空你的杯子，方能再行注满，空无以求全。

在现代计算机体系中，内存是很重要的部件之一，程序的运行离不开内存。不同的编程语言对内存有着不同的管理方式。按照内存的管理方式可将编程语言大致分为两类：**手动内存管理类**和**自动内存管理类**。手动内存管理类需要开发者手动使用 malloc 和 free 等函数显式管理内存，比如 C 语言。自动内存管理类使用 GC（Garbage Collection，垃圾回收）来对内存进行自动化管理，而无须开发者手动开辟和释放内存，比如 Java、C#、Ruby、Python 等语言都是靠 GC 自动化管理内存的。

手动内存管理的优势在于性能，因为可以直接操控内存，但同时也带来不少问题。有人的地方就有 Bug，即使是 C/C++语言高手，在写了上千行代码之后，也会有忘记释放内存的情况，就有可能频繁地造成内存泄漏。手动内存管理的另一个常见问题就是悬垂指针（Dangling Pointer）。如果某个指针引用的内存被非法释放掉了，而该指针却依旧指向被释放的内存，这种情况下的指针就叫悬垂指针。如果将悬垂指针分配给某个其他的对象，将会产生无法预料的后果。

GC 自动内存管理接管了开发者分配和回收内存的任务，并帮助提升了代码的抽象度和可靠性。像悬垂指针之类的问题完全可以避免，因为一个被引用的对象的内存永远不会被释放，只有当它不被引用时才可被回收。GC 使用了各种精确的算法来解决内存分配和回收的问题，但并不代表能解决所有的问题。GC 最大的问题是会引起"世界暂停"，GC 在工作的时候必须保证程序不会引入新的"垃圾"，所以要使运行中的程序暂停，这就造成了性能问题。

所以，编程语言的使用现状就是，对性能要求高并且需要对内存进行精确操控的系统级开发，一般只能选择 C 和 C++之类的语言，存在的问题是，如果开发者稍不留神就会造成内存不安全问题。其他类型的开发就选择 Java、Python、Ruby 之类的高级语言，一般不会出现内存不安全的问题，但是它们的性能却降低了不少。

有没有一门语言能够将两者的优势结合起来，做到既无 GC 又可以安全地进行手动内存管理，还不缺更高的抽象，可以像其他高级语言那般进行快速开发呢？答案毋庸置疑，有，就是 Rust。作为一门强大的系统编程语言，Rust 允许开发者直接操控内存，所以了解内存如何工作对于编写出高效的 Rust 代码至关重要。

4.1 通用概念

现代操作系统在保护模式下都采用虚拟内存管理技术。虚拟内存是一种对物理存储设备

的统一抽象，其中物理存储设备包括物理内存、磁盘、寄存器、高速缓存等。这样统一抽象
的好处是，方便同时运行多道程序，使得每个进程都有各自独立的进程地址空间，并且可以
通过操作系统调度将外存当作内存来使用。这就引出了一个新的概念：**虚拟地址空间**。

虚拟地址空间是线性空间，用户所接触到的地址都是虚拟地址，而不是真实的物理地址。
利用这种虚拟地址不但能保护操作系统，让进程在各自的地址空间内操作内存，更重要的是，
用户程序可以使用比物理内存更大的地址空间。虚拟地址空间被人为地分为两部分：**用户空
间**和**内核空间**，它们的比例是 3:1（Linux 系统中）或 2:2（Windows 系统中）。以 Linux 系统
为例，32 位计算机的地址空间大小是 4GB，寻址范围是 0x00000000~0xFFFFFFFF。然后通
过内存分页等底层复杂的机制来把虚拟地址翻译为物理地址，如图 4-1 所示。

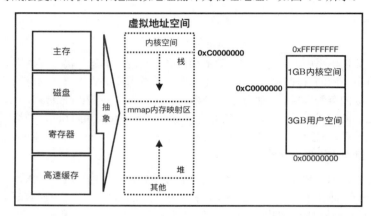

图 4-1：Linux 系统中的虚拟地址空间示意图

图 4-1 是 Linux 虚拟地址空间的示意图，其中值得注意的是用户空间中的**栈（stack）**和
堆（heap）。图中箭头的方向代表内存增长的方向，栈向下（由高地址向低地址）增长，堆
向上（由低地址向高地址）增长[1]，这样的设计是为了更加有效地利用内存。关于虚拟内存的
其他细节不在本章讨论范围内，因此不展开讲述。

4.1.1 栈

栈（stack），也被称为堆栈，但是为了避免歧义，本书只称其为栈。栈一般有两种定义，
一种是指数据结构，一种是指栈内存。

在数据结构中，栈是一种特殊的线性表，如图 4-2 所示。其特殊性在于限定了插入和删
除数据只能在线性表固定的一端进行。

图 4-2 展示了栈的特性，操作栈的一端被称为**栈顶**，相反的一端被称为**栈底**。从栈顶压
入数据叫**入栈（push）**，从栈顶弹出数据叫**出栈（pop）**，这意味着最后一个入栈的数据会第
一个出栈，所以栈被称为**后进先出（LIFO，Last in First Out）**线性表。

1　栈和堆的增长方向取决于操作系统和 CPU，此处是简化的 32 位 Linux/x86 进程地址空间模型。

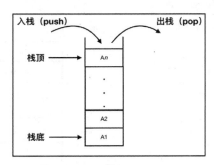

图 4-2：栈示意图

物理内存本身并不区分堆和栈，但是虚拟内存空间需要分出一部分内存，用于支持 CPU 入栈或出栈的指令操作，这部分内存空间就是**栈内存**。栈内存拥有和栈数据结构相同的特性，支持入栈和出栈操作，数据压入的操作使栈顶的地址减少，数据弹出的操作使栈顶的地址增多，如图 4-3 所示。

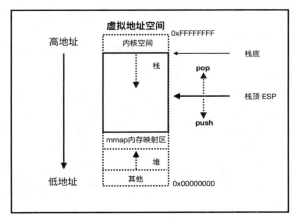

图 4-3：栈内存示意图

栈顶由栈指针寄存器 ESP 保存，起初栈顶指向栈底的位置，当有数据入栈时，栈顶地址向下增长，地址由高地址变成低地址；当有数据被弹出时，栈顶地址向上增长，地址由低地址变成高地址。因此，降低 ESP 的地址等价于开辟栈空间，增加 ESP 的地址等价于回收栈空间。

栈内存最重要的作用是在程序运行过程中保存函数调用所要维护的信息。存储每次函数调用所需信息的记录单元被称为**栈帧**（**Stack Frame**，如图 4-4 所示），有时也被称为**活动记录**（**Activate Record**）。因此栈内存被栈帧分割成了 N 个记录块，而且这些记录块都是大小不一的。

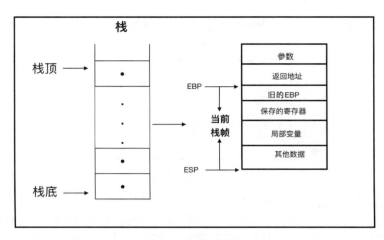

图 4-4：栈帧示意图

栈帧一般包括三方面的内容：

- 函数的返回地址和参数。
- **临时变量**。包括函数内部的非静态局部变量和编译器产生的临时变量。
- 保存的上下文。

EBP 指针是**帧指针**（**Frame Pointer**），它指向当前栈帧的一个固定的位置，而 ESP 始终指向栈顶。EBP 指向的值是调用该函数之前的旧的 EBP 值，这样在函数返回时，就可以通过该值恢复到调用前的值。由 EBP 指针和 ESP 指针构成的区域就是一个栈帧，一般是指**当前栈帧**。

栈帧的分配非常快，其中的局部变量都是预分配内存，在栈上分配的值都是可以预先确定大小的类型。当函数结束调用的时候，栈帧会被自动释放，所以**栈上数据的生命周期都是在一个函数调用周期内的**。

我们可以通过一个具体的代码示例来了解上述过程。代码清单 4-1 展示了一个函数调用过程，该程序由 foo 函数和 main 函数组成，其中包括 x、y 和 z 三个变量。

代码清单 4-1：通过简单函数调用展示栈帧

```
1.  fn foo(x: u32) {
2.      let y = x;
3.      let z = 100;
4.  }
5.  fn main() {
6.      let x = 42;
7.      foo(x);
8.  }
```

代码清单 4-1 中的 **main** 函数为入口函数，所以首先被调用。main 函数中声明了变量 x，在调用 foo 函数前，main 函数先在栈里开辟了空间，压入了 x 变量。栈帧里 EBP 指向起始位置，变量 x 保存在帧指针 EBP-4（只是为了演示）偏移处。

在调用 foo 函数时，将返回地址压入栈中，然后由 PC 指针（程序计数器）引导执行函数调用指令，进入 foo 函数栈帧中。此时同样在栈中开辟空间，依次将 main 函数的 EBP 地址、参数 x 以及局部变量 y 和 z 压入栈中。EBP 指针依旧指向地址为 0 的固定位置，表明当前是在 foo 函数栈帧中，通过 EBP-4、EBP-8 和 EBP-12 就可以访问参数和变量。当 foo 函执行完毕时，其参数或局部变量会依次弹出，直到得到 main 函数的 EBP 地址，就可以跳回 main 函数栈帧中，然后通过返回地址就可以继续执行 main 函数中其余的代码了，这个过程如图 4-5 所示。

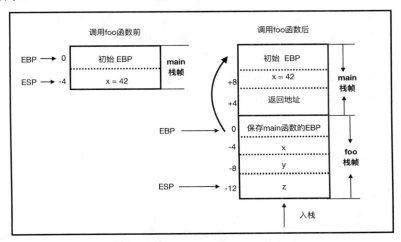

图 4-5：函数调用栈帧示意图

在上述过程中，调用 main 和 foo 函数时，栈顶 ESP 地址会降低，因为要分配栈内存，栈向下增长，当 foo 函数执行完毕时，ESP 地址会增长，因为栈内存会被释放。**随着栈内存的释放，函数中的局部变量也会被释放**，所以可想而知，全局变量不会被存储到栈中。该过程说来简单，但其实底层涉及寻址、寄存器、汇编指令等比较复杂的协作过程，这些都是由编译器或解释器自动完成的，对于上层开发者来说，只需要了解栈内存的工作机制即可。

栈内存的工作方式是一个通用概念，不仅仅适用于 Rust 语言，也适用于其他编程语言。

4.1.2 堆

与栈类似，**堆**（heap）一般也有两种定义，一种是指数据结构，另一种是指堆内存。

在数据结构中，堆表示一种特殊的树形数据结构，特殊之处在于此树是一棵完全二叉树，它的特点是父节点的值要么都大于两个子节点的值，称为**大顶堆**；要么都小于两个子节点的值，称为**小顶堆**。一般用于实现堆排序或优先队列。栈数据结构和栈内存在特性上还有所关联，但**堆数据结构和堆内存并无直接的联系**。

栈内存中保存的数据，生命周期都比较短，会随着函数调用的完成而消亡。但很多情况下会需要能相对长久地保存在内存中的数据，以便跨函数使用，这就是堆内存发挥作用的地方。堆内存是一块巨大的内存空间，占了虚拟内存空间的绝大部分。程序不可以主动申请栈内存，但可以主动申请堆内存。在堆内存中存放的数据会在程序运行过程中一直存在，除非该内存被主动释放掉。

在 C 语言中，程序员可以通过调用 malloc 函数来申请堆内存，并可以通过 free 函数来释放它；在 C++语言中，可以使用 new 和 delete 函数。包含 GC 的编程语言则是由 GC 来分配和回收堆内存的。

在实际工作中，对于事先知道大小的类型，可以分配到栈中，比如固定大小的数组。但是如果需要动态大小的数组，则需要使用堆内存。开发者只能通过指针来掌握已分配的堆内存，这本身就带来了安全隐患，如果指针指向的堆内存被释放掉但指针没有被正确处理，或者该指针指向一个不合法的内存，就会带来内存不安全问题。所以，面向对象大师 Bertrand Meyer[1]才会说："要么保证软件质量，要么使用指针，两者不可兼得。"

堆是一大块内存空间，程序通过 malloc 申请到的内存空间是大小不一、不连续且无序的，所以如何管理堆内存是一个问题。这就涉及堆分配算法，堆分配算法有很多种，就本质而言可以分为两大类：**空闲链表**（**Free List**）和**位图标记**（**Bitmap**）。

空闲链表实际上就是把堆中空闲的内存地址记录为链表，当系统收到程序申请时，会遍历该链表；当找到适合的空间堆节点时，会将此节点从链表中删除；当空间被回收以后，再将其加到空闲链表中。空闲链表的优势是实现简单，但如果链表遭到破坏，整个堆就无法正常工作。

位图的核心思想是将整个堆划分为大量大小相等的块。当程序申请内存时，总是分配整数个块的空间。每块内存都用一个二进制位来表示其状态，如果该内存被占用，则相应位图中的位置置为 1；如果该内存空闲，则相应位图中的位置置为 0。位图的优势是速度快，如果单个内存块数据遭到破坏，也不会影响整个堆，但缺点是容易产生内存碎片。

不管是什么算法，分配的都是虚拟地址空间。所以当堆空间被释放时，并不代表物理空间也马上被释放。堆内存分配函数 malloc 和回收函数 free 背后是内存分配器（memory allocator），比如 glibc 的内存分配器 ptmallac2，或者 FreeBSD 平台的 jemalloc。这些内存分配器负责管理申请和回收堆内存，当堆内存释放时，内存被归还给了内存分配器。内存分配器会对空闲的内存进行统一"整理"，在适合（比如空闲内存达到 2048KB）的时候，才会把内存归还给系统，也就是指释放物理空间。

Rust 编译器目前自带两个默认分配器：**alloc_system** 和 **alloc_jemalloc**。在 **Rust 2015** 版本下，编译器产生的二进制文件默认使用 alloc_jemalloc（某些平台可能不支持 jemalloc），而对于静态或动态链接库，默认使用 alloc_system。在 **Rust 2018** 版本下，默认使用 alloc_system，并且可以由开发者自己指派 Jemalloc 或其他第三方分配器。

Jemalloc 的优势有以下几点：

- 分配或回收内存更快速。
- 内存碎片更少。
- 多核友好。
- 良好的可伸缩性。

Jemalloc 是现代化的业界流行的内存分配解决方案，它整块批发内存（称为 chunk）以供程序使用，而非频繁地使用系统调用（比如 brk 或 mmap）来向操作系统申请内存。其内存管理采用层级架构，分别是线程缓存 tcache、分配区 arena 和系统内存（system memory），不同大小的内存块对应不同的分配区。每个线程对应一个 tcache，tcache 负责当前线程所使用内存块的申请和释放，避免线程间锁的竞争和同步。tcache 是对 arena 中内存块的缓存，当没有 tcache 时则使用 arena 分配内存。arena 采用内存池思想对内存区域进行了合理划分和管理，在有效保证低碎片的前提下实现了不同大小内存块的高效管理。当 arena 中有不能分配的超大内存时，再直接使用 mmap 从系统内存中申请，并使用红黑树进行管理。

即使堆分配算法再好，也只是解决了堆内存合理分配和回收的问题，其访问性能远不如栈内存。存放在堆上的数据要通过其存放于栈上的指针进行访问，这就至少多了一层内存中

1　Bertrand Meyer 是 Eiffel 语言和按契约设计（Design by Contract）思想的发明者，《面向对象软件构造》一书的作者。

的跳转。所以，能放在栈上的数据最好不要放到堆上。因此，Rust 的类型默认都是放到栈上的。

4.1.3 内存布局

内存中数据的排列方式称为**内存布局**。不同的排列方式，占用的内存不同，也会间接影响 CPU 访问内存的效率。为了权衡空间占用情况和访问效率，引入了内存对齐规则。

CPU 在单位时间内能处理的一组二进制数称为**字**，这组二进制数的位数称为**字长**。如果是 32 位 CPU，其字长为 32 位，也就是 4 个字节。一般来说，字长越大，计算机处理信息的速度就越快，例如，64 位 CPU 就比 32 位 CPU 效率更高。

以 32 位 CPU 为例，CPU 每次只能从内存中读取 4 个字节的数据，所以每次只能对 4 的倍数的地址进行读取。

假设现有一整数类型的数据，首地址并不是 4 的倍数，不妨设为 0x3，则该类型存储在地址范围是 0x3~0x7 的存储空间中。因此，CPU 如果想读取该数据，则需要分别在 0x1 和 0x5 处进行两次读取，而且还需要对读取到的数据进行处理才能得到该整数，如图 4-6 所示。CPU 的处理速度比从内存中读取数据的速度要快得多，因此减少 CPU 对内存空间的访问是提高程序性能的关键。

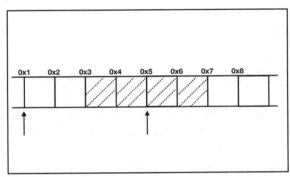

图 4-6：CPU 读取首地址非 4 的倍数的数据

因此，采取内存对齐策略是提高程序性能的关键。对于图 4-6 中展示的整数类型，因为是 32 位 CPU，所以只需要按 4 字节对齐，如图 4-7 所示，CPU 只需要读取一次。

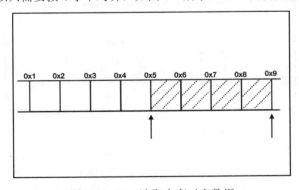

图 4-7：CPU 读取内存对齐数据

因为对齐的是字节，所以内存对齐也叫**字节对齐**。内存对齐是编译器或虚拟机（比如JVM）的工作，不需要人为指定，但是作为开发者需要了解内存对齐的规则，这有助于编写出合理利用内存的高性能程序。

内存对齐包括基本数据对齐和结构体（或联合体）数据对齐。对于基本数据类型，默认对齐方式是按其大小进行对齐，也被称作**自然对齐**。比如 Rust 中 u32 类型占 4 字节，则它默认对齐方式为 4 字节对齐。对于内部含有多个基本类型的结构体来说，对齐规则稍微有点复杂。

假设对齐字节数为 N（N = 1, 2, 4, 8, 16），每个成员内存长度为 Len，Max(Len)为最大成员内存长度。如果没有外部明确的规定，N 默认按 Max(Len)对齐。字节对齐规则为：

- 结构体的起始地址能够被 Max(Len)整除。
- 结构体中每个成员相对于结构体起始地址的偏移量，即对齐值，应该是 Min(N, Len) 的倍数，若不满足对齐值的要求，编译器会在成员之间填充若干个字节。
- 结构体的总长度应该是 Min(N, Max(Len))的倍数，若不满足总长度要求，则编译器会在为最后一个成员分配空间后，在其后面填充若干个字节。

下面用代码清单 4-2 中展示的 Rust 结构体验证此规则。

代码清单 4-2：以 Rust 中的结构体为例验证结构体字节对齐规则

```
1.   struct A {
2.       a: u8,
3.       b: u32,
4.       c: u16,
5.   }
6.   fn main() {
7.       println!("{:?}", std::mem::size_of::<A>());   // 8
8.   }
```

代码清单 4-2 中的 std::mem::size_of::<A>()函数可以计算结构体 A 的内存占用大小。基本数据类型 u8 占 1 个字节，u32 占 4 个字节，u16 占 2 个字节。结构体 A 的内存对齐（即字节对齐）前后的布局对比如图 4-8 所示。

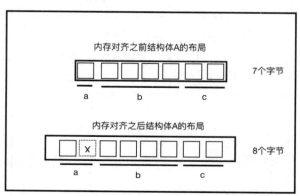

图 4-8：结构体 A 的内存对齐前后的布局对比

图 4-8 中的一个方块代表一个字节，注意一个字节是 8 个比特位。内存对齐之前，结构体 A 占用 7 个字节。代码清单 4-2 中结构体 A 没有明确指定字节对齐值，所以默认按其最长成员的值来对齐，结构体 A 中最长的成员是 b，占 4 个字节。那么对于成员 a 来说，它的对齐值为 Min(4, 1)，即 1，所以 a 需要补齐一个字节的空间，如图 4-8 中虚线 x 框所示，那么现在 a 的大小是 2 个字节。成员 b 已经是对齐的，成员 c 是结构体中最后一位成员，当前结

构体 A 的总长度为 a、b、c 之和，占 8 个字节，正好是 Min(4, 4)，也就是 4 的倍数，所以成员 c 不需要再补齐。而结构体 A 实际占用也是 8 个字节。

联合体（Union）和结构体不同的地方在于，联合体中的所有成员都共享一段内存，所有成员的首地址都是一样的，但为了能够容纳所有成员，就必须可以容纳其中最长的成员。所以联合体以最长成员为对齐数。代码清单 4-3 展示了 Rust 中的联合体字节对齐。

代码清单 4-3：Rust 中联合体字节对齐

```
1.  union U {
2.      f1: u32,
3.      f2: f32,
4.      f3: f64
5.  }
6.  fn main() {
7.      println!("{:?}", std::mem::size_of::<U>());  // 8
8.  }
```

在代码清单 4-3 中，**f1** 和 **f2** 各占 4 个字节，**f3** 占 8 个字节，其中 f3 最长，所以联合体 U 占 8 个字节。f1、f2 和 f3 共用内存，8 个字节够用了。

4.2 Rust 中的资源管理

采用虚拟内存空间在栈和堆上分配内存，这是诸多编程语言通用的内存管理基石，Rust 当然也不例外。然而，与 C/C++ 语言不同的是，Rust 不需要开发者显式地通过 malloc/new 或 free/delete 之类的函数去分配和回收堆内存。Rust 可以静态地在编译时确定何时需要释放内存，而不需要在运行时去确定。Rust 有一套完整的内存管理机制来保证资源的合理利用和良好的性能。

4.2.1 变量和函数

第 2 章提到过，变量有两种：**全局变量**和**局部变量**。全局变量分为**常量变量**和**静态变量**。局部变量是指在函数中定义的变量。

常量使用 **const** 关键字定义，并且需要显式指明类型，只能进行简单赋值，只能使用支持 CTFE 的表达式。常量没有固定的内存地址，因为其生命周期是全局的，随着程序消亡而消亡，并且会被编译器有效地内联到每个使用到它的地方。

静态变量使用 **static** 关键字定义，跟常量一样需要显式指明类型，进行简单赋值，而不能使用任何表达式。静态变量的生命周期也是全局的，但它并不会被内联，每个静态变量都有一个固定的内存地址。

静态变量并非被分配到栈中，也不是在堆中，而是和程序代码一起被存储于**静态存储区**中。静态存储区是伴随着程序的二进制文件的生成（编译时）被分配的，并且在程序的整个运行期都会存在。Rust 中的字符串字面量同样是存储于静态内存中的。

检测是否声明未初始化变量

在函数中定义的局部变量都会被默认存储到栈中。这和 C/C++ 语言，甚至更多的语言行为都一样，但不同的是，Rust 编译器可以检查未初始化的变量，以保证内存安全，如代码清单 4-4 所示。

代码清单 4-4：检查未初始化变量

```
1.  fn main() {
2.      let x: i32;
3.      println!("{}", x);
4.  }
```

代码清单 4-4 编译会报如下错误：

```
error: use of possibly uninitialized variable: `x`
        println!("{}", x);
```

Rust 编译器会对代码做基本的静态分支流程分析。代码清单 4-4 中的 x 在整个 main 函数中并没有绑定任何值，这样的代码会引起很多内存不安全的问题，比如计算结果非预期、程序崩溃等，所以 Rust 编译器必须报错。

检测分支流程是否产生未初始化变量

Rust 编译器的静态分支流程分析比较严格。代码清单 4-5 展示了 if 语句中初始化变量的情况。

代码清单 4-5：if 语句中初始化变量

```
1.  fn main() {
2.      let x: i32;
3.      if true {
4.          x = 1;
5.      } else {
6.          x = 2;
7.      }
8.      println!("{}", x);
9.  }
```

在代码清单 4-5 中，if 分支的所有情况都给变量 x 绑定了值，所以它可以正确运行。但是如果去掉 else 分支，编译器就会报以下错误：

```
error: use of possibly uninitialized variable: `x`
println!("{}", x);
```

这说明编译器已经检查出变量 x 并未正确初始化。这可能有点反直觉，去掉了 else 分支之后，编译器的静态分支流程分析判断出在 if 表达式之外的 println! 也用到了变量 x，但并未有任何值绑定行为。第 2 章提到过，编译器的静态分支流程分析并不能识别 if 表达式中的条件是 true，所以它要检查所有的分支情况。

如果把代码清单 4-5 中 else 分支和第 8 行的 println! 语句都去掉，则可以正常编译运行。因为在 if 表达式之外再没有使用到 x 的地方，在唯一使用到 x 的 if 表达式中已经绑定了值，所以编译正常。

检测循环中是否产生未初始化变量

还有另外一种情况值得考虑，当在循环中使用 break 关键字的时候（如代码清单 4-6 所示），break 会将分支中的变量值返回。

代码清单 4-6：在 loop 循环中使用 break 关键字

```
1.  fn main() {
```

```
2.       let x: i32;
3.       loop {
4.          if true {
5.             x = 2;
6.             break;
7.          }
8.       }
9.       println!("{}", x); // 2
10.  }
```

从 Rust 编译器的静态分支流程分析可以知道，break 会将 x 的值返回，所以在 loop 循环之外的 println!语句可以正常打印 x 的值。

空数组或向量可以初始化变量

当变量绑定空的数组或向量时（如代码清单 4-7 所示），需要显式指定类型，否则编译器无法推断其类型。

代码清单 4-7：绑定空数组或向量

```
1.  fn main() {
2.      let a: Vec<i32> = vec![];
3.      let b: [i32; 0] = [];
4.  }
```

如果不加显式类型标注，编译器会报如下错误：

```
error[E0282]: type annotations needed
```

空数组或向量可以用来初始化变量，但目前暂时无法用于初始化常量或静态变量。

转移所有权产生了未初始化变量

当将一个已初始化的变量 y 绑定给另外一个变量 y2 时（如代码清单 4-8 所示），Rust 会把变量 y 看作逻辑上的**未初始化变量**。

代码清单 4-8：将已初始化变量绑定给另外一个变量

```
1.  fn main() {
2.      let x = 42;
3.      let y = Box::new(5);
4.      println!("{:p}", y); // 0x7f5ff041f008
5.      let x2 = x;
6.      let y2 = y;
7.      // println!("{:p}", y);
8.  }
```

在代码清单 4-8 中，变量 x 为原生整数类型，默认存储在栈上。变量 y 属于指针类型，通过 Box::new 方法在堆上分配的内存返回指针，并与 y 绑定，而指针被存储于栈上，可以通过第 4 行 println!语句打印指针地址验证这一点，代码清单 4-8 中的 main 函数的变量内存布局如图 4-9 所示。

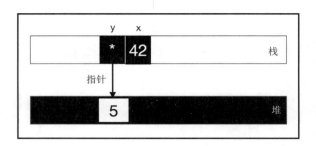

图 4-9：main 函数中变量内存布局示意图

第 5 行代码让变量 x2 绑定了变量 x，因为 x 是原生整数类型，实现了 Copy trait，所以这里变量 x 并未发生任何变化。但是在第 6 行代码中，变量 y2 绑定了变量 y，因为 y 是 Box<T>指针，并未实现 Copy trait，所以此时 y 的值会移动给 y2，而变量 y 会被编译器看作一个未初始化的变量，所以当第 7 行代码再次使用变量 y 时，编译器就会报错。但是此时如果给 y 再重新绑定一个新值，y 依然可用，这个过程称为**重新初始化**。

当 main 函数调用完毕时，栈帧会被释放，变量 x 和 y 也会被清空。变量 x 为原生类型，本就存储在栈上，所以被释放是没关系的。但是变量 y 是指针，如果就这样被清空，那么其指向的已分配堆内存怎么办？代码清单 4-8 中并没有使用 free 之类的函数去清空堆内存，这会引起内存泄漏的问题吗？答案是不会，因为 Box<T>类型的指针会在变量 y 被清空之时，自动清空其指向的已分配堆内存。

像 Box<T>这样的指针被称为**智能指针**。使用智能指针，可以让 Rust 利用栈来隐式自动释放堆内存，从而避免显式调用 free 之类的函数去释放内存。这样其实更加符合开发者的直觉。

4.2.2 智能指针与 RAII

Rust 中的指针大致可以分为三种：**引用、原生指针**（裸指针）和**智能指针**。

引用就是 Rust 提供的普通指针，用&和& mut 操作符来创建，形如&T 和&mut T。原生指针是指形如*const T 和*mut T 这样的类型。

引用和原生指针类型之间的异同如下。

- 可以通过 as 操作符随意转换，例如&T as *const T 和&mut T as *mut T。
- 原生指针可以在 unsafe 块下任意使用，不受 Rust 的安全检查规则的限制，而引用则必须受到编译器安全检查规则的限制。

智能指针

智能指针（smart pointer）实际上是一种结构体，只不过它的行为类似指针。智能指针是对指针的一层封装，提供了一些额外的功能，比如自动释放堆内存。智能指针区别于常规结构体的特性在于，它实现了 **Deref** 和 **Drop** 这两个 trait。Deref 提供了解引用能力，Drop 提供了自动析构的能力，正是这两个 trait 让智能指针拥有了类似指针的行为。类型决定行为，同时类型也取决于行为，不是指针胜似指针，所以称其为智能指针。开发者也可以编写自己的智能指针。

第 3 章已经着重介绍过 Deref，用它可以重载解引用运算符*。智能指针结构体中实现了 Deref，重载了解引用运算符的行为。其实 String 和 Vec 类型也是一种智能指针（如代码清单

4-9 所示），它们也都实现了 Deref 和 Drop。

代码清单 4-9：String 和 Vec 类型也是一种智能指针

```
1.  fn main() {
2.      let s = String::from("hello");
3.      // let deref_s : str = *s;
4.      let v = vec![1,2,3];
5.      // let deref_v: [u32] = *v;
6.  }
```

String 类型和 Vec 类型的值都是被分配到堆内存并返回指针的，通过将返回的指针封装来实现 Deref 和 Drop，以自动化管理解引用和释放堆内存。代码清单 4-9 中第 3 行代码对变量 s 进行了解引用操作，其返回的是 str 类型，因为 str 是大小不确定的类型，所以编译器会报错，这里将其注释掉了，String 类型和 Vec 类型虽然是智能指针的一种，但并不是让开发者把它们当作指针来使用的。这里只是为了演示说明，真实代码中并不会这样用。同理，第 5 行代码对变量 v 解引用，返回的是[u32]类型，依然是大小不确定的类型，所以这里也将其注释掉了。

当 main 函数执行完毕，栈帧释放，变量 s 和 v 被清空之后，其对应的已分配堆内存会被自动释放。这是因为它们实现了 Drop。

Drop 对于智能指针来说非常重要，因为它可以帮助智能指针在被丢弃时自动执行一些重要的清理工作，比如**释放堆内存**。更重要的是，除了释放内存，Drop 还可以做很多其他的工作，比如释放文件和网络连接。Drop 的功能有点类似 GC，但它比 GC 的应用更加广泛，GC 只能回收内存，而 Drop 可以回收内存及内存之外的一切资源。

确定性析构

其实这种资源管理的方式有一个术语，叫 **RAII**（**Resource Acquisition Is Initialization**），意思是资源获取及初始化。RAII 和智能指针均起源于现代 C++，智能指针就是基于 RAII 机制来实现的。

在现代 C++中，RAII 的机制是使用构造函数来初始化资源，使用析构函数来回收资源。看上去 RAII 所要做的事确实跟 GC 差不多。但 RAII 和 GC 最大的不同在于，RAII 将资源托管给创建堆内存的**指针对象**本身来管理，并保证资源在其生命周期内始终有效，一旦生命周期终止，资源马上会被回收。而 GC 是由第三方只针对内存来统一回收垃圾的，这样就很被动。正是因为 RAII 的这些优势，Rust 也将其纳入了自己的体系中。

Rust 中并没有现代 C++所拥有的那种构造函数（constructor），而是直接对每个成员的初始化来完成构造，也可以直接通过封装一个静态函数来构造 "构造函数"。而 Rust 中的 Drop 就是析构函数（Destructor）。

Drop 被定义于 std::ops 模块中，其内部实现如代码清单 4-10 所示。

代码清单 4-10：Drop 的内部实现

```
1.  #[lang = "drop"]
2.  pub trait Drop {
3.      fn drop(&mut self);
4.  }
```

从代码清单 4-10 可以看出来，Drop 已经被标记为语言项，这表明该 trait 为语言本身所用，比如智能指针被丢弃后自动触发析构函数时，编译器知道该去哪里找 Drop。

代码清单 4-11 通过为结构体实现 Drop 来展示其特性。

代码清单 4-11：为结构体实现 Drop

```
1.   use std::ops::Drop;
2.   #[derive(Debug)]
3.   struct S(i32);
4.   impl Drop for S {
5.       fn drop(&mut self) {
6.           println!("drop {}", self.0);
7.       }
8.   }
9.   fn main() {
10.      let x = S(1);
11.      println!("crate x: {:?}", x);
12.      {
13.          let y = S(2);
14.          println!("crate y: {:?}", y);
15.          println!("exit inner scope");
16.      }
17.      println!("exit main");
18.  }
```

代码清单 4-11 中定义了元组结构体 S，通过 impl 为结构体 S 实现了 Drop 定义的 drop 方法，令其在被调用的时候执行指定的打印输出。main 函数中声明了两个结构体实例 x 和 y，y 被置于内部 scope 中。

代码清单 4-11 的输出结果如代码清单 4-12 所示。

代码清单 4-12：为结构体实现 Drop 的输出结果

```
crate x: S(1)
crate y: S(2)
exit inner scope
drop 2
exit main
drop 1
```

在代码清单 4-11 中，变量 x 的作用域范围是整个 main 函数，而变量 y 的作用域范围是内部 scope 所界定的范围。通过输出结果来看，在变量 x 和 y 分别离开其作用域时，都执行了 drop 方法。所以 RAII 也有另外一个别名，叫**作用域界定的资源管理**（**Scope-Bound Resource Management，SBRM**）。

这也正是 Drop 的特性，它允许在对象即将消亡之时，自行调用指定代码（drop 方法）。

Rust 中的一些常用类型，比如 Vec、String 和 File 等，均实现了 Drop，所以不管是开发者使用 Vec 创建的动态数组被丢弃时，还是使用 String 类型创建的字符串被丢弃时，都不需要显式地释放堆内存，也不需要使用 File 进行文件读取，甚至不需要显式地关闭文件，因为 Rust 会自动完成这些操作。

使用 Valgrind 来检测内存泄漏

代码清单 4-13 使用了 Box<T>指针来分配堆内存，并配合一款知名的专门用于内存调试和检测内存泄漏的工具 Valgrind 来验证其是否有内存泄漏。

代码清单 4-13：使用 Box<T>指针分配内存

```
1.  fn create_box() {
2.      let box3 = Box::new(3);
3.  }
4.  fn main() {
5.      let box1 = Box::new(1);
6.      {
7.          let box2 = Box::new(2);
8.      }
9.      for _ in 0..1_000 {
10.         create_box();
11.     }
12. }
```

将代码清单 4-13 保存到 box.rs 文件中，使用 rustc 命令将其编译为二进制文件 box：

```
$ rustc box.rs
```

然后再执行如下命令：

```
$ valgrind ./box
```

输出结果为：

```
==10323== Memcheck, a memory error detector
…
==10323== All heap blocks were freed -- no leaks are possible
…
==10323== ERROR SUMMARY: 0 errors from 0 contexts (suppressed: 0 from 0)
```

Valgrind 给出了提示：所有堆内存都已释放。证明了 Box<T>指针随着栈帧销毁而被丢弃时，自动调用了析构函数，释放了堆内存。

drop-flag

在代码清单 4-13 中，变量 box1 和 box3 的析构函数分别是在离开 main 函数和 create_box 函数之后调用的。而变量 box2 是在离开由花括号构造的显式内部作用域时调用的。它们的析构函数调用顺序是在编译期（而非运行时）就确定好的。这是因为 Rust 编译器使用了名为 **drop-flag** 的"魔法"，在函数调用栈中为离开作用域的变量自动插入布尔标记，标注是否调用析构函数，这样，在运行时就可以根据编译期做的标记来调用析构函数了。

对于结构体或枚举体这种复合类型来说，并不存在隐式的 drop-flag。只有在函数调用时，这些复合结构实例被初始化之后，编译器才会加上 drop-flag。如果复合结构本身实现了 Drop，则会调用它自己的析构函数；否则，会调用其成员的析构函数。

当变量被绑定给另外一个变量，值发生移动时，也会被加上 drop-flag，在运行时会调用析构函数。加上 drop-flag 的变量意味着其生命周期的结束，之后再也不能被访问。这其实就是第 5 章会讲到的所有权机制。

这意味着，可以使用花括号构造显式作用域来"主动析构"那些需要提前结束生命周期的变量，如代码清单 4-14 所示。

代码清单 4-14：使用花括号构造显式作用域主动析构局部变量

```
1.  fn main() {
2.      let mut v = vec![1, 2, 3];
3.      {
4.          v
5.      };
6.      //  v.push(4);
7.  }
```

在代码清单 4-14 中，变量 v 被置于花括号构造的显式内部作用域中，当其离开此内部作用域时，就会调用 v 的析构函数，所以如果在内部作用域外使用 push 方法，则会报错，因为变量 v 已经被释放了。

值得注意的是，对于实现 Copy 的类型，是没有析构函数的。因为实现了 Copy 的类型会复制，其生命周期不受析构函数的影响，所以也就没必要存在析构函数。

同时，**变量遮蔽（shadowing）** 并不会导致其生命周期提前结束，如代码清单 4-15 所示。

代码清单 4-15：变量遮蔽不等于生命周期提前结束

```
1.  use std::ops::Drop;
2.  #[derive(Debug)]
3.  struct S(i32);
4.  impl Drop for S {
5.      fn drop(&mut self) {
6.          println!("drop for {}", self.0);
7.      }
8.  }
9.  fn main() {
10.     let x = S(1);
11.     println!("create x: {:?}", x);
12.     let x = S(2);
13.     println!("create shadowing x: {:?}", x);
14. }
```

代码清单 4-15 的输出结果表明，变量遮蔽并不会主动析构原来的变量，它会一直存在，直到函数退出。

4.2.3　内存泄漏与内存安全

RAII 的设计目标就是替代 GC，防止内存泄漏。然而 RAII 并非"银弹"，如果使用不当，还是会造成内存泄漏的。

制造内存泄漏

有的时候，需要对同一个堆内存块进行多次引用。比如，要创建一个链表，如图 4-10 所示。

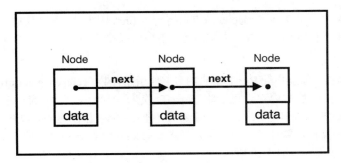

图 4-10：创建链表示意图

那么，首先需要创建一个节点 Node 结构体，如代码清单 4-16 所示。

代码清单 4-16：链表节点 Node 结构体

```
1.   struct Node<T> {
2.       data: T,
3.       next: NodePtr<T>,
4.   }
```

仔细思考，此处 NodePtr<T>该如何设计呢？可以设想一下伪代码：

```
type NodePtr<T> = Option<Box<Node<T>>>
node1.next = node2
node2.next = node3
```

这里的 NodePtr<T>首先是一个 Option<T>，因为链表的结尾节点之后有可能不存在下一个节点，所以需要 Some<T>和 None。然后，还需要一个智能指针来保持节点之间的连接，所以此处设想 NodePtr<T>为 Opiton<Box<Node<T>>>。

然后就是对 node1.next 和 node2.next 赋值，使得 node1、node2 和 node3 节点相连，就像图 4-10 展示的那样。但是这里有个问题，因为 Box<T>指针对所管理的堆内存有唯一拥有权，所以并不共享。代码清单 4-17 展示了如何使用 Box<T>来构造链表节点之间的指针。

代码清单 4-17：使用 Box<T>来构造链表节点之间的指针

```
1.   type NodePtr<T> = Option<Box<Node<T>>>;
2.   struct Node<T> {
3.       data: T,
4.       next: NodePtr<T>,
5.   }
6.   fn main() {
7.       let mut first = Box::new (Node { data: 1, next : None });
8.       let mut second = Box::new (Node { data: 2, next : None });
9.       first.next = Some(second);
10.      second.next = Some(first);
11.  }
```

代码清单 4-17 编译会报如下错误：

```
error[E0382]: use of moved value: `second`
    |     first.next = Some(second);
    |                       ------ value moved here
    |     second.next = Some(first);
    |     ^^^^^^^^^^^^^^^^^^^^^^^^^^ value used here after move
```

代码清单 4-17 的第 9 行将 second 节点指定给了 first，因为 sencond 使用了 Box<T>指针，此时 second 发生了值移动，变成了未初始化变量，所以在第 10 行使用它的时候，编译器报错了。

Rust 另外提供了智能指针 **Rc<T>**，它的名字叫**引用计数**（**reference counting**）智能指针，使用它可以共享同一块堆内存。可以将 Box<T>换为 Rc<T>，此时 NodePtr<T>就变成了 Option<Rc<Node<T>>>。但是 Rc<T>有一个特性：它包含的数据 T 是不可变的，而 second.next = Some(first)这种操作需要是可变的，因为要修改 second 中 next 成员的值。所以，仅仅使用 Rc<T>还不够，如代码清单 4-18 所示。

代码清单 4-18：仅使用 Rc<T>的情况

```
1.  use std::rc::Rc;
2.  type NodePtr<T> =  Option<Rc<Node<T>>>;
3.  struct Node<T> {
4.      data: T,
5.      next: NodePtr<T>,
6.  }
7.  fn main() {
8.      let first = Rc::new(Node { data: 1, next: None});
9.      let second = Rc::new(Node { data: 2, next: Some(first.clone()) });
10.     first.next = Some(second.clone());
11.     second.next = Some(first.clone());
12.  }
```

在代码清单 4-18 中，变量 first 和 second 使用了 clone 方法，但并不会真的复制，Rc<T> 内部维护着一个引用计数器，每 clone 一次，计数器加 1，当它们离开 main 函数作用域时，计数器会被清零，对应的堆内存也会被自动释放。

不出所料，代码清单 4-18 编译会报错。

```
error[E0594]: cannot assign to immutable field
    |      first.next = Some(second);
    |      ^^^^^^^^^^^^^^^^^^^^^^^^^^^ cannot mutably borrow immutable field
```

编译器提示，不能对不可变字段进行修改。不过，Rust 提供了另外一个智能指针 RefCell<T>，它提供了一种内部可变性，这意味着，它对编译器来说是不可变的，但在运行过程中，包含在其中的内部数据是可变的。那么我们使用 RefCell<T>来重构代码清单 4-18，此时 NodePtr<T>就变成了 Option<Rc<RefCell<Node<T>>>>，如代码清单 4-19 所示。

代码清单 4-19：使用 RefCell<T>保证内部可变

```
1.  use std::rc::Rc;
2.  use std::cell::RefCell;
3.  type NodePtr<T> = Option<Rc<RefCell<Node<T>>>>;
4.  struct Node<T> {
5.      data: T,
6.      next: NodePtr<T>,
7.  }
8.  fn main() {
9.      let first = Rc::new(RefCell::new(Node {
10.         data: 1,
11.         next: None,
12.     }));
```

```
13.     let second = Rc::new(RefCell::new(Node {
14.         data: 2,
15.         next: Some(first.clone()),
16.     }));
17.     first.borrow_mut().next = Some(second.clone());
18.     second.borrow_mut().next = Some(first.clone());
19. }
```

代码清单 4-19 终于可以正常运行了，但是代码中使用了两种智能指针，**Rc\<T\>** 和 **RefCell\<T\>**，内存是否可以被正确释放？现在我们为 Node 结构体实现 Drop，来验证内存是否可以被正确释放，如代码清单 4-20 所示。

代码清单 4-20：为 Node 结构体实现 Drop

```
1.  use std::rc::Rc;
2.  use std::cell::RefCell;
3.  type NodePtr<T> = Option<Rc<RefCell<Node<T>>>>;
4.  struct Node<T> {
5.      data: T,
6.      next: NodePtr<T>,
7.  }
8.  impl<T> Drop for Node<T> {
9.      fn drop(&mut self) {
10.         println!("Dropping!");
11.     }
12. }
13. fn main() {
14.     let first = Rc::new(RefCell::new(Node {
15.         data: 1,
16.         next: None,
17.     }));
18.     let second = Rc::new(RefCell::new(Node {
19.         data: 2,
20.         next: Some(first.clone()),
21.     }));
22.     first.borrow_mut().next = Some(second.clone());
23.     second.borrow_mut().next = Some(first.clone());
24. }
```

在代码清单 4-20 中，Node\<T\>结构体实现了 Drop，其析构函数 drop 会输出指定的字符串。第 22 行和第 23 行中出现了一个循环引用，first 和 second 节点互相指向对方。但是编译运行之后并没有看到任何输出。这说明析构函数并没有执行，这里存在内存泄漏。

这是一次精心设计的内存泄漏，只是为了证明一件事：Rust 并不能百分百地阻止内存泄漏，但也不是轻而易举就可以造成内存泄漏的。

内存安全的含义

Rust 不是号称内存安全的语言吗？为什么还可以造成内存泄漏？这也许是每个 Rust 初学者的疑问。但实际上，内存泄漏（Memory Leak）并不在内存安全（Memory Safety）概念范围内。

只要不会出现以下内存问题即为内存安全：

- 使用未定义内存。
- 空指针。
- 悬垂指针。
- 缓冲区溢出。
- 非法释放未分配的指针或已经释放过的指针。

Rust 中的变量必须初始化以后才可使用，否则无法通过编译器检查。所以，可以排除第一种情况，Rust 不会允许开发者使用未定义内存。

空指针就是指 Java 中的 null、C++中的 nullptr 或者 C 中的 NULL。而在 Rust（特指 Safe Rust）中，开发者没有任何办法去创建一个空指针，因为 Rust 不支持将整数转换为指针，也不支持未初始化变量。其他语言中引入空指针，是因为空指针可以在逻辑上表示不指向任何内存，比如一个方法返回空指针，表示其返回值不存在，便于在代码中进行逻辑判断。但这都是人为控制的，如果开发者并没有对空指针进行处理，就会出现问题。Rust 中使用 Option 类型来代替空指针，Option 实际是枚举体，包含两个值：Some(T)和 None，分别代表两种情况，有和无。这就迫使开发者必须对这两种情况都做处理，以保证内存安全。

悬垂指针（**dangling pointer**）是指堆内存已被释放，但其本身还没有做任何处理，依旧指向已回收内存地址的指针。如果悬垂指针被程序使用，则会出现无法预期的后果，代码清单 4-21 构造了一个垂悬指针。

代码清单 4-21：构造悬垂指针

```
1.  fn foo<'a>() -> &'a str {
2.      let a = "hello".to_string();
3.      &a
4.  }
5.  fn main() {
6.      let x = foo();
7.  }
```

代码清单 4-21 定义了 foo 函数，返回&'a str 类型，其中'a 为生命周期标记，在第 5 章会着重介绍。&'a str 类型实际是标注了生命周期标记的&str 类型。该函数体内定义了局部变量 a，并返回 a 的引用。但是局部变量 a 在离开 foo 函数之后会被销毁。如果把该引用传到函数外面，绑定给 main 函数中的变量 x，则会出现问题。foo 函数中的&a 就是一个悬垂指针。

当然，Rust 编译器是不会允许代码清单 4-21 编译通过的，它会报如下错误：

```
error[E0597]: `a` does not live long enough
   |    &a
   |     ^ does not live long enough
   | }
```

编译器提示，变量 a 的生命周期很短暂——就这样简单地避免了一次悬垂指针导致的内存安全问题。这背后的功臣是第 5 章会着重介绍的 Rust 的所有权和借用机制。

缓冲区是指一块连续的内存区域，可保存相同类型的多个实例。缓冲区可以是栈内存，也可以是堆内存。一般可以使用数组来分配缓冲区。C 和 C++语言没有数组越界检查机制，当向局部数组缓冲区里写入的数据超过为其分配的大小时，就会发生缓冲区溢出。攻击者可利用缓冲区溢出来窜改进程运行时栈，从而改变程序正常流向，轻则导致程序崩溃，重则导致系统特权被窃取。而使用 Rust 则无须担心这种问题，Rust 编译器在编译期就能检查出数组越界的问题，从而完美地避免了缓冲区溢出。在第 3 章和第 4 章中都已经举了不少相关示例。

Rust 中不会出现未分配的指针，所以也不存在非法释放的情况。同时，Rust 的所有权机制严格地保证了析构函数只会调用一次，所以也不会出现非法释放已释放内存的情况。

总的来说，Rust 对内存安全做出了百分之百的保证。但是这并不意味着能百分之百地阻止内存泄漏，因为内存泄漏是无法避免的，哪怕是拥有 GC 的语言，也照样会出现内存泄漏的问题。

内存泄漏的原因

在 Rust 中可导致内存泄漏的情况大概有以下三种：

- 线程崩溃，析构函数无法调用。
- 使用引用计数时造成了循环引用。
- 调用 **Rust 标准库中的 forget 函数主动泄漏。**

对于线程崩溃，没有什么好的办法来阻止它；我们也已经见识过循环引用了。但是 Rust 为什么会提供一个主动泄漏内存的 forget 函数呢？

以上三种情况从本质上说就是，Rust 并不会保证百分之百调用析构函数。析构函数可以做很多事情，除了释放内存，还可以释放其他资源，如果析构函数不能执行，不仅仅会导致内存泄漏，从更广的角度来看，还会导致其他资源泄漏。相比内存安全问题，资源泄漏其实并没有那么严重。以内存泄漏为例，一次内存泄漏不会有多大影响，但是一次内存不安全操作可能会导致灾难性的后果。

内存泄漏是指没有对应该释放的内存进行释放，属于没有对合法的数据进行操作。内存不安全操作是对不合法的数据进行了操作。两者性质不同，造成的后果也不同。

甚至有时候还需要进行主动泄漏。比如，通过 FFI 与外部函数打交道，把值交由 C 代码去处理，在 Rust 这边要使用 forget 函数来主动泄漏，防止 Rust 调用析构函数引起问题。第 13 章有关于 forget 函数的更详细的介绍。

4.2.4 复合类型的内存分配和布局

对于基本原生数据类型来说，Rust 是默认将其分配到栈中的。那么，结构体（Enum）或联合体（Union）是被分配在哪的呢？

结构体或联合体只是定义，看它们被分配在哪，主要是看其类型实例如何使用。代码清单 4-22 验证了三种复合结构内存的布局。

代码清单 4-22：验证三种复合结构内存布局

```
1.  struct A {
2.      a: u32,
3.      b: Box<u64>,
4.  }
5.  struct B(i32, f64, char);
6.  struct N;
7.  enum E {
8.      H(u32),
9.      M(Box<u32>)
10. }
11. union U {
12.     u: u32,
```

```
13.      v: u64
14.  }
15.  fn main(){
16.      println!("Box<u32>: {:?}", std::mem::size_of::<Box<u32>>());
17.      println!("A: {:?}", std::mem::size_of::<A>());
18.      println!("B: {:?}", std::mem::size_of::<B>());
19.      println!("N: {:?}", std::mem::size_of::<N>());
20.      println!("E: {:?}", std::mem::size_of::<E>());
21.      println!("U: {:?}", std::mem::size_of::<U>());
22.  }
```

代码清单 4-22 覆盖了 Rust 中三种自定义复合数据结构：结构体、枚举体和联合体。

结构体 A 的成员 a 为基本数字类型，b 为 Box<T> 类型。根据内存对齐规则，结构体 A 的大小为 16 个字节，其内存对齐示意如图 4-11 所示。

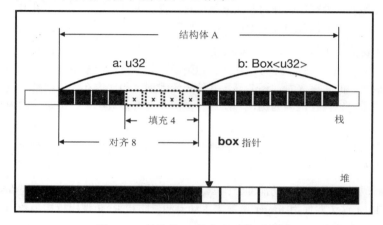

图 4-11：结构体 A 的内存对齐示意图

在图 4-11 中，每个方块代表一个字节。按照内存对齐规则，结构体 A 中的成员 b 最长，占 8 个字节，所以按 8 字节对齐，变量 a 需要补齐 4 个字节，整个结构体长度为 a 和 b 之和，占 16 个字节。

当结构体 A 在函数中有实例被初始化时，该结构体会被放到栈中，首地址为第一个成员变量 a 的地址，长度为 16 个字节。其中成员 b 是 Box<u32> 类型，会在堆内存上开辟空间存放数据，但是其指针会返回给成员 b，并存放在栈中，一共占 8 个字节。

在代码清单 4-22 中，结构体 B 为元组结构体，其对齐规则和普通结构体一样，所以占 16 个字节。

结构体 N 为单元结构体，占 0 个字节。

枚举体 E 实际上是一种标签联合体（Tagged Union），和普通联合体（Union）的共同点在于，其成员变量也共用同一块内存，所以联合体也被称为共用体。不同点在于，标签联合体中每个成员都有一个标签（tag），用于显式地表明同一时刻哪一个成员在使用内存，而且标签也需要占用内存。操作枚举体的时候，需要匹配处理其所有成员，这也是其被称为枚举体的原因，图 4-12 展示了枚举体 E 内存对齐的布局。

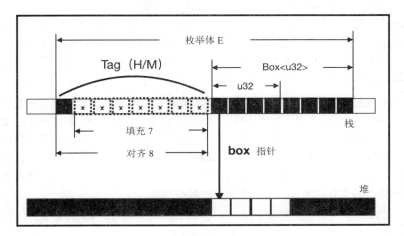

图 4-12：枚举体 E 的内存对齐示意图

在枚举体 E 的成员 H(u32) 和 M(Box<u32>) 中，H 和 M 就是标签，占 1 个字节。但是 H 和 M 都带有自定义数据，u32 和 Box<u32>，其中 Box<u32> 最长，按联合体的内存对齐规则，此处按 8 字节对齐。所以，标签需要补齐到 8 个字节，自定义数据取最长字节，即 8 个字节，整个枚举体的长度为标签和自定义数据之和，为 16 个字节。联合体 U 没有标签，按内存对齐规则，占 8 个字节。

当枚举体和联合体在函数中有实例被初始化时，与结构体一样，也会被分配到栈中，占相应的字节长度。如果成员的值存放于堆上，那么栈中就存放其指针。

代码清单 4-22 最终的输出结果如代码清单 4-23 所示。

代码清单 4-23：三种复合结构内存布局的输出结果

```
Box<u32>: 8
A: 16
B: 16
N: 0
E: 16
U: 8
```

代码清单 4-23 展示的输出结果和按内存对齐规则计算出来的结果一致。

4.3　小结

本章首先从诸多编程语言内存管理机制出发，将其归为两类：手动内存管理类和自动管理类。古老的 C 和 C++ 语言采用手动内存管理机制，随着 GC 的发明以及垃圾回收算法的不断完善，大多数现代高级编程语言采用 GC 进行自动化管理内存，但是它们都有各自的优缺点——手动管理容易引起诸多安全问题，自动管理会影响性能。Rust 作为现代化系统级编程语言，整合了两种内存管理方式的优势，同时兼顾了内存安全和性能。

接下来，我们回顾了关于内存的通用概念。首先是一条通用的规则：编程语言分配和回收内存都是基于虚拟内存进行操作的；然后介绍了栈和堆的异同，还介绍了数据存储时的内存布局和对齐规则。这些都是理解 Rust 编程语言所需的基础。

然后我们深入探索了 Rust 语言的资源管理机制。Rust 没有使用 GC，但是它引入了来自

C++的 RAII 资源管理机制。默认在栈上分配，不提供显式的堆分配函数，而是通过智能指针 Box<T>这样的类指针结构体来自动化管理堆内存。由于 RAII 机制，使用智能指针在堆上分配内存以后，返回的指针被绑定给栈上的变量，在函数调用完成后，栈帧被销毁，栈上变量被丢弃，之后会自动调用析构函数，回收资源。

RAII 机制虽然可以防止内存泄漏，但还是可以通过精心设计来制造内存泄漏的。比如通过 Rc<T>和 RefCell<T>来构造循环引用，就可以制造内存泄漏。但实际上内存泄漏并不在 Rust 所百分之百保证的内存安全的概念范畴中。Rust 保证不出现空指针和悬垂指针、没有缓冲区溢出、不能访问未定义内存以及不能非法释放不合法的内存（比如已经释放的内存和未定义的内存），当然这一切的前提是不要乱用 unsafe 块。Rust 并不保证内存泄漏不会发生，但使用 Rust 也不会"轻而易举"地造成内存泄漏的问题。

最后，本章通过一个示例探索了自定义复合数据结构的内存分配和布局，进一步回顾并验证通用概念中的内存对齐规则，以帮助读者加深理解。

通过本章的学习，希望读者可以对 Rust 中的内存管理机制建立一个完整的心智模型，通过阅读 Rust 代码就可以明白其中的内存分配和布局，以及资源管理机制，为第 5 章的所有权机制的学习奠定基础。

第 5 章
所有权系统

律者，所以定分止争也。

《慎子》书中有一典故："一兔走街，百人追之，分未定也；积兔满市，过而不顾，非不欲兔，分定不可争也。"大意是，一只兔子在大街上乱跑，看到的人都想据为己有，是因为这只兔子"名分未定"，而到了兔市，谁也不能随便拿，就连小偷也不敢轻易下手，因为这些兔子"名分已定"，它们是有主人的。这就意味着，只有确定了权利归属，才能防止纠纷的发生。通过法律划分出明确的权属界限，才能厘清每个人的行为界限，合理保障个人的自由空间、利益范围和生命安全。

内存管理不外如是。栈内存的生命周期是短暂的，会随着栈展开（常见的是函数调用）的过程而被自动清理。而堆内存是动态的，其分配和重新分配并不遵循某个固定的模式，所以需要使用指针来对其进行跟踪。Rust 受现代 C++的启发，同样引入了智能指针来管理堆内存。智能指针在堆上开辟内存空间，并拥有其所有权，通过存储于栈中的指针来管理堆内存。智能指针的 RAII 机制利用栈的特点，在栈元素被自动清空时自动调用析构函数，来释放智能指针所管理的堆内存空间。

现代 C++的 RAII 机制解决了无 GC 自动管理内存的基本问题，但并没有解决全部问题，还存在着很多安全隐患，代码清单 5-1 展示了其中一个例子。

代码清单 5-1：C++的 RAI 机制存在的安全隐患示例

```
1. #include <iostream>
2. #include <memory>
3. using namespace std;
4. int main ()
5. {
6.     unique_ptr<int> orig(new int(5));
7.     cout << *orig << endl;
8.     auto stolen = move(orig);
9.     cout << *orig << endl;
10. }
```

代码清单 5-1 等价于代码清单 5-2 中的 Rust 代码。

代码清单 5-2：等价于代码清单 5-1 的 Rust 代码

```
1. fn main() {
2.     let orig = Box::new(5);
3.     println!("{}", *orig);
4.     let stolen = orig;  // Error: use of moved value: `*orig`
```

```
5.    println!("{}", *orig);
6.  }
```

代码清单 5-1 中的 unique_ptr 指针等价于 Rust 中的 Box<T>智能指针。代码清单 5-1 和 5-2，均是利用智能指针在堆上分配了内存，变量 orig 对此堆内存持有所有权（唯一控制权），然后将 orig 重新赋予变量 stolen。

在代码清单 5-1（C++代码）中，使用了 move 函数，将原来的 unique_ptr 指针赋予了 stolen，并转让了所有权。原来的 orig 则变为了空指针，而对空指针解引用是很不安全的，所以该 C++代码运行时就会抛出**段错误**（**segmentation fault**）。但对于开发者来说，最想要的是一个编译期的保证，因为调试运行时错误比较困难，如果能在编译时发现隐藏的内存安全问题，就会方便很多，对于代码调试和稳定运行均有好处。

而代码清单 5-2（Rust 代码）在编译时就会报错。编译器提示 orig 是已经被"移动"的值。这里的"移动"在语义层面与 C++代码中的 move 函数等价。orig 已经将所有权转让给了 stolen，Rust 编译器检查到了这一点，发现这里存在解引用空指针的安全隐患，然后就报错了。

在代码清单 5-2（Rust 代码）中，并没有显式地使用任何类似现代 C++中的 move 函数来转移所有权，却拥有和现代 C++一样的效果。现代 C++中的 RAII 机制虽然也有所有权的概念，但其作用范围非常有限，仅智能指针有所有权，并且现代 C++编译器也并没有依据所有权进行严格检查，所以才会出现代码清单 5-1 那样的解引用空指针的运行时错误。而在 Rust 中，所有权是系统性的概念，是 Rust 语言中的基础设施。Rust 中的每个值都必定有一个唯一控制者，即，所有者。所有权的转移都是按系统性的规则隐式地自动完成的，这也是代码清单 5-2 如此简洁的原因。

Rust 的所有权系统与法律上"定分止争"的思想是不谋而合的。所有权系统让每个值都有了明确的权属界限，它们的行为也有了明确的权属界限，这样内存安全就有了基本的保障。如果说所有权系统是内存管理的"法律"，那么 Rust 编译器就是"严格的执法者"，两者有机统一，保障了内存安全。如果代码中有违反所有权机制的行为，编译器就会检查出来，让错误在编译期就无所遁形，而不用等到运行时。

5.1 通用概念

当今计算机内存栈和堆的分配机制，决定了编程语言中的值主要分为两类：**值类型**（**Value**）和**引用类型**（**Reference**）。像 C、C++、Java、JavaScript、C#等语言都明确对值类型和引用类型作了区别，而一些纯面向对象语言只剩下了引用类型的概念，比如在 Ruby 和 Python 中，一切皆对象，而对象就是引用类型。

值类型是指数据直接存储在栈中的数据类型，一些原生类型，比如数值、布尔值、结构体等都是值类型。因此对值类型的操作效率一般比较高，使用完立即会被回收。值类型作为**右值（在值表达式中）**执行赋值操作时，会自动复制一个新的值副本。

引用类型将数据存储在堆中，而栈中只存放指向堆中数据的地址（指针），比如数组、字符串等。因此对引用类型的操作效率一般比较低，使用完交给 GC 回收，没有 GC 的语言则需要靠手工来回收。

基本的原生类型、结构体和枚举体都属于值类型。普通引用类型、原生指针类型等都属于引用类型。但随着语言的发展，类型越来越丰富，值类型和引用类型已经难以描述全部情况，比如一个 Vector 容器类型，其内部可以包含基本的值类型，也可以包含引用类型，那它属于什么类型？

为了更加精准地对这种情况进行描述，**值语义**（**Value Semantic**）和**引用语义**（**Reference Semantic**）被引入，定义如下。

- 值语义：按位复制以后，与原始对象无关。
- 引用语义：也叫指针语义。一般是指将数据存储于堆内存中，通过栈内存的指针来管理堆内存的数据，并且引用语义禁止按位复制。

按位复制就是指**栈复制**，也叫浅复制，它只复制栈上的数据。相对而言，**深复制**就是对栈上和堆上的数据一起复制。

值语义可以保证变量值的独立性（Independence）。独立性的意思是，如果想修改某个变量，只能通过它本身来修改；而如果修改了它本身，并不影响其复制品。也就是说，如果只能通过变量本身来修改值，那么它就是具有值语义的变量。

而引用语义则是禁止按位复制的，因为按位复制只能复制栈上的指针，堆上的数据就多了一个管理者，多了一层内存安全的隐患。图 5-1 所示是原生整数类型和引用类型按位复制的示意图。

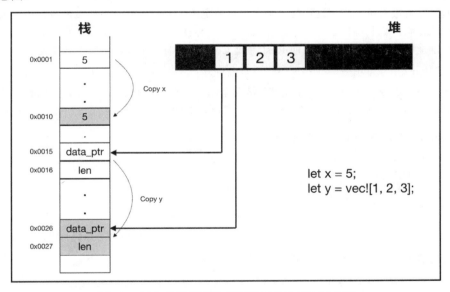

图 5-1：原生整数类型和引用类型按位复制示意图

图 5-1 中变量 x 为 5，是整数类型；变量 y 为动态数组，是 Vector<T> 类型。x 为值语义，其值数据都存储在栈上，经过按位复制，产生另外一个副本，对自身和内存均没有什么影响。y 为引用语义，其值数据是存储在堆上的，栈上只存放一个指针 data_ptr 和 len 数据（为了简单明了，此处省略其他元数据）。将 y 进行按位复制以后，只是栈上的指针和元数据进行了复制，堆内存并没有发生复制，于是就产生了两个指针管理着同一个堆空间的情况。这样带来的问题就是，当原生指针执行了析构函数之后，相应的堆内存已经被释放，复制后的指针就会成为悬垂指针，造成无法预料的后果。

在第 2 章介绍过的基本的原生类型都是值语义，这些类型也被称为 POD（Plain Old Data，相对于面向对象语言新型的抽象数据而言）。要注意的是，POD 类型都是值语义，但值语义类型并不一定都是 POD 类型。具有值语义的原生类型，在其作为右值进行赋值操作时，编译器会对其进行按位复制，如代码清单 5-3 所示。

代码清单 5-3：编译器对原生类型进行按位复制

```
1.   fn main(){
2.       let x = 5;
3.       let y = x;
4.       assert_eq!(x, 5);
5.       assert_eq!(y, 5);
6.   }
```

代码清单 5-3 中的变量 x 为整数类型，当它作为右值赋值给变量 y 时，编译器会默认自动调用 x 的 clone 方法进行**按位复制**。x 是值语义类型，被复制以后，x 和 y 就是两个不同的值，互不影响。

这是因为整数类型实现了 Copy trait，第 4 章介绍过，对于实现 Copy 的类型，其 clone 方法必须是按位复制的。对于拥有值语义的整数类型，整个数据存储于栈中，按位复制以后，不会对原有数据造成破坏，不存在内存安全的问题。

反观 C++，当对象作为右值参与赋值的时候，一般会建议开发者自定义实现复制构造函数，但开发者很有可能忘记这样做，那么这种情况下，编译器就会默认实现复制构造函数来进行按位复制，则会出现图 5-1 中那样的内存安全问题，解决的办法是自定义深复制构造函数，将堆上的数据也复制一遍。而 Rust 通过 Copy 这个标记 trait，将类型按值语义和引用语义做了精准的分类，帮助编译器检测出潜在的内存安全问题。

智能指针 Box<T>封装了原生指针，是典型的引用类型。Box<T>无法实现 Copy，意味着它被 Rust 标记为了引用语义，禁止实现按位复制，如代码清单 5-4 所示。

代码清单 5-4：Box<T>无法实现 Copy

```
1.   #[derive(Copy, Clone)]
2.   struct A{
3.       a: i32,
4.       b: Box<i32>,
5.   }
6.   fn main(){}
```

代码清单 5-4 编译会报如下错误：

```
error[E0204]: the trait `Copy` may not be implemented for this type
1 | #[derive(Debug, Copy, Clone)]
  |                 ^^^^
4 |     b: Box<i32>,
  |     ----------- this field does not implement `Copy`
```

Rust 编译器阻止了 Struct A 实现 Copy，因为 Box<T>是引用语义，如果按位复制，会有内存安全隐患。

值得注意的是，虽然引用语义类型不能实现 Copy，但可以实现 Clone 的 clone 方法，以实现深复制，在需要的时候可以显式调用。

5.2   所有权机制

在 Rust 中，由 Copy trait 来区分值语义和引用语义。与此同时，Rust 也引入了新的语义：**复制（Copy）语义**和**移动（Move）语义**。复制语义对应值语义，移动语义对应引用语义。这样划分是因为引入了所有权机制，在所有权机制下同时保证内存安全和性能。

对于可以安全地在栈上进行按位复制的类型，就只需要按位复制，也方便管理内存。对于在堆上存储的数据，因为无法安全地在栈上进行按位复制，如果要保证内存安全，就必须进行深度复制。深度复制需要在堆内存中重新开辟空间，这会带来更多的性能开销。如果堆上的数据不变，只需要在栈上移动指向堆内存的指针地址，不仅保证了内存安全，还可以拥有与栈复制同样的性能。

在下面的代码清单 5-5 中，变量 x 是 Box<T>类型，当赋值给变量 y 时，默认行为不是按位复制，而是移动，如图 5-2 所示。

代码清单 5-5：具有引用语义的 Box<T>默认会移动

```
1.   fn main(){
2.       let x = Box::new(5);
3.       let y = x;
4.       println!("{:?}", x);
5.   }
```

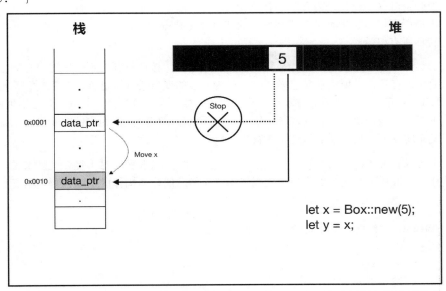

图 5-2：移动 Box<T>类型变量示意图

因为不会进行按位复制，所以只是把 x 的指针重新指向了 y，完全杜绝了图 5-1 中出现的两个指针引用同一个堆空间的情况，保证了内存安全。

在代码清单 5-5 中，起初变量 x 对 Box<T>拥有所有权，随后 x 将 Box<T>通过移动转移给了 y，那么最终 y 拥有了 Box<T>的所有权，所以由它来释放 Box<T>的堆内存。

一个值的所有权被转移给另外一个变量绑定的过程，就叫作所有权转移。

Rust 中每个值都有一个所有者，更进一步说就是，Rust 中分配的每块内存都有其所有者，所有者负责该内存的释放和读写权限，并且每次每个值只能有唯一的所有者。这就是 Rust

的**所有权机制**（**OwnerShip**）。

所有权的类型系统理论

Rust 的所有权在类型系统理论中称为**仿射类型**（**affine type**），它属于类型理论中**子结构类型系统**（**Substructural Type System**）的概念。子结构类型系统又是**子结构逻辑**（**Substructural Logic**）在类型系统中的应用。而子结构逻辑属于证明理论里的推理规则，其规则包含如下几点。

- 线性逻辑（Linear Logic），如果某个变量符合某种特定的"结构"，它就内含一种规则：必须且只能使用一次。
- 仿射逻辑（Affine Logic），和线性逻辑是类似的，但它的规则是，最多使用一次，也就是说，可以使用 0 次或 1 次。看上去线性逻辑更严格一些。
- 其他。

子结构逻辑规则用于推理。基于仿射类型，Rust 实现了所有权机制，在需要移动的时候自动移动，维护了内存安全。

所有权的特点

所有者拥有以下三种权限：

- 控制资源（不仅仅是内存）的释放。
- 出借所有权，包括不可变（共享）的和可变（独占）的。
- 转移所有权。

对于实现 Copy 的类型，也就是复制语义类型来说，按位复制并不会出现内存问题，并且可以简化内存管理。所以在赋值操作时，作为右值的变量会默认进行按位复制。但是对于禁止实现 Copy 的类型，也就是移动语义类型来说，如果对其执行按位复制，就会出现图 5-1 所示的重复释放同一块堆内存的问题，所以在进行赋值操作时，作为右值的变量会默认执行移动语义来转移所有权，从而保证了内存安全。

对于可以实现 Copy 的复制语义类型来说，所有权并未改变。对于复合类型来说，是复制还是移动，取决于其成员的类型。代码清单 5-6 所示的是结构体成员都为复制语义类型的情况。

代码清单 5-6：结构体 A 的成员都为复制语义类型

```
1.  #[derive(Debug)]
2.  struct A{
3.      a: i32,
4.      b: u32,
5.  }
6.  fn main(){
7.      let a = A {a: 1, b: 2};
8.      let b = a;    // error[E0382]: use of moved value: `a`
9.      println!("{:?}", a);
10. }
```

代码清单 5-6 的第 8 行编译会报错，说明在进行赋值操作时，a 的所有权发生了转移。在后面的 println!语句中，a 就无法再次使用。

可见，虽然结构体 A 的成员都是复制语义类型，但是 Rust 并不会默认为其实现 Copy，如果想解决这个问题，可以手动为结构体 A 实现 Copy，如代码清单 5-7 所示。

代码清单 5-7：手动为结构体 A 实现 Copy

```
1.  #[derive(Debug, Copy, Clone)]
2.  struct A{
3.      a: i32,
4.      b: u32,
5.  }
6.  fn main(){
7.      let a = A {a: 1, b: 2};
8.      let b = a;
9.      println!("{:?}", a);
10. }
```

在代码清单 5-7 中，通过**#[derive(Debug,Copy, Clone)]**属性为结构体 A 实现了 Copy，因此结构体 A 就可以按位复制了，所以这段代码可以正常编译运行。我们在代码清单 5-4 中已经看到，如果结构体中还有移动语义类型的成员，则无法实现 Copy。因为按位复制可能会引发内存安全问题。

枚举体和结构体是类似的，当成员均为复制语义类型时，不会自动实现 Copy。而对于**元组类型**来说，其本身实现了 Copy，如果元素均为复制语义类型，则默认是按位复制的，否则会执行移动语义，如代码清单 5-8 所示。

代码清单 5-8：当元素均为复制语义类型时，元组自动实现 Copy

```
1.  fn main(){
2.      let a = ("a".to_string(), "b".to_string());
3.      let b = a;
4.      // println!("{:?}", a);
5.      let c = (1,2,3);
6.      let d = c;
7.      println!("{:?}", c);
8.  }
```

在代码清单 5-8 中，变量 a 为元组类型，其元素为 String 类型，并非值语义类型，变量 a 在作为右值进行赋值操作时，转移了所有权，所以在 println!中使用变量 a 会报错。变量 c 也是元组类型，其元素均为整数类型，是复制语义类型，支持按位复制，所以变量 c 在作为右值进行赋值操作后依然可用。

数组和 Option 类型与元组类型都遵循这样的规则：如果元素都是复制语义类型，也就是都实现了 Copy，那么它们就可以按位复制，否则就转移所有权。

5.3 绑定、作用域和生命周期

Rust 使用 let 关键字来声明"变量"。let 关键字属于函数式语言中的传统关键字，比如 Scheme、OCaml、Haskell 等语言也都使用 let 关键字来声明"变量"。let 有 let binding 之意，let 声明的"变量"实际上不是传统意义上的变量，而是指一种绑定语义，如代码清单 5-9 所示。

代码清单 5-9：let 绑定

```
1.  fn main(){
```

```
2.      let a = "hello".to_string();
3.  }
```

在代码清单 5-9 中，let 的意义是这样的：标识符 a 和 String 类型字符串"hello"通过 let 绑定在了一起，a 拥有字符串"hello"的所有权。更深层次的意义是，let 绑定了标识符 a 和存储字符串"hello"的那块内存，从而 a 对那块内存拥有了所有权。所以此处 a 被称为**绑定**。本书中的"变量""变量绑定"或"绑定"，均是指"绑定"的。

如果此时使用 let 声明另一个绑定 b，并将 a 赋值给 b，如 let b = a，则此时必然会将 a 对字符串的所有权转移给 b。因为 a 是 String 类型，不能实现 Copy，所以这种行为其实也可以理解为对 a 进行解绑，然后重新绑定给 b。

5.3.1　不可变与可变

"共享可变状态是万恶之源"，这句在业界流传已久的名言诉说着这样一个事实：可变状态绝不能共享，否则会增加函数之间的耦合度，函数中的变量状态在任何时候发生改变都将变得难以控制，从而让函数产生"副作用"。可变状态也更不利于多线程并发程序，容易引发数据竞争。

在很多传统的编程语言中，变量均为默认可变的，开发者很难避免"共享可变状态"。随着近几年来函数式编程语言的逐渐流行，其显著的优点也开始受到关注，其中**不可变**（**Immutable**）的一些优点也逐渐体现了出来：

- 多线程并发时，不可变的数据可以安全地在线程间共享。
- 函数的"副作用"可以得到控制。

Rust 语言吸收了函数式语言的诸多优势，其中之一就是声明的绑定默认为不可变，如代码清单 5-10 所示。

代码清单 5-10：绑定默认为不可变

```
1.  fn main() {
2.      let x = "hello".to_string();
3.      // cannot borrow immutable local variable `x` as mutable
4.      // x += " world";
5.  }
```

在代码清单 5-10 中，第 4 行代码中的+=操作相当于 x = x+ " world"，这样的操作在传统的变量默认可变的语言中很常见。但是在 Rust 中，编译器会报出第 3 行注释所示的错误。绑定 x 默认为不可变，所以编译器不允许修改一个不可变的绑定。

如果需要修改，Rust 提供了一个 mut 关键字，可以用它来声明可变（Mutable）绑定，如代码清单 5-11 所示。

代码清单 5-11：使用 mut 声明可变绑定

```
1.  fn main() {
2.      let mut x = "hello".to_string();
3.      x += " world";
4.      assert_eq!("hello world", x);
5.  }
```

在代码清单 5-11 中，使用 mut 声明的可变绑定 x 可以自由地追加字符串，编译器不会报错。

5.3.2 绑定的时间属性——生命周期

变量绑定具有"时空"双重属性。

- **空间属性**是指标识符与内存空间进行了绑定。
- **时间属性**是指绑定的时效性，也就是指它的生存周期。

一个绑定的生存周期也被称为**生命周期**（**lifetime**），是和词法作用域有关的。代码清单 5-9 中的绑定 a 的生命周期就是整个 main 作用域。作为栈变量，a 会随着 main 函数栈帧的销毁而被清理。并且，这是编译器可以知道的事实。

其实每个 let 声明都会创建一个默认的词法作用域，该作用域就是它的生命周期，如代码清单 5-12 所示。

代码清单 5-12：let 默认创建词法作用域

```
1.   fn main(){
2.       let a = "hello";
3.       let b = "rust";
4.       let c = "world";
5.       let d = c;
6.   }
```

代码清单 5-12 中声明了 4 个 let 绑定，a、b、c、d，它们均有一个默认的隐式的词法作用域，可以通过伪代码表示如下：

```
'a{
    let a = "hello";
    'b {
      let b = "rust";
      'c {
        let c = "world";
        'd {
          let d = c;
        } // 作用域 'd
      } // 作用域 'c
    } // 作用域 'b
} // 作用域 'a
```

看得出来，绑定 a 的作用域包含着'b、'c、'd 的作用域，以此类推，最后声明的绑定的作用域在最里面。

绑定的析构顺序和声明顺序相反，所以绑定 d 的生命周期是最短的，d 会先析构，然后 c、b、a 依次析构，所以 a 的生命周期最长。所以，目前 Rust 的生命周期是基于词法作用域的，编译器能自动识别函数内部这些局部变量绑定的生命周期。

当向绑定在词法作用域中传递的时候，就会产生所有权的转移。代码清单 5-10 中的绑定 c 作为右值被赋值给绑定 d，绑定 c 进入了绑定 d 的作用域内，按理应该会发生所有权的转移，但是因为 c 为字符串字面量，支持按位复制，所以此时 c 并没有发生所有权转移，依然可用。绑定生命周期的示意图请参见图 5-3。

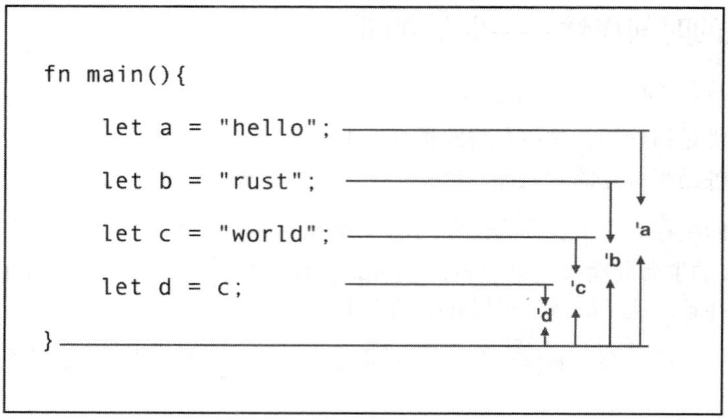

图 5-3：绑定生命周期示意图

综上所述，let 绑定会创建新的词法作用域，如果有其他变量作为右值进行赋值操作，也就是绑定操作，那么该变量因为进入了 let 创建的词法作用域，所以要么转移所有权，要么按位复制，这取决于该变量是复制语义还是移动语义的。

除了 let 声明，还有一些场景会创建新的词法作用域。

花括号

可以使用花括号在函数体内创建词法作用域，如代码清单 5-13 所示。

代码清单 5-13：使用花括号创建词法作用域

```
1.   fn main(){
2.       let outer_val = 1;
3.       let outer_sp = "hello".to_string();
4.       {
5.           let inner_val = 2;
6.           outer_val;
7.           outer_ sp;
8.       }
9.       println!("{:?}", outer_val);
10.      // error[E0425]: cannot find value `inner_val` in this scope
11.      // println!("{:?}", inner_val);
12.      // error[E0382]: use of moved value: `outer_sp`
13.      // println!("{:?}", outer_sp);
14.  }
```

在代码清单 5-13 中，第 4 行和第 8 行的花括号在 main 词法作用域中又创建了一个内部的作用域。第 5 行 let 声明的绑定 inner_val 的生命周期也只存活于此内部作用域，一旦出了内部作用域，就会被析构。所以如果取消第 11 行的注释，编译时就会遇到第 10 行注释中的报错内容。

第 2 行声明的 outer_val 是复制语义类型，在进入内部作用域之后，不会转移所有权，而只是按位复制，所以，在第 9 行出了内部作用域之后，还可以继续使用 outer_val。第 3 行声明的 outer_sp 是引用语义类型，在进入内部作用域之后，它的所有权被转移，出了内部作用域之后，outer_sp 就会被析构，所以如果取消第 13 行的注释，编译的时候就会出现第 12 行注释中的报错内容。

其实不仅仅是独立的花括号会产生词法作用域，在一些 match 匹配、流程控制、函数或闭包等所有用到花括号的地方都会产生词法作用域。

match 匹配

match 匹配也会产生一个新的词法作用域，如代码清单 5-14 所示。

代码清单 5-14：match 匹配会产生新的词法作用域

```
1.  fn main(){
2.     let a = Some("hello".to_string());
3.     match a { // ---------------------------
4.        Some(s) => println!("{:?}", s),    // | match scope
5.        _ => println!("nothing")           // |
6.     } // ----------------------------------
7.     // error[E0382]: use of partially moved value: `a`
8.     // println!("{:?}", a);
9.  }
```

代码清单 5-14 中的 match 匹配会创建新的作用域，绑定 a 的所有权会被转移，因为绑定 a 是 Option<String> 类型，String 类型具有移动语义，所以 Option<String> 就是移动语义类型。如果第 8 行再次使用绑定 a，则会报第 7 行注释所示的错误。在 match 语句内部，每个匹配分支都是独立的词法作用域，比如第 4 行代码中的 s 只能用于该分支。

循环语句

for、loop 以及 while 循环语句均可以创建新的作用域。代码清单 5-15 展示了 for 循环语句创建新的作用域的示例。

代码清单 5-15：for 循环语句创建新的作用域

```
1.  fn main(){
2.     let v = vec![1,2,3];
3.     for i in v { // ----------------------------------
4.        println!("{:?}", i);                    // |
5.        // error[E0382]: use of moved value: `v`  // | for scope
6.        //  println!("{:?}", v);                  // |
7.     } //---------------------------------------------
8.  }
```

在代码清单 5-15 中，绑定 v 为移动语义类型，进入 for 循环时已经转移了所有权，所以当第 6 行再次使用绑定 v 时，就会报第 5 行注释所示的错误。

if let 和 while let 块

if let 块和 while let 块也会创建新的作用域，代码清单 5-16 展示了 if let 块创建新的作用域的示例。

代码清单 5-16：if let 块创建新的作用域

```
1.  fn main(){
2.     let a = Some("hello".to_string());
3.     if let Some(s) = a { // -------
4.        println!("{:?}", s)      //|  if let scope
5.     } //--------------------------
6.  }
```

在代码清单 5-16 中，绑定 a 为引用语义，因为是 Option<String>类型，所以在第 3 行 if let
的赋值操作中会转移所有权，绑定 a 将不再可用。而 if let 块也创建了一个新的作用域。

代码清单 5-17 展示了 while let 块创建新作用域的示例。

代码清单 5-17：while let 块创建新的作用域

```
1.  fn main() {
2.      let mut optional = Some(0);
3.      while let Some(i) = optional {
4.          if i > 9 {
5.              println!("Greater than 9, quit!");
6.              optional = None;
7.          } else {
8.              println!("`i` is `{:?}`. Try again.", i);
9.              optional = Some(i + 1);
10.         }
11.     }
12. }
```

在代码清单 5-17 中，变量 optional 为 Option<i32>类型，因为 i32 类型为复制语义，所以
Option<i32>为复制语义。因此在 while let 匹配后，变量 i 的所有权并未转移。

函数

函数体本身是独立的词法作用域。当复制语义类型作为函数参数时，会按位复制，如果
是移动语义作为函数参数，则会转移所有权，如代码清单 5-18 所示。

代码清单 5-18：引用移动语义类型作为函数参数

```
1.  fn foo(s: String) -> String { // ----
2.      let w = " world".to_string(); // |  function scope
3.      s + &w                         // |
4.  } // -------------------------------
5.  fn main() {
6.      let s = "hello".to_string();
7.      let ss = foo(s);
8.      // println!("{:?}", s) // Error:  use of moved value: `s`
9.  }
```

代码清单 5-18 中的绑定 s 为 String 类型，当它作为参数传入 foo 函数中时，所有权会被
转移。如果在 main 函数中再次使用绑定 s，则编译时会报错。

闭包

闭包会创建新的作用域，对于环境变量来说有以下三种捕获方式：

- 对于复制语义类型，以不可变引用（&T）来捕获。
- 对于移动语义类型，执行移动语义（move）转移所有权来捕获。
- 对于可变绑定，如果在闭包中包含对其进行修改的操作，则以可变引用（&mut）来捕
  获。

代码清单 5-19 展示了上述第二种捕获。

代码清单 5-19：外部变量为移动语义类型，则转移所有权来进行捕获

```
1.   fn main() {
2.       let s = "hello".to_string();
3.       let join = |i: &str| {s + i}; // moved s into closure scope
4.       assert_eq!("hello world", join(" world"));
5.       // println!("{:?}", s); // error[E0382]: use of moved value: `s`
6.   }
```

在代码清单 5-19 中，绑定 s 为 String 类型，被第 3 行声明的闭包 join 捕获，所以 s 的所有权被转移到了闭包中。如果第 5 行再次使用 s，则编译器会报错。

5.4 所有权借用

假设需要写一个函数，用于修改数组的第一个元素。基本思路可以是，将此数组直接当作函数的参数传入，修改之后再返回，如代码清单 5-20 所示。

代码清单 5-20：将数组作为函数参数传递

```
1.   fn foo(mut v: [i32; 3]) -> [i32; 3] {
2.       v[0] = 3;
3.       assert_eq!([3,2,3], v);
4.       v
5.   }
6.   fn main() {
7.       let v = [1,2,3];
8.       foo(v);
9.       assert_eq!([1,2,3], v);
10.  }
```

在代码清单 5-20 中，因为数组类型签名为[T; N]，所以 foo 函数中参数 v 的类型直接指定为[i32; 3]，代表长度为 3 的 i32 整数数组，并使用 mut 关键字将其指定为可变。在 foo 函数中，直接使用数组下标 0 来修改第一个元素的值，然后返回此数组。

在 main 函数中，第 7 行代码声明了一个不可变数组 v，然后将其传入 foo 函数中。因为数组 v 的元素均为基本数字类型，所以 v 是复制语义，在传入 foo 函数时会按位复制。所以，在 foo 函数中修改后的 v 是[3,2,3]，而 main 函数中的 v 是[1,2,3]（代码第 9 行）。

这里还需要注意的地方是，第 7 行代码声明的数组 v 是不可变的，但是传入了 foo 函数中就变成了可变数组，主要原因是**函数参数签名也支持模式匹配**，相当于使用 let 将 v 重新声明成了可变绑定。

所以，如果想使用 foo 函数返回的修改后的数组，则需要将其重新绑定方可继续使用。这是所有权系统带来的不便之处。其实大多数情况下可以使用 Rust 提供的引用来处理这种情况，如代码清单 5-21 所示。

代码清单 5-21：使用引用作为函数参数

```
1.   fn foo(v: &mut [i32; 3]) {
2.       v[0] = 3;
3.   }
4.   fn main() {
5.       let mut v = [1,2,3];
```

```
6.        foo(&mut v);
7.        assert_eq!([3,2,3], v);
8.    }
```

代码清单 5-21 比代码清单 5-20 更加精练。因为使用了可变引用&mut v，所以 foo 函数不需要有返回值，当 foo 函数调用完毕时，v 依旧可用。需要注意，使用可变借用的前提是，出借所有权的绑定变量必须是一个可变绑定。第 6 行借用了&mut v，因为在从 foo 函数调用完毕之后就归还了所有权，所以在第 7 行代码中还可以继续使用 v。

引用与借用

引用（**Reference**）是 Rust 提供的一种指针语义。引用是基于指针的实现，它与指针的区别是，指针保存的是其指向内存的地址，而引用可以看作某块内存的**别名**（**Alias**），使用它需要满足编译器的各种安全检查规则。引用也分为**不可变引用**和**可变引用**。使用&符号进行不可变引用，使用&mut 符号进行可变引用。

在所有权系统中，引用&x 也可称为 x 的**借用**（**Borrowing**），通过&操作符来完成所有权租借。既然是借用所有权，那么引用并不会造成绑定变量所有权的转移。但是借用所有权会让**所有者**（**owner**）受到如下限制：

- 在不可变借用期间，所有者不能修改资源，并且也不能再进行可变借用。
- 在可变借用期间，所有者不能访问资源，并且也不能再出借所有权。

引用在离开作用域之时，就是其归还所有权之时。使用借用，与直接使用拥有所有权的值一样自然，而且还不需要转移所有权。

再看另外一个示例，这是一个冒泡排序的实现，如代码清单 5-22 所示。

代码清单 5-22：冒泡排序

```
1.  fn bubble_sort(a: &mut Vec<i32>) {
2.      let mut n = a.len(); // 获取数组长度
3.      while n > 0 {
4.          // 初始化遍历游标，max_ptr 始终指向最大值
5.          let (mut i, mut max_ptr) = (1, 0);
6.          // 冒泡开始，如果前者大于后者，则互换位置，并设置当前最大值游标
7.          while i < n {
8.              if a[i-1] > a[i] {
9.                  a.swap(i-1, i);
10.                 max_ptr = i;
11.             }
12.             i += 1;
13.         }
14.         // 本次遍历的最大值位置也是下一轮冒泡的终点
15.         n = max_ptr;
16.     }
17. }
18. fn main() {
19.     let mut a = vec![1, 4, 5, 3, 2];
20.     bubble_sort(&mut a);
21.     println!("{:?}", a); // [1, 2, 3, 4, 5]
22. }
```

在代码清单 5-22 中，bubble_sort 函数参数为可变借用。第 2 行中直接使用 a 来调用 len 方法，以便获取数组的长度，而不是先用解引用操作符对 a 解引用，然后再调用 len 方法（当然，这样调用也可以）。同样的用法还有第 9 行中的 a.swap(i-1,i)，用于交换指定索引的元素在数组中的位置。

代码清单 5-23 展示了 std::vec::Vec 中 len()方法的源码实现。

代码清单 5-23：len()方法源码

```
1.    pub fn len(&self) -> usize {
2.        self.len
3.    }
```

在代码清单 5-23 中，len 方法中的&self 实际上是 self: &self 的简写，因此，可以在方法体中直接使用 self 来调用 len 字段。这同样利用了函数参数的模式匹配。由此可见，通过借用，开发者可以在不转移所有权的情况下，更加方便地对内存进行操作，同时也让代码有良好的可读性和维护性。

借用规则

为了保证内存安全，借用必须遵循以下三个规则。

- 规则一：借用的生命周期不能长于出借方（拥有所有权的对象）的生命周期。
- 规则二：可变借用（引用）不能有别名（Alias），因为可变借用具有独占性。
- 规则三：不可变借用（引用）不能再次出借为可变借用。

规则一是为了防止出现悬垂指针。规则二和三可以总结为一条核心的原则：**共享不可变，可变不共享**。Rust 编译器会做严格的借用检查，违反以上规则的行为均无法正常通过编译。

规则一很好理解。如果出借方已经被析构了，但借用依然存在，就会产生一个悬垂指针，这是 Rust 绝对不允许出现的情况。

规则二和规则三描述的不可变借用和可变借用就相当于内存的读写锁，同一时刻，只能拥有一个写锁，或者多个读锁，不能同时拥有，如图 5-4 所示。

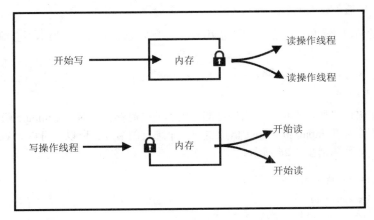

图 5-4：内存读写锁示意图

不可变借用可以被出借多次，因为它不能修改内存数据，因此它也被称为共享借用（引用）。可变借用只能出借一次，否则，难以预料数据何时何地会被修改。

接下来我们一起分析一下代码清单 5-24。

代码清单 5-24：借用检查保障了内存安全

```
1.  fn compute(input: &u32, output: &mut u32) {
2.      if *input > 10 {
3.          *output = 1;
4.      }
5.      if *input > 5 {
6.          *output *= 2;
7.      }
8.  }
9.  fn main() {
10.     let i = 20;
11.     let mut o = 5;
12.     compute(&i, &mut o); // o = 2
13. }
```

代码清单 5-24 可以正常编译运行，变量 o 的结果会被修改为 2。但是现在假如不存在 Rust 的借用检查，我们来看看该函数可能会存在什么问题。

如果声明一个绑定，并且把该绑定的可变借用和不可变借用都传入 compute 函数中，会发生什么呢？如代码清单 5-25 所示。

代码清单 5-25：假设不存在 Rust 的借用检查，compute 函数可能存在的问题

```
1.  fn main() {
2.      let mut i = 20;
3.      compute(&i, &mut i);
4.  }
```

在代码清单 5-25 中，将绑定 i 的两种借用分别当作参数传到 compute 函数中，假设不考虑 Rust 的借用检查，最后输出的结果是 1，而正常的结果应该是 2，所以这里出现了问题。回到代码清单 5-24 中查看 compute 函数，此时传入的 input 和 output 都是 20，经过第 2 行到第 4 行的 if 表达式处理后，output 的值变为了 1，但是此时 input 和 output 其实都是指向同一块内存的，所以当代码执行到第 5 行时，*input > 5 必然会返回 false，此时函数 compute 调用完成，output 的值被修改为了 1。

但真实的情况是，Rust 必然会进行借用检查，所以代码清单 5-25 根本不会编译通过，而会报错如下：

```
error[E0502]: cannot borrow `i` as mutable because it is also borrowed
as immutable
```

这违反了借用规则，不可变借用和可变借用不能同时存在。对于 compute 函数，Rust 编译器知道，不会存在 input 和 output 借用自同一个绑定的情况。所以，可以对 compute 函数进一步优化，如代码清单 5-26 所示。

代码清单 5-26：优化 compute 函数

```
1.  fn compute(input: &u32, output: &mut u32) {
2.      let cached_input = *input;
3.      if cached_input > 10 {
4.          *output = 2;
5.      } else if cached_input > 5 {
6.          *output *= 2;
7.      }
```

```
8.   }
9.   fn main() {
10.      let i = 20;
11.      let mut o = 5;
12.      compute(&i, &mut o); // o = 2
13.   }
```

代码清单 5-26 这样的优化在 Rust 中是非常合理的，但是在其他语言中不一定合理，因为其他语言没法保证 input 和 output 不会来自同一块内存。第 2 行声明了 cached_input 变量绑定，是为了方便编译器进一步优化，因为 input 是一个不可变借用，永远都不会改变，所以编译器可以将它的值保存在寄存器中，进一步提升性能。同时，通过 cached_input 可以将两个 if 表达式合并为一个 if else 表达式，因为大于 10 的分支永远都不会影响到大于 5 的分支。

总的来说，Rust 的借用检查带来了如下好处：

- 不可变借用保证了没有任何指针可以修改值的内存，便于将值存储在寄存器中。
- 可变借用保证了在写的时候没有任何指针可以读取值的内存，避免了脏读。
- 不可变借用保证了内存不会在读取之后被写入新数据。
- 保证了不可变借用和可变借用不相互依赖，从而可以对读写操作进行自由移动和重新排序。

关于引用，还有一个值得注意的地方：**解引用操作会获得所有权**。在需要对移动语义类型（例如&String 类型）进行解引用操作时，需要注意这一点，如代码清单 5-27 所示。

代码清单 5-27：解引用&String 类型

```
1.  fn join(s: &String) -> String {
2.      let append = *s;
3.      "Hello".to_string() + &append
4.  }
5.  fn main(){
6.      let x = " hello".to_string();
7.      join(&x);
8.  }
```

在代码清单 5-27 中，join 函数参数类型为&String，为一个不可变借用。第 2 行的 let 声明中对其进行解引用操作，编译器直接报如下错误：

```
error[E0507]: cannot move out of borrowed content
|    let append = *s;
|                 ^^
```

这说明，编译器不允许将借用 s 的所有权转移给 append。试想一下，如果 s 的所有权转移了，就会导致 main 函数中 x 的所有权被转移，那么&x 指向的则是无效地址，这就造成了野指针。这在 Rust 中是绝对禁止的。

5.5 生命周期参数

值的生命周期和词法作用域有关，但是借用可以在各个函数间传递，必然会跨越多个词法作用域。对于函数本地声明的拥有所有权的值或者借用来说，Rust 编译器包含的借用检查器（borrow checker）可以检查它们的生命周期，但是对于跨词法作用域的借用，借用检查器就无法自动推断借用的合法性了，也就是说，无法判断这些跨词法作用域的借用是否满足借用规则。不合法的借用会产生悬垂指针，造成内存不安全。所以，Rust 必须确保所有的借用都是有效的，不会存在悬垂指针，如代码清单 5-28 所示。

代码清单 5-28：借用检查示例

```
1.   fn main() {
2.       let r; // 'a ──────────────────┐
3.       {                          //   │
4.           let x = 5; //      'b ───┐  │
5.           r = &x;    //          │  │
6.       } // ─────────────────────┘  │
7.       println!("r: {}", r); //        │
8.   }// ──────────────────────────────┘
```

在代码清单 5-28 中，绑定 r 将在整个 main 函数作用域中存活，其生命周期长度用**'a** 表示；绑定 x 存活于第 3 行到第 6 行之间的内部词法作用域中，因为它离开内部作用域就会被析构，其生命周期长度用**'b** 表示，**'b** 要比**'a** 小很多。如果该代码正常通过编译，则在运行时，第 5 行代码就会产生一个悬垂指针。幸运的是，Rust 编译器不会允许这种事情发生。编译时会借用检查器检查代码中每个引用的有效性，因而代码清单 5-28 会报以下错误：

```
error[E0597]: `x` does not live long enough
5 |       r = &x;
  |              - borrow occurs here
6 |       }
  |       ^ `x` dropped here while still borrowed
7 |       println!("r: {}", r);
8 | }
  | - borrowed value needs to live until here
```

根据借用规则一，**借用的生命周期不能长于出借方的生命周期**。在代码清单 5-28 中，借用&x 要绑定给变量 r，r 就成了借用方，其生命周期长度是'a，而出借方是 x，出借方的生命周期长度是'b，现在'a 远远大于'b，说明借用的生命周期远远大于出借方的生命周期，出借方被析构，借用还存在，就会造成悬垂指针。由此证明借用无效，借用检查无法通过，编译器报错，成功地阻止了悬垂指针的产生。

如果只是在函数本地使用借用，那么借用检查器很容易推导其生命周期，因为此时 Rust 拥有关于此函数的所有信息。一旦跨函数使用借用，比如作为函数参数或返回值使用，编译器就无法进行检查，因为编译器无法判断出所有的传入或传出的借用生命周期范围，此时需要显式地对借用参数或返回值使用生命周期参数进行标注。

5.5.1　显式生命周期参数

生命周期参数必须以单引号开头，参数名通常都是小写字母，比如**'a**。生命周期参数位于引用符号&后面，并使用空格来分割生命周期参数和类型，如下所示。

```
&i32;          //  引用
&'a i32;        //  标注生命周期参数的引用
&'a mut i32;  //  标注生命周期参数的可变引用
```

标注生命周期参数并不能改变任何引用的生命周期长短，它只用于编译器的借用检查，来防止悬垂指针。

函数签名中的生命周期参数

函数签名中的生命周期参数使用如下标注语法：

```
fn foo<'a>(s: &'a str, t: &'a str) -> &'a str;
```

函数名后面的**<'a>**为生命周期参数的声明，与泛型参数类似，必须先声明才能使用。函数或方法参数的生命周期叫作**输入生命周期**（**input lifetime**），而返回值的生命周期被称为**输出生命周期**（**output lifetime**）。

函数签名的生命周期参数有这样的限制条件：输出（借用方）的生命周期长度必须不长于输入（出借方）的生命周期长度（此条件依然遵循借用规则一）。

另外，需要注意，**禁止在没有任何输入参数的情况下返回引用**，因为明显会造成悬垂指针，如代码清单 5-29 所示。

代码清单 5-29：无输入参数且返回引用的函数

```
1. fn return_str<'a>() -> &'a str {
2.     let mut s = "Rust".to_string();
3.     for i in 0..3 {
4.         s.push_str("Good ");
5.     }
6.     &s[..]                    //"Rust Good Good Good"
7. }
8. fn main() {
9.     let x = return_str();
10. }
```

代码清单 5-29 编译会报如下错误：

```
error[E0597]: `s` does not live long enough
6 |     &s[..]        //"Rust Good Good Good"
  |      ^ does not live long enough
7 | }
  | - borrowed value only lives until here
```

错误消息显示，绑定 s 存活时间不够长，在离开 return_str 函数时就会被析构，而该函数还要返回绑定 s 的借用&s[..]，这明显违反了借用规则一，制造了悬垂指针，这是 Rust 绝对不允许的行为。所以，如果想修正此代码，可以返回一个 String 类型。

从函数中返回（输出）一个引用，其生命周期参数必须与函数的参数（输入）相匹配，否则，标注生命周期参数也毫无意义，如代码清单 5-30 所示。

代码清单 5-30：foo 函数的引用参数和返回的引用生命周期毫无关联

```
1.  fn foo<'a>(x: &'a str, y: &'a str) -> &'a str {
2.      let result = String::from("really long string");
3.      // error[E0597]: `result` does not live long enough
4.      result.as_str()
5.  }
6.  fn main() {
7.      let x = "hello";
8.      let y = "rust";
9.      foo(x, y);
10. }
```

代码清单 5-30 编译会报错，错误消息为第 3 行注释的内容。此时编译器拥有对函数 foo 的全部信息，生命周期标注完全没有派上用场，所以生命周期标注在此处是多余的。

下面来看一个正常需要进行生命周期参数标注的示例，如代码清单 5-31 所示的情况。

代码清单 5-31：需要进行生命周期标注的示例

```
1.  fn the_longest(s1: &str, s2: &str) -> &str {
2.      if s1.len() > s2.len() { s1 } else { s2 }
3.  }
4.  fn main() {
5.      let s1 = String::from("Rust");
6.      let s1_r = &s1;
7.      {
8.          let s2 = String::from("C");
9.          let res = the_longest(s1_r, &s2);
10.         println!("{} is the longest", res);
11.      }
12. }
```

编译代码清单 5-31 会报以下错误：

```
error[E0106]: missing lifetime specifier
| fn the_longest(s1: &str, s2: &str) -> &str {
|                                       ^ expected lifetime parameter
```

编译器要求标注生命周期参数，此时编译器已经无法推导出返回的借用是否合法，代码清单 5-32 为标注了生命周期参数的代码。

代码清单 5-32：为 the_longest 函数标注生命周期参数

```
1.  fn the_longest<'a>(s1: &'a str, s2: &'a str) -> &'a str {
2.      if s1.len() > s2.len() { s1 } else { s2}
3.  }
4.  fn main() {
5.      let s1 = String::from("Rust");
6.      let s1_r = &s1;
7.      {
8.          let s2 = String::from("C");
9.          let res = the_longest(s1_r, &s2);
10.         println!("{} is the longest", res); // Rust is the longest
11.      }
12. }
```

代码清单 5-32 中 the_longest 函数签名标注了生命周期参数。其中<'a>是对生命周期参数的声明，两个输入参数和返回参数都加上了生命周期参数，变为**&'a str**。函数声明中的'a 可以看作一个生命周期**泛型参数**，输入引用和输出引用都标记为'a，意味着输出引用（借用方）的生命周期不长于输入引用（出借方）的生命周期。

再来看 main 函数，当 the_longest 函数被实际调用时，借用检查器会根据函数签名时的生命周期参数标记的具体情况进行检查，如图 5-5 所示。

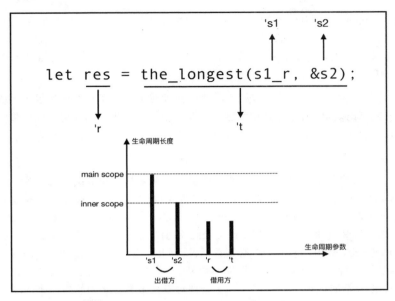

图 5-5：函数调用借用检查示意图

the_longest 函数的第一个参数是 s1_r，它的实际生命周期是从代码清单 5-32 的第 6 行到第 12 行，我们将其命名为'**s1**，那么可以说，the_longest 函数签名中的泛型参数'**a** 在调用时被单态化为了'**s1**。而该函数的第二个参数&s2 的生命周期是从代码清单 5-32 的第 7 行到第 10 行，我们将其命名为'**s2**。同理，可以说，泛型参数'**a** 在此时被单态化为了'**s2**。

the_longest(s1_r, &s2)返回引用的生命周期记为'**t**。第 9 行的 let 声明了绑定 res，其生命周期记为'**r**。因为 res 绑定了 the_longest 函数返回的借用，本质上只是引用的按位复制，所以 res 成为了借用方，其生命周期长度为'**r**，且等于'**t**。经过以上分析，借用方的生命周期长度不长于出借方的生命周期长度，不会造成悬垂指针，所以借用生效，编译正常通过。

其实对于多个输入参数的情况，也可以标注不同的生命周期参数，如代码清单 5-33 所示。

代码清单 5-33：标注多个生命周期参数

```
1. fn the_longest<'a, 'b>(s1: &'a str, s2: &'b str) -> &'a str {
2.     if s1.len() > s2.len() { s1 } else { s2 }
3. }
```

编译代码清单 5-33，编译器会报错：

```
error[E0312]: lifetime of reference outlives lifetime of borrowed
content...
```

这是因为编译器无法判断这两个生命周期参数的大小，此时可以显式地指定'**a** 和'**b** 的关系，如代码清单 5-34 所示。

代码清单 5-34：指定生命周期参数之间的大小关系

```
1.    fn the_longest<'a, 'b: 'a>(s1: &'a str, s2: &'b str) -> &'a str {
2.        if s1.len() > s2.len() { s1 } else { s2 }
3.    }
```

在代码清单 5-34 中，'**b: 'a** 的意思是泛型生命周期参数'**b** 的存活时间长于泛型生命周期参数'**a**（即'**b** outlive '**a**）。如果用集合来说明，那就是'**b** 包含'**a**，即'**a** 是'**b** 的子集。但是通过上面的分析，main 函数中传入的参数 s1_r 的生命周期却长于&s2 的生命周期，对应到 the_longest 函数参数中，就是 s1 的存活时间长于 s2 的，而 s1 的生命周期是'a，s2 的生命周期是'b，从直觉上来看，明显是'a 的存活时间长于'b 的，但为什么现在'b: 'a 表示'b 的存活时间长于'a 的呢？

不要忘记生命周期参数的目的是什么。**生命周期参数是为了帮助借用检查器验证非法借用。函数间传入和返回的借用必须相关联，并且返回的借用生命周期必须比出借方的生命周期长**。所以，这里'b: 'a 中的'a 是指返回引用（借用）的生命周期，必须不能长于'b（出借方）的生命周期。

the_longest 函数在调用时，其参数的泛型生命周期参数'a 和'b 会单态化为具体的生命周期参数's1 和's2，其返回引用的泛型生命周期参数'a 也会单态化为't，因为 res 绑定了该函数返回的引用，所以'r 和't 是等价的。Rust 里 let 绑定的声明顺序正好和析构顺序相反，这是由栈结构的后进先出特性决定的。所以，res、&s2 和 s1_r 的析构顺序是 res 最先，然后是&s2，最后是 s1_r。在 res 析构之前，&s2 必须存活，否则就会产生悬垂指针，造成内存不安全，这是 Rust 绝对不允许的。res 的生命周期参数是'r，&s2 的生命周期参数是's2，它们的关系是's2: 'r，'s2 的存活时间长于'r。而's2 和'r 分别对应其函数签名中的生命周期泛型参数'b 和'a，所以可得出'b: 'a。而对于参数 s1_r 来说，其生命周期参数's1 对应生命周期泛型参数'a，本身's1 和'r 的关系就是's1: 'r，这也满足'a: 'a，如图 5-6 所示。

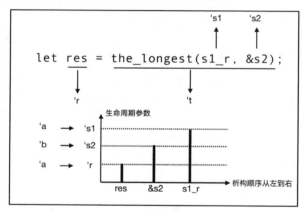

图 5-6：the_longest 函数调用时生命周期分析示意图

函数签名中多个生命周期参数的关系看上去比较复杂，但是只要把握一个原则就可以理解它：**生命周期参数的目的是帮助借用检查器验证合法的引用，消除悬垂指针**。在 Rust 官方文档中提到，这种生命周期参数包含关系是一种子类型，并且用&'a str 和&'static str 两种类型做了示例，对于所有允许使用&'a str 类型的地方，使用&'static str 也是合法的。但实际上，Rust 中的生命周期参数并非类型，&'static str 也只是 Rust 中少有的特例。也有人按集合论总结出了判断生命周期参数的所谓公式，但即使使用公式，也一定要搞懂生命周期参数背后的意义。

结构体定义中的生命周期参数

除了函数签名，结构体在含有引用类型成员的时候也需要标注生命周期参数，否则编译器会报错：missing lifetime specifier。代码清单 5-35 是一个包含引用类型成员的结构体示例。

代码清单 5-35：包含引用类型成员的结构体也需要标注生命周期参数

```
1.   struct Foo<'a> {
2.       part: &'a str,
3.   }
4.   fn main() {
5.       let words = String::from("Sometimes think, the greatest sorrow than
     older");
6.       let first = words.split(',').next().expect("Could not find a
     ','");
7.       let f = Foo { part: first };
8.       assert_eq!("Sometimes think", f.part);
9.   }
```

在代码清单 5-35 中，结构体 Foo 有一个成员为&str 类型，必须先声明生命周期泛型参数 <'a>，才能为成员 part 标注生命周期参数，变为&'a str 类型。**这里的生命周期参数标记，实际上是和编译器约定了一个规则：结构体实例的生命周期应短于或等于任意一个成员的生命周期。**

main 函数中声明了一个 String 类型的字符串 words，然后使用 split 方法按逗号规则将 words 进行分割，再通过 next 方法和 expect 方法返回一个字符串切片 first。其中 next 方法为迭代器相关的内容，第 6 章会讲到。

在代码第 7 行，用 first 实例化结构体 Foo。此时，编译器就会根据该结构体事先定义的生命周期规则对其成员 part 的生命周期长度进行检查。当前 part 的生命周期是整个 main 函数，而 Foo 结构体实例 f 的生命周期确实小于其成员 part 的生命周期，f 会在 first 之前被析构。否则，如果 first 先被析构，f.part 就会成为悬垂指针，这是 Rust 绝对不允许的。

方法定义中的生命周期参数

假如为结构体 Foo 实现方法（如代码清单 5-36 所示），因为其包含引用类型成员，标注了生命周期参数，所以需要在 impl 关键字之后声明生命周期参数，并在结构体 Foo 名称之后使用，这与泛型参数是相似的。

代码清单 5-36：为结构体 Foo 实现方法

```
1.   #[derive(Debug)]
2.   struct Foo<'a> {
3.       part: &'a str,
4.   }
5.   impl<'a> Foo<'a> {
6.       fn split_first(s: &'a str) -> &'a str {
7.           s.split(',').next().expect("Could not find a ','")
8.       }
9.       fn new(s: &'a str) -> Self {
10.          Foo {part: Foo::split_first(s)}
11.      }
12.  }
13.  fn main() {
14.      let words = String::from(
15.          "Sometimes think, the greatest sorrow than older");
16.      println!("{:?}",Foo::new(words.as_str()));
17.  }
```

Foo 结构体中实现了两个方法，new 和 first，其中 first 是在 new 内部调用的，这两个方法签名中使用的生命周期参数**'a** 是在 impl 关键字后面定义的，在整个 impl 块中适用。

如果 new 和 first 方法签名中不添加生命周期参数，则会报错：

error[E0495]: cannot infer an appropriate lifetime for lifetime parameter in function call due to conflicting requirements

这是因为编译器无法推断参数中引用的生命周期。在添加生命周期参数**'a** 之后，约束了输入引用的生命周期长度要长于结构体 Foo 实例的生命周期长度。

另外，枚举体和结构体对生命周期参数的处理方式是一样的。

静态生命周期参数

Rust 内置了一种特殊的生命周期**'static**，叫作**静态生命周期**。**'static** 生命周期存活于整个程序运行期间。所有的字符串字面量都有**'static** 生命周期，类型为**&'static str**，请思考代码清单 5-37。

代码清单 5-37：字符串字面量生命周期

```
1.    fn main() {
2.        let x = "hello Rust";
3.        let y = x;
4.        assert_eq!(x, y);
5.    }
```

在代码清单 5-37 中，字符串字面量 x 执行 y=x 赋值操作之后，x 继续可用，说明此处赋值执行的是按位复制，而非移动语义。

字符串字面量是全局静态类型，它的数据和程序代码一起存储于可执行文件的数据段中，其地址在编译期是已知的，并且是只读的，无法更改，可执行文件的组成结构如图 5-7 所示。

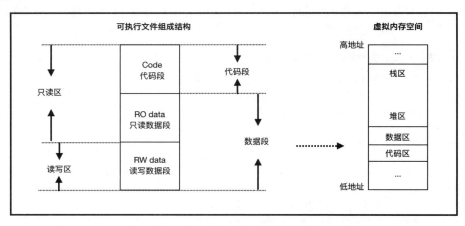

图 5-7：可执行文件组成示意图

所以，代码清单 5-37 中的静态字符串 x 按位复制的仅仅是存储于栈上的地址，因为数据段是只读的，并不会出现什么内存不安全的问题。

另外值得一提的是，在 Rust 2018 版本中，使用 const 和 static 定义字符串字面量时，都可以省掉**'static** 静态生命周期参数。

5.5.2 省略生命周期参数

对于理论上需要显式地标注生命周期参数的情况，实际中依然存在可以省略生命周期参数的可能，如代码清单 5-38 所示。

代码清单 5-38：省略生命周期参数的示例

```
1.   fn first_word(s: &str) -> &str {
2.       let bytes = s.as_bytes();
3.       for (i, &item) in bytes.iter().enumerate() {
4.           if item == b' ' {
5.               return &s[0..i];
6.           }
7.       }
8.       &s[..]
9.   }
10.  fn main() {
11.      println!("{:?}", first_word("hello Rust"));
12.  }
```

代码清单 5-38 是可以正常编译通过的。函数 first_word 的功能是将传入的&str 类型字符串通过 as_bytes 方法转换成字节序列。然后再通过 for 循环找到空格，并返回空格前的所有字符组成的字符串切片&s[0..i]。其中第 3 行 for 循环迭代器中链式调用最后的 enumerate 方法返回的是字节序列下标和元素的引用，for 循环中的&item 是利用模式匹配来获取 item 的，这样就可以在第 4 行参与比较操作。最后，如果没有找到空格，则返回整个字符串。该函数的输入参数和返回值都属于引用，为什么不需要标注生命周期参数？当然，如果按生命周期参数规则进行标注，该代码也会正常通过编译。

这是因为 Rust 针对某些场景确定了一些常见的模式，将其硬编码到 Rust 编译器中，以便编译器可以自动补齐函数签名中的生命周期参数，这样就可以省略生命周期参数。被硬编码进编译器的模式称为**生命周期省略规则**（**Lifetime Elision Rule**），一共包含三条规则：

- 每个输入位置上省略的生命周期都将成为一个不同的生命周期参数。
- 如果只有一个输入生命周期的位置（不管是否忽略），则该生命周期都将分配给输出生命周期。
- 如果存在多个输入生命周期的位置，但其中包含着&self 或&mut self，则 self 的生命周期都将分配给输出生命周期。

如果不满足上面三条规则，省略生命周期将会出错。代码清单 5-39 罗列了一些省略或非法的示例。

代码清单 5-39：各类函数签名生命周期省略或非法示例

```
1.   fn print(s: &str);                                    // 省略
2.   fn print<'a>(s: &'a str);                             // 展开
3.   fn debug(lvl: uint, s: &str);                         // 省略
4.   fn debug<'a>(lvl: uint, s: &'a str);                  // 展开
5.   fn substr(s: &str, until: uint) -> &str;              // 省略
6.   fn substr<'a>(s: &'a str, until: uint) -> &'a str;    // 展开
7.   fn get_str() -> &str;                                 // 非法
8.   fn frob(s: &str, t: &str) -> &str;                    // 非法
9.   fn get_mut(&mut self) -> &mut T;                      // 省略
```

```
10.  fn get_mut<'a>(&'a mut self) -> &'a mut T;              // 展开
11.  // 省略
12.  fn args<T:ToCStr>(&mut self, args: &[T]) -> &mut Command
13.  // 展开
14.  fn args<'a, 'b, T:ToCStr>(&'a mut self, args: &'b [T]) -> &'a mut
     Command
15.  fn new(buf: &mut [u8]) -> BufWriter;                     // 省略
16.  fn new<'a>(buf: &'a mut [u8]) -> BufWriter<'a>           // 展开
```

我们从代码清单 5-39 中抽取几个函数签名，对应看一下它们是否满足生命周期省略规则。

第 1 行，只有一个引用类型的参数，满足第二条规则，虽然没有返回值，但是可以推断出引用的生命周期。

第 7 行，没有任何参数，不满足任何一条规则，所以推断出错。

第 8 行，两个引用参数，也就是拥有两个生命周期参数的位置，分别补齐两个不同的生命周期参数，满足第一条规则，但是不满足另外两条规则，也不存在其他规则来帮助编译器推断生命周期，所以这里推断出错，还需要显式地指定生命周期参数。

第 12 行，两个引用参数代表两个生命周期参数的位置，但是其中之一是&mut self，满足第三条规则，返回引用的生命周期会指派为 self 的生命周期。所以此处可以省略生命周期。

现在，了解了省略生命周期规则以后，我们再为代码清单 5-36 添加一个新的方法，如代码清单 5-40 所示。

代码清单 5-40：为代码清单 5-36 添加新的方法 get_part

```
1.   #[derive(Debug)]
2.   struct Foo<'a> {
3.       part: &'a str,
4.   }
5.   impl<'a> Foo<'a> {
6.       fn split_first(s: &'a str) -> &'a str {
7.           s.split(',').next().expect("Could not find a ','")
8.       }
9.       fn new(s: &'a str) -> Self {
10.          Foo {part: Foo::split_first(s)}
11.      }
12.      fn get_part(&self) -> &str {
13.          self.part
14.      }
15.  }
16.  fn main() {
17.      let words = String::from("Sometimes think, the greatest sorrow than
         older");
18.      let foo = Foo::new(words.as_str());
19.      println!("{:?}",foo.get_part());
20.  }
```

在代码清单 5-40 中，为结构体 Foo 添加了新的方法 get_part(&self)，其参数为&self，代表一个实例方法，此处满足生命周期省略规则，所以并没有添加显式的生命周期参数。

5.5.3 生命周期限定

生命周期参数可以像 trait 那样作为泛型的限定，有以下两种形式。

- **T: 'a**，表示 T 类型中的任何引用都要"活得"和**'a** 一样长。
- **T: Trait + 'a**，表示 T 类型必须实现 Trait 这个 trait，并且 T 类型中任何引用都要"活得"和**'a** 一样长。

代码清单 5-41 展示了生命周期限定的示例。

代码清单 5-41：生命周期限定示例

```
1.   use std::fmt::Debug;
2.   #[derive(Debug)]
3.   struct Ref<'a, T: 'a>(&'a T);
4.   fn print<T>(t: T)
5.   where
6.       T: Debug,
7.   {
8.       println!("`print`: t is {:?}", t);
9.   }
10.  fn print_ref<'a, T>(t: &'a T)
11.  where
12.      T: Debug + 'a,
13.  {
14.      println!("`print_ref`: t is {:?}", t);
15.  }
16.  fn main() {
17.      let x = 7;
18.      let ref_x = Ref(&x);
19.      print_ref(&ref_x);
20.      print(ref_x);
21.  }
```

代码清单 5-41 中定义了一个元组结构体 Ref，用于保存泛型类型 T 的引用，但是却不知道该引用类型的生命周期。T 可以是任何引用，这里使用 **T: 'a** 来对类型 T 进行生命周期限定，将它的生命周期约束为和**'a** 的一样长。此外，Ref 的生命周期长度也不会超过**'a** 的。然后定义两个泛型函数 print 和 print_ref 来分别打印值类型和引用类型，print_ref 函数签名同样使用了生命周期限定。

对于引用类型&T 来说，可以显式地使用生命周期限定来约束其生命周期。但是对于没有引用的泛型类型 T 来说，可以看作使用静态生命周期作为限定，形如 **T: 'static**，因为引用的生命周期只可能是暂时的，而非**'static** 的。程序中一旦出现了**'static**，就代表其生命周期与硬编码（Hardcode）的生命周期一样长久。

在 Rust 2018 版本中，像代码清单 5-41 中结构体的 **T: 'a** 限定可以省略，编译器将对此实现自动推断。

5.5.4 trait 对象的生命周期

如果一个 trait 对象中实现 trait 的类型带有生命周期参数，该如何处理？如代码清单 5-42 所示。

代码清单 5-42：trait 对象中实现 trait 的类型带有生命周期参数

```
1.   trait Foo {}
2.   struct Bar<'a> {
3.       x: &'a i32,
4.   }
5.   impl<'a> Foo for Bar<'a> {}
6.   fn main() {
7.       let num = 5;
8.       let box_bar = Box::new(Bar { x: &num });
9.       let obj = box_bar as Box<Foo>;
10.  }
```

代码清单 5-42 定义了带生命周期参数的结构体 Bar，并实现了 trait Foo。第 8 行使用 Box::new 装箱了结构体 Bar 的实例，并在第 9 行将其转换为 trait 对象 Box<Foo>。该代码编译能够正常通过。

这是因为 **trait** 对象和生命周期有默认遵循的规则：

- trait 对象的生命周期默认是'static。
- 如果实现 trait 的类型包含&'a X 或 &'a mut X，则默认生命周期就是'a。
- 如果实现 trait 的类型只有 T: 'a，则默认生命周期就是'a。
- 如果实现 trait 的类型包含多个类似 T: 'a 的从句，则生命周期需要明确指定（如代码清单 5-43 所示）。

代码清单 5-43：需要明确指定 trait 对象生命周期的示例

```
1.   trait Foo<'a> {}
2.   struct FooImpl<'a> {
3.       s: &'a [u32],
4.   }
5.   impl<'a> Foo<'a> for FooImpl<'a> {
6.   }
7.   fn foo<'a>(s: &'a [u32]) -> Box<Foo<'a>> {
8.       Box::new(FooImpl { s: s })
9.   }
10.  fn main(){}
```

代码清单 5-43 编译会出错，因为编译器无法推断生命周期。Box<Foo<'a>>是一个 trait 对象，它的默认生命周期是'static 的。而现在实现 trait Foo 的类型 FooImpl 有一个&'a [u32] 类型的成员，所以此时的 trait 对象生命周期应该是'a。因此，如果想修复上面的错误，只需要显式地为 trait 对象增加生命周期参数，将 Box<Foo<'a>>改为 Box<Foo<'a> + 'a>即可，此时该 trait 对象的生命周期就是'a，覆盖了默认的'static 生命周期。

5.6 智能指针与所有权

除了普通的引用（借用）类型，Rust 还提供具有移动语义（引用语义）的智能指针。智能指针和普通引用的区别之一就是所有权的不同。智能指针拥有资源的所有权，而普通引用只是对所有权的借用。

代码清单 5-44 展示了智能指针独占所有权的一个示例。

代码清单 5-44：智能指时 Box<T>独占所有权

```
1.  fn main(){
2.      let x = Box::new("hello");
3.      let y = x;
4.      // error[E0382]: use of moved value: `x`
5.      // println!("{:?}", x);
6.  }
```

在代码清单 5-44 中，绑定 x 会把所有权转移给绑定 y。Box<T>智能指针也可以使用解引用操作符进行解引用，如代码清单 5-45 所示。

代码清单 5-45：解引用智能指针 Box<T>

```
1.  fn main(){
2.      let a = Box::new("hello");
3.      let b = Box::new("Rust".to_string());
4.      let c = *a;
5.      let d = *b;
6.      println!("{:?}", a);
7.      // error[E0382]: use of moved value: `b`
8.      // println!("{:?}", b);
9.  }
```

代码清单 5-45 声明了两个变量绑定 a 和 b，分别装箱了字符串字面量和 String 类型。对 a 和 b 分别进行解引用以后，a 可以继续访问，b 则不行。这是因为 a 装箱的字符串字面量进行了按位复制，而 b 装箱的 String 类型是引用语义，必须转移所有权。

之所可以解引用，是因为 Box<T>实现了 deref 方法。代码清单 5-46 展示了 Box<T>实现 deref 的源码。

代码清单 5-46：Box<T>实现 deref 方法的源码

```
1.  impl<T: ?Sized> Deref for Box<T> {
2.      type Target = T;
3.      fn deref(&self) -> &T {
4.          &**self
5.      }
6.  }
```

看得出来，此 deref 方法返回的是&T 类型。这里没有添加生命周期参数是因为满足生命周期省略规则。但是在代码清单 5-45 中，解引用 a 和 b 得到的都是值类型，而非引用类型 &T。实际上，这里的*a 和*b 操作相当于*(a.deref)和*(b.deref)操作。**对于 Box<T>类型来说，如果包含的类型 T 属于复制语义，则执行按位复制；如果属于移动语义，则移动所有权。**所以代码清单 5-45 中 b 的所有权被转移了。

这种对 Box<T>使用操作符（*）进行解引用而转移所有权的行为，被称为**解引用移动**，理论上应该使用 trait DerefMove 定义此行为，这也是官方团队未来打算做的，但实际上 Rust 源码中并不存在此 trait。**目前支持此行为的智能指针只有 Box<T>。**

如代码清单 5-47 所示，Rc<T>或 Arc<T>智能指针不支持解引用移动。

代码清单 5-47：Rc<T>和 Arc<T>不支持解引用移动

```
1.  use std::rc::Rc;
2.  use std::sync::Arc;
```

```
3.   fn main(){
4.       let r = Rc::new("Rust".to_string());
5.       let a = Arc::new(vec![1.0, 2.0, 3.0]);
6.       // error[E0507]: cannot move out of borrowed content
7.       // let x = *r;
8.       // println!("{:?}", r);
9.       // error[E0507]: cannot move out of borrowed content
10.      // let f = *foo;
11.  }
```

这是因为 Box<T>相对于其他智能指针来说比较特殊，代码清单 5-48 来自 Box<T>的源码实现。

代码清单 5-48：Box<T>的原码实现

```
1.   #[lang = "owned_box"]
2.   pub struct Box<T: ?Sized>(Unique<T>);
```

Box<T>标注了 Lang Item 为"owned_box"，编译器由此来识别 Box<T>类型，因为 Box<T>与原生类型不同，并不具备类型名称（比如 bool 这种），但它代表所有权唯一的智能指针的特殊性，所以需要使用 Lang Item 来专门识别，而其他的智能指针则不是这样的。

Box<T>和其他智能指针相同的地方在于内部都使用了 box 关键字来进行堆分配。代码清单 5-49 罗列了 Box::new、Rc::new 和 Arc::new 方法的源码。

代码清单 5-49：Box::new、Rc::new 和 Arc::new 方法的源码

```
1.   impl<T> Box<T> {
2.       pub fn new(x: T) -> Box<T> {
3.           box x
4.       }
5.   }
6.   impl<T> Rc<T> {
7.       pub fn new(value: T) -> Rc<T> {
8.           unsafe {
9.               Rc {
10.                  ptr: Shared::new(Box::into_raw(box RcBox {})),
11.              }
12.          }
13.      }
14.  }
15.  impl<T> Arc<T> {
16.      pub fn new(data: T) -> Arc<T> {
17.          let x: Box<_> = box ArcInner {};
18.      }
19.  }
```

为了展示方便，代码清单 5-49 省略了具体实现的很多代码。但是可以看得出来，这几个方法都使用了 box 关键字来进行堆内存分配。box 关键字只可以在 Rust 源码内部使用，并未作为公开 API 使用。

box 关键字会调用内部堆分配方法 exchange_malloc 和堆释放方法 box_free 进行堆内存管理，相关代码如代码清单 5-50 所示。

代码清单 5-50：box_free 和 exchange_malloc 源码示意

```
1.  #[cfg_attr(not(test), lang = "box_free")]
2.  #[inline]
3.  pub(crate) unsafe fn box_free<T: ?Sized>(ptr: *mut T) {
4.      ...
5.      Heap.dealloc(ptr as *mut u8, layout);
6.  }
7.  #[cfg(not(test))]
8.  #[lang = "exchange_malloc"]
9.  #[inline]
10. unsafe fn exchange_malloc(size: usize, align: usize) -> *mut u8 {
11.     ...
12.     Heap.alloc(layout)...
13. }
```

代码清单 5-50 中展示了 box_free 和 exchange_malloc 方法的部分源码实现，看得出来，这两个方法都被标注为了 Lang Item，方便编译器来识别。box_free 用于释放（dealloc）堆内存，exchange_malloc 用于分配（alloc）堆内存。

5.6.1 共享所有权 Rc<T>和 Weak<T>

引用计数（reference counting）可以说是简单的 GC 算法之一了，应用于多种语言。Rust 中提供了 Rc<T>智能指针来支持引用计数，但不同于 GC 的是，Rust 是确定性的析构，开发者知道资源什么时候会被析构。

Rust 中只有拥有所有权才能释放资源，Rc<T>可以将多个所有权共享给多个变量，每当共享一个所有权时，计数就会增加一次，只有当计数为零，也就是当所有共享变量离开作用域时，该值才会被析构。Rc<T>主要用于希望共享堆上分配的数据可以供程序的多个部分读取的场景，并且主要确保共享的资源析构函数都能被调用到。Rc<T>是单线程引用计数指针，不是线程安全的类型，Rust 也不允许它被传递或共享给别的线程，如代码清单 5-51 所示。

代码清单 5-51：Rc<T>示例

```
1.  use std::rc::Rc;
2.  fn main() {
3.      let x = Rc::new(45);
4.      let y1 = x.clone(); // 增加强引用计数
5.      let y2 = x.clone();  // 增加强引用计数
6.      println!("{:?}", Rc::strong_count(&x));
7.      let w = Rc::downgrade(&x);  // 增加弱引用计数
8.      println!("{:?}", Rc::weak_count(&x));
9.      let y3 = &*x;          // 不增加计数
10.     println!("{}", 100 - *x);
11. }
```

Rc<T>定义于标准库 std::rc 模块，使用 use 声明可以省略掉前面的命名空间直接使用 Rc。第 3 行代码声明了绑定 x，第 4 行和第 5 行分别调用了一次 clone 方法，其所有权就被共享了两次，加上原有的所有权，第 6 行通过 Rc::strong_count 方法输出引用计数，一共是 3 次。注意这里的 clone 方法并非深复制，只是简单地对共享所有权的计数，但是这个计数操作会产生一定的计算型开销。

通过 clone 方法共享的引用所有权被称为**强引用**。第 7 行代码使用了 downgrade 方法创建了另外一种智能指针类型 Weak<T>，它也是引用计数指针，属于 Rc<T>的另一种版本，它共享的指针没有所有权，所以被称为**弱引用**，但 Weak<T>还保留对 Rc<T>中值的引用。Rc::strong_count 返回的是强引用的计数，Rc::weak_count 返回的是弱引用的计数。

在第 4 章中，我们用 Rc<T>"精心"构造了一个内存泄漏的示例。现在了解了 Weak<T>之后，就可以利用 Weak<T>无所有权的特点对其进行改造了，如代码清单 5-52 所示。

代码清单 5-52：利用 Weak<T>解决循环引用的内存泄漏问题

```
1.   use std::rc::Rc;
2.   use std::rc::Weak;
3.   use std::cell::RefCell;
4.   struct Node {
5.       next: Option<Rc<RefCell<Node>>>,
6.       head: Option<Weak<RefCell<Node>>>
7.   }
8.   impl Drop for Node {
9.       fn drop(&mut self) {
10.          println!("Dropping!");
11.      }
12.  }
13.  fn main() {
14.      let first = Rc::new(RefCell::new(Node { next: None, head: None }));
15.      let second = Rc::new(RefCell::new(Node { next: None, head:
     None }));
16.      let third = Rc::new(RefCell::new(Node { next: None, head: None }));
17.      first.borrow_mut().next = Some(second.clone());
18.      second.borrow_mut().next = Some(third.clone());
19.      third.borrow_mut().head = Some(Rc::downgrade(&first));
20.  }
```

在代码清单 5-52 中，Node 结构体中增加了另一个成员 head，专门用于链接头部和尾部的 Node。而 next 成员专门用于链接下一个 Node。

第 14 行至第 16 行分别创建了三个节点，而且 next 和 head 都被设置为了 None。

第 17 行将 second 节点的所有权通过强引用方式共享给了 first 的 next，也就是将 first 和 second 连了起来。

第 18 行将 third 节点的所有权通过强引用方式共享给了 second 的 next，也就是将 second 和 third 连了起来。

第 19 行将 third 节点的所有权通过弱引用方式共享给了 first 的 head，也就是将 third 和 first 连了起来。

最终结果如图 6-8 所示。

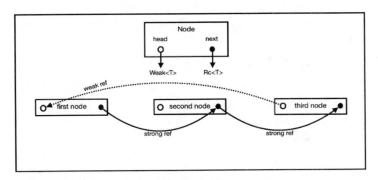

图 5-8：使用 Weak<T>解决循环引用示意图

运行代码清单 5-52，你会发现 drop 方法都能被正常调用了，证明已经不存在内存泄漏的问题了。顺便提一句，循环引用引起内存泄漏的问题还可以通过使用 Arena 模式来解决。简单来说，就是利用线性数组来模拟节点之间的关系，可以有效避免循环引用。

5.6.2 内部可变性 Cell<T>和 RefCell<T>

Rust 中的可变或不可变主要是针对一个变量绑定而言的，比如对于结构体来说，可变或不可变只能对其实例进行设置，而不能设置单个成员的可变性。但是在实际的开发中，某个字段是可变而其他字段不可变的情况确实存在，比如在网络请求中，每个请求包含的路径、参数等状态，都应该是可变的。Rust 提供了 Cell<T>和 RefCell<T>来应对这种情况。它们本质上不属于智能指针，只是可以提供内部可变性（Interior Mutability）的容器。

Cell<T>

内部可变性实际上是 Rust 中的一种设计模式。内部可变性容器是对 Struct 的一种封装，表面不可变，但内部可以通过某种方法来改变里面的值，代码清单 5-53 所示的是使用 Cell<T>实现字段级可变的情况。

代码清单 5-53：使用 Cell<T>实现字段级可变

```
1.  use std::cell::Cell;
2.  struct Foo {
3.      x: u32,
4.      y: Cell<u32>
5.  }
6.  fn main(){
7.      let foo = Foo { x: 1 , y: Cell::new(3)};
8.      assert_eq!(1, foo.x);
9.      assert_eq!(3,foo.y.get());
10.     foo.y.set(5);
11.     assert_eq!(5,foo.y.get());
12. }
```

代码清单 5-53 中定义了结构体 Foo，其中字段 x 是 u32 类型，y 是 Cell<u32>类型，main 函数中创建了该结构体的实例 foo，默认是不可变的。第 9 行代码通过 get()方法来取得 Cell<u32>容器中的值，第 10 行代码通过 set()方法来重新设置 y 的值。整个代码编译成功。

使用 Cell<T>内部可变容器确实方便了编程。它提供的 set/get 方法像极了 OOP 语言中常见的 setter/getter 方法，封装了对象属性的获取和设置行为。Cell<T>通过对外暴露的 set/get

方法实现了对内部值的修改，而其本身却是不可变的。所以，实际上 Cell<T>包裹的 T 本身合法地避开了借用检查。

对于包裹在 Cell<T>中的类型 T，只有实现了 Copy 的类型 T，才可以使用 get 方法获取包裹的值，因为 get 方法返回的是对内部值的复制。但是任何类型 T 都可以使用 set 方法修改其包裹的值。由此可见，Cell<T>并没有违反 Rust 保证的内存安全原则，对于实现 Copy 的类型 T，可以任意读取；对于没有实现 Copy 的类型 T，则提供了 get_mut 方法来返回可变借用，依然遵循 Rust 的借用检查规则。

使用 Cell<T>虽然没有运行时开销，但是尽量不要用它包裹大的结构体，应该像代码清单 5-49 那样选择包装某个字段，因为 Cell<T>内部每次 get/set 都会执行一次按位复制。

RefCell<T>

对于没有实现 Copy 的类型，使用 Cell<T>有许多不便。Rust 提供的 RefCell<T>适用的范围更广，对类型 T 并没有 Copy 的限制，代码清单 5-54 展示了其内部可变性。

代码清单 5-54：RefCell<T>内部可变性示例

```
1.    use std::cell::RefCell;
2.    fn main(){
3.        let x = RefCell::new(vec![1,2,3,4]);
4.        println!("{:?}", x.borrow());
5.        x.borrow_mut().push(5);
6.        println!("{:?}", x.borrow());
7.    }
```

RefCell<T>提供了 borrow/borrow_mut 方法，对应 Cell<T>的 get/set 方法。RefCell<T>虽然没有分配空间，但它是有运行时开销的，因为它自己维护着一个运行时借用检查器，如果在运行时出现了违反借用规则的情况，比如持有多个可变借用，则会引发线程 panic，如清单代码 5-55 所示。

代码清单 5-55：违反 RefCell<T>运行时借用规则，会引发线程 panic

```
1.    use std::cell::RefCell;
2.    fn main(){
3.        let x = RefCell::new(vec![1,2,3,4]);
4.        let mut mut_v = x.borrow_mut();
5.        mut_v.push(5);
6.        // thread 'main' panicked at 'already borrowed: BorrowMutError',
7.        // let mut mut_v2 = x.borrow_mut();
8.    }
```

代码清单 5-55 的第 7 行通过 borrow_mut 方法第二次获取可变借用，这显然违反了借用规则，虽然是运行时检查，但其借用规则和 Rust 编译器借用检查规则是一样的，所以此时 main 函数线程就会崩溃，并抛出第 6 行注释所示的错误内容。

Cell<T>和 RefCell<T>使用最多的场景就是配合只读引用来使用，比如&T 或 Rc<T>。在代码清单 5-49 中就配合使用了 Rc<RefCell<T>>。Cell<T>和 RefCell<T>之间的区别可以总结如下：

- Cell<T>使用 set/get 方法直接操作包裹的值，RefCell<T>通过 borrow/borrow_mut 返回包装过的引用 Ref<T>和 RefMut<T>来操作包裹的值。
- Cell<T>一般适合复制语义类型（实现了 Copy），RefCell<T>一般适合移动语义类型（未实现 Copy）。

- Cell<T>无运行时开销，并且永远不会在运行时引发 panic 错误。RefCell<T>需要在运行时执行借用检查，所以有运行时开销，一旦发现违反借用规则的情况，则会引发线程 panic 而退出当前线程。

在日常的编程开发中，不要为了专门避开借用检查而使用 Cell<T>或 RefCell<T>，而应该仔细分析具体的需求来选择适合的解决方法。

5.6.3 写时复制 Cow<T>

写时复制（Copy on Write）技术是一种程序中的优化策略，被应用于多种场景。比如 Linux 中父进程创建子进程时，并不是立刻让子进程复制一份进程空间，而是先让子进程共享父进程的进程空间，只有等到子进程真正需要写入的时候才复制进程空间。这种"拖延"技术实际上很好地减少了开销。Rust 也采纳了这种思想，提供了 Cow<T>容器。

Cow<T>是一个枚举体的智能指针，包括两个可选值：

- Borrowed，用于包裹引用。
- Owned，用于包裹所有者。

跟 Option<T>类型有点相似，Option<T>表示的是值的"有"和"无"，而 Cow<T>表示的是所有权的"借用"和"拥有"。

Cow<T>提供的功能是，**以不可变的方式访问借用内容，以及在需要可变借用或所有权的时候再克隆一份数据**。Cow<T>实现了 Deref，这意味着可以直接调用其包含数据的不可变方法。Cow<T>旨在减少复制操作，提高性能，一般用于读多写少的场景，如代码清单 5-56 所示。

代码清单 5-56：Cow<T>示例

```
1.  use std::borrow::Cow;
2.  fn abs_all(input: &mut Cow<[i32]>) {
3.      for i in 0..input.len() {
4.          let v = input[i];
5.          if v < 0 {
6.              input.to_mut()[i] = -v;
7.          }
8.      }
9.  }
10. fn abs_sum(ns: &[i32]) -> i32 {
11.     let mut lst = Cow::from(ns);
12.     abs_all(&mut lst);
13.     lst.iter().fold(0, |acc, &n| acc + n)
14. }
15. fn main() {
16.     // 这里没有可变需求，所以不会克隆
17.     let s1 = [1,2,3];
18.     let mut i1 = Cow::from(&s1[..]);
19.     abs_all(&mut i1);
20.     println!("IN: {:?}", s1);
21.     println!("OUT: {:?}", i1);
22.     // 这里有可变需求，所以会克隆
```

```
23.     // 注意：借用数据被克隆为了新的对象
24.     //s2 != i2. 实际上，s2 不可变，也不会被改变
25.     let s2 = [1,2,3, -45, 5];
26.     let mut i2 = Cow::from(&s2[..]);
27.     abs_all(&mut i2);
28.     println!("IN: {:?}", s2);
29.     println!("OUT: {:?}", i2);
30.     //这里不会克隆，因为数据本身拥有所有权
31.     //注意：在本例中，v1 本身就是可变的
32.     let mut v1 = Cow::from(vec![1,2,-3,4]);
33.     abs_all(&mut v1);
34.     println!("IN/OUT: {:?}", v1);
35.     //没有可变需求，所以没有克隆
36.     let s3 = [1,3,5,6];
37.     let sum1 = abs_sum(&s3[..]);
38.     println!("{:?}", s3);
39.     println!("{}", sum1);
40.     //这里有可变需求，所以发生了克隆
41.     let s4 = [1,-3,5,-6];
42.     let sum2 = abs_sum(&s4[..]);
43.     println!("{:?}", s4);
44.     println!("{}", sum2);
45. }
```

代码清单 5-56 中定义了一个函数 abs_all，用于求数组中元素的绝对值。该函数参数类型为 Cow<[i32]>，迭代每个元素，当判断出元素值小于 0 的时候，调用 to_mut 方法获取可变借用来修改值。另外一个函数 abs_sum 利用了 abs_all 函数求元素绝对值之后再进行求和。

代码第 17 行到第 21 行声明了两个绑定 s1 和 i1，其中 i1 是通过 Cow::from 方法来创建的。并且将&mut i1 作为参数传给 abs_all 函数，因为 s1 中元素都大于 0，所以并不进入该函数中的 if 表达式里，也就不会调用 to_mut 方法，所以，并不会发生克隆。所以第 20 行和第 21 行的输出为如下。

```
IN: [1, 2, 3]
OUT: [1, 2, 3]
```

代码第 25 行到第 29 行的 s2 中包含小于 0 的元素，所以会进入 abs_all 函数的 if 表达式中，此时会调用 to_mut 方法，to_mut 方法会在第一次调用时克隆一个新的对象，在后续的 for 循环中继续用新的克隆对象。所以第 28 行和第 29 行的输出如下。

```
IN: [1, 2, 3, -45, 5]
OUT: [1, 2, 3, 45, 5]
```

第 32 行到第 34 行声明了 v1，由 Cow<T>包裹的数据本身就是拥有所有权的类型 Vec<T>，因此在进入 abs_all 函数的 if 表达式中时，调用 to_mut 方法并不会克隆新对象，所以此处输出如下。

```
IN/OUT: [1, 2, 3, 4]
```

第 36 行到第 39 行虽然调用了 abs_sum，但还是会调用 abs_all 函数去求绝对值。因为此时 s3 中的元素都是大于零的，所以不会调用 to_mut 方法，此处不会发生克隆，所以此处输出如下。

```
[1, 3, 5, 6]
```

15

第 41 行到第 44 行的 s4 中包含负数，所以肯定会调用 to_mut 方法，此处会发生克隆，所以输出如下。

```
[1, -3, 5, -6]
15
```

通过代码清单 5-56 可以看出来，Cow<T>确实做到了写时复制的效果，在使用它的时候，需要掌握以下几个要点。

- Cow<T>实现了 Deref，所以可以直接调用 T 的不可变方法。
- 在需要修改 T 时，可以使用 to_mut 方法来获取可变借用。该方法会产生克隆，但仅克隆一次，如果多次调用，则只会使用第一次的克隆对象。如果 T 本身拥有所有权，则此时调用 to_mut 不会发生克隆。
- 在需要修改 T 时，也可以使用 into_owned 方法来获取一个拥有所有权的对象。如果 T 是借用类型，这个过程会发生克隆，并创建新的所有权对象。如果 T 是所有权对象，则会将所有权转移到新的克隆对象。

Cow<T>的另一个用处是统一实现规范。比如现在需要设计一个结构体 Token，用来存放网络上的各种 token 数据，但是这些 token 不都是字符串字面量，还可能是动态生成的值。到底该用&str 类型还是 String 类型呢？为了寻求统一，这里使用了 Cow<T>，如代码清单 5-57 所示。

代码清单 5-57：利用 Cow<T>来统一实现规范

```
1.   use std::borrow::Cow;
2.   use std::thread;
3.   #[derive(Debug)]
4.   struct Token<'a> {
5.       raw: Cow<'a, str>,
6.   }
7.   impl<'a> Token<'a> {
8.       pub fn new<S>(raw: S) -> Token<'a>
9.       where
10.         S: Into<Cow<'a, str>>,
11.      {
12.          Token { raw: raw.into() }
13.      }
14.  }
15.  fn main() {
16.      let token = Token::new("abc123");
17.      let token = Token::new("api.example.io".to_string());
18.      thread::spawn(move || {
19.          println!("token: {:?}", token);
20.      }).join().unwrap();
21.  }
```

在代码清单 5-57 中，结构体 Token 中的字段类型为 Cow<'a, str >类型，在 main 函数中，不管传入的是&'static str 还是 String 类型的字符串，都通过 into 方法被转换成了 Cow<'a, str >，这就实现了统一。并且对于字符串字面量和 String 类型来说，还可以跨线程安全传递。

但是如果创建 token 的时候使用动态字符串切片，则会因为生命周期的问题而无法跨线程安全传递，比如将 main 函数修改为代码清单 5-58 所示的情况。

代码清单 5-58：无法跨线程传递动态字符串切片的情况示例

```
1.   fn main() {
2.       let raw = String::from("abc");
3.       let s = &raw[..];
4.       let token = Token::new(s);
5.           thread::spawn(move || {
6.           println!("token: {:?}", token);
7.       }).join().unwrap();
8.   }
```

代码清单 5-58 编译会出错：

```
error[E0597]: `raw` does not live long enough
```

5.7   并发安全与所有权

Rust 的内存安全特性也非常适合用于并发，保证线程安全。第 3 章已经讲过，Rust 使用了两个标签 trait ——Send 和 Sync——来对类型进行分类。

- 如果类型 T 实现了 Send，就是告诉编译器该类型的实例可以在线程间安全传递所有权。
- 如果类型 T 实现了 Sync，就是向编译器表明该类型的实例在多线程并发中不可能导致内存不安全，所以可以安全地跨线程共享。

正是这两个特殊的 trait 保证了并发情况下的所有权。代码清单 5-59 所示为线程不安全的一个示例。

代码清单 5-59：线程不安全示例

```
1.   use std::thread;
2.   fn main() {
3.       let mut data=vec![1, 2, 3];
4.       for i in 0..3 {
5.           thread::spawn(move|| {
6.               data[i] +=1;
7.           });
8.       }
9.       thread::sleep_ms(50);
10.  }
```

代码清单 5-59 编译会报如下错误：

```
error[E0382]: capture of moved value: `data`
7 |         thread::spawn(move|| {
  |                       ------ value moved (into closure) here
8 |             data[i] +=1;
  |             ^^^^ value captured here after move
```

错误显示，data 所有权已经被转移了，但是编译器发现它还在被使用，所以报错。代码清单 5-59 是线程不安全的代码，在多线程情况下修改 data 的元素会引起数据竞争。

Rust 提供了一些线程安全的同步机制，比如 Arc\<T\>、Mutex\<T\>、RewLock\<T\>和 Atomic

系列类型。下面是关于这些类型的简要说明。

- Arc<T>是线程安全版本的 Rc<T>。
- Mutex<T>是锁，同一时间仅允许有一个线程进行操作。
- RwLock<T>相当于线程安全版本的 RefCell<T>，同时运行多个 reader 或者一个 writer。
- Atomic 系列类型包括 AtomicBool、AtomicIsize、AtomicUsize 和 AtomicPtr 这 4 种，虽然比较少，但是可以用 AtomicPtr 来模拟其他想要的类型，它相当于线程安全版本的 Cell<T>。

关于并发安全，第 11 章中会有更详细的内容。

5.8 非词法作用域生命周期

Rust 严格的借用检查规则虽然避免了悬垂指针，保证了内存安全，但是代码的开发体验还是差强人意的。有时候严格的借用检查规则会让代码变得非常难以理解，如代码清单 5-60 所示。

代码清单 5-60：让人难以理解的代码错误

```
1.   fn foo<'a>(x: &'a str, y: &'a str) -> &'a str {
2.       if x.len() % 2 == 0 {
3.           x
4.       } else {
5.           y
6.       }
7.   }
8.   fn main(){
9.       let x = String::from("hello");
10.      let z;
11.      let y = String::from("world");
12.      z = foo(&x, &y);
13.      println!("{:?}", z);
14.  }
```

代码清单 5-60 编译会出错，提示代码第 12 行中&y 借用存活时间不够长。但是修复这个错误很简单，只需要将第 10 行和第 11 行代码互换位置即可。

这种行为让人很困惑。因为在其他语言中，基本上不会出现这种情况。这其实是由 Rust 目前的借用检查机制粒度太粗导致的。对于代码清单 5-60 中定义的 x、y、z 三个变量绑定来说，生命周期的长度由定义的先后顺序来决定，本质上是和词法作用域相关的。生命周期长度关系为：x 的生命周期最长，z 的次之，y 的最短。代码第 12 行将&y 传入 foo 函数时，必须满足借用检查规则，即借用方的生命周期不能长于出借方的生命周期。此时 z 是借用方，y 是出借方，而目前借用方 z 的生命周期明显长于出借方 y 的，故编译器报错。按上述解决方法将代码互换位置之后，生命周期长度关系变为：x 的生命周期最长，y 的次之，z 的最短，满足借用检查规则，故编译正常通过。

在了解过其背后的机制之后，就可以理解这样的行为了。但是这个问题往往是初学者认为 Rust 语言很难掌握的原因之一，实际开发也非常不便。因此，Rust 团队在 Rust 2018 版本中引入了**非词法作用域生命周期**（**Non-Lexical Lifetime，NLL**）来进行改善。

基于 MIR 的借用检查

第 1 章介绍过 Rust 的编译过程：从源码到抽象语法树，然后再由抽象语法树到高级中间语言（HIR），再由 HIR 到中级中间语言（MIR），最后由 MIR 到 LLVM IR。当前的借用检查器是基于词法作用域的，具体到编译层面，是基于抽象语法树（AST）之后的 HIR。HIR 是 AST 的简化版本，所以借用检查器本质上还是基于 AST 的。如果要改进借用检查器，就必须再往下一层，采用更细粒度的 MIR。

MIR 是基于**控制流图**（**Control Flow Graph，CFG**）的抽象数据结构，它用有向图（DAG）形式包含了程序执行过程中所有可能的流转。所以将基于 MIR 的借用检查称为非词法作用域的生命周期，因为确实不依赖词法作用域了。在 NLL 最终发布之后，这个名词术语很可能就会被废弃。

MIR 由以下关键部分组成。

- **基本块**（**Basic Block，bb**），它是控制流图的基本单位，
  - ➢ 语句（Statement）
  - ➢ 终止句（Terminator）
- **本地**（**Local**）**变量**，栈中内存的位置，比如函数参数、临时值、局部变量等。一般用下画线和数字作为标识（比如_1），其中_0 通常表示返回值地址。
- **位置**（**Place**），在内存中标识位置的表达式，比如_1 或_1.f。
- **右值**（**RValue**），产生值的表达式，一般是指赋值操作的右侧表达式，也就是值表达式。

用于生成 MIR 的代码示例如代码清单 5-61 所示。

代码清单 5-61：用于生成 MIR 的代码示例

```
1.   fn main(){
2.      let a = 1;
3.      a + 2;
4.   }
```

代码清单 5-61 可以在 play.rust-lang.org 中生成 MIR 代码，如代码清单 5-62 所示。

代码清单 5-62：生成的 MIR 代码

```
1.   // MIR 解释
2.   fn main() -> (){
3.      let mut _0: ();  // 返回值
4.      scope 1 {          // 第一个变量产生的顶级作用域，会包裹其他变量
5.      }
6.      scope 2 {            // a 自己的作用域
7.         let _1: i32;
8.      }
9.      let mut _2: i32;       // 临时值
10.     let mut _3: i32;
11.     let mut _4: (i32, bool);
12.     bb0: {                 // 基础块
13.        StorageLive(_1);   // 语句，代表活跃，LLVM 用它来分配栈空间
14.        _1 = const 1i32;  // 赋值
15.        StorageLive(_3);
16.        _3 = _1;           // 使用临时变量
```

```
17.          // 执行 Add 操作，具有防溢出检查，
18.          // 其中 move 代表 move 语义，编译器会自己判断是不是 Copy
19.          _4 = CheckedAdd(move _3, const 2i32);
20.          // 断言，溢出时抛出错误，并且流向 bb1 块。此为终止句
21.          assert(!move (_4.1: bool), "attempt to add with overflow")
22.          -> bb1;
23.      }
24.   bb1: {              // 基础块
25.      _2 = move (_4.0: i32);        // 赋值，右值默认是 move
26.      StorageDead(_3);     // 语句，代表不活跃，LLVM 用它来分配栈空间
27.      StorageDead(_1);
28.      return;              // 返回
29.      }
30.   }
```

代码清单 5-62 是代码清单 5-61 生成的 MIR 代码，请注意查看上面配套的注释。整体来说，该段代码分成两个基本块，从 bb0 流向 bb1。其中 StorageLive 和 StorageDead 语句表示变量的活跃信息，该活跃信息将会发给 LLVM，LLVM 会根据此信息将变量分配到不同的栈槽（Stack Slot）。只有活跃的变量才可以使用。读者可以自行尝试使用更加复杂的代码生成 MIR，在其中还会发现 drop 等语句，其实就是由编译器自动插入的 drop flag。

那么非词法作用域生命周期的工作机制是怎样的呢？它的工作原理可以概述为以下两个阶段。

- 借用检查第一阶段：计算作用域范围（Scope）内的借用。在 GFC 中的每个节点计算一系列的借用，并将其表示为元组，形如('a，shared | uniq | mut，lvalue)，其中'a 表示生命周期参数，**shared | uniq | mut** 分别表示共享、独占和可变，**lvalue** 表示左值。然后再进行各种计算，随着数据流进行传播。
- 借用检查第二阶段：报告错误。在确定了借用范围之后，通过遍历 MIR 来计算范围内的非法借用。MIR 中的各种语句将派上用场，比如 StorageLive、drop 等。

目前 NLL 还在实现阶段，虽然解决了一部分问题，但是还有更多问题需要解决。关于 NLL 更详细的内容可以参考相关 RFC[1]。MIR 除了做借用检查，还做边界、溢出和匹配等检查。关于 MIR 更详细的介绍，可以查看官方的编译器之书[2]。

NLL 目前可以改善的问题

Rust 2018 版本默认支持了 NLL。前面代码清单 5-60 中的问题在 Rust 2018 版本中将不复存在。并且 NLL 可以识别一些常见的使用场景，如代码清单 5-63 所示。

代码清单 5-63：NLL 示例之一

```
1.   fn capitalize(data: &mut [char]) {
2.       // do something
3.   }
4.   fn foo() {
5.       let mut data = vec!['a', 'b', 'c'];
6.       let slice = &mut data[..];
7.       capitalize(slice);
```

1 https://github.com/rust-lang/rfcs/blob/master/text/2094-nll.md

2 https://rust-lang-nursery.github.io/rustc-guide/mir/index.html

```
8.        data.push('d');
9.    }
10.  fn main() {}
```

在代码清单 5-63 的第 2 行中，我们定义了可变切片 slice，然后将其传给了 capitalize 函数，在 capitalize 函数执行完毕后，理论上就没有需要使用可变借用&mut data 的地方了，应该不会影响后面的 push 操作。但是因为当前借用检查是基于词法作用域的，&mut data 的生命周期被认为是独占了 foo 函数整个作用域范围的，所以当 data 调用 push 方法并需要可变借用的时候，违反了借用规则。

在选择 Rust 2018 版本之后，代码清单 5-63 将正常编译通过，这应该才符合开发者的直觉。

再来看 NLL 另外一个示例，如代码清单 5-64 所示。

代码清单 5-64：NLL 示例之二

```
1.   struct List<T> {
2.       value: T,
3.       next: Option<Box<List<T>>>,
4.   }
5.   fn to_refs<T>(mut list: &mut List<T>) -> Vec<&mut T> {
6.       let mut result = vec![];
7.       loop {
8.           result.push(&mut list.value);
9.               if let Some(n) = list.next.as_mut() {
10.                   list = n;
11.               } else {
12.                   return result;
13.               }
14.       }
15.  }
16.  fn main(){}
```

在代码清单 5-64 中，在一个 loop 循环中使用了可变借用&mut list.value，当前的借用检查器会认为这个可变借用是多次借用，从而编译报错。在使用 Rust 2018 版本时，该代码能够正常编译通过。也就是说 NLL 也解决了无限循环中借用检查的问题。

当然，NLL 目前还有未解决的问题，如代码清单 5-65 所示。

代码清单 5-65：NLL 示例之三

```
1.   fn main() {
2.       let mut x = vec![1];
3.       x.push(x.pop().unwrap());
4.   }
```

代码清单 5-65 中的写法并不被 NLL 支持。NLL 不仅改进了借用检查器，还提升了错误提示的精准度。根据预想，代码清单 5-65 将会报如下错误：

```
error[E0506]: cannot write to `x` while borrowed
|     x.push(x.pop().unwrap());
|     - ---- ^^^^^^^^^^^^^^^^^^
|     | |    write to `x` occurs here, while borrow is still in active use
|     | borrow is later used here, during the call
```

```
|       `x` borrowed here
```

当然，目前的错误提示还不是这样的。官方团队正在努力完善 NLL，未来的错误提示将会像上面的描述这样精准。

5.9 小结

本章依旧从内存管理出发，逐步探索了 Rust 中的重要概念：所有权系统。Rust 中的每个值都有一个唯一的所有者，只有所有者才有权力对资源进行有效访问和释放。所有权的底层实现体现了 Rust 对内存或资源的精细控制能力。Rust 通过 Copy 标记 trait，将传统的值语义和引用语义类型做了精确的划分，并且将值语义和引用语义纳入了所有权系统中，产生了新的语义：复制语义和移动语义。并且这两种语义都是在编译器严格检查下执行的，以此来保证内存安全。

Rust 也允许将所有权进行短暂租借。但是租借所有权需要满足一个核心原则：共享不可变，可变不共享。也就是说，在同一个词法作用域中，不可变借用可以共享多次，而可变借用只允许借用一次。当然，借用规则也不是空口而谈，编译器中的借用检查器会在编译期对借用的合法性进行验证，以消除悬垂指针的隐患。

编译器的借用检查机制无法对跨函数的借用进行检查，因为当前借用的有效性依赖于词法作用域，对于编译器来说，这项工作将变得很复杂。所以，需要开发者显式地对借用的生命周期参数进行标注。生命周期参数标注的唯一原则就是约束输出（借用方）的生命周期必须不能长于输入（出借方）的生命周期。Rust 内部也硬编码了一些模式来实现自动补齐生命周期参数，这些模式被称为生命周期省略规则，但是生命周期省略规则不同于类型推断，适用的情况比较有限，在无法推断生命周期的情况下，编译器会报错，此时就必须显式地添加生命周期参数。当然，Rust 官方团队正在努力改进生命周期省略规则，以减少需要显式地标注生命周期参数的情况，也在通过引入非词法作用域生命周期（Non Lexical Lifetime）来改进函数本地对借用的生命周期推断。

除了普通的引用，Rust 还引入了智能指针来帮助开发者处理一些场景。比如引用计数智能指针 Rc<T>可以共享所有权，方便在需要多个变量读取资源但不想转移或借用所有权的情况下使用。同时，Rust 也提供了 Rc<T>的弱引用版本 Weak<T>，来帮助消除循环引用情况下引起的内存泄漏。除此之外，Rust 还提供了内部可变容器 Cell<T>和 RefCell<T>，使用内部可变容器可以对不可变的结构体字段进行修改，以满足某些需求。Rust 也提供了来自写时复制思想的 Cow<T>容器，以帮助开发者减少复制，提升性能，并统一实现规范。

本章还简单介绍了所有权在保证并发安全中的重要作用，并罗列了 Rust 提供的一些用于线程同步的智能指针类型，在后面的章节中将介绍更详细的内容。

最后介绍了 Rust 2018 版本中的非词法作用域生命周期（NLL），介绍了其工作原理，并且通过示例展示了 NLL 对开发者编写 Rust 代码的体验带来的提升。同时指明，目前 NLL 还未完善，期待官方的进一步改进。

所有权系统是 Rust 的核心，可以说掌握了所有权系统，就等于掌握了 Rust。

第 6 章
函数、闭包与迭代器

语言影响或决定人类的思维方式。

Rust 是一门混合范式的编程语言，有机地融合了面向对象、函数式和泛型编程范式。它并非将这些特性进行简单堆砌，而是通过高度一致性的类型系统融合了这三种范式的编程思想。可以通过 impl 关键字配合结构体和 trait 来实现面向对象范式中的多态和封装，也可以通过函数、高阶函数、闭包、模式匹配来实现函数式范式中的一些编程工具。Rust 支持零成本静态分发的泛型编程，并且将它很好地融入了其他两种编程范式中，提供了更高的抽象层次。通过将这三种编程范式完美融合起来，Rust 语言拥有了更高程度的抽象以及更强的表达能力。

函数式语言的历史要比面向对象语言悠久，它源自古老的 LISP 语言，其后发明的语言或多或少都受到了函数式编程思想的影响，比如 Python、Ruby，以及更纯的函数式语言 Haskell。随着摩尔定律的失效，CPU 性能的提升转为主要依赖核数的增加，多核时代到来后，函数式编程因为其天生对并发友好的特性又逐渐受到了重视。所以近年来很多新诞生的语言也吸收了函数式范式的诸多特性，比如 Elixir、Scala、Swift 都受到了 LISP 和 Haskell 的影响，对代数数据类型（algebraic data type）、模式匹配、高阶函数、闭包等特性各有所支持。甚至一些年代久远的主流语言，比如 C++和 Java 也都开始吸收函数式语言的特性。Rust 作为一门在多核时代诞生的现代编程语言，引入函数式编程范式完全是顺势而为的。

本章内容主要从函数和闭包两个方面来探讨 Rust 对函数式编程范式的支持，还会讲迭代器及其在闭包中的应用。

6.1　函数

对于一些重复执行的代码，可以将其定义为一个函数，方便调用。在第 2 章我们已经了解到，可以使用 fn 关键字来定义函数。一个标准的函数定义如代码清单 6-1 所示。

代码清单 6-1：函数定义示例

```
1.  // 函数定义形式
2.  fn func_name(arg1: u32, arg2: String) -> Vec<u32> {
3.    /* 函数体*/
4.  }
5.  // 利用 Raw identifier 将语言关键字用作函数名（Rust 2018 版本）
6.  fn r#match(needle: &str, haystack: &str) -> bool {
7.    haystack.contains(needle)
8.  }
9.
```

```
10.  fn main() {
11.      assert!(r#match("foo", "foobar"));
12.  }
```

如代码清单 6-1 所示，**fn** 关键字后面为函数名称，通常以**蛇形命名法（snake_case）**命名，否则编译器会发出警告。函数参数必须明确地指定类型，如果有返回值也必须指定返回值的类型。需要注意的是，Rust 中的函数参数不能指定默认值。函数体被包含于花括号之内，除函数体之外的函数声明被称为**函数签名**。可以说，一个函数是由函数签名和函数体组合而成的。

一般来说，函数定义时不允许直接使用语言中的保留字和关键字等作为函数名。但是在 **Rust 2018** 版本中，通过将原生标识操作符（Raw Identifier）**r#**作为前缀，即可使用关键字为函数命名，该语法一般用于 FFI 中，用于避免 C 函数名和 Rust 的关键字或保留字重名而引起的冲突，如代码清单 6-1 的第 6 行所示。

通过前面的章节我们了解到，函数参数可以按值传递，也可以按引用传递。当参数按值传递时，会转移所有权或者执行复制（Copy）语义。当参数按引用传递时，所有权不会发生变化，但是需要有生命周期参数。当符合生命周期参数省略规则时，编译器可以通过自动推断补齐函数参数的生命周期参数，否则，需要显式地为参数标明生命周期参数。

函数参数也分为可变和不可变。Rust 的函数参数默认不可变，当需要可变操作的时候，需要使用 mut 关键字来修饰。代码清单 6-2 展示了当参数按值传递时使用 mut 的情况。

代码清单 6-2：按值传递的参数使用 mut 关键字

```
1.  fn modify(mut v: Vec<u32>) -> Vec<u32> {
2.      v.push(42);
3.      v
4.  }
5.  fn main(){
6.      let v = vec![1,2,3];
7.      let v = modify(v);
8.      println!("{:?}", v);
9.  }
```

代码清单 6-2 定义了 modify 函数，以对传入其中的动态数组进行修改，所以需要其参数为可变的。main 函数的第 6 行声明的变量绑定 v 是 Vec<u32>类型，将其传到 modify 中，它的所有权会被转移。对于第 1 行的 modify 函数来说，参数相当于重新声明的另一个变量绑定，**mut** 关键字被放到参数变量前面作为可变修饰。所以，在 main 函数中，声明 v 的时候并没有使用 mut 关键字。

代码清单 6-3 展示了按引用传递参数时 mut 的用法。

代码清单 6-3：按引用传递参数时的 mut 用法

```
1.  fn modify(v: &mut [u32]) {
2.      v.reverse();
3.  }
4.  fn main(){
5.      let mut v = vec![1,2,3];
6.      modify(&mut v);
7.      println!("{:?}", v); // [3, 2, 1]
8.  }
```

代码清单 6-3 中的 modify 函数参数本身已经是可变引用类型&mut [u32]，所以此处的函数参数前面不需要再使用 mut 关键字。在 main 函数中，如果想把第 5 行声明的变量绑定 v 作为可变引用参数，就必须使用 mut 关键字来将其声明为可变变量。

6.1.1　函数屏蔽

当声明变量绑定之后，如果再次声明同名的变量绑定，则之前的变量绑定会被屏蔽，这叫作变量屏蔽（variable shadow）。变量可以如此，但函数不能被多次定义。假如代码清单 6-3 中的 modify 函数被定义多次，编译器会报如下错误：

```
error[E0428]: the name `modify` is defined multiple times
```

可以通过显式地使用花括号将同名的函数分隔到不同的作用域中，这样编译器就不会报错。也就是说，在同一个作用域中不能定义多个同名函数，因为**默认的函数定义只在当前作用域内有效**，会屏蔽作用域外的同名函数，如代码清单 6-4 所示。

代码清单 6-4：作用域内的函数会屏蔽掉作用域外的同名函数
```
1.  fn f() { print!("1"); }
2.  fn main() {
3.      f(); // 2
4.      {
5.          f(); // 3
6.          fn f() { print!("3"); }
7.      }
8.      f(); // 2
9.      fn f() { print!("2"); }
10. }
```

代码清单 6-4 的输出结果为 232。在 main 函数第 9 行定义的函数 f 屏蔽了 main 函数外定义的函数 f，所以第 3 行和第 8 行会输出 2。第 6 行定义的函数 f 则屏蔽了 main 函数中定义的函数 f，所以第 5 行会输出 3。

6.1.2　函数参数模式匹配

函数中的参数等价于一个隐式的 let 绑定，而 let 绑定本身是一个模式匹配的行为。所以函数参数也支持模式匹配，如代码清单 6-5 所示。

代码清单 6-5：函数参数支持模式匹配
```
1.  #[derive(Debug)]
2.  struct S { i: i32 }
3.  fn f(ref _s: S) {
4.      println!("{:p}", _s); //0x7ffdd1364b80
5.  }
6.  fn main() {
7.      let s = S { i: 42 };
8.      f(s);
9.      // println!("{:?}", s);
10. }
```

代码清单 6-5 中定义了函数 f，其参数使用 ref 关键字来修饰，这意味着要使用模式匹配来获取参数的不可变引用。与 ref 相对的是 ref mut，ref mut 用来匹配可变引用。所以，代码第 4 行才可以通过"{:p}"来打印指针地址。但是 main 函数中作为参数传递的变量绑定 s 的所有权会被转移。

除了 ref 和 ref mut，函数参数也可以使用通配符来忽略参数，如代码清单 6-6 所示。

代码清单 6-6：使用通配符忽略参数

```
1.  fn foo(_: i32) {
2.      // …
3.  }
4.  fn main() {
5.      foo(3);
6.  }
```

实现某个 trait 中的方法时，有时并不会用到其函数签名中声明的所有参数，这时可以使用通配符来进行忽略，这样不会引起编译错误。

Rust 中的 let 语句可以通过模式匹配解构元组（Tuple），函数参数也可以，如代码清单 6-7 所示。

代码清单 6-7：函数参数利用模式匹配来解构元组

```
1.  fn swap((x, y): (&str, i32)) -> (i32, &str){
2.      (y, x)
3.  }
4.  fn main() {
5.      let t = ("Alex", 18);
6.      let t = swap(t);
7.      assert_eq!(t, (18, "Alex"));
8.  }
```

在代码清单 6-7 中，函数 swap 的参数利用了模式匹配来解构元组。当然，如果只想解构元组中的单个值，则使用通配符将其他值忽略掉即可。

6.1.3　函数返回值

Rust 中的函数只能有唯一的返回值，即便是没有显式返回值的函数，其实也相当于返回了一个单元值()。如果需要返回多个值，亦可使用元组类型，如代码清单 6-8 所示。

代码清单 6-8：使用元组类型让函数返回多个值

```
1.  fn addsub(x: isize, y: isize) -> (isize, isize) {
2.      (x + y, x - y)
3.  }
4.  fn main(){
5.      let (a, b) = addsub(5, 8);
6.      println!("a: {:?}, b: {:?}", a, b);
7.  }
```

代码清单 6-8 中的 addsub 函数返回了元组类型，main 函数中使用 let 模式匹配解构了返回的元组，分别声明了变量绑定 a 和 b。

Rust 语言提供了 return 关键字来返回函数中的值。对于只需要返回函数体最后一行表达式所求值的函数，return 可以省略，比如 addsub 函数。在某些控制结构中，比如循环或条件分支，如果需要提前退出函数并返回某些值，则需要显式地使用 return 关键字来返回，如代码清单 6-9 所示。

代码清单 6-9：使用 return 提前返回示例

```
1.   fn gcd(a: u32, b: u32) -> u32 {
2.       if b == 0 { return a; }
3.       return gcd(b, a % b);
4.   }
5.   fn main(){
6.       let g = gcd(60, 40);
7.       assert_eq!(20, g);
8.   }
```

在代码清单 6-9 中，函数 gcd 使用欧几里得算法（辗转相除法）求两数中的最大公约数。如果 a%b 的余数不为 0，则将 b 和 a 相互置换，将余数作为 b 的值，继续递归求值；如果余数为 0，则提前返回 a。其实此例中如果 gcd 函数使用 if-else 条件分支，阅读性会更好一些。

我们在第 2 章中见到过函数返回值类型为"!"的发散函数（diverging function），这类函数将永远不会有任何返回值。

6.1.4 泛型函数

Rust 的函数也支持泛型。通过实现泛型函数，可以节省很多工作量，如代码清单 6-10 所示。

代码清单 6-10：实现泛型函数示例

```
1.   use std::ops::Mul;
2.   fn square<T: Mul<T, Output=T>>(x: T, y: T) -> T {
3.       x * y
4.   }
5.   fn main() {
6.       let a: i32 = square(37, 41);
7.       let b: f64 = square(37.2, 41.1);
8.       assert_eq!(a, 1517);
9.       assert_eq!(b, 1528.92); // 浮点数执行结果可能有所差别
10.  }
```

代码清单 6-10 实现了一个求平方的函数 square，该函数参数并未指定具体的类型，而是用了泛型 **T**，对 T 只有一个 Mul trait 限定，即只有实现了 Mul 的类型才可以作为参数，从而保证了类型安全，这是实现泛型函数需要注意的地方。因为 Mul trait 有关联类型，所以这里需要显式指定为 Output=T。这样，在 main 函数中可以将其应用于 i32 或 f64 等类型，而不需要单独为某个类型实现一遍 square 函数。

注意，这里调用 square 函数的时候并未指定具体类型，而是靠编译器来进行自动推断的。此示例使用的都是基本原生类型，编译器推断起来比较简单。但肯定存在编译器无法自动推断的情况，此时就需要显式地指定函数调用的类型，需要用到第 3 章提到过的 turbofish 操作符::<>，如代码清单 6-11 所示。

代码清单 6-11：使用 turbofish 操作符

```
1.   use std::ops::Mul;
2.   fn square<T: Mul<T, Output = T>>(x: T, y: T) -> T {
```

```
3.        x * y
4.    }
5.    fn main() {
6.        let a = square::<u32>(37, 41);
7.        let b = square::<f32>(37.2, 41.1);
8.        assert_eq!(a, 1517);
9.        assert_eq!(b, 1528.9199);
10.   }
```

代码清单 6-11 的第 6 行和第 7 行使用 turbofish 操作符指定了具体的类型，因而就不需要在变量绑定 a 和 b 之后再次显式地指定类型了。

6.1.5　方法与函数

Rust 中的**方法和函数是有区别的**。方法来自面向对象编程范式，在语义上，它代表某个实例对象的行为。函数只是一段简单的代码，它可以通过名字来进行调用。方法也是通过名字来进行调用的，但它必须关联一个**方法接收者**。

代码清单 6-12 中为结构体 User 实现了方法。

代码清单 6-12：为结构体 User 实现方法

```
1.    #[derive(Debug)]
2.    struct User {
3.        name: &'static str,
4.        avatar_url: &'static str,
5.    }
6.    impl User {
7.        fn show(&self) {
8.            println!("name: {:?} ", self.name);
9.            println!("avatar: {:?} ", self.avatar_url);
10.       }
11.   }
12.   fn main() {
13.       let user = User {
14.           name: "Alex",
15.           avatar_url: "https://avatar.com/alex"
16.       };
17.       // User::show(&user)
18.       user.show();
19.   }
```

代码清单 6-12 中定义了结构体 User，包含两个成员字段 name 和 avatar_url。我们使用 impl 关键字为 User 实现了 show 方法，其参数为&self。此处 self 为结构体 User 的任意实例，&self 则为实例的引用。

这样就可以在 main 函数中使用点操作来调用 show 方法了（代码第 18 行），而结构体实例 user 会被隐式传递给 show 方法，user 就是 show 方法的接收者。user.show 等价于 User::show(&user)这样的函数调用。在第 7 章中还会讲到更多关于结构体和方法的内容。

6.1.6　高阶函数

在数学和计算机科学里均有高阶函数的定义。在数学中，高阶函数也叫算子或泛函。比如微积分中的导数就是一个函数到另一个函数的映射。在计算机科学里，高阶函数是指以函数作为参数或返回值的函数，它也是函数式编程语言最基础的特性。Rust 语言也支持高阶函数，因为函数在 Rust 中是一等公民。

函数可以作为参数进行传递，如代码清单 6-13 所示。

代码清单 6-13：函数本身作为参数

```
1.  fn math(op: fn(i32, i32) -> i32, a: i32, b: i32) -> i32{
2.      op(a, b)
3.  }
4.  fn sum(a: i32, b: i32) -> i32 {
5.      a + b
6.  }
7.  fn product(a: i32, b: i32) -> i32 {
8.      a * b
9.  }
10. fn main() {
11.     let (a, b) = (2, 3);
12.     assert_eq!(math(sum, a, b), 5);
13.     assert_eq!(math(product, a, b), 6);
14. }
```

代码清单 6-13 的第 1 行代码定义了函数 math，其中第一个参数 op 类型为 fn(i32, i32) -> i32，代表其为一个函数。第 4 行到第 6 行定义了一个求和函数 sum，第 7 行到第 9 行定义了一个求积函数 product，然后在 main 函数中将 sum 和 product 分别作为参数传到 math 中进行调用，编译运行之后得到预期的值。函数 math 就是一个高阶函数，注意其在调用的时候传入的只是函数名。

实现这一切的基础在于 Rust 支持类似 C/C++语言中的**函数指针**。函数指针，顾名思义，是指向函数的指针，其值为函数的地址，如代码清单 6-14 所示。

代码清单 6-14：函数指针

```
1.  fn hello(){
2.      println!("hello function pointer");
3.  }
4.  fn main(){
5.      let fn_ptr: fn() = hello;
6.      println!("{:p}", fn_ptr); // 0x562bacfb9f80
7.      let other_fn = hello;
8.      // println!("{:p}", other_fn);  // 非函数指针
9.      hello();
10.     other_fn();
11.     fn_ptr();
12.     (fn_ptr)();
13. }
```

代码清单 6-14 的第 5 行声明了一个函数指针。这里需要注意的地方是，let 声明必须显式指定函数指针类型 fn()，以及赋值使用的是函数名 hello 而非带括号的函数调用。第 6 行通

过打印 **fn_ptr** 的指针地址，证明其为一个函数指针。

代码第 7 行的 let 声明并没有指定函数指针类型，如果取消第 8 行的注释，那么编译此代码时，打印 other_fn 指针地址会报如下错误：

```
error[E0277]: the trait bound `fn() {hello}: std::fmt::Pointer` is not
satisfied
8 |     println!("{:p}", other_fn);
  |                      ^^^^^^^^ the trait `std::fmt::Pointer` is not
implemented for `fn() {hello}`
```

根据此错误信息可以了解到，other_fn 的类型实际上是 fn() {hello}，这其实是函数 hello 本身的类型，而非函数指针类型，所以 other_fn 不是函数指针类型。虽然如此，并不会影响第 10 行的函数调用。

回到代码清单 6-13 中，函数 math 的参数 op 的类型指定为 fn(i32, i32) -> i32，就是函数指针类型。当 main 函数中调用 math 函数时，传入 sum 和 product 函数名之后，会自动通过模式匹配转换为函数指针类型。

对于函数指针类型，可以使用 type 关键字为其定义别名，便于提升代码可读性，如代码清单 6-15 所示。

代码清单 6-15：使用 type 关键字定义函数指针类型别名

```
1.  type MathOp = fn(i32, i32) -> i32;
2.  fn math(op: MathOp, a: i32, b: i32) -> i32{
3.      println!("{:p}", op);
4.      op(a, b)
5.  }
```

当然，也可以将函数作为返回值，如代码清单 6-16 所示。

代码清单 6-16：将函数作为返回值

```
1.  type MathOp = fn(i32, i32) -> i32;
2.  fn math(op: &str) -> MathOp {
3.      fn sum(a: i32, b: i32) -> i32 {
4.          a + b
5.      }
6.      fn product(a: i32, b: i32) -> i32 {
7.          a * b
8.      }
9.      match op {
10.         "sum" => sum,
11.         "product" => product,
12.         _ => {
13.             println!(
14.                 "Warning: Not Implemented {:?} oprator, Replace with
    sum",
15.                 op
16.             );
17.             sum
18.         }
19.     }
20. }
```

```
21.  fn main() {
22.    let (a, b) = (2, 3);
23.    let sum = math("sum");
24.    let product = math("product");
25.    let div = math("div");
26.    assert_eq!(sum(a, b), 5);
27.    assert_eq!(product(a, b), 6);
28.    assert_eq!(div(a, b), 5);
29.  }
```

代码清单 6-16 中实现的 math 函数，接收一个字符串作为参数，函数中使用 match 进行
匹配，如果字符串为 sum，则返回 sum 函数；如果字符串是 product，则返回 product 函数。
注意在 match 匹配中，sum 和 product 函数均只是函数指针（函数名）。该代码可以正确编译
执行，注意代码第 25 行，因为没有实现 div 函数，所以代码会打印指定的 warning 提示，并
使用 sum 函数替代 div 函数。

假设现在想把 math 函数修改一下，让其作为返回值的函数直接和参与计算的值进行绑
定，如代码清单 6-17 所示。

代码清单 6-17：将返回的函数和参与计算的参数直接绑定

```
1.  fn sum(a: i32, b: i32) -> i32 {
2.      a + b
3.  }
4.  fn product(a: i32, b: i32) -> i32 {
5.      a * b
6.  }
7.  type MathOp = fn(i32, i32) -> i32;
8.  fn math(op: &str, a: i32, b: i32) -> MathOp {
9.      match op {
10.         "sum" => sum(a, b),
11.         _ => product(a, b)
12.     }
13. }
14. fn main() {
15.     let (a, b) = (2, 3);
16.     let sum = math("sum", a, b);
17. }
```

代码清单 6-17 编译会报类型不匹配的错误。因为在 math 函数调用的时候，match 匹配
中的 sum(a, b) 和 product(a, b) 会同时进行求值，得到的是 i32 类型，而不是 MathOp 类型。所
以，要想返回函数，还必须使用函数指针。

再来看另外一个将函数作为返回值的示例，如代码清单 6-18 所示。

代码清单 6-18：返回默认加 1 的计数函数

```
1.  fn counter() -> fn(i32) -> i32 {
2.      fn inc(n: i32) -> i32 {
3.          n + 1
4.      }
5.      inc
6.  }
7.  fn main() {
```

```
8.      let f = counter();
9.      assert_eq!(2, f(1));
10. }
```

代码清单 6-18 中定义了默认加 1 的计数函数，现在我们把其改为可以直接指定增长值的
函数，如代码清单 6-19 所示。

代码清单 6-19：让 counter 函数可以直接指定增长值 i

```
1.  fn counter(i: i32) -> fn(i32) -> i32 {
2.      fn inc(n: i32) -> i32 {
3.          n + i
4.      }
5.      inc
6.  }
7.  fn main() {
8.      let f = counter(2);
9.      assert_eq!(3, f(1));
10. }
```

代码清单 6-19 编译会报以下错误：

```
error[E0434]: can't capture dynamic environment in a fn item; use the ||
{ ... } closure form instead
3 |          n + i
  |              ^
```

Rust 不允许 fn 定义的函数 inc 捕捉动态环境（函数 counter）中的变量绑定 i，因为变量
绑定 i 会随着栈帧的释放而释放。如果一定要这么做，需要使用闭包来代替。

6.2 闭包

闭包（**Closure**）通常是指词法闭包，是一个持有外部环境变量的函数。**外部环境**是指闭
包定义时所在的词法作用域。外部环境变量，在函数式编程范式中也被称为**自由变量**，是指
并不是在闭包内定义的变量。**将自由变量和自身绑定的函数就是闭包。**

回到代码清单 6-19 中，如果想在返回的函数中继续使用变量 i，则需要用到闭包，如代
码清单 6-20 所示。

代码清单 6-20：返回闭包

```
1.  fn counter(i: i32) -> Box<Fn(i32) -> i32> {
2.      Box::new(move |n: i32| n + i )
3.  }
4.  fn main() {
5.      let f = counter(3);
6.      assert_eq!(4, f(1));
7.  }
```

在代码清单 6-20 中，counter 函数返回的是一个闭包，放到了 Box<T>中，因为闭包的大
小在编译期是未知的。在 Rust 2018 版本中，返回的闭包也可以使用 **impl Trait** 语法写成 impl
Fn(i32) -> i32，这样就不需要使用 Box<T>了。

在代码第 2 行的闭包|**n: i32**| **n + i** 中，i 为自由变量，因为闭包自身的参数只有 n。第 5

章介绍过闭包捕获自由变量的三种方式，因为此时 i 为复制语义类型，所以它肯定会按引用被捕获。此引用会妨碍闭包作为函数返回值，编译器会报错。所以这里使用 move 关键字来把自由变量 i 的所有权转移到闭包中，当然，因为变量 i 是复制语义，所以这里只会进行按位复制。

注意这里闭包的类型为 **Fn(i32) -> i32**，以大写字母 F 开头的 **Fn** 并不是函数指针类型 fn(i32)->i32，它是一个 trait，本章后面的章节有更详细的介绍。

在 main 函数中，第 5 行变量 f 绑定了 counter(3)函数调用返回的闭包。该闭包持有 counter 函数传入的参数值 3，在第 6 行调用 f(1)时参与了计算，得到最终的结果 4。

通过此例看得出来，闭包包含以下两种特性：

- **延迟执行**。返回的闭包只有在需要调用的时候才会执行。
- **捕获环境变量**。闭包会获取其定义时所在作用域中的自由变量，以供之后调用时使用。

现在我们对闭包有了大致的了解，接下来将系统地学习 Rust 中闭包的具体概念和实现。

6.2.1　闭包的基本语法

Rust 的闭包语法形式参考了 Ruby 语言的 lambda 表达式，如代码清单 6-21 所示。

代码清单 6-21：闭包基本语法示例

```
1.  fn main() {
2.      let add = |a: i32, b: i32| -> i32 { a + b };
3.      assert_eq!(add(1, 2), 3);
4.  }
```

闭包由**管道符**（两个对称的竖线）和花括号（或圆括号）组合而成。管道符里是闭包函数的参数，可以像普通函数参数那样在冒号后面添加类型标注，也可以省略为以下形式：

```
let add = |a, b| -> i32 { a + b };
```

花括号里包含的是闭包函数执行体，花括号和返回值也可以省略：

```
let add = |a, b| a + b ;
```

当闭包函数没有参数只有捕获的自由变量时，管道符里的参数也可以省略：

```
let (a, b) = (1, 2);
let add = || a + b ;
```

闭包的参数可以是任意类型的，如代码清单 6-22 所示。

代码清单 6-22：闭包参数可以为任意类型

```
1.  fn val() -> i32 { 5 }
2.  fn main(){
3.      let add = |a: fn() -> i32, (b, c)| (a)() + b + c;
4.      let r = add(val, (2, 3));
5.      assert_eq!(r, 10);
6.  }
```

代码清单 6-22 的第 3 行定义的闭包有两个参数，第一个是函数指针类型，第二个是元组类型。虽然元组类型中的参数没有显式地标注类型，但是 Rust 编译器会通过函数指针类型的信息来推断其为 i32 类型，所以代码可以正常编译运行。

需要注意的是，两个定义一模一样的闭包也并不一定属于同一种类型，如代码清单 6-23 所示。

代码清单 6-23：两个相同定义的闭包却不属于同一种类型

```
1.   fn main(){
2.       let c1 = || {};
3.       let c2 = || {};
4.       let v = [c1, c2];
5.   }
```

代码清单 6-23 声明了两个形式一样的闭包，将它们保存到一个数组中。因为数组只能保存相同类型的元素，所以编译会报如下错误：

```
error[E0308]: mismatched types
5 |     let v = [c1, c2];
  |                  ^^ expected closure, found a different closure
```

这表示两个相同定义的闭包完全不属于同一种类型。

6.2.2　闭包的实现

假如现在想显式地指定闭包的类型，该如何操作？可以通过代码清单 6-24 所示的方法来查看一个闭包的类型。

代码清单 6-24：查看闭包类型

```
1.   fn main(){
2.       let c1 : () = || {println!("i'm a closure")};
3.   }
```

代码清单 6-24 编译会报如下错误：

```
error[E0308]: mismatched types
3 |     let c1 : () = || {println!("i'm a closure")};
  |                      ^^^^^^^^^^^^^^^^^^^^^^^^^^^^^^^ expected (), found
closure
  = note: expected type `()`
             found type `[closure@src/main.rs:3:19: 3:49]`
```

错误信息提示，期望得到的类型是单元类型，但是实际得到的类型是**[closure@src/main.rs:3:19: 3:49]**。这个闭包类型与 Rust 类型系统提供的常规类型不同，它是一个由编译器制造的临时存在的闭包实例类型。

其实在 Rust 中，闭包是一种语法糖。也就是说，闭包不属于 Rust 语言提供的基本语法要素，而是在基本语法功能之上又提供的一层方便开发者编程的语法。闭包和普通函数的差别就是闭包可以捕获环境中的自由变量。如果用现在已经学过的知识来实现一个自己的闭包，该如何做？

能想到的第一个办法是使用指针。如图 6-1 所示，闭包||{a + b}的实现可以通过函数指针和捕获变量指针组合来实现。指针放栈上，捕获变量放到堆上。实际上，早期的 Rust 版本实现闭包就采用了类似的方式，因为要把闭包捕获变量放到堆上，所以称其为**装箱（Boxed）闭包**。这种方式带来的问题就是影响性能。Rust 是基于 LLVM 的语言，这种闭包实现方式使得 LLVM 难以对其进行内联和优化。

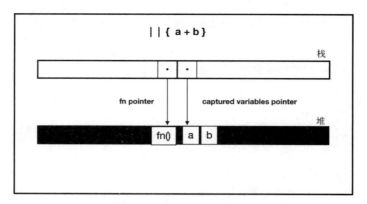

图 6-1：使用指针实现闭包

所以，Rust 团队又对闭包的实现做了重大改进，也就是当前版本中的闭包实现方式。改进方案称为非装箱（Unboxed）闭包，此方案是 Rust 语言一致性的再一次体现。

非装箱闭包方案有三个目标：

- 可以让用户更好地控制优化。
- 支持闭包按值和按引用绑定环境变量。
- 支持三种不同的闭包访问，对应 self、&self 和&mut self 三种方法。

实现这三个目标的核心思想是，通过增加 trait 将函数调用变为可重载的操作符。比如，将 a(b, c, d)这种函数调用变为如下形式：

```
Fn::call(&a, (b, c, d))
FnMut::call_mut(&mut a, (b, c, d))
FnOnce::call_once(a, (b, c, d))
```

Rust 增加的这三个 trait 分别就是 Fn、FnMut 和 FnOnce。它们在 Rust 源码中的定义如代码清单 6-25 所示。

代码清单 6-25：Fn、FnMu、FnOnce 在源码中的定义示例

```
1.   #[lang = "fn_once"]
2.   #[rustc_paren_sugar]
3.   #[fundamental]
4.   pub trait FnOnce<Args> {
5.       type Output;
6.       extern "rust-call" fn call_once(self, args: Args) -> Self::Output;
7.   }
8.   #[lang = "fn_mut"]
9.   #[rustc_paren_sugar]
10.  #[fundamental]
11.  pub trait FnMut<Args>: FnOnce<Args> {
12.      extern "rust-call" fn call_mut(&mut self, args: Args)
13.          -> Self::Output;
14.  }
15.  #[lang = "fn"]
16.  #[rustc_paren_sugar]
17.  #[fundamental]
18.  pub trait Fn<Args>: FnMut<Args> {
19.      extern "rust-call" fn call(&self, args: Args) -> Self::Output;
20.  }
```

从代码清单 6-25 中看得出来，这三个 trait 都标记了三个相同的属性。

第一个属性是**#[lang = "fn/fn_mut/fn_once"]**，表示其属于语言项（Lang Item），分别以**fn**、**fn_mut**、**fn_once** 名称来查找这三个 trait。

第二个属性是**#[rustc_paren_sugar]**，表示这三个 trait 是对括号调用语法的特殊处理，在编译器内部进行类型检查的时候，仅会将最外层为圆括号的情况识别为方法调用。在类型签名或方法签名中有时候有尖括号，比如**< F: Fn(u8, u8) -> u8 >**，而此时尖括号里面的括号就不会被识别为方法调用。

第三个属性为**#[fundamental]**，在第 3 章介绍过，这是为了支持 trait 一致性而增加的属性，加上此属性则被允许为 Box<T>实现指定的 trait，在此例中是这三个 Fn 系列的 trait。

函数调用为什么要分成三个 trait？这和所有权系统有关。

- FnOnce 调用参数为 self，这意味着它会转移方法接收者的所有权。换句话说，就是这种方法调用只能被调用一次。
- FnMut 调用参数为&mut self，这意味着它会对方法接收者进行可变借用。
- Fn 调用参数为&self，这意味着它会对方法接收者进行不可变借用，也就是说，这种方法调用可以被调用多次。

现在函数调用被抽象成为了三个 trait，实现闭包就简单了，只需要用结构体代替闭包表达式，然后按具体的需求为此结构体实现对应的 trait 即可。这样的话，每个闭包表达式实际上就是该闭包结构体的具体实例，该结构体内部成员可以存储闭包捕获的变量，然后在调用的时候使用即可，如代码清单 6-26 所示。

代码清单 6-26：模拟编译器对闭包的实现

```
1.  #![feature(unboxed_closures, fn_traits)]
2.  struct Closure {
3.      env_var: u32,
4.  }
5.  impl FnOnce<()> for Closure {
6.      type Output = u32;
7.      extern "rust-call" fn call_once(self, args: ()) -> u32 {
8.          println!("call it FnOnce()");
9.          self.env_var + 2
10.     }
11. }
12. impl FnMut<()> for Closure {
13.     extern "rust-call" fn call_mut(&mut self, args: ()) -> u32 {
14.         println!("call it FnMut()");
15.         self.env_var + 2
16.     }
17. }
18. impl Fn<()> for Closure {
19.     extern "rust-call" fn call(&self, args: ()) -> u32 {
20.         println!("call it Fn()");
21.         self.env_var + 2
22.     }
23. }
24. fn call_it<F: Fn() -> u32>(f: &F) -> u32 {
25.     f()
```

```
26. }
27. fn call_it_mut<F: FnMut() -> u32>(f: &mut F) -> u32 {
28.     f()
29. }
30. fn call_it_once<F: FnOnce() -> u32>(f: F) -> u32 {
31.      f()
32. }
33. fn main() {
34.     let env_var = 1;
35.     let mut c = Closure { env_var: env_var };
36.     c();
37.     c.call(());
38.     c.call_mut(());
39.     c.call_once(());
40.     let mut c = Closure { env_var: env_var };
41.     {
42.         assert_eq!(3, call_it(&c));
43.     }
44.     {
45.         assert_eq!(3, call_it_mut(&mut c));
46.     }
47.     {
48.         assert_eq!(3, call_it_once(c));
49.     }
50. }
```

代码清单 6-26 的第 1 行使用了 feature 特性#![feature(unboxed_closures, fn_traits)]，注意此特性只能应用于 Nightly 版本下。

第 2 行定义了结构体 Closure，有一个成员字段代表从环境中捕获的自由变量。然后分别为其实现了 FnOnce、FnMut、Fn 这三个 trait。

第 24 行到第 32 行定义了 call_it、call_it_mut、call_it_once 三个泛型函数，它们分别使用 FnOnce、FnMut、Fn 这三个 trait 来做泛型参数的限定，用来测试 Closure 结构体实例调用。

在 main 函数中，第 35 行定义了 Closure 结构体实例，将环境变量 env_var 保存在其成员字段中。因为该结构体实现了指定的 trait，所以在第 36 行其实例 c 可以像函数那样被调用。

最终的执行结果如代码清单 6-27 所示。

代码清单 6-27：自定义闭包实现的输出结果

```
1.  call it Fn()
2.  call it Fn()
3.  call it FnMut()
4.  call it FnOnce()
5.  call it Fn()
6.  call it FnMut()
7.  call it FnOnce()
```

代码清单 6-27 第 1 行是代码清单 6-26 中第 36 行的输出结果。它说明，默认的函数调用 c()是 Fn trait 中实现的 call 方法。此处结构体实例可以像函数那样被调用，这看起来像"魔法"，实际上是由下面的代码实现的。

```
extern "rust-call" fn call(&self, args: ()) -> u32
```

此处 extern 关键字用于 fn 前面，表示使用指定的 ABI（Application Binary Interface，程序二进制接口），此处代表指定使用 Rust 语言的 rust-call ABI，它的作用是将函数参数中的元组类型做动态扩展，以便支持可变长参数。因为在 Fn、FnMut、FnOnce 这三个 trait 里的方法要接收闭包的参数，而编译器本身并不可能知道开发者给闭包设定的参数个数，所以这里只能传元组，然后由 rust-call ABI 在底层做动态扩展。

但是需要注意的是，如果想使用 rust-call ABI，必须像代码清单 6-26 第 1 行那样声明 unboxed_closures 特性。

代码清单 6-26 第 37 行至第 39 行分别显式地调用了相应的 call、call_mut、call_once 方法，但是注意必须显式地指定一个单元值为参数，这里为了演示，指定了 args 参数为单元类型。分别输出代码清单 6-27 的第 2 行至第 4 行的结果。

代码清单 6-26 的第 40 行重新声明了 Closure 结构体实例，这是因为在第 39 行 call_once 调用之后，之前的实例 c 的所有权被转移，无法再次被使用。要注意 call_once 方法中的参数是 self。

代码清单 6-26 的第 41 行到第 49 行使用了 call_it、call_it_mut、call_it_once 函数来测试相应的 trait 限定，对应的 trait 限定如下。

```
F: Fn() -> u32
F: FnMut() -> u32
F: FnOnce() -> u32
```

输出的结果为代码清单 6-27 的第 5 行至第 7 行，和预期相符。

代码清单 6-26 等价于下面的闭包代码，如代码清单 6-28 所示。

代码清单 6-28：与代码清单 6-26 等价的闭包示例

```
1.  fn main(){
2.      let env_var = 1;
3.      let c = || env_var + 2;
4.      assert_eq!(3, c());
5.  }
```

代码清单 6-28 中定义的闭包 c 相当于代码清单 6-26 中已经实现了相应 trait 的结构体 Closure 的实例 c。

代码清单 6-26 模拟的闭包实现并不等同于 Rust 编译器源码中真正的闭包实现。这里只是做一个思路的演示。

现在我们知道了闭包是基于 trait 的语法糖，那么就可以通过使用 trait 对象来显式地指定其类型，如代码清单 6-29 所示。

代码清单 6-29：显式指定闭包类型

```
1.  fn main(){
2.      let env_var = 1;
3.      let c : Box<Fn() -> i32>= Box::new(||{ env_var + 2});
4.      assert_eq!(3, c());
5.  }
```

代码清单 6-29 的第 3 行显式地指定了闭包的类型为 Box<Fn() -> i32>，该类型为 trait 对象，此处必须使用 trait 对象。

6.2.3　闭包与所有权

闭包表达式会由编译器自动翻译为结构体实例，并为其实现 Fn、FnMut、FnOnce 三个 trait 中的一个。但是对于开发者来说，如何才能知道某个闭包表达式由编译器默认实现了哪种 trait 呢？

前面提到过，这三个 trait 和所有权有关系。更准确地说，这三个 trait 的作用如下。

- **Fn**，表示闭包以不可变借用的方式来捕获环境中的自由变量，同时也表示该闭包没有改变环境的能力，并且可以多次调用。对应&self。
- **FnMut**，表示闭包以可变借用的方式来捕获环境中的自由变量，同时意味着该闭包有改变环境的能力，也可以多次调用。对应&mut self。
- **FnOnce**，表示闭包通过转移所有权来捕获环境中的自由变量，同时意味着该闭包没有改变环境的能力，只能调用一次，因为该闭包会消耗自身。对应 self。

第 5 章讲所有权系统时，对不同环境变量类型介绍过闭包捕获其环境变量的方式：

- 对于复制语义类型，以不可变引用（&T）来进行捕获。
- 对于移动语义类型，执行移动语义，转移所有权来进行捕获。
- 对于可变绑定，并且在闭包中包含对其进行修改的操作，则以可变引用（&mut T）来进行捕获。

也就是说，闭包会根据环境变量的类型来决定实现哪种 trait。这三个 trait 的关系如图 6-2 所示。

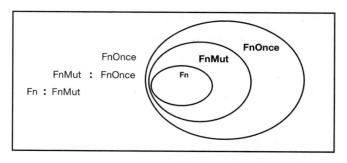

图 6-2：Fn、FnMut、FnOnce 之间的关系

图 6-2 展示了 Fn、FnMut、FnOnce 三个 trait 之间的关系。FnMut 继承了 FnOnce，Fn 又继承了 FnMut。这意味着，如果要实现 Fn，就必须实现 FnMut 和 FnOnce；如果要实现 FnMut，就必须实现 FnOnce；如果只需要实现 FnOnce，就不需要实现 FnMut 和 Fn。

复制语义类型自动实现 Fn

相关代码如代码清单 6-30 所示。

代码清单 6-30：复制语义类型自动实现 Fn

```
1.  fn main() {
2.      let s = "hello";
3.      let c = ||{ println!("{:?}", s)  };
4.      c();
```

```
5.        c();
6.        println!("{:?}", s);
7.    }
```

在代码清单 6-30 中，声明了变量绑定 s 为字符串字面量，其为复制语义类型。闭包 c 会
按照不可变引用来捕获 s。第 4 行和第 5 行代码两次调用闭包 c，第 6 行的 println!打印 s，均
可以正常编译运行，因此就可以做出这样的推理：闭包 c 可以两次调用，说明编译器自动为
闭包表达式实现的结构体实例并未失去所有权。第 6 行的 println!语句会对 s 进行一次不可变
借用，这就证明第 3 行闭包对 s 进行了不可变借用，只有不可变借用才可以借用多次。

综上所述，闭包 c 默认自动实现了 Fn 这个 trait，并且该闭包以不可变借用捕获环境中的
自由变量。

要实现 Fn 就必须实现 FnMut 和 FnOnce，所以，代码清单 6-30 中的闭包如果被编译器
翻译为匿名结构体和 trait，那么 Fn、FnMut、FnOnce 都会被实现，如代码清单 6-31 所示。

代码清单 6-31：代码清单 6-30 中的闭包被翻译为匿名结构体和 trait 的情况

```
1.   #![feature(unboxed_closures, fn_traits)]
2.   struct Closure<'a> {
3.       env_var: &'a u32
4.   }
5.   impl<'a> FnOnce<()> for Closure<'a> {
6.       type Output = ();
7.       extern "rust-call" fn call_once(self, args: ()) -> () {
8.           println!("{:?}", self.env_var);
9.       }
10.  }
11.  impl<'a> FnMut<()> for Closure<'a> {
12.      extern "rust-call" fn call_mut(&mut self, args: ()) -> () {
13.          println!("{:?}", self.env_var);
14.      }
15.  }
16.  impl<'a> Fn<()> for Closure<'a> {
17.      extern "rust-call" fn call(&self, args: ()) -> () {
18.          println!("{:?}", self.env_var);
19.      }
20.  }
21.  fn main(){
22.      let env_var = 42;
23.      let mut c = Closure{env_var: &env_var};
24.      c(); //42
25.      c.call_mut(()); // 42
26.      c.call_once(()); // 42
27.  }
```

在代码清单 6-31 中，闭包被翻译为结构体 Closure<'a >，因为环境变量是按不可变借用
进行捕获的，所以其成员字段是引用类型，注意这里需要明确指定生命周期参数。在 main
函数的第 24 行，闭包结构体实例 c 的调用操作默认是执行 Fn 实现中的 call 方法。因为这里
要实现 Fn，必须同时实现 FnMut 和 FnOnce，所以第 25 行和第 26 行可以显式地直接调用
call_mut 和 call_once 方法。

因此，在代码清单 6-30 的闭包调用中也可以显式地调用 call_mut 和 call_once 方法，如

代码清单 6-32 所示。

代码清单 6-32：实现了 Fn 的闭包也可以显式调用 call_mut 和 call_once 方法

```
1.  #![feature(fn_traits)]
2.  fn main() {
3.      let s = "hello";
4.      let mut c = ||{ println!("{:?}", s)  };
5.      c();  // "hello"
6.      c();  // "hello"
7.      c.call_mut(());  // "hello"
8.      c.call_once(());  // "hello"
9.      c; // "hello"
10.     println!("{:?}", s);  // "hello"
11. }
```

代码清单 6-32 的第 1 行使用了 **#![feature(fn_traits)]** 特性，是为了显式调用 trait 实现中的 call、call_mut、call_once 方法，如果是默认的闭包调用，并不需要此特性（比如代码清单 6-30）。

代码第 4 行使用了 mut 关键字改变了闭包的可变性，这是为了调用 call_mut 方法，此方法需要可变闭包。

代码第 5 行默认的闭包调用是 Fn 实现的 call 方法。第 6 行依然可以再次调用闭包 c。

代码第 7 行显式地调用了 call_mut 方法，正常输出结果。

代码第 8 行显式地调用了 call_once 方法，正常输出结果。此时闭包 c 捕获的变量 s 默认实现了 Copy，因此默认实现的 FnOnce 也会自动实现 Copy。此处调用 call_once 方法并不会导致闭包 c 的所有权被转移。第 9 行再次调用闭包 c，正常输出。但是如果闭包 c 的捕获变量是移动语义，那么调用 call_once 就会转移所有权。

第 10 行正常打印变量绑定 s，证明闭包 c 并没有被后面的 call_mut 和 call_once 调用所影响，闭包依旧是按不可变借用捕获的。这也证明闭包被编译器翻译为的结构体是一种固定的结构体。

移动语义类型自动实现 FnOnce

相关代码如代码清单 6-33 所示。

代码清单 6-33：移动语义类型自动实现 FnOnce

```
1.  fn main() {
2.      let s = "hello".to_string();
3.      let c = || s;
4.      c();
5.      // c(); // error: use of moved value: `c`
6.      // println!("{:?}", s); // error: use of moved value: `s`
7.  }
```

在代码清单 6-33 中，变量绑定 s 为 String，是典型的移动语义类型。第 5 行第二次调用闭包 c 的时候，编译出错，提示 c 已经被转移了所有权，因而无法使用。而第 6 行在第 4 行闭包 c 调用之后，也会编译出错，提示 s 已经被转移了所有权而无法使用。综上所述，可以做出这样的推理：闭包 c 在第一次调用时转移了其所有权，导致第二次调用失效，证明其实现的闭包结构体实例所实现的 trait 方法参数必然是 self。足以证明该闭包实现的是 FnOnce。第 6 行的 s 因为失去所有权而失效，也足以证明闭包 c 夺走了 s 的所有权。

既然闭包的默认调用是 FnOnce，这也说明，编译器翻译的闭包结构体中记录捕获变量的成员字段不是引用类型，并且只实现 FnOnce，所以，肯定无法显式地调用 call 或 call_mut 方法，如代码清单 6-34 所示。

代码清单 6-34：闭包只实现了 FnOnce，所以无法显式地调用 call 和 call_mut 方法

```
1.  #![feature(fn_traits)]
2.  fn main() {
3.      let mut s = "hello".to_string();
4.      let c = || s;
5.      c();
6.      // error: expected a closure that implements the `FnMut` trait,
7.      //        but this closure only implements `FnOnce`
8.      // c.call(());
9.      // error: expected a closure that implements the `FnMut` trait,
10.     //        but this closure only implements `FnOnce`
11.     // c.call_mut(());
12.     // c(); // error: use of moved value: `c`
13.     // println!("{:?}", s); // error use of moved value: `s`
14. }
```

代码清单 6-34 的第 3 行声明闭包时使用了 mut 关键字来设置闭包的可变性，同样是为了显式调用 call_mut。

闭包 c 默认实现了 FnOnce，所以代码第 8 行和第 11 行分别显式地调用 call 和 call_mut 方法时，编译器都报错了，并且提示闭包只实现了 FnOnce。

注意代码中已被注释掉的第 12 行，再次调用闭包 c 将报所有权转移的错误。这是因为闭包 c 的捕获变量是 String 类型，它是移动语义，所以在上面第一次调用闭包 c 之后，它的所有权已被转移。

使用 move 关键字自动实现 Fn

Rust 针对闭包提供了一个关键字 move，使用此关键字的作用是强制让闭包所定义环境中的自由变量转移到闭包中，如代码清单 6-35 所示。

代码清单 6-35：环境变量为复制语义类型时使用 move 关键字

```
1.  fn main() {
2.      let s = "hello";
3.      let c = move ||{ println!("{:?}", s)  };
4.      c();
5.      c();
6.      println!("{:?}", s);
7.  }
```

代码清单 6-35 中的变量绑定 s 为复制语义类型，虽然 move 关键字强制执行，但闭包捕获的 s 执行的对象是复制语义后获取的新变量。原始的 s 并未失去所有权。所以整个代码可以正常通过编译。由此，可以做出这样的推理：闭包 c 可以连续两次被调用，说明编译器自动生成的闭包结构体实例并未失去所有权，所以肯定是&self 和&mut self 中的一种。又因为闭包 c 本身是不可变的，所以只存在&self。因为要进行不可变借用，所以必须使用 mut 关键字将 c 本身修改为可变。因此，该闭包实现的一定是 Fn。

代码清单 6-36 展示的是环境变量为移动语义类型的情况。

代码清单 6-36：环境变量为移动语义类型时使用 move 关键字

```
1.  fn main() {
2.      let s = "hello".to_string();
3.      let c = move ||{ println!("{:?}", s)  };
4.      c();
5.      c();
6.      // println!("{:?}", s); // error: use of moved value: `s`
7.  }
```

代码清单 6-36 中的变量绑定 s 为移动语义类型 String。在使用 move 关键字强制转移所有权之后，变量 s 已经无法再次被使用了，所以第 6 行会出错。而闭包 c 依然是默认不可变的，并且可以进行多次调用。同理，该闭包实现的一定是 Fn。

那么，move 关键字是否只影响捕获自由变量的所有权的转移情况，而不影响闭包本身呢？我们来看一下代码清单 6-37。

代码清单 6-37：move 关键字是否影响闭包本身

```
1.  fn call<F: FnOnce()>(f: F) { f() }
2.  fn main() {
3.      // 未使用 move
4.      let mut x = 0;
5.      let incr_x = || x += 1;
6.      call(incr_x);
7.      // call(incr_x); // ERROR: `incr_x` moved in the call above.
8.      // 使用 move
9.      let mut x = 0;
10.     let incr_x = move || x += 1;
11.     call(incr_x);
12.     call(incr_x);
13.     // 对移动语义类型使用 move
14.     let mut x = vec![];
15.     let expend_x = move || x.push(42);
16.     call(expend_x);
17.     // call(expend_x); // ERROR: use of moved value: `expend_x`
18. }
```

代码清单 6-37 定义了 call 函数，以 **FnOnce()** 闭包作为参数，在函数体内执行闭包，该函数主要用于判断闭包自身的所有权是否转移。

代码第 4 行到第 7 行定义了闭包 incr_x，并未使用 move 关键字，其捕获变量 x 为复制语义。将此闭包作为参数传给 call 函数调用两次，在第二次调用的时候会报错，提示 incr_x 所有权已经被转移。

代码第 9 行到第 12 行再次定义了闭包 incr_x，但是这次使用了 move 关键字。将其作为参数传给 call 函数调用两次，均可正常编译执行。

代码第 14 行到第 17 行定义了闭包 expend_x，使用了 move 关键字，其捕获变量 x 现在为移动语义类型。将其作为参数传给 call 函数调用两次，第二次调用报错，提示 expend_x 的所有权已经被转移。

通过代码清单 6-37 看得出来，闭包在使用 move 关键字的时候，如果捕获变量是复制语义类型的，则闭包会自动实现 Copy/Clone；如果捕获变量是移动语义类型的，则闭包不会自动实现 Copy/Clone，这也是出于保证内存安全的考虑。

修改环境变量以自动实现 FnMut

很多时候需要通过修改环境变量的闭包来自动实现 FnMut，如代码清单 6-38 所示。

代码清单 6-38：修改环境变量的闭包来自动实现 FnMut

```
1.  fn main() {
2.      let mut s = "rush".to_string();
3.      {
4.          let mut c =  ||{ s += " rust" };
5.          c();
6.          c();
7.          //  error: cannot borrow `s` as immutable
8.          //         because it is also borrowed as mutable
9.          //  println!("{:?}", s);
10.     }
11.     println!("{:?}", s);
12. }
```

代码清单 6-36 中的变量绑定 s 使用 mut 关键字修改了其可变性，成为了可变绑定。变量 s 通过第 4 行的闭包 c 进行了自我修改，所以闭包 c 在声明时也使用了 mut 关键字。如果想修改环境变量，必须实现 FnMut。由编译器生成的闭包结构体实例在调用 fn_mut 方法时，需要&mut self。

闭包 c 同样可以调用两次。但是如果在和闭包 c 同样的作用域中使用 s 的不可变借用，编译器就会报错，因为 s 已经被闭包 c 按可变借用进行了捕获。所以在第 9 行的 println!语句中使用 s 就会报错。但是在第 11 行，s 依旧可以作为不可变借用，因为之前 s 的可变借用在离开第 10 行作用域之后就已经归还了所有权。

实现了 FnMut 的闭包，必然会实现 FnOnce，但不会实现 Fn，如代码清单 6-39 所示。

代码清单 6-39：实现了 FnMut 的闭包的情况

```
1.  #![feature(fn_traits)]
2.  fn main () {
3.      let mut s = "rush".to_string();
4.      {
5.          let mut c = || s += " rust";
6.          c();
7.          // error: expected a closure that implements the `Fn` trait,
8.          //        but this closure only implements `FnMut`
9.          // c.call(());
10.         c.call_once(());
11.         //  error: cannot borrow `s` as immutable
12.         //         because it is also borrowed as mutable
13.         // println!("{:?}",s);
14.     }
15.     println!("{:?}",s); // "rush rust rust"
16. }
```

在代码清单 6-39 中，第 9 行显式地调用 call 方法时，编译器会报错，并提示该闭包只实现了 FnMut。而第 10 行则可以显式地调用 call_once 方法。

未捕获任何环境变量的闭包会自动实现 Fn

没有捕获任何自由变量的闭包，会自动实现 Fn，如代码清单 6-40 所示。

代码清单 6-40：没有捕获任何环境变量的闭包自动实现 Fn

```
1.  fn main() {
2.      let c = ||{ println!("hhh")  };
3.      c();
4.      c();
5.  }
```

代码清单 6-40 定义的闭包 c 没有捕获任何环境变量，并且也没有使用 mut 关键字改变其可变性，然而可以被多次调用。这足以证明编译器为其自动实现的结构体实例并未失去所有权，只可能是&self。所以，该闭包一定实现了 Fn。

规则总结

综合上面的几种情况，可以得出如下规则。

- 如果闭包中没有捕获任何环境变量，则默认自动实现 **Fn**。
- 如果闭包中捕获了复制语义类型的环境变量，则：
    - ➢ 如果不需要修改环境变量，无论是否使用 move 关键字，均会自动实现 Fn。
    - ➢ 如果需要修改环境变量，则自动实现 FnMut。
- 如果闭包中捕获了移动语义类型的环境变量，则：
    - ➢ 如果不需要修改环境变量，且没有使用 move 关键字，则自动实现 FnOnce。
    - ➢ 如果不需要修改环境变量，且使用了 move 关键字，则自动实现 Fn。
    - ➢ 如果需要修改环境变量，则自动实现 FnMut。
- 使用 move 关键字，如果捕获的变量是复制语义类型的，则闭包会自动实现 Copy/Clone，否则不会自动实现 Copy/Clone。

在日常的开发中，基本可以根据上面的规则对闭包会实现哪个 trait 做出正确的判断。

6.2.4 闭包作为函数参数和返回值

闭包存在于很多语言中，尤其是动态语言，诸如 JavaScript、Python 和 Ruby 之类，闭包的使用范围非常广泛。但是在这些动态语言中，闭包捕获的环境变量基本都是对象（此处指面向对象编程语言中的对象，属于引用类型），使用不当容易造成内存泄漏。并且在这些语言中，闭包是在堆中分配的，运行时动态分发，由 GC 来回收内存，调用和回收闭包都会消耗多余的 CPU 时间，更不用说使用内联技术来优化这些闭包了。而 Rust 使用 trait 和匿名结构体提供的闭包机制是非常强大的。Rust 的闭包实现受到了现代 C++的启发，将捕获的变量放到结构体中，这样的好处就是不会占用堆内存，拥有更高的性能，可以使用内联技术来消除函数调用开销并实现其他关键的优化，比如对编译器自动实现的闭包结构体进行优化等。从而允许在任何环境（包括裸机）中使用闭包。

Rust 的闭包实现机制使得每个闭包表达式都是一个独立的类型，这样可能有一些不便，比如无法将不同的闭包保存到一个数组中，但是可以通过把闭包当作 trait 对象来解决这个问题，如代码清单 6-41 所示。

代码清单 6-41：把闭包作为 trait 对象

```
1.  fn boxed_closure(c: &mut Vec<Box<Fn()>>){
```

```
2.      let s = "second";
3.      c.push(Box::new(|| println!("first")));
4.      c.push(Box::new(move || println!("{}", s)));
5.      c.push(Box::new(|| println!("third")));
6.   }
7.   fn main(){
8.      let mut c: Vec<Box<Fn()>> = vec![];
9.      boxed_closure(&mut c);
10.     for f in c {
11.         f(); // first / second / third
12.     }
13. }
```

代码清单 6-41 第 8 行声明了一个可变闭包，指定类型为 Vec<Box<Fn()>>，这表示该动态数组中存储的元素类型为 Box<Fn()>类型。Box<Fn()>是一个 trait 对象，把闭包放到 Box<T>中就可以构建一个闭包的 trait 对象，然后就可以当作类型来使用。通过第 3 章的学习可以知道，trait 对象是动态分发的，在运行时通过查找虚表（vtable）来确定调用哪个闭包。这里需要注意的是，第 4 行代码中的闭包默认以不可变借用方式捕获了环境变量 s，但是这里需要将闭包装箱，稍后在 iter_call 函数中调用，所以这里必须使用 move 关键字将 s 的所有权转移到闭包中，因为变量 s 是复制语义类型，所以该闭包捕获的是原始变量 s 的副本。

像这种在函数 boxed_closure 调用之后才会使用的闭包，叫作**逃逸闭包**（**escape closure**）。因为该闭包捕获的环境变量 "逃离" 了 boxed_closure 函数的栈帧，所以在函数栈帧销毁之后依然可用。与之相对应，如果是跟随函数一起调用的闭包，则是**非逃逸闭包**（**non-escape closure**）。

闭包作为函数参数

闭包可以作为函数参数，这一点直接提升了 Rust 语言的抽象表达能力，令其有了完全不弱于 Ruby、Python 这类动态语言的抽象表达能力。下面比较了 Rust 和 Ruby 两种语言中的 any 方法，该方法用于按指定条件确认数组中的元素是否存在。

Rust 语言：

```
v.any(|&x| x == 3);
```

Ruby 语言：

```
v.any?{|i| i == 3}
```

看得出来，Rust 语言和 Ruby 语言中对闭包的用法基本相似。

因为闭包属于 trait 语法糖，所以当它被当作参数传递时，它可以被用作泛型的 trait 限定，也可以直接作为 trait 对象来使用。代码清单 6-42 首先以 trait 限定的方式实现了一个 any 方法。

代码清单 6-42：以 trait 限定的方式实现 any 方法

```
1.  use std::ops::Fn;
2.  trait Any {
3.      fn any<F>(&self, f: F) -> bool where
4.      Self: Sized,
5.      F: Fn(u32) -> bool;
6.  }
7.  impl Any for Vec<u32> {
```

```
8.        fn any<F>(&self, f: F) -> bool where
9.         Self: Sized,
10.        F: Fn(u32) -> bool
11.        {
12.            for &x in self {
13.                if f(x) {
14.                    return true;
15.                }
16.            }
17.            false
18.        }
19.  }
20.  fn main(){
21.      let  v = vec![1,2,3];
22.      let b = v.any(|x|  x == 3);
23.      println!("{:?}", b);
24.  }
```

在代码清单 6-42 中，第 1 行的 use 语句是可有可无的，因为 Fn 并不受 trait 孤儿规则的限制。从第 2 行开始定义了一个 trait，将其命名为 Any。需要注意的是，此处自定义的 Any 不同于标准库提供的 Any。该 trait 中声明了泛型函数 any，该函数泛型 F 的 trait 限定为 Fn(u32) -> bool，这种形式更像函数指针类型，有别于一般的泛型限定<F: Fn<u32, bool>>。其实函数指针也是默认实现了 Fn、FnMut、FnOnce 这三个 triat 的，比如代码清单 6-43 就展示了函数指针作为闭包参数的情况。

代码清单 6-43：函数指针也可以作为闭包参数

```
1.  fn call<F>(closure: F) -> i32
2.  where F: Fn(i32) -> i32
3.  {
4.      closure(1)
5.  }
6.  fn counter(i: i32) -> i32 { i+1 }
7.  fn main(){
8.      let result = call(counter);
9.      assert_eq!(2, result);
10. }
```

在代码清单 6-43 第 8 行中，函数指针当作闭包参数传入了 call 函数，代码正常编译运行。这是因为此函数指针 counter 也实现了 Fn。

回到代码清单 6-42，第 3 行的 where 从句对 Self 做了 Sized 限定，这意味着，当 Any 被作为 trait 对象使用时，该方法不能被动态调用，这属于一种优化策略。

代码清单 6-42 的第 7 行使用 impl 关键字为 Vec<u32>类型实现了 any 方法。该方法会迭代传入的闭包，依次调用，如果满足闭包表达式中指定的条件，则返回 true，否则返回 false。

在 main 函数中，则可以使用形如代码清单 6-42 第 22 行那样的形式来调用 any 方法，以查找动态数组 v 中是否存在满足条件的元素。像这样通过将闭包作为参数，可以把一段动态的逻辑按需传入指定方法中进行计算，这极大地提高了程序的灵活性和抽象能力。最重要的是，在 Rust 中使用闭包，完全不需要担心性能问题。

除了上述静态分发的形式，也可以将闭包作为 trait 对象动态分发，如代码清单 6-44 所示。

代码清单 6-44：将闭包作为 trait 对象进行动态分发

```
1.  trait Any {
2.      fn any(&self,  f: &(Fn(u32) -> bool)) -> bool;
3.  }
4.  impl Any for Vec<u32> {
5.      fn any(&self, f: &(Fn(u32) -> bool)) -> bool {
6.          for &x in self.iter() {
7.              if f(x) {
8.                  return true;
9.              }
10.         }
11.         false
12.     }
13. }
14. fn main(){
15.     let  v = vec![1,2,3];
16.     let b = v.any(&|x|  x == 3);
17.     println!("{:?}", b);
18. }
```

代码清单 6-44 将闭包作为了 trait 对象，这样代码更加简练。动态分发比静态分发的性能低一些，但还是完全可以和 C++媲美的。动态分发闭包在实际中更加常用于回调函数（callback）。

比如 Rust 的 Web 开发框架 Rocket 的中间件实现，就利用了闭包作为回调函数，其实现如代码清单 6-45 所示。

代码清单 6-45：Rocket 框架中间件代码示意

```
1.  pub struct AdHoc {
2.      name: &'static str,
3.      kind: AdHocKind,
4.  }
5.  pub enum AdHocKind {
6.      ...
7.      #[doc(hidden)]
8.      Request(Box<Fn(&mut Request, &Data) + Send + Sync + 'static>),
9.      ...
10. }
11. impl AdHoc {
12.     ...
13.     pub fn on_request<F>(name: &'static str, f: F) -> AdHoc
14.         where F: Fn(&mut Request, &Data) + Send + Sync + 'static
15.     {
16.         AdHoc { name, kind: AdHocKind::Request(Box::new(f)) }
17.     }
18. }
19. impl Fairing for AdHoc {
20.     ...
21.     fn on_request(&self, request: &mut Request, data: &Data) {
22.         if let AdHocKind::Request(ref callback) = self.kind {
23.             callback(request, data)
24.         }
```

```
25.    }
26.  ...
27. }
```

代码清单 6-45 展示了 Rocket 框架中间件 Fairing 实现的简单示意，为了突出重点，这里省略了很多代码。

代码第 1 行定义了 AdHoc 结构体，接下来定义 AdHocKind 枚举体，其中包含了四种枚举值（Attach、Launch、Request、Response），本示例中只显示出 Request 一种，它包含的值类型是一个 trait 对象的闭包，Box<Fn(&mut Request, &Data) + Send + Sync + 'static>。

代码第 13 行为 AdHoc 结构体实现了 on_request 方法，其参数为一个闭包 F，该闭包的 trait 限定为 Fn(&mut Request, &Data) + Send + Sync + 'static，表明该闭包接收两个参数，第一个是可变引用，第二个是不可变引用，并且是可以在线程中安全传递的，**'static** 生命周期用来约束该闭包必须是一个逃逸闭包，只有逃逸闭包才能装箱，代码清单 6-46 的示例展示了这一点。

代码清单 6-46：测试'static 约束

```
1. fn main(){
2.     let s = "hello";
3.     let c: Box<Fn() + 'static> = Box::new( move||{ s;});
4. }
```

如果对代码清单 6-46 第 3 行的闭包去掉 move 关键字，则变为 Fn 闭包，会以不可变引用方式来捕获变量绑定 s，因为有了**'static** 约束，编译器会报错。现在使用了 move 关键字，会强制执行复制语义，则编译通过。

回到代码清单 6-45 中，从第 21 行代码开始，为 AdHoc 实现了 Fairing trait 中定义的 on_request 方法，该方法内部使用了 if let，如果匹配到相关的闭包，则调用该闭包。这是动态分发的闭包在实际中作为回调函数的示例。

闭包作为函数返回值

因为闭包是 trait 语法糖，所以无法直接作为函数的返回值，如果要把闭包作为返回值，必须使用 trait 对象，如代码清单 6-47 所示。

代码清单 6-47：将闭包作为函数返回值

```
1. fn square() -> Box<Fn(i32) -> i32> {
2.     Box::new(|i| i*i )
3. }
4. fn main(){
5.     let square = square();
6.     assert_eq!(4, square(2));
7.     assert_eq!(9, square(3));
8. }
```

代码清单 6-47 返回一个闭包来计算平方。返回的闭包为 trait 对象 Box<Fn(i32) -> i32>，在 main 函数中可以直接调用它。

代码清单 6-47 中的闭包指定为 Fn，可以多次调用，但是如果希望只调用一次，那么是不是就可以直接指定 FnOnce 呢？如代码清单 6-48 所示。

代码清单 6-48：指定返回闭包为 FnOnce

```
1.  fn square() -> Box<FnOnce(i32) -> i32> {
2.      Box::new( |i| {i*i} )
3.  }
4.  fn main(){
5.      let square = square();
6.      assert_eq!(4, square(2));
7.  }
```

代码清单 6-48 编译会报如下错误：

```
error[E0161]:
cannot move a value of type std::ops::FnOnce(i32) -> i32:
the size of std::ops::FnOnce(i32) -> i32 cannot be statically determined
```

该错误的含义是：对于编译期无法确定大小的值，不能移动其所有权。在代码清单 6-48 中，如果要调用闭包 Box<FnOnce(i32)->i32>，就必须先把 FnOnce(i32)->i32 从 Box<T> 中移出来。而此时 Box<T> 中的 T 无法在编译期确定大小，不能移动所有权，所以就报出了上述错误。

FnOnce 装箱为 Box<FnOnce> 之后，其对应的由编译器生成的闭包结构体实例就是 Box<ClosureStruct> 类型（假如闭包结构体名为 ClosureStruct），该闭包结构体实现 FnOnce 的 call_once 方法的接收者本来是 self，也就是闭包结构体实例，现在变成了 Box<self>，也就是装箱的闭包结构体实例。现在想从 Box<self> 里移出 self 这个闭包结构体实例来进行调用，因为编译期无法确定其大小，所以无法获取 self。而对于 Fn 和 FnMut 来说，装箱以后分别对应的是 &Box<self> 和 &mut Box<self>，所以不会报错。对于此问题，Rust 给出了一个解决方案，如代码清单 6-49 所示。

代码清单 6-49：使用 FnBox 代替 FnOnce

```
1.  #![feature(fnbox)]
2.  use std::boxed::FnBox;
3.  fn square() -> Box<FnBox(i32) -> i32> {
4.      Box::new( |i| {i*i} )
5.  }
6.  fn main(){
7.      let square = square();
8.      assert_eq!(4, square(2));
9.  }
```

代码清单 6-49 第 1 行使用了 **#![feature(fnbox)]** 特性，同时也需要使用 use 来引入定义于标准库的 boxed 模块中的 FnBox trait。只需要简单地把 FnOnce 替换为 FnBox，即可解决上面编译错误的问题。这是因为 FnBox 施加了一点小小的 "魔法"，代码清单 6-50 展示了 FnBox 的源码。

代码清单 6-50：FnBox 源码示意

```
1.  #[rustc_paren_sugar]
2.  pub trait FnBox<A> {
3.      type Output;
4.      fn call_box(self: Box<Self>, args: A) -> Self::Output;
5.  }
6.  impl<A, F> FnBox<A> for F
7.      where F: FnOnce<A>
```

```
8.      {
9.       type Output = F::Output;
10.      fn call_box(self: Box<F>, args: A) -> F::Output {
11.          self.call_once(args)
12.      }
13.  }
14.  impl<'a, A, R> FnOnce<A> for Box<FnBox<A, Output = R> + 'a> {
15.      type Output = R;
16.      extern "rust-call" fn call_once(self, args: A) -> R {
17.          self.call_box(args)
18.      }
19.  }
```

由于篇幅限制，代码清单 6-50 只展示了部分 FnBox 源码。看得出来，FnBox 也是一个调用语法糖，因为使用了 **#[rustc_paren_sugar]** 属性，该 trait 实现了 call_box 方法，第一个参数和之前的 Fn、FnMut、FnOnce 定义的方法有很大不同，该方法的第一个参数 self 是 Box<Self>类型。其实之前 trait 中的 self、&self、&mut self 参数都是一种省略形式，其完整形式如下所示。

- Self 对应 self: Self。
- &self 对应 self: &Self。
- &mut self 对应 self: &mut Self。

理论上，self: SomeType<Self>这种形式应该适用于任意类型（SomeType），但实际上，这里只支持 Box<T>。所以，self: Box<Self>这种类型指定会自动解引用并移动 Self 的所有权，因为 Box<T>支持 DerefMove（参见第 5 章）。

Self:Box<self>是通过调用 call_box 来间接调用 call_once 的，因为 Box<FnBox>实现了 FnOnce。这看上去完全是一个"曲线救国"的方案，所以，在装箱时使用 FnBox 来替代 FnOnce 只是临时的解决方案，在未来的 Rust 版本中，FnBox 会被弃用。

出现这种问题的根本原因在于，Rust 中的函数返回值里只能出现类型。虽然有 trait 对象可用，但是性能上也会有所消耗。为了解决此问题，Rust 团队提出了一个新的方案，叫 **impl Trait** 语法，该方案可以让函数直接返回一个 trait，如代码清单 6-51 所示。

代码清单 6-51：impl Trait 示例

```
1.  fn square() -> impl FnOnce(i32) -> i32 {
2.      |i| {i*i }
3.  }
4.  fn main(){
5.      let square = square();
6.      assert_eq!(4, square(2));
7.  }
```

代码清单 6-51 中用到的 **impl Trait** 语法是 Rust 2018 版本中引入的。**impl Trait** 代表的是实现了指定 trait 的那些类型，相当于泛型，属于静态分发。

代码第 2 行直接返回一个 impl FnOnce(u8, u8)-> u8。在 impl 关键字后面加上了闭包 trait，这样就可以直接返回一个 FnOnce trait。

6.2.5　高阶生命周期

闭包可以作为函数的参数和返回值，那么闭包参数中如果含有引用的话，其生命周期参数该如何标注？先来思考代码清单 6-52。

代码清单 6-52：泛型 trait 作为 trait 对象时的生命周期参数

```
1.  use std::fmt::Debug;
2.  trait DoSomething<T> {
3.      fn do_sth(&self, value: T);
4.  }
5.  impl<'a, T: Debug> DoSomething<T> for &'a usize {
6.      fn do_sth(&self, value: T) {
7.          println!("{:?}", value);
8.      }
9.  }
10. fn foo<'a>(b: Box<DoSomething<&'a usize>>) {
11.     let s: usize = 10;
12.     b.do_sth(&s)
13. }
14. fn main(){
15.     let x  = Box::new(&2usize);
16.     foo(x);
17. }
```

代码清单 6-52 定义了 DoSomething<T>，它是一个泛型 trait，其中定义了方法签名 do_sth，然后为 &usize 类型实现了该 trait。

代码第 10 行到第 13 行定义了一个函数 foo，其参数 b 以 trait 对象 Box<DoSomething<&usize>> 为类型。在该函数内，参数 b 调用 do_sth 方法，并把局部变量绑定 s 的不可变借用作为 do_sth 方法的参数。整个函数 foo 也被标注了生命周期参数。

在 main 函数中声明了一个 Box<&usize> 变量绑定 x，并调用 foo(x)。整段代码在编译时会报如下错误：

```
error[E0597]: `s` does not live long enough
12 |     b.do_sth(&s)
   |               ^ does not live long enough
13 | }
   | - borrowed value only lives until here
```

该错误表明，s 的生命周期不够长，在 foo 函数调用结束后就会被析构，从而 &s 就会变成悬垂指针，这是 Rust 绝不可能允许出现的情况，如图 6-3 所示。

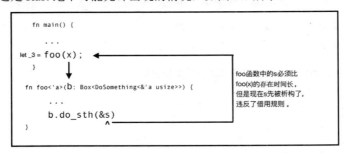

图 6-3：代码清单 6-52 生命周期参数问题示意图

代码清单 6-52 第 10 行的 foo 函数签名中的生命周期参数有什么问题呢？现在这样的生命周期参数的意义是，把 foo 函数自身的生命周期和其内部的局部变量绑定 s 的生命周期关联了起来，这就要求，foo 函数内 b.do_sth(&s)方法调用参数 s 的生命周期必须长于 main 函数中 foo(x)函数调用的生命周期。在 main 函数中会自动产生临时变量绑定，代码第 16 行相当于 let_3 = foo(x)。这违反了第 5 章学过的借用规则，有产生悬垂指针的风险。

　　然而，foo 函数中传入的 trait 对象 Box<DoSomething<&usize>>包含的&usize 引用是从外部引入的，如代码清单 6-52 第 15 行所示，是在 main 函数中直接定义好，然后才传给 foo 函数的。所以，该引用的生命周期和 foo 函数没有直接关系。目前代码清单 6-52 的生命周期参数标记则完全无法正确表达这一层意思，那么对于这种情况该如何定义生命周期参数呢？

　　Rust 为此专门提供了一个方案，叫作**高阶生命周期（Higher-Ranked Lifetime）**，也叫**高阶 trait 限定（Higher-Ranked Trait Bound，HRTB）**。该方案提供了一个 **for<>**语法，具体使用方式如代码清单 6-53 所示。

代码清单 6-53：使用 for<>语法

```
1.  use std::fmt::Debug;
2.  trait DoSomething<T> {
3.      fn do_sth(&self, value: T);
4.  }
5.  impl<'a, T: Debug> DoSomething<T> for &'a usize {
6.      fn do_sth(&self, value: T) {
7.          println!("{:?}", value);
8.      }
9.  }
10. fn bar(b: Box<for<'f> DoSomething<&'f usize>>) {
11.     let s: usize = 10;
12.     b.do_sth(&s);
13. }
14. fn main(){
15.     let x  = Box::new(&2usize);
16.     bar(x);
17. }
```

代码清单 6-53 第 10 行定义了 bar 函数，其函数签名中的生命周期参数使用了高阶生命周期参数 **for<'f> DoSomething<&'f usize>**，这样就修复了生命周期的问题，正常编译运行。

　　for<>语法整体表示此生命周期参数只针对其后面所跟着的"对象"，在本例中是 **DoSomething<&'f usize>**，生命周期参数**'f** 是在 **for<'f >**中声明的。使用 **for<'f >**语法，就代表 bar 函数的生命周期和 **DoSomething<&'f usize>**没有直接关系，所以编译正常。

　　实际开发中会经常用闭包，而闭包实现的三个 trait 本身也是泛型 trait，所以肯定也存在闭包参数和返回值都是引用类型的情况，如代码清单 6-54 所示。

代码清单 6-54：闭包参数和返回值都是引用类型的情况

```
1.  struct Pick<F> {
2.      data: (u32, u32),
3.      func: F,
4.  }
5.  impl<F> Pick<F>
6.  where F: Fn(&(u32, u32)) -> &u32
7.  {
8.      fn call(&self) -> &u32 {
```

```
9.        (self.func)(&self.data)
10.    }
11.  }
12.  fn max(data: &(u32, u32)) -> &u32 {
13.    if data.0 > data.1{
14.        &data.0
15.    }else{
16.        &data.1
17.    }
18.  }
19.  fn main() {
20.    let elm = Pick { data: (3, 1), func: max };
21.    println!("{}", elm.call());
22.  }
```

在代码清单 6-54 中，泛型结构体 Pick 模拟了闭包的行为，字段 data 使用元组类型存储模拟闭包的参数，字段 func 用来存储一个可执行的闭包。

代码第 5 行到第 11 行为结构体 Pick 实现了一个 call 方法，泛型 F 使用 Fn(&(u32, u32)) -> &u32 作为 trait 限定。整段代码编译正常运行。

值得注意的是，此处的 trait 限定中使用了引用类型，但是并没有显式地标记生命周期参数，为什么可以正常编译呢？这是因为**编译器自动为其补齐了生命周期参数**。

代码第 9 行会调用存储于结构体 Pick 中的闭包，并且会把 call 方法中的&self 作为参数进行传递。这个调用与代码清单 6-52 和 6-53 中所示的情况很相似，如果要显式地添加生命周期参数，则不能让 call 方法自身的生命周期和 self.func 方法的生命周期相关联，因为闭包的捕获引用是从外部环境获取的，和 call 方法没有关系。否则编译肯定无法通过，比如像下面这种写法就会产生编译错误：

```
fn call<'a>(&'a self) -> &'a u32 {
    (self.func)(&self.data)
}
```

所以这里正确地使用生命周期参数的方式就是用高阶生命周期，如代码清单 6-55 所示。

代码清单 6-55：编译器按高阶生命周期来自动补齐闭包参数中的生命周期参数

```
1.  struct Pick<F> {
2.      data: (u32, u32),
3.      func: F,
4.  }
5.  impl<F> Pick<F>
6.  where F: for<'f> Fn(&'f (u32, u32)) -> &'f u32, // 显式指定
7.  {
8.      fn call(&self) -> &u32 {
9.          (self.func)(&self.data)
10.    }
11.  }
12.  fn max(data: &(u32, u32)) -> &u32 {
13.    if data.0 > data.1{
14.        &data.0
15.    }else{
16.        &data.1
```

```
17.     }
18.   }
19.   fn main() {
20.     let elm = Pick { data: (3, 1), func: max };
21.     println!("{}", elm.call());
22.   }
```

代码清单 6-55 第 6 行使用了高阶生命周期，代码正常编译运行。但需要注意的是，高阶生命周期的这种 **for<>** 语法只能用于标注生命周期参数，而不能用于其他泛型类型。

6.3   迭代器

在 Rust 语言中，闭包最常见的应用场景是，在遍历集合容器中的元素的同时，按闭包内指定的逻辑进行操作。比如代码清单 6-42 中实现的 any 方法，就利用了 for 循环来迭代动态数组，依次查找符合闭包指定条件的元素。

用循环语句迭代数据时，必须使用一个变量来记录数据集合中每一次迭代所在的位置，而在许多编程语言中，已经开始通过模式化的方式来返回迭代过程中集合的每一个元素。这种模式化的方式就叫**迭代器**（**Iterator**）模式，使用迭代器可以极大地简化数据操作。迭代器设计模式也被称为**游标**（**Cursor**）模式，它提供了一种方法，可以顺序访问一个集合容器中的元素，而又不需要暴露该容器的内部结构和实现细节。

6.3.1   外部迭代器和内部迭代器

迭代器分为两种，**外部迭代器**（**External Iterator**）和**内部迭代器**（**Internal Iterator**）。

外部迭代器也叫主动迭代器（Active Iterator），它独立于容器之外，通过容器提供的方法（比如，next 方法就是所谓的游标）来迭代下一个元素，并需要考虑容器内可迭代的剩余数量来进行迭代。**外部迭代器的一个重要特点是，外部可以控制整个遍历进程。**比如 Python、Java 和 C++语言中的迭代器，就是外部迭代器。

内部迭代器则通过迭代器自身来控制迭代下一个元素，外部无法干预。这意味着，只要调用了内部迭代器，并通过闭包传入了相关操作，就必须等待迭代器依次为其中的每个元素执行完相关操作以后才可以停止遍历。比如 Ruby 语言中的 each 迭代器就是典型的内部迭代器。

早期的（1.0 版本之前）Rust 提供的是内部迭代器，而内部迭代器无法通过外部控制迭代进程，再加上 Rust 的所有权系统，导致使用起来很复杂。

代码清单 6-56 展示了一个自定义的内部迭代器。

代码清单 6-56：自定义的内部迭代器

```
1.  trait InIterator<T: Copy> {
2.      fn each<F: Fn(T) -> T>(&mut self, f: F);
3.  }
4.  impl<T: Copy> InIterator<T> for Vec<T> {
5.      fn each<F: Fn(T) -> T>(&mut self, f: F) {
6.          let mut i = 0;
7.          while i < self.len() {
8.              self[i] = f(self[i]);
```

```
9.              i += 1;
10.          }
11.      }
12.  }
13.  fn main(){
14.      let mut v = vec![1,2,3];
15.      v.each(|i| i * 3);
16.      assert_eq!([3, 6, 9], &v[..3]);
17.  }
```

代码清单 6-56 创建了一个自定义的内部迭代器 each。看得出来，内部迭代器与容器的绑定较紧密，并且无法从外部来控制其遍历进程。更重要的是，对于开发者来说，扩展性较差。Rust 官方和社区经过很长时间的论证，决定改为外部迭代器，也就是 for 循环，如代码清单 6-57 所示。

代码清单 6-57：for 循环示例

```
1.  fn main() {
2.      let v = vec![1, 2, 3, 4, 5];
3.      for i in v {
4.          println!("{}", i);
5.      }
6.  }
```

代码清单 6-57 是一个简单的 for 循环示例。for 循环是一个典型的外部迭代器，通过它可以遍历动态数组 v 中的元素，并且此遍历过程完全可以在动态数组 v 之外进行控制。Rust 中的 for 循环其实是一个语法糖。代码清单 6-58 展示了 for 循环展开后的等价代码。

代码清单 6-58：for 循环展开后的等价代码

```
1.  fn main() {
2.      let v = vec![1, 2, 3, 4, 5];
3.      {  // 等价于 for 循环的 scope
4.          let mut _iterator = v.into_iter();
5.          loop {
6.            match _iterator.next() {
7.              Some(i) => {
8.                  println!("{}", i);
9.              }
10.             None => break,
11.          }
12.        }
13.    }
14.  }
```

代码清单 6-58 从第 3 行开始，创造了一个内部作用域，等价于 for 循环的作用域。代码第 4 行通过调用 v 的 into_iter 方法声明了一个可变迭代器 _iterator。在第 5 行的 loop 循环中，通过 match 匹配此迭代器的 next 方法，遍历 v 中的元素，直到 next 方法返回 None，退出循环，遍历结束。

6.3.2 Iterator trait

简单来说，for 循环就是利用迭代器模式实现的一个语法糖，它属于外部迭代器。迭代器也是 Rust 一致性的典型表现之一。不出所料，Rust 中依然使用了 trait 来抽象迭代器模式。代码清单 6-59 展示了 Rust 中迭代器 Iterator trait 的源码。

代码清单 6-59：Iterator trait 源码示意

```
1.  trait Iterator {
2.      type Item;
3.      fn next(&mut self) -> Option<Self::Item>;
4.  }
```

代码清单 6-59 展示了 Iterator trait 是 Rust 中对迭代器模式的抽象接口。其中 next 方法是实现一个迭代器时必须实现的方法。事实上，该 trait 中包含了很多其他方法，基本都包含了默认实现。该 trait 中还包含了一个关联类型 Item，并且 next 方法会返回 Option<Self::Item>类型。Item 和 Self 可以看作占位类型，它们表示实现该 trait 的具体类型的相关信息。

通过实现该 trait，可以创建自定义的迭代器，如代码清单 6-60 所示。

代码清单 6-60：通过实现 Iterator trait 创建自定义迭代器

```
1.  struct Counter {
2.      count: usize,
3.  }
4.  impl Iterator for Counter {
5.      type Item = usize;
6.      fn next(&mut self) -> Option<usize> {
7.          self.count += 1;
8.          if self.count < 6 {
9.              Some(self.count)
10.         } else {
11.             None
12.         }
13.     }
14. }
15. fn main() {
16.     let mut counter = Counter { count: 0 };
17.     assert_eq!(Some(1), counter.next());
18.     assert_eq!(Some(2), counter.next());
19.     assert_eq!(Some(3), counter.next());
20.     assert_eq!(Some(4), counter.next());
21.     assert_eq!(Some(5), counter.next());
22.     assert_eq!(None, counter.next());
23. }
```

代码清单 6-60 中定义了一个结构体 Counter，为其实现 Iterator 之后，它就成为了一个迭代器。通过调用 next 方法来迭代其内部元素。

值得注意的是，在为 Counter 实现 next 方法时，指定了关联类型 Item 为 usize 类型，因为 Counter 中字段 count 是 usize 类型，next 方法要返回的是 Option<usize>类型。

代码第 8 行，next 方法的 if 表达式中的条件被硬编码为小于 6，这只是为了演示。对于一个真正的迭代器，除了需要使用 next 方法获取下一个元素，还需要知道迭代器的长度信息，这对于优化迭代器很有帮助。

在 Iterator trait 中还提供了一个方法叫 **size_hint**，代码清单 6-61 展示了其默认实现。

代码清单 6-61：Iterator trait 提供的 size_hint 方法源码示意

```
1.  pub trait Iterator {
2.      type Item;
3.      ...
4.      fn size_hint(&self) -> (usize, Option<usize>) {
5.          (0, None)
6.      }
7.      ...
8.  }
```

代码清单 6-61 展示了 size_hint 方法的默认实现，其返回类型是一个元组(usize, Option<usize>)，此元组表示迭代器剩余长度的边界信息。元组中第一个元素表示下限（lower bound），第二个元素表示上限（upper bound）。第二个元素是 Option<usize>类型，代表已知上限或者上限超过 usize 的最大取值范围，比如无穷迭代。此方法的默认返回值(0, None)适用于任何迭代器。

代码清单 6-62 展示了将数组转换为迭代器的 size_hint 方法。

代码清单 6-62：将数组转换为迭代器的 size_hint

```
1.  fn main() {
2.      let a : [i32; 3]= [1, 2, 3];
3.      let mut iter = a.iter();
4.      assert_eq!((3, Some(3)), iter.size_hint());
5.      iter.next();
6.      assert_eq!((2, Some(2)), iter.size_hint());
7.  }
```

代码清单 6-62 中的数组通过 iter 方法转换成为一个迭代器，每次调用 next 方法，迭代器的剩余长度就会减少，直到减为 0 为止。方法 size_hint 返回的元组上限和下限是一致的。第 3 行方法调用 a.iter()使用了数组 a 的不可变借用，其类型为& 'a [i32; 3]。对于& 'a [T]和&'a mut [T]类型，size_hint 方法实际返回的是迭代器起点指针到终点指针的距离值，如图 6-4 所示。

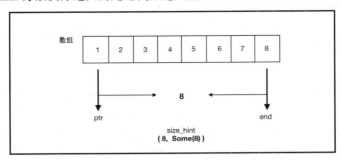

图 6-4：对&'a [T]和&'a mut [T]类型中的 size_hint 方法求值示意图

第 3 行方法调用 a.iter()返回的迭代器是一个结构体，其成员包含了起始指针 ptr 和终点指针 end，它们之间的距离就是 size_hint 方法返回的值。

方法 size_hint 的目的就是优化迭代器，不要忘记 Rust 是一门系统级编程语言，性能永远是一项重要的指标。迭代器和集合容器几乎形影不离，实际开发中经常有使用迭代器来扩展集合容器的需求，此时方法 size_hint 就派上用场了。如果事先知道准确的迭代器长度，就可以做到精准地扩展容器容量，从而避免不必要的容量检查，提高性能。代码清单 6-63 展示了如何使用迭代器来追加字符串。

代码清单 6-63：使用迭代器来追加字符串

```
1.  fn main() {
2.      let mut message = "Hello".to_string();
3.      message.extend(&[' ','R', 'u', 's', 't']);
4.      assert_eq!("Hello Rust", &message);
5.  }
```

代码清单 6-63 中声明了 String 类型的字符串 message，通过调用 extend 方法为其追加字符。事实上，extend 方法是被定义于 Extend trait 中的。代码清单 6-64 展示了 Extend 和 String 中实现 extend 方法的源码。

代码清单 6-64：Extend 和 String 类型实现 extend 方法的源码示意

```
1.  pub trait Extend<A> {
2.      fn extend<T>(&mut self, iter: T)
3.      where
4.      T: IntoIterator<Item = A>;
5.  }
6.  ...
7.  impl Extend<char> for String {
8.      fn extend<I: IntoIterator<Item = char>>(&mut self, iter: I) {
9.          let iterator = iter.into_iter();
10.         let (lower_bound, _) = iterator.size_hint();
11.         self.reserve(lower_bound);
12.         for ch in iterator {
13.             self.push(ch)
14.         }
15.     }
16. }
```

Extend trait 是一个泛型 trait，其中定义了 extend 方法，这是一个泛型方法，其泛型参数 T 使用了 trait 限定 IntoIterator<Item = A>，这表示该泛型方法只接受实现了 IntoIterator 的类型。而 String 类型正好针对 char 类型实现了该泛型 trait。

在代码第 9 行 String 类型实现的 extend 方法中，首先使用 into_iter 方法获取了一个迭代器，然后通过迭代器的 size_hint 方法获取其长度，代码第 10 行取的是迭代器的下限。对于数组来说，上限和下限的值是一样的，所以这里取哪个都可以。

代码第 11 行调用了字符串的 reserve 方法，该方法可以确保扩展的字节长度大于或等于给定的值。这样做是为了避免频繁分配。代码清单 6-63 中给定的迭代器长度应该是 5，那么为字符串分配的额外空间至少应该是 20 个字节（因为每个字符占 4 字节），也可能是 100 个字节。reserve 方法只是提供了一种保证，它并不做出分配空间的行为。

代码第 12 行用 for 循环遍历该字符迭代器，之后通过 String 类型的 push 方法逐个添加给字符串。

现在可以看得出来 size_hint 方法的重要性了。为了确保该方法可以获得迭代器长度的准确信息，Rust 又引入了两个 trait，分别是 **ExactSizeIterator** 和 **TrustedLen**，它们均是 Iterator 的子 trait，均被定义于 std::iter 模块中。

ExactSizeIterator 提供了两个额外的方法 len 和 is_empty，要实现 len 必须先实现 Iterator，这就要求 size_hint 方法必须提供准确的迭代器长度信息。

TrustedLen 是实验性 trait，还未正式公开，但是在 Rust 源码内部，它就像一个标签 trait，只要实现了 TrustedLen 的迭代器，其 size_hint 获取的长度信息均是可信任的，有了该 trait 就完全避免了容器的容量检查，从而提升了性能。

ExactSizeIterator 和 TrustedLen 的区别在于，后者应用于没有实现 ExactSizeIterator 的大多数情况。开发者可以根据具体的情况自定义实现 ExactSizeIterator，但是对于某些迭代器，开发者并不能为其实现 ExactSizeIterator，所以需要 TrustedLen 做进一步的限定。

6.3.3 IntoIterator trait 和迭代器

上一节介绍了 Iterator trait，我们了解到，如果想迭代某个集合容器中的元素，必须将其转换为迭代器才可以使用。并且在 for 循环语法糖中，也使用了 into_iter 之类的方法来获取一个迭代器。那么迭代器到底是什么？要寻找答案，必须先从 IntoIterator trait 开始。

第 3 章讲过类型转换用到的 From 和 Into 两个 trait，它们定义了两个方法，分别是 from 和 into，这两个方法互为反操作。对于迭代器来说，并没有用到这两个 trait，但是这里值得注意的是，Rust 中对于 trait 的命名也是具有高度一致性的。

Rust 也提供了 **FromIterator** 和 **IntoIterator** 两个 trait，它们也互为反操作。FromIterator 可以从迭代器转换为指定类型，而 IntoIterator 可以从指定类型转换为迭代器。关于 FromIterator 的细节在 6.3.5 节会着重介绍，这里先介绍 IntoIterator。

代码清单 6-65 展示了 IntoIterator 的源码。

代码清单 6-65：IntoIterator 源码示意

```
1.  pub trait IntoIterator {
2.      type Item;
3.      type IntoIter: Iterator<Item=Self::Item>;
4.      fn into_iter(self) -> Self::IntoIter;
5.  }
```

从代码清单 6-65 中可以看出，方法 into_iter 是在该 trait 中定义的。into_iter 的参数是 self，代表该方法会转移方法接收者的所有权。同时，该方法会返回 Self::IntoIter 类型。Self::IntoIter 是关联类型，并且指定了 trait 限定 Iterator<Item=Self::Item>，意味着必须是实现了 Iterator 的类型才能作为迭代器。

最常用的集合容器就是 Vec<T>类型，它实现了 IntoIterator，可以通过 into_iter 方法转换为迭代器。代码清单 6-66 展示了 Vec<T>类型实现 IntoIterator 的源码。

代码清单 6-66：Vec<T>实现 IntoIterator 源码示意

```
1.  impl<T> IntoIterator for Vec<T> {
2.      type Item = T;
3.      type IntoIter = IntoIter<T>;
4.      fn into_iter(mut self) -> IntoIter<T> {
5.          unsafe {
6.              ...
7.              IntoIter {
8.                  buf: Shared::new_unchecked(begin),
9.                  cap,
10.                 ptr: begin,
11.                 end,
12.             }
```

```
13.          }
14.      }
15.  }
```

代码清单 6-66 为了演示方便只展示了部分源码。看得出来，最终返回的是一个定义于
std::vec 模块中的 IntoIter 结构体。该结构体包含下列四个成员字段。

- **Buf**，通过 Vec<T>类型的动态数组起始地址 begin 生成一个内部使用的 Shared 指针，
  指向该动态数组中实际存储的数据。
- **Cap**，获得该动态数组的容量大小，也就是内存占用大小。
- **Ptr**，指定了 begin 的值，代表迭代器的起始指针。
- **End**，代表迭代器的终点指针，根据 Vec<T>动态数组的长度 len 和起始地址 begin 计
  算 offset 获得。

IntoIter 结构体也实现了 Iterator trait，拥有了 next、size_hint 和 count 三个方法，它是一
个名副其实的迭代器。

简单而言，就是 Vec<T>实现了 IntoIterator，因此可以通过 into_iter 方法将一个 Vec<T>
类型的动态数组转换为一个 IntoIter 结构体。IntoIter 结构体拥有该动态数组的全部信息，并
且获得了该动态数组的所有权。同时，IntoIter 结构体实现了 Iterator trait，允许其通过 next、
size_hint 和 count 方法对其进行迭代处理。所以，IntoIter 就是 Vec<T>转换而成的迭代器。整
个过程如图 6-5 所示。

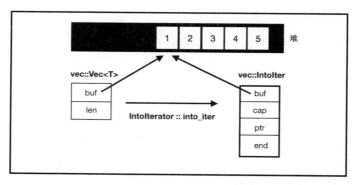

图 6-5：Vec<T>转换为迭代器示意图

转换 IntoIter 迭代器的代价是要转移容器的所有权，在实际开发中，有很多情况是不能
转移所有权的。因此，Rust 还提供了另外两个迭代器专门处理这种情况，分别是 **Iter** 和
IterMut。这三种迭代器类型和所有权有如下对应关系。

- **IntoIter**，转移所有权，对应 self。
- **Iter**，获得不可变借用，对应&self。
- **IterMut**，获得可变借用，对应&mut self。

Iter 和 IterMut 迭代器的典型应用就是 slice 类型，代码清单 6-67 展示了 slice 类型数组的
循环示例。

代码清单 6-67：slice 类型数组循环示例

```
1.  fn main(){
2.      let arr = [1, 2, 3, 4, 5];
3.      for i in arr.iter() {
4.          println!("{:?}", i);
```

```
5.      }
6.      println!("{:?}", arr);
7.  }
```

代码清单 6-67 中声明了 slice 类型的数组，该类型的数组使用 for 循环时，并不能自动转换为迭代器，因为并没有为[T]类型实现 IntoIterator，而只是为&'a [T]和&'a mut [T]类型实现了 IntoIterator，相应的 into_iter 方法内部实际也分别调用了 iter 和 iter_mut 方法。也就是说，在 for 循环中使用&arr 可以自动转换为迭代器，而无须显式地调用 iter 方法。用 iter 或 iter_mut 方法可以将 slice 类型的数组转换为 Iter 或 IterMut 迭代器。

代码清单 6-68 展示了迭代器 Iter 的源码。

代码清单 6-68：Iter 迭代器的源码示意

```
1.  pub struct Iter<'a, T: 'a> {
2.      ptr: *const T,
3.      end: *const T,
4.      _marker: marker::PhantomData<&'a T>,
5.  }
```

可以看得出来，迭代器 Iter 中只包含 ptr 和 end 指针，均为不可变的裸指针*const T，用于计算迭代器的长度，而_marker 字段只是编译期标记，是为了让生命周期参数'a 有用武之地，通过编译。关于 PhantomData 的更多内容会在第 13 章中详细介绍。

Iter 迭代器也被称为不可变迭代器，因为它不能改变原来容器中的数据。代码清单 6-69 展示了可变迭代器 IterMut 的源码。

代码清单 6-69：IterMut 迭代器源码示意

```
1.  pub struct IterMut<'a, T: 'a> {
2.      ptr: *mut T,
3.      end: *mut T,
4.      _marker: marker::PhantomData<&'a mut T>,
5.  }
```

迭代器 IterMut 中包含的 ptr 和 end 指针均为可变裸指针，意味着此迭代器可以改变容器内的值。代码清单 6-70 展示了如何使用 iter_mut 方法获得一个可变迭代器，然后使用它在 for 循环中遍历并修改 slice 类型数组中的每个元素。

代码清单 6-70：使用可变迭代器

```
1.  fn main(){
2.      let mut arr = [1, 2, 3, 4, 5];
3.      for i in arr.iter_mut(){
4.          *i += 1;
5.      }
6.      println!("{:?}", arr); // [2, 3, 4, 5, 6]
7.  }
```

Rust 中的迭代器其实不仅有 IntoIter、Iter 和 IterMut 三种。比如，String 类型和 HashMap 类型均有 **Drain** 迭代器，可以迭代删除指定范围内的值，为字符串和 HashMap 的处理提供方便。不管 Rust 中的迭代器有多少种，重要的是，这些迭代器的实现都遵循上述规律，这也是 Rust 高度一致性的设计所带来的好处。反过来，不管是 Slice 类型的数组，还是 Vec<T>类型的动态数组，亦或是 HashMap 等容器，迭代器模式都将其统一抽象地看待成一种数据流容器，通过对迭代器提供的"游标"进行增减就可以遍历流中的每一个元素。

6.3.4   迭代器适配器

迭代器将数据容器的操作抽象为了统一的数据流，这就好比现实世界中，每家每户的自来水管都是标准化的接口，只需要打开水龙头就可以按需用水。但是不同的场景有不同的需求，厨房用水需要对水进行加热；而洗澡间则不只需要加热，还需要让冷热水混合，甚至还需要将水流分解为更细小的水流，这样洗澡才够舒服。要满足这些不同的需求，所要做的不是让自来水厂按需铺设专门的管道，而只需要在自来水接口上安装不同的设备。厨房只需要安装厨宝，将流经的水加热后再输出；洗澡间需要安装热水器，另外铺设冷热管道和花洒即可满足需求。这些不同的设备虽然功能不同，但是它们都遵循自来水管道的标准规范，这样才能适配各种各样的场景。

在软件世界中，通过**适配器模式**同样可以将一个接口转换成所需的另一个接口。适配器模式能够使得接口不兼容的类型在一起工作。适配器也有一个别名，叫**包装器（Wrapper）**。Rust 在迭代器基础上增加了适配器模式，这就极大地增强了迭代器的表现力。

Map 适配器

Map 是 Rust 里最常见的一个迭代器适配器，如代码清单 6-71 所示。

代码清单 6-71：map 方法示例

```
1.  fn main() {
2.      let a = [1, 2, 3];
3.      let mut iter = a.into_iter().map(|x| 2 * x);
4.      assert_eq!(iter.next(), Some(2));
5.      assert_eq!(iter.next(), Some(4));
6.      assert_eq!(iter.next(), Some(6));
7.      assert_eq!(iter.next(), None);
8.  }
```

代码清单 6-71 的第 3 行通过 into_iter 方法将数组转换为迭代器，然后调用迭代器的 map 方法创建了一个新的迭代器 iter。然后依次调用 iter 的 next 方法迭代数组中的每个元素，同时，对每个元素执行闭包中指定的逻辑，最后输出相应结果。

map 方法创建的新迭代器就是一个迭代器适配器。代码清单 6-72 展示了定义于 std::iter::Iterator 中的 map 方法源码。

代码清单 6-72：迭代器 map 方法源码示意

```
1.  pub trait Iterator {
2.      type Item;
3.      ...
4.      fn map<B, F>(self, f: F) -> Map<Self, F>
5.      where
6.      Self: Sized,
7.      F: FnMut(Self::Item) -> B,
8.      {
9.          Map { iter: self, f: f }
10.     }
11. }
```

map 是 Iterator trait 中实现的方法，第一个参数 self 代表实现 Iterator 的具体类型，第二个参数 f 是一个 FnMut 闭包。该闭包 trait 限定为 FnMut(Self::Item) -> B，其中的 Self::Item 是指为实现 Iterator 具体类型设置的关联类型 Item。最终，该方法返回了一个结构体 Map<Self,

F>，值得注意的是，这里 Self 被限定为 Sized，否则 Self 在编译期无法确定大小就会报错。这个结构体 Map 就是一个迭代器适配器。

代码清单 6-73 展示了定义 Map 的源码。

代码清单 6-73：迭代器适配器 Map 源码示意

```
1.  #[must_use="iterator adaptors are lazy ……"]
2.  #[derive(Clone)]
3.  pub struct Map<I, F> {
4.      iter: I,
5.      f: F,
6.  }
7.  impl<B, I: Iterator, F> Iterator for Map<I, F>
8.      where F: FnMut(I::Item) -> B
9.      {
10.     type Item = B;
11.     fn next(&mut self) -> Option<B> {
12.         self.iter.next().map(&mut self.f)
13.     }
14.     fn size_hint(&self) -> (usize, Option<usize>) {
15.         self.iter.size_hint()
16.     }
17.     ...
18. }
```

看得出来，Map 是一个泛型结构体，它只有两个成员字段，一个是 **iter**，一个 **f**，分别存储的是迭代器和传入的闭包。然后为其实现了 Iterator trait，Map 就成为了一个地道的迭代器。与一般迭代器不同的地方在于，其核心方法 next 和 size_hint 都是调用其内部存储的原始迭代器的相应方法。值得注意的是，第 12 行调用的 map 方法是 next 方法返回的 Option<T> 中实现的另一个 map 方法，后面的章节中会介绍该方法。通过第 12 行代码中的 map 方法传入 Map 中存储的闭包，就可以对每个元素执行相应的逻辑，最终再返回一个 Option<T> 类型。

你可能已经注意到了，代码清单 6-73 中迭代器适配器 Map 的源码上方使用了 **#[must_use= "……"]** 属性，该属性是用来发出警告，提示开发者迭代器适配器是惰性的，也就是说，如果没有对迭代器产生任何"消费"行为，它是不会发生真正的迭代的。这就好比水龙头上装好了花洒，但是不打开水龙头，就无法真正使用花洒。而调用 next 方法就属于"消费"行为。Rust 中所有的迭代器适配器都使用了 must_use 来发出警告。

了解 Map 适配器之后，再回到代码清单 6-71 来查看其整个执行流程示意，如图 6-6 所示。

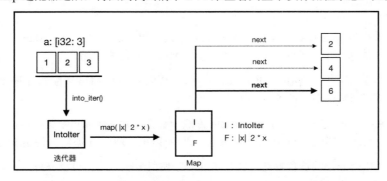

图 6-6：代码清单 6-71 中 map 方法工作示意图

图 6-6 是代码清单 6-71 的执行过程的简单示意图。数组 a 通过 into_iter 方法创建了迭代器 IntoIter 并转移所有权，然后 IntoIter 再调用 Iterator trait 中实现的 map 方法，传入闭包，IntoIter 迭代器创建了一个迭代器适配器 Map。Map 中存储了迭代器 IntoIter 和传入的闭包 F，然后通过 next 方法遍历"消费"其元素，依次产生新的数据。

其他适配器

除了 Map，Rust 标准库中还提供了很多迭代器适配器，都定义于 std::iter 模块中。下面是一个迭代器适配器常用列表。

- **Map**，通过对原始迭代器中的每个元素调用指定闭包来产生一个新的迭代器。
- **Chain**，通过连接两个迭代器来创建一个新的迭代器。
- **Cloned**，通过拷贝原始迭代器中全部元素来创建新的迭代器。
- **Cycle**，创建一个永远循环迭代的迭代器，当迭代完毕后，再返回第一个元素开始迭代。
- **Enumerate**，创建一个包含计数的迭代器，它会返回一个元组(i,val)，其中 i 是 usize 类型，为迭代的当前索引，val 是迭代器返回的值。
- **Filter**，创建一个基于谓词判断式（predicate，产生布尔值的表达式）过滤元素的迭代器。
- **FlatMap**，创建一个类似 Map 的结构的迭代器，但是其中不会含有任何嵌套。
- **FilterMap**，相当于 Filter 和 Map 两个迭代器依次使用后的效果。
- **Fuse**，创建一个可以快速结束遍历的迭代器。在遍历迭代器时，只要返回过一次 None，那么之后所有的遍历结果都为 None。该迭代器适配器可以用于优化。
- **Rev**，创建一个可以反向遍历的迭代器。

代码清单 6-74 展示了其中一部分迭代器适配器使用的示例。

代码清单 6-74：部分迭代器适配器使用示例

```
1.  fn main() {
2.      let arr1 = [1, 2, 3, 4, 5];
3.      let c1 = arr1.iter().map(|x| 2 * x).collect::<Vec<i32>>();
4.      assert_eq!(&c1[..], [2, 4, 6, 8, 10]);
5.      let arr2 = ["1", "2", "3", "h"];
6.      let c2 = arr2.iter().filter_map(|x| x.parse().ok())
7.                      .collect::<Vec<i32>>();
8.      assert_eq!(&c2[..], [1,2,3]);
9.      let arr3 = ['a', 'b', 'c'];
10.     for (idx, val) in arr3.iter().enumerate() {
11.         println!("idx: {:?}, val: {}", idx, val.to_uppercase());
12.     }
13. }
```

代码清单 6-74 第 2 行到第 4 行使用了 map 方法，相应地，它会创建 Map 适配器。最终通过 collect 方法迭代生成第 3 行断言中所显示的 Vec<i32>动态数组。

代码第 5 行到第 8 行使用了 filter_map 方法，它会创建 FilterMap 适配器。同样通过 collect 方法生成第 7 行断言中所示的 Vec<i32>动态数组。

代码第 9 行到第 12 行使用了 enumerate 方法，它会创建 Enumerate 适配器，这里使用了 for 循环，因为此迭代器的 next 方法返回的是元组，所以第 10 行 for 循环内使用(idx, val)形式。

另外一个值得介绍的迭代器适配器是 Rev，它使用 rev 方法，可以支持反向遍历，如代码清单 6-75 所示。

代码清单 6-75：rev 方法示例

```
1.  fn main() {
2.      let a = [1, 2, 3];
3.      let mut iter = a.iter().rev();
4.      assert_eq!(iter.next(), Some(&3));
5.      assert_eq!(iter.next(), Some(&2));
6.      assert_eq!(iter.next(), Some(&1));
7.      assert_eq!(iter.next(), None);
8.  }
```

代码清单 6-75 中使用 rev 方法创建了迭代器适配器，调用其 next 方法就是反向遍历。这里面存在什么"魔法"呢？代码清单 6-76 展示了 rev 方法的源码。

代码清单 6-76：rev 源码示意

```
1.  pub trait Iterator {
2.      type Item;
3.      fn rev(self) -> Rev<Self>
4.      where Self: Sized + DoubleEndedIterator,
5.      {
6.          Rev { iter: self }
7.      }
8.  }
```

看得出来，rev 方法返回了 Rev 结构体，它就是实现反转遍历的迭代器适配器。注意这里 Self 的 trait 限定中包含了一个 **DoubleEndIterator** trait，意味着只有实现该 trait 的类型才可以使用此方法。

代码清单 6-77 展示了 Rev 迭代器适配器的源码。

代码清单 6-77：Rev 迭代器适配器源码示意

```
1.  pub struct Rev<T> {
2.      iter: T,
3.  }
4.  impl<I> Iterator for Rev<I>
5.      where I: DoubleEndedIterator,
6.  {
7.      type Item = <I as Iterator>::Item;
8.      fn next(&mut self) -> Option<<I as Iterator>::Item> {
9.          self.iter.next_back()
10.     }
11. }
```

Rev 泛型结构体中只有一个成员字段 iter，只用来保存迭代器。在为其实现 Iterator 时，指定了 DoubleEndIterator 限定。并且将关联类型 Item 通过无歧义完全限定语法指定了 Iterator 中的关联类型。

值得注意的是，在 next 方法中，调用了 Rec 中存储的迭代器的 next_back 方法。这个 next_back 方法实际上是在 DoubleEndIterator 中定义的，代码清单 6-78 展示了其源码。

代码清单 6-78：DoubleEndIterator 源码示意

```
1.  pub trait DoubleEndedIterator: Iterator {
2.      fn next_back(&mut self) -> Option<Self::Item>;
3.  }
```

限于篇幅，代码清单 6-78 只展示了 DoubleEndIterator 的部分源码。看得出来，DoubleEndIterator 是 Iterator 的子 trait，这样定义实际是为了扩展 Iterator。next_back 和 next 方法签名非常相似，反转遍历正是基于此方法来实现的。代码清单 6-79 展示了 next_back 的使用示例。

代码清单 6-79：next_back 方法使用示例

```
1.  fn main() {
2.      let numbers = vec![1, 2, 3, 4, 5, 6];
3.      let mut iter = numbers.into_iter();
4.      assert_eq!(Some(1), iter.next());
5.      assert_eq!(Some(6), iter.next_back());
6.      assert_eq!(Some(5), iter.next_back());
7.      assert_eq!(Some(2), iter.next());
8.      assert_eq!(Some(3), iter.next());
9.      assert_eq!(Some(4), iter.next());
10.     assert_eq!(None, iter.next());
11.     assert_eq!(None, iter.next_back());
12. }
```

代码清单 6-79 第 4 行调用了 next 方法，返回的是 Some(1)，属于正常遍历。

代码第 5 行和第 6 行调用了 next_back 方法，返回的分别是 Some(6) 和 Some(5)，说明这两次遍历是反向遍历，但是第 7 行到第 9 行依次又调用了 next 方法，返回值分别是 Some(2)、Some(3) 和 Some(4)。这说明，**在执行 next_back 方法之后，迭代器的"游标"还是会返回到上一次 next 执行的位置继续执行 next，这也是该方法命名为 next_back 的原因**。在第 10 行和第 11 行中，迭代已经完毕，均返回 None。

至此，我们就知道了 Rev 迭代器适配器的工作机制：在 next 迭代中，调用 next_back 方法。只有实现了 DoubleEndIterator 的迭代器才有 next_back 方法，也就是说，只有实现了 DoubleEndIterator 的迭代器才能调用 Iterator::rev 方法进行反向遍历。

Rust 标准库中还提供更多的迭代器适配器，这些迭代器适配器可以自由灵活地组合，以便应对不同的需求。图 6-7 展示了迭代器适配器的心智模型。

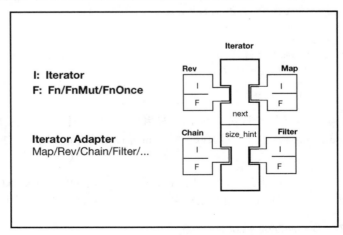

图 6-7：迭代器适配器心智模型示意图

6.3.5　消费器

Rust 中的迭代器都是惰性的，也就是说，它们不会自动发生遍历行为，除非调用 next 方法去消费其中的数据。最直接消费迭代器数据的方法就是使用 for 循环，前面已经了解到，for 循环会隐式地调用迭代器的 next 方法，从而达到循环的目的。

为了编程的便利性和更高的性能，Rust 也提供了 for 循环之外的用于消费迭代器内数据的方法，它们叫作消费器（Consumer）。下面列出了 Rust 标准库 std::iter::Iterator 中实现的常用消费器。

- **any**，其功能类似代码清单 6-42 中实现的 any 方法的功能，可以查找容器中是否存在满足条件的元素。
- **fold**，来源于函数式编程语言。该方法接收两个参数，第一个为初始值，第二个为带有两个参数的闭包。其中闭包的第一个参数被称为累加器，它会将闭包每次迭代执行的结果进行累计，并最终作为 fold 方法的返回值。在其他语言中，也被用作 reduce 或 inject。
- **collect**，专门用来将迭代器转换为指定的集合类型。比如代码清单 6-74 中使用 collect::<Vec<i32>>()这样的 turbofish 语法为其指定了类型，最终迭代器就会被转换为 Vec<i32>这样的数组。因此，它也被称为"收集器"。

any 和 fold

代码清单 6-80 展示了消费器 any 和 fold 的使用示例。

代码清单 6-80：any 和 fold 的使用示例

```
1.  fn main() {
2.      let a = [1, 2, 3];
3.      assert_eq!(a.iter().any(|&x| x != 2), true);
4.      let sum = a.iter().fold(0, |acc, x| acc + x);
5.      assert_eq!(sum, 6);
6.  }
```

在代码清单 6-80 的第 3 行中，any 方法检查数组 a 中是否存在不等于 2 的元素，返回 true。代码第 4 行使用 fold 方法来对数组 a 进行求和，图 6-8 展示了 fold 的求值过程。

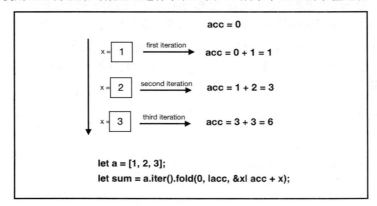

图 6-8：fold 求值过程示意图

代码清单 6-80 中值得注意的地方在于，any 和 fold 传入的闭包的参数是一个引用。这是为什么呢？代码清单 6-81 展示了 any 和 fold 的源码。

代码清单 6-81：any 和 fold 的源码示意

```
1.  pub trait Iterator {
2.      type Item;
3.      ...
4.      fn any<F>(&mut self, mut f: F) -> bool
5.      where Self: Sized,
6.            F: FnMut(Self::Item) -> bool,
7.      {
8.          for x in self {
9.              if f(x) {
10.                  return true;
11.             }
12.         }
13.         false
14.     }
15.     ...
16.     fn fold<B, F>(self, init: B, mut f: F) -> B
17.     where Self: Sized,
18.           F: FnMut(B, Self::Item) -> B,
19.     {
20.         let mut accum = init;
21.         for x in self {
22.             accum = f(accum, x);
23.         }
24.         accum
25.     }
26. }
```

看得出来，**any** 和 **fold** 的内部都包含了一个 for 循环，它们实际上是通过 for 循环来实现内部迭代器的。内部迭代器的特点是，一次遍历到底，不支持 **return**、**break** 或 **continue** 操作，因此可以避免一些相应的检查，更有利于底层 LLVM 的优化。

在代码清单 6-80 的第 3 行中，使用的是数组的 iter 方法，创建的迭代器是 Iter 类型，该类型的 next 方法返回的是 Option<&[T]>或 Option<&mut [T]>类型的值。而 for 循环实际上是一个语法糖，会自动调用迭代器的 next 方法，for 循环中的循环变量则是通过模式匹配，从 next 返回的 Option<&[T]>或 Option<&mut [T]>类型中获取&[T]或&mut [T]类型的值的。

因此，在代码清单 6-81 的第 8 行中，any 方法的内部 for 循环中的循环变量 x 是一个引用。所以，在代码清单 6-80 中，第 3 行传给 any 的闭包参数只能是引用形式，否则就会报错。代码清单 6-82 展示了更多细节。

代码清单 6-82：any 方法示意

```
1.  fn main() {
2.      let arr = [1, 2, 3];
3.      let result1 = arr.iter().any(|&x| x != 2);
4.      let result2 = arr.iter().any(|x| *x != 2);
5.      // error:
6.      // the trait bound `&{integer}: std::cmp::PartialEq<{integer}>` is
    not satisfied
7.      // let result2 = arr.iter().any(|x| x != 2);
8.      assert_eq!(result1, true);
```

```
9.        assert_eq!(result2, true);
10.  }
```

在代码清单 6-82 中，第 3 行和第 4 行的 any 方法闭包参数分别使用了&x 和 x，都可以正常运行。对于&x 参数的闭包来说，在 any 方法内部调用时，会因为闭包参数的模式匹配获取 x 的值，故而可以正常运行。对于 x 参数的闭包来说，因为闭包执行体使用了解引用操作符，因此也可以正常运行。但是像第 7 行那样的用法就会抛出注释所示的错误。这是因为此时 x 为引用，不能进行比较操作。

对于 fold 方法来说，也是同样的道理，如代码清单 6-83 所示。

代码清单 6-83：使用 fold 对数组求和示例

```
1.   fn main() {
2.       let arr = vec![1, 2, 3];
3.       let sum1 = arr.iter().fold(0, |acc, x| acc + x);
4.       let sum2 = arr.iter().fold(0, |acc, x| acc + *x);
5.       let sum3 = arr.iter().fold(0, |acc, &x| acc + x);
6.       let sum4 = arr.into_iter().fold(0, |acc, x| acc + x);
7.       assert_eq!(sum1, 6);
8.       assert_eq!(sum2, 6);
9.       assert_eq!(sum3, 6);
10.      assert_eq!(sum4, 6);
11.  }
```

代码清单 6-83 中，第 3 行、第 4 行和第 5 行通过 iter 方法获取的动态数组 arr 的不可变迭代器为 Iter 类型，所以能获取多次。第 6 行使用 into_iter 方法来创建的迭代器是 IntoIter 类型，会获取 arr 的所有权。

因为 Iter 类型的迭代器在 for 循环中产生的循环变量为引用，所以在 fold 内部的 for 循环中传入闭包的循环变量也是引用。故而代码清单 6-83 的第 3 行、第 4 行和第 5 行都可以正常运行。加法操作对引用是适用的。

而 IntoIter 类型的迭代器的 next 方法返回的是 Option<T>类型，在 for 循环中产生的循环变量是值，不是引用。所以在代码清单 6-83 第 6 行使用 fold 时，其内部的 for 循环的循环变量也是值，所以这里闭包参数也只能是值。如果把第 6 行闭包参数中的 x 改为&x，或者把闭包体内的 x 改为*x，均会报错。

Rust 除了提供 any 和 fold 两个消费器（内部迭代器），还提供了其他的内部迭代器，比如 all、for_each 和 position 等，可以在 std::iter::Iterator 的文档中找到它们的用法和源码。在众多消费器中，最特殊的应该算 collect 消费器了。

collect 消费器

通过前面的几个示例我们已经知道，collect 消费器有"收集"功能，在语义上可以理解为将迭代器中的元素收集到指定的集合容器中，比如前面示例中所看到的 collect::<Vec<i32>>()，就是将迭代器元素收集到 Vec<i32>类型的动态数组容器中。通过 turbofish 语法还可以指定其他的集合容器，比如 collect::<HashMap<i32, i32>>()等。代码清单 6-84 展示了 collect 消费器源码。

代码清单 6-84：collect 源码示意

```
1.   pub trait Iterator {
```

```
2.      type Item;
3.      ...
4.      fn collect<B: FromIterator<Self::Item>>(self) -> B where Self:
   Sized {
5.          FromIterator::from_iter(self)
6.      }
7.  }
```

看得出来 collect 消费器的源码很简单，其内部只是调用 FromIterator::from_iter 方法。前面已经讲过，FromIterator 和 IntoIterator 是互为逆操作的两个 trait。代码清单 6-85 展示了 FromIterator 的源码。

代码清单 6-85：FromIterator 源码示意

```
1.  pub trait FromIterator<A>: Sized {
2.      fn from_iter<T: IntoIterator<Item=A>>(iter: T) -> Self;
3.  }
```

该 trait 只定义了唯一的泛型方法 from_iter，它的方法签名中使用了 trait 限定 IntoIterator<Item=A>，表示只有实现了 IntoIterator 的类型才可以作为其参数。集合容器只需要实现该 trait，就可以拥有使用 collect 消费器收集迭代器元素的能力，代码清单 6-86 所展示的集合 MyVec 就实现了 FromIberotor trait。

代码清单 6-86：自定义集合 MyVec 实现 FromIterator

```
1.  use std::iter::FromIterator;
2.  #[derive(Debug)]
3.  struct MyVec(Vec<i32>);
4.  impl MyVec {
5.      fn new() -> MyVec {
6.          MyVec(Vec::new())
7.      }
8.      fn add(&mut self, elem: i32) {
9.          self.0.push(elem);
10.     }
11. }
12. impl FromIterator<i32> for MyVec {
13.     fn from_iter<I: IntoIterator<Item = i32>>(iter: I) -> Self {
14.         let mut c = MyVec::new();
15.         for i in iter {
16.             c.add(i);
17.         }
18.         c
19.     }
20. }
21. fn main() {
22.     let iter = (0..5).into_iter();
23.     let c = MyVec::from_iter(iter);
24.     assert_eq!(c.0, vec![0, 1, 2, 3, 4]);
25.     let iter = (0..5).into_iter();
26.     let c: MyVec = iter.collect();
27.     assert_eq!(c.0, vec![0, 1, 2, 3, 4]);
28.     let iter = (0..5).into_iter();
```

```
29.       let c = iter.collect::<MyVec>();
30.       assert_eq!(c.0, vec![0, 1, 2, 3, 4]);
31. }
```

在代码清单 6-86 中，通过元组结构体包装 Vec<i32>创建了 MyVec 结构体，将其作为自定义的集合容器，并为其实现 FromIterator。然后在 main 函数中就可以使用 collect 来把迭代器元素收集到自定义的 MyVec 容器中了。

这里需要注意的是，直接调用 MyVec::from_iter 方法和使用 collect 方法的效果是一样的。

6.3.6 自定义迭代器适配器

Rust 虽然提供了很多迭代器适配器，但是面对实际开发中各种各样的需求时还是显得不够用。幸运的是，在 Rust 中可以很容易地自定义迭代器适配器，这得益于 Rust 的高度一致性。

接下来要来实现一个自定义的迭代器适配器，主要功能是让迭代器按指定的步数来遍历，而不是逐个遍历。首先，需要定义一个迭代器适配器 Step<I>，如代码清单 6-87 所示。

代码清单 6-87：定义迭代器适配器 Step<I>

```
1. #[derive(Clone, Debug)]
2. #[must_use = "iterator adaptors are lazy and do nothing unless
   consumed"]
3. pub struct Step<I> {
4.     iter: I,
5.     skip: usize,
6.  }
```

代码清单 6-87 定义了泛型结构体 Step<I>，将它作为迭代器适配器，其成员 iter 用于存储迭代器，skip 用于存储迭代的步数。接下来，需要为其实现 Iterator，如代码清单 6-88 所示。

代码清单 6-88：为 Step 实现 Iterator

```
1. impl<I> Iterator for Step<I>
2.     where I: Iterator,
3.     {
4.     type Item = I::Item;
5.     fn next(&mut self) -> Option<I::Item> {
6.         let elt = self.iter.next();
7.         if self.skip > 0 {
8.             self.iter.nth(self.skip - 1);
9.         }
10.     elt
11.   }
12. }
```

代码清单 6-88 为 Step 实现了 Iterator 中定义的两个核心方法 next。值得注意的是，这里需要将关联类型 Item 指定为原迭代器的关联类型 I::Item。

实现 next 和 size_hint 方法时，必须符合 Iterator trait 中 next 方法签名规定的参数和返回值类型。其中 next 方法必须按指定的步数来迭代，所以此处 next 方法实现的时候，需要根据 Step 适配器中的 skip 字段来跳到相应的元素。如果 skip 是 2，调用 next 时则需要跳过第一个元素，直接到第二个元素。注意代码第 8 行使用了 nth 方法，该方法会直接返回迭代器中第 n 个元素。

接下来，需要创建一个 step 方法来产生 Step 适配器，如代码清单 6-89 所示。

代码清单 6-89：创建 step 方法来产生 Step 适配器

```
1.  pub fn step<I>(iter: I, step: usize) -> Step<I>
2.  where I: Iterator,
3.  {
4.      assert!(step != 0);
5.      Step {
6.          iter: iter,
7.          skip: step - 1,
8.      }
9.  }
```

代码清单 6-89 创建了 step 方法，接收两个参数，第一个为迭代器，第二个为指定步数。返回一个 Step 结构体实例。

现在，一个完整的迭代器适配器已经创建好了。最后只需要为所有的迭代器实现 step 方法即可，如代码清单 6-90 所示。

代码清单 6-90：为所有的迭代器实现 step 方法

```
1.  pub trait IterExt: Iterator {
2.      fn step(self, n: usize) -> Step<Self>
3.          where Self: Sized,
4.          {
5.              step(self, n)
6.          }
7.  }
8.  impl<T: ?Sized> IterExt for T where T: Iterator {}
```

代码清单 6-90 做了两件事。第一件事是自定义了一个继承自 Iterator 的子 trait，名为 IterExt，其中定义了 step 方法并给出了默认的实现：直接使用 step 函数创建 Step 适配器并返回。第二件事如代码第 8 行所示，使用 impl 为所有实现了 Iteraotr 的类型 T 实现 IterExt。至此，整个迭代器适配器才算大功告成，可以直接使用了，如代码清单 6-91 所示。

代码清单 6-91：应用迭代器适配器 Step

```
1.  fn main() {
2.      let arr = [1,2,3,4,5,6];
3.      let sum = arr.iter().step(2).fold(0, |acc, x| acc + x);
4.      assert_eq!(9, sum); // [1, 3, 5]
5.  }
```

在代码清单 6-91 中，数组 arr 通过 iter 方法转换为迭代器之后，就可以直接调用 step 方法来指定迭代的步数了，此例中指定步数为 2，迭代的元素应该是[1, 3, 5]，所以使用 fold 消费器对其求和所得值等于 9。

以上就是自定义迭代器适配器的具体思路。

实际上，Rust 社区有很多第三方包（crate）也提供了迭代器适配器，其中最常用的是 Itertools。代码清单 6-92 是 Itertools 包中实现的 Positions 适配器示例。

代码清单 6-92：Itertools 包中实现的 Positions 迭代器适配器

```
1.  #[must_use = "iterator adaptors are lazy and do nothing unless
```

```rust
   consumed"]
2.  #[derive(Debug)]
3.  pub struct Positions<I, F> {
4.      iter: I,
5.      f: F,
6.      count: usize,
7.  }
8.  pub fn positions<I, F>(iter: I, f: F) -> Positions<I, F>
9.      where I: Iterator,
10.     F: FnMut(I::Item) -> bool,
11.     {
12.     Positions {
13.         iter: iter,
14.         f: f,
15.         count: 0
16.     }
17. }
18. impl<I, F> Iterator for Positions<I, F>
19.     where I: Iterator,
20.     F: FnMut(I::Item) -> bool,
21. {
22.     type Item = usize;
23.     fn next(&mut self) -> Option<Self::Item> {
24.         while let Some(v) = self.iter.next() {
25.             let i = self.count;
26.             self.count = i + 1;
27.             if (self.f)(v) {
28.                 return Some(i);
29.             }
30.         }
31.         None
32.     }
33.     fn size_hint(&self) -> (usize, Option<usize>) {
34.         (0, self.iter.size_hint().1)
35.     }
36. }
37. impl<I, F> DoubleEndedIterator for Positions<I, F>
38.     where I: DoubleEndedIterator + ExactSizeIterator,
39.     F: FnMut(I::Item) -> bool,
40. {
41.     fn next_back(&mut self) -> Option<Self::Item> {
42.         while let Some(v) = self.iter.next_back() {
43.             if (self.f)(v) {
44.                 return Some(self.count + self.iter.len())
45.             }
46.         }
47.         None
48.     }
49. }
50. pub trait Itertools: Iterator {
51.     fn positions<P>(self, predicate: P) -> Positions<Self, P>
```

```
52.      where Self: Sized,
53.      P: FnMut(Self::Item) -> bool,
54.      {
55.          positions(self, predicate)
56.      }
57. }
58. impl<T: ?Sized> Itertools for T where T: Iterator {}
59. fn main() {
60.     let data = vec![1, 2, 3, 3, 4, 6, 7, 9];
61.     let r = data.iter().positions(|v| v % 3 == 0);
62.     let rev_r = data.iter().positions(|v| v % 3 == 0).rev();
63.     for i in r { println!("{:?}", i); } // OUTPUT: 2  3  5 7
64.     for i in rev_r { println!("{:?}", i); } // OUTPUT: 7 5 3 2
65. }
```

代码清单 6-92 是从 Itertools 包中摘选出来的 Positions 迭代器适配器的完整实现，从 main 函数中可以看出，其功能是输出满足闭包内指定条件元素的索引（位置）。

第 3 行到第 7 行定义了 Positions 结构体，包含三个成员字段。其中 iter 用来存储迭代器，f 用来存储闭包，count 用来计数。

第 8 行到第 17 行实现了 positions 方法，用来生成 Positions 迭代器实例。

第 18 行到第 36 行为 Positions 实现了 Iterator 中核心的 next 方法和 size_hint 方法。注意其中的 next 方法，在每次迭代时，会使用 count 来进行计数并执行闭包，如果满足闭包条件则返回相应的计数，就是所得索引值。

第 37 行到第 49 行为 Positions 实现了 DoubleEndIterator 和 ExactSizeIterator，支持反向遍历和确定迭代器大小。

第 50 行到第 57 行创建了 Itertools，其继承自 Iterator 的子 trait，作用是扩展 Iterator。该 trait 实现了 positions 方法，迭代器就可以调用了。

在 main 函数中，第 61 行和第 62 行分别使用了 positions 方法正确获得 Positions 迭代器，并在其后的两个 for 循环中获得预期的结果。

除了 Positions 适配器，Itertools 还提供了更多的适配器和其他扩展迭代器的方法。如有需要，可以在 crates.io 网站找到它。

6.4　小结

本章从函数式编程范式的角度探讨了 Rust 中的函数和闭包。在 Rust 中，函数是一等公民，可以作为其他函数的参数或返回值。将函数作为参数或返回值的函数，叫高阶函数。在函数之间传递的是函数指针类型 fn。虽然 Rust 也支持高阶函数，但是函数本身并不能捕获环境变量，无法完成某些情况下的需求，所以 Rust 也引入了闭包。

闭包可以捕获其在被定义时环境中的变量。在 Rust 中，闭包实际上是一种 trait 语法糖。对应所有权系统，闭包有三个 trait，分别是 Fn、FnMut、FnOnce，它们由编译器自动生成。生成哪种类型的闭包，与捕获变量属于复制语义还是移动语义有关联。闭包也可以作为函数的参数和返回值，这就极大地提高了 Rust 语言的抽象表达能力。但是因为闭包是 trait 语法糖，所以在返回闭包的时候，需要把闭包装箱用作 trait 对象。闭包装箱会带来性能问题，所以

Rust 官方团队在 Rust 2018 版本中引入了 impl Trait 功能，来支持直接返回闭包，而不再需要 trait 对象。顾名思义，impl Trait 代表实现了指定 Trait（比如闭包的 Fn、FnMut、FnOnce）的类型，它类似返回值上的 trait 限定，属于静态分发。

　　闭包最常见的应用就是迭代器，Rust 迭代器的应用非常广泛。Rust 基于 trait 和结构体非常漂亮地实现了迭代器模式，以及迭代器适配器模式，不仅在标准库中提供了很多迭代器相关的方法，而且开发者还可以非常方便地编写自己的迭代器适配器，来扩展 Rust 的迭代器。Rust 迭代器是基于 for 循环的外部迭代器，for 循环其实也是语法糖，它会自动调用 next 方法来遍历集合容器中的元素。

　　Rust 的迭代器和迭代器适配器均是惰性的，也就是说，如果没有真正的消费数据的行为发生，它们是不会工作的。这种用于消费迭代器数据的工具叫消费器。Rust 提供了有限的几种消费器，比如 collect 和 fold。这些消费器实际上是一种内部迭代器。内部迭代器的好处是不支持 return、break 和 continue，减少了相关的检查，可以方便编译器进行优化，在某些场景中提升性能。这些内部迭代器实际上是基于 for 循环实现的。std::iter 模块中还定义了很多迭代器相关的方法，读者可以自行探索和练习。

　　通过学习函数、闭包和迭代器，读者应该对 Rust 有了更深的认识，也应该能更进一步地体会到 Rust 语言设计的一致性了。基于 trait、结构体和所有权，完美地提供了函数式编程范式中的常用高级语言特性，也许这正是 Rust 语言的优雅性所在。

第 7 章
结构化编程

形每万变，神唯守一。

编程是一门技术，用它可以解决很多问题，创造很多新事物，甚至改变世界。编程更是一门艺术，在使用它解决问题或创造新事物的时候，本身就是一种精神实践活动，其中蕴含了开发者对于客观世界的认识和反映。在外行人的眼里，由 26 个英文字母加各种符号组合而成的程序代码可能毫无美感可言，那么编程的艺术性到底表现在哪里？对于开发者来说，编程的艺术性在于其组织结构极具审美价值。

编程完全可以类比建筑。2010 年上海世博会上，中国馆"东方之冠"给人留下了深刻的印象。"东方之冠"的特色之处在于其采用了中华古建筑斗拱的结构，如图 7-1 所示。

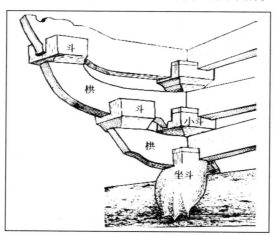

图 7-1：中国古建筑斗拱结构示意图

斗拱属于榫卯结构的一种，其上承屋顶，下接立柱，在中国古建筑中扮演的是顶天立地的角色。而斗拱仅仅由 5 个简单的部件组成，利用独一无二的榫卯结构，可以拼接出种类繁多且左右对称的各种样式，无不令人称赞。这正应了"形每万变，神唯守一"的规律。

编程也一样，同样需要考虑系统结构、分层和架构。无论是采用面向对象还是函数式的开发思想，可以代码复用和高内聚低耦合的架构就是一种美。而语言的范式在很大程度上决定了使用该语言编写出的代码的组织结构。对于面向对象范式的语言，其核心的概念是继承、多态和封装，它将对象作为程序的基本构建单元。而函数式范式语言将函数作为其程序的基本构建单元，采用抽象和复合等手段来组织和复用代码。这两种方式各有优缺点。面向对象范式在代码结构化方面的优点在于更加符合直觉，缺点是性能差、过度封装，而基于类继承的方式也会造成强耦合。函数式范式的优点在于它的核心思想是"组合优于继承"，与面向对象范式相比，其复用的粒度更小，更自由灵活，耦合程度更低，但其缺点是学习成本比较高。

作为现代系统级的编程语言，Rust 汲取了两个不同编程范式的优势，提供了结构体、枚举体和 trait 这三驾马车来撑起程序结构。本章主要围绕结构体和枚举来阐述如何使用 Rust 进行结构化编程。

7.1 面向对象风格编程

严格来说，Rust 并不符合标准的面向对象语言的定义。比如，Rust 既不存在类或对象的概念，也没有父子继承的概念。然而，rust 却支持面向对象风格的封装。传统面向对象中的父子继承是为了实现代码复用和多态，其本质在类型系统概念中属于子类型多态，而 Rust 使用 trait 和泛型提供的参数化多态就完全满足了这个需求。对于代码复用，Rust 是通过泛型单态化和 trait 对象来避免代码重复，从而支持代码复用的，虽然相对于传统面向对象语言中的父子继承来说功能较弱，但 Rust 还提供了功能强大的宏（包括 macro 和 procedural macro）系统来帮助复用代码，甚至还可以使用一些设计模式来避免代码重复。Rust 还实现了一种名叫**特化（specialization）**的功能来增强代码的高效复用。

总而言之，Rust 对面向对象编程风格的支持可以总结为以下几点。

- **封装**。Rust 提供了结构体（Struct）和枚举体（Enum）来封装数据，并可使用 pub 关键字定义其字段可见性；提供了 impl 关键字来实现数据的行为。
- **多态**。通过 trait 和泛型以及枚举体（Enum）来允许程序操作不同类型的值。
- **代码复用**。通过泛型单态化、trait 对象、宏（macro）、语法扩展（procedural macro）、代码生成（code generation）来设计模式。

7.1.1 结构体

结构体（Struct）和枚举体（Enum）是 Rust 中最基本的两种复合类型。对于 Rust 类型系统而言，这两种复合类型实际上属于同一种概念，它们都属于**代数数据类型（ADT，Algebraic Data Type）**。代数数据类型的概念来自函数式语言，尤其在 Haskell 中应用最广，仅通过这两种数据类型就可以构造出大部分的数据结构。

代数数据类型之积类型

代数数据类型就是指具备了代数能力的数据类型，即数据类型可以进行代数运算并满足一定的运算规则（例如可以进行加法或乘法，满足交换律和结合律）。正是这一点保证了数据类型中的许多性质是可以**复合**的。比如一个结构体中包含的成员都是拥有复制语义的简单原始数据类型，那么这个结构体也可以通过派生属性#[derive]来放心地为其实现 Copy，如代码清单 7-1 所示。

代码清单 7-1：成员字段为简单原始数据类型的结构体示例

```
1.  #[derive(Debug,Copy,Clone)]
2.  struct Book<'a> {
3.      name: &'a str,
4.      isbn: i32,
5.      version: i32,
6.  }
```

```
7.   fn main(){
8.      let book = Book {
9.         name: "Rust 编程之道" , isbn: 20181212, version: 1
10.     };
11.     let book2 = Book { version: 2, ..book};
12.     println!("{:?}",book);
13.     println!("{:?}",book2);
14.  }
```

在代码清单 7-1 中，因为结构体 Book 的成员字段均为复制语义的类型，所以在代码第 12 行输出 book 时，可以正常编译执行，说明第 11 行创建 book2 时，使用结构体更新语法 ".." 时，book 的所有权并未被转移。结构体的**更新语法（update syntax）** 允许使用 ".." 语法来减少代码重复。

这说明复合类型结构体 Book 已经通过派生属性**#[derive(Copy,Clone)]** 实现了 Copy。但是如果结构体 Book 使用了移动语义的成员字段，则不允许实现 Copy，如代码清单 7-2 所示。

代码清单 7-2：成员字段为移动语义的情况
```
1.   #[derive(Debug,Copy,Clone)]
2.   struct Book {
3.      name: String,
4.      isbn: i32,
5.      version: i32,
6.   }
7.   fn main(){
8.      let book = Book {
9.         name: "Rust 编程之道".to_string() , isbn: 20171111, version: 1
10.     };
11.     let book2 = Book { version: 2, ..book};
12.     // error[E0382]: use of partially moved value: `book`
13.     println!("{:?}",book);
14.     println!("{:?}",book2);
15.  }
```

在代码清单 7-2 中，将结构体 Book 的 name 字段修改为了拥有移动语义的 String 类型。该代码编译会报以下错误：

```
error[E0204]: the trait `Copy` may not be implemented for this type
1 | #[derive(Debug,Copy,Clone)]
  |                ^^^^
2 | struct Book {
3 |    name: String,
  |    ------------ this field does not implement `Copy`
```

错误信息表明，Rust 不允许包含了 String 类型字段的结构体实现 Copy。看得出来，代数数据类型有力地保障了复合类型的类型安全。这里值得注意的是，更新语法会转移字段的所有权。在代码清单 7-2 的第 11 行中，..book 语法将除 version 字段之外的其他字段的所有权转移，这里 name 是 String 类型，属于移动语义，所以 name 会被转移所有权。如果把代码清单 7-2 结构体的派生属性#[derive(Copy,Clone)]去掉，再编译该代码，则会报出代码第 12 行注释展示的错误，表示 book 的部分字段的所有权已经被转移。

Rust 中的结构体属于代数数据类型中的**积类型**。积类型是来自范畴论的术语，毕竟 Rust

类型系统借鉴了 Haskell 语言，而 Haskell 语言是范畴论的最佳实践，但这并不代表需要深入 Haskell 或范畴论才能理解它。积类型也可以通过更直观的**乘法原理**来理解，假如一件事需要分成 n 个步骤来完成，第一步有 m_1 种不同的做法，第二步有 m_2 种不同的做法，以此类推，第 n 步有 m_n 种不同的做法，那么完成这件事共有 $N=m_1×m_2×m_3×\cdots×m_n$ 种不同的做法，这就是乘法原理。它描述的是做一件事需要分成很多步，每一步之间都相互依赖，它表示的是一种**组合**（combination）。如果用逻辑来表示，则是**逻辑与**（合取）。

同理，结构体这样的复合数据是通过不同字段的值组合而成的。比如一个元组结构体 S(i32, u32, String)，其实例是(i32, u32, String)这三种字段类型的值相互依赖而成的不同组合。由此可知，元组也属于积类型。积类型代表一种数据结构的复合方式，当一个复合类型需要组合多个成员来共同表达时，可以使用结构体。

Rust 中的结构体虽然是代数数据类型，但也契合了面向对象思想中的封装。因此，通过结构体完全可以进行面向对象风格的编程。

使用结构体进行面向对象风格编程

下面以一个简单的示例来说明如何使用结构体进行面向对象风格的编程。假设需要实现一个库，该库的功能是在终端（Terminal）输出指定颜色的字符。使用该库输出指定颜色字符的代码如代码清单 7-3 所示。

代码清单 7-3：在终端输出指定颜色字符的代码示意

```
1.  fn main() {
2.      let hi = "Hello".red().on_yellow();
3.      println!("{}", hi);
4.  }
```

代码清单 7-3 想实现的是在该代码运行时，在终端输出指定颜色的字符，具体来说，是想在终端输出黄色背景色下的红色字符串 Hello。那么该如何设计代码才能实现此目标呢？

在终端显示带颜色的字符，需要使用 **ANSI 转义序列**（**ANSI Escape Code**）。ANSI 转义序列就是指形如 **ESC** 和[组合而成的字符序列，可以实现在屏幕上定位光标或改变输出字符颜色等功能，所以也被称为**控制字符**，被定义于 ASCII 码中。ESC 有三种表示方法：

- 在 Shell 中表示为\e。
- 以 ASCII 十六进制表示为\x1B。
- 以 ASCII 八进制表示为\033。

所以，如果想在终端输出带指定颜色的字符 Hello，需要将其变为包含 ANSI 转义序列的字符串，如下所示：

```
$ echo "\e[31;43mHello\e[0m"
$ echo "\x1B[31;43mHello\x1B[0m"
$ echo "\033[31;43mHello\033[0m"
```

将这三条 echo 指令放到 Linux 终端下，均会输出黄底红字的 Hello。

\x1B[为前缀，表示这是一个 ANSI 控制序列的开始。用分号相隔的 **31;43** 属于颜色代码，31 是前景色，代表红色；43 为背景色，代表黄色。字母 m 为结束符，原始文本 Hello 置于其后。最后的**\x1B[0m** 结尾代表重置全部属性，表示一个 ANSI 控制序列的结束。图 7-2 以 ESC 的十六进制表示为例展示了 ANSI 转义序列的含义。

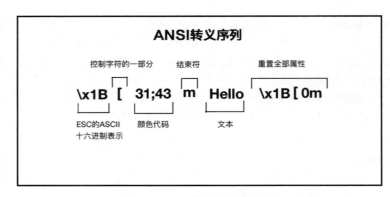

图 7-2：ANSI 转义序列示意图

那么，想把 Hello 转换为此 ANSI 序列，实际上就是一个字符串的组装。整个 ANSI 序列中动态变化的只有两部分，那就是颜色代码和原始文本，因此有了初步的实现步骤：

1．定义一个结构体，来封装动态变化的两部分数据。

2．为此结构体定义指定颜色的方法，比如 red 方法和 on_yellow 方法。

3．为了实现直接在字符串字面量上链式调用 red 和 on_yellow 方法，就必须为&'a str 类型也实现 red 和 on_yellow 方法。

4．为此结构体实现方法，用于组装 ANSI 字符串序列。

5．打印结果。

接下来，按照此步骤来逐步实现目标。创建一个名为 **color.rs** 的文件存放整个代码，注意 Rust 代码文件以**.rs** 为扩展名。

第 1 步来设计一个结构体，命名为 ColoredString，字段包含输入的原始字符串，以及前景色和背景色，如代码清单 7-4 所示。

代码清单 7-4：在 color.rs 文件中创建 ColoredString 结构体

```
1.   struct ColoredString {
2.       input: String,
3.       fgcolor: String,
4.       bgcolor: String,
5.   }
```

结构体 ColoredString 包含三个字段，均为 String 类型。其中 input 用于存储原始字符，fgcolor 和 bgcolor 分别代表前景色和背景色。

第 2 步要为结构体实现颜色相关的方法，而第 3 步中也需要为**&'a str** 类型实现相关方法，因此这里实际上需要一个统一的接口，这正是 trait 大显身手的地方，我们增加 Colorize trait，如代码清单 7-5 所示。使用 Rust 的 trait 可以实现非侵入式接口，而不是面向对象语言（比如 C++或 Java）的那种有过多依赖的侵入式接口。

代码清单 7-5：在 color.rs 中增加 Colorize trait

```
1.   trait Colorize {
2.       const FG_RED : &'static str = "31";
3.       const BG_YELLOW : &'static str = "43";
4.       fn red(self) -> ColoredString;
```

```
5.     fn on_yellow(self) -> ColoredString;
6.  }
```

代码清单 7-5 定义了这个 Colorize trait，该 trait 包含了 FG_RED 和 BG_YELLOW 两个常量，这两个常量叫**关联常量**。关联常量是 Rust 2018 版本中加入的新功能，和关联类型类似，由实现该 trait 的类型来指定常量的值，也可以像代码清单 7-5 这样指定默认常量值。这里的两个常量值分别代表前景色红色和背景色黄色，在后面的代码中将会使用。与直接在代码中使用数值相比，关联常量的可读性和可维护性更高一些。在使用关联常量的时候，要注意常量名必须全部大写，否则编译器会输出警告。并且在 trait 中要明确标注好常量的类型，因为此处编译器无法推断常量的具体类型。

该 trait 中还包含两个方法 red 和 on_yellow，分别用于设置前景色和背景色。这两个方法均以 self 为第一个参数并返回 ColoredString，表示该方法是和实现该 trait 的类型相关联的函数，其中 self 实际上代表 self: Self，Self 代表实现该 trait 的类型。这是 Rust 最具有面向对象风格的特点的地方，因为关联函数允许开发者使用点操作符来调用函数，同样也支持链式调用，就像使用面向对象语言那样。在面向对象语言中，形如 recevier.message 形式的调用方式被称为消息传递，点操作符左边的 recevier 被称为接收者，右边的部分被称为消息，在面向对象语言中，消息也被叫作方法。因此我们把这样的关联函数称为方法，用于和普通的函数区分开来。

然后就要分别为 ColoredString 和&'a str 类型实现 Colorize。这里思考一个问题，当实现 red 方法时，只需要设置前景色 fgcolor，而另外两个值却不知道，原始文本有可能是任意字符串，背景色 bgcolor 可以设置，也可以不设置。同理，实现 on_yellow 方法也存在类似的问题，所以必须使用默认值。最直观的办法是使用空字符串充当默认值，类似如下代码：

```
ColoredString{
    input: String::new(),
    fgcolor: String::from("31"),
    bgcolor: String::new(),
}
```

因为 red 和 on_yellow 方法返回的均为 ColoredString 实例，如果用这种方法，必然会出现重复代码，为了减少这种重复，可以使用结构体更新语法来隐式填充重复的字段，写法类似下面这样：

```
ColoredString{ fgcolor: String::from("31"), ..self  }
ColoredString{ bgcolor: String::from("43"), ..self  }
```

但是 Rust 并没有为结构体提供类似 C++或其他面向对象编程语言中的构造函数，在实现 red 或 on_yellow 方法时，如何提供默认值？Rust 标准库 std::default 模块中提供了一个叫作 **Default** 的 trait，可以帮助解决此问题。使用 Default 可以为 ColoredString 提供默认值，代码清单 7-6 展示了如何为 ColoredString 实现 Default。

代码清单 7-6：在 color.rs 中为 ColoredString 实现 Default

```
1.  impl Default for ColoredString {
2.      fn default() -> Self {
3.          ColoredString {
4.              input: String::default(),
5.              fgcolor: String::default(),
6.              bgcolor: String::default(),
7.          }
```

```
8.      }
9.   }
```

因为 Default 已经在 **std::prelude::v1** 模块中被导入，所以这里就可以直接使用而不需要显式地导入 Default。**Rust 已经为内置的大部分类型实现了 Default**，所以在代码清单 7-6 中，可以使用 String::default 方法来设置 String 类型的默认值。接下来就可以正式为 ColoredString 和&'a str 实现 Colorize 了，如代码清单 7-7 所示。

代码清单 7-7：在 color.rs 中为 ColoredString 和&'a str 实现 Colorize

```
1.   impl<'a> Colorize for ColoredString {
2.       fn red(self) -> ColoredString {
3.           ColoredString{
4.               fgcolor: String::from(ColoredString::FG_RED), ..self
5.           }
6.       }
7.       fn on_yellow(self) -> ColoredString {
8.           ColoredString {
9.               bgcolor: String::from(ColoredString::BG_YELLOW), ..self
10.          }
11.      }
12. }
13. impl<'a> Colorize for &'a str {
14.      fn red(self) -> ColoredString {
15.          ColoredString {
16.              fgcolor: String::from(ColoredString::FG_RED),
17.              input: String::from(self),
18.              ..ColoredString::default()
19.          }
20.      }
21.      fn on_yellow(self) -> ColoredString {
22.          ColoredString {
23.              bgcolor: String::from(ColoredString::BG_YELLOW),
24.              input: String::from(self),
25.              ..ColoredString::default()
26.          }
27.      }
28. }
```

如果只需要为字符串设置前景色或背景色中的某一种颜色，那么只需要为**&'a str** 实现 Colorize，就可以满足像"Hello".red()这样的调用。但是如果希望像"Hello".red().on_yellow()这样通过链式调用来同时设置前景色和背景色，就需要为 ColoredString 也实现 Colorize，因为在第一次调用之后，返回的是 ColoredString 类型的实例，ColoredString 必须实现 Colorize 才能满足这样的链式调用。

代码清单 7-7 的第 4 行和第 9 行的更新语法中使用了..self，而代码第 18 行和第 25 行的更新语法中使用的是..ColoredString::default()。其中的区别很容易理解，因为第一次调用 red 或 on_yellow 方法的是字符串，所以需要调用 ColoredString 的默认值来进行第一次默认填充，如果有链式调用才会轮到 ColoredString 类型，所以需要用 self 来保存第一次调用时候的设置。

另外也需要注意代码中关联常量的用法。因为是给 ColoredString 类型实现的 Colorize，所以调用关联常量必须以类型名为前缀，即 ColoredString::FG_RED 和 ColoredString::BG _YELLOW。

接下来的工作就是要将原始字符串组装为 ANSI 序列，为了实现这一点，需要为 ColoredString 实现 compute_style 方法，如代码清单 7-8 所示。

代码清单 7-8：在 color.rs 中为 ColoredString 实现 compute_style 方法

```
1.  impl ColoredString{
2.      fn compute_style(&self) -> String {
3.          let mut res = String::from("\x1B[");
4.          let mut has_wrote = false;
5.          if !self.bgcolor.is_empty() {
6.              res.push_str(&self.bgcolor);
7.              has_wrote = true;
8.          }
9.          if !self.fgcolor.is_empty() {
10.             if has_wrote { res.push(';'); }
11.             res.push_str(&self.fgcolor);
12.         }
13.         res.push('m');
14.         res
15.     }
16. }
```

代码清单 7-8 为 ColoredString 实现的 compute_style 方法是为了组装 ANSI 序列的前半部分，也就是**\x1B[43;31m**。前半部分是使用前缀**\x1B** 来定义 ANSI 序列的开始，后面紧跟颜色编码 **43;31**，43 和 31 分别代表红色前景色和黄色背景色，用分号相隔。结束符 **m** 代表颜色控制字符已经设置完毕。前半部分是最关键的，它设置好以后，后面就可以紧跟原始文本和 ANSI 的属性重置符了，后面的部分要在最终打印输出时再进行拼接。

代码清单 7-8 的第 3 行初始化了一个可变的 String 类型字符串 res，并包含了 ANSI 序列的起始前缀。

代码第 4 行设置了一个 bool 类型的变量 has_wrote，用于判断是否有 bgcolor 的设置。

代码第 5 行到第 8 行通过标准库中 String 类型默认提供的 is_empty 方法，来判断结构体中的 bgcolor 字段是否为空。如果不为空，则说明设置了背景色，将 bgcolor 字段的值通过 push_str 方法拼接到 res 字符串后面，因为 push_str 的参数需要&str 类型，所以这里使用了 &self.bgcolor，虽然是&String 类型，但它会自动解引用为&str 类型，同时，将 has_wrote 设置为 true。

代码第 9 行到第 12 行判断 fgcolor 字段是否为空，如果不为空，则将 fgcolor 的值拼接到 res 字符串后面。但是在此之前，还需判断 has_wrote 是否为真，如果为真，则先把分号拼接到 res 字符串后。这里需要注意的是，对于 ANSI 控制符来说，前景色和背景色是由相应的代码决定的，和它们的拼接顺序并无关系。所以，这里最终的拼接结果是 **43;31**，先判断的是背景色，然后是前景色。其实如果反过来，**31;43** 也不会影响呈现结果。

第 13 行和第 14 行分别加上结束符 **m**，并返回最终拼接好的字符串 res，就得到了预期的 ANSI 序列。

最后，需要将最终的输出结果拼接出完整的字符串**\x1B[43;31mHello\x1B[0m**，那就需要为 coloredstring 实现 Display，如代码清单 7-9 所示。

代码清单 7-9：在 color.rs 中为 ColoredString 实现 Display

```
1.  use std::fmt;
```

```
2.  impl fmt::Display for ColoredString {
3.     fn fmt(&self, f: &mut fmt::Formatter) -> fmt::Result {
4.         let mut input = &self.input.clone();
5.         try!(f.write_str(&self.compute_style()));
6.         try!(f.write_str(input));
7.         try!(f.write_str("\x1B[0m"));
8.         Ok(())
9.     }
10. }
```

Display 是定义于 std::fmt 中的 trait，它和 Debug 很相似。Debug 是专门用于格式化打印的 trait，通过**{:?}**来格式化打印指定的输出，其中的**?**代表 Debug 模式，在本书中已经用到过很多次了，Debug 可以通过**#[derive(Debug)]**属性来自动派生。而 Display 是通过**{}**来格式化打印的，它比 Debug 适用的范围更广，更常用于手工实现而非自动派生。

代码清单 7-9 是一个标准的实现 Display 的例子，fmt 方法使用&self 作为第一个参数，第二个参数为 fmt::Formatter 类型，是一个结构体，专门用于提供记录格式化相关的信息，比如提供了 write_str，用于将指定的数据记录到底层的缓冲区中。fmt 方法返回的 fmt::Result 类型是和 Option<T>相似的类型，专门用于错误处理。

代码第 4 行声明了 input 变量，用来存储 ColoredString 结构体实例中 input 字段所记录的原始文本。

代码第 5 行到第 7 行使用 write_str 方法，依次将 ANSI 序列的前半部分、原始文本和 ANSI 序列属性重置符放入底层缓冲区中。其中用到了 try!宏，它是 Rust 标准库提供的专门用于错误处理的宏，如果出现错误，会自动返回相应的 Err，后面错误处理的章节会介绍更多相关内容。代码第 8 行返回 Ok(())，表示正常结束。

然后添加 main 函数，如代码清单 7-10 所示。

代码清单 7-10：在 color.rs 中添加 main 函数

```
1.  fn main() {
2.      let hi = "Hello".red().on_yellow();
3.      println!("{}", hi);
4.      let hi = "Hello".on_yellow();
5.      println!("{}", hi);
6.      let hi = "Hello".red();
7.      println!("{}", hi);
8.      let hi = "Hello".on_yellow().red();
9.      println!("{}", hi);
10. }
```

代码清单 7-10 中添加了 main 函数，可以自由地调用 red 或 on_yellow 方法对字符串字面量设置 ANSI 控制码，使其在终端输出时显示相应的颜色。可以通过 **rustc** 命令来编译 color.rs 文件，如下所示：

```
$ rustc color.rs
$ ./color
```

编译通过以后，直接执行得到的二进制文件，即可观察到最终运行结果，正如所预期的那样。通过这个简单的示例，我们可以对 Rust 中使用结构体和 trait 进行面向对象风格编程有一个整体的了解。

但是目前的代码功能有限，如果想让它支持显示更多的颜色，该如何扩展现有的代码呢？不妨考虑使用枚举体，也可称为枚举类型或枚举。

7.1.2 枚举体

枚举体（Enum）是 Rust 中除结构体之外的另一种重要的复合类型。Rust 之父 Graydon 曾经这样评价枚举体："一门不支持枚举体的语言堪比一场悲剧，想想如果没有 lambda 会发生什么。"Graydon 把枚举体看得和 lambda 一样重要，可想而知枚举体的重要性。事实也确实如此，枚举体让 Rust 更简洁，拥有更强大的表现力。

代数数据类型之和类型

枚举体属于代数数据类型中的**和类型**（Sum Type）。积类型可以借助乘法原理来理解，而和类型正好可以借助加法原理来理解。**加法原理**是指，如果做一件事有 n 类办法，在第一类办法中有 m_1 种不同的方法，在第二类办法中有 m_2 种不同的方法，以此类推，在第 n 类办法中有 m_n 种不同的方法，那么完成这件事一共有 $m_1+m_2+\cdots+m_n$ 种不同的方法。因此，如果说积类型是步步相关的话，那么和类型就是各自独立的。如果积类型表示**逻辑与**（合取），那和类型就表示**逻辑或**（析取）。

Rust 中用来消除空指针的 Option<T> 类型就是一种典型的枚举体，如代码清单 7-11 所示。

代码清单 7-11：Option<T>是一种典型的枚举体

```
1.  pub enum Option<T> {
2.      None,
3.      Some(T),
4.  }
```

Option<T>是一种典型的和类型，它代表**有**和**无**之和，将两种不同的类型构造为一种新的复合类型。枚举体包含了有限的枚举值，要使用它们，必须逐个枚举其中每一个值。和结构体不同的是，枚举体中的成员是值，而非类型，一般把它们叫作**变体**（**variant**）。使用枚举体可以更方便地实现多态。

可以使用枚举体方便地表示颜色，如代码清单 7-12 所示。

代码清单 7-12：使用枚举体表示颜色

```
1.  enum Color {
2.      Red,
3.      Yellow,
4.      Blue,
5.  }
```

只有对比才能体现出枚举体的方便之处，不妨考虑用面向对象语言该如何实现这种情况？代码清单 7-13 展示出了相关伪代码。

代码清单 7-13：面向对象语言中表示颜色的伪代码示意

```
1.  class Color{}
2.  class Red: Color{}
3.  class Yellow: Color{}
4.  class Blue: Color{}
```

代码清单 7-13 用伪代码展示了诸如 Ruby、Python、Java、C++之类的面向对象语言会如何表示颜色。首先需要定义一个 Color 类，也需要为具体的颜色定义相应的类，比如 Red、Yellow 和 Blue 需要各自继承 Color 来实现相关的方法。而在 Rust 中，只需要枚举体就已足够。

接下来，我们使用枚举体来重构之前 **color.rs** 中实现的代码，以便可以方便地添加新的颜色。**之前的代码主要有三处需要变动：**

- 使用枚举体来管理颜色，而不是直接在具体的方法中使用颜色代码。
- 使用模式匹配代替 if 来确认结构体中的 fgcolor 和 bgcolor 的设置情况。
- 可以支持通过字符串设置颜色。

重构 color.rs 代码

代码清单 7-12 已经创建了枚举体 Color 来管理颜色，接下来要为其实现一些方法，用于将 Color 中的每个变体和具体的 ANSI 颜色码对应起来，如代码清单 7-14 所示。

代码清单 7-14：为 Color 实现相应的方法，以对应具体的 ANSI 颜色码

```
1.  impl Color {
2.      fn to_fg_str(&self) -> &str {
3.          match *self {
4.              Color::Red => "31",
5.              Color::Yellow => "33",
6.              Color::Blue => "34",
7.          }
8.      }
9.      fn to_bg_str(&self) -> &str {
10.         match *self {
11.             Color::Red => "41",
12.             Color::Yellow => "43",
13.             Color::Blue => "44",
14.         }
15.     }
16. }
```

代码清单 7-14 通过 impl 关键字为 Color 实现了两个方法，to_fg_str 和 to_bg_str，分别用于对应前景色和背景色的 ANSI 颜色码。注意，这里使用了 match 模式匹配，覆盖了 Color 中的每一个值，这是必须的，否则 Rust 会编译错误。这里值得注意的地方是，代码第 3 行和第 10 行中的*self 并不会获取 self 的所有权。

下一步要修改结构体 ColoredString 中 fgcolor 和 bgcolor 字段的类型，如代码清单 7-15 所示。

代码清单 7-15：修改 ColoredString 结构体中 fgcolor 和 bgcolor 的类型

```
1.  #[derive(Clone, Debug, PartialEq, Eq)]
2.  struct ColoredString {
3.      input: String,
4.      fgcolor: Option<Color>,
5.      bgcolor: Option<Color>,
6.  }
7.  impl Default for ColoredString {
8.      fn default() -> Self {
9.          ColoredString {
10.             input: String::default(),
```

```
11.           fgcolor: None,
12.           bgcolor: None,
13.       }
14.   }
15. }
```

代码清单 7-15 将 fgcolor 和 bgcolor 字段类型改为了 Option<Color>。fgcolor 和 bgcolor 有两种可能的值：要么有，要么无。因此，这里非常适合使用 Option<T>类型，就不需要再使用 is_empty 方法进行判断了。既然结构体变了，那么其默认值也需要进行相应的改变，因为修改为了 Option<Color>，所以 fgcolor 和 bgcolor 的默认值完全可以统一设置为 None。

接下来，需要为 Color 实现 From，用于将&str 或 String 类型的字符串转换为 Color，这样做是为了实现通过字符串来设置颜色的需求，如代码清单 7-16 所示。

代码清单 7-16：为 Color 实现 From

```
1.  use std::convert::From;
2.  use std::str::FromStr;
3.  use std::string::String;
4.  impl<'a> From<&'a str> for Color {
5.      fn from(src: &str) -> Self {
6.          src.parse().unwrap_or(Color::Red)
7.      }
8.  }
9.  impl From<String> for Color {
10.     fn from(src: String) -> Self {
11.         src.parse().unwrap_or(Color::Red)
12.     }
13. }
14. impl FromStr for Color {
15.     type Err = ();
16.     fn from_str(src: &str) -> Result<Self, Self::Err> {
17.         let src = src.to_lowercase();
18.         match src.as_ref() {
19.             "red" => Ok(Color::Red),
20.             "yellow" => Ok(Color::Yellow),
21.             "blue" => Ok(Color::Blue),
22.             _ => Err(()),
23.         }
24.     }
25. }
```

要 实 现 From ， 需 要 显 式 地 导 入 **std::convert::From** 、 **std::str::FromStr** 和 **std::string::String**。代码清单 7-16 的第 4 行到第 13 行为 Color 实现了可以从&str 和 String 转换的 from 方法。其中用到了 **parse** 方法，该方法要求目标类型必须实现 **FromStr**，所以代码第 14 行到第 24 行专门为 Color 实现了 FromStr。

实现 FromStr 的 from_str 方法包含了**错误处理**相关的代码，最终返回一个 **Result<Self, Self::Err>**类型的结果。该方法主要包含两个动作，第一个动作是使用标准库提供的 to_lowercase 方法将传入的字符串变为小写，第二个动作是使用 match 匹配可能的值，来返回相应的 Color 变体。注意 match 匹配使用了通配符来匹配可能值之外的全部情况，这里返回了 Err。关于错误处理更详细的内容将在第 9 章介绍。

代码第 6 行和第 11 行的 parse 方法进行类型转换时，使用了 unwrap_or 方法。parse 方法会返回 Result 类型的值，如果是 Ok<T>类型，则会通过 unwrap 来获取其中的值；如果是 Err<T>类型，则返回指定的默认值 Color::Red。看得出来，使用枚举体可以非常干净安全地处理这种情况。

因为增加了新的颜色，下一步来修改 Colorize 这个 trait，如代码清单 7-17 所示。

代码清单 7-17：修改 Colorize

```
1.  trait Colorize {
2.      fn red(self) -> ColoredString;
3.      fn yellow(self) -> ColoredString;
4.      fn blue(self) -> ColoredString;
5.      fn color<S: Into<Color>>(self, color: S) -> ColoredString;
6.      fn on_red(self) -> ColoredString;
7.      fn on_yellow(self) -> ColoredString;
8.      fn on_blue(self) -> ColoredString;
9.      fn on_color<S: Into<Color>>(self, color: S) -> ColoredString;
10. }
```

除了添加了新的颜色设置方法，Colorize 最明显的变化是第 5 行和第 9 行分别添加了 color 方法和 on_color 泛型方法。使用这两个方法就可以通过字符串来设置终端文本的颜色。

然后，ColoredString 和&'a str 分别实现 Colorize 的代码也需要做相应的修改，如代码清单 7-18 所示。

代码清单 7-18：修改 ColoredString 和&'a str 实现 Colorize 的相关代码

```
1.  impl Colorize for ColoredString {
2.      fn red(self) -> ColoredString {self.color(Color::Red)}
3.      fn yellow(self) -> ColoredString {self.color(Color::Yellow)}
4.      fn blue(self) -> ColoredString {self.color(Color::Blue)}
5.      fn color<S: Into<Color>>(self, color: S) -> ColoredString {
6.          ColoredString { fgcolor: Some(color.into()), ..self }
7.      }
8.      fn on_red(self) -> ColoredString {self.on_color(Color::Red)}
9.      fn on_yellow(self) -> ColoredString {
10.         self.on_color(Color::Yellow)
11.     }
12.     fn on_blue(self) -> ColoredString {self.on_color(Color::Blue)}
13.     fn on_color<S: Into<Color>>(self, color: S) -> ColoredString {
14.         ColoredString { bgcolor: Some(color.into()), ..self }
15.     }
16. }
17. impl<'a> Colorize for &'a str {
18.     fn red(self) -> ColoredString {self.color(Color::Red)}
19.     fn yellow(self) -> ColoredString {self.color(Color::Yellow)}
20.     fn blue(self) -> ColoredString {self.color(Color::Blue)}
21.     fn color<S: Into<Color>>(self, color: S) -> ColoredString {
22.         ColoredString {
23.             fgcolor: Some(color.into()),
24.             input: String::from(self),
25.             ..ColoredString::default()
26.         }
```

```
27.     }
28.     fn on_red(self) -> ColoredString {self.on_color(Color::Red)}
29.     fn on_yellow(self) -> ColoredString {
30.         self.on_color(Color::Yellow)
31.     }
32.     fn on_blue(self) -> ColoredString {self.on_color(Color::Blue)}
33.     fn on_color<S: Into<Color>>(self, color: S) -> ColoredString {
34.         ColoredString {
35.             bgcolor: Some(color.into()),
36.             input: String::from(self),
37.             ..ColoredString::default()
38.         }
39.     }
40. }
```

在代码清单 7-18 中，值得注意的是，color 和 on_color 泛型方法中使用了 trait 限定<S: Into<Color>>，这是因为 Color 实现了 From，所以对于 String 和&'a str 类型的字符串均可通过 into 方法转换为 Color。

最后一个需要修改变化的就是 compute_style 方法，因为 ColoredString 结构体中字段类型都变了，该方法中需要将 if 判断修改为模式匹配，如代码清单 7-19 所示。

代码清单 7-19：修改 compute_style 方法

```
1.  impl ColoredString {
2.      fn compute_style(&self) -> String {
3.          let mut res = String::from("\x1B[");
4.          let mut has_wrote = false;
5.          if let Some(ref bgcolor) = self.bgcolor {
6.              if has_wrote { res.push(';');}
7.              res.push_str(bgcolor.to_bg_str());
8.              has_wrote = true;
9.          }
10.         if let Some(ref fgcolor) = self.fgcolor {
11.             if has_wrote {res.push(';');}
12.             res.push_str(fgcolor.to_fg_str());
13.         }
14.         res.push('m');
15.         res
16.     }
17. }
```

compute_style 方法的基本逻辑并未改变，只是将 if 改为了 if let 模式匹配，最终的 main 函数如代码清单 7-20 所示。

代码清单 7-20：main 函数

```
1.  fn main() {
2.      let red = "red".red();
3.      println!("{}", red);
4.      let yellow = "yellow".yellow().on_blue();
5.      println!("{}", yellow);
6.      let blue = "blue".blue();
7.      println!("{}", blue);
```

```
8.      let red = "red".color("red");
9.      println!("{}", red);
10.     let yellow = "yellow".on_color("yellow");
11.     println!("{}", yellow);
12. }
```

现在可以使用新添加的方法来设置相应的颜色了，并且可以使用 color 和 on_color 方法通过字符串来指定颜色。编译并运行重构后的 color.rs，将成功输出预期的结果。

通过对 color.rs 进行重构，我们可以更深刻地体会到枚举体的方便和强大之处。枚举体、结构体和 trait 相互结合，完全可以进行面向对象风格的编程，甚至可以比一些面向对象语言更简洁更优雅。更重要的一点是，Rust 是零成本抽象的。

7.1.3　析构顺序

通过第 4 章的学习，我们已经知道了结构体和枚举体的内存布局，但是结构体中的字段是如何析构的呢？Rust 中变量的析构顺序是和其声明顺序相反的，但并非所有的类型都按这个顺序来析构。接下来我们用一些实验示例来说明其中的规律。

首先使用 Newtype 模式来创建一个元组结构体，让其实现 Drop，如代码清单 7-21 所示。

代码清单 7-21：定义元组结构体并为其实现 Drop

```
1.  struct PrintDrop(&'static str);
2.  impl Drop for PrintDrop {
3.      fn drop(&mut self) {
4.          println!("Dropping {}", self.0)
5.      }
6.  }
```

代码清单 7-21 中定义的结构体主要用于测试析构顺序。这里使用了 Newtype 模式来创建结构体，实际上是用元组结构体包装了某个类型，从而相当于创造了一个新类型。Newtype 模式在 Rust 中很常见。

这样创建的新类型和原始的类型是完全不同的，以下几种情况适合使用 Newtype 模式：

- **隐藏实际类型，限制功能**。使用 Newtype 模式包装的类型并不能被外界访问，除非提供相应方法。
- **明确语义**。比如可以将 f64 类型包装为 Miles(f64) 和 Kilometers(f64)，分别代表英里和千米。这样的语义提升是零成本的，没有多余的性能开销。
- **使复制语义的类型具有移动语义**。比如 f64 本来是复制语义，而包装为 Miles(f64) 之后，因为结构体本身不能被自动实现 Copy，所以 Miles(f64) 就成了移动语义。

代码清单 7-21 使用 Newtype 模式只是为了提升语义，增强可读性，方便后面示例代码的展示。

本地变量

本地变量遵循先声明后析构的规则，实际上这也缘于栈结构先进后出的特性，本地变量的析构如代码清单 7-22 所示。

代码清单 7-22：本地变量的析构

```
1.  fn main() {
```

```
2.      let x = PrintDrop("x");
3.      let y = PrintDrop("y");
4.  }
```

代码清单 7-22 的输出结果如代码清单 7-23 所示。

代码清单 7-23：代码清单 7-22 的输出结果

```
Dropping y
Dropping x
```

看得出来，先声明了 x，但是先析构的是 y。因此，改变放置顺序有可能会导致悬垂指针。同样道理，在编写 Rust 代码时，你会发现有时只要修改一下变量声明的顺序，本来无法编译的代码就可以正常编译通过了。

元组

元组的析构如代码清单 7-24 所示。

代码清单 7-24：元组的析构

```
1.  fn main() {
2.      let tup1 = (PrintDrop("a"), PrintDrop("b"), PrintDrop("c"));
3.      let tup2 = (PrintDrop("x"), PrintDrop("y"), PrintDrop("z"));
4.  }
```

代码清单 7-24 编译执行的结果如代码清单 7-25 所示。

代码清单 7-25：代码清单 7-24 的输出结果

```
Dropping x
Dropping y
Dropping z
Dropping a
Dropping b
Dropping c
```

看得出来，元组整体的析构顺序和局部变量的析构顺序一致，但是元组内部元素的析构顺序则和局部变量的析构顺序相反，元组内部是按元素的出现顺序依次进行析构的。

现在把元组 tup2 中最后一个元素修改为一个特殊的元素 panic!()，看看会发生什么，如代码清单 7-26 所示。

代码清单 7-26：将 tup2 中的最后一个元素修改为 panic!()

```
1.  fn main() {
2.      let tup1 = (PrintDrop("a"), PrintDrop("b"), PrintDrop("c"));
3.      let tup2 = (PrintDrop("x"), PrintDrop("y"), panic!());
4.  }
```

宏 panic!()会引起 main 线程崩溃，但是析构函数还是会输出如代码清单 7-27 所示的结果。

代码清单 7-27：代码清单 7-26 的输出结果

```
Dropping y
Dropping x
Dropping a
Dropping b
Dropping c
```

　　看得出来，tup2 中元素的析构顺序改变了，和代码清单 7-24 中的析构顺序正好相反。可以理解为，线程的崩溃触发了 tup2 的提前析构，此时 tup2 其实并不算一个完整的元组，这种提前析构的顺序正好和局部变量的析构顺序一致：先声明的元素后析构。

结构体和枚举体

　　结构体和枚举体与元组的析构顺序是一致的，如代码清单 7-28 所示。

代码清单 7-28：结构体和枚举体的析构顺序

```
1.  enum E{
2.      Foo(PrintDrop, PrintDrop)
3.  }
4.  struct Foo{
5.      x: PrintDrop,
6.      y: PrintDrop,
7.      z: PrintDrop,
8.  }
9.  fn main() {
10.     let e = E::Foo(PrintDrop("a"), PrintDrop("b"));
11.     let f = Foo{
12.         x: PrintDrop("x"), y: PrintDrop("y"), z: PrintDrop("z")
13.     };
14. }
```

代码清单 7-28 编译的结果如代码清单 7-29 所示。

代码清单 7-29：代码清单 7-28 输出结果

```
Dropping x
Dropping y
Dropping z
Dropping a
Dropping b
```

　　看得出来，结构体实例 f 先析构，枚举值 e 最后析构。但是其内部元素的析构顺序是按排列顺序来析构的。同样，结构体字段如果指定了 panic!()为值，那么在相同的情况下，其析构顺序也会变得和元组的一致。

　　同理，Slice 类型的集合类型的析构顺序，与元组、结构体和枚举体的析构行为一致。

闭包捕获变量

　　闭包的捕获变量的析构顺序和结构体的析构顺序也是一致的，如代码清单 7-30 所示。

代码清单 7-30：闭包捕获变量的析构顺序

```
1.  fn main() {
2.      let z = PrintDrop("z");
3.      let x = PrintDrop("x");
4.      let y = PrintDrop("y");
5.      let closure = move || { y; z; x; };
6.  }
```

代码清单 7-30 的运行结果如代码清单 7-31 所示。

代码清单 7-31：代码清单 7-30 的输出结果

```
Dropping y
Dropping z
Dropping x
```

看得出来，闭包捕获变量的析构顺序和闭包内该变量的排列顺序一致，与捕获变量声明的顺序是没有关系的，这里要和普通函数内局部变量相区分。但闭包和元组、结构体类似，也存在析构顺序变化的情况，如代码清单 7-32 所示。

代码清单 7-32：闭包捕获变量析构顺序变化的特殊情况

```
1.  fn main() {
2.      let y = PrintDrop("y");
3.      let x = PrintDrop("x");
4.      let z = PrintDrop("z");
5.      let closure = move || {
6.          { let z_ref = &z; }
7.          x; y; z;
8.      };
9.  }
```

代码清单 7-32 中的闭包使用了一个内部作用域来引用变量 z，这次编译的结果如代码清单 7-33 所示。

代码清单 7-33：代码清单 7-32 的输出结果

```
Dropping z
Dropping x
Dropping y
```

这次的析构顺序和代码清单 7-30 中的不一致，这是因为 z 在 move 到闭包之前先被借用了，所以需要等待其离开作用域归还所有权之后，才能被 move 到闭包中。因此，变量被捕获的顺序就变成了 z → x → y，然后按此顺序再进行析构。

7.2　常用设计模式

有了 trait、结构体和枚举体这三驾马车，我们就可以自由地编写容易扩展的 Rust 代码了。它们简单、灵活和方便，也正因为如此，才更需要使用设计模式来帮助我们设计出更灵活、更简洁、更易扩展和更好维护的系统。

自 GoF 四人组提出 23 种设计模式的概念至今已经超过 20 年了，虽然设计模式最初是基于面向对象语言提出的，但是经过这 20 多年的发展，设计模式已经超越了面向对象语言的范畴。设计模式所阐述的思想被广泛应用于各种语言及其工程项目中。设计模式的思想一共涵盖了下面 4 点：

- 针对接口编程。
- 组合优于继承。
- 分离变和不变。
- 委托代替继承。

可以说，Rust 语言本身的设计就非常符合这 4 点思想。trait 可以强制性地实现针对接口编程；泛型和 trait 限定可替代继承实现多态，基于代数数据类型的结构体或枚举体在没有继承的情况下也一样可以更自由地构造各种类型；类型系统天生分离了变与不变；常用的迭代器就是利用委托来代替继承的。

　　Rust 是一门已经实现自举的语言，其内部实现也用到了很多设计模式。比如第 6 章学到的迭代器就包含了委托模式和迭代器模式的思想。在 Rust 的其他诸多项目中也大量使用了设计模式。接下来会依次介绍 Rust 编程中常用的另外几个设计模式。

7.2.1　建造者模式

　　Rust 这门语言没有提供构造函数，这主要是出于对类型安全的考量。我们以一个结构体为例来说明，如果要构造结构体的实例，有时候需要一些默认值，像 Java 这种语言会提供默认的构造函数，并可以将值初始化为 0，而对于 C++来说，就有可能引起未定义行为，这属于类型不安全的问题。Rust 并没有类似 Java 那样的默认机制，所以 Rust 没有提供构造函数，而是可以像函数式语言那样直接绑定值来构造类型实例。所以，就需要一些设计模式来辅助完成复杂类型实例的构造工作，而建造者模式比较适合这种应用场景，这也是 Rust 中大量使用这种模式的原因。

　　建造者模式（**Builder Pattern**）是 Rust 中最常用的设计模式之一。建造者模式是指使用多个简单的对象一步步构建一个复杂对象的模式。该模式的主要思想就是将变和不变分离。对于一个复杂的对象，肯定会有不变的部分，也有变化的部分，将它们分离开，然后依次构建，如代码清单 7-34 所示。

代码清单 7-34：建造者模式示例

```
1.  struct Circle {
2.      x: f64,
3.      y: f64,
4.      radius: f64,
5.  }
6.  struct CircleBuilder {
7.      x: f64,
8.      y: f64,
9.      radius: f64,
10. }
11. impl Circle {
12.     fn area(&self) -> f64 {
13.         std::f64::consts::PI * (self.radius * self.radius)
14.     }
15.     fn new() -> CircleBuilder {
16.         CircleBuilder {
17.             x: 0.0, y: 0.0, radius: 1.0,
18.         }
19.     }
20. }
21. impl CircleBuilder {
22.   fn x(&mut self, coordinate: f64) -> &mut CircleBuilder {
23.         self.x = coordinate;
24.         self
25.     }
26.   fn y(&mut self, coordinate: f64) -> &mut CircleBuilder {
27.         self.y = coordinate;
```

```
28.         self
29.     }
30.     fn radius(&mut self, radius: f64) -> &mut CircleBuilder {
31.         self.radius = radius;
32.         self
33.     }
34.     fn build(&self) -> Circle {
35.         Circle {
36.             x: self.x, y: self.y, radius: self.radius,
37.         }
38.     }
39. }
40. fn main() {
41.     let c = Circle::new()
42.             .x(1.0).y(2.0).radius(2.0)
43.             . build();
44.     assert_eq!(c.area(), 12.566370614359172);
45.     assert_eq!(c.x, 1.0);
46.     assert_eq!(c.y, 2.0);
47. }
```

代码清单 7-34 是一个典型的建造者模式,整段代码的功能是可以自由地通过指定的方法创建一个圆,并可访问其面积和坐标。

代码第 1 行到第 5 行定义了结构体 Circle,包含 x、y 和 radius 三个字段,分别代表横纵坐标和半径。

代码第 6 行到第 10 行定义了结构体 CircleBuilder,包含的字段和 Circle 结构体的一样。这里实际上还是利用了委托的思想,Circle 委托了 CircleBuilder 来帮助构建其实例。

代码第 11 行到第 20 行为结构体实现了求面积的 area 和 new 方法。area 方法中用到的 std::f64::consts::PI 是由标准库提供的数学常量圆周率(π)。而 new 方法返回的是 CircleBuilder 实例。

代码第 21 行到第 39 行为 CircleBuilder 实现了一系列方法。首先是 x、y 和 radius 方法,分别用于修改 CircleBuilder 实例中相关字段的值,并在修改完之后返回自身的可变借用。最后是 build 方法,它根据 CircleBuilder 的实例构建最终的 Circle 实例并将其返回。

经过这样精心的构造,就可以在 main 函数中使用 **Circle::new().x(1.0).y(2.0). radius (2.0).build()** 这样优雅的链式调用来创建 Circle 的实例了。

在 Rust 标准库中有一个用于创建进程的结构体 std::process::Command,它使用了创建者模式,代码清单 7-35 展示了其用法。

代码清单 7-35:std::process::Command 使用示例

```
1. use std::process::Command;
2. fn main() {
3.     Command::new("ls")
4.         .arg("-l")
5.         .arg("-a")
6.         .spawn()
7.         .expect("ls command failed to start");
8. }
```

看得出来，代码清单 7-35 中的 Commad 使用示例和代码清单 7-34 中创建的 Circle 实例的用法非常相似。

7.2.2   访问者模式

Rust 中另一个重要的模式是**访问者模式**（**Visitor Pattern**）。访问者模式用于将数据结构和作用于结构上的操作解耦。Rust 语言自身在解析抽象语法树时就用到了访问者模式。

Rust 编译器源码中的访问者模式

Rust 解析抽象语法树如代码清单 7-36 所示。

代码清单 7-36：Rust 解析抽象语法树示意

```
1.  mod ast {
2.      pub enum Stmt {
3.          Expr(Expr),
4.          Let(Name, Expr),
5.      }
6.      pub struct Name {
7.          value: String,
8.      }
9.      pub enum Expr {
10.         IntLit(i64),
11.         Add(Box<Expr>, Box<Expr>),
12.         Sub(Box<Expr>, Box<Expr>),
13.     }
14. }
15. mod visit {
16.     use ast::*;
17.     pub trait Visitor<T> {
18.         fn visit_name(&mut self, n: &Name) -> T;
19.         fn visit_stmt(&mut self, s: &Stmt) -> T;
20.         fn visit_expr(&mut self, e: &Expr) -> T;
21.     }
22. }
```

代码清单 7-36 只是展示了部分相关代码。这段代码是用于构建**抽象语法树的**，Rust 语法中包含语句、标识符名称和表达式，分别被定义于 **ast** 模块中的 Stmt、Name 和 Expr 来表示。关键字 mod 用于定义一个模块，在第 10 章会介绍更多关于模块的内容。

这些包含在 ast 模块中的类型虽然各不相同，但是它们整体是在描述同一个抽象语法树结构的。因此，整个抽象语法树就是一个异构的结构，其中的每个语法节点都是不同的类型，对于这些节点的操作也各不相同。语法节点是基本确定好的，变化不会太大，但是对节点的操作需要经常改动，比如 Rust 现在正处于发展期，会定时添加一些新特性。使用访问者模式将不变的节点和变化的操作分离开，可以方便后续扩展。所以，**访问者模式一般包含两个层次**：

- 定义需要操作的元素。
- 定义相关的操作。

对于代码清单 7-36 来说，ast 模块定义了抽象语法树中的全部节点相关的数据结构，而

visit 模块中的 Visitor trait 则定义了相关的操作。所以在解析语法树的时候，只需要为解析器实现相关的 visit 方法即可操作相关节点，如代码清单 7-37 所示。

代码清单 7-37：为解析器实现 Visitor

```
1.  use visit::*;
2.  use ast::*;
3.  struct Interpreter;
4.  impl Visitor<i64> for Interpreter {
5.      fn visit_name(&mut self, n: &Name) -> i64 { panic!() }
6.      fn visit_stmt(&mut self, s: &Stmt) -> i64 {
7.          match *s {
8.              Stmt::Expr(ref e) => self.visit_expr(e),
9.              Stmt::Let(..) => unimplemented!(),
10.         }
11.     }
12.     fn visit_expr(&mut self, e: &Expr) -> i64 {
13.         match *e {
14.             Expr::IntLit(n) => n,
15.             Expr::Add(ref lhs, ref rhs) =>
16.                 self.visit_expr(lhs) + self.visit_expr(rhs),
17.             Expr::Sub(ref lhs, ref rhs) =>
18.                 self.visit_expr(lhs) - self.visit_expr(rhs),
19.         }
20.     }
21. }
```

代码清单 7-37 为解析器 Interpreter 实现了 Visitor，对不同的语法树节点有不同的操作方法。访问者模式优雅地把节点数据结构与其解析操作分离开了，为后续自由灵活地解析语法节点提供了方便。

Serde 库中的访问者模式

访问者模式的另一个经典的应用场景是第三方库 **Serde**，它是一个对 Rust 数据结构进行序列化和反序列化的高效框架。Serde 的命名就是分别从 **Serialize**（序列化）和 **Deserialize**（反序列化）两个单词中拿出 **Ser** 和 **De** 两部分组合而成的。Serde 之所以称为框架，是因为其定义了统一的数据模型，并通过访问者模式开放了序列化和反序列化的操作接口。Serde 目前已经支持了很多数据格式，包括 JSON、XML、BinCode、YAML、MessagePack、TOML 等。

Serde 中序列化和反序列化都使用了访问者模式，这里只以反序列化为例说明。Serde 中自定义了一些类型来对应 Rust 中可能出现的所有数据类型，包括基本的原生类型、String、option、unit、seq、tuple、tuple_struct、map、struct 等。比如，option 代表 Option<T>类型，tuple_struct 代表元组结构体，seq 代表线性序列（像 Vec<T>之类的集合），而 map 则代表 k-v 结构的容器（比如 HashMap<k, v>）。这些异构的类型构成了 Serde 框架的统一的数据模型。

接下来，Serde 提供了三个 trait，如代码清单 7-38 所示。

代码清单 7-38：Serde 中的 trait 示意

```
1.  pub trait Deserialize<'de>: Sized {
2.      fn deserialize<D>(deserializer: D) -> Result<Self, D::Error>
3.      where D: Deserializer<'de>;
```

```
4.  }
5.  pub trait Deserializer<'de>: Sized {
6.      type Error: Error;
7.      fn deserialize_any<V>(self, visitor: V)
8.          -> Result<V::Value, Self::Error> where V: Visitor<'de>;
9.      fn deserialize_str<V>(self, visitor: V)
10.         -> Result<V::Value, Self::Error> where V: Visitor<'de>;
11.     ...
12. }
13. pub trait Visitor<'de>: Sized {
14.     type Value;
15.     fn visit_bool<E>(self, v: bool) -> Result<Self::Value, E>
16.         where E: Error,
17.     {
18.         Err(Error::invalid_type(Unexpected::Bool(v), &self))
19.     }
20.     fn visit_str<E>(self, v: &str) -> Result<Self::Value, E>
21.     where E: Error,
22.     {
23.         Err(Error::invalid_type(Unexpected::Str(v), &self))
24.     }
25.     ...
26. }
```

代码清单 7-38 中展示了部分反序列化相关的 trait。通过 Deserializer 和 Visitor 两个 trait 定义了反序列化开放的操作接口。这就是 Serde 框架利用访问者模式所定义的主要内容：**统一的数据模型和开放的操作接口**。然后再针对不同的数据格式实现不同的访问者操作方法。

下面以 JSON 格式数据反序列化为例来说明。第三方库 serde_json 是基于 Serde 实现的 JSON 解析库，该库将 JSON 格式中出现的数据类型统一定义为一个 Value 枚举体，如代码清单 7-39 所示。

代码清单 7-39：serde_json 库中定义 Value 枚举体示意

```
1.  #[derive(Debug, Clone, PartialEq)]
2.  pub enum Value {
3.      Null,
4.      Bool(bool),
5.      Number(Number),
6.      String(String),
7.      Array(Vec<Value>),
8.      Object(Map<String, Value>),
9.  }
```

代码清单 7-39 中定义的 Value 包含了 6 种枚举值，基本上涵盖了 JSON 数据格式中所出现的所有数据类型。所谓反序列化，就是将 JSON 格式的字符串解析为 Rust 数据类型。接下来，serde_json 实现了 Serde 框架开放的 trait 接口：Deserialize、Vistitor 和 Deserializer，代码清单 7-40 展示了其中的 Visitor 和 Deserializer 的实现。

代码清单 7-40：serde_json 实现 Visitor 和 Deserializer 代码示意

```
1.  impl<'de> Deserialize<'de> for Value {
2.      fn deserialize<D>(deserializer: D) -> Result<Value, D::Error>
```

```
3.       where D: serde::Deserializer<'de>,
4.       {
5.           struct ValueVisitor;
6.           impl<'de> Visitor<'de> for ValueVisitor {
7.               type Value = Value;
8.               fn visit_bool<E>(self, value: bool) -> Result<Value, E> {
9.                   Ok(Value::Bool(value))
10.              }
11.              ...
12.          }
13.          deserializer.deserialize_any(ValueVisitor);
14.      }
15. }
16. impl<'de> serde::Deserializer<'de> for Value {
17.     type Error = Error;
18.     fn deserialize_any<V>(self, visitor: V)
19.         -> Result<V::Value, Error> where V: Visitor<'de>,
20.     {
21.         match self {
22.             Value::Null => visitor.visit_unit(),
23.             Value::Bool(v) => visitor.visit_bool(v),
24.             Value::Number(n) => n.deserialize_any(visitor),
25.             Value::String(v) => visitor.visit_string(v),
26.             Value::Array(v) => {visitor.visit_seq(...)},
27.             Value::Object(v) => { visitor.visit_map(...)}
28.         }
29.     }
30. }
```

由于篇幅限制，代码清单 7-40 只展示了部分源码。看得出来 serde_json 实现了 Deserialize，其中定义的 deserialize 方法正是最终用于反序列化的方法。在 deserialize 方法中定义了结构体 ValueVisitor，并为其实现了 Visitor，这是一种委托模式。

serde_json 也为 Value 实现了 serde::Deserializer，其中 deserialize_any 方法是专门用于自定义类型反序列化的，比如 Value 类型。通过一个 match 匹配枚举体 Value 中定义的 6 种类型，分别调用了相应的 visit_xxx 系列方法。

以上就是 Serde 框架中对访问者模式的应用说明，看得出来，访问者模式将数据结构和操作分离开，为代码的扩展提供了极大的便利。读者也可以查看本书配套源码中包含的另一个自定义访问者模式案例。

7.2.3　RAII 模式

Rust 的一大特色就是利用 RAII 进行资源管理，让我们能够编写更安全的代码。接下来以一个示例来说明 RAII 模式，如代码清单 7-41 所示。

代码清单 7-41：RAII 模式示例

```
1. #[derive(Clone)]
2. pub struct Letter {
3.     text: String,
4. }
```

```
5.    pub struct Envelope {
6.        letter: Option<Letter>,
7.    }
8.    pub struct PickupLorryHandle {
9.        done: bool,
10.   }
11.   impl Letter {
12.       pub fn new(text: String) -> Self {
13.           Letter {text: text}
14.       }
15.   }
16.   impl Envelope {
17.       pub fn wrap(&mut self, letter: &Letter){
18.           self.letter = Some(letter.clone());
19.       }
20.   }
21.   pub fn buy_prestamped_envelope() -> Envelope {
22.       Envelope {letter: None}
23.   }
24.   impl PickupLorryHandle {
25.       pub fn pickup(&mut self, envelope: &Envelope) {
26.           /*give letter*/
27.       }
28.       pub fn done(&mut self) {
29.           self.done = true;
30.           println!("sent");
31.       }
32.   }
33.   pub fn order_pickup() -> PickupLorryHandle {
34.       PickupLorryHandle {done: false , /* other handles */}
35.   }
36.   fn main(){
37.       let letter = Letter::new(String::from("Dear RustFest"));
38.       let mut envelope = buy_prestamped_envelope();
39.       envelope.wrap(&letter);
40.       let mut lorry = order_pickup();
41.       lorry.pickup(&envelope);
42.       lorry.done();
43.   }
```

代码清单 7-41 展示的是一个送信的逻辑。代码第 1 行到第 4 行定义了结构体 Letter，代表信件。代码第 5 行到第 7 行定义了结构体 Envelope，代表信封，其中字段为 Option<Letter> 类型，代表信封里有信或无信两种状态。代码第 8 行到第 10 行定义了结构体 PickupLorryHandle，表示信件被装车送走，包含 bool 类型字段，done 表示其状态。代码第 11 行到第 20 行分别为 Letter 和 Envelope 实现了 new（写信）和 wrap（装信）两个方法。

第 21 行到第 23 行定义了函数 buy_prestamped_envelope，其返回一个 letter 被设置为 None 的 Envelope 实例，表示购买带邮戳的空信封。

第 24 行到第 32 行为 PickupLorryHandle 实现 pickup（装车）和 done（寄送）两个方法。第 33 行到第 35 行实现了 order_pickup 函数，表示将信封下单装车准备寄送。

整个逻辑过程如图 7-3 所示。

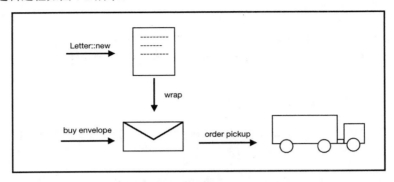

图 7-3：代码清单 7-41 逻辑示意图

最后，main 函数如代码清单 7-42 所示。

代码清单 7-42：相关 main 函数

```
1.   fn main(){
2.       let letter = Letter::new(String::from("Dear RustFest"));
3.       let mut envelope = buy_prestamped_envelope();
4.       envelope.wrap(&letter);
5.       let mut lorry = order_pickup();
6.       lorry.pickup(&envelope);
7.       lorry.done();
8.   }
```

初看整段代码，好像没有什么逻辑问题，但是仔细思考，还是**存在以下问题**：

- Letter 有可能被复制多份并被装到多个信封（envelope）里，不安全。
- 信封里可能有信，也可能没有信；或者同一个信封可能装多封不同的信件，不安全。
- 无法保证一定把信交给邮车了，不安全。

为了修正这三个问题，可以使用 RAII 模式来重构代码清单 7-41。重构后的代码如代码清单 7-43 所示。

代码清单 7-43：利用 RAII 模式重构代码清单 7-41

```
1.   pub struct Letter {
2.       text: String,
3.   }
4.   pub struct EmptyEnvelope {}
5.   pub struct ClosedEnvelope { letter: Letter }
6.   pub struct PickupLorryHandle { done: bool }
7.   impl Letter {
8.       pub fn new(text: String) -> Self {
9.           Letter {text: text}
10.      }
11.  }
12.  impl EmptyEnvelope {
13.      pub fn wrap(self, letter: Letter) -> ClosedEnvelope {
14.          ClosedEnvelope {letter: letter}
15.      }
16.  }
```

```
17.  pub fn buy_prestamped_envelope() -> EmptyEnvelope {
18.      EmptyEnvelope {}
19.  }
20.  impl PickupLorryHandle {
21.      pub fn pickup(&mut self, envelope: ClosedEnvelope) {
22.          /*give letter*/
23.      }
24.      pub fn done(self) {}
25.  }
26.  impl Drop for PickupLorryHandle {
27.      fn drop(&mut self) { println!("sent"); }
28.  }
29.  pub fn order_pickup() -> PickupLorryHandle {
30.      PickupLorryHandle {done: false , /* other handles */}
31.  }
32.  fn main(){
33.      let letter = Letter::new(String::from("Dear RustFest"));
34.      let envelope = buy_prestamped_envelope();
35.      let closed_envelope = envelope.wrap(letter);
36.      let mut lorry = order_pickup();
37.      lorry.pickup(closed_envelope);
38.  }
```

代码清单 7-43 中为了解决前两个问题，将 Envelope 结构体变为了 EmptyEnvelope 和 ClosedEnvelope 两个结构体，分别代表空信封和已装好信件的信封。并且为 EmptyEnvelope 实现了 wrap 方法，确保信件被放到空信封中。将 letter 用于实例化 ClosedEnvelope，并且转移了 letter 所有权，保证信件只封装一次。在 buy_prestamped_envelope 方法中使用 EmptyEnvelope，确保购买的是空信封。

PickupLorryHandle 实现的 pickup 方法中的第二个参数 envelope 被设置为 ClosedEnvelope 类型，确保装车的信件不是空信封。最重要的一步是，为 PickupLorryHandle 实现了 Drop，使用 drop 方法替代了原来的 done 方法。

代码清单 7-44 展示了 main 函数的变化：

代码清单 7-44：重构 main 函数

```
1.  fn main(){
2.      let letter = Letter::new(String::from("Dear RustFest"));
3.      let envelope = buy_prestamped_envelope();
4.      let closed_envelope = envelope.wrap(letter);
5.      let mut lorry = order_pickup();
6.      lorry.pickup(closed_envelope);
7.  }
```

代码清单 7-44 运行之后，会输出 sent，这证明 PickupLorryHandle 的实例 lorry 在 main 函数结束之后运行了 drop 方法，这正是 RAII 的体现，不仅释放了资源，也在逻辑上保证了信件已经安全送出。

所以，所谓 RAII 模式，并非经典的 GoF 中的模式，它实际上就是利用 Rust 的 RAII 机制来确保逻辑安全性的一种模式。这种模式在某些场景中非常适用，比如处理 HTTP 请求的场景。它也是 Rust 官方团队推荐使用的模式。

7.3 小结

本章从结构体和枚举体的角度详细介绍了 Rust 语言如何结构化编程。Rust 属于混合范式语言，利用 trait、结构体和枚举体可以完全支持面向对象风格的编程。但是需要注意的是，Rust 基于代数数据类型统一了结构体和枚举体，当进行面向对象风格的编程时，不要以传统面向对象语言的思路去写程序，而应该遵循 Rust 语言自身的特性。

Rust 语言的哲学是组合优于继承，结构体和枚举体就像真实建筑中用到的榫卯，可以自由组合出想要的结构。在日常的编程中，使用设计模式可以更好地复用代码，写出易扩展、易维护的程序。本章介绍了三种常用的设计模式：创建者模式、访问者模式和 RAII 模式，这三种模式在 Rust 内部及第三方库中都被大量应用。除了这三种模式，还有其他的设计模式，比如观察者模式、策略模式等，这些留给读者自己去学习和探索。

但是要注意，直接将面向对象设计中的设计模式应用在 Rust 中是不妥的，应该结合 Rust 语言的特点来用。一个经典的案例就是，在 RustConf 2018 大会的闭幕演讲[1]中，演讲者提到了一种面向数据（Data-Oriented）的设计，它比面向对象设计更加适合游戏开发。演讲中提到了使用 Rust 进行面向数据设计来实现 ECS 架构的游戏引擎，同时提出了三种模式：分代索引（Generational Index）模式、动态类型（AnyMap）模式、注册表（Register）模式，读者可以自行查看。

1　RustConf 2018 闭幕演讲中文梳理稿参见 https://zhuanlan.zhihu.com/p/44657202。

第 8 章
字符串与集合类型

> 阵而后战，兵法之常，运用之妙，存乎一心。

曾经有一个人因为说了一句话而获得图灵奖，这个人就是 Pascal 语言之父尼古拉斯（Nicklaus Wirth），他说的那句话是：程序等于数据结构加算法。因为一句话而获得图灵奖，这当然是开玩笑，得奖完全得益于他创造的 Pascal 语言所做出的贡献，他也写了一本以那句话为书名的计算机专著。但这足以说明了数据结构的重要性。

数据结构是计算机存储和组织数据的方式。对于不同的场景，精心选择的数据结构可以带来更高的运行效率或存储效率。通常，通过确定数据结构来选择相应的算法，也可能通过算法来选择数据结构，不管是哪种情况，选择合适的数据结构都相当重要。

程序中最常用的三大数据结构是字符串、数组和映射。字符串是特殊的线性表，是由零个或多个字符组成的有限序列。但字符串和数组、映射的区别在于，字符串是被作为一个整体来关注和使用的；而数组和映射关注最多的是其中的元素及它们之间的关系。所以，数组和映射也被称为集合类型。Rust 作为一门现代高级语言，也自然为这三大数据结构提供了丰富的操作支持。

8.1　字符串

在编程中字符串具有非常重要的地位。当你在看互联网上的某篇博客，或者去电商网站购物时，所看到的商品名称或价格等信息都是用字符串来表示的。众所周知，计算机底层只存储 0 和 1 这两个数字，如果想让计算机处理各种字符串，就必须建立字符和特定数字的一一映射关系。比如，想让计算机存储字符 **A**，则存储二进制数 **0100_0001**，在读取的时候，再将 **0100_0001** 显示为字符 A，这样就将字符 **A** 和 **0100_0001** 建立了一一映射关系。这种方案，就叫作**字符编码（Character Encoding）**。

8.1.1　字符编码

最早的字符编码就是常见的 ASCII 编码。因为计算机起源于美国，美国是以英语为母语的国家，所以 ASCII 码表中只记录了英文字母大小写和一些常用的基本符号，并使用 0~127 的数字来表示它们。最大数字 127 的二进制数是 1111111，所以用 1 字节（8 比特位）足以表示全部 ASCII 编码。

随着计算机的普及，只有英文字母的 ASCII 码表已不能满足世界各地人们的需求。因此出现了很多编码标准，比如 GB2312 就是我国基于 ASCII 编码进行中文扩充以后产生的，可以表示 6000 多个汉字。慢慢地，GB2312 也无法满足需求了，于是又出现了 GBK 编码，它除包括 GB2312 中的汉字之外，又扩充了近 2 万个汉字。再后来，为了兼容少数民族的语言，又扩充成 GB18030 编码。而与此同时，日本、韩国等其他国家也都分别创造了属于自己语言的字符编码标准。这样带来的后果就是，如果想同时显示多个国家的文字，就必须在计算机中安装多套字符编码系统，这就带来了诸多不便。

为了解决这个问题，国际标准化组织制定了通用的多字节编码字符集，也就是 Unicode 字符集。Unicode 字符集相当于一张表，其中包含了世界上所有语言中可能出现的字符，每个字符对应一个非负整数，该数字称为**码点（Code Point）**。这些码点也分为不同的类型，包括**标量值（Scala Value）**、代理对码点、非字符码点、保留码点和私有码点。其中标量值最常用，它是指实际存在对应字符的码位，其范围是 0x0000~0xD7FF 和 0xE000~0x10FFFF 两段。Unicode 字符集只规定了字符所对应的码点，却没有指定如何存储。如果直接存储码位，则太耗费空间了，因为 Unicode 字符集的每个字符都占 4 字节，传输效率非常低。虽然 Unicode 字符集解决了字符通用的问题，但是必须寻求另外一种存储方式，在保证 Unicode 字符集通用的情况下更加节约流量和硬盘空间。这种存储方式就是**码元（Code Unit）**组成的序列，如图 8-1 所示。

	A 英文字符	道 中文	😀 emoji
Code Point	U+0x41	U+9053	U+1F600
UTF-8 Code Unit	0x41	0xE9 0x81 0x93	0xF0 0x9F 0x98 0x84
Byte	1	3	4

图 8-1：码位和码元对应关系示意图

码元是指用于处理和交换编码文本的最小比特组合。比如计算机处理字符的最小单位 1 字节就是一个码元。通过将 Unicode 标量值和码元序列建立一一映射关系，就构成了编码表。在 Unicode 中一共有三种这样的字符编码表：UTF-8、UTF-16 和 UTF-32，它们正好对应了 1 字节、2 字节和 4 字节的码元。对于 UTF-16 和 UTF-32 来说，因为它们的码元分别是 2 字节和 4 字节，所以就得考虑字节序问题；而对于 UTF-8 来说，一个码元只有 1 字节，所以不存在字节序问题，可以直接存储。

UTF-8 是以 1 字节为编码单位的可变长编码，它根据一定的规则将码位编码为 1~4 字节，如图 8-2 所示。

Unicode范围	UTF-8编码（1~4字节）
U+ 0000 ~ U+ 007F	0XXXXXXX
U+ 0080 ~ U+ 07FF	110XXXXX 10XXXXXX
U+ 0800 ~ U+ FFFF	1110XXXX 10XXXXXX 10XXXXXX
U+10000 ~ U+1FFFF	11110XXX 10XXXXXX 10XXXXXX 10XXXXXX

图 8-2：UTF-8 编码规则示意图

UTF-8 编码规则大致如下：

- 当一个字符在 ASCII 码的范围（兼容 ASCII 码）内时，就用 1 字节表示，因为 ASCII 码中的字符最多使用 7 个比特位，所以前面需要补 0。
- 当一个字符占用了 n 字节时，第一字节的前 n 位设置为 1，第 $n+1$ 位设置为 0，后面字节的前两位设置为 10。

拿图 8-1 中展示的汉字"道"来说，它的码位是 U+9053，相应的二进制表示为 1001_0000_0101_0011，按上述 UTF-8 编码规则进行编码，则变为字节序列 1110_1001_10_000001_10_010011，用十六进制表示的话，就是 0xE90x810x93。

像这种将 Unicode 码位转换为字节序列的过程，就叫作**编码（Encode）**；反过来，将编码字节序列转变为字符集中码位的过程，就叫作**解码（Decode）**。

UTF-8 编码的好处就是在实际传输过程中其占据的长度不是固定的，在保证 Unicode 通用性的情况下避免了流量和空间的浪费，而且还保证了在传输过程中不会错判字符。想一想，如果只是按 Unicode 码位存储，则在传输过程中是按固定的字符长度来识别字符的，如果在传输过程中出现问题，就会发生错判字符的可能。正是因为这些优点，UTF-8 才能被广泛应用于互联网中。

整个过程如图 8-3 所示。

		道			
Unicode Code Point	U+	**9**	**0**	**5**	**3**
		1001	0000	0101	0011
编码　解码		1001	000001		010011
		1110 XXXX	**10** XXXXXX		**10** XXXXXX
UTF-8		**1110** 1001	**10** 000001		**10** 010011
		0xE9	**0x81**		**0x93**

图 8-3：UTF-8 编码和解码过程示意图

图 8-3 展示了从 Unicode 码位编码到 UTF-8 的过程。也可以从代码中得到印证，如代码清单 8-1 所示。

代码清单 8-1：字符串编码示例

```
1.  use std::str;
2.  fn main() {
3.      let tao = str::from_utf8(&[0xE9u8, 0x81u8, 0x93u8]).unwrap();
4.      assert_eq!("道", tao);
5.      assert_eq!("道", String::from("\u{9053}"));
6.      let unicode_x = 0x9053;
7.      let utf_x_hex = 0xe98193;
8.      let utf_x_bin = 0b111010011000000110010011;
9.      println!("unicode_x: {:b}", unicode_x);
10.     println!("utf_x_hex: {:b}", utf_x_hex);
11.     println!("utf_x_bin: 0x{:x}", utf_x_bin);
12. }
```

在代码清单 8-1 中，使用 str 模块提供的 from_utf8 方法并为其传递一个 UTF-8 字节序列 **&[0xE9u8, 0x81u8, 0x93u8]**作为参数，将其转换为字符串"道"。在 Rust 中，使用 **u8** 来表示字节类型，如果此处没有加 u8 后缀，Rust 也会通过 from_utf8 的函数签名推导出此数组参数为 u8 类型数组。也可以通过 String::from("\u{9053}")方法将一个十六进制形式的 Unicode 码位转换为字符串"道"。

代码第 6~8 行，分别使用 0x 和 0b 前缀声明了十六进制和二进制形式的变量，它们实际上是字符串"道"的十六进制形式的码位，以及 UTF-8 编码之后的十六进制和二进制表示。通过 println!输出语句可以将它们转换为对应的二进制和十六进制形式的结果，与图 8-3 所示一致。

8.1.2　字符

Rust 使用 char 类型表示单个字符。char 类型使用整数值与 Unicode 标量值一一对应，如代码清单 8-2 所示。

代码清单 8-2：字符与标量值一一对应

```
1.  fn main() {
2.      let tao = '道';
3.      let tao_u32 = tao as u32;
4.      assert_eq!(36947, tao_u32);
5.      println!("U+{:x}", tao_u32); // U+9053
6.      println!("{}", tao.escape_unicode());  // \u{9053}
7.      assert_eq!(char::from(65), 'A');
8.      assert_eq!(std::char::from_u32(0x9053), Some('道'));
9.      assert_eq!(std::char::from_u32(36947), Some('道'));
10.     assert_eq!(std::char::from_u32(12901010101), None);
11. }
```

在代码清单 8-2 中，声明了字符'道'。注意，这里使用单引号来定义字符，使用双引号定义的是字符串字面量。在 Rust 中每个 char 类型的字符都代表一个有效的 u32 类型的整数，但不是每个 u32 类型的整数都能代表一个有效的字符，因为并不是每个整数都属于 Unicode 标量值，如代码第 10 行中的数字，将会返回 None。

代码第 3 行，通过 as 将 char 类型转换为 u32 类型，那么字符 tao 对应的 u32 整数值是 36947。通过代码第 5 行的 println!语句打印其十六进制形式的值为 U+9053，正是汉字"道"对应的 Unicode 标量值。通过 char 类型内建的 escape_unicode 方法也可以得到其 Unicode 标量值。

为了能够存储任何 Unicode 标量值，Rust 规定每个字符都占 4 字节，如代码清单 8-3 所示。

代码清单 8-3：将字符转换为字符串要注意字节长度

```
1.  fn main() {
2.      let mut b = [0; 3];
3.      let tao = '道';
4.      let tao_str = tao.encode_utf8(&mut b);
5.      assert_eq!("道", tao_str);
6.      assert_eq!(3, tao.len_utf8());
7.  }
```

在代码清单 8-3 中定义了一个可变数组 b，将其作为参数传入字符内建的 encode_utf8 方法，将字符转换为一个字符串字面量。这里值得注意的是，如果将数组 b 的长度改为 1 或 2，则无法将 tao 转换为字符串，因为字符'道'的 UTF-8 编码占 3 字节。所以，如果要转换为合法的字符串，则数组 b 的长度最少为 3。通过代码第 6 行的字符内建的 len_utf8 方法，也可以获得字符 tao 按 UTF-8 编码的字节长度。

需要注意的是，只有包含单个 Unicode 标量值（实际码位）的才能被声明为字符，如代码清单 8-4 所示。

代码清单 8-4：包含两个码位的字符示例

```
1.  fn main() {
2.      let e = 'é';
3.      println!("{}", e as u32);
4.  }
```

编译代码清单 8-4，会出现如下错误：

```
error: character literal may only contain one codepoint: 'é'
2 |     let e = 'é';
  |             ^^^^
```

错误提示说明，字符 e 所代表的拉丁小写字母 é 包含的码位不止一个，不能声明为字符。事实上，它包含两个码位。从 Rust 1.30 版本起，开始支持多码位字符，该段代码将不会报错。

作为基本原生类型，char 提供了一些内建方法帮助开发者来方便处理字符。代码清单 8-5 中罗列了一些常用方法的示例。

代码清单 8-5：字符内建的常用方法示例

```
1.  fn main(){
2.      assert_eq!(true, 'f'.is_digit(16));
3.      assert_eq!(Some(15), 'f'.to_digit(16));
4.      assert!('a'.is_lowercase());
5.      assert!(!'道'.is_lowercase());
6.      assert!(!'a'.is_uppercase());
7.      assert!('A'.is_uppercase());
8.      assert!(!'中'.is_uppercase());
9.      assert_eq!('i', 'I'.to_lowercase());
10.     assert_eq!('B', 'b'.to_uppercase());
11.     assert!(' '.is_whitespace());
12.     assert!('\u{A0}'.is_whitespace());
13.     assert!(!'越'.is_whitespace());
14.     assert!('a'.is_alphabetic());
15.     assert!('京'.is_alphabetic());
16.     assert!(!'1'.is_alphabetic());
17.     assert!('7'.is_alphanumeric());
18.     assert!('K'.is_alphanumeric());
19.     assert!('藏'.is_alphanumeric());
20.     assert!(!'¾'.is_alphanumeric());
21.     assert!(' '.is_control());
22.     assert!(!'q'.is_control());
23.     assert!('٣'.is_numeric());
24.     assert!('7'.is_numeric());
```

```
25.        assert!(!'9'.is_numeric());
26.        assert!(!'藏'.is_numeric());
27.        println!("{}", '\r'.escape_default());
28. }
```

代码清单 8-5 中所罗列方法说明如下：

- is_digit(16)，用于判断给定字符是否属于十六进制形式。如果参数为 10，则判断是否为十进制形式。
- to_digit(16)，用于将给定字符转换为十六进制形式。如果参数为 10，则将给定字符转换为十进制形式。
- is_lowercase，用于判断给定字符是否为小写的。作用于 Unicode 字符集中具有 Lowercase 属性的字符。
- is_uppercase，用于判断给定字符是否为大写的。作用于 Unicode 字符集中具有 Uppercase 属性的字符。
- to_lowercase，用于将给定字符转换为小写的。作用于 Unicode 字符集中具有 Lowercase 属性的字符。
- to_uppercase，用于将给定字符转换为大写的。作用于 Unicode 字符集中具有 Uppercase 属性的字符。
- is_whitespace，用于判断给定字符（或十六进制形式的码点）是否为空格字符。
- is_alphabetic，用于判断给定字符是否为字母。汉字也算是字母。
- is_alphanumeric，用于判断给定字符是否为字母、数字。
- is_control，用于判断给定字符是否为控制符。
- is_numeric，用于判断给定字符是否为数字。
- escape_default，用于转义\t、\r、\n、单引号、双引号、反斜杠等特殊符号。

8.1.3　字符串分类

字符串是由字符组成的有限序列。字符可以用整数值直接表示 Unicode 标量值，然而字符串却不能，因为字符串不能确定大小，所以在 Rust 中字符串是 UTF-8 编码序列。出于内存安全的考虑，在 Rust 中字符串分为以下几种类型：

- **str**，表示固定长度的字符串。
- **String**，表示可增长的字符串。
- **CStr**，表示由 C 分配而被 Rust 借用的字符串，一般用于和 C 语言交互。
- **CString**，表示由 Rust 分配且可以传递给 C 函数使用的 C 字符串，同样用于和 C 语言交互。
- **OsStr**，表示和操作系统相关的字符串。这是为了兼容 Windows 系统。
- **OsString**，表示 OsStr 的可变版本。与 Rust 字符串可以相互转换。
- **Path**，表示路径，定义于 std::path 模块中。Path 包装了 OsStr。
- **PathBuf**，跟 Path 配对，是 Path 的可变版本。PathBuf 包装了 OsString。

但是在 Rust 中最常用的字符串是 str 和 String。在第 3 章中已经介绍过 str 属于动态大小类型（DST），在编译期并不能确定其大小，所以在程序中最常见到的是 str 的**切片（Slice）**类型&str。&str 代表的是不可变的 UTF-8 字节序列，创建后无法再为其追加内容或更改其内容。&str 类型的字符串可以存储在任意地方：

- **静态存储区**。有代表性的是字符串字面量，&'static str 类型的字符串被直接存储到已编译的可执行文件中，随着程序一起加载启动。

- **堆分配**。如果&str 类型的字符串是通过堆 String 类型的字符串取切片生成的，则存储在堆上。因为 String 类型的字符串是堆分配的，&str 只不过是其在堆上的切片。
- **栈分配**。比如使用 str::from_utf8 方法，就可以将栈分配的[u8; N]数组转换为一个&str 字符串，如代码清单 8-1 所示。

与&str 类型相对应的是 String 类型的字符串。&str 是一个引用类型，而 String 类型的字符串拥有所有权。String 是由标准库提供的可变字符串，可以在创建后为其追加内容或更改其内容。String 类型本质为一个成员变量是 Vec<u8>类型的结构体，所以它是直接将字符内容存放于堆中的。**String 类型由三部分组成：指向堆中字节序列的指针**（as_ptr 方法）、**记录堆中字节序列的字节长度**（len 方法）和**堆分配的容量**（capacity 方法），如代码清单 8-6 所示。

代码清单 8-6：组成 String 类型的三部分

```
1.  fn main() {
2.      let mut a = String::from("fooα");
3.      println!("{:p}", a.as_ptr());
4.      println!("{:p}", &a);
5.      assert_eq!(a.len(), 5);
6.      a.reserve(10);
7.      assert_eq!(a.capacity(), 15);
8.  }
```

在代码清单 8-6 中，使用 as_ptr 获取的是堆中字节序列的指针地址，而通过引用操作符&a 得到的地址为字符串变量在栈上指针的地址，注意这两个是不同的指针。

代码第 5 行，通过 len 方法获取的是堆中字节序列的字节数，而非字符个数。

代码第 6 行，reserve 方法可以为字符串再次分配容量。本例中分配了 10 字节，所以第 7 行通过 capacity 获取的字符串堆中已分配容量为 15 字节，因为要加上已有的 5 字节容量。

Rust 提供了多种方法来创建&str 和 String 类型的字符串，如代码清单 8-7 所示。

代码清单 8-7：创建字符串的各种方法示例

```
1.  fn main() {
2.      let string: String = String::new();
3.      assert_eq!("", string);
4.      let string: String = String::from("hello rust");
5.      assert_eq!("hello rust", string);
6.      let string: String = String::with_capacity(20);
7.      assert_eq!("", string);
8.      let str: &'static str = "the tao of rust";
9.      let string: String =
10.        str.chars().filter(|c| !c.is_whitespace()).collect();
11.     assert_eq!("thetaoofrust", string);
12.     let string: String = str.to_owned();
13.     assert_eq!("the tao of rust", string);
14.     let string: String = str.to_string();
15.     let str: &str = &string[11..15];
16.     assert_eq!("rust", str);
17. }
```

在代码清单 8-7 中，代码第 2 行使用 String::new 方法来创建空字符串，但实际上该方法并未在堆上开辟空间。

代码第 4 行，通过 String::from 方法使用字符串字面量作为参数来创建字符串，这是因为 String 类型实现了 From trait。

代码第 6 行，通过 String::with_capacity 方法来创建空字符串，但是与 String::new 方法不同的是，with_capacity 方法接收一个 usize 类型的参数，用于指定创建字符串预先要在堆上分配的容量空间。此例中指定的参数是 20，则会在堆中分配至少 20 字节的空间。如果预先知道最终要创建的字符串长度，则用此方法可以降低分配堆空间的频率。这里需要注意的是，容量只是存储空间（比如堆）的一种刻度，实际申请的堆内存空间为每个字符的字节大小乘以容量值。

代码第 8 行，创建的是字符串字面量，为&'static str 类型。

代码第 9 行，通过第 8 行创建的 str 调用 chars 方法返回一个迭代器，然后利用迭代器的 collect 方法来生成 String 类型的字符串。这是因为 chars 方法返回的迭代器实现了 FromIterator trait。

代码第 12 行和第 14 行，分别使用 to_owned 和 to_string 方法将&str 类型转换为 String 类型的字符串。两个方法的性能相差无几，to_owned 方法利用&str 切片字节序列生成新的 String 字符串，to_string 方法是对 String::from 的包装。

代码第 15 行，使用切片语法，从 String 字符串中获取索引第 11~14 个字符组成的字符串切片。

8.1.4 字符串的两种处理方式

Rust 中的字符串不能使用索引访问其中的字符，因为字符串是 UTF-8 字节序列，到底是返回字节还是码点是一个问题。但是 Rust 提供了 bytes 和 chars 两个方法来分别返回按字节和按字符迭代的迭代器。所以，在 Rust 中对字符串的操作大致分为两种方式：**按字节处理**和**按字符处理**。

使用 chars 和 bytes 方法示例如代码清单 8-8 所示。

代码清单 8-8：使用 chars 和 bytes 方法示例

```
1.  fn main() {
2.      let str = "borös";
3.      let mut chars = str.chars();
4.      assert_eq!(Some('b'), chars.next());
5.      assert_eq!(Some('o'), chars.next());
6.      assert_eq!(Some('r'), chars.next());
7.      assert_eq!(Some('ö'), chars.next());
8.      assert_eq!(Some('s'), chars.next());
9.      let mut bytes = str.bytes();
10.     assert_eq!(6, str.len());
11.     assert_eq!(Some(98), bytes.next());
12.     assert_eq!(Some(111), bytes.next());
13.     assert_eq!(Some(114), bytes.next());
14.     assert_eq!(Some(195), bytes.next());
15.     assert_eq!(Some(182), bytes.next());
16.     assert_eq!(Some(115), bytes.next());
17. }
```

　　在代码清单 8-8 中，代码第 3 行使用 chars 方法返回 Chars 迭代器，Chars 迭代器的 next 方法是按码位进行迭代的。而代码第 9 行使用 bytes 方法返回的是 Bytes 迭代器，Bytes 迭代器的 next 方法是按字节进行迭代的。字符串的一些内建方法也默认按字节来处理，比如代码第 10 行中用到的 len 方法，返回的是字符串字节长度，而非字符长度。

　　虽然字符串不能按索引来访问字符，但 Rust 提供了另外两个方法：get 和 get_mut，可以通过指定索引范围来获取字符串切片，并且 Rust 默认会检查字符串的序列是否为有效的 UTF-8 序列，如代码清单 8-9 所示。

代码清单 8-9：使用 get 和 get_mut 方法示例

```
1.  fn main() {
2.      let mut v = String::from("borös");
3.      assert_eq!(Some("b"), v.get(0..1));
4.      assert_eq!(Some("ö"), v.get(3..5));
5.      assert_eq!(Some("orös"), v.get(1..));
6.      assert!(v.get_mut(4..).is_none());
7.      assert!(!v.is_char_boundary(4));
8.      assert!(v.get_mut(..8).is_none());
9.      assert!(v.get_mut(..42).is_none());
10. }
```

　　在代码清单 8-9 中使用的是 String 类型的字符串，因为只有 String 字符串才是可变的。代码第 3~6 行，通过给 get 方法传递索引范围，获取到了预期的字符串切片，注意这里是 Option 类型。代码第 6 行，传递的索引范围是从 4 开始的，4 正好是字符 ö 的字节序列中间地带，相当于舍弃了字符 ö 的第一字节，这自然是非法的 UTF-8 序列，所以此时 Rust 会返回 None，从而避免了线程崩溃。也可以通过 is_char_boundary 方法来验证某个索引位置是否为合法的字符边界，代码第 7 行就验证了第 4 个索引位置为非法的字符边界。

　　所以，在使用字符串内建的 split_at 和 split_at_mut 方法分割字符串时，需要注意，一定要使用合法的字符串边界索引，否则就会引起线程崩溃，如代码清单 8-10 所示。

代码清单 8-10：使用 split_at 方法示例

```
1.  fn main() {
2.      let s = "Per Martin-Löf";
3.      let (first, last) = s.split_at(12);
4.      assert_eq!("Per Martin-L", first);
5.      assert_eq!("öf", last);
6.      // 'main' panicked: byte index 13 is not a char boundary
7.      // let (first, last) = s.split_at(13);
8.  }
```

　　在代码清单 8-10 中，使用 split_at 方法指定了字符串的分割索引位置。代码第 3 行指定的是 12，正好是一个合法的字符边界，所以可以将字符串合法地分成两部分。但是注释掉的第 7 行，给定的索引值为 13，恰好是字符 ö 的字节序列中间位置，为非法的字符边界，所以引发线程崩溃。

　　因此，在日常处理字符串时，要注意是按字节还是按字符进行的，以避免发生预期之外的错误。

8.1.5 字符串的修改

一般情况下，如果需要修改字符串，则使用 String 类型。修改字符串大致分为追加、插入、连接、更新和删除 5 种情形。

追加字符串

对于追加的情形，Rust 提供了 push 和 push_str 两个方法，如代码清单 8-11 所示。

代码清单 8-11：使用 push 和 push_str 方法示例

```
1.  fn main() {
2.      let mut hello = String::from("Hello, ");
3.      hello.push('R');
4.      hello.push_str("ust!");
5.      assert_eq!("Hello, Rust!", hello);
6.  }
```

在代码清单 8-11 中，使用 push 方法为 String 类型字符串 hello 追加字符，使用 push_str 方法为 hello 追加&str 类型的字符串切片。push 和 push_str 在内部实现上其实是类似的，因为 String 本质是对 Vec<u8>动态数组的包装，所以对于 push 来说，如果字符是单字节的，则将字符转换为 u8 类型直接追加到 Vec<u8>尾部；如果是多字节的，则转换为 UTF-8 字节序列，通过 Vec<u8>的 extend_from_slice 方法来扩展。因为 push_str 接收的是&str 类型的字符串切片，所以直接使用 extend_from_slice 方法扩展 String 类型字符串的内部 Vec<u8>数组。

除了上面两个方法，也可以通过迭代器为 String 追加字符串，因为 String 实现了 Extend 迭代器，如代码清单 8-12 所示。

代码清单 8-12：使用 Extend 迭代器追加字符串

```
1.  fn main() {
2.      let mut message = String::from("hello");
3.      message.extend([',', 'r', 'u'].iter());
4.      message.extend("st ".chars());
5.      message.extend("w o r l d".split_whitespace());
6.      assert_eq!("hello,rust world", &message);
7.  }
```

在代码清单 8-12 中，String 类型的字符串实现了 Extend 迭代器，所以可以使用 extend 方法，其参数也为迭代器。代码第 3 行，使用 iter 方法返回 Iter 迭代器。代码第 4 行，使用 chars 方法返回的是 Chars 迭代器。代码第 5 行，使用 split_whitespace 方法返回的是 SplitWhitespace 迭代器。

插入字符串

如果想从字符串的某个位置开始插入一段字符串，则需要使用 insert 和 insert_str 方法，其用法和 push/push_str 方法类似，如代码清单 8-13 所示。

代码清单 8-13：使用 insert 和 insert_str 方法插入字符串

```
1.  fn main() {
2.      let mut s = String::with_capacity(3);
3.      s.insert(0, 'f');
4.      s.insert(1, 'o');
5.      s.insert(2, 'o');
```

```
6.        s.insert_str(0, "bar");
7.        assert_eq!("barfoo", s);
8.    }
```

在代码清单 8-13 中，使用 insert 方法，其参数为要插入的位置和字符；而使用 insert_str
方法，其参数为要插入的位置和字符串切片。值得注意的是，insert 和 insert_str 是基于字节
序列的索引进行操作的，其内部实现会通过 is_char_boundary 方法来判断插入的位置是否为
合法的字符边界，如果插入的位置非法，则会引发线程崩溃。

连接字符串

String 类型的字符串也实现了 Add<&str> 和 AddAssign<&str>两个 trait，这意味着可以
使用 "+" 和 "+=" 操作符来连接字符串，如代码清单 8-14 所示。

代码清单 8-14：使用 "+" 和 "+"=连接字符串

```
1.  fn main() {
2.      let left = "the tao".to_string();
3.      let mut right = "Rust".to_string();
4.      assert_eq!(left + " of " + &right, "the tao of Rust");
5.      right += "!";
6.      assert_eq!(right, "Rust!");
7.  }
```

在代码清单 8-14 中，使用 "+" 和 "+=" 操作符连接字符串，但需要注意的是，操作符
右边的字符串为切片类型（&str）。在代码第 4 行中，&right 实为&String 类型，但是因为 String
类型实现了 **Deref** trait，所以这里执行加法操作时自动解引用为&str 类型。

更新字符串

因为 Rust 不支持直接按索引操作字符串中的字符，一些常规的算法在 Rust 中必然无法
使用。比如想修改某个字符串中符合条件的字符为大写，就无法直接通过索引来操作，只能
通过迭代器的方式或者某些 unsafe 方法，如代码清单 8-15 所示。

代码清单 8-15：尝试使用索引来操作字符串

```
1.  use std::ascii::{AsciiExt};
2.  fn main() {
3.      let s = String::from("fooαbar");
4.      let mut result = s.into_bytes();
5.      (0..result.len()).for_each( |i|
6.        if i % 2 == 0 {
7.            result[i] = result[i].to_ascii_lowercase();
8.        }else {
9.            result[i] = result[i].to_ascii_uppercase();
10.       }
11.   );
12.   assert_eq!("fOoαBaR", String::from_utf8(result).unwrap());
13. }
```

在代码清单 8-15 中，通过 into_bytes 方法将字符串转换为 Vec<u8>序列，这样就可以使
用索引来修改它的内容了。然后通过 String::from_utf8 方法将 Vec<u8>转换为 Result<String,
FromUtf8Error>，再通过 unwrap 方法取出 Result 中的 String 字符串。

代码第 5~11 行，在 result 字节序列长度范围内循环，如果序列索引是偶数，则通过 to_ascii_lowercase 方法将其转换为小写的；否则，通过 to_ascii_uppercase 方法将其转换为大写的。注意，这里引入了 std::ascii::{AsciiExt}，因为 result 现在是字节序列，所以需要使用标准库中提供的扩展方法。

最终得到的结果字符串是"fOoαBaR"，这和预期的结果不太相符，因为第 4 个字符 α 的大写应该是 A。这是因为 to_ascii_uppercase 和 to_ascii_lowercase 方法只针对 ASCII 字符，α 是多字节字符，并不能进行合法的转换。

代码清单 8-15 展示了 Rust 中的 String 字符串无法用在其他语言中处理字符串的常规思维来处理。Rust 中的字符串永远都是 UTF-8 字节序列。当然，在确定的字符串序列中，已知按字节可以得到正确处理的情况下，也是可以用的。但是一般处理多字节字符串的情况比较多，要合法正确地操作字符串，推荐使用按字符来迭代，如代码清单 8-16 所示。

代码清单 8-16：按字符迭代来处理字符串

```
1.  fn main() {
2.      let s = String::from("fooαbar");
3.      let s: String = s.chars().enumerate().map(|(i, c)| {
4.          if i % 2 == 0 {
5.              c.to_lowercase().to_string()
6.          } else {
7.              c.to_uppercase().to_string()
8.          }
9.      }).collect();
10.     assert_eq!("fOoAbAr", s);
11. }
```

在代码清单 8-16 中，使用 chars 方法获得 Chars 迭代器，然后通过 enumerate 和 map 两个迭代器方法对字符进行处理，最后通过 collect 消费迭代器转换为 String 类型，得到正确的预期结果。

删除字符串

Rust 标准库的 std::string 模块提供了一些专门用于删除字符串中字符的方法，如代码清单 8-17 所示。

代码清单 8-17：删除字符串示例

```
1.  fn main() {
2.      let mut s = String::from("hαllo");
3.      s.remove(3);
4.      assert_eq!("hαlo", s);
5.      assert_eq!(Some('o'), s.pop());
6.      assert_eq!(Some('l'), s.pop());
7.      assert_eq!(Some('α'), s.pop());
8.      assert_eq!("h", s);
9.      let mut s = String::from("hαllo");
10.     s.truncate(3);
11.     assert_eq!("hα", s);
12.     s.clear();
13.     assert_eq!(s, "");
14.     let mut s = String::from("α is alpha, β is beta");
```

```
15.     let beta_offset = s.find('β').unwrap_or(s.len());
16.     let t: String = s.drain(..beta_offset).collect();
17.     assert_eq!(t, "α is alpha, ");
18.     assert_eq!(s, "β is beta");
19.     s.drain(..);
20.     assert_eq!(s, "");
21. }
```

代码清单 8-17 展示了删除字符串的各种方法。

如果想删除字符串中某个位置的字符，则可以使用标准库提供的 remove 方法，如代码第 3 行，remove 的参数为该字符的起始索引位置。这里需要注意，remove 也是按字节处理字符串的，如果给定的索引位置不是合法的字符边界，那么线程就会崩溃。可以将该方法的参数 3 改为 2，然后看看有何结果。

代码第 5~7 行，使用 pop 方法可以将字符串结尾的字符依次弹出，并返回该字符。 通过代码第 8 行可以看出，该方法同样会修改字符串本身。

代码第 10 行使用了 truncate 方法，该方法接收索引位置为参数，并将以此索引位置开始到结尾的字符全部移除。此行指定 truncate 方法的参数为 3，那么第 3 位正好是字符 α 的字符边界，因为 α 占两字节。所以字符串 s 只剩下了"hα"。truncate 方法同样是按字节进行操作的，所以使用时需要注意，如果给定的索引位置不是合法的字符边界，则同样会引发线程崩溃。

代码第 12 行使用的 clear 方法，实际上是 truncate 的语法糖，只要给 truncate 指定参数为 0，那么就可以截断字符串中的全部字符，达到 clear 的效果。

代码第 14~20 行，使用 drain 方法来移除指定范围内的字符。代码第 15 行通过 find 方法，找到指定字符 β 的位置。代码第 16 行以此作为范围的起始位置，以字符串结尾作为结束位置，对字符串进行移除，drain 方法会返回 Drain 迭代器，可以通过消费 Drain 迭代器来获得已移除的那段字符串。

8.1.6　字符串的查找

在 Rust 标准库中并没有提供正则表达式支持，这是因为正则表达式算是外部 DSL，如果直接将其引入标准库中，则会破坏 Rust 的一致性。因为现成的正则表达式引擎都是其他语言实现的，比如 C 语言。除非完全使用 Rust 来实现。目前 Rust 支持的正则表达式引擎是官方实现的第三方包 **regex**，未来是否会归为标准库中，不得而知。虽然 Rust 在标准库中不提供正则表达式支持，但它提供了另外的字符串匹配功能供开发者使用，一共包含 20 个方法。这 20 个方法涵盖了以下几种字符串匹配操作：

- **存在性判断**。相关方法包括 contains、starts_with、ends_with。
- **位置匹配**。相关方法包括 find、rfind。
- **分割字符串**。相关方法包括 split、rsplit、split_terminator、rsplit_terminator、splitn、rsplitn。
- **捕获匹配**。相关方法包括 matches、rmatches、match_indices、rmatch_indices。
- **删除匹配**。相关方法包括 trim_matches、trim_left_matches、trim_right_matches。
- **替代匹配**。相关方法包括 replace、replacen。

看得出来，这些功能基本上可以满足日常正则表达式的开发需求。

存在性判断

可以通过 contains 方法判断字符串中是否存在符合指定条件的字符，该方法返回 bool 类型，如代码清单 8-18 所示。

代码清单 8-18：使用 contains 方法示例

```
1.  fn main() {
2.      let bananas = "bananas";
3.      assert!(bananas.contains('a'));
4.      assert!(bananas.contains("an"));
5.      assert!(bananas.contains(char::is_lowercase));
6.      assert!(bananas.starts_with('b'));
7.      assert!(!bananas.ends_with("nana"));
8.  }
```

注意，在代码清单 8-18 中，代码第 3~5 行中 contains 的参数是三种不同的类型，分别为 char、&str 和 fn pointer，这是因为 contains 是一个泛型方法。代码清单 8-19 展示了 std::str 模块中 contains 方法的源码。

代码清单 8-19：std::str 模块中 contains 方法的源码展示

```
1.  pub fn contains<'a, P: Pattern<'a>>(&'a self, pat: P) -> bool {
2.      core_str::StrExt::contains(self, pat)
3.  }
```

从代码清单 8-19 可以看出，contains 的参数 pat 是一个泛型，并且有一个 **Pattern<'a>** 限定。Pattern<'a> 是一个专门用于搜索 &'a str 字符串的模式 trait。Rust 中的 char 类型、String、&str、&&str、&[char] 类型，以及 FnMut(char) -> bool 的闭包均已实现了该 trait。因此，contains 才可以接收不同类型的值作为参数。

回到代码清单 8-18 中，代码第 6 行和第 7 行分别用到的 starts_with 和 ends_with 与 contains 一样，也可以接收实现了 Pattern<'a> 的类型作为参数。为了方便描述，暂且称这种参数为 pattern 参数。starts_with 和 ends_with 分别用于判断指定的 pattern 参数是否为字符串的起始边界和结束边界。

位置匹配

如果想查找指定字符串中字符所在的位置，则可以使用 find 方法，如代码清单 8-20 所示。

代码清单 8-20：使用 find 方法查找字符位置

```
1.  fn main() {
2.      let s = "Löwe 老虎 Léopard";
3.      assert_eq!(s.find('w'), Some(3));
4.      assert_eq!(s.find('老'), Some(6));
5.      assert_eq!(s.find('虎'), Some(9));
6.      assert_eq!(s.find("é"), Some(14));
7.      assert_eq!(s.find("Léopard"), Some(13));
8.      assert_eq!(s.rfind('L'), Some(13));
9.      assert_eq!(s.find(char::is_whitespace), Some(5));
10.     assert_eq!(s.find(char::is_lowercase), Some(1));
11. }
```

find 方法同样可以接收 pattern 参数。通过代码清单 8-20 可以看出，find 方法默认是从左向右按字符进行遍历查找的，最终返回 Option\<usize\>类型的位置索引；如果没有找到，则会返回 None。对于代码第 8 行使用的 rfind 方法，表示从右向左来匹配字符串，r 前缀代表右边（right），所以它返回的结果是 Some(13)。

分割字符串

如果想通过指定的模式来分割字符串，则可以使用 split 系列方法，如代码清单 8-21 所示。

代码清单 8-21：split 系列方法使用示例

```
1.  fn main() {
2.      let s = "Löwe 虎 Léopard";
3.      let v = s.split( |c|
4.          (c as u32) >= (0x4E00 as u32) &&  (c as u32) <= (0x9FA5 as u32)
5.      ).collect::<Vec<&str>>();
6.      assert_eq!(v, ["Löwe ", " Léopard"]);
7.      let v = "abc1defXghi".split(|c|
8.          c == '1' || c == 'X'
9.      ).collect::<Vec<&str>>();;
10.     assert_eq!(v, ["abc", "def", "ghi"]);
11.     let v = "Mary had a little lambda"
12.        .splitn(3, ' ')
13.        .collect::<Vec<&str>>();;
14.     assert_eq!(v, ["Mary", "had", "a little lambda"]);
15.     let v = "A.B.".split(".").collect::<Vec<&str>>();;
16.     assert_eq!(v, ["A", "B", ""]);
17.     let v = "A.B.".split_terminator('.').collect::<Vec<&str>>();;
18.     assert_eq!(v, ["A", "B"]);
19.     let v = "A..B..".split(".").collect::<Vec<&str>>();;
20.     assert_eq!(v, ["A", "", "B", "", ""]);
21.     let v = "A..B..".split_terminator(".").collect::<Vec<&str>>();;
22.     assert_eq!(v, ["A", "", "B", ""]);
23. }
```

在代码清单 8-21 中，代码第 2 行声明了一个 &str 字符串，注意其中包含了多字节字符。

代码第 3~5 行，使用 split 方法来分割字符串 s。split 方法同样支持 pattern 参数，该方法使用闭包作为参数。闭包的行为是想通过字符串中字符的码位范围来锁定中文字符，然后以中文字符作为字符串的分割位置，最终返回代码第 6 行所示的 Vec\<&str\>类型数组。这里暂时使用 U+4E00~U+9FA5 码位作为中文字符的范围，但实际上这是不太严谨的，该范围并没有包含全部的中文字符，这里仅作为演示之用。因为在 Rust 中每个字符的码位对应于一个 u32 数字，所以在闭包中使用 as 将字符和码位均转换为 u32 进行比较。

代码第 7~9 行的行为同样是通过闭包指定的条件来分割字符串的，最终得到代码第 10 行所示的数组。

代码第 11~13 行，使用了 splitn 方法，注意这个方法的命名比 split 多了一个 n，这个 n 代表指定分割的数组长度。该方法的第一个参数就是指定要分割的数组长度，第二个参数为要分割的 pattern 参数。最终的分割结果正如第 14 行展示的那样，是一个长度为 3 的数组，也就是包含 3 个元素。

代码第 15~22 行，主要展示了 split 和 split_terminator 方法的区别。顾名思义，terminator

为终结之意，通过代码可以看出，split_terminator 会把分割结果数组最后一位出现的空字符串去掉。

对应的，也存在 rsplit、rsplitn 和 rsplit_terminator 方法，它们均是按从右向左的方向进行字符匹配的。那为什么没有 lsplit 之类的方法呢？不要忘记，split 本身的匹配方向就是从左向右的。需要注意的是，split 系列方法返回的是迭代器，所以在使用它们时最后需要用 collect 来消费这些迭代器。

捕获匹配

在处理字符串时，最常见的一个需求就是得到字符串中匹配某个条件的字符，通常通过正则表达式来完成。在 Rust 中，通过 pattern 参数配合 matches 系列方法可以获得同样的效果，如代码清单 8-22 所示。

代码清单 8-22：matches 系列方法使用示例

```
1.  fn main() {
2.      let v = "abcXXXabcYYYabc"
3.          .matches("abc").collect::<Vec<&str>>();
4.      assert_eq!(v, ["abc", "abc", "abc"]);
5.      let v = "1abc2abc3"
6.          .rmatches(char::is_numeric).collect::<Vec<&str>>();
7.      assert_eq!(v, ["3", "2", "1"]);
8.      let v = "abcXXXabcYYYabc"
9.          .match_indices("abc").collect::<Vec<_>>();
10.     assert_eq!(v, [(0, "abc"), (6, "abc"), (12, "abc")]);
11.     let v = "abcXXXabcYYYabc"
12.         .rmatch_indices("abc").collect::<Vec<_>>();
13.     assert_eq!(v, [(12, "abc"), (6, "abc"), (0, "abc")]);
14. }
```

在代码清单 8-22 中，代码第 2 行和第 3 行，使用 matches 方法来获取字符串中匹配到的元素。matches 方法返回的同样是迭代器，所以需要使用 collect 来消费迭代器收集到指定容器中以备使用，此例收集到了 Vec<&str>类型的数组容器中，最终得到代码第 4 行所示的结果。

代码第 5 行和第 6 行，使用了 rmatches 方法，从右向左进行匹配。注意，最终得到的数组中元素也是按原字符串从右向左依次排列的。

代码第 8 行和第 9 行，使用了 match_indices 方法，返回的结果是元组数组，其中元组的第一个元素代表匹配字符的位置索引，第二个元素为匹配的字符本身。从方法的命名来看，indices 为 index 的复数形式，在语义上就指明了匹配结果会包含索引。其实在标准库中也有不少以 "_indices" 结尾的方法名，在语义上都表明其返回值会包含索引。

代码第 11 行和第 12 行，使用了 rmatch_indices 方法，它同样是从右向左进行匹配的。

通过 matches 系列方法，可以获得最终匹配的结果数组，然后按需使用即可。

删除匹配

在 std::str 模块中提供了 trim 系列方法，可以删除字符串两头的指定字符，如代码清单 8-23 所示。

代码清单 8-23：trim 系列方法使用示例

```
1.  fn main() {
2.      let s = " Hello\tworld\t";
3.      assert_eq!("Hello\tworld", s.trim());
4.      assert_eq!("Hello\tworld\t", s.trim_left());
5.      assert_eq!(" Hello\tworld", s.trim_right());
6.  }
```

在代码清单 8-23 中用到的 trim 系列方法，可以删除字符串两头的空格、制表符（\t）和换行符（\n）。注意代码第 2 行声明的字符串 s 是以空格为起始字符、以\t 为结尾字符的单个字符串。从代码第 3 行可以看出，trim 方法将左边起始处的空格和右边结尾处的\t 都清除了。

代码第 4 行和第 5 行中用到的 trim_left 和 trim_right 分别用于去除左边和右边的特定字符。值得注意的是，trim、trim_left 和 trim_right 这三个方法并不能使用 pattern 参数，只是固定地清除空格、制表符和换行符。Rust 提供了 trim_matches 系列方法支持 pattern 参数，可以指定自定义的删除规则，如代码清单 8-24 所示。

代码清单 8-24：trim_matches 系列方法使用示例

```
1.  fn main() {
2.      assert_eq!("Hello\tworld\t".trim_matches('\t'), "Helloworld");
3.      assert_eq!("11foolbar11".trim_matches('1'), "foolbar");
4.      assert_eq!("123foolbar123"
5.          .trim_matches(char::is_numeric), "foolbar");
6.      let x: &[char] = &['1', '2'];
7.      assert_eq!("12foolbar12".trim_matches(x), "foolbar");
8.      assert_eq!(
9.          "1foolbarXX".trim_matches(|c| c == '1' || c == 'X'),
10.         "foolbar"
11.     );
12.     assert_eq!("11foolbar11".trim_left_matches('1'), "foolbar11");
13.     assert_eq!(
14.         "123foolbar123".trim_left_matches(char::is_numeric),
15.         "foolbar123");
16.     let x: &[char] = &['1', '2'];
17.     assert_eq!("12foolbar12".trim_left_matches(x), "foolbar12");
18.     assert_eq!(
19.         "1fooX".trim_right_matches(|c| c == '1' || c == 'X'),
20.         "1foo"
21.     );
22. }
```

在代码清单 8-24 中使用了 trim_matches 系列方法，与 trim 系列方法不同的是，该系列方法可以接收 pattern 参数。通过传递 pattern 参数可以自定义需要删除的字符。

代码第 2~11 行，展示了 trim_matches 接收各种类型的 pattern 参数，最后删除了字符串两头相匹配的字符。

代码第 12~21 行，展示了 trim_left_matches 和 trim_right_matches 方法，分别用于删除字符串左边和右边相匹配的字符。

替代匹配

使用 trim_matches 系列方法可以满足基本的字符串删除匹配需求，但是其只能去除字符串两头的字符，无法去除字符串内部包含的字符。可以通过 replace 系列方法来实现此需求，如代码清单 8-25 所示。

代码清单 8-25：replace 系列方法使用示例

```
1.  fn main() {
2.      let s = "Hello\tworld\t";
3.      assert_eq!("Hello world ", s.replace("\t", " "));
4.      assert_eq!("Hello world", s.replace("\t", " ").trim());
5.      let s = "this is old old 123";
6.      assert_eq!("this is new new 123", s.replace("old", "new"));
7.      assert_eq!("this is new old 123", s.replacen("old", "new", 1));
8.      assert_eq!("this is ald ald 123", s.replacen('o', "a", 3));
9.      assert_eq!(
10.         "this is old old new23",
11.         s.replacen(char::is_numeric, "new", 1)
12.     );
13. }
```

在代码清单 8-25 中，代码第 3 行使用空格替换了制表符，虽然满足了需求，但是在字符串结尾又多了空格，所以，这里其实再配合使用一次 trim 方法即可，如代码第 4 行所示。

replace 方法也支持 pattern 参数，默认从左到右将所有匹配到的字符替换为指定字符。与之相对应的 replacen 方法，支持通过第三个参数来指定替换字符的个数，如代码第 7~12 行所示。

字符串匹配模式原理

Rust 提供的这些字符串匹配方法看似繁多，但实际上其背后是一套统一的迭代器适配器。我们从 matches 方法说起，代码清单 8-26 展示了 matches 方法的源码。

代码清单 8-26：matches 方法源码

```
1.  fn matches<'a, P: Pattern<'a>>(&'a self, pat: P) -> Matches<'a, P>
2.  {
3.      Matches(MatchesInternal(pat.into_searcher(self)))
4.  }
```

在代码清单 8-26 中，matches 方法返回的是 Matches<'a, P>类型，它是一个结构体，也是一个迭代器。其源码如代码清单 8-27 所示。

代码清单 8-27：Matches 迭代器源码

```
1.  struct MatchesInternal<'a, P: Pattern<'a>>(P::Searcher);
2.  pub struct Matches<'a, P: Pattern<'a>>(MatchesInternal<'a, P>);
3.  impl<'a, P: Pattern<'a>> Iterator for Matches<'a, P> {
4.      type Item = &'a str;
5.      fn next(&mut self) -> Option<&'a str> {
6.          self.0.next()
7.      }
8.  }
```

在代码清单 8-27 中展示的是部分源码，其中第 2~7 行实际上是通过 generate_pattern_iterators!

宏生成的代码。

　　Matches 结构体是一个元组结构体，也就是 NewType 模式，它包装了 MatchesInternal 结构体。代码第 3~7 行，为 Matches 实现了 Iterator，它就成为迭代器。在 next 方法中，它又调用了 MatchesInternal 结构体的 next 方法，如代码第 6 行所示。

　　代码清单 8-28 展示了 MatchesInternal 实现 next 和 next_back 方法的源码。

代码清单 8-28：MatchesInternal 实现 next 和 next_back 方法的源码

```
1.  impl<'a, P: Pattern<'a>> MatchesInternal<'a, P> {
2.      fn next(&mut self) -> Option<&'a str> {
3.          self.0.next_match().map(|(a, b)| unsafe {
4.              self.0.haystack().slice_unchecked(a, b)
5.          })
6.      }
7.      fn next_back(&mut self) -> Option<&'a str>
8.      where P::Searcher: ReverseSearcher<'a>
9.      {
10.         self.0.next_match_back().map(|(a, b)| unsafe {
11.             self.0.haystack().slice_unchecked(a, b)
12.         })
13.     }
14. }
```

　　MatchesInternal 也是一个 NewType 模式的结构体，它包装了 P::Searcher。其中 next 和 next_back 方法内部分别调用了 P::Searcher 的 next_match 和 next_match_back 方法，最终返回 Map 迭代器供将来 collect 使用。

　　Matches 迭代器适配器工作示意图如图 8-4 所示。

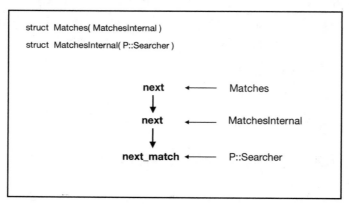

图 8-4：Matches 迭代器适配器工作示意图

　　在上面代码中，值得注意的是 Pattern<'a>，该 trait 实际上是字符串匹配算法的抽象。代码清单 8-29 展示了 Pattern<'a>和 SearchStep 的定义。

代码清单 8-29：Pattern<'a>和 SearchStep 定义

```
1.  pub enum SearchStep {
2.      Match(usize, usize),
3.      Reject(usize, usize),
4.      Done
```

```
5.    }
6.    pub trait Pattern<'a>: Sized {
7.        type Searcher: Searcher<'a>;
8.        fn into_searcher(self, haystack: &'a str) -> Self::Searcher;
9.        fn is_contained_in(self, haystack: &'a str) -> bool {
10.            self.into_searcher(haystack).next_match().is_some()
11.        }
12.        fn is_prefix_of(self, haystack: &'a str) -> bool {
13.            match self.into_searcher(haystack).next() {
14.                SearchStep::Match(0, _) => true,
15.                _ => false,
16.            }
17.        }
18.        fn is_suffix_of(self, haystack: &'a str) -> bool
19.        where Self::Searcher: ReverseSearcher<'a>
20.        {
21.            match self.into_searcher(haystack).next_back() {
22.                SearchStep::Match(_, j) if haystack.len() == j => true,
23.                _ => false,
24.            }
25.        }
26.    }
```

在代码清单 8-29 中，Pattern<'a>包含了一个关联类型和四个方法。关联类型为 Searcher，表示一个可以通过 into_searcher 方法得到的具体搜索类型，并且该搜索类型必须实现另一个 Searcher<'a> trait。into_searcher 方法中 haystack 参数的命名来自英语俚语 "find a needle in a haystack"，意思为 "大海捞针"，所以在一般的字符串匹配算法中，通常用 haystack 表示待匹配的原字符串，needle 代表子串。比如用子串 "nana" 来匹配字符串 "banana"，那么 "banana" 就是 haystack，"nana" 就是 needle。所以，后面为了描述方便，直接用 "haystack 串" 和 "needle 串" 来分别指代它们。

SearchStep 是一个枚举类型，其中 Match(usize, usize)代表匹配到的字符索引位置范围，比如 haystack[0..3]，Reject(usize, usize)代表未匹配的索引范围，Done 则代表匹配完毕。

is_contained_in 方法用于判断 needle 串是否包含在 haystack 串中。is_prefix_of 和 is_suffix_of 方法分别代表前缀和后缀。如果熟悉 KMP 字符串匹配算法，则会比较敏感，前缀是指除最后一个字符以外的其余字符的组合，后缀是指除第一个字符以外的全部尾部字符的组合，如代码第 14 行和第 22 行匹配的索引所示。

在 KMP 算法中，前缀和后缀用于产生部分匹配表，而在 Rust 中这里使用的字符匹配算法并非 KMP，而是它的变种**双向（Two-Way）字符串匹配算法**，该算法的优势在于拥有常量级的空间复杂度。它和 KMP 的共同点在于其时间复杂度也是 $O(n)$，并且都用到了前缀和后缀的概念。

代码清单 8-30 展示了 Searcher<'a>的源码。

代码清单 8-30：Searcher<'a>源码

```
1.    pub unsafe trait Searcher<'a> {
2.        fn haystack(&self) -> &'a str;
3.        fn next(&mut self) -> SearchStep;
4.        fn next_match(&mut self) -> Option<(usize, usize)> {
```

```
5.           loop {
6.               match self.next() {
7.                   SearchStep::Match(a, b) => return Some((a, b)),
8.                   SearchStep::Done => return None,
9.                   _ => continue,
10.              }
11.          }
12.      }
13.      fn next_reject(&mut self) -> Option<(usize, usize)> {
14.          loop {
15.              match self.next() {
16.                  SearchStep::Reject(a, b) => return Some((a, b)),
17.                  SearchStep::Done => return None,
18.                  _ => continue,
19.              }
20.          }
21.      }
22. }
```

代码清单 8-30 中的 Searcher<'a>有点类似于迭代器，其中包含了四个方法。代码第 2 行的 haystack 方法用于传递 haystack 串。

代码第 3 行的 next 方法用于返回 SearchStep。比如 needle 串为"aaaa"，haystack 串为"cbaaaaab"，则通过 next 方法可以得到"[Reject(0, 1), Reject(1, 2), Match(2, 5), Reject(5, 8)]"。

代码第 4~21 行，分别实现了 next_match 和 next_reject，用于匹配 SearchStep 来返回最终匹配或未匹配的索引范围。注意，索引范围为 Option<(usize, usize)>类型。

代码清单 8-31 展示了为&'a str 类型实现 Pattern<'a >的源码。

代码清单 8-31：为&'a str 类型实现 Pattern<'a>的源码

```
1.  impl<'a, 'b> Pattern<'a> for &'b str {
2.      type Searcher = StrSearcher<'a, 'b>;
3.      fn into_searcher(self, haystack: &'a str) -> StrSearcher<'a, 'b>
4.      {
5.          StrSearcher::new(haystack, self)
6.      }
7.      fn is_prefix_of(self, haystack: &'a str) -> bool {
8.          haystack.is_char_boundary(self.len()) &&
9.              self == &haystack[..self.len()]
10.      }
11.      fn is_suffix_of(self, haystack: &'a str) -> bool {
12.        self.len() <= haystack.len() &&
13.            haystack.is_char_boundary(haystack.len() - self.len()) &&
14.            self == &haystack[haystack.len() - self.len()..]
15.      }
16. }
17. pub struct StrSearcher<'a, 'b> {
18.    haystack: &'a str,
19.    needle: &'b str,
20.    searcher: StrSearcherImpl,
```

```
21. }
22. enum StrSearcherImpl {
23.     Empty(EmptyNeedle),
24.     TwoWay(TwoWaySearcher),
25. }
26. unsafe impl<'a, 'b> Searcher<'a> for StrSearcher<'a, 'b> {
27.     fn haystack(&self) -> &'a str {
28.         self.haystack
29.     }
30.     fn next(&mut self) -> SearchStep {
31.         match self.searcher {
32.             StrSearcherImpl::Empty(ref mut searcher) => {...}
33.             StrSearcherImpl::TwoWay(ref mut searcher) => {...}
34.         }
35.     }
36.     fn next_match(&mut self) -> Option<(usize, usize)> {
37.         match self.searcher {
38.             StrSearcherImpl::Empty(..) => {...}
39.             StrSearcherImpl::TwoWay(ref mut searcher) => {...}
40.         }
41.     }
42. }
```

仔细看代码清单 8-31 所示的代码结构，发现 into_searcher 生成用于匹配&'a str 类型字符串的搜索类型为 StrSearcher<'a, 'b>，它是一个结构体，包含了三个字段，其中 haystack 和 needle 分别表示 haystack 串和 needle 串，而 searcher 是一个 StrSearcherImpl 枚举体。

StrSearcherImpl 枚举体包含的两个变体 Empty(EmptyNeedle)和 TwoWay(TwoWaySearcher)，分别代表处理空字符串和非空字符串两种情况。当处理空字符串时，实际使用 EmptyNeedle 来处理；当处理非空字符串时，实际使用 TwoWaySearcher 来处理。其中 TwoWaySearch 就是双向字符串匹配算法的具体实现。

以上就是**字符串匹配算法的背后机制，使用 Pattern<'a >、Searcher<'a >和 SearchStep 来抽象字符串匹配算法，然后利用迭代器模式进行检索**。同样，这里也是 Rust 一致性的体现。

8.1.7　与其他类型相互转换

在日常开发中，字符串和其他类型的转换是很常见的需求。Rust 也提供了一些方法来帮助开发者方便地完成这类转换。

将字符串转换为其他类型

可以通过 std::str 模块中提供的 parse 泛型方法来将字符串转换为指定的类型，如代码清单 8-32 所示。

代码清单 8-32：parse 方法使用示例

```
1. fn main() {
2.     let four: u32 = "4".parse().unwrap();
3.     assert_eq!(4, four);
4.     let four = "4".parse::<u32>();
5.     assert_eq!(Ok(4), four);
6. }
```

　　在代码清单 8-32 中，使用 parse 方法将字符串"4"转换为 u32 类型。因为 parse 为泛型方法，所以也可以使用 turobfish 操作符为其指定类型，如代码第 4 行所示。

　　其实 parse 方法内部是使用 FromStr::from_str 方法来实现转换的。FromStr 是一个 trait，其命名符合 Rust 的一致性惯例，代码清单 8-33 展示了该 trait 的定义。

代码清单 8-33：FromStr 定义

```
1.  pub trait FromStr {
2.      type Err;
3.      fn from_str(s: &str) -> Result<Self, Self::Err>;
4.  }
```

　　从代码清单 8-33 中可以看出，在 FromStr 中定义了一个 from_str 方法，实现了此 trait 的类型，可以通过 from_str 将字符串转换为该类型。返回值为一个 Result 类型，该类型会在解析失败时返回 Err。Rust 为一些基本的原生类型、布尔类型以及 IP 地址等少数类型实现了 FromStr，对于自定义的类型需要自己手工实现，如代码清单 8-34 所示。

代码清单 8-34：为自定义结构体实现 FromStr

```
1.  use std::str::FromStr;
2.  use std::num::ParseIntError;
3.  #[derive(Debug, PartialEq)]
4.  struct Point {
5.      x: i32,
6.      y: i32,
7.  }
8.  impl FromStr for Point {
9.      type Err = ParseIntError;
10.     fn from_str(s: &str) -> Result<Self, Self::Err> {
11.         let coords = s.trim_matches(|p| p == '{' || p == '}' )
12.                       .split(",")
13.                       .collect::<Vec<&str>>();
14.         let x_fromstr = coords[0].parse::<i32>()?;
15.         let y_fromstr = coords[1].parse::<i32>()?;
16.         Ok(Point { x: x_fromstr, y: y_fromstr })
17.     }
18. }
19. fn main(){
20.     let p = Point::from_str("{1,2}");
21.     assert_eq!(p.unwrap(), Point{ x: 1, y: 2} );
22.     let p = Point::from_str("{3,u}");
23.     // Err(ParseIntError { kind: InvalidDigit })
24.     println!("{:?}", p);
25. }
```

　　在代码清单 8-34 中，实现了将特定格式的字符串转换为 Point 结构体类型。代码很简单，重点在于第 11~16 行，通过 trim_matches 将字符串两头的花括号去掉，然后使用 split 将字符串按逗号分割为包含两个字符串的 Vec<&str>数组，再分别通过索引将其解析为数字，最后构造为 Point 结构体的实例并返回相应的 Result 类型。

　　如果是不满足特定格式的字符串，则会返回对应的错误类型，比如代码第 22 行，最终得到的结果是 Err(ParseIntError{kind: InvalidDigit})错误类型。

将其他类型转换为字符串

如果想把其他类型转换为字符串，则可以使用 format!宏。format!宏与 println!及 write!宏类似，同样可以通过格式化规则来生成 String 类型的字符串，如代码清单 8-35 所示。

代码清单 8-35：使用 format!根据字符串生成字符串

```
1.  fn main(){
2.      let s: String = format!("{}Rust", "Hello");
3.      assert_eq!(s, "HelloRust");
4.      assert_eq!(format!("{:5}", "HelloRust"), "HelloRust");
5.      assert_eq!(format!("{:5.3}", "HelloRust"), "Hel  ");
6.      assert_eq!(format!("{:10}", "HelloRust"), "HelloRust ");
7.      assert_eq!(format!("{:<12}", "HelloRust"), "HelloRust   ");
8.      assert_eq!(format!("{:>12}", "HelloRust"), "   HelloRust");
9.      assert_eq!(format!("{:^12}", "HelloRust"), " HelloRust  ");
10.     assert_eq!(format!("{:^12.5}", "HelloRust"), "   Hello    ");
11.     assert_eq!(format!("{:=^12.5}", "HelloRust"), "===Hello====");
12.     assert_eq!(format!("{:*^12.5}", "HelloRust"), "***Hello****");
13.     assert_eq!(format!("{:5}", "th\u{e9}"), "thé  ");
14. }
```

代码清单 8-35 展示了 format!格式化示例，格式化效果如图 8-5 所示。

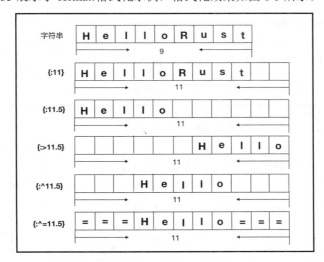

图 8-5：format!格式化效果

基本的格式化规则可以总结为下面三条：

- **填充字符串宽度**。格式为{:number}，其中 number 表示数字。如代码清单 8-35 中第 4 行所示。如果 number 的长度小于字符串长度，则什么都不做；如果 number 的长度大于字符串的长度，则会默认填充空格来扩展字符串的长度，如代码第 6 行所示。
- **截取字符串**。格式为{:.number}，注意 number 前面有符号"."， number 代表要截取的字符长度，也可以和填充格式配合使用，如代码清单 8-35 中第 5 行所示。
- **对齐字符串**。格式为{:>}、{:^}和{:<}，分布表示左对齐、位于中间和右对齐。如代码清单 8-35 中第 7~10 行所示，也可以与其他格式代码配合使用。

在代码清单 8-35 中，代码第 11 行和第 12 行，直接在冒号后面使用"="和"*"替代默认的空格填充。format!格式化字符串是按字符来处理的，如代码第 13 行所示，不管字符串多长，对于里面的 Unicode 码位都会以单个字符位来处理。

除满足上述格式化规则之外，Rust 还提供了专门针对整数和浮点数的格式化代码。代码清单 8-36 展示了针对整数的 format!格式化示例。

代码清单 8-36：针对整数使用 format!格式化为字符串

```
1.  fn main(){
2.      assert_eq!(format!("{:+}", 1234), "+1234");
3.      assert_eq!(format!("{:+x}", 1234), "+4d2");
4.      assert_eq!(format!("{:+#x}", 1234), "+0x4d2");
5.      assert_eq!(format!("{:b}", 1234), "10011010010");
6.      assert_eq!(format!("{:#b}", 1234), "0b10011010010");
7.      assert_eq!(format!("{:#20b}", 1234), "       0b10011010010");
8.      assert_eq!(format!("{:<#20b}", 1234), "0b10011010010       ");
9.      assert_eq!(format!("{:^#20b}", 1234), "   0b10011010010    ");
10.     assert_eq!(format!("{:>+#15x}", 1234), "        +0x4d2");
11.     assert_eq!(format!("{:>+#015x}", 1234), "+0x0000000004d2");
12. }
```

在代码清单 8-36 中，除使用上面介绍的格式化代码之外，还用到了针对整数提供的格式化代码。总结如下：

- **符号+**，表示强制输出整数的正负符号。
- **符号#**，用于显示进制的前缀。比如十六进制显示 0x，二进制显示 0b。
- **数字 0**，用于把默认填充的空格替换为数字 0。

为了便于理解，图 8-6 展示了针对整数的 format!格式化规则。

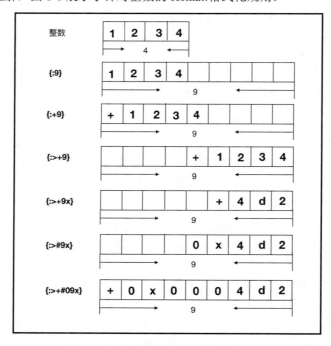

图 8-6：针对整数的 format!格式化规则

针对浮点数，某些格式化代码又表示不同的含义，如代码清单 8-37 所示。

代码清单 8-37：针对浮点数使用 format!格式化为字符串

```
1.  fn main(){
2.      assert_eq!(format!("{:.4}", 1234.5678), "1234.5678");
3.      assert_eq!(format!("{:.2}", 1234.5618), "1234.56");
4.      assert_eq!(format!("{:.2}", 1234.5678), "1234.57");
5.      assert_eq!(format!("{:<10.4}", 1234.5678), "1234.5678 ");
6.      assert_eq!(format!("{:^12.2}", 1234.5618), "  1234.56   ");
7.      assert_eq!(format!("{:0^12.2}", 1234.5678), "001234.57000");
8.      assert_eq!(format!("{:e}", 1234.5678), "1.2345678e3");
9.  }
```

浮点数格式化主要注意以下两点：

- 指定小数点后的有效位。符号"."代表的是指定浮点数小数点后的有效位。这里需要注意的是，在指定有效位时会四舍五入，如代码清单 8-37 中第 3 行和第 4 行所示。
- 科学计数法。使用**{:e}**可以将浮点数格式化为科学计数法的表示形式。

图 8-7 展示了针对浮点数的 format!格式化规则。

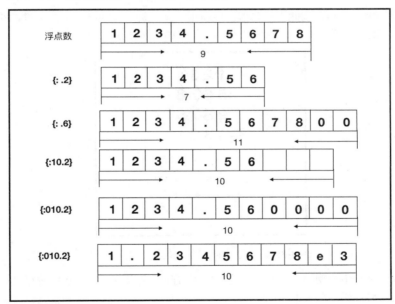

图 8-7：针对浮点数的 format!格式化规则

以上所有的格式化规则，对 println!和 write!宏均适用。前面展示的都是字符串、整数和浮点数等内置类型的格式化，如果要对自定义类型格式化，则需要实现 Display trait，如代码清单 8-38 所示。

代码清单 8-38：对自定义类型 format!格式化为字符串

```
1.  use std::fmt::{self, Formatter, Display};
2.  struct City {
3.      name: &'static str,
4.      lat: f32,
5.      lon: f32,
```

```
6.    }
7.    impl Display for City {
8.        fn fmt(&self, f: &mut Formatter) -> fmt::Result {
9.            let lat_c = if self.lat >= 0.0 { 'N' } else { 'S' };
10.           let lon_c = if self.lon >= 0.0 { 'E' } else { 'W' };
11.           write!(f, "{}: {:.3}°{} {:.3}°{}",
12.               self.name, self.lat.abs(), lat_c, self.lon.abs(), lon_c)
13.       }
14.   }
15.   fn main() {
16.       let city = City { name: "Beijing", lat: 39.90469, lon: -116.40717 };
17.       assert_eq!(format!("{}", city), "Beijing: 39.905°N 116.407°W");
18.       println!("{}", city);
19.   }
```

在代码清单 8-38 中，为结构体 City 实现了 Display trait，所以可以通过 format!宏根据结构体实例 city 生成相应的字符串，如代码第 17 行所示。

8.1.8　回顾

关于字符串的介绍，到此告一段落。现在用一个小例子来回顾一下之前讲过的内容。如图 8-8 所示，有一个数字方阵，求出其对角线位置的所有数字之和。

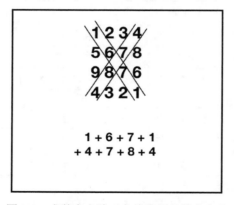

图 8-8：求数字方阵对角线位置的数字之和

使用原生字符串声明语法（r"..."）将此数字方阵定义为字符串，然后按行遍历其字符即可得到结果，如代码清单 8-39 所示。

代码清单 8-39：求数字方阵的对角线数字之和

```
1.   fn main(){
2.       let s = r"1234
3.               5678
4.               9876
5.               4321";
6.       let (mut x, mut y) = (0, 0);
7.       for (idx, val) in s.lines().enumerate() {
8.           let val = val.trim();
9.           let left = val.get(idx..idx+1)
10.                         .unwrap().parse::<u32>().unwrap();
```

```
11.         let right = val.get((3 - idx)..(3 - idx+1))
12.                     .unwrap().parse::<u32>().unwrap();
13.         x += left;
14.         y += right;
15.     }
16.     assert_eq!(38, x+y);
17. }
```

在代码清单 8-39 中，代码第 2~5 行，使用原生字符串声明语法（r"..."）将数字方阵定义为字符串。该语法的好处是，可以保留原来字符串中的特殊符号。

代码第 6 行，声明两个整数变量用于记录两条对角线上的数字之和，最终将这两个变量加起来就得到所求结果。

代码第 7~15 行，使用 for 循环迭代数字方阵字符串的每一行来获取对角线上的数字进行累加求和。其中使用了字符串的 lines 方法，可以自动按换行符迭代字符串，然后使用了 enumerate 方法来获取行号索引。

代码第 8 行，在 for 循环中使用 trim 方法将每一行的子字符串两头多余的空格删除。

代码第 9 行和第 10 行，使用 get 方法结合范围参数来获取相关位置的字符。这里使用了一个技巧，斜线对角线位置字符的索引正好等于循环行号索引。获取到相应位置的字符，需要用 parser 方法将该字符转换为 u32 类型。

代码第 11 行和第 12 行，使用 get 方法获取反斜线对角线位置的字符，而该对角线上的字符位置索引正好和循环行号索引相反，所以这里使用了另一个技巧，使用 3 减去循环行号索引就得到相应对角线上的位置。

第 13 行和第 14 行，分别累加两条对角线上的字符值之和。代码第 16 行，分别将两条对角线上的数字之和相加，即可得到最终结果 38。

随书源码中也给出了其他实现方法。

8.2 集合类型

Rust 标准库中提供的集合类型包括以下几种：

- **Vec<T>**，动态可增长数组。
- **VecDeque<T>**，基于环形缓冲区的先进先出（FIFO）双端队列实现。
- **LinkedList<T>**，双向链表实现。
- **BinaryHeap<T>**，二叉堆（最大堆）实现，可用作优先队列。
- **HashMap<K, V>**，基于哈希表的无序 K-V 映射集实现。
- **BTreeMap<K, V>**，基于 B 树的有序映射集实现，按 Key 排序。
- **HashSet<T>**，无序集合实现。
- **BTreeSet<T>**，基于 B 树的有序集合实现。

以上最常用的集合类型为 Vec<T>和 HashMap<K, V>，接下来主要介绍这两种集合类型。

8.2.1 动态可增长数组

Rust 中数组有两种类型：一种是原生类型 array，它拥有固定的长度，类型签名为[T; N]；

另一种是动态可增长数组 Vector，它是可增长的动态数组，类型签名为 Vec<T>，在运行时才可知道大小。在第 4 章中已经介绍过，array 和 Vector 的区别在于，array 中的元素可以在栈上存储；而 Vector 中的元素只能在堆上分配。本章着重介绍动态可增长数组 Vector。

基本操作与内存分配

创建 Vector 和创建 String 类型字符串的方法很相似，因为 String 类型的字符串本身就是对 Vec<u8>类型的包装。代码清单 8-40 展示了 Vector 的基本操作。

代码清单 8-40：Vector 基本操作

```
1.   fn main() {
2.       let mut vec = Vec::new();
3.       vec.push(1);
4.       vec.push(2);
5.       assert_eq!(vec.len(), 2);
6.       assert_eq!(vec[0], 1);
7.       assert_eq!(vec.pop(), Some(2));
8.       assert_eq!(vec.len(), 1);
9.       vec[0] = 7;
10.      assert_eq!(vec[0], 7);
11.      assert_eq!(vec.get(0), Some(&7));
12.      assert_eq!(vec.get(10), None);
13.      // vec[10];
14.      vec.extend([1, 2, 3].iter().cloned());
15.      assert_eq!(vec, [7, 1, 2, 3]);
16.      assert_eq!(vec.get(0..2), Some(&[7,1][..]));
17.      let mut vec2 = vec![4, 5, 6];
18.      vec.append(&mut vec2);
19.      assert_eq!(vec, [7, 1, 2, 3, 4, 5, 6]);
20.      assert_eq!(vec2, []);
21.      vec.swap(1, 3);
22.      assert!(vec == [7, 3, 2, 1, 4, 5, 6]);
23.      let slice = [1, 2, 3, 4, 5, 6, 7];
24.      vec.copy_from_slice(&slice);
25.      assert_eq!(vec, slice);
26.      let slice = [4, 3, 2, 1];
27.      vec.clone_from_slice(&slice);
28.      assert_eq!(vec, slice);
29.  }
```

在代码清单 8-40 中，代码第 2 行，使用 Vec::new 方法可以创建一个可变的 Vector 空数组，与 String::new 类似，实际上并未分配堆内存。如果在整个函数中都未为其填充元素，则 Rust 编译器会认定它为未初始化内存，编译器报错。

代码第 3 行和第 4 行，使用 push 方法插入数字类型，这里编译器会默认推断其类型为 i32。

代码第 5 行，使用 len 方法查看 vec 的大小为 2，因为已经插入了两个元素。

代码第 6 行，通过索引访问相应位置的元素。

代码第 7 行，通过 pop 方法弹出 vec 末尾的元素。可以看出，Vector 数组天生就可以作为先进后出（FILO）的栈结构使用。注意 pop 方法返回的是 Option<T>类型，当数组为空时，会返回 None，从而避免线程崩溃。此时使用 len 方法查看 vec，其长度已经变为 1，如代码第 8 行所示。

代码第 9 行，通过索引访问也可以修改相应位置的元素，这里把索引为 0 的元素改为 7，如代码第 10 行所示。

代码第 11~13 行，分别使用 get 方法和索引对 vec 进行越界访问。get 方法返回的是 None，而通过索引直接访问则会导致线程崩溃。

代码第 14 行，使用 extend 方法给 vec 数组追加元素，其参数为一个迭代器。其结果如代码第 15 行所示。Vector 数组也支持迭代器，在本书中迭代器相关章节已经有足够详细的介绍，这里不再赘述。

代码第 16 行，通过给 get 方法传入索引范围，可以获取相应的数组切片。

代码第 17~20 行，通过 append 方法可以给一个 Vector 数组追加另一个数组，其参数为可变借用，如代码第 18 行所示。但是这两个 Vector 数组都将发生变化，如代码第 19 行和第 20 行所示。

代码第 21 行，使用 swap 方法可以交换两个指定索引位置的元素，所得结果如代码第 22 行所示。

代码第 23 行和第 24 行，通过 copy_from_slice 方法可以使用一个数组切片将原 vec 数组中的元素全部替换，如代码第 25 行所示。但是注意，数组切片必须和原数组等长，否则会引发线程崩溃。需要注意的是，该方法只支持实现 Copy 语义的元素。

代码第 26 行和第 27 行，使用 clone_from_slice 方法的效果和 copy_from_slice 是等价的，但它们的区别是，clone_from_slice 方法支持实现 Clone 的类型元素。

除了这些方法，还可以使用 with_capacity 预分配堆内存的方式来创建 Vector 数组，如代码清单 8-41 所示。

代码清单 8-41：Vector 堆内存预分配示例

```
1.  fn main() {
2.      let mut vec = Vec::with_capacity(10);
3.      for i in 0..10 {vec.push(i);}
4.      vec.truncate(0);
5.      assert_eq!(10, vec.capacity());
6.      for i in 0..10 { vec.push(i);}
7.      vec.clear();
8.      assert_eq!(10, vec.capacity());
9.      vec.shrink_to_fit();
10.     assert_eq!(0, vec.capacity());
11.     for i in 0..10 {
12.        vec.push(i);
13.        // output: 4/4/4/4/8/8/8/8/16/16/
14.        print!("{:?}/", vec.capacity());
15.     }
16. }
```

在代码清单 8-41 中，使用了 Vec::with_capacity 方法，和 String::with_capacity 方法类似，可以预分配堆内存。这里分配了容量为 10 个单位的堆内存，实际上真正分配的堆内存大小等于数组中元素类型所占字节与给定容量值之积。

代码第 3 行，通过 for 循环在 vec 数组中插入数字 0~9。数字默认推断为 4 字节，那么这里预分配的堆内存大小为容量值 10 乘以 4 字节等于 40 字节。

代码第 4 行，使用 truncate 方法从索引 0 开始截断，实际上效果等同于 clear 方法。但是这样只是清空了元素，并未释放预分配的堆内存。代码第 5 行显示 vec 容量依旧是 10。

代码第 6~8 行，使用 clear 方法重复上述过程，结果相同，预分配的堆内存并未被释放。

代码第 9 行，使用了 shrink_to_fit 方法，预分配的堆内存被释放了。实际上，该方法只有在 vec 数组中元素被清空之后才会释放预分配的堆内存，当 vec 数组中元素并未占满容量空间时，就会压缩未被使用的那部分容量空间，相当于重新分配堆内存。

代码第 11~15 行，对已经被释放堆内存的 vec 数组，重新循环插入数字 0~9，通过代码第 14 行的输出结果可以看出，第一次分配了容量为 4，用完以后，自动将容量加到了 8，待容量 8 用尽之后，又自动将容量加到了 16，可见，容量是按倍数递增的。

所以，在日常编程中，使用 Vec::with_capacity 方法来创建 Vector 数组可以有效地避免频繁申请堆内存带来的性能损耗。在代码清单 8-41 中用到的类型有基本大小，比如 i32 占 4 字节。但在 Rust 中有些类型是不占字节的，属于零大小类型（ZST），那么它是怎么存储的呢？对于使用 Vec::new 方法创建的空数组，如果没有分配堆内存，那么它的指针指向哪里？代码清单 8-42 展示了 Vector 数组存储零大小类型示例。

代码清单 8-42：Vector 数组存储零大小类型示例

```
1.  struct Foo;
2.  fn main(){
3.      let mut vec = Vec::new();
4.      vec.push(Foo);
5.      assert_eq!(vec.capacity(), std::usize::MAX);
6.  }
```

在代码清单 8-42 中，定义了一个单元结构体 Foo，该结构体并不占用内存，属于零大小类型。代码第 3 行使用 Vec::new 初始化了一个 Vector 空数组。Vector 数组本质属于一种智能指针，跟 String 类型的字符串一样，它也由三部分组成：指向堆中字节序列的指针（as_ptr 方法）、记录堆中字节序列的字节长度（len 方法）和堆分配的容量（capacity 方法）。因为此时并未预分配堆内存，所以其内部指针并非指向堆内存，但它也不是空指针，Rust 在这里做了空指针优化。

代码第 4 行，使用 push 方法插入 Foo 实例（单元结构体的实例就是它自己），因为 Foo 是零大小类型，所以也不会预分配堆内存。

代码第 5 行显示，此时 vec 的容量竟然等于 std::usize::MAX，该值代表 usize 类型的最大值。实际上这里是 Rust 内部实现的一个技巧，用一个实际不可能分配的最大值来表示零大小类型的容量。

所以，我们可以放心地使用 Vector，而不必担心内存分配会带来任何不安全的问题。

查找与排序

数组也支持字符串中提供的一些查找方法，比如 contains、starts_with 和 ends_with 方法，如代码清单 8-43 所示。

代码清单 8-43：contains 等方法使用示例

```
1.  fn main() {
```

```
2.      let v = [10, 40, 30];
3.      assert!(v.contains(&30));
4.      assert!(!v.contains(&50));
5.      assert!(v.starts_with(&[10]));
6.      assert!(v.starts_with(&[10, 40]));
7.      assert!(v.ends_with(&[30]));
8.      assert!(v.ends_with(&[40, 30]));
9.      assert!(v.ends_with(&[]));
10.     let v: &[u8] = &[];
11.     assert!(v.starts_with(&[]));
12.     assert!(v.ends_with(&[]));
13. }
```

在代码清单 8-43 中展示的 contains、starts_with 和 ends_with 都是泛型方法。它们有一个共同的 trait 限定：PartialEq<T>，该 trait 定义了一些方法用于判断等价关系，本章后面会有详细介绍。contains 只能接收引用类型，starts_with 和 ends_with 接收的是数组切片类型。

除这三个方法之外，标准库中还提供了 binary_search 系列泛型方法来帮助开发者方便地检索数组中的元素，如代码清单 8-44 所示。

代码清单 8-44：binary_search 系列泛型方法使用示例

```
1.  fn main() {
2.      let s = [0, 1, 1, 1, 1, 2, 3, 5, 8, 13, 21, 34, 55];
3.      assert_eq!(s.binary_search(&13),  Ok(9));
4.      assert_eq!(s.binary_search(&4),   Err(7));
5.      let r = s.binary_search(&1);
6.      assert!(match r { Ok(1...4) => true, _ => false, });
7.      let seek = 13;
8.      assert_eq!(
9.          s.binary_search_by(|probe| probe.cmp(&seek)),
10.         Ok(9)
11.     );
12.     let s = [(0, 0), (2, 1), (4, 1), (5, 1), (3, 1),
13.             (1, 2), (2, 3), (4, 5), (5, 8), (3, 13),
14.             (1, 21), (2, 34), (4, 55)];
15.     assert_eq!(
16.         s.binary_search_by_key(&13, |&(a,b)| b),
17.         Ok(9)
18.     );
19. }
```

binary_search 方法又叫作二分查找或折半查找方法，基本要求是待查找的数组必须是有序的，该算法的平均时间复杂度为 $O(\log n)$，空间复杂度用迭代实现，所以是 $O(1)$。

在代码清单 8-44 中，代码第 2~6 行展示了 binary_search 方法，其参数为一个引用类型，且该参数类型必须实现 Ord。Ord trait 抽象了比较操作，本章后面会有详细介绍。在本例中，binary_search 方法接收 &13 作为参数，返回 Result 类型的参数 Ok(9)，表示其所在索引为 9 的位置。对于找不到的元素，则返回 Err。如果要处理 Result 类型，则可以使用 match 匹配，如代码 6 行所示。

代码第 7~11 行展示了 binary_search_by 方法，该方法的参数是一个 FnMut(&'a T) -> Ordering 闭包。Ordering 是一个枚举类型，记录的是三种比较结果：小于（Less）、等于（Equal）

和大于（Greater）。代码第 9 行闭包中所用的 cmp 方法是 Ord trait 中所定义的，所以该方法只能用于检索实现了 Ord 的类型。binary_search_by 方法最终返回的结果同样是 Result 类型。

代码第 12~18 行，binary_search_by_key 方法和 binary_search_by 方法一样，都可以接收闭包参数，但它们的区别在于，binary_search_by_key 方法接收的是 FnMut(&'a T) -> B 闭包，其中 B 对应于参数的类型（&B），相比于 binary_search_by 方法，该方法的闭包参数覆盖范围比较广，相当于开发者可以指定任意检索条件。代码第 12 行定义的数组是以元组第二位进行排序的有序数组。代码第 16 行中使用的闭包，同样是按元组第二位来设置检索条件的，最终返回的结果是 Result 类型。

上面介绍的二分查找 binary_search 系列泛型方法的前置要求是必须是有序数组，对于没有排序的数组怎么办？Rust 当然也提供了性能高效的排序方法：sort 系列方法和 sort_unstable 系列方法。sort 系列方法使用示例如代码清单 8-45 所示。

代码清单 8-45：sort 系列方法使用示例

```
1.  fn main() {
2.      let mut v = [-5i32, 4, 1, -3, 2];
3.      v.sort();
4.      assert!(v == [-5, -3, 1, 2, 4]);
5.      v.sort_by(|a, b| a.cmp(b));
6.      assert!(v == [-5, -3, 1, 2, 4]);
7.      v.sort_by(|a, b| b.cmp(a));
8.      assert!(v == [4, 2, 1, -3, -5]);
9.      v.sort_by_key(|k| k.abs());
10.     assert!(v == [1, 2, -3, 4, -5]);
11. }
```

在代码清单 8-45 中所用到的 sort、sort_by 和 sort_by_key 方法，其内部所用算法为自适应迭代归并排序（Adaptive/Iterative Merge Sort）算法，灵感来自 Python 语言中的 TimSort 算法。该算法为稳定排序算法，即序列中等价的元素在排序之后相对位置并不改变。其时间复杂度为 $O(n)$，最坏情况为 $O(n\log n)$。

代码清单 8-45 中的 sort 系列方法均可被直接替换为 sort_unstable、sort_unstable_by 和 sort_unstable_by_key 方法。但是 sort_unstable 系列方法其内部实现的排序算法为模式消除快速排序（Pattern-Defeating Quicksort）算法，该算法为不稳定排序算法，也就是说，序列中等价的元素在排序之后相对位置有可能发生变化。其时间复杂度为 $O(n)$，最坏情况为 $O(n\log n)$。在不考虑稳定性的情况下，推荐使用 sort_unstable 系列方法，其性能要高于 sort 系列方法，因为它们不会占用额外的内存。

不管是 sort 系列方法还是 sort_unstable 系列方法，其命名规则和 binary_search 系列方法相类似，所以它们在语义上也是相同的，xxxx_by 方法表示接收返回 Ordering 类型的闭包参数；而 xxxx_by_key 方法接收的闭包参数覆盖范围更广，适合表示任意检索（排序）条件。

与排序和比较相关的 trait

在上面介绍的诸多数组方法中，其实都涉及数组内部元素的比较，比如判断是否存在、检索和排序都必须要在元素间进行比较。在 Rust 中把比较操作也抽象为一些 triat，定义在 std::cmd 模块中。该模块中定义的 trait 是基于数学集合论中的二元关系偏序、全序和等价的。

偏序的定义，对于非空集合中的 a、b、c 来说，满足下面条件为偏序关系。

- 自反性：$a \leqslant a$。
- 反对称性：如果 $a \leqslant b$ 且 $b \leqslant a$，则 $a=b$。
- 传递性：如果 $a \leqslant b$ 且 $b \leqslant c$，则 $a \leqslant c$。

全序的定义，对于非空集合中的 a、b、c 来说，满足下面条件为全序关系。

- 反对称性：若 $a \leqslant b$ 且 $b \leqslant a$，则 $a=b$。
- 传递性：若 $a \leqslant b$ 且 $b \leqslant c$，则 $a \leqslant c$。
- 完全性：$a<b$、$b<a$ 或 $a==b$ 必须满足其一，表示任何元素都可以相互比较。

全序实际上是一种特殊的偏序。

等价的定义，对于非空集合中的 a、b、c 来说，满足下面条件为等价关系。

- 自反性：$a == b$。
- 对称性：$a == b$，意味着 $b == a$。
- 传递性：若 $a == b$ 且 $b == c$，则 $a == c$。

在 Rust 中一共涉及四个 trait 和一个枚举体来表示上述二元关系。四个 trait 分别是 PartialEq、Eq、PartialOrd 和 Ord。这些 trait 的关系可以总结为以下几点：

- PartialEq 代表部分等价关系，其中定义了 eq 和 ne 两个方法，分别表示"=="和"!="操作。
- Eq 代表等价关系，该 trait 继承自 PartialEq，但是其中没有定义任何方法。它实际上相当于标记实现了 Eq 的类型拥有等价关系。
- PartialOrd 对应于偏序，其中定义了 partial_cmp、lt、le、gt 和 ge 五个方法。
- Ord 对应于全序，其中定义了 cmp、max 和 min 三个方法。

还有一个枚举体为 Ordering，用于表示比较结果，其中定义了小于、等于和大于三种状态。

代码清单 8-46 展示了 PartialEq 和 Eq 的定义。

代码清单 8-46：PartialEq 和 Eq 定义

```
1.  #[lang = "eq"]
2.  pub trait PartialEq<Rhs = Self>
3.  where Rhs: ?Sized,
4.  {
5.      fn eq(&self, other: &Rhs) -> bool;
6.      fn ne(&self, other: &Rhs) -> bool { ... }
7.  }
8.  pub trait Eq: PartialEq<Self> { }
```

PartialEq 中定义了 eq 和 ne 方法，但是其中 ne 有默认实现。如果需要实现 PartialEq，只需要实现 eq 这一个方法就可以。Eq 实则起标记作用，并没有实际的方法。

代码清单 8-47 展示了 PartialOrd 的定义。

代码清单 8-47：PartialOrd 定义

```
1.  pub trait PartialOrd<Rhs = Self>: PartialEq<Rhs>
2.  where Rhs: ?Sized,
3.  {
4.      fn partial_cmp(&self, other: &Rhs) -> Option<Ordering>;
5.      fn lt(&self, other: &Rhs) -> bool { ... }
```

```
6.      fn le(&self, other: &Rhs) -> bool { ... }
7.      fn gt(&self, other: &Rhs) -> bool { ... }
8.      fn ge(&self, other: &Rhs) -> bool { ... }
9.   }
10.  pub enum Ordering {
11.      Less,
12.      Equal,
13.      Greater,
14.  }
```

代码清单 8-47 展示了定义于 std::cmp 模块中的 PartialOrd。该 trait 中定义了五个方法，其中 partial_cmp 方法表示具体的比较规则，注意其返回 Option<Ordering>类型，因为对于偏序的比较来说，并不是所有元素都具有可比性，有些元素的比较结果可能为 None。其他四个方法 lt、le、gt、ge 分别代表小于、小于或等于、大于和大于或等于，包含了默认实现。如果要给某个类型实现 PartialOrd，只需要实现 partial_cmp 方法即可。

代码清单 8-48 展示了 Ord 的定义。

代码清单 8-48：Ord 定义

```
1.  pub trait Ord: Eq + PartialOrd<Self> {
2.      fn cmp(&self, other: &Self) -> Ordering;
3.      fn max(self, other: Self) -> Self { ... }
4.      fn min(self, other: Self) -> Self { ... }
5.  }
```

从代码清单 8-48 中可以看出，Ord 继承自 Eq 和 PartialOrd，这是因为全序的比较必须满足三个条件：反对称性、传递性和完全性，其中完全性一定是每个元素都可以相互比较。举个例子，在浮点数中用于定义特殊情况值而使用的 NaN，其本身就不可比较，因为 NaN != NaN，它不满足全序的完全性，所以浮点数只能实现 PartialEq 和 PartialOrd，而不能实现 Ord。如果要实现 Ord，只需要实现 cmp 方法即可，因为 max 和 min 都有默认实现。注意 cmp 方法返回 Ordering 类型，而不是 Option<Ordering>类型，因为对于全序关系来说，每个元素都是可以获得合法的比较结果的。

在 Rust 中基本的原生数字类型和字符串均已实现了上述 trait，如代码清单 8-49 所示。

代码清单 8-49：比较操作示例

```
1.  use std::cmp::Ordering;
2.  fn main(){
3.      let result = 1.0.partial_cmp(&2.0);
4.      assert_eq!(result, Some(Ordering::Less));
5.      let result = 1.cmp(&1);
6.      assert_eq!(result, Ordering::Equal);
7.      let result = "abc".partial_cmp(&"Abc");
8.      assert_eq!(result, Some(Ordering::Greater));
9.      let mut v: [f32; 5] = [5.0, 4.1, 1.2, 3.4, 2.5];
10.     v.sort_by(|a, b| a.partial_cmp(b).unwrap());
11.     assert!(v == [1.2, 2.5, 3.4, 4.1, 5.0]);
12.     v.sort_by(|a, b| b.partial_cmp(a).unwrap());
13.     assert!(v == [5.0, 4.1, 3.4, 2.5, 1.2]);
14.  }
```

在代码清单 8-49 中，代码第 3 行比较的是浮点数，只能用偏序比较，所以使用 partial_cmp

方法，最终返回 Some(Ordering::Less)，如代码第 4 行所示。

代码第 5 行比较的是整数类型，满足全序关系，所以使用 cmp 方法，最终返回 Ordering::Equal。

代码第 7 行比较的是字符串，满足偏序关系，其默认为字典序，也就是按字符串首字母进行比较的，所以使用 partial_cmp 方法。最终结果如代码第 8 行所示。

代码第 9 行定义了一个浮点数数组，代码第 10 行使用 sort_by 方法为其排序，传入的闭包参数为 a.partial_cmp(b)。而 sort_by 是按 a 和 b 的比较结果是否等于 Less 的规则进行排序的，如果 a 小于 b，则为升序，如代码第 11 行所示；如果 b 小于 a，则为降序，如代码第 13 行所示。

如果要在自定义类型中实现相关 trait，则必须搞清楚全序和偏序关系，然后再实现相应的 trait。可以手工实现，也可以使用#[derive]来自动派生。

回顾与展望

本节虽然重点介绍的是 Vector，但是里面涉及的方法同样适用于 array。因为这些方法实际上是为**[T]**类型实现的，如代码清单 8-50 所示。

代码清单 8-50：为[T]类型实现的方法

```
1.  pub trait SliceExt {
2.      type Item;
3.      ...
4.      fn split<P>(&self, pred: P) -> Split<Self::Item, P>
5.          where P: FnMut(&Self::Item) -> bool;
6.      ...
7.      fn binary_search(&self, x: &Self::Item) -> Result<usize, usize>
8.          where Self::Item: Ord;
9.      fn len(&self) -> usize;
10.     fn is_empty(&self) -> bool { self.len() == 0 }
11.     fn iter_mut(&mut self) -> IterMut<Self::Item>;
12.     fn swap(&mut self, a: usize, b: usize);
13.     fn contains(&self, x: &Self::Item) -> bool
14.         where Self::Item: PartialEq;
15.     fn clone_from_slice(&mut self, src: &[Self::Item])
16.         where Self::Item: Clone;
17.     fn copy_from_slice(&mut self, src: &[Self::Item])
18.         where Self::Item: Copy;
19.     fn sort_unstable(&mut self) where Self::Item: Ord;
20. }
21. impl<T> SliceExt for [T] {
22.     type Item = T;
23.     ...
24. }
```

在代码清单 8-50 中展示了定义于 core::slice 模块中的 SliceExt，该 trait 中定义了很多方法，这里只展示了一部分，本节介绍过的一些方法都定义于其中。从代码第 21 行可以看到，实际上为[T]类型实现了 SliceExt。

当然，array 也有自己专用的方法，比如连接两个 array 可以使用 join 方法。在标准库中还为数组提供了很多其他方法，限于篇幅，这里无法一一介绍，但是可以在标准库文档中看到每个方法的具体方法签名和使用示例。

在 Rust 2018 中，还加入了针对 array 数组和切片进行 match 匹配的新语法。match 匹配 array 数组示例如代码清单 8-51 所示。

代码清单 8-51：match 匹配 array 数组示例

```
1.  fn pick(arr: [i32; 3])  {
2.      match arr {
3.          [_, _, 3] => println!("ends with 3"),
4.          [a, 2, c] => println!("{:?}, 2, {:?}", a,  c),
5.          [_, _, _] => println!("pass!"),
6.      }
7.  }
8.  fn main(){
9.      let arr = [1, 2, 3];
10.     pick(arr);
11.     let arr = [1, 2, 5];
12.     pick(arr);
13.     let arr = [1, 3, 5];
14.     pick(arr);
15. }
```

在代码清单 8-51 中实现了 pick 函数，它接收一个定长的数组，通过匹配数组的不同元素，可以实现指定的功能。该代码可以挑选出以 3 结尾和第二个元素为 2 的数组。注意 match 匹配的最后一个分支，必须使用通配符或其他变量来穷尽枚举。

当前 Rust 使用 array 数组局限性比较大，不过该语法还支持数组切片，所以利用数组切片就可以模拟变长参数的函数，如代码清单 8-52 所示。

代码清单 8-52：match 匹配数组切片示例

```
1.  fn sum(num: &[i32]) {
2.      match num {
3.          [one] => println!(" at least two"),
4.          [first, second] => println!(
5.              "{:?} + {:?} = {:?} ", first, second, first+second
6.          ),
7.          _ => println!(
8.              "sum is {:?}", num.iter().fold(0, |sum, i| sum + i)
9.          ),
10.     }
11. }
12. fn main() {
13.     sum(&[1]);              // at least two
14.     sum(&[1, 2]);          // 1 + 2 = 3
15.     sum(&[1, 2, 3]);     // sum is 6
16.     sum(&[1, 2, 3, 5]); // sum is 11
17. }
```

在代码清单 8-52 中利用数组切片的 match 语法，模拟了可变参数的 sum 函数的实现。从输出结果可以看出，切片数组不同的元素个数，产生了不同的输出结果。

8.2.2 映射集

在日常编程中，另一个常用的数据结构非**映射集（Map）**莫属。Map 是依照键值对（Key-Value）形式存储的数据结构，每个键值对都被称为一个 **Entry**。在 Map 中不能存在重复的 Key，并且每个 Key 必须有一个一一对应的值。Map 提供的查找、插入和删除操作的时间复杂度基本都是 $O(1)$，最坏情况也只是 $O(n)$，虽然需要消耗额外的空间，但是随着当下可利用的内存越来越多，这种用空间换时间的做法也是值得的。Rust 提供了两种类型的 Map：基于哈希表（HashTable）的 **HashMap** 和基于多路平衡查找树（B-Tree）的 **BTreeMap**。本节主要介绍 HashMap。

HashMap 的增、删、改、查

代码清单 8-53 展示了部分 HashMap 使用示例。

代码清单 8-53：部分 HashMap 使用示例

```
1.  use std::collections::HashMap;
2.  fn main() {
3.     let mut book_reviews = HashMap::with_capacity(10);
4.     book_reviews.insert("Rust Book", "good");
5.     book_reviews.insert("Programming Rust", "nice");
6.     book_reviews.insert("The Tao of Rust", "deep");
7.     for key in book_reviews.keys() {
8.         println!("{}", key);
9.     }
10.    for val in book_reviews.values() {
11.        println!("{}", val);
12.    }
13.    if !book_reviews.contains_key("rust book") {
14.        println!("find {} times ", book_reviews.len());
15.    }
16.    book_reviews.remove("Rust Book");
17.    let to_find = ["Rust Book", "The Tao of Rust"];
18.    for book in &to_find {
19.      match book_reviews.get(book) {
20.        Some(review) => println!("{}: {}", book, review),
21.        None => println!("{} is unreviewed.", book),
22.      }
23.    }
24.    for (book, review) in &book_reviews {
25.        println!("{}: \"{}\"", book, review);
26.    }
27.    assert_eq!(book_reviews["The Tao of Rust"], "deep");
28. }
```

在代码清单 8-53 中，使用 HashMap::with_capacity 方法来创建一个空的 HashMap，跟 String 或 Vector 类似，该方法可以预分配内存。同样，也可以使用 HashMap::new，但不会预分配内存。

代码第 4~6 行，通过 insert 方法向 HashMap 中插入字符串字面量类型的键值对，此时 HashMap 的类型确定为 HashMap<&str, &str>。

代码第 7~12 行，通过 keys 和 values 方法可以分别单独获取 HashMap 中的键和值，注意这两个方法是迭代器。因为 HashMap 是无序的映射表，所以在迭代键和值的时候，输出的顺序并不一定和插入的顺序相同。

代码第 13~15 行，使用 contains_key 方法来查找指定的键，如果没有找到，就输出相应的信息，如代码第 14 行所示，这里通过 len 方法输出了 HashMap 键值对的长度。

代码第 16~23 行，使用 remove 方法按指定的键删除 HashMap 中的一个键值对，然后在对 HashMap 的迭代中通过 get 方法逐个查找指定的键。因为 get 方法返回的是 Option<T>类型，所以这里需要用 match 进行匹配。如果找到，则匹配 Some(review)，打印键值对；如果没找到，则输出相关信息。

代码第 24~26 行，通过元组(book, review)在 for 循环中分别使用键（book）和值（review）。

代码第 27 行，通过 Index 语法可以按指定的键来获取对应的值。这里需要注意的是，目前 Rust 只支持 Index，而不支持 IndexMut。也就是说，只可以通过 hash[key]方式来取值，而不能通过 hash[key]=value 方式来插入键值对，这是因为针对该特性正在准备一个更好的设计方案，并在不远的将来得到支持。

Entry 模式

对于 HashMap 中的单个桶（Bucket）来说，其状态无非是“空”和“满”，所以 Rust 对此做了一层抽象，使用 Entry 枚举体来表示每个键值对，如代码清单 8-54 所示。

代码清单 8-54：Entry 定义

```
1.  pub enum Entry<'a, K: 'a, V: 'a> {
2.      Occupied(OccupiedEntry<'a, K, V>),
3.      Vacant(VacantEntry<'a, K, V>),
4.  }
```

在代码清单 8-54 中展示了 Entry 的定义，其中包含两个变体：Occupied(OccupiedEntry<'a, K, V>)和 Vacant(VacantEntry<'a, K, V>)。OccupiedEntry<'a, K, V>和 VacantEntry<'a, K, V>是内部定义的两个结构体，分别对应 HashMap 底层桶的存储信息。其中 Occupied 代表占用，Vacant 代表留空。

Entry 一共实现了三个方法，通过这三个方法可以方便地对 HashMap 中的键值对进行操作，如代码清单 8-55 所示。

代码清单 8-55：entry 方法使用示例

```
1.  use std::collections::HashMap;
2.  fn main() {
3.      let mut map: HashMap<&str, u32> = HashMap::new();
4.      map.entry("current_year").or_insert(2017);
5.      assert_eq!(map["current_year"], 2017);
6.      *map.entry("current_year").or_insert(2017) += 10;
7.      assert_eq!(map["current_year"], 2027);
8.      let last_leap_year = 2016;
9.      map.entry("next_leap_year")
10.         .or_insert_with(|| last_leap_year + 4 );
11.     assert_eq!(map["next_leap_year"], 2020);
12.     assert_eq!(map.entry("current_year").key(), &"current_year");
13. }
```

在代码清单 8-55 中展示了 Entry 枚举体实现的三个稳定的方法：or_insert、or_insert_with 和 key。要使用这三个方法，必须先通过 entry 方法得到 Entry<K, V>。

代码第 3 行，使用 HashMap::new 创建了一个空的 HashMap。代码第 4 行，通过 entry 方法，将键作为参数传入得到 Entry。本例中的键为"current_year"，它被传入 entry 方法内部之后，首先会判断哈希表是否有足够的空间，如果没有，则进行自动扩容。接下来调用内部的 hash 函数生成此键的 hash 值，然后通过这个 hash 值在底层的哈希表中搜索，如果能找到此键，则返回相应的桶（Occupied）；如果找不到，则返回空桶（Vacant）。最后，将得到的桶转换为 Entry<K, V>并返回。

在得到 Entry 之后，就可以调用其实现的 or_insert 方法，该方法的参数就是要插入的值，并且返回该值的可变借用。所以才可以像代码第 6 行那样，通过解引用操作符"*"对 or_insert 方法的结果进行修改。

代码第 8~10 行，使用 or_insert_with 方法可以传递一个可计算的闭包作为要插入的值。注意，其只允许传入 FnOnce() -> V 的闭包，也就是说，闭包不能包含参数。

代码第 12 行，可以通过 key 方法来获取 Entry 的键。

代码清单 8-56 展示了 or_insert 方法的源码。

代码清单 8-56：or_insert 方法源码

```
1.  pub fn or_insert(self, default: V) -> &'a mut V {
2.      match self {
3.          Occupied(entry) => entry.into_mut(),
4.          Vacant(entry) => entry.insert(default),
5.      }
6.  }
```

从代码清单 8-56 中可以看出，通过 entry 方法从底层找到相应的桶之后，再通过 match 方法分别处理不同类型的桶。如果是占用的桶（Occupied(entry)），则通过 into_mut 方法将其变成可变借用，这样就可以被新插入的键值对覆盖。如果是空桶（Vacant(entry)），则使用相应的 insert 方法直接插入，注意此时的 insert 方法是为 VacantEntry 定义的 insert 方法。

合并 HashMap

如果需要合并两个 HashMap，则可以使用迭代器的方式，如代码清单 8-57 所示。

代码清单 8-57：HashMap 的三种合并方式

```
1.  use std::collections::HashMap;
2.  fn merge_extend<'a>(
3.      map1: &mut HashMap<&'a str, &'a str>,
4.      map2: HashMap<&'a str, &'a str>
5.  ) {
6.      map1.extend(map2);
7.  }
8.  fn merge_chain<'a>(
9.      map1: HashMap<&'a str, &'a str>,
10.     map2: HashMap<&'a str, &'a str>
11. ) -> HashMap<&'a str, &'a str> {
12.     map1.into_iter().chain(map2).collect()
13. }
```

```rust
14.  fn merge_by_ref<'a>(
15.     map: &mut HashMap<&'a str, &'a str>,
16.     map_ref: &HashMap<&'a str, &'a str>
17.  ){
18.     map.extend(map_ref.into_iter()
19.                        .map(|(k, v)| (k.clone(), v.clone()))
20.     );
21.  }
22.  fn main() {
23.     let mut book_reviews1 = HashMap::new();
24.     book_reviews1.insert("Rust Book", "good");
25.     book_reviews1.insert("Programming Rust", "nice");
26.     book_reviews1.insert("The Tao of Rust", "deep");
27.     let mut book_reviews2 = HashMap::new();
28.     book_reviews2.insert("Rust in Action", "good");
29.     book_reviews2.insert("Rust Primer", "nice");
30.     book_reviews2.insert("Matering Rust", "deep");
31.     // merge_extend(&mut book_reviews1, book_reviews2);
32.     // let book_reviews1 = merge_chain(book_reviews1, book_reviews2);
33.     merge_by_ref(&mut book_reviews1, &book_reviews2);
34.     for key in book_reviews1.keys() {
35.        println!("{}", key);
36.     }
37.  }
```

在代码清单 8-57 中展示了 HashMap 的三种合并方式。

代码第 2~7 行，定义了 merge_extend 方法，通过 extend 方法来合并两个 HashMap。代码第 31 行调用了此方法。本质上，在 extend 方法内部也将 HashMap 转换为迭代器进行操作。

代码第 8~13 行，定义了 merge_chain 方法，同样是通过 into_iter 得到 Chain 迭代器，然后合并的。代码第 32 行是对该方法的调用。

代码第 14~21 行，定义了 merge_by_ref 方法，使用的同样是 extend，只不过传入了第二个 HashMap 的引用。代码第 33 行调用了此方法，其参数都是引用，它不会把两个 HashMap 的所有权转移掉，所以代码第 34 行的 for 循环才可以正常打印。

HashMap 底层实现原理

不管哪门语言，实现一个 HashMap 的过程均可以分为三大步骤：

（1）实现一个 Hash 函数。

（2）合理地解决 Hash 冲突。

（3）实现 HashMap 的操作方法。

HashMap 的底层实际上是基于数组来存储的，当插入键值对时，并不是直接插入该数组中，而是通过对键进行 Hash 运算得到 Hash 值，然后和数组的容量（Capacity）取模，得到具体的位置后再插入的。HashMap 插入过程示意图如图 8-9 所示。

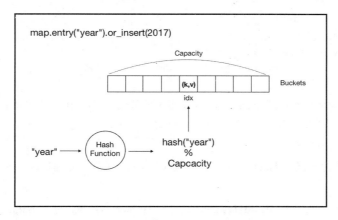

图 8-9：HashMap 插入过程示意图

从 HashMap 中取值的过程与之相似，对指定的键求得 Hash 值，再和容量取模之后就能得到底层数组对应的索引位置，如果指定的键和存储的键相匹配，则返回该键值对；如果不匹配，则代表没有找到相应的键。

在整个过程中最重要的是 **Hash 函数**。一个好的 Hash 函数不仅性能优越，而且还会让存储于底层数组中的值分布得更加均匀，减少冲突的发生。简单来说，Hash 函数相当于把原来的数据映射到一个比它更小的空间中，所以冲突是无法避免的，可以做的只能是减少 Hash 碰撞发生的概率。一个好的 Hash 函数增强了映射的随机性，所以碰撞的概率会降低。

Hash 碰撞（**Hash Collision**）也叫 Hash 冲突，是指两个元素通过 Hash 函数得到了相同的索引地址，该存储哪一个是需要解决的问题，而这两个元素就叫作同义词。除 Hash 函数的好坏之外，Hash 冲突还取决于**负载因子**（**Load Factor**）这个因素。负载因子是存储的键值对数目与容量的比例，比如容量为 100，存储了 90 个键值对，负载因子就是 0.9。负载因子决定了 HashMap 什么时候扩容，如果它的值太大了，则说明存储的键值对接近容量，增加了冲突的风险；如果值太小了，则浪费空间。所以，单靠 Hash 函数和负载因子是不行的，还需要有另外解决冲突的方法。

Rust 标准库实现的 HashMap，默认的 Hash 函数算法是 SipHash13。另外，标准库还实现了 SipHash24。SipHash 算法可以防止 **Hash 碰撞拒绝服务攻击**（**Hash Collision DoS**），这种攻击是一种基于各语言 Hash 算法的随机性而精心构造出来的增强 Hash 碰撞的手段，被攻击的服务器 CPU 占用率会轻松地飙升到 100%，造成服务的性能呈指数级下降。正是基于这个原因，很多语言都换成了 SipHash 算法，该算法配合随机种子可以起到很好的防范作用。Rust 提供的 SipHash13 性能更好，而 SipHash24 更安全。但使用 SipHash 并非强制性的，Rust 提供了**可插拔**的实现机制，让开发者可以根据实际需要更换 Hash 算法，比如换成随机性更好的 Fnv 算法。

代码清单 8-58 展示了与 Rust 中 Hash 相关的 trait 源码。

代码清单 8-58：Rust 中与 Hash 相关的 trait 源码

```
1.  pub trait Hasher {
2.      fn finish(&self) -> u64;
3.      fn write(&mut self, bytes: &[u8]);
4.  }
5.  pub trait Hash {
6.      fn hash<H>(&self, state: &mut H) where H: Hasher;
```

```
7.  }
8.  pub trait BuildHasher {
9.      type Hasher: Hasher;
10.     fn build_hasher(&self) -> Self::Hasher;
11. }
```

代码清单 8-58 只是展示了部分与 Hash 相关的 trait 源码。代码第 1~4 行定义的 **Hasher** 是对具体 Hash 算法的抽象，其中 write 方法根据传入的键写入相应的映射结果，finish 方法则得到最终的写入结果。

代码第 5~7 行定义了 **Hash** trait，其中包含了 hash 方法，是对 Hasher 中 write 行为的包装。

代码第 8~11 行定义的 **BuildHasher**，则是对 Hasher 的抽象，通过 build_hasher 可以指定适合的 Hasher。

这三个 trait 是 Rust 中 Hash 算法可插拔的基础。在 Rust 中，每个实现了 **Hash** 和 **Eq** 两个 trait 的类型，均可以作为 HashMap 的键，所以并不能直接用浮点数类型作为 HashMap 的键。代码清单 8-59 展示了第三方包 fnv 实现的 Fnv 算法。

代码清单 8-59：Fnv 算法实现源码

```
1.  pub struct FnvHasher(u64);
2.  impl Hasher for FnvHasher {
3.      fn finish(&self) -> u64 {
4.          self.0
5.      }
6.      fn write(&mut self, bytes: &[u8]) {
7.          let FnvHasher(mut hash) = *self;
8.          for byte in bytes.iter() {
9.              hash = hash ^ (*byte as u64);
10.             hash = hash.wrapping_mul(0x100000001b3);
11.         }
12.         *self = FnvHasher(hash);
13.     }
14. }
```

代码清单 8-59 只是展示了部分源码，可以看出，只需要实现 Hasher 即可，非常方便。

再来看看标准库中 HashMap 的实现，如代码清单 8-60 所示。

代码清单 8-60：HashMap 实现源码

```
1.  pub struct HashMap<K, V, S = RandomState> {
2.      hash_builder: S,
3.      table: RawTable<K, V>,
4.      resize_policy: DefaultResizePolicy,
5.  }
6.  impl<K: Hash + Eq, V> HashMap<K, V, RandomState> {
7.      pub fn new() -> HashMap<K, V, RandomState> {
8.          Default::default()
9.      }
10. }
11. impl<K, V, S> Default for HashMap<K, V, S>
12.     where K: Eq + Hash, S: BuildHasher + Default
```

```
13.      {
14.      fn default() -> HashMap<K, V, S> {
15.          HashMap::with_hasher(Default::default())
16.      }
17. }
```

在代码清单 8-60 中，代码第 1~5 行是 HashMap 结构体的定义，包含了三个字段：hash_builder、table 和 resize_policy。其中 hash_builder 字段指定了泛型类型 S，且给定了一个 RandomState 类型，RandomState 类型实际包装了一个 DefaultHasher，它指定了 SipHasher13 为默认的 Hash 算法，并且 RandomState 在线程启动时指定了一个随机种子，以此来增强对 Hash 碰撞拒绝服务的保护。

table 字段是 HashMap 用于底层存储的数组 RawTable<K,V>。resize_policy 属于预留字段，用于以后方便从外部指定 HashMap 的扩容策略，现在还未有具体实现，当前的默认扩容策略为负载因子达到 0.9 时则进行扩容。

代码第 6~10 行，为 HashMap 实现了 new 方法，该方法调用的是 Default::default 方法。从代码第 11~17 行可以看出，HashMap 实现了 Default trait，其中 with_hasher 方法调用的是默认的 SipHasher13。

现在完成了第一步，实现并创建了合理的 Hash 函数，接下来要寻找一种方法来合理地解决 Hash 冲突。在业界一共有四类解决 Hash 冲突的方法：**外部拉链法、开放定址法、公共溢出区**和**再 Hash 法**。

外部拉链法并不直接在桶中存储键值对，它基于数组和链表的组合来解决冲突，每个 Bucket 都链接一个链表，当发生冲突时，将冲突的键值对插入链表中。外部拉链法的优点在于方法简单，非同义词之间也不会产生聚集现象（相比于开放定址法），并且其空间结构是动态申请的，所以比较适合无法确定表长的情况；缺点是链表指针需要额外的空间，并且遇到碰撞拒绝服务时 HashMap 会退化为单链表。

开放定址法是指在发生冲突时直接去寻找下一个空的地址，只要底层的表足够大，就总能找到空的地址。这种寻找下一个空地址的行为，叫作**探测（Probe）**。如何探测也是非常有讲究的，直接依次一个个地寻找叫作**线性探测（Linear Probing）**，但是它在处理冲突时很容易聚集在一起。因此还有二次探测（Quadratic Probing），应该算是目前最常用的一种探测方法。另外还有随机探测，像 Ruby 语言在 2.4 版本中就使用了这种探测方法，在此之前，Ruby 用的还是外部拉链法来解决冲突问题，而 Python 中的字典使用的是开放定址法和二次探测。开放定址法的优点在于计算简单、快捷，处理方便；缺点是它会产生聚集现象，并且删除元素也会变得十分复杂。

公共溢出区就是指建立一个独立的公共区，把冲突的键值对都放在其中。**再 Hash 法**就是指换另外一个 Hash 函数来算 Hash 值。这两种方法不太常用。

Rust 采用的是**开放定址法加线性探测**，对于线性探测容易聚集在一起的缺陷，Rust 使用了**罗宾汉（Robin Hood Hashing）算法**来解决。在线性探测时，如果遇到空桶，则正常插入；如果遇到桶已经被占用，那么就要看占用这个桶的键值对是经历过几次探测才被插入该位置的，如果该键值对的探测次数比当前待插入的键值对的探测次数少，则它属于"富翁"，就把当前的键值对插入该位置，再接着找下一个位置来安置被替换的"富翁"键值对。正是因为这种"劫富济贫"的思路，这种算法才被称为罗宾汉算法。

图 8-10 展示了 Rust 标准库中 HashMap 的实现思路。

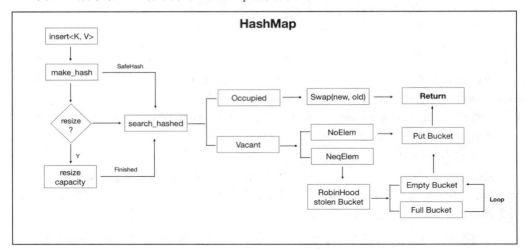

图 8-10：Rust 标准库中 HashMap 实现思路示意图

当调用 HashMap 的 insert 方法时，首先会通过 make_hash 方法，将传入的键生成 Hash 值，通过内部的特殊处理（为了防止冲突）生成 SafeHash。得到 Hash 值之后，通过 resize 方法判断是否需要扩容，不管是否需要扩容，最终都会调用到 search_hashed 方法。

search_hashed 方法需要三个参数：HashMap 的内部 table 指针、SafeHash 和用于指定检索条件的 FnMut(&K) -> bool 闭包。该方法是按线性探测来寻找桶的，如果找到的是"空桶（Vacant）"，则直接返回。在内部，有两种类型的桶被认为是空桶，即 NoElem 和 NeqElem，分别表示底层数组索引未被占用的桶和索引被占用但是可以被替换的桶。代码清单 8-61 展示了 VacentEntryState 内部定义。

代码清单 8-61：VacentEntryState 内部定义

```
1.  enum VacantEntryState<K, V, M> {
2.      NeqElem(FullBucket<K, V, M>, usize),
3.      NoElem(EmptyBucket<K, V, M>, usize),
4.  }
```

从代码清单 8-61 中可以看出，NeqElem 是对 FullBucket 的包装，NoElem 是对 EmptyBucket 的包装，这两种桶类型分别代表底层被占用的桶和空桶。对于底层的桶只有占用和空两种状态，而通过 VacantEntryState 包装之后，空桶（Vacant）就多了一层语义：真正的空桶和值随时可以被替换的桶。其实在此处也体现了 Rust 中 Enum 枚举体的方便性。

如果在线性探测过程中找到的是 EmptyBucket，那么就将其包装为 NoElem 返回，然后就可以调用 NoElem 的 insert 方法将值直接插入。如果此时返回的是 FullBucket，那么需要判断其探测次数是否比当前要插入的键值对的探测次数少，如果少，则将此桶中的值包装为 NeqElem 并返回。

对于 NeqElem，其包含的是当前 FullBucket 中存储的值，Rust 内部会使用 robin_hood 方法用新的值将其替换掉。替换掉的值当然不能扔掉，而要再次通过线性探测为其找到新的位置。在 robin_hood 方法内部通过两个嵌套的 loop 循环来保证新值和替换掉的值均被存储到合适的桶中。

如果探测次数不满足要求，那么比对 FullBucket 中存储的值的 Hash 值是否和 search_hashed 方法传入的 Hash 值相匹配，如果匹配，则再比对存储的键是否和传入的键一致，如果一致就返回"满桶（Occupied）"。满桶（Occupied）是指最终查找到的和指定键一一对应的桶。如果是 insert 操作，则其内部会调用 std::mem::swap 方法用新值替换掉旧值。如果是 get 操作，则返回该桶中保存的值。

以上就是 HashMap 的整个实现思路。前面提到过，开放定址法的一个缺点是根据指定的键删除键值对比较复杂，因为并不能真的删除，否则会破坏寻址的正确性，但是 Rust 很轻松地解决了这个问题。

当使用 HashMap 的 remove 方法删除键值对时，同样需要将传入的键通过 Hash 函数计算出 Hash 值，然后经过 search_hashed 方法的检索，返回满桶（如果没有找到则返回 None），再调用内部的 pop_internal 方法对桶进行删除处理。但这个删除并非真正的删除，而是通过 gap_peek 方法返回一个枚举类型 GapThenFull，如代码清单 8-62 所示。

代码清单 8-62：GapThenFull 枚举体示意

```
1.  pub struct GapThenFull<K, V, M> {
2.      gap: EmptyBucket<K, V, ()>,
3.      full: FullBucket<K, V, M>,
4.  }
```

使用 GapThenFull 枚举体来表示内部桶的两种状态，就完美地解决了 remove 的问题。此处也体现了 Enum 的强大之处。

在了解了 HashMap 的各种使用方法及其实现原理之后，有一点需要注意，在使用 HashMap 时，如果要合并两个或多个 HashMap，则尽量使用 extend 或其他迭代器适配器方式，而不要用 for 循环来插入，否则会带来性能问题。

8.3 理解容量

无论是 Vec 还是 HashMap，使用这些集合容器类型，最重要的是理解容量（Capacity）和大小（Size/Len）的区别，如图 8-11 所示。

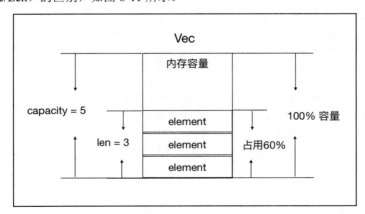

图 8-11：容量和大小的区别

从图 8-11 中可以看出，容量是指为集合容器分配的内存容量，而大小是指该集合中包含的元素数量。也就是说，容量和内存分配有关系，大小只是衡量该集合容器中包含的元素。

当容量满了之后，这些集合容器都会自动扩容。但是对于不同的集合容器，定义容量**满**或**空**两种状态是不同的。如果搞不清楚这个问题，就可能会写出有安全漏洞的代码，即便是Rust 这种号称内存安全的语言，也无法避免这种逻辑上的漏洞。

在 Rust 1.21 到 1.3 中，VecDeque 集合类型中的 reserve 方法暴露了一个缓冲区溢出漏洞[1]，允许任意代码执行。就是这样的逻辑漏洞，本质原因就是搞错了容量。

Rust 的 **VecDeque\<T>** 是一种可增长容量的双端队列（Double-Ended Queue），具体用法在第 2 章中介绍过。其内部主要维护一个**环形缓冲区**（**Ring Buffer**），如图 8-12 所示。

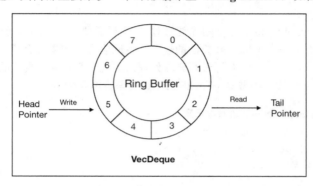

图 8-12：VecDeque 中环形缓冲区示意图

该环形缓冲区由两个指针和一个可增长数组组成。这两个指针分别为**头指针**（**Head Pointer**）和**尾指针**（**Tail Pointer**）。其中头指针永远指向应该写入数据的位置，而尾指针永远指向可以读取的第一个元素。

以图 8-12 为例，环形缓冲区为空时，两个指针都指向位置 0。当有新元素插入时，如果直接插入位置 0，则将用于写入数据的 Head 指针指向位置 1，而用于读取数据的 Tail 指针依旧指向位置 0。依此类推，当插入第 8 个元素时，Head 和 Tail 指针将再次重叠。那么在这种情况下，该如何区分头和尾？如果这时继续给缓冲区添加新元素，那么位置 0 处的数据将被其他数据覆盖，这就会造成**缓冲区溢出攻击**。所以，为了避免这种情况，需要空出一个位置，不能插入元素，这样才可以区分头和尾。

在 Rust 中 VecDeque\<T> 也是按这种思路来实现环形缓冲区的。在创建新的缓冲区时，自动保留一位，如代码清单 8-63 所示。

代码清单 8-63：VecDeque\<T> 中的 with_capacity 方法源码

```
1.  pub fn with_capacity(n: usize) -> VecDeque<T> {
2.      // 此处使用+1，是因为ringbuffer总是需要预留一个空位
3.      let cap = cmp::max(n + 1, MINIMUM_CAPACITY + 1)
4.          .next_power_of_two();
5.      assert!(cap > n, "capacity overflow");
6.      VecDeque {
7.          tail: 0,
8.          head: 0,
9.          buf: RawVec::with_capacity(cap),
10.     }
11. }
```

1　CVE-2018-1000657。

代码清单 8-63 展示了 VecDeque<T>中 with_capacity 方法的源码，注意代码第 2 行的注释，在初始化容量 cap 时，就已经考虑了至少保留一个空位的问题。

代码第 3 行，使用了一种特别的算法来计算要分配的容量。该算法就是 next_power_of_two 方法，表示要分配的容量必须大于或等于容量数 n 的最小二次幂，比如传入的 n 为 2，则分配容量为 4。这是一种出于安全考虑的优化，如果传入的容量数溢出，则容量值会返回 0，也就是不预分配内容。

所以，要判断环形缓冲区是否为满状态，就必须看容量和大小的差是否为 1，如代码清单 8-64 所示。

代码清单 8-64：VecDeque<T>中的 is_full 方法源码

```
1.  fn is_full(&self) -> bool {
2.      self.cap() - self.len() == 1
3.  }
```

代码清单 8-64 展示了 VecDeque<T>中 is_full 方法的源码，该方法用于判断容器是否为满状态。可以看出，该方法满足预期要求。

接下来看看曝出 CVE 的原始代码，如代码清单 8-65 所示。

代码清单 8-65：VecDeque<T>中出现安全漏洞代码

```
1.  pub fn reserve(&mut self, additional: usize) {
2.      let old_cap = self.cap();
3.      let used_cap = self.len() + 1;
4.      let new_cap = used_cap.checked_add(additional)
5.         .and_then(
6.             |needed_cap| needed_cap.checked_next_power_of_two()
7.         ).expect("capacity overflow");
8.      if new_cap > self.capacity() { // 问题代码
9.         self.buf.reserve_exact(used_cap, new_cap - used_cap);
10.        unsafe {
11.            self.handle_cap_increase(old_cap);
12.        }
13.     }
14. }
```

代码清单 8-65 展示了出现安全漏洞代码的 reserve 方法。该方法一般用来为集合容器生成指定的更多的容量，这样可以避免容器频繁扩容。但是该方法的第 8 行犯了一个致命的错误。

代码第 8 行使用了 capacity 方法来判断容量。但是在 VecDeque<T>中，capacity 方法用于给开发者展示可用的逻辑容量，而 cap 方法展示的才是真正的物理容量，它们之间的关系是 **cap=capacity+1**，因为环形缓冲区必须保留一个空位。所以，这里使用 capacity 方法判断容量会导致容量分配少一位。如果容量少分配一位，那么在读写数据的过程中，指针还是按 cap 表示的真实容量来计算，最终的后果就是本来空出的一位，也被写入了数据。这样就出现了本节开始提到的情况，指针错乱。在这种情况下，如果再写入新的数据，就会产生缓冲区溢出攻击的风险。

这个漏洞修复起来也很简单，只需要将第 8 行改成 "if new_cap > old_cap {" 即可。其中 old_cap 才是真实的容量。

　　　通过这个案例我们了解到，容量不仅仅是指"物理"上的内存容量，还包括由相应数据结构特性产生的"逻辑"容量。在日常开发中，需要注意这种情况，避免引入逻辑漏洞。

8.4　小结

　　　字符串是一门编程语言必不可少的类型，Rust 出于内存安全的考虑，将字符串划分为几种相互配对的类型，其中最常用的是&str 和 String 类型的字符串。&str 代表的是不可变的字符串，这里不可变的意思是指，这种类型的字符串是一个不可变的整体，无法对其中的单个字符进行任意操作（引起整个字符串发生变化）。&str 类型的字符串可以被存储在栈上，也可以被存储在堆上，还可以被存储在静态区域。而 String 代表的是可变的字符串，其只能被存储在堆上。可变是指 String 字符串中的单个字符可以随时被增、删、改。

　　　在对 Rust 中的字符和字符串进行操作时，最好按字符来进行操作，因为 Rust 中的字符串内部存储的都是 UTF-8 字节序列，如果按字节进行操作，那么在某些情况下会出现问题。并且字符串也不支持按索引来访问其中的字符，如果要操作字符串中的字符，则需要使用迭代的方式。

　　　不管是什么类型的字符串，都支持标准库中提供的字符串检索匹配方法，只要实现了Pattern<'a>的类型，就均可作为匹配参数。比较常用的方法有contains、trim、trim_matches、matches、find 等。因为 Rust 并没有内置正则表达式引擎，所以使用这些字符串匹配方法也是一种选择。在实际项目开发中，可以使用官方提供的正则表达式引擎 regex 包来支持正则匹配。

　　　实际上，&str 和 String 均为动态大小类型（DST）。字符串切片&str 和数组切片是类似的，String 是对 Vec<u8>的包装。所以，字符串的某些方法和数组类型（array 和 Vector，以及 slice）是通用的，比如 with_capacity，不管是 String 字符串还是 Vector 数组，均可通过此方法来预分配堆内存。但是数组也有其独有的方法，比如实现了 Index，可以按索引访问数组中的值。Rust 标准库也为数组提供了方便、高效的排序和检索方法。

　　　除数组之外，本章还重点介绍了 HashMap 类型。在 Rust 中，只有实现了 Eq 和 Hash 的类型才可以当作 HashMap 的键，所以浮点数无法直接作为 HashMap 的键。但是不妨碍开发者通过 NewType 模式对浮点数进行包装来实现将其作为键。

　　　HashMap 只实现了 Index，而没有实现 IndexMut，所以只能用索引语法查找键值对，而无法插入或修改键值对。但是 Rust 标准库另外提供了 Entry 模式来帮助开发者方便操作键值对。如果需要合并 HashMap，则可以使用 extend 或其他迭代器适配器来完成，尽量不要使用for 循环将一个 HashMap 插入另一个中。

　　　本章介绍了 HashMap 的内部实现。我们知道 Rust 使用开放定址法来解决 Hash 冲突，并使用罗宾汉算法来解决聚集问题。当负载因子达到 0.9 的时候，HashMap 会自动扩容，以保证容纳更多的键值对。通过了解 HashMap 的内部实现，我们可以学习到一些实用的开发技巧，比如利用 Enum 来解决 remove 键值对的问题。

　　　本章最后还分析了 VecDeque<T>中 reserve 方法曝出的 CVE 漏洞，主要原因是混用了"物理"容量和"逻辑"容量。这个案例说明了一个问题：Rust 虽然可以保证内存安全，但无法保证逻辑安全。这是需要每个 Rust 开发者注意的地方。

　　　在 std::collection 中还提供了很多其他集合类型，比如 LinkedList<T>、BinaryHeap<T>、BTreeMap<T>、HashSet<T>和 BTreeSet<T>。限于篇幅，本章没有对它们做过多的介绍，但

Rust 是非常注重一致性的语言，在这些集合类型操作方法的命名上，和 Vec<T>或 HashMap<K, V>都是一致的，可以通过查阅标准库文档自行学习理解。总的来说，Rust 实现的这些集合类型及其相关操作方法，都是从高性能和节省内存方向来考虑的，毕竟 Rust 的目标之一是系统级语言。Rust 还在不断的进化中，标准库提供的这些集合类型还未达到最优，在不久的将来，它们会更加完善。

第 9 章
构建健壮的程序

每个人都有错，但只有愚者才会执迷不悟。

一个人，在经历挫折之时，可以反思错误，然后坚强面对；一栋大楼，在地震来临之际，可以吸收震力，屹立不倒；一套软件系统，在异常出现之时，可以阻止崩溃，稳定运行。这就是健壮性。健壮性是指系统在一定的内外部因素的扰动下，仍然可以维持其结构和功能的稳定性。健壮性，是保证系统在异常和危险情况下生存的关键。

健壮性又叫鲁棒性（Robust）。鲁棒性是一个跨领域的术语，在建筑、机械、控制、经济和计算机领域均意味着系统的容错和恢复能力。现实中建筑的鲁棒性带来的后果是非常直观和致命的，鲁棒性差的建筑很可能会因为一些局部性意外而使得整个建筑垮塌，所以在建筑行业，鲁棒性是非常重要的标准之一。而在软件行业，鲁棒性差的系统虽然不会带来像建筑那样显而易见的灾难性后果，但随着人类生活对互联网的依赖程度越来越深，其带来的破坏力会越来越严重。

纵观软件开发的历史，为了保证软件的健壮性，各门语言所用的办法各有特色，但总归可以分为两大类：**返回错误值**和**异常**。

比如在 C 语言中，并不存在专门的异常处理机制，开发者只能通过返回值、goto、setjump、assert 断言等方式来处理程序中发生的错误，这些方式的优点是比较灵活，但是缺点更多。第一，这种错误并不是强制性检查的，很容易被开发者疏忽而进一步引起更多的问题，成为 Bug 的温床；第二，可读性差，错误处理代码和正常的功能代码交织在一起，有可能会让正常逻辑陷入混乱中，有人称之为"错误地狱"。

随着 C++、Java 等高级语言的发展，引入了语言级别的异常处理机制，才让开发者摆脱了"错误地狱"。异常处理机制利用**栈回退（Stack Unwind）**或**栈回溯（Stack Backtrack）**机制，自动处理异常，解放了开发者。异常处理的优点是它是全局且独立的，不需要所有的函数都考虑捕获异常，并且用专门的语法将异常处理逻辑和正常的功能逻辑清晰地分离开来。但是异常处理并不完美。首先，异常处理的开销比较大，尤其是在抛出异常时；其次，异常处理包含的信息太多，对于开发者来说，如何优雅高效地进行异常处理，又成为另一个难题。

Rust 作为一门现代安全的系统级编程语言，如何构建健壮的程序是其必然要解决的问题之一，而工程性、安全性和性能是其必须要考虑的三重标准。

9.1　通用概念

在编程中遇到的非正常情况，大概可以分为三类：**失败（Failure）**、**错误（Error）**和**异**

常（Exception）。

失败是指违反了"契约"的行为。此处的"契约"用来表示满足程序正确运行的前提条件。比如一个函数在定义时规定必须传入某种类型的参数和返回某种类型的值，这就创建了一个契约，在调用该函数时，需要满足此"契约"才是程序正确运行的前提条件。

错误是指在可能出现问题的地方出现了问题。比如建立一个 HTTP 连接时超时、打开一个不存在的文件或查询某些数据时返回了空。这些都是完全在意料之中，并且有办法解决的问题。而且这些问题通常都和具体的业务相关联。

异常是指完全不可预料的问题。比如引用了空指针、访问了越界数组、除数为零等行为。这些问题是非业务相关的。

很多支持异常处理的语言，比如 C++、Java、Python 或 Ruby 等，并没有对上述三种情况做出语言级的区分。这就导致很多开发者在处理异常时把一切非正常情况都当作异常来处理，甚至把异常处理当作控制流程来使用。把一切非正常情况都当作异常来处理，不利于管理。在开发中很多错误需要在第一时间就暴露出来，才不至于传播到生产环境中进一步造成危害。有些开发者虽然对异常的三种情况做了不同的处理，比如对错误使用返回值的形式来处理、对真正的异常使用异常机制来处理，但是却并没有形成统一的标准；社区里只有最佳实践在口口相传，但并非强制性执行。

现代编程语言 Go 在语言层面上区分了异常（Panic）和错误，但是带来了巨大的争议。在 Go 语言中错误处理是强制性的，开发人员必须显式地处理错误，这就导致 Go 语言代码变得相当冗长，因为每次函数调用都需要 if 语句来判断是否出现错误。Go 语言错误处理的理念很好，但是具体实现却差强人意。Rust 语言也区分了异常和错误，但相比于 Go 语言，Rust 的错误处理机制就显得非常优雅。

9.2 消除失败

Rust 使用以下两种机制来消除失败：

- 强大的类型系统。
- 断言。

Rust 是类型安全的语言，一切皆类型。Rust 中的函数签名都显式地指定了类型，通过编译器的类型检查，就完全可以消除函数调用违反"契约"的情况，如代码清单 9-1 所示。

代码清单 9-1：依赖类型检查消除错误

```
1.  fn sum(a: i32, b: i32) -> i32 {
2.      a + b
3.  }
4.  fn main() {
5.      sum(1u32, 2u32);
6.  }
```

在代码清单 9-1 中定义的 sum 函数需要的参数类型为 i32，而在 main 函数中传入的参数类型为 u32，编译器在编译期就能检查出来这种违反"契约"的情况，报错如下：

```
error[E0308]: mismatched types
5 |     sum(1u32, 2u32);
  |         ^^^^ expected i32, found u32
```

编译器的错误提示也非常友好，明确地告诉开发者 sum 函数需要的是 i32 类型，但是发现了 u32 类型，类型不匹配。

仅仅依赖编译器的类型检查还不足以消除大部分失败，有些失败会发生在运行时。比如 Vector 数组提供了一个 insert 方法，通过该方法可以为指定的索引位置插入值，如代码清单 9-2 所示。

代码清单 9-2：Vec<T>类型的 insert 方法使用示例

```
1.  fn main() {
2.      let mut vec = vec![1, 2, 3];
3.      vec.insert(1, 4);
4.      assert_eq!(vec, [1, 4, 2, 3]);
5.      vec.insert(4, 5);
6.      assert_eq!(vec, [1, 4, 2, 3, 5]);
7.      // vec.insert(8, 8);
8.  }
```

在代码清单 9-2 中展示的 insert 方法的第一个参数为指定的索引位置，第二个参数为要插入的值。代码第 3 行和第 5 行，指定的索引位置是合法的，因为均小于待插入数组的长度。但是代码第 7 行会引发线程恐慌，因为给定的索引位置并不存在，超过了数组的长度。

对于代码第 7 行所示的这种情况，通过类型检查是无法判断的，因为无法预先知道开发者会指定什么索引。这时就需要使用**断言（Assert）**。Rust 标准库中一共提供了以下六个常用的断言：

- assert!，用于断言布尔表达式在运行时一定返回 true。
- assert_eq!，用于断言两个表达式是否相等（使用 PartialEq）。
- assert_ne!，用于断言两个表达式是否不相等（使用 PartialEq）。
- debug_assert!，等价于 assert!，只能用于调试模式。
- debug_assert_eq!，等价于 assert_eq!，只能用于调试模式。
- debug_assert_ne!，等价于 assert_ne!，只能用于调试模式。

以上六个断言都是宏。assert 系列宏在调试（Debug）和发布（Release）模式下均可用，并且不能被禁用。debug_assert 系列宏只在调试模式下起作用。在使用断言时，要注意具体的场合是否一定需要 assert 系列宏，因为断言的性能开销不可忽略，请尽量使用 debug_assert 系列宏。

所以，对于代码清单 9-2 中用到的 insert 方法，可以使用 assert!断言来消除可能指定非法索引而造成插入失败的情况，如代码清单 9-3 所示。

代码清单 9-3：在 insert 方法中使用 assert!断言

```
1.  pub fn insert(&mut self, index: usize, element: T) {
2.      let len = self.len();
3.      assert!(index <= len);
4.      ...
5.  }
```

代码清单 9-3 展示了部分 Vec<T>类型的 insert 方法源码。注意代码第 3 行，使用 assert!断言来判断指定的索引 index 一定小于或等于数组的长度 len，如果传入了超过 len 的索引值，则该判断表达式会返回 false，此时 assert!就会引发线程恐慌。

引发线程恐慌算消除失败吗？这其实是一种**快速失败（Fast Fail）**的策略，这样做可以让开发中的错误尽早地暴露出来，使得 Bug 无处藏身。所以 assert 系列宏也支持自定义错误消息，如代码清单 9-4 所示。

代码清单 9-4：自定义错误消息

```
1.  fn main() {
2.      let x = false;
3.      assert!(x, "x wasn't true!");
4.      let a = 3; let b = 28;
5.      debug_assert!(a + b == 30, "a = {}, b = {}", a, b);
6.  }
```

在代码清单 9-4 中，代码第 3 行和第 5 行均会引发线程恐慌，但是在线程恐慌的时候会输出指定的消息，便于开发者修正错误。

综上所述，通过断言可以对函数进行契约式的约束。所谓"契约"就是指可以确保程序正常运行的条件，一旦"契约"被毁，就意味着程序出了 Bug。程序运行的条件大概可以分为以下三类。

- **前置条件**：代码执行之前必须具备的特性。
- **后置条件**：代码执行之后必须具备的特性。
- **前后不变**：代码执行前后不能变化的特性。

在日常开发中，如果必要的话，则可以依据这三类情况来设置断言。

除断言之外，还可以直接通过 panic!宏来制造线程恐慌，其实在 assert 系列宏内部也使用了 panic!宏。那么什么时候使用呢？其实还是遵循快速失败的原则，在处理某些在运行时绝不允许或绝不可能发生的情况时，可以使用 panic!宏。

9.3 分层处理错误

Rust 提供了分层式错误处理方案：

- **Option<T>**，用于处理**有**和**无**的情况。比如在 HashMap 中指定一个键，但不存在对应的值，此时应返回 None，开发者应该对 None 进行相应的处理，而不是直接引发线程恐慌。
- **Result<T, E>**，用于处理可以合理解决的问题。比如文件没有找到、权限被拒绝、字符串解析出错等错误。
- **线程恐慌（Panic）**，用于处理无法合理解决的问题。比如为不存在的索引插值，就必须引发线程恐慌。需要注意的是，如果在主线程中引发了线程恐慌，则会造成应用程序以非零退出码退出进程，也就是发生崩溃。
- **程序中止（Abort）**，用于处理会发生灾难性后果的情况，使用 abort 函数可以将进程正常中止。

Rust 的错误处理方案来源于函数式语言（比如 Haskell），不仅仅区分了错误和异常，而且将错误更进一步区分为 Option<T>和 Result<T, E>。使用和类型 Enum，使得基于返回值的错误处理粒度更细、更加优雅。在 Rust 中，线程发生恐慌就是异常。

9.3.1 可选值 Option<T>

Option<T>类型属于枚举体，包括两个可选的变体：**Some(T)** 和 **None**。作为可选值，Option<T>可以被使用在多种场景中。比如可选的结构体、可选的函数参数、可选的结构体字段、可空的指针、占位（如在 HashMap 实现中解决 remove 问题）等。

Option<T>类型在日常开发中非常常见，它基本上消除了空指针问题，如代码清单 9-5 所示。

代码清单 9-5：Option<T>使用示例

```
1.  fn get_shortest(names: Vec<&str>) -> Option<&str> {
2.    if names.len() > 0 {
3.        let mut shortest = names[0];
4.        for name in names.iter() {
5.            if name.len() < shortest.len() {
6.                shortest = *name;
7.            }
8.        }
9.        Some(shortest)
10.   } else {
11.       None
12.   }
13. }
14. fn show_shortest(names: Vec<&str>) -> &str {
15.   match get_shortest(names) {
16.       Some(shortest) => shortest,
17.       None           => "Not Found",
18.   }
19. }
20. fn main(){
21.   assert_eq!(show_shortest(vec!["Uku", "Felipe"]), "Uku");
22.   assert_eq!(show_shortest(Vec::new()), "Not Found");
23. }
```

在代码清单 9-5 中定义了 get_shortest 函数，传入 Vec<&str>数组，得到其中长度最短的字符串。在实现该函数时，需要考虑：如果传入的是空数组怎么办？有多种处理方式。第一，判断是否为空，如果为空则不处理，或者直接引发线程恐慌；第二，使用 Option<T>，空数组返回 None，非空数组返回 Some。显然第二种处理方式好过第一种，因为对于这种问题，不处理显得函数行为不统一，引发线程恐慌则显得小题大做。所以，get_shortest 函数最终返回 Option<&str>类型。

代码第 14~19 行，定义了 show_shortest 方法，内部调用 get_shortest，并使用 match 匹配来处理该函数返回的 Option<&str>。如果是 Some，则返回其内部的字符串；如果是 None，则返回固定的字符串"Not Found"。这样在 main 函数中调用 show_shortest 方法时，则可以得到预料中的结果。

unwrap 系列方法

看得出来，在代码清单 9-5 中使用 Option<T>保证了代码的基本健壮性。除使用 match 匹配之外，标准库中还提供了 unwarp 系列方法，如代码清单 9-6 所示。

代码清单 9-6：使用 unwrap 系列方法

```
1.  fn show_shortest(names: Vec<&str>) -> &str {
2.      // get_shortest(names).unwrap()
3.      get_shortest(names).unwrap_or("Not Found")
4.      // get_shortest(names).unwrap_or_else(|| "Not Found")
5.      // get_shortest(names).expect("Not Found")
6.  }
7.  fn main(){
8.      assert_eq!(show_shortest(vec!["Uku", "Felipe"]), "Uku");
9.      assert_eq!(show_shortest(Vec::new()), "Not Found");
10. }
```

在代码清单 9-6 中展示了 unwrap、unwrap_or 和 unwrap_or_else 三个方法。其中 unwrap 方法可以取出包含于 Some 内部的值，但是遇到 None 就会引发线程恐慌。所以，当 show_shortest 函数传入空数组时，代码第 2 行所示的写法会引发线程恐慌。

代码第 3 行使用的 unwrap_or 方法实际上是对 match 匹配包装的语法糖，该方法可以指定处理 None 时返回的值。该行指定了字符串"Not Found"，最终效果等价于代码清单 9-5。

代码第 4 行使用的 unwrap_or_else 方法和 unwrap_or 类似，只不过它的参数是一个 FnOnce() -> T 闭包。

代码第 5 行展示了 expect 方法，该方法会在遇到 None 值时引发线程恐慌，并可通过传入参数来展示指定的异常消息。

在日常开发中可以根据具体的需求选择适合的 unwrap 系列方法。unwrap 方法适合在开发过程中快速失败，提早暴露 Bug，如果要自定义异常消息，则可以使用 expect。对于明显需要处理 None 的情况，则可以直接使用 match，但是使用 unwrap_or 或 unwrap_or_else 可以让代码更加简洁。

高效处理 Option<T>

在大多数情况下，需要使用 Option<T>中包含的值进行计算，有时候只需要单步计算，有时候则需要连续多步计算。如果把 Option<T>中的值通过 unwrap 取出来再去参与计算，则会多出很多校验代码，比如判断是否为 None 值。如果使用 match 方法，则代码显得比较冗余，如代码清单 9-7 所示。

代码清单 9-7：使用 match 匹配来操作 Option<T>

```
1.  fn get_shortest_length(names: Vec<&str>) -> Option<usize> {
2.      match get_shortest(names) {
3.          Some(shortest) => Some(shortest.len()),
4.          None           => None,
5.      }
6.  }
7.  fn main(){
8.      assert_eq!(get_shortest_length(vec!["Uku","Felipe"]),Some(3));
9.      assert_eq!(get_shortest_length(Vec::new()), None);
10. }
```

在代码清单 9-7 中定义了 get_shortest_length 方法，用来获取数组中最短字符串的长度。代码第 2 行,通过 match 匹配 get_shortest 方法返回的 Option<&str>来进行计算,如果是 Some，则调用内部值 shortest 的 len 方法得到长度，然后再用 Some 将其包装并返回；如果是 None，则继续返回 None。使用 match 来处理也保证了健壮性，但是代码看上去显得非常冗余。在标准库 std::option 模块中，还提供了 map 系列方法来改善这种情况，如代码清单 9-8 所示。

代码清单 9-8：使用 map 来操作 Option<T>

```
1.  fn get_shortest_length(names: Vec<&str>) -> Option<usize> {
2.      get_shortest(names).map(|name| name.len())
3.  }
4.  fn main(){
5.      assert_eq!(get_shortest_length(vec!["Uku","Felipe"]),Some(3));
6.      assert_eq!(get_shortest_length(Vec::new()), None);
7.  }
```

在代码清单 9-8 中使用了 map 方法，相比于代码清单 9-7 中的写法，代码瞬间变得更加简洁。实际上，map 方法是对 match 匹配的包装，其具体实现如代码清单 9-9 所示。

代码清单 9-9：std::option::Option::map 方法的具体实现

```
1.  pub fn map<U, F: FnOnce(T) -> U>(self, f: F) -> Option<U> {
2.      match self {
3.          Some(x) => Some(f(x)),
4.          None => None,
5.      }
6.  }
```

从代码清单 9-9 中可以看出，map 是一个泛型方法，内部是一个 match 匹配，对于 Some 和 None 分别做了相应的处理，并且该方法的参数为 FnOnce(T)->U 闭包。通过 map 方法就可以在无须取出 Option<T>值的情况下，方便地在 Option<T>内部进行计算。像 map 这样的方法，叫作组合子（Combinator）。

除 map 方法之外，还有 map_or 和 map_or_else 方法，它们跟 map 方法类似，都是对 match 的包装，不同的地方在于，它们可以为 None 指定默认值（回想一下 unwrap_or 和 unwrap_or_else）。

在有些情况下，只靠 map 方法还不足以满足需要。比如对 Option<T>中的 T 进行处理的函数返回的也是一个 Option<T>，如果此时用 map，就会多包装一层 Some。假如现在要对一个浮点数进行一系列计算，提供的计算函数包括：**inverse**（符号取反）、**double**（加倍）、**log**（求以 2 为底的对数）、**square**（平方）、**sqrt**（开方）。在这些计算函数中，求对数和开方的计算有可能出现异常值，比如对负数求对数和开方都会出现 **NaN**，所以这两个计算函数的返回值一定是 Option<T>类型，如代码清单 9-10 所示。

代码清单 9-10：map 和 and_then 共用示例

```
1.  fn double(value: f64) -> f64 {
2.      value * 2.
3.  }
4.  fn square(value: f64) -> f64 {
5.      value.powi(2 as i32)
6.  }
7.  fn inverse(value: f64) -> f64 {
8.      value * -1.
9.  }
10. fn log(value: f64) -> Option<f64> {
11.     match value.log2() {
```

```
12.         x if x.is_normal() => Some(x),
13.         _                   => None
14.     }
15.  }
16.  fn sqrt(value: f64) -> Option<f64> {
17.     match value.sqrt() {
18.         x if x.is_normal() => Some(x),
19.         _                   => None
20.     }
21.  }
22.  fn main () {
23.     let number: f64 = 20.;
24.     let result = Option::from(number)
25.         .map(inverse).map(double).map(inverse)
26.         .and_then(log).map(square).and_then(sqrt);
27.     match result {
28.         Some(x) => println!("Result was {}.", x),
29.         None    => println!("This failed.")
30.     }
31.  }
```

在代码清单 9-10 中，代码第 1~9 行，分别定义了 double、square 和 inverse 函数，返回值都是 f64 类型，因为这些计算产生的值只可能是唯一的结果。

代码第 10~21 行定义的 log 和 sqrt 函数，返回值都为 Option<f64> 类型，这是因为求对数和开方有可能产生 NaN。在这两个函数中分别调用标准库中提供的 log2 和 sqrt 方法来计算，并通过 is_normal 来判断是否为合法的浮点数，如果合法则返回 Some，否则返回 None。

在 main 函数中声明了浮点数 number，并通过 Option::from 方法将其转换为 Some(number) 进行计算。如代码第 25 行所示，可以通过 map 组合子方法将 double、square 和 inverse 函数组成链式调用，而不需要从 Some<number> 中将 number 取出来进行计算。但是当求对数和开方时，使用 map 就不方便了。返回 map 的定义，如果此处使用 map，那么求对数的结果会被包装两层 Some，变成 Some(Some(number)) 的形式，如果再进行开方操作，则又会被包装为 Some(Some(Some(number))) 的形式，这就变得复杂了。所以，标准库中提供了另外一个组合子方法 and_then 来解决这个问题。

代码第 26 行所示，使用 and_then 来处理 log 和 sqrt，就可以和 map 组合子正常配合使用，最后输出正常的结果。当把第 23 行 number 的值改为负数，则会输出 "This failed."。

代码清单 9-11 展示了 and_then 组合子方法的实现。

代码清单 9-11：and_then 组合子方法的实现

```
1.  pub fn and_then<U, F>(self, f: F) -> Option<U>
2.      where F: FnOnce(T) -> Option<U>
3.      {
4.          match self {
5.              Some(x) => f(x),
6.              None => None,
7.          }
8.  }
```

在代码清单 9-11 中展示的 and_then 方法和 map 方法的区别在于，代码第 5 行匹配 Some

时，and_then 方法的返回值并不像 map 方法那样包装了一层 Some。

除 map 和 and_then 之外，标准库中还提供了其他组合子方法，用于高效、方便地处理 Option<T>的各种情况。限于篇幅，这里不再一一介绍，读者可自行查看标准库文档。

9.3.2 错误处理 Result<T, E>

Option<T>解决的是**有**和**无**的问题，它在一定程度上消灭了空指针，保证了内存安全。但使用 Option<T>实际上并不算错误处理。Rust 专门提供了 Result<T, E>来进行错误处理，和 Option<T>相似，均为枚举类型，但 Result<T, E>更关注的是编程中可以合理解决的错误。从语义上看，Option<T>可以被看作是忽略了错误类型的 Result<T, ()>，所以有时候它们也是可以相互转换的。

代码清单 9-12 展示了 Result<T, E>的定义。

代码清单 9-12：Result<T, E>定义

```
1.  #[must_use]
2.  pub enum Result<T, E> {
3.      Ok(T),
4.      Err(E),
5.  }
```

从代码清单 9-12 中可以看出，Result<T, E>枚举体包含两个变体：Ok(T)和 Err(E)，其中 Ok(T)表示正常情况下的返回值，Err(E)表示发生错误时返回的错误值。其中**#[must_use]**属性表示，如果对程序中的 Result<T, E>结果没有进行处理，则会发出警告来提示开发者必须处理相应的错误，有助于提升程序的健壮性。

代码清单 9-13 展示了使用 parse 方法把字符串解析为数字。

代码清单 9-13：使用 parse 方法将字符串解析为数字示例

```
1.  fn main(){
2.      let n = "1";
3.      assert_eq!(n.parse::<i32>(), Ok(1));
4.      let n = "a";
5.      // 输出 Err(ParseIntError { kind: InvalidDigit })
6.      println!("{:?}", n.parse::<i32>());
7.  }
```

在代码清单 9-13 中，对于可以解析成数字的字符串，是可以正常解析的。如代码第 2 行和第 3 行所示。但是对于无法解析为数字的字符串，则会抛出错误。如代码第 4 行所示，字符串为字母，无法解析为数字，那么在代码第 6 行使用 parse 方法解析之后，就会引发线程恐慌，并提示错误类型为 **Err(ParseIntError{kind: InvalidDigit})**，其为标准库内置的错误类型，专门用于表示解析处理失败的错误，此处是指无效的数字（InvalidDigit）。

高效处理 Result<T, E>

在标准库 std::result 模块中，也为 Result<T, E>实现了很多方法，比如 unwrap 系列方法。对于代码清单 9-13 中返回的解析错误，就可以使用 unwrap_or 方法指定一个默认值来解决，但并不优雅。其实 std::result 模块中也提供了很多组合子方法，比如 map 和 and_then 等，其用法和 Option<T>相似，使用组合子方法可以更加优雅地处理错误，如代码清单 9-14 所示。

代码清单 9-14：解析字符串为数字错误处理示例

```
1.  use std::num::ParseIntError;
2.  fn square(number_str: &str) -> Result<i32, ParseIntError>
3.  {
4.      number_str.parse::<i32>().map(|n| n.pow(2))
5.  }
6.  fn main() {
7.      match square("10") {
8.          Ok(n) => assert_eq!(n, 100),
9.          Err(err) => println!("Error: {:?}", err),
10.     }
11. }
```

在代码清单 9-14 中定义了 square 方法，传入字符串，然后通过 parse 泛型方法将其解析为 i32 类型，再使用 map 方法计算其值。因为 parse 方法返回的是 Result 类型，所以这里可以直接使用 map 方法。注意 square 函数的返回值为 Result<i32, ParseIntError>类型，其中 ParseIntError 是在 std::num 模块中定义的，所以这里需要使用 use 引入。

在 main 函数中使用 match 匹配 square 函数的结果，如果是 Ok(n)，则返回正常的结果；如果是 Err(err)，则打印错误结果。

还可以使用 type 关键字定义类型别名来简化函数签名，如代码清单 9-15 所示。

代码清单 9-15：使用 type 关键字定义类型别名来简化函数签名

```
1.  type ParseResult<T> = Result<T, ParseIntError>;
2.  fn square(number_str: &str) -> ParseResult<i32>
3.  {
4.      number_str.parse::<i32>().map(|n| n.pow(2))
5.  }
```

在代码清单 9-15 中，代码第 1 行使用 type 关键字将 Result<T, ParseIntError>定义为别名 ParseResult<T>，这样在 square 函数中使用就显得十分简洁。

处理不同类型的错误

通过第 8 章我们了解到，使用 parse 方法将字符串解析为十进制数字，内部实际上是 FromStr::from_str 方法的包装，并且其返回值为 Result<F, <F as FromStr>::Err>。对于 u32 类型实现的 FromStr::from_str 来说，整个解析过程如下：

- 判断字符串是否为空。如果为空，则返回错误 Err(ParseIntError{ kind: Empty })。
- 将字符串转换为字节数组，根据第一个字节判断是正数还是负数，并将符号位从字节数组中分离出去，只剩下数字。
- 循环分离符号位之后的字节数组，逐个用 as 转换为 char 类型，调用 to_digit 方法将字符转换为数字，并在循环中累加。循环完毕后，如果全部字符解析成功，则返回正常的结果；否则，返回错误 Err(ParseIntError { kind: InvalidDigit})。在循环过程中还需要计算是否超过了对应数字类型的最大范围，如果超过了就会返回错误 Err(ParseIntError { kind: Overflow })。

看得出来，一个看似简单的 parse 方法，其解析过程如此曲折，其间要抛出多种错误类型。但是对于 Result<T, E>来说，最终只能返回一个 Err 类型，如果在方法中返回了不同的错误类型，编译就会报错。那么在 parse 方法内部是如何处理的呢？如代码清单 9-16 所示。

代码清单 9-16：ParseIntError 源码

```
1.  pub struct ParseIntError {
2.      kind: IntErrorKind,
3.  }
4.  enum IntErrorKind {
5.      Empty,
6.      InvalidDigit,
7.      Overflow,
8.      Underflow,
9.  }
```

代码清单 9-16 展示了 ParseIntError 的源码，可以看出，parse 返回的其实是一个统一的类型 ParseIntError。其内部成员是一个枚举类型 IntErrorKind，其中根据解析过程中可能发生的情况定义了四个相应的变体作为具体的错误类型。这就解决了返回多种错误类型的问题。

在日常开发中，最容易出错的地方是 I/O 操作。所以在 Rust 标准库 **std::io** 模块中定义了**统一的错误类型 Error**，以便开发者能够方便地处理多种类型的 I/O 错误，如代码清单 9-17 所示。

代码清单 9-17：std::io 模块中的 Error 源码

```
1.  pub struct Error {
2.      repr: Repr,
3.  }
4.  enum Repr {
5.      Os(i32),
6.      Simple(ErrorKind),
7.      Custom(Box<Custom>),
8.  }
9.  struct Custom {
10.     kind: ErrorKind,
11.     error: Box<error::Error+Send+Sync>,
12. }
13. pub enum ErrorKind {
14.     NotFound,
15.     PermissionDenied,
16.     ConnectionRefused,
17.     ConnectionReset,
18.     ConnectionAborted,
19.     NotConnected,
20.     ...
21. }
```

代码清单 9-17 展示了 std::io::Error 的源码。Error 结构体只有一个成员 repr，为 Repr 枚举类型。Repr 枚举体包含了三个变体：Os(i32)、Simple(ErrorKind)和 Custom(Box<Custom>)，分别表示操作系统返回的错误码、一些内建的错误以及开发者自定义的错误。其中，在 ErrorKind 枚举体中根据日常开发中比较常见的场景抽象出了一些相应的错误变体。

下面通过一个具体的示例来看看在实际开发中如何进行错误处理。

假如有一个文件，文件的每一行都是一个数字，要求从此文件中读取每一行的数字并对它们求和。思路比较简单，就是直接读取该文件，并将读取到的每一行解析为相应的数字，再迭代求和，如代码清单 9-18 所示。

代码清单 9-18：从文件中读取数字并计算其和

```
1.  use std::env;
2.  use std::fs::File;
3.  use std::io::prelude::*;
4.  fn main() {
5.      let args: Vec<String> = env::args().collect();
6.      println!("{:?}", args);
7.      let filename = &args[1];
8.      let mut f = File::open(filename).unwrap();
9.      let mut contents = String::new();
10.     f.read_to_string(&mut contents).unwrap();
11.     let mut sum = 0;
12.     for c in contents.lines(){
13.         let n = c.parse::<i32>().unwrap();
14.         sum += n;
15.     }
16.     println!("{:?}", sum);
17. }
```

代码清单 9-18 的思路是，从命令行中接收参数作为文件名，然后打开文件逐行读取。首先用到了 std::env::args 方法，通过该方法可以得到命令行中传入的参数，如代码第 5 行所示，将参数收集为一个 Vec<String> 类型的数组。代码第 7 行，获取命令行参数数组中索引为 1 的元素，就是文件名。这里需要注意，args 中索引为 0 的元素是该程序本身的命名。

代码第 8 行，使用 File::open 方法打开指定的文件，该方法会返回一个 Result<File, Error>，这是因为有可能存在文件打开失败的情况，比如文件名不正确或者文件不存在等。但实际上在 std::io 模块中已经使用 type 关键字为 Result<T, Error> 定义了别名 Result<T>，所以该方法返回的类型就可以写为 Result<File>。因此，这里需要调用 unwarp 方法来解开 Result 包装，得到其中的文件引用，以进行后续操作。

代码第 9 行和第 10 行，通过 read_to_string 方法将文件中的内容读取到一个可变字符串 contents 中。使用 read_to_string 方法从文件中读取内容也是有风险的，比如读取的内容不是一个合法的 UTF-8 字节，则读取出错。该方法会返回 Result<usize> 类型，其中 usize 表示读取到的文件内容总字节数。

代码第 11~15 行，对读取到的字符串中的内容进行迭代解析，并累加求和。这里解析也是存在风险的，万一文件中混入了无法解析为数字的字符，则会报错。

将该段代码命名为 io_origin.rs，通过 rustc 进行编译，然后执行：

```
$ ./io_origin test_txt
["./io_origin", "test_txt"]
In file test_txt
6
```

其中，io_origin 为编译后的程序二进制文件，test_txt 为要读取的文件，其每一行分别保存着 1、2、3，所以代码执行结果为 6。

假如在 test_txt 文件中加入一行汉字，执行代码时就会报出如下错误：

```
thread 'main' panicked at 'called `Result::unwrap()` on an `Err` value:
ParseIntError { kind: InvalidDigit }', src/libcore/result.rs:906:4
```

看得出来，错误消息显示了解析错误 ParseIntError { kind: InvalidDigit }。可见，代码清单 9-18 的健壮性有很大问题。如果此时想顺利地对能正常解析出来的数字进行求和而不受新加入汉字的干扰，该如何处理错误？

办法之一是像 I/O 或 parse 方法内部实现那样，自定义统一的错误处理类型。办法之二是通过 Rust 提供的 Error trait。标准库中提供的所有错误都实现了此 trait，这意味着只要使用 trait 对象就可以统一错误类型。代码清单 9-19 展示了 Error trait 的定义。

代码清单 9-19：Error trait 定义

```
1.  pub trait Error: Debug + Display {
2.      fn description(&self) -> &str;
3.      fn cause(&self) -> Option<&Error> { ... }
4.  }
5.  impl<'a, E: Error + 'a> From<E> for Box<Error + 'a> {
6.      fn from(err: E) -> Box<Error + 'a> {
7.          Box::new(err)
8.      }
9.  }
```

在代码清单 9-19 中定义了 description 和 cause 两个方法，分别表示错误的简短描述和导致错误发生的原因。所以实现该 trait 的错误类型，还必须同时实现 Debug 和 Display。然后就可以使用 Box<Error>或&Error 来表示统一的错误类型了。

代码清单 9-19 还展示了为 Box<Error + 'a>实现 From trait，这意味着可以通过 From::from 方法将一个实现了 Error 的错误类型方便地转换为 Box<Error>。

现在来重构代码清单 9-18，首先想到的一个问题是：如果要返回解析过程中的错误，该怎么处理？因为在 Rust 2015 版本中，main 函数是没有返回值的（但是在 Rust 2018 中，main 函数可以有返回值），所以需要把处理文件的代码独立到另外一个函数中，如代码清单 9-20 所示。

代码清单 9-20：重构代码清单 9-18，将处理文件代码独立到 run 函数中

```
1.  use std::env;
2.  use std::error::Error;
3.  use std::fs::File;
4.  use std::io::prelude::*;
5.  use std::process;
6.  type ParseResult<i32> = Result<i32, Box<Error>>;
7.  fn main() {
8.      let args: Vec<String> = env::args().collect();
9.      let filename = &args[1];
10.     println!("In file {}", filename);
11.     match run(filename) {
12.         Ok(n) => { println!("{:?}", n); },
13.         Err(e) => {
14.             println!("main error: {}", e);
15.             process::exit(1);
16.         }
17.     }
18. }
```

在代码清单 9-20 中，为了处理返回的错误，将之前 main 函数中处理文件的代码独立到

run 函数中。run 函数会返回 Result<i32, Box<Error>>类型，在 main 函数中做 match 匹配处理，如果是 Err(e)，则以退出码 1 退出主进程。

代码清单 9-21 展示了 run 函数的具体实现。

代码清单 9-21：run 函数的具体实现

```
1.   fn run(filename: &str) -> ParseResult<i32> {
2.       File::open(filename).map_err(|e| e.into())
3.       .and_then(|mut f|{
4.           let mut contents = String::new();
5.           f.read_to_string(&mut contents)
6.           .map_err(|e| e.into()).map(|_|contents)
7.       })
8.       .and_then(|contents|{
9.           let mut sum = 0;
10.          for c in contents.lines(){
11.            match c.parse::<i32>() {
12.                Ok(n) => {sum += n;},
13.                Err(err) => {
14.                    let err: Box<Error> = err.into();
15.                    println!("error info: {}, cause: {:?}"
16.                    , err.description(),err.cause());
17.                },
18.                // Err(err) => { return Err(From::from(err));},
19.            }
20.          }
21.        Ok(sum)
22.      })
23.  }
```

在代码清单 9-21 中，run 函数的返回值是 Result<i32, Box<Error>> 的别名 ParseResult<i32>。在该函数中大量使用了组合子方法来处理错误。

代码第 2 行，File::open 方法会返回 Result<File>，此时用 map_err(|e| e.into())来处理打开文件出错的情况。如果出错，则会通过 into 方法将错误转换为 Box<Error>类型。前面提到过，标准库内部的错误都已经实现了 Error trait 和 From trait，可以将具体的错误类型转换为 Box<Error>类型。注意这个类型转换，实际上是基于类型自动推导的，因为在函数签名中返回值类型是确定的。如果没有出错，则将正常的文件引用往后面传递。在运行该代码时，如果给了一个错误的文件参数，则会抛出错误。这是因为在 File::open 方法内部的实现中，使用 return 向外抛出了错误，毕竟，如果连文件都没有正确读取，那么后续的步骤也就没有继续往下执行的必要了。

代码第 3~7 行，使用 and_then 组合子方法来处理由上一步 map_err 传递过来的 Result<File>。代码第 4 行和第 5 行，跟之前一样，通过 read_to_string 方法将文件内容读取到字符串中。但是这个过程有风险，所以这里继续使用 map_err 来处理出错的情况，并在后面紧接了 map 组合子方法来向后传递正常读取到的字符串 contents。

代码第 8~20 行，使用 and_then 组合子方法处理传递过来的字符串。此时需要遍历文件的每一行字符串，将其一一解析为合法的数字并相加。解析为数字的过程是有风险的，有可能出错，所以这里使用 match 匹配来分别处理正常和出错的情况。如果是正常解析，则将数字 n 累加到 sum 中；如果出错，则将错误转换为 Box<Error>类型，并且通过调用其 description

和 cause 方法分别打印具体的错误信息和出错原因。

　　代码第 21 行，返回 Ok(sum)。在 main 函数中得到处理。

　　需要注意的是，将字符串解析为数字默认处理 Err(err)的情况，是不会返回错误类型的。所以在代码运行时，就算文件中有不合法的字符存在，该程序也可以正常处理合法的字符，将它们的值相加并返回，进程不会崩溃。

　　但是如果开发者对文件的管理比较严格，绝不允许混入任何非法字符，那么就需要在解析字符串时通过使用 return 关键字向上传播错误，如代码第 18 行所示。如果取消此行注释，将代码第 13~17 行注释掉，重新编译、运行之后会发现，在读取文件时，遇到非法字符就会解析到无效数字的报错信息，进程崩溃。但是这种写法和直接使用 unwrap 相比，其更加优雅，也可以方便地管理错误。

　　使用 trait 对象虽然方便，但它属于动态分发，在性能上弱于自定义统一的错误类型。现在继续对代码进行重构，使用自定义错误类型，如代码清单 9-22 所示。

代码清单 9-22：自定义错误类型 CliError

```
1.  use std::io;
2.  use std::num;
3.  use std::fmt;
4.  #[derive(Debug)]
5.  enum CliError {
6.      Io(io::Error),
7.      Parse(num::ParseIntError),
8.  }
9.  impl fmt::Display for CliError {
10.    fn fmt(&self, f: &mut fmt::Formatter) -> fmt::Result {
11.      match *self {
12.          CliError::Io(ref err) => write!(f, "IO error: {}", err),
13.          CliError::Parse(ref err) => write!(f, "Parse error: {}"
14.          , err),
15.      }
16.    }
17. }
18. impl Error for CliError {
19.    fn description(&self) -> &str {
20.      match *self {
21.          CliError::Io(ref err) => err.description(),
22.          CliError::Parse(ref err) => Error::description(err),
23.      }
24.    }
25.    fn cause(&self) -> Option<&Error> {
26.      match *self {
27.          CliError::Io(ref err) => Some(err),
28.          CliError::Parse(ref err) => Some(err),
29.      }
30.    }
31. }
32. type ParseResult<i32> = Result<i32, CliError>;
```

在代码清单 9-22 中创建了自定义错误类型 CliError，其包含两个自带数据的变体：

Io(io::Error)和 Parse(num::ParseIntError)，分别表示 I/O 错误和解析错误，并为 CliError 实现了 Display 和 Error。

注意代码第 32 行，在 type 定义别名 ParseResult<i32>时，将之前的 Box<Error>错误类型转换为 CliError。

继续重构代码。main 函数不需要改变，run 函数同样需要将之前的 Box<Error>错误类型改为 CliError，如代码清单 9-23 所示。

代码清单 9-23：修改 run 函数，使用 CliError

```
1.  fn run(filename: &str) -> ParseResult<i32> {
2.      File::open(filename).map_err(CliError::Io)
3.      .and_then(|mut f|{
4.          let mut contents = String::new();
5.          f.read_to_string(&mut contents)
6.          .map_err(CliError::Io).map(|_|contents)
7.      })
8.      .and_then(|contents|{
9.          let mut sum = 0;
10.         for c in contents.lines(){
11.             match c.parse::<i32>() {
12.                 Ok(n) => {sum += n;},
13.                 Err(err) => {
14.                     let err = CliError::Parse(err);
15.                     println!("Error Info: {} \n Cause by {:?}"
16.                     , err.description(), err.cause());
17.                 },
18.                 // Err(err) => {return Err(CliError::Parse(err));},
19.             }
20.         }
21.         Ok(sum)
22.     })
23. }
```

代码清单 9-23 主要的变化是将 Box<Error>转换为 CliError，使得代码更加清晰、可读。代码第 2 行，map_err(|e| e.into())被替换为 map_err(CliError::Io)，除性能上有所改善之外，可读性也有了提高，可以直接看出这里处理的是 I/O 错误。

注意此处 map_err 方法接收的参数为闭包，但传递的却是枚举体，不要忘记带数据的枚举体实际上可以作为函数指针来使用。此处 CliError::Io 相当于 fn(io::Error) -> CliError 函数指针。

代码第 6 行也做了同样的改变。

代码第 14~17 行，相应地改为 CliError::Parse(err)，如果是解析出错的字符，则打印具体的错误信息和出错原因，但依旧不会向上返回错误。如果一定要返回错误，还是需要使用 return 的，如代码第 18 行所示。

最终返回 Ok(sum)，供 main 函数使用。通过这样的重构，代码的性能和可读性都有了提高。**那么是否还有进一步优化的空间？答案是肯定的。**

Rust 提供了一个 **try!**宏，通过它可以允许开发者简化处理 Result 错误的过程。代码清单 9-24 展示了 try!宏的源码。

代码清单 9-24：try!宏的源码

```
1.  macro_rules! try {
2.      ($expr:expr) => (match $expr {
3.          $crate::result::Result::Ok(val) => val,
4.          $crate::result::Result::Err(err) => {
5.              return $crate::result::Result::Err(
6.                  $crate::convert::From::from(err)
7.              )
8.          }
9.      })
10. }
```

在代码清单 9-24 中，可以通过 macro_rules!来定义一个宏，以符号 "$" 开头的均为宏定义中可替换的变量，在第 12 章中会做更详细的介绍。此处大致可以看出，该宏会自动生成 match 匹配 Result 的处理，并且会将错误通过 return 返回。注意代码第 6 行，通过调用 From::from 方法转换错误类型。

接下来可以继续重构 run 函数，如代码清单 9-25 所示。

代码清单 9-25：使用 try!宏重构 run 函数

```
1.  impl From<io::Error> for CliError {
2.      fn from(err: io::Error) -> CliError {
3.          CliError::Io(err)
4.      }
5.  }
6.  impl From<num::ParseIntError> for CliError {
7.      fn from(err: num::ParseIntError) -> CliError {
8.          CliError::Parse(err)
9.      }
10. }
11. fn run(filename: &str) -> ParseResult<i32> {
12.     let mut file = try!(File::open(filename));
13.     let mut contents = String::new();
14.     try!(file.read_to_string(&mut contents));
15.     let mut sum = 0;
16.     for c in contents.lines(){
17.         let n: i32 = try!(c.parse::<i32>());
18.         sum += n;
19.     }
20.     Ok(sum)
21. }
```

在代码清单 9-25 中，代码第 1~10 行，为 CliError 实现了 From 转换函数，可以将 io::Error 转换为 ClieError::Io(err)，将 num::ParseIntError 转换为 CliError::Parse(err)，这样就可以使用 try!宏了。

代码第 12 行，使用 try!宏来包装 File::open，如果打开文件出错，则会返回错误。

代码第 14 行，使用 try!宏包装了 read_to_string 方法，如果读取到非 UTF-8 的字节序列，则会返回错误。

代码第 17 行，使用 try!宏包装了 parse 方法，如果解析到非法字符，则会返回错误。

使用 try!宏使代码进一步精简，尤其是代码第 17 行。这里值得注意的是，try!宏会将错误返回，传播到外部函数调用中，在具体的开发需求中要确定是否真的需要传播错误，而不要图省事而滥用 try!。

是否还可以继续精简代码？答案是肯定的。因为在日常开发中，使用 try!宏的问题是有可能造成多重嵌套，比如 try!(try!(try! ...))这种形式，非常影响代码的可读性。为了改善这种情况，Rust 引入了一个语法糖，使用问号操作符"**?**"来代替 try!宏。代码清单 9-26 展示了如何使用问号操作符重构之前的代码。

代码清单 9-26：使用问号操作符替代 try!宏

```
1.  fn run(filename: &str) -> ParseResult<i32> {
2.      let mut file = File::open(filename)?;
3.      let mut contents = String::new();
4.      file.read_to_string(&mut contents)?;
5.      let mut sum = 0;
6.      for c in contents.lines(){
7.          let n: i32 = c.parse::<i32>()?;
8.          sum += n;
9.      }
10.     Ok(sum)
11. }
```

在代码清单 9-26 中使用问号操作符替代了 try!宏，代码清晰了不少，提高了可读性。问号操作符被放到要处理错误的代码后面，这种写法更加凸显了程序的功能代码，从可读性上降低了错误处理的存在感，更加优雅。

将 Option<T>转换为 Result<T, E>

上面的一系列重构主要是针对 run 函数来改进错误处理的。但是在 main 函数中，还存在可以改进的空间，如代码清单 9-27 所示。

代码清单 9-27：在 main 函数中从命令行读取参数示例

```
1.  let args: Vec<String> = env::args().collect();
2.  let filename = &args[1];
3.  println!("In file {}", filename);
```

在代码清单 9-27 中，使用 env::args 从命令行读取参数时，假如命令行没有传递参数，那么 args 中就只存在一个元素（二进制文件自己的文件名），执行到代码第 2 行就会抛出索引错误，引发 main 主线程崩溃。这是我们不希望发生的事情。

可以使用 env::args 的 nth 方法来解决此问题，nth 方法返回的是 Option<T>类型，如代码清单 9-28 所示。

代码清单 9-28：使用 nth 方法重构 main 函数

```
1.  fn main() {
2.      let filename = env::args().nth(1);
3.      match run(filename) {
4.          Ok(n) => {
5.              println!("{:?}", n);
6.          },
7.          Err(e) => {
```

```
8.           println!("main error: {}", e);
9.           process::exit(1);
10.       }
11.    }
12. }
```

在代码清单 9-28 中，使用 nth 方法直接取参数中索引为 1 的值，就不需要显式地将 env::args 转换为数组了。如果有参数，则会返回 Some(String)；如果未传递参数，则返回 None。此时 filename 为 Option<String>类型，将 filename 传入 run 函数中。

相应地，run 函数也需要做出改变，如代码清单 9-29 所示。

代码清单 9-29：重构相关代码

```
1.  use std::option::NoneError;
2.  [derive(Debug)]
3.  enum CliError {
4.      ……
5.      NoneError(NoneError),
6.  }
7.  impl fmt::Display for CliError {
8.      fn fmt(&self, f: &mut fmt::Formatter) -> fmt::Result {
9.          match *self {
10.              ……
11.             CliError::NoneError(ref err) =>
12.             write!(f, "Command args error: {:?}", err),
13.          }
14.      }
15. }
16. impl Error for CliError {
17.    fn description(&self) -> &str {
18.        match *self {
19.            … …
20.            CliError::NoneError(ref err) => "NoneError",
21.        }
22.    }
23.    fn cause(&self) -> Option<&Error> {
24.        match *self {
25.            ……
26.            _ => None,
27.        }
28.    }
29. }
30. impl From<NoneError> for CliError {
31.    fn from(err: NoneError) -> CliError {
32.        CliError::NoneError(err)
33.    }
34. }
35. fn run(filename: Option<String>) -> ParseResult<i32> {
36.    let mut file = File::open(filename?)?;
37.    ……
38. }
```

在代码清单 9-29 中只展示了修改代码，其余的代码则不变。完整代码可以查看随书源码。

代码第 35 行，将 run 函数的参数类型修改为 Option<String>，然后在代码第 36 行中，继续使用问号操作符。注意此时 filename 为 Option<String>类型，但是问号语法糖（try!宏）会自动将 Option<String>转换为 Result<T, NoneError>类型，并自动匹配。

注意，如果想让 Option<String>支持问号语法糖，那么必须得实现 From 允许 NoneError 转换为 CliError，如代码第 30~34 行所示。

代码第 3~29 行，在之前 CliError 的基础上，增加了 NoneErr(NoneError)变体，所以需要使用 use 引入 std::option::NoneError。同时修改实现 Display 和 Error 中 match 匹配 CliError 的相关代码，因为 match 必须穷尽所有可能。但要注意，std::option::NoneError 并没有实现 Error trait。

鉴于目前让 Option<T>类型支持问号语法糖还属于**实验特性**，所以需要在整个代码文件的顶部添加**#![feature(try_trait)]**特性。然后整个代码就可以运行了，如果在命令行中没有指定文件名，则会抛出指定的错误信息。

main 函数返回 Result

在 Rust 2018 版本中，允许 main 函数返回 Result<T, E>来传播错误。继续在代码清单 9-29 的基础上对 main 函数进行重构，如代码清单 9-30 所示。

代码清单 9-30：重构 main 函数，基于 Rust 2018 版本

```
1.  fn main() -> Result<(), i32> {
2.      let filename = env::args().nth(1);
3.      match run(filename) {
4.          Ok(n) => {
5.              println!("{:?}", n);
6.              return Ok(());
7.          },
8.          Err(e) => {
9.              return Err(1);
10.         }
11.     }
12. }
```

在代码清单 9-30 中，让 main 函数返回 Result<(), i32>类型。针对该示例，返回单元类型"()"是因为当前有一个限制，必须实现 **std::process::Termination** 这个 trait 才可以作为 main 函数的 Result<T, E>返回类型。当前只有单元类型、数字、bool、字符串、never 类型等实现了该 trait。

代码清单 9-30 编译之后，在终端执行以下命令：

```
$ ./io_option test_txt
6
$ ./io_option test_txt1
Error: 1
```

当正确读取文件时，将正常输出结果 6。而当文件指定错误时，则会返回错误退出码 1，与预期的一致。

目前该特性还在逐步完善中，在不久的将来，在 main 函数的 Result<T, E>中应该可以允许使用更多的类型。

问号语法糖相关 trait

和问号语法糖相关的 trait 是 std::ops::Try，代码清单 9-30 展示了其定义。

代码清单 9-31：std::ops::Try 定义

```
1.  pub trait Try {
2.      type Ok;
3.      type Error;
4.      fn into_result(self) -> Result<Self::Ok, Self::Error>;
5.      fn from_error(v: Self::Error) -> Self;
6.      fn from_ok(v: Self::Ok) -> Self;
7.  }
```

在代码清单 9-31 中，在 Try trait 中定义了两个关联类型 Ok 和 Error，以及三个方法 into_result、from_error 和 from_ok。我们看一下为 Option<T>实现 Try 的源码，如代码清单 9-32 所示。

代码清单 9-32：为 Option<T>实现 std::ops::Try 的源码

```
1.  impl<T> ops::Try for Option<T> {
2.      type Ok = T;
3.      type Error = NoneError;
4.      fn into_result(self) -> Result<T, NoneError> {
5.          self.ok_or(NoneError)
6.      }
7.      fn from_ok(v: T) -> Self {
8.          Some(v)
9.      }
10.     fn from_error(_: NoneError) -> Self {
11.         None
12.     }
13. }
```

从代码清单 9-32 中可以看出，在 into_result 方法中通过 ok_or 将 Option<T>转换为 Result<T, NoneError>。而 from_ok 和 from_error 则可以从 Result<T, NoneError>中得到 Option<T>。

9.4　恐慌（Panic）

对于 Rust 来说，无法合理处理的情况就必须引发恐慌。比如，使用 thread::spawn 无法创建线程只能产生恐慌，也许是平台内存用尽之类的原因，在这种情况下 Result<T, E>已经无用。

Rust 的恐慌本质上（底层的实现机制）相当于 C++异常。C++支持通过 throw 抛出异常，也可以使用 try/catch 来捕获异常，但是如果使用不当，就会引起内存不安全的问题，从而造成 Bug 或比较严重的安全漏洞。使用 C++写代码，需要开发人员来保证**异常安全（Exception Safety）**。

为什么抛出异常有可能产生内存不安全的问题呢？这其实很容易理解。可以想象一个函数，如果执行了一半，突然抛出了异常，那么会发生什么？函数提前返回，异常发生点之后的代码也许就永远不会被调用到，有可能造成资源泄漏和数据结构恶化（比如合法指针变成了悬垂指针）。这就是异常不安全。

异常安全的代码要求就是不能在异常抛出时造成资源泄漏和数据结构恶化。现代 C++使用 RAII 可以解决此问题，在异常抛出时，利用**栈回退（Stack Unwind）**机制来确保在栈内构造的局部变量或指针的析构函数都可以被一一调用。这样就可以保证异常安全。而对于 Rust 语言，其底层也是基于 RAII 机制来管理资源的，在恐慌发生之后，同样会利用栈回退机制触发局部变量的析构函数来保证异常安全。Rust 和 C++的不同点在于，Rust 中的一切都是编译器可以保证的；而 C++要靠开发者自己来保证，如果开发者没有使用 RAII，那么就有可能导致异常不安全。

在 Rust 中，使用**恐慌安全（Panic Safety）**来代替异常安全的说法。虽然在 Rust 中可以保证基本的恐慌安全，但还是有很多代码会引发恐慌，比如对 None 进行 unwrap 操作、除以 0 等，这些恐慌发生在 Safe Rust 中是没有问题的，Rust 提供了一个叫作 **UnwindSafe** 的标记 trait，专门用来标记那些恐慌安全的类型。但是在 **Unsafe Rust** 中就需要小心了，这里是 Rust 编译器鞭长莫及的地方。在第 13 章中会有关于 Unsafe Rust 更详细的介绍。

Rust 也提供了 **catch_unwind** 方法来让开发者捕获恐慌，恢复当前线程。Rust 团队在引入 catch_unwind 方法时考虑了很多关于内存安全的问题，所以该方法只针对那些实现了 **UnwindSafe** 的类型。这样做其实是为了避免开发者滥用 catch_unwind，Rust 并不希望开发者把 catch_unwind 当作处理错误的惯用方法。万一将 catch_unwind 方法用于恐慌不安全的代码，则会导致内存不安全。除 trait 限定之外，还有一些恐慌是 catch_unwind 无法捕获的。比如在一些嵌入式平台中，恐慌是使用 abort（进程中止）来引发的，并不存在栈回退，所以也就无法捕获了。

代码清单 9-33 展示了 catch_unwind 方法的使用示例。

代码清单 9-33：catch_unwind 使用示例

```
1.  use std::panic;
2.  fn sum(a: i32, b: i32) -> i32{
3.      a + b
4.  }
5.  fn main() {
6.      let result = panic::catch_unwind(|| { println!("hello!"); });
7.      assert!(result.is_ok());
8.      let result = panic::catch_unwind(|| { panic!("oh no!"); });
9.      assert!(result.is_err());
10.     println!("{}", sum(1, 2));
11. }
```

在代码清单 9-33 中，代码第 6 行，catch_unwind 接收的是一个正常的闭包，在该闭包中并未发生恐慌，所以正常执行。

代码第 8 行，catch_unwind 接收的闭包会通过 panic!宏引发恐慌，但是 catch_unwind 会捕获此恐慌，并恢复当前线程，所以代码第 9 行和第 10 行才能顺利执行，执行结果如下：

```
thread 'main' panicked at 'oh no!', src/main.rs:11:8
note: Run with `RUST_BACKTRACE=1` for a backtrace.
--------- standard output
hello!
3
```

看得出来，虽然在输出结果中打印了恐慌信息，但是并没有影响到后续代码的执行。如果想消除此恐慌信息，则可以使用 **std::panic::set_hook** 方法来自定义消息，并把错误消息输出到标准错误流中，如代码清单 9-34 所示。

代码清单 9-34：使用 set_hook 示例

```
1.  use std::panic;
2.  fn sum(a: i32, b: i32) -> i32{
3.      a + b
4.  }
5.  fn main() {
6.      let result = panic::catch_unwind(|| { println!("hello!"); });
7.      assert!(result.is_ok());
8.      panic::set_hook(Box::new(|panic_info| {
9.         if let Some(location) = panic_info.location() {
10.            println!("panic occurred '{}' at {}",
11.                location.file(), location.line()
12.            );
13.         } else {
14.            println!("can't get location information...");
15.         }
16.      }));
17.      let result = panic::catch_unwind(|| { panic!("oh no!"); });
18.      assert!(result.is_err());
19.      println!("{}", sum(1, 2));
20. }
```

在代码清单 9-34 中使用 set_hook 来自定义错误消息，如代码第 8~16 行所示。并且通过获取 panic_info 的 location 信息，准确地输出了发生恐慌的文件和行号。输出如下：

```
hello!
panic occurred 'src/main.rs' at 18
3
```

需要注意的是，set_hook 是全局性设置，并不是只针对单个代码模块的。通过配合使用 take_hook 方法，可以满足开发中的大部分需求。

9.5　第三方库

Rust 标准库中提供了最原始的错误处理抽象，使用了统一的 Error，但是在实际开发中还是不够方便。为了提供更加方便和工程性的错误处理方案，Rust 社区也涌现出不少第三方库（crate），其中比较知名的有 error-chain 和 failure。目前官方比较推荐的库是 failure。

接下来使用 failure 库继续改写前文中读取文件并对其中包含的数字进行求和的示例。要使用第三方库，必须先使用 cargo new 命令来创建一个本地库。

```
$ cargo new failure_crate
```

该命令是由 Rust 自带的包管理器 Cargo 提供的，在第 10 章中会详细介绍 Cargo。该命令默认会创建一个二进制可执行库（Bin）。

然后进入到 failure_crate 根目录下，打开 cargo.toml 文件输入依赖库，如代码清单 9-35 所示。

代码清单 9-35：cargo.toml 配置

```
1.  [dependencies]
2.  failure="0.1.2"
3.  failure_derive="0.1.2"
```

在 cargo.toml 中添加了两个依赖库：failure 和 failure_derive，这是因为在 failure_derive 中定义了很多宏，方便开发者管理错误。

再打开 src/main.rs 文件输入引入的相关库和模块，如代码清单 9-36 所示。

代码清单 9-36：src/main.rs 引入相关库和模块

```
1.  extern crate failure;
2.  #[macro_use] extern crate failure_derive;
3.  use failure::{Context, Fail, Backtrace};
4.  use std::env;
5.  use std::fs::File;
6.  use std::io::prelude::*;
```

在代码清单 9-36 中引入了 failure 和 failure_derive 库，同时引入了在 failure 中定义的 Context、Fail 和 Backtrace，还引入了与读取文件相关的模块。接下来需要定义一个 Error 结构体和 ErrorKind 枚举体来统一管理错误，如代码清单 9-37 所示。

代码清单 9-37：在 src/main.rs 中添加 Error 和 ErrorKind

```
1.  #[derive(Debug)]
2.  pub struct Error {
3.      inner: Context<ErrorKind>,
4.  }
5.  #[derive(Debug, Fail)]
6.  pub enum ErrorKind {
7.      #[fail(display = "IoError")]
8.      Io(#[cause] std::io::Error),
9.      #[fail(display = "ParseError")]
10.     Parse(#[cause] std::num::ParseIntError),
11.     // 增加新的 Error 种类
12.  }
```

failure 库对错误处理做了进一步抽象，它给开发者提供了多种错误处理模式，比如：

- 使用字符串作为错误类型，这种模式一般适合原型设计。
- 自定义失败类型，可以让开发者更加自由地控制错误。
- 使用 Error 类型，可以方便开发者将多个错误进行汇总处理。
- Error 和 ErrorKind 组合，利用自定义错误和 ErrorKind 枚举体来创建强大的错误类型，这种模式比较适合生产级应用。

具体还得根据实际的场景来采用合适的模式。本例将采用 Error 和 ErrorKind 组合的模式。代码清单 9-37 中可以看出，在 Error 结构体中定义了 inner 字段，用于汇总处理各种错误类型。而具体的错误类型则由 ErrorKind 枚举体来进行统一管理。

failure 库一共包含两个核心组件来提供统一的错误管理抽象，其中一个是 failure::Fail trait，替代标准库中的 std::error::Error trait，用来自定义错误；另一个是 failure::Error 结构体，可以转换任何实现 Fail 的类型，在某种无须自定义错误的场合使用该结构体很方便，任何实现了 Fail 的类型都可以使用问号操作符返回 failure::Error。

我们可以自己实现 Fail trait，也可以使用 failure 库提供的 derive 宏自动实现。代码清单 9-37 就是自动实现 Fail 的。所有的自定义错误都需要实现 Display，所以代码第 7 行和第 9 行通过 failure 库提供的属性宏自动为枚举实现了 Display。通过#[cause]属性，可以指定标准库中内置的基础错误类型。

Fail trait 受 Send 和 Sync 约束，表明它可以在线程中安全地传播错误。它也受'static 约束，表示对于实现 Fail 的动态 trait 对象，也可以被转换为具体的类型。它还受 Display 和 Debug 约束，表示可以通过这两种方式来打印错误。在 Fail trait 中包含了 cause 和 backtrace 两个方法，允许开发者获取错误发生的详细信息。Fail trait 更像一个工程化版本的 Error trait，帮助开发者处理实际开发中的问题。

接下来为 Error 实现 Fail 和 Display，如代码清单 9-38 所示。

代码清单 9-38：在 src/main.rs 中为 Error 实现 Fail 和 Display

```
1.  impl Fail for Error {
2.      fn cause(&self) -> Option<&Fail> {
3.          self.inner.cause()
4.      }
5.      fn backtrace(&self) -> Option<&Backtrace> {
6.          self.inner.backtrace()
7.      }
8.  }
9.  impl std::fmt::Display for Error {
10.     fn fmt(&self, f: &mut std::fmt::Formatter) -> std::fmt::Result {
11.         std::fmt::Display::fmt(&self.inner, f)
12.     }
13. }
```

在代码清单 9-38 中为 Error 实现了 Fail，其中 cause 和 backtrace 方法只需要调用 inner 的相应方法即可。而具体的 inner 类型即是 ErrorKind 中定义的各种类型的错误，通过 failure 提供的属性宏已经自动实现了 cause。而 backtrace 则使用默认的实现。

接下来则需要为 Error 实现 From 转换，如代码清单 9-39 所示。

代码清单 9-39：在 src/main.rs 中为 Error 实现 From 转换

```
1.  impl From<std::io::Error> for Error {
2.      fn from(err: std::io::Error) -> Error {
3.          Error {
4.              inner: Context::new(
5.                  ErrorKind::Io(err, Backtrace::default())
6.              )
7.          }
8.      }
9.  }
10. impl From<std::num::ParseIntError> for Error {
11.     fn from(err: std::num::ParseIntError) -> Error {
12.         Error { inner: Context::new(ErrorKind::Parse(err)) }
13.     }
14. }
15. type ParseResult<i32> = Result<i32, Error>;
```

在代码清单 9-39 中，通过 From 为 Error 实现转换到 std::io::Error 和 std::num::ParseIntError

的能力。

最后通过 type 关键字定义统一的 ParseResult<i32>类型进行错误处理，其中默认的错误类型是 Error。这样就实现了统一的错误管理，而且还附带了 Fail trait 的诸多默认好处，比如前文中所描述的并发安全等。本例的完整代码可以参考随书源码中的 failure_crate 包。

failure 库的具体用法未来可能有所变更，但是基本的错误统一管理思想不会有太大改变。而且官方还在考虑将 failure 引入标准库中，但是未来到底如何，目前还未有定论，让我们拭目以待吧。

9.6 小结

通过本章的学习，我们了解到 Rust 通过区分错误和异常来保证程序的健壮性。

Rust 强大的类型系统，在一定程度上保证了函数调用不会因为违反"契约"而导致失败，但也无法覆盖所有失败的情况。然而，Rust 也提供了断言机制，用于保证函数运行中的检查，如果出现违反"契约"的情况，则会引发线程恐慌。这是基于"快速失败（Fast Fail）"的思想，可以让 Bug 提前暴露出来。但是不能滥用断言宏，因为 assert!宏有一定的性能开销，因此需要根据具体的情况来选择，尽量使用 debug_assert!来代替 assert!宏。

Rust 并不提供传统语言的异常处理机制，而是从函数式语言中借鉴了基于返回值的错误处理机制。通过 Option<T>和 Result<T, E>将错误处理进一步区分为不同的层次。Option<T>专门用来解决"有或无"的问题，而 Result<T, E>专门用来处理错误和传播错误。这里要区分错误和异常，所谓错误是和业务相关的，是可以被合理解决的问题；而异常则和业务无关，是无法被合理解决的问题。在 Rust 中，基于 Result<T, E>的错误处理机制是主流。虽然 Rust 也提供了 catch_unwind 方法来捕获线程恐慌，但它是有限制的，并不能捕获所有的恐慌。

Rust 还提供了问号语法糖来简化基于 Result<T, E>的错误处理机制，这不仅方便了开发者，而且还提高了代码的可读性。

为了增强错误处理的工程性，Rust 社区还涌现出很多优秀的第三方库，其中有代表性的是 error_chain 和 failure。error_chain 的特色是使用自定义的宏来方便开发者统一管理错误，而 failure 的错误管理思维则是对标准库中 Error 的进一步增强，更加贴近 Rust 的错误处理思想，所以目前官方比较推荐 failure。

总的来说，Rust 的错误处理机制是基于对当前各门编程语言的异常处理机制的深刻反思，结合自身内存安全系统级的设计目标而实现的。开发者只有按 Rust 的设计哲学进行正确的错误处理，才有利于写出更加健壮的程序。

第 10 章
模块化编程

良好的秩序是一切美好事物的基础。

时至今日，软件开发早已从单打独斗迈入了相互协作的时代。在日常开发中，几乎每一个系统都在依赖别人编写的类库或框架。自开源运动兴起，到现在 GitHub 网站蓬勃发展，软件开发越来越高效和便利。如果想要解决什么问题，只需要到 GitHub 之类的开源平台直接寻找现成的解决方案即可。而这些现成的解决方案大多是由不同国家的不同开发者提供的，而且针对同一个问题也有多种不同的解决方案。这些不同的解决方案之所以能够被有效、方便地复用，完全是因为模块化编程。

模块化编程，是指可以把整个代码分成小块的、分散的、独立的代码块，这些独立的代码块就被称为**模块**。把一个复杂的软件系统按一定的信息分割为彼此独立的模块，有利于控制和克服系统的复杂性。模块化开发除支持多人协作之外，还支持各部分独立开发、测试和系统集成，甚至可以限制程序错误的影响范围。总的来说，模块化编程拥有如下三点好处：

- **增强维护性**。一个设计良好的模块，独立性更高，对外界的依赖更少，更方便维护。
- **隔离性**。拥有各自的命名空间，避免命名冲突，限制错误范围等。
- **代码复用**。通过引入现成的模块来避免代码复制。

基于模块化的诸多好处，很多编程语言都支持模块化，只是模块化的方式和程度均有不同。比如 C 或 C++，使用头文件的方式来进行模块化编程。而 Ruby 在语法层面直接支持模块（Module），Python 的一个文件就是一个模块。本来在语言层面不支持模块化的 JavaScript 语言，因为大前端时代的来临，也不得不在 ES 6 中加入模块化支持。Java 语言之前也不支持模块化，社区长期使用 JAR 文件来进行模块化开发，但是 Java 9 也在语法层面支持了模块化系统。由此可见模块化的重要性。

但是只有模块还不足以高效编写结构化的软件系统。那么如何方便地集成第三方开发的功能模块？一个简单的解决办法就是按照约定的目录结构来组织模块，并把此目录结构进一步打包成一个独立的模块，以方便外部集成。这种按约定的目录结构打包的模块，就被称为**包**。在编写一个包的时候，也难免会依赖第三方包，而这些被依赖的包也随时可能被更新、修改、升级，所以一般使用版本化管理。包与包之间的版本依赖关系，手工处理起来比较麻烦，所以需要使用包管理工具来解决依赖、打包、编译、安装等功能。常见的包管理工具有 Linux 上面的 rpm、yum 和 apt 等，语言级别的有 Ruby 的 RubyGems、Python 的 pip，以及 JavaScript 的 npm。

Rust 作为现代化编程语言，强有力地支持模块化编程。Rust 中的包管理工具叫作 **Cargo**，第三方包叫作 **crate**。Rust 拥抱开源，所有的第三方包都可以在 GitHub 上面找到，并且可以通过 Cargo 直接发布到包仓库平台 crates.io 上面。

10.1 包管理

与其他大多数语言不同的是，使用 Rust 编写代码的最基本单位是包（crate）。Rust 语言内置了包管理器 Cargo，通过使用 Cargo 可以方便地创建包。**Cargo 一共做了四件事情：**

- 使用两个元数据（metadata）文件来记录各种项目信息。
- 获取并构建项目的依赖关系。
- 使用正确的参数调用 rustc 或其他构建工具来构建项目。
- 为 Rust 生态系统开发建立了统一标准的工作流。
- 通过 Cargo 提供的命令可以很方便地管理包。

10.1.1 使用 Cargo 创建包

使用 cargo new 命令创建包 csv-read：

```
$ cargo new csv-read --lib
 Created library `csv-read` project
```

在终端使用 tree 命令查看包目录结构：

```
$ tree csv-read
 csv-read
├── Cargo.toml
└── src
    └── lib.rs
```

该包中包含的文件有 Cargo.toml 和 src/lib.rs。其中 Cargo.toml 是包的配置文件，是使用 **TOML** 语言[1]编写的。TOML 语言的特色是：规范简单、语义明显、阅读性高。TOML 专门被设计为可以无歧义地映射为哈希表，从而可以更容易地解析为各种语言中的数据结构。而 Cargo.toml 正是元数据文件之一。打开 Cargo.toml，可以看到如代码清单 10-1 所示的代码。

代码清单 10-1：Cargo.toml 文件内容

```
1.  [package]
2.  name = "csv-read"
3.  version = "0.1.0"
4.  authors = ["Your Name <you@email.com>"]
5.  edition = "2018"
6.  [dependencies]
```

代码清单 10-1 展示了 Cargo.toml 文件的内容（manifest 文件），它里面记录了用于编译整个包所用到的元数据。代码第 1~5 行定义的是包信息，记录了包的名字为"csv-read"。

从 Rust 1.30 版本开始，默认创建的 crate 都会带有 **edition** 选项，其默认设置为"**2018**"。这代表默认 crate 使用 **Rust 2018** 版本。如果有需要，也可以将其修改为"2015"，以便支持 **Rust 2015** 版本。

再打开 src/lib.rs 文件，其初始内容如代码清单 10-2 所示。

代码清单 10-2：src/lib.rs 初始内容

```
1.  #[cfg(test)]
```

1　可以到 GitHub 上面查看由作者翻译的 TOML 语言中文规范（0.4.0 版），地址为：toml-lang/toml。

```
2.   mod tests {
3.       #[test]
4.       fn it_works() {
5.           assert_eq!(2 + 2, 4);
6.       }
7.   }
```

在 src/lib.rs 中，初始内容只有 tests 模块。在 Rust 中使用关键字 mod 来定义模块。#[cfg(test)] 属性为条件编译，告诉编译器只在运行测试（cargo test 命令）时才编译执行。在 tests 模块中，生成了一个示例方法 it_works。只要进入该包的根目录下，然后执行 cargo test 命令，即可看到测试正常运行，如下所示。

```
Compiling csv-read v0.1.0 (file:///LocalPath/to/csv-read)
  Finished dev [unoptimized + debuginfo] target(s) in 0.78 secs
   Running target/debug/deps/csv_read-1716337329e24fc6
running 1 test
test tests::it_works ... ok
test result:
   ok. 1 passed; 0 failed; 0 ignored; 0 measured; 0 filtered out
Doc-tests csv-read
running 0 tests
test result:
   ok. 0 passed; 0 failed; 0 ignored; 0 measured; 0 filtered out
```

可以看出，tests::it_works 测试方法被成功执行，显示"ok. 1 passed"。但是我们看到下面又有 Doc-tests，这其实是指文档测试，因为 Rust 支持在文档注释里写测试。而这里并没有写任何文档测试。

此时再使用 tree 命令来查看目录结构，如下所示。

```
.
├── Cargo.lock
├── Cargo.toml
├── src
│   └── lib.rs
└── target
    └── ...
```

可以看出，多了一个 **Cargo.lock** 文件和 target 文件夹。Cargo.lock 是另外一个元数据文件，它和 Cargo.toml 的不同点如下：

- Cargo.toml 是由开发者编写的，从广义上来描述项目所需要的各种信息，包括第三方包的依赖。
- Cargo.lock 只记录依赖包的详细信息，不需要开发者维护，而是由 Cargo 自动维护的。

target 文件夹是专门用于存储编译后的目标文件的。编译默认为 **Debug** 模式，在该模式下编译器不会对代码进行任何优化，所以编译时间较短，代码运行速度较慢。也可以使用 **--release** 参数来使用发布模式，在该模式下，编译器会对代码进行优化，使得编译时间变慢，但是代码运行速度会变快。

使用 **cargo new** 命令默认创建的是库文件（生成静态或动态链接库），它并非可执行文件，而是专门用于被其他应用程序共享的功能模块。如果想创建可执行文件，那么需要使用**--bin** 参数。

```
$ cargo new --bin csv-read
  Created binary (application) `csv-read` project
```

加**--bin**参数或者什么都不加，所创建的包就可被编译为可执行文件。使用 tree 命令来查看其目录结构，如下所示。

```
$ tree csv-read
  csv-read
├── Cargo.toml
└── src
    └── main.rs
```

这里唯一的变化是在 src 下面的是 main.rs 文件。代码清单 10-3 展示了 main.rs 文件的初始内容。

代码清单 10-3：src/main.rs 初始内容

```
1.  fn main() {
2.      println!("Hello, world!");
3.  }
```

在 main.rs 文件中默认定义了 main 函数，这理所当然，因为可执行文件必须要有程序入口。可以通过执行 cargo build 命令来编译该包，但要注意，必须在包的根目录下执行该命令。也可以直接使用 cargo run 命令来编译并运行该包，如下所示。

```
$ cargo run
  Compiling csv-read v0.1.0 (file:///LocalPath/to/csv-replace)
    Finished dev [unoptimized + debuginfo] target(s) in 1.35 secs
     Running `target/debug/csv-read`
Hello, world!
```

10.1.2 使用第三方包

在日常开发中，经常会使用到第三方包。在 Rust 中使用第三方包非常简单，只需要在 Cargo.toml 中的**[dependencies]**下面添加想依赖的包即可。

假如想在上面创建好的 **csv-read** 中添加 linked-list 包，如代码清单 10-4 所示。

代码清单 10-4：在 Cargo.toml 文件中添加 linked-list 依赖

```
1.  [dependencies]
2.  linked-list = "0.0.3"
```

然后在 src/main.rs 或 src/lib.rs 文件中，使用 extern crate 命令声明引入该包即可使用，如代码清单 10-5 所示。

代码清单 10-5：在 src/main.rs 文件中使用 extern crate 命令声明引入第三方包

```
1.  extern crate linked_list;
2.  fn main() {
3.      println!("Hello, world!");
4.  }
```

在代码清单 10-5 中，代码第 1 行使用 **extern crate** 声明引入第三方包。这是 Rust 2015 版本的写法。在 **Rust 2018 版本**中，可以省略掉 extern crate 这种写法，因为在 Cargo.toml 中已经添加了依赖。

　　另外，值得注意的是，使用 **extern crate** 声明包的名称是 linked_list，用的是下画线 "_"，而在 Cargo.toml 中用的是连字符 "-"。这是怎么回事呢？其实 Cargo 默认会把连字符转换成下画线。这是为了统一包名称，因为 linked-list 和 linked_list 到底是不是同一个包，容易造成歧义。

　　Rust 也不建议以 "-rs" 或 "_rs" 为后缀来命名包名，并且会强制性地将此后缀去掉，所以在命名时要注意。接下来，通过介绍在日常编程中两个比较实用的第三方包，来看看如何集成第三方包完成功能。

使用正则表达式 regex 包

　　在 Rust 标准库中并没有内置正则表达式的支持，它是作为第三方包而存在的，名为 regex。现在使用 cargo new --bin use_regex 命令创建一个新的包，然后在 Cargo.toml 文件中添加 regex 依赖，如代码清单 10-6 所示。

代码清单 10-6：在 Cargo.toml 文件中添加 regex 依赖

```
1.  [dependencies]
2.  regex = "1.0.5"
```

　　当前 regex 最新的版本是 1.0.5。然后，在 src/main.rs 中同样使用 extern crate 来声明引入 regex 包，如代码清单 10-7 所示。

代码清单 10-7：在 src/main.rs 中声明引入 regex 包

```
1.  extern crate regex;
2.  use regex::Regex;
3.  const TO_SEARCH: &'static str = "
4.  On 2017-12-31, happy. On 2018-01-01, New Year.
5.  ";
6.  fn main() {
7.      let re = Regex::new(r"(\d{4})-(\d{2})-(\d{2})").unwrap();
8.      for caps in re.captures_iter(TO_SEARCH) {
9.          println!("year: {}, month: {}, day: {}",
10.         caps.get(1).unwrap().as_str(),
11.         caps.get(2).unwrap().as_str(),
12.         caps.get(3).unwrap().as_str());
13.     }
14. }
```

　　使用 cargo run 命令编译并执行该包，会得到如下执行结果：

```
year: 2017, month: 12, day: 31
year: 2018, month: 01, day: 01
```

　　在代码清单 10-7 中，先使用 extern crate regex 声明引入 regex 包，然后使用 use regex::Regex 声明，是为了简化代码，这样就可以直接在 use_regex 包里使用 Reg ex 了，如代码第 7 行所示。

　　如果不使用 use 声明，那么也可以直接使用 regex::Regex::new，但是在可读性上就差了许多。

　　代码第 7 行，给定了正则表达式字符串，由此生成正则实例 re。然后在代码第 8 行，通过 **captures_iter** 方法，对给定的常量字符串 TO_SEARCH 进行匹配和迭代，并依次将捕获匹配到的字符串打印出来，因为给定的正则表达式是带有捕获组的表达式。

　　regex 包支持大部分正则匹配功能，但**不支持环视（look-around）和反向引用**（**backreference**）。这是因为 regex 注重性能和安全，而环视和反向引用更容易被黑客利用制造 **ReDos** 攻击。如果一定要使用环视和反向引用，则可以使用 **fancy-regex** 包。

　　regex 包也支持命名捕获，如代码清单 10-8 所示。

代码清单 10-8：使用命名捕获的示例

```
1.  fn main() {
2.      let re = Regex::new(r"(?x)
3.          (?P<year>\d{4})  # the year
4.          -
5.          (?P<month>\d{2}) # the month
6.          -
7.          (?P<day>\d{2})   # the day
8.      ").unwrap();
9.      let caps = re.captures("2018-01-01").unwrap();
10.     assert_eq!("2018", &caps["year"]);
11.     assert_eq!("01", &caps["month"]);
12.     assert_eq!("01", &caps["day"]);
13.     let after = re.replace_all("2018-01-01", "$month/$day/$year");
14.     assert_eq!(after, "01/01/2018");
15. }
```

　　在代码清单 10-8 中，代码第 2~8 行，传给 Regex::new 方法的正则表达式以(?x)为前缀，这是指定了正则表达式标记 x。regex 包支持多种正则表达式标记，意义如下：

- **i**，匹配时不区分大小写。
- **m**，多行模式，"^" 和 "$" 对应行首和行尾。
- **s**，允许通配符 "." 匹配 "\n"。
- **U**，大写 U，交换 "x*" 和 "x*?" 的意义。
- **u**，小写 u，允许支持 Unicode（默认启用）。
- **x**，忽略空格并允许行注释（以 "#" 开头）。

　　所以，在代码清单 10-8 中，从代码第 2~8 行可以看到，为正则表达式加上了空格和注释也不影响最终的匹配结果。也要注意在该正则表达式中使用了(?P<name>exp)这种格式来定义命名捕获组。

　　代码第 9 行，使用 captures 方法就可以获取匹配的捕获变量，并保存到一个 HashMap 中，以命名变量作为 HashMap 的键，匹配的字符串作为值。代码第 10~12 行，就可以直接从 caps 中按指定的键取相应的值。

　　代码第 13 行和第 14 行，使用 replace_all 方法按指定的格式来替换匹配的字符串。注意指定的格式是以 "$" 符号和命名捕获变量组合而成的。

　　regex 还有很多其他功能和用法，可以翻阅其文档来获取更多内容。

惰性静态初始化 lazy_static 包

　　在编程中，经常会有对全局常量或变量的需求。Rust 支持两种全局类型：**普通常量**（**Constant**）和**静态变量**（**Static**）。它们的异同之处在于以下几点：

- 都是在编译期求值的，所以不能用于存储需要动态分配内存的类型，比如 HashMap、

Vector 等。

- 普通常量是可以被内联的，它没有确定的内存地址，不可变。
- 静态变量不能被内联，它有精确的内存地址，拥有静态生命周期。
- 静态变量可以通过内部包含 UnsafeCell 等的容器实现内部可变性。
- 静态变量还有其他限制，比如不包含任何析构函数、包含的值类型必须实现了 Sync 以保证线程安全、不能引用其他静态变量。
- 普通常量也不能引用静态变量。

在存储的数据比较大、需要引用地址或具有可变性的情况下使用静态变量；否则，应该优先使用普通常量。但也有一些情况是这两种全局类型无法满足的，比如想使用全局的 HashMap 或 Vector，或者在使用正则表达式时只让其编译一次来提升性能。在这种情况下，推荐使用 lazy_static 包。

利用 lazy_static 包可以把定义全局静态变量延迟到运行时，而非编译时，所以冠之以"惰性（lazy）"。在 Cargo.toml 中添加 lazy_static 依赖如代码清单 10-9 所示。

代码清单 10-9：在 Cargo.toml 中添加 lazy_static 依赖

```
1.  [dependencies]
2.  regex = "1.0.5"
3.  lazy_static = "1.1.0"
```

继续在 use_regex 包中添加 lazy_static 依赖。然后在 src/main.rs 中通过 extern crate 引入 lazy_static 包，如代码清单 10-10 所示。

代码清单 10-10：修改 src/main.rs 文件，通过 extern crate 引入 lazy_static 包

```
1.  #[macro_use] extern crate lazy_static;
2.  extern crate regex;
3.  use regex::Regex;
4.  lazy_static! {
5.      static ref RE: Regex = Regex::new(r"(?x)
6.          (?P<year>\d{4})-  # the year
7.          (?P<month>\d{2})- # the month
8.          (?P<day>\d{2})    # the day
9.      ").unwrap();
10.     static ref EMAIL_RE: Regex = Regex::new(r"(?x)
11.         ^\w+@(?:gmail|163|qq)\.(?:com|cn|com\.cn|net)$
12.     ").unwrap();
13. }
14. fn regex_date(text: &str) -> regex::Captures {
15.     RE.captures(text).unwrap()
16. }
17. fn regex_email(text: &str) -> bool {
18.     EMAIL_RE.is_match(text)
19. }
20. fn main() {
21.     let caps = regex_date("2018-01-01");
22.     assert_eq!("2018", &caps["year"]);
23.     assert_eq!("01", &caps["month"]);
24.     assert_eq!("01", &caps["day"]);
25.     let after = RE.replace_all("2018-01-01", "$month/$day/$year");
```

```
26.    assert_eq!(after, "01/01/2018");
27.    assert!(regex_email("alex@gmail.com"), true);
28.    assert_eq!(regex_email("alex@gmail.cn.com"), false);
29. }
```

代码清单 10-10 是 Rust 2015 的写法。代码第 1 行，使用了**#[macro_use] extern crate lazy_static**，是因为需要使用 lazy_static 包中定义的 lazy_static!宏。#[macro_use]可以和 extern crate lazy_static 写成两行，未来#[macro_use]或可省略，该属性的意思是导出包中定义的宏。当然，在 **Rust 2018** 中，extern crate 语法可以省略，那么相应的**#[macro_use]**也可以省略，也就是说，代码第 1 代和第 2 行皆可省略。

代码第 4~13 行，使用 lazy_static!宏定义了两个全局静态变量 RE 和 EMAIL_RE，它们是不同的正则表达式。这样一来，就只需要编译一次，而不会重复编译。之所以把正则表达式定义为全局静态变量，是出于编译性能的考虑，如果该正则表达式被用于循环匹配中，那么会降低编译的性能，并且不利于正则表达式引擎内部的优化。

代码第 14~19 行，分别定义了 regex_date 和 regex_email 方法，用来匹配传入的字符串。在 main 函数中，则可以方便地使用它们。

当需要全局的容器时，比如 HashMap，也可以使用 lazy_static 包。

首先使用 **cargo new --bin static_hashmap** 命令创建新的包，然后在 **Cargo.toml** 中添加 lazy_static 依赖，再修改 src/main.rs 代码，如代码清单 10-11 所示。

代码清单 10-11：修改新创建的 static_hashmap 包中的 src/main.rs 代码

```
1.  #[macro_use]extern crate lazy_static;
2.  mod static_kv {
3.      use std::collections::HashMap;
4.      use std::sync::RwLock;
5.      pub const NF: &'static str = "not found";
6.      lazy_static! {
7.        pub static ref MAP: HashMap<u32, &'static str> = {
8.            let mut m = HashMap::new();
9.            m.insert(0, "foo");
10.           m
11.       };
12.       pub static ref MAP_MUT: RwLock<HashMap<u32, &'static str>> =
13.       {
14.           let mut m = HashMap::new();
15.           m.insert(0, "bar");
16.           RwLock::new(m)
17.       };
18.    }
19. }
20. fn read_kv() {
21.    let ref m = static_kv::MAP;
22.    assert_eq!("foo", *m.get(&0).unwrap_or(&static_kv::NF));
23.    assert_eq!(static_kv::NF,
24.    *m.get(&1).unwrap_or(&static_kv::NF));
25. }
26. fn rw_mut_kv() -> Result<(), String> {
27.    {
```

```
28.        let m = static_kv::MAP_MUT
29.            .read().map_err(|e| e.to_string())?;
30.        assert_eq!("bar", *m.get(&0).unwrap_or(&static_kv::NF));
31.    }
32.    {
33.        let mut m = static_kv::MAP_MUT
34.            .write().map_err(|e| e.to_string())?;
35.        m.insert(1, "baz");
36.    }
37.    Ok(())
38. }
39. fn main() {
40.    read_kv();
41.    match rw_mut_kv() {
42.        Ok(()) => {
43.            let m = static_kv::MAP_MUT
44.                .read().map_err(|e| e.to_string()).unwrap();
45.            assert_eq!("baz", *m.get(&1).unwrap_or(&static_kv::NF));
46.        },
47.        Err(e) => {println!("Error {}", e)},
48.    }
49. }
```

在代码清单 10-11 中，代码第 1 行，同样是通过#[macro_use] extern crate lazy_static 引入包和 lazy_static!宏的。

代码第 2~19 行，使用 mod 关键字定义了 static_kv 模块。模块是 Rust 模块化编程的基础，其作用域是独立的、封闭的，在 static_kv 中定义的常量或方法默认是私有的。所以，想要在模块外调用模块中的常量或方法，就必须通过 **pub** 关键字将可见性改为公开的。

所以，代码第 3 行和第 4 行，使用 use 引入了 std::collections 和 std::sync 模块，使用其中定义的 HashMap 和 RwLock，只对模块 static_kv 有效。

代码第 5 行，使用 pub const 定义了公开的普通常量 NF，它是一个字符串字面量类型。如果想在模块外使用它，就必须带上命名空间，也就是模块的名字：static_hash::NF。

代码第 6~18 行，使用 lazy_static!宏定义了两个全局静态变量 MAP 和 MAP_MUT，分别代表只读的 HashMap 和可变的 HashMap。lazy_static!宏的语法格式如代码清单 10-12 所示。

代码清单 10-12：lazy_static!宏的语法格式

```
1. lazy_static! {
2.    [pub] static ref NAME_1: TYPE_1 = EXPR_1;
3.    [pub] static ref NAME_2: TYPE_2 = EXPR_2;
4.    ...
5.    [pub] static ref NAME_N: TYPE_N = EXPR_N;
6. }
```

在使用 lazy_static!宏时，必须严格按照此语法格式来书写，否则会引发线程恐慌。

回到代码清单 10-11 中，代码第 7~11 行，定义了一个不可变（只读）的 HashMap 类型的全局静态变量 MAP，并插入了一个初始化的键值对“{0: "foo"}”。

代码第 12~17 行，定义了可变（可读可写）的 RwLock<HashMap<u32, &'static str>>类型

的全局静态变量 MAP_MUT。注意，这里使用了 **RwLock 读写锁**来包装 HashMap，这是因为可能会有多个线程来访问 HashMap，而 HashMap 并没有实现 Sync，所以 HashMap 不是线程安全的类型。因此，必须使用同步锁来保护 HashMap，让其线程安全。其实也可以使用 Metux 互斥锁来保护 HashMap，它们的区别在于：

- RwLock 读写锁，是多读单写锁，也叫共享独占锁。它允许多个线程读，单个线程写。但是在写的时候，只能有一个线程占有写锁；而在读的时候，允许任意线程获取读锁。读锁和写锁不能被同时获取。
- Metux 互斥锁，只允许单个线程读和写。

所以在读数据比较频繁远远大于写数据的情况下，使用 RwLock 读写锁可以给程序带来更高的并发支持。在第 11 章中还会对它们做更详细的介绍。

作为全局静态变量，希望 MAP_MUT 希望用于多读单写的场景中，所以这里使用了 RwLock 读写锁。

代码第 20~25 行，定义了 read_kv 函数。在该函数内部，使用了 static_kv::MAP 来获取 static_kv 模块中定义好的全局静态变量 MAP，如果不加命名空间 static_kv，则无法访问到 MAP。

代码第 21 行，使用了 ref 模式匹配来获取 static_kv::MAP 的引用 m，也可以直接使用 &static_kv::MAP 来获取引用 m。代码第 22~24 行，通过对 m 解引用，得到其内部的 HashMap 类型，并使用 get 方法来获取存储于 MAP 中的初始键值对。这里使用 get 方法来获取 HashMap 指定键的值，是一个很好的工程实践，因为 get 方法会返回 Option<T>类型。如果没有获取到，则会返回 None，或者是指定的其他值，比如该行中的&static_kv::NF，这样更有利于错误处理。也可以直接使用*m[&0]这样的写法，但它返回的是&T 类型，如果没有匹配的值，则线程会发生恐慌。

代码第 26~38 行，定义了 rw_mut_kv 函数，该函数返回一个 Result<(), String>类型。在该函数中使用的是 static_kv::MAP_MUT 全局静态变量，它的类型实际上是 RwLock<HashMap<u32, &'static str>>。RwLock 读写锁提供了 read 和 write 方法来获取读锁和写锁。

注意，在函数 rw_mut_kv 中，使用了代码块对 read 和 write 进行了隔离，如代码第 27~31 行以及代码第 32~36 行所示。这是因为读锁和写锁不能被同时获取。只有放到代码块中，才能让读锁和写锁得到释放，因为 Rust 的 RAII 机制，在资源（这里是锁）出了作用域之后会得到释放。

如果把代码块去掉，则会发生死锁情况。在 Rust 中，叫作"**中毒（Poison）**"。但是，如果该函数中只存在读的情况，而没有写，则不需要引入代码块隔离，因为 RwLock 是允许多个线程同时读的。同样，在第 11 章中会介绍更多的相关内容。

在 main 函数中，分别调用了 read_kv 和 rw_mut_kv。因为 rw_mut_kv 返回的是 Result 类型，所以需要使用 match 匹配处理 Ok 和 Err 两种情况。如果写入正常，那么也可以正常读取 HashMap 中写入的值；否则输出错误。

综上所述，就是惰性静态初始化 lazy_static 包的两个使用场景。另外，**还有两个值得注意的地方：**

- 使用 lazy_static!宏定义的全局静态变量如果有析构函数，则是不会被调用的，因为是静态生命周期。

- 在 lazy_static!宏中不能定义太多的全局静态变量，否则会引发线程恐慌。这是因为在 lazy_static!宏中调用了内部的宏，Rust 对宏的递归调用有调用次数限制。可以通过在当前编写的包中加上#![recursion_limit="128"]属性修改上限，默认值为 32，比如可以修改为 128。

在不久的将来，Rust 的 CTFE（编译时函数执行）功能进一步完善之后，在某些场景中也许就不需要使用 lazy_static 包了。

指定第三方包的依赖关系

Rust 包使用的是**语义化版本号**[1]（**SemVer**）。基本格式为"**X.Y.Z**"，版本号递增规则如下：

- **X，主版本号**（major）。当做了不兼容或颠覆性的更新时，修改此版本号。
- **Y，次版本号**（minor）。当做了向下兼容的功能性修改时，修改此版本号 。
- **Z，修订版本号**（patch）。当做了向下兼容的问题修正时，修改此版本号。

语义化版本号是为了解决所谓"依赖地狱"的问题。随着系统规模的增长，加入的第三方包就会越来越多，包之间的依赖关系也会越来越复杂，容易造成"依赖地狱"。

比如增加 lazy_static 依赖时，指定了版本号为"1.0.0"。该版本号等价于"^1.0.0"，这意味着当有新的 lazy_static 包发布时，允许 Cargo 在主版本号不变的情况下，更新次版本号或修订版本号。比如发布了"1.1.0"，那么当执行 cargo build 或 cargo run 命令时，会自动依赖最新的"1.1.0"包。

指定版本号范围的标记有以下几种：

- **补注号（ ^ ）**，允许新版本号在不修改[major, minor, patch]中最左边非零数字的情况下才能更新。
- **通配符（ * ）**，可以用在[major, minor, patch]的任何一个上面。
- **波浪线（ ~ ）**，允许修改[major, minor, patch]中没有明确指定的版本号。
- **手动指定**，通过>、>=、<、<=、=来指定版本号。

具体的示例如代码清单 10-13 所示。

代码清单 10-13：语义化版本号示例
```
1.  // := 表示 等价于
2.  // 补注号示例
3.  ^1.2.3 := >=1.2.3 <2.0.0
4.  ^1.2 := >=1.2.0 <2.0.0
5.  ^1 := >=1.0.0 <2.0.0
6.  ^0.2.3 := >=0.2.3 <0.3.0
7.  ^0.0.3 := >=0.0.3 <0.0.4
8.  ^0.0 := >=0.0.0 <0.1.0
9.  ^0 := >=0.0.0 <1.0.0
10. // 通配符示例
11. := >=0.0.0
12. 1.* := >=1.0.0 <2.0.0
13. 1.2.* := >=1.2.0 <1.3.0
```

1　关于语义化版本号的详细说明，请参见：https://semver.org。

```
14.  // 波浪线示例
15.  ~1.2.3 := >=1.2.3 <1.3.0
16.  ~1.2 := >=1.2.0 <1.3.0
17.  ~1 := >=1.0.0 <2.0.0
18.  // 手动指定
19.  >= 1.2.0
20.  > 1
21.  < 2
22.  = 1.2.3
23.  // 手动指定多个版本
24.  >= 1.2, < 1.5.
```

除语义化版本号之外，Cargo 还全面支持 git。可以直接指定 git 仓库地址，如代码清单 10-14 所示。

代码清单 10-14：可以直接指定 git 仓库地址

```
1.  [dependencies]
2.  rand = { git = "https://github.com/rust-lang-nursery/rand" }
```

当一个包依赖本地的包时，也可以指定其依赖路径。比如在上面创建的 static_hashmap 包中，又创建了一个新的包 hello_world，就可以在 static_hashmap 的 Cargo.toml 文件中按路径指定依赖关系，如代码清单 10-15 所示。

代码清单 10-15：可以使用 path 来指定本地包 hello_world

```
1.  [dependencies]
2.  hello_world = { path = "hello_world", version = "0.1.0" }
```

注意，在代码清单 10-15 中，hello_world 是在 static_hashmap 包的根目录下创建的，path 默认的根目录就是 static_hashmap 包的根目录。但是这种通过 path 指定本地依赖的包，不允许被发布到 crates.io 仓库平台上面。

10.1.3 Cargo.toml 文件格式

TOML 文件是通用的格式，可以用它表示任何配置格式。Cargo 也有一套专用的 TOML 配置格式。现在以第三方包 regex[1]作为示例来说明。代码清单 10-16 展示了 regex 包的目录结构。

代码清单 10-16：regex 包的目录结构

```
regex
    ├── bench/
    ├── ci/
    ├── examples/
    ├── regex-capi/
    ├── regex-debug/
    ├── regex-syntax/
    ├── scripts/
    ├── src/
    ├── tests/
    └── Cargo.toml
```

---

1 在 GitHub 上面查找 rust-lang/regex，可以看到源码。

在 regex 包里还包含着另外四个包，分别是 bench、regex-capi、regex-debug 和 regex-syntax。

[package]表配置

现在打开 Cargo.toml 文件看看相关配置。代码清单 10-17 展示了 regex 包中 Cargo.toml 文件的[package]表配置。

代码清单 10-17：regex 包中 Cargo.toml 文件的[package]表配置

```
1.  [package]
2.  name = "regex"
3.  version = "1.0.5"  #:version
4.  authors = ["The Rust Project Developers"]
5.  license = "MIT/Apache-2.0"
6.  readme = "README.md"
7.  repository = "https://github.com/rust-lang/regex"
8.  documentation = "https://docs.rs/regex"
9.  homepage = "https://github.com/rust-lang/regex"
10. description = """
11. An implementation of regular expressions for Rust.
12. This implementation uses
13. finite automata and guarantees linear time matching on all inputs.
14. """
15. categories = ["text-processing"]
```

在 TOML 语言中，[package]这种语法叫作**表（Table）**。在[package]表里描述的都是和 regex 包有关的元数据，比如包名（name）、作者（authors）、源码仓库地址（repository）、文档地址（documentation）、包功能的简要介绍（description）、包的分类（categories）等。

注意其中的语法，基本都是字符串。如果是数组，则使用中括号；如果是多段的文字，则使用三引号"""""""。

[package]表是每个包必不可少的，它相当于代码清单 10-18 中描述的 JSON 格式。

代码清单 10-18：[package]表等价于这样的 JSON 格式

```
1.  "package": {
2.      "name": "regex",
3.      "version": "1.0.5",
4.      // 省略
5.      "categories": ["text-processing"]
6.  }
```

[badges]表配置

继续看 regex 包的 Cargo.toml 文件，接下来是**[badges]**表配置，如代码清单 10-19 所示。

代码清单 10-19：[badges]表配置

```
1.  [badges]
2.  travis-ci = { repository = "rust-lang/regex" }
3.  appveyor = { repository = "rust-lang-libs/regex" }
```

在代码清单 10-19 中展示了[badges]表配置，设置了 travis-ci 和 appveyor。这两项表配置表示可以在 crates.io 网站上显示 travis-ci 和 appveyor 的展示徽章。travis-ci 和 appveyor 都是云端的持续集成服务平台，前者支持 Linux 和 Mac OS 系统，后者支持 Windows 系统。另外，

[badges]表还支持 GitLab、codecov 等诸多平台。[badges]表是一个可选表，如果没有持续集成服务，则可以不配置此表。

[workspace]表配置

接下来是[workspace]表配置，如代码清单 10-20 所示。

代码清单 10-20：[workspace]表配置

```
1.  [workspace]
2.  members = ["bench", "regex-capi", "regex-debug", "regex-syntax"]
```

在代码清单 10-20 中，[workspace]表代表工作空间（Workspace）。工作空间是指在同一个根包（crate）下包含了多个子包（crate）。在本例中，根包就是 regex，而在代码第 2 行，members 键指定了 bench、regex-capi、regex-debug、regex-syntax 四个子包。

工作空间中的子包都有自己的 Cargo.toml 配置，各自独立，互不影响。在根包 regex 的 Cargo.toml 中指定的依赖项，也不会影响到子包。不管是编译根包还是子包，最终的编译结果永远都会输出到根包的 target 目录下，并且整个工作空间只允许有一个 Cargo.lock 文件。

[dependencies]表配置

继续看根包 regex 的 Cargo.toml 文件，接下来就是[dependencies]表配置，如代码清单 10-21 所示。

代码清单 10-21：[dependencies]表和[dev-dependencies]表配置

```
1.  [dependencies]
2.  aho-corasick = "0.6.7"
3.  memchr = "2.0.2"
4.  thread_local = "0.3.6"
5.  regex-syntax = { path = "regex-syntax", version = "0.6.2" }
6.  utf8-ranges = "1.0.1"
7.  [dev-dependencies]
8.  lazy_static = "1"
9.  quickcheck = { version = "0.7", default-features = false }
10. rand = "0.5"
```

在代码清单 10-21 中展示了**[dependencies]**表和**[dev-dependencies]**表配置。[dependencies]表在前面介绍过，它专门用于设置第三方包的依赖，这些依赖会在执行 cargo build 命令编译时使用。[dev-dependencies]表的作用与之类似，只不过它只用来设置测试（tests）、示例（examples）和基准测试（benchmarks）时使用的依赖，在执行 **cargo test** 或 **cargo bench** 命令时使用。

[features]表配置

接下来是**[features]**表配置，如代码清单 10-22 所示。

代码清单 10-22：[features]表配置

```
1.  [features]
2.  default = ["use_std"]
3.  use_std = []
4.  unstable = ["pattern"]
5.  pattern = []
```

在代码清单 10-22 中，**[features]**表中的配置项与条件编译功能相关。在 Rust 中，有一种特殊的属性**#[cfg]**，叫作**条件编译属性**，该属性允许编译器按指定的标记选择性地编译代码。在此例中，pattern 表示允许使用 std 标准库中定义的 Pattern trait，但是该 trait 目前还处于未稳定状态，所以使用了 unstable 配置。

代码清单 10-23 展示了在 regex 包中如何使用条件编译属性。

代码清单 10-23：在 regex 包中使用#[cfg]属性

```
1.   #[cfg(not(feature = "use_std"))]
2.   compile_error!("`use_std` feature is currently required to build this  crate");
3.   #[cfg(feature = "pattern")]
4.   mod pattern;
```

在代码清单 10-23 中，代码第 3 行使用了**#[cfg(feature="pattern")]**，这意味着当执行**cargo build --features "pattern"**命令时，在 Cargo 内部调用 Rust 编译器 rustc 时会传**--cfg feature="pattern"**标记，那么在输出中也会包含 pattern 模块；否则，不会编译 pattern 模块。

代码第 1 行使用了**#[cfg(not(feature="use_std"))]**，其作用正好和**#[cfg(feature="use_std")]**相反，表示在编译时不指定 features 参数。

[lib]表配置

继续看 regex 根包的 Cargo.toml 文件，接下来是[lib]表配置，如代码清单 10-24 所示。

代码清单 10-24：[lib]表配置

```
1.   [lib]
2.   bench = false
```

代码清单 10-24 展示的[lib]表用来表示最终编译目标库的信息，该表完整的配置项主要包含以下几类：

- **name**。比如 name="foo"，表示将来编译的库名字为"libfoo.a"或"libfoo.so"等。
- **crate-type**。比如 crate-type = ["dylib", "staticlib"]，表示可以同时编译生成动态库和静态库。
- **path**。比如 path="src/lib.rs"，表示库文件入口，如果不指定，则默认是 src/lib.rs。
- **test**。比如 test=true，表示可以使用单元测试。
- **bench**。比如 bench=true，表示可以使用性能基准测试。

还有其他配置项，这里就不一一列举了。在本例中，因为根包中没有提供性能基准测试，所以将 bench 设置为 false。

[test]表配置

接下来是**[[test]]**表配置，注意到该表由两个中括号嵌套表示，这在 TOML 语言中代表表数组，如代码清单 10-25 所示。

代码清单 10-25：[[test]]表配置

```
1.   [[test]]
2.   path = "tests/test_default.rs"
3.   name = "default"
4.   [[test]]
5.   path = "tests/test_default_bytes.rs"
```

```
6.  name = "default-bytes"
7.  [[test]]
8.  path = "tests/test_nfa.rs"
9.  name = "nfa"
```

在代码清单 10-25 中列举了三组[[test]]表配置，这只是 regex 根包中 Cargo.toml 配置的一部分。这三组[[test]]表表示一个数组，**等价的 JSON 格式**如代码清单 10-26 所示。

代码清单 10-26：[[test]]表数组等价的 JSON 格式

```
1.  {
2.      "test": [
3.          { "path": "...", "name": "..." },
4.          { "path": "...", "name": "..." },
5.          { "path": "...", "name": "..." },
6.      ]
7.  }
```

可以得出，[[test]]表数组表示的是同一个数组中的三组不同配置。[[test]]表支持的配置项和[lib]表基本相同。

[profile]表配置

接下来是[profile]表配置，如代码清单 10-27 所示。

代码清单 10-27：[profile]表配置

```
1.  [profile.release]
2.  debug = true
3.  [profile.bench]
4.  debug = true
5.  [profile.test]
6.  debug = true
```

Cargo 支持自定义 rustc 编译配置，使用[profile]表进行配置即可，但只对根包中的 profile 配置有效。

在代码清单 10-27 中，在[profile]表中使用了点（.）符号来表示嵌套，分别是[profile.release]、[profile.bench]和[profile.test]，与其等价的 **JSON 格式**如代码清单 10-28 所示。

代码清单 10-28：[profile]表配置对应的 JSON 格式

```
1.  "profile"{
2.      "release":{ "debug": "true"},
3.      "bench":{ "debug": "true"},
4.      "test":{ "debug": "true"},
5.  }
```

这三项表配置分别代表 Release、Bench 和 Test 编译模式。除此之外，Cargo 还支持[profile.dev]代表 Debug 模式。在本例中，当前的配置代表在 Release、Bench 和 Test 模式下，均包含 Debug 信息。除 debug 配置项之外，还支持用于指定优化级别的 opt-level、连接时间优化的 lto 等。

快速浏览了一遍根包的 Cargo.toml 配置文件，大概了解到这些配置表的作用。接下来看看子包 bench 中的 Cargo.toml 文件。

子包 bench 的目录结构如代码清单 10-29 所示。

代码清单 10-29：子包 bench 的目录结构

```
bench
    ├── log/
    ├── src/
    ├── Cargo.toml
    ├── build.rs
    ├── compile
    └── run
```

Bench 子包用来和其他语言编写的正则表达式引擎比较性能基准测试，在 log 文件夹里保存的是曾经的测试记录。src 目录是 Rust 包结构的原生目录。Cargo.toml 是 Cargo 的配置文件。**build.rs** 叫作**构建脚本（Build Script）**，它是先于 cargo build 被编译的脚本，因为有时候需要在编译时依赖第三方非 Rust 代码，比如 C 库，这时就需要先编译 C 库，然后 Rust 代码才能链接到 C 库。关于 build.rs，在第 12 章中还会做更详细的介绍。compile 和 run 是 shell 脚本，分别包装了 cargo build 和 cargo bench 命令，用于更方便地执行基准测试。

现在查看子包 bench 的 Cargo.toml 文件，如代码清单 10-30 所示。

代码清单 10-30：子包 bench 中的 Cargo.toml 文件部分配置

```
1.   [package]
2.   ...
3.   build = "build.rs"
4.   workspace = ".."
5.   [[bin]]
6.   name = "regex-run-one"
7.   path = "src/main.rs"
8.   bench = false
9.   [[bench]]
10.  name = "bench"
11.  path = "src/bench.rs"
12.  test = false
13.  bench = true
```

代码清单 10-30 只展示了之前没有见到过的 Cargo.toml 文件的部分配置，因为大部分配置和根包 regex 中的 Cargo.toml 文件一致。

代码第 1~4 行，**[package]**表中有两个键值对配置项 build 和 workspace。其中 build 用于设置构建脚本，这里直接指定 build.rs，因为默认的根路径就是当前包（bench）的根目录，而 build.rs 正好位于当前包的根目录下。workspace 和根包（regex）中 Cargo.toml 的[workspace]表配置相呼应，这里设置了两个点 "**..**"，表示 workspace 是当前包根目录的上一层目录。

代码第 5~8 行的[[bin]]表和第 9~13 行的[[bench]]表以及上面提到的[lib]表的配置项是相同的。当想在一个作为库的包里同时包含 main.rs（可执行程序的入口 main 函数）时，就需要配置[[bin]]表。这里配置项 name 表示生成的可执行文件的名字；path 表示当前包含入口 main 函数的文件路径。如果想把该入口文件直接置于 src 目录下，则文件名必须是 main.rs；如果想用其他文件名，则必须将其放到 src/bin 目录下。这里配置项 bench 被设置为 false，就是希望在生成可执行文件时不会去执行基准测试。同理，可推出[[bench]]表中配置的含义。

至此，对子包 bench 中 Cargo.toml 文件的配置也有了比较全面的了解。关于更多的细节，可以参考 crates.io 网站上更详细的文档。

10.1.4 自定义 Cargo

Cargo 允许修改本地配置来自定义一些信息，比如命令别名、源地址等。默认的全局配置位于 "$HOME/.cargo/config" 文件（基于 Linux/类 UNIX 系统，如果是 Windows，则为%USERPROFILE%\.cargo\config）中。具体的配置信息如代码清单 10-31 所示。

代码清单 10-31：$HOME/.cargo/config 配置信息

```
1.  [registry]
2.  token = "your_crates_io_token"
3.  [source.crates-io]
4.  registry = "https://github.com/rust-lang/crates.io-index"
5.  [alias]
6.  b = "build"
7.  t = "test"
8.  r = "run"
9.  rr = "run --release"
10. ben = "bench"
11. space_example = ["run", "--release", "--", "\"command list\""]
```

代码清单 10-30 展示了 Cargo 配置文件的部分配置信息，可以看出，配置语言同样是 TOML。其中**[registry]**表代表 crates.io 的相关配置；**token** 是在 crates.io 上注册账号以后由网站颁发的，用于开发者在发布包（crate）时通过平台验证。

[source.crates-io]表表示 Cargo 的源是 crates.io。registry 配置项指定了 crates.io 的索引文件地址。GitHub 是默认配置，如果无法访问 GitHub，则可以通过指定其他的源来解决问题，具体可参考附录 A 中的方法。

在**[alias]**表中可以指定 Cargo 各种命令的别名，以方便使用。甚至还能定义比较复杂的组合命令，如代码第 11 行所示，当执行 cargo space_example 命令时，实际上会执行 cargo run --release --command list 命令。

Cargo 配置文件的层级关系说明

Cargo 配置文件和 git 差不多，支持层级的概念。也就是说，可以进行全局配置，也可以针对具体的项目（包）进行配置，如下所示。

- 所有用户的全局配置：/.cargo/config
- 当前用户的全局配置：$HOME/.cargo/config
- 根包 regex 的配置：/regex/.cargo/config
- 子包 bench 的配置：/regex/bench/.cargo/config

Cargo 配置会从上到下层层覆盖，上下层的配置并不会相互影响。假如在子包 bench 中定义了 cargo build 的别名为 "cargo bu"，那么在 bench 根目录下执行 cargo build、cargo bu、cargo b 命令中的任意一个都是可以的。回到根包 regex 中执行 cargo bu 命令则不行，但依然可以执行 cargo build 和 cargo b 命令。

自定义 Cargo 子命令

Cargo 允许自定义命令来满足一些特殊的需求。只要在**$PATH**（环境变量）中能查到以

"**cargo-**"为前缀的二进制文件，比如 cargo-something，就可以通过 cargo something 来调用该命令。比如，在日常开发中专门用于格式化 Rust 代码的第三方 Cargo 扩展 rustfmt，就是这样来扩展 Cargo 命令的。

可以通过下列命令来安装 rustfmt。

- 稳定版（Stable）Rust：rustup component add rustfmt
- 夜版（Nightly）Rust：rustup component add rustfmt --toolchain nightly

通过执行 cargo --list 命令来查看当前可用的全部命令，就可以发现多了一个 fmt 命令，然后就可直接调用 cargo fmt 令来格式化 Rust 文件。比如在前面创建的 static_hashmap 包的根目录下执行 cargo fmt 命令，则会对 src/main.rs 重新格式化，同时还会生成 src/main.rs.bk 文件作为备份。一般在团队开发中多使用此 Cargo 扩展，不管每个团队成员的编码风格是否一致，只需要在提交代码前执行一遍 cargo fmt 命令，就可以统一整个团队的编码风格。如果有些地方不想被 rustfmt 处理，那么只需要在该处上方添加#[rustfmt_skip]属性即可。

打开 rustfmt 源码中的 Cargo.toml 文件，会看到如代码清单 10-32 所示的配置。

代码清单 10-32：rustfmt 源码中 Cargo.toml 文件的部分配置

```
1.  [[bin]]
2.  name = "rustfmt"
3.  [[bin]]
4.  name = "cargo-fmt"
5.  [[bin]]
6.  name = "rustfmt-format-diff"
7.  [[bin]]
8.  name = "git-rustfmt"
```

从代码清单 10-32 中可以看出，[[bin]]表数组一共配置了四个可执行文件的名字，其中包括了 cargo-fmt，用户通过 cargo install 命令安装 rustfmt 之后就自动拥有了 cargo fmt 命令。与这四个可执行文件相对应，在 rustfmt 源码中的 src/bin 目录下有四个 Rust 文件，分别是 rustfmt.rs、cargo-fmt.rs、rustfmt-format-diff.rs 和 git-rustfmt.rs，因此在[[bin]]表数组下没有使用 path 来设置文件路径。

除了可以直接使用 rustfmt 默认的代码风格，还可以通过在包的根目录下添加 rustfmt.toml 文件来自定义代码风格，代码清单 10-33 展示了一份自定义的格式化配置供参考。

代码清单 10-33：rustfmt.toml 配置

```
1.  # 最大宽度
2.  max_width = 90
3.  # fn 函数宽度
4.  fn_call_width = 90
5.  # 链式调用一行最大宽度
6.  chain_one_line_max = 80
7.  # 压缩通配符前缀
8.  condense_wildcard_suffixes = true
```

关于更多的配置，可以参考 rustfmt 的相关文档。

另外，Cargo 还提供了两个在开发中相当有用的工具：cargo-fix 和 cargo-clippy。其中 cargo-fix 提供了 cargo fix 命令，可以为开发者自动修复编译过程中出现的 Warning。cargo-clippy 是 Rust 静态代码分析工具，其提供了 cargo clippy 命令，帮助开发者检测代码中潜在的错误和坏味道，并且从 Rust 1.29 版本开始可用于 Rust 稳定版中。

10.2　模块系统

　　Rust 官方团队鼓励开发者在开发包（crate）的时候，尽可能做到最小化。也就是说，每个包都应该尽量只负责单一的完整功能。有些第三方包，代码量比较少，只需要单个文件（比如 src/lib.rs）就能完成整个功能。有些包代码量却很多，可以写在单个文件中来实现整个功能，但是不利于维护。Rust 是一门支持模块化的语言，对于代码量比较大的包，可以将其按文件分割为不同的模块，这样可以更合理地组织代码。

　　在单个文件中，可以使用 **mod** 关键字来声明一个模块。在 static_hashmap 包中，就使用 mod 关键字声明了 static_kv 模块。在 Rust 中单个文件同时也是一个默认的模块，文件名就是模块名。**每个包都拥有一个顶级（top-level）模块 src/lib.rs 或 src/main.rs**。

Rust 2015 模块

　　现在对 static_hashmap 包按 **Rust 2015** 的模块系统规则进行重构。先将在 src/main.rs 中定义的 static_kv 模块移动到新的文件 static_kv.rs 中。文件结构如代码清单 10-34 所示。

代码清单 10-34：文件结构

```
src/
|   ├── main.rs
|   └── static_kv.rs
```

　　此时需要将 main.rs 中的 mod static_kv{...}整块代码移动到 static_kv.rs 中，但要注意把 mod 声明去掉，如代码清单 10-35 所示。

代码清单 10-35：将 static_kv 模块代码移动到 static_kv.rs 文件中

```
1.  // src/static_kv.rs
2.  use std::collections::HashMap;
3.  use std::sync::RwLock;
4.  pub const NF: &'static str = "not found";
5.  lazy_static! {
6.    pub static ref MAP: HashMap<u32, &'static str> = {
7.        let mut m = HashMap::new();
8.        m.insert(0, "foo");
9.        m
10.   };
11.   pub static ref MAP_MUT: RwLock<HashMap<u32, &'static str>> =
12.   {
13.       let mut m = HashMap::new();
14.       m.insert(0, "bar");
15.       RwLock::new(m)
16.   };
17. }
```

　　如代码清单 10-35 所示的是 static_kv.rs 文件中的代码，这里已经去掉了之前的 mod 声明。这是因为 Cargo 会默认把 static_kv.rs 文件当作一个模块 static_kv，如果加上之前的 mod 声明，那么在 main.rs 中调用该模块中定义的常量或静态变量时，则需要改成 static_kv::static_kv::MAP 或&static_kv::static_kv::NF 这样的形式。这就相当于有两层命名空间，使用起来十分不便。

要想在 main.rs 中使用新定义的 static_kv.rs 文件，还需要使用 mod 关键字引入 static_kv 模块，如代码清单 10-36 所示。

代码清单 10-36：在 main.rs 中使用 mod 关键字引入 static_kv 模块

```
1.  // main.rs
2.  #[macro_use]
3.  extern crate lazy_static;
4.  mod static_kv;
5.  fn read_kv() {
6.      // ...
7.  }
8.  fn rw_mut_kv() -> Result<(), String> {
9.      // ...
10. }
11. fn main() {
12.     // ...
13. }
```

在代码清单 10-36 中，代码第 4 行使用 mod 关键字引入了 static_kv 模块，Cargo 会自动查找到 static_kv.rs 文件。其他代码不变，故这里省略。

现在 main.rs 文件中的另外两个函数 read_kv 和 rw_mut_kv，同样可以被放到独立的文件中。在 src 目录下创建一个新的文件 read_func.rs，然后把这两个函数都移动到这个新文件中，如代码清单 10-37 所示。

代码清单 10-37：将 read_kv 和 rw_mut_kv 两个函数从 main.rs 中移动到 read_func.rs 中

```
1.  // read_func.rs
2.  use static_kv;
3.  pub fn read_kv() {
4.      let ref m = static_kv::MAP;
5.      assert_eq!("foo", *m.get(&0).unwrap_or(&static_kv::NF));
6.      assert_eq!(
7.          static_kv::NF, *m.get(&1).unwrap_or(&static_kv::NF)
8.      );
9.  }
10. pub fn rw_mut_kv() -> Result<(), String> {
11.     {
12.         let m = static_kv::MAP_MUT
13.             .read().map_err(|e| e.to_string())?;
14.         assert_eq!("bar", *m.get(&0).unwrap_or(&static_kv::NF));
15.     }
16.     {
17.         let mut m = static_kv::MAP_MUT
18.             .write().map_err(|e| e.to_string())?;
19.         m.insert(1, "baz");
20.     }
21.     Ok(())
22. }
```

代码清单 10-37 展示了将 read_kv 和 rw_mut_kv 这两个函数移动到 read_func.rs 中以后能

够正常编译的最终修改代码。注意跟之前的代码不同的地方一共有三处。

因为在这两个函数中均用到了 static_kv 模块中定义的常量或静态变量，所以需要引入 static_kv 模块。但是因为在顶级模块 main.rs 中已经使用 mod 关键字引入过了，所以在 read_func.rs 中只需要使用 use 直接打开模块即可，如代码第 2 行所示。这是其中一处变化。

另外两处变化是，在 read_kv 和 rw_mut_kv 函数前面都加上了 pub 关键字，它表示 public（公开的）。这是因为每个模块对外都是封闭的，在模块中定义的一切都是私有的，只有通过添加 pub 才可修改其可见性，变为对外可公开访问，如代码第 3 行和第 10 行所示。

然后，在 main.rs 中通过 mod 关键字引入 read_func 模块，如代码清单 10-38 所示。

代码清单 10-38：在 main.rs 中引入 read_func 模块

```
1.  // main.rs
2.  #[macro_use]
3.  extern crate lazy_static;
4.  mod static_kv;
5.  mod read_func;
6.  use read_func::{read_kv, rw_mut_kv};
7.  fn main() {
8.      // …
9.  }
```

代码清单 10-38 展示了 main.rs 文件的最终修改代码。代码第 5 行，通过 mod 关键字引入了 read_func 模块。代码第 6 行，使用 use 关键字来打开 read_func 模块，引入其中的 read_kv 和 rw_mut_kv 函数，这样就可以直接在 main 函数中使用这两个函数了（之前的代码不需要修改）；否则，必须在 main 函数中用到这两个函数的地方加上命名空间，比如 read_func::read_kv 和 read_func::rw_mut_kv。

这样，通过模块化就将之前单个 main.rs 文件中的代码重构到了两个独立的文件中，代码结构变得更加清晰。接下来，在 static_hashmap 的根目录下执行 cargo run 命令，代码可以正常编译和运行。

现在 src 目录下一共有三个独立文件：main.rs、read_func.rs 和 static_kv.rs。但实际上 static_kv.rs 和 read_func.rs 在逻辑层面上并不独立，前者定义了静态变量 MAP 和 MAP_MUT，后者定义了操作它们的读写行为。基于这种考虑，应该把 static_kv.rs 和 read_func.rs 合并为同一个模块。那么应该如何做呢？把它们归到同一个文件里吗？答案是否定的。其实完全可以把这两个文件放到同一个文件夹下来达成目的，如代码清单 10-39 所示。

代码清单 10-39：将 static_kv.rs 和 read_func.rs 放到同一个文件夹下

```
static_hashmap
├── src
│   ├── main.rs
│   └── static_func
│       ├── mod.rs
│       ├── read_func.rs
│       └── static_kv.rs
```

在代码清单 10-39 中，创建了一个新的文件夹 static_func，将 static_kv.rs 和 read_func.rs 置于其中，然后创建了新的文件 mod.rs。此时，static_func 就可以作为一个模块来使用，Cargo 会自动查找该文件夹下的 mod.rs 文件作为该模块的根文件。现在只需要在 mod.rs 中引入

static_kv 和 read_func 两个模块即可，如代码清单 10-40 所示。

代码清单 10-40：在 mod.rs 中引入 static_kv 和 read_func 模块

```
1.  // src/static_func/mod.rs
2.  pub mod static_kv;
3.  pub mod read_func;
```

在代码清单 10-40 中使用 mod 关键字引入了 static_kv 和 read_func 模块，并通过 pub 关键字将其设置为对外公开。

但是现在还无法通过编译，使用 cargo build 命令编译时会报出如下错误：

```
error[E0432]: unresolved import `static_kv`
 --> src/static_func/read_func.rs:1:5
1 | use static_kv;
  |     ^^^^^^^^^ no `static_kv` in the root
```

在 read_func.rs 中，use static_kv 这行会报错，错误信息表明无法在根（root）目录下找到 static_kv。Cargo 查找文件是从包的根目录开始的，而不是当前文件的相对目录。想解决这个错误，只需要将 use static_kv 修改为 use super::static_kv，就可以找到 static_kv。在路径上使用 super 关键字，可以让 Cargo 以相对路径的方式查找文件，super 代表当前文件的上一层目录。

还需要修改 main.rs，如代码清单 10-41 所示。

代码清单 10-41：修改 main.rs

```
1.  // main.rs
2.  #[macro_use]
3.  extern crate lazy_static;
4.  mod static_func;
5.  use static_func::static_kv;
6.  use static_func::read_func::{read_kv, rw_mut_kv};
7.  fn main() {
8.      // …
9.  }
```

在代码清单 10-41 中，代码第 4 行，使用 mod 关键字引入了 static_func 模块。代码第 5 行和第 6 行，通过 use 关键字打开 static_func::static_kv 和 static_func::read_func 两个模块供 main 函数使用，main 函数之前的代码依然不需要修改。

最后将 Cargo.toml 文件中的 edtion 修改为 "2015"。此时使用 cargo run 命令可以正常编译和运行。可以通过随书源码中的 static_hashmap_2015 包来查看完整代码。

经过这一系列重构，我们大概可以了解到，Rust 中的模块可以按照类似于文件系统的方式进行组织，Cargo 会根据**文件名即模块名**的默认约定来查找相关模块。

Rust 2018 模块

Rust 2018 对模块系统进行了改进，主要包括下面内容：

- 不再需要在根模块中使用 extern crate 语法导入第三方包。
- 在模块导入路径中使用 crate 关键字表示当前 crate。
- 按照特定的规则，mod.rs 可以省略。
- use 语句可以使用嵌套风格来导入模块。

下面通过再次重构 static_hashmap_2015 项目来说明 Rust 2018 中模块系统的变化。首先使用 **cargo new** 命令创建新的项目 **static_hashmap_2018**，然后打开 Cargo.toml 文件添加依赖的第三方包 lazy_static，注意此时 edtion 选项默认为 "2018"。

现在重新审视 static_hashmap_2015 项目中的 static_func 目录下的 read_func 和 static_kv，发现它们之间还存在一层依赖关系。在 main.rs 中用的是 read_func 中的函数，而 read_func 又依赖于 static_kv。其实在 static_hashmap_2015 项目中并没有很好地反映出这一层关系。

现在使用 Rust 2018 的新模块系统来修改。在 **static_hashmap_2018** 项目的 src 目录下创建 read_func.rs 文件，同时创建 read_func 目录，并在此目录下创建 static_kv.rs 文件。此时 src 目录结构如代码清单 10-42 所示。

代码清单 10-42：src 目录结构

```
├── src
│   ├── main.rs
│   ├── read_func
│   │   └── static_kv.rs
│   └── read_func.rs
```

代码清单 10-42 所示的结构明确地反映出 read_func 和 static_kv 的关系。在 Rust 2018 中，如果存在与文件同名的目录，则在该目录下定义的模块都是该文件的子模块。也就是说，在当前项目中，read_func.rs 和 read_func 目录是同名的，所以定义在 read_func 目录下的 static_kv 模块就是 read_func 的子模块。注意，在 Rust 2015 中则不允许文件与目录同名。

同时，在 read_func.rs 文件中需要使用 mod 关键字引入 static_kv 模块，如代码清单 10-43 所示。

代码清单 10-43：在 read_func.rs 文件中引入 static_kv 模块

```
1.  pub mod static_kv;
2.  pub fn read_kv() {
3.      // 同 static_hashmap_2015 项目内容
4.  }
5.  pub fn rw_mut_kv() -> Result<(), String> {
6.      // 同 static_hashmap_2015 项目内容
7.  }
```

在代码清单 10-43 中省略了 read_kv 和 rw_mut_kv 函数的代码，其函数体等同于 static_hashmap_2015 项目中对应内容。需要注意，代码第 1 行直接引入了 static_kv 模块，并未加其余的路径前缀。这说明 Rust 会通过 mod 关键字自动到当前 read_func 模块的子模块中寻找 static_kv 模块。

接下来修改 static_kv.rs 文件，如代码清单 10-44 所示。

代码清单 10-44：修改 read_func/static_kv.rs 文件

```
1.  use lazy_static::lazy_static;
2.  use std::collections::HashMap;
3.  use std::sync::RwLock;
4.  pub const NF: &'static str = "not found";
5.  lazy_static! {
6.      // 同 static_hashmap_2015 项目内容
7.  }
```

在代码清单 10-44 中同样省略了 lazy_static!宏的具体代码。该文件主要的变化是代码第 1
行，使用 use 关键字引入了 lazy_static 包中的 lazy_static!宏。如果不加这一行，则无法使用
lazy_static!宏。因为在 Rust 2018 中，可以在项目的根模块下也就是 main.rs 中省略**#[macro_use]
extern crate lazy_static**，但是在具体使用到 lazy_static!宏的模块时就必须使用 use 引入。

接下来修改 main.rs 文件，如代码清单 10-45 所示。

代码清单 10-45：修改 main.rs 文件

```
1.  mod read_func;
2.  use crate::read_func::{read_kv, rw_mut_kv};
3.  fn main() {
4.      read_kv();
5.      match rw_mut_kv() {
6.          Ok(()) => {
7.              let m = read_func::static_kv::MAP_MUT
8.                  .read()
9.                  .map_err(|e| e.to_string()).unwrap();
10.             assert_eq!("baz",
11.                 *m.get(&1).unwrap_or(&read_func::static_kv::NF)
12.             );
13.         }
14.         Err(e) => println!("Error {}", e),
15.     }
16. }
```

在代码清单 10-45 中，使用 mod 关键字引入了 read_func 模块。相比于 static_hashmap_2015
项目中的 main.rs 文件，代码要清晰很多，可读性更高。另外，代码第 7 行，调用 static_kv
模块中的静态变量 MAP_MUT 需要使用 read_func 前缀，又一次体现了这种层次关系。

另外，在代码第 2 行中，use 语句使用了 **crate** 关键字前缀，代表引入的是当前 crate 中
定义的 read_func 模块。当然，此处也可以使用 **self** 关键字来代替 **crate** 关键字，Rust 会以
main.rs 为起点寻找当前相对路径下的 read_func 模块。如果是第三方包，则不需要写 crate 前
缀。这样也可以提高代码的可读性。

10.3 从零开始实现一个完整功能包

通过对 Cargo 包管理和模块系统的学习，我们现在完全有能力写一个具有完整功能的包。
以 2017 年 C++ 17 编码挑战赛为例，用 Rust 来实现挑战题。

这道挑战题是这样的：编写一个命令行工具，可以接收一个 CSV 文件，并且可以指定固
定的值来覆盖指定列的所有数据，然后将结果输出到新的 CSV 文件中。原始 CSV 文件内容
如代码清单 10-46 所示。

代码清单 10-46：原始 CSV 文件内容

```
First Name,Last Name,Age,City,Eyes color,Species
John,Doe,32,Tokyo,Blue,Human
Flip,Helm,12,Canberra,Red,Unknown
Terdos,Bendarian,165,Cracow,Blue,Magic tree
Dominik,Elpos,33,Paris,Purple,Orc
Brad,Doe,42,Dublin,Blue,Human
```

```
Ewan,Grath,51,New Delhi,Green,Human
```

然后执行如下命令：

```
$ ./your_program input/challenge.csv City Beijing output/output.csv
```

your_program 为编译后的可执行程序，其接收三个参数，分别是字段名（City）、要替换的城市（Beijing）和输出的文件名（output/output.csv）。执行命令后，输出文件内容如代码清单 10-47 所示。

代码清单 10-47：替换后的 CSV 文件内容

```
First Name,Last Name,Age,City,Eyes color,Species
John,Doe,32,Beijing,Blue,Human
Flip,Helm,12,Beijing,Red,Unknown
Terdos,Bendarian,165,Beijing,Blue,Magic tree
Dominik,Elpos,33,Beijing,Purple,Orc
Brad,Doe,42,Beijing,Blue,Human
Ewan,Grath,51,Beijing,Green,Human
```

可以看到，City 字段下面的所有值都被替换成了 Beijing。挑战题其实很简单，本意是想让参与者完全用 C++ 17 的新特性来完成。借用此题，现在用 Rust 来实现。

10.3.1　使用 Cargo 创建新项目

现在使用 Cargo 命令来创建新的二进制项目 csv_challenge。

```
$ cargo new --bin csv_challenge
```

此时会生成标准的包目录，主要文件包括 src/main.rs 和 Cargo.toml。进入 csv_challenge 目录中，在根目录下创建 input 文件夹，然后在该文件夹下创建一个 challenge.csv 文件，将原始 CSV 文件内容复制到其中。再回到 csv_challenge 根目录下，创建一个空文件夹 output，用于存放将来输出的 CSV 文件。此时包的目录结构如下：

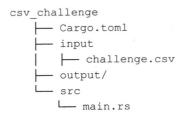

```
csv_challenge
    ├── Cargo.toml
    ├── input
    │   ├── challenge.csv
    ├── output/
    └── src
        └── main.rs
```

接下来要考虑的是如何从命令行接收参数。**基本思路有两种**：直接使用 std::env::args 和使用第三方包。前者的方式比较原始，还需要手动解析参数，所以这里使用第三方包。

10.3.2　使用 structopt 解析命令行参数

可选的第三方包有两个：clap 和 structopt。其中 clap 的功能非常强大，但是使用起来没有那么直观；而 structopt 则是在 clap 基础上构建而成的，简化了操作。所以这里选用 structopt 包。打开 Cargo.toml 文件，加入下面依赖：

```
1.  [dependencies]
2.  structopt = "0.2"
3.  structopt-derive = "0.2"
```

　　然后运行 cargo build 命令，从 crates.io（或指定的国内源）下载并编译安装这两个包。因为 structopt 是基于过程宏（Procedural Macro）的，所以它需要依赖 structopt-derive 包。关于过程宏会在第 12 章中介绍。

　　根据 structopt 的用法，需要一个结构体来封装所需要的参数。为了模块化，在 src 根目录下创建新的文件 opt.rs。此时 csv_challenge 包的目录结构如下：

```
csv_challenge
    ├── Cargo.toml
    ├── input
    │   ├── challenge.csv
    ├── output/
    └── src
    │   ├── opt.rs
    │   └── main.rs
```

在 opt.rs 文件中创建结构体 Opt，如代码清单 10-48 所示。

代码清单 10-48：在 src/opt.rs 文件中创建结构体 Opt

```
1.  use structopt_derive::*;
2.  #[derive(StructOpt, Debug)]
3.  #[structopt(name = "csv_challenge", about = "Usage")]
4.  pub struct Opt {
5.      #[structopt(help = "Input file")]
6.      pub input: String,
7.      #[structopt(help = "Column Name")]
8.      pub column_name: String,
9.      #[structopt(help = "Replacement Column Name")]
10.     pub replacement: String,
11.     #[structopt(help = "Output file, stdout if not present")]
12.     pub output: Option<String>,
13. }
```

在代码清单 10-48 中定义的结构体 **Opt** 专门用于构建如下命令：

```
USAGE:
    csv_challenge [FLAGS] <input> <column_name> <replacement> [output]
```

说明如下：

- **csv_challenge**，为编译后的可执行文件。
- **[FLAGS]**，为 Flag 参数，一般是侧重于表示"开"和"关"的标记。
- **<input>**，表示输入文件，也就是原始 CSV 文件路径。它对应于代码第 6 行的字段 input，并通过#[structopt…]属性设置 help 说明文字。
- **<column_name>**，表示指定要替换的 CSV 文件头部字段。它对应于代码第 8 行的字段 column_name。
- **<replacement>**，表示要替换的新值。它对应于代码第 10 行的字段 replacement。
- **[output]**，表示输出的文件路径。它对应于代码第 12 行的字段 output，注意它为 Option<String>类型，因为该参数可以省略，由默认的输出文件路径代替。

　　因为结构体和字段都需要在 opt 模块外使用，所以在代码清单 10-48 中使用 pub 关键字将它们的可见性都修改为公开。

接下来修改 src/main.rs 文件，如代码清单 10-49 所示。

代码清单 10-49：修改 src/main.rs 文件

```
1.   use structopt::StructOpt;
2.   mod opt;
3.   use self::opt::Opt;
4.   fn main() {
5.       let opt = Opt::from_args();
6.       println!("{:?}", opt);
7.   }
```

在代码清单 10-49 中，因为使用的是 Rust 2018，所以可以省略使用 extern crate 和 #[macro_use]声明引入 structopt 和 structopt_derive。现在可以直接使用use关键字引入StructOpt 供本地使用。

代码第 2 行和第 3 行，使用 mod 和 use 关键字来引入 Opt 供本地使用。在 main 函数中，使用 structopt 包提供的 Opt::from_args 方法就可以接收来自命令行的参数。使用 cargo run 命令编译并运行，会看到如下提示：

```
error: The following required arguments were not provided:
  <input>
  <column_name>
  <replacement>
USAGE:
  csv_challenge [FLAGS] <input> <column_name> <replacement> [output]
  For more information try --help
```

此时 structopt 包提供的方法会自动检查命令行有没有输入需要的参数，如果没有则给出提示，并自动提供--help 参数。当执行 **cargo run -- -help** 命令后，会有如下输出：

```
USAGE:
    csv_challenge  [FLAGS] <input> <column_name> <replacement> [output]
FLAGS:
    -h, --help       Prints help information
    -V, --version    Prints version information
    -v, --verbose
ARGS:
    <input>          Input file
    <column_name>    Column Name
    <replacement>    Replacement Column Name
    <output>         Output file, stdout if not present
```

structopt 会根据 Opt 结构体中的定义，生成这样一份命令帮助清单，csv_challenge 包的用法一目了然。在开始处理接收的参数之前，应该考虑定义统一的错误类型。

10.3.3　定义统一的错误类型

同样使用单独的模块来定义错误类型。在 src 目录下创建新的文件 src/err.rs，并在其中写入如代码清单 10-50 所示的内容。

代码清单 10-50：　src/err.rs 文件内容

```
1.   use std::io;
2.   #[derive(Debug)]
```

```
3.   pub enum Error {
4.       Io(io::Error),
5.       Program(&'static str),
6.   }
7.   impl From<io::Error> for Error {
8.       fn from(e: io::Error) -> Error {
9.           Error::Io(e)
10.      }
11.  }
12.  impl From<&'static str> for Error {
13.      fn from(e: &'static str) -> Error {
14.          Error::Program(e)
15.      }
16.  }
```

在代码清单 10-50 中定义了枚举类型 Error，其中包含两个值，即 Io(io::Error)和
Program(&'static str)，分别代表 I/O 错误和包自身的逻辑错误。同时实现了 From，使得 I/O
错误和字符串类型错误可以方便地转换为 Error。然后在 src/main.rs 中将此模块引入即可。

此时 csv_challenge 包的目录结构如下：

```
csv_challenge
    ├── Cargo.toml
    ├── input
    │   ├── challenge.csv
    ├── output/
    └── src
        ├── err.rs
        ├── opt.rs
        └── main.rs
```

接下来就可以通过从命令行接收的参数来读取 CSV 文件了。

10.3.4　读取 CSV 文件

在 src 目录下创建新的文件 core.rs 和文件夹 core，所有操作 CSV 文件的代码都放在这里。
处理 CSV 文件需要两步，先读取，再按指定的字段和值来替换旧值。把这两步分成两个独立
的文件，即 core/read.rs 和 core/write.rs。此时 csv_challenge 包的目录结构如下：

```
csv_challenge
    ├── Cargo.toml
    ├── input
    │   ├── challenge.csv
    ├── output/
    └── src
        ├── core
        │   ├── read.rs
        │   ├── write.rs
        ├── core.rs
        ├── err.rs
        ├── opt.rs
        └── main.rs
```

接下来修改 core.rs 文件，如代码清单 10-51 所示。

代码清单 10-51：修改 core.rs 文件

```
1.   pub mod read;
2.   pub mod write;
3.   use crate::err::Error;
```

注意要使用 pub 将模块的可见性修改为公开的，因为在 main 函数中要使用模块中的函数。另外，在 read 模块中要用到 Error，所以必须从 core.rs 中引入才可以。

接下来在 core/read.rs 中添加读取文件的方法，如代码清单 10-52 所示。

代码清单 10-52：在 core/read.rs 中添加读取文件的方法

```
1.   use std::path::PathBuf;
2.   use std::fs::File;
3.   use super::Error;
4.   use std::io::prelude::*;
5.   pub fn load_csv(csv_file: PathBuf) -> Result<String, Error> {
6.       let file = read(csv_file)?;
7.       Ok(file)
8.   }
9.   pub fn write_csv(csv_data: &str, filename: &str) -> Result<(), Error>
10.  {
11.      write(csv_data, filename)?;
12.      Ok(())
13.  }
14.  fn read(path: PathBuf) -> Result<String, Error> {
15.      let mut buffer = String::new();
16.      let mut file = open(path)?;
17.      file.read_to_string(&mut buffer)?;
18.      if buffer.is_empty() {
19.          return Err("input file missing")?
20.      }
21.      Ok(buffer)
22.  }
23.  fn open(path: PathBuf) -> Result<File, Error> {
24.      let file = File::open(path)?;
25.      Ok(file)
26.  }
27.  fn write(data: &str, filename: &str) -> Result<(), Error> {
28.      let mut buffer = File::create(filename)?;
29.      buffer.write_all(data.as_bytes())?;
30.      Ok(())
31.  }
```

在代码清单 10-52 中，代码第 1~4 行，使用 use 引入了需要使用的几个标准库的类型，包括 std::path::PathBuf、std::fs::File 和 std::io::prelude::*。这里需要注意的是，Rust 会为每个包自动插入 extern crate std，为每个模块自动插入 use std::prelude::v1::*，所以在任何一个模块中都可以直接使用 use 来引入包含在 std::prelude::v1::*中的模块[1]。代码第 3 行使用了 **super**

1　可以在 https://doc.rust-lang.org/std/prelude/index.html 中查看。

关键字，是为了使用在当前模块的父模块 core 中引入的 Error。

Rust 将文件路径抽象为两种类型：Path 和 PathBuf，这两种类型的关系有点类似于&str 和 String 的关系。**Path** 没有所有权，而 **PathBuf** 有独立的所有权。通过对路径进行抽象，可以让开发者无视底层操作系统的差异，统一处理文件路径。

在模块 **std::fs** 中定义了操作本地文件系统的基本方法，并且所有方法都可以跨平台，开发者同样可以无视操作系统的差异而统一使用其中的方法。这里只用到了 File 结构体，使用其提供的 open 和 create 方法来打开和创建 CSV 文件。在离开作用域的时候，文件会自动被关闭。

在模块 **std::io** 中定义了核心 I/O 功能的 trait、类型和一些基本方法。包括 **Read**、**Write**、**Seek**、**BufRead** 这四个 trait，是对 I/O 操作的抽象。通过 std::io::prelude::* 可以引入一些 I/O 操作中最常见的模块。

代码第 5~13 行定义了两个 pub 函数：load_csv 和 write_csv，分别用于读取和写入 CSV 文件。在这两个函数中又调用了封装好的独立函数 read、open 和 write，像这样一个函数只做一件事，是一种最佳实践。

接下来就可以在 main.rs 中使用这两个函数来操作 CSV 文件了，如代码清单 10-53 所示。

代码清单 10-53：在 main.rs 中使用 load _csv 和 write _csv 函数来操作 CSV 文件

```
1.   use structopt::StructOpt;
2.   mod opt;
3.   use opt::Opt;
4.   mod err;
5.   mod core;
6.   use self::core::read::{load_csv, write_csv};
7.   use std::path::PathBuf;
8.   use std::process;
9.   fn main() {
10.    let opt = Opt::from_args();
11.    let filename = PathBuf::from(opt.input);
12.    let csv_data = match load_csv(filename) {
13.      Ok(fname) => { fname },
14.      Err(e) => {
15.          println!("main error: {:?}", e);
16.          process::exit(1);
17.      }
18.    };
19.    let output_file = &opt.output
20.      .unwrap_or("output/output.csv".to_string());
21.    match write_csv(&csv_data, &output_file) {
22.      Ok(_) => {
23.          println!("write success!");
24.      },
25.      Err(e) => {
26.          println!("main error: {:?}", e);
27.          process::exit(1);
28.      }
29.    }
30.  }
```

在代码清单 10-53 中，引入了所有新添加的模块。

代码第 11 行，使用 PathBuf::from 方法将存储于 opt.input 字段中的输入 CSV 文件路径字符串转换为 PathBuf 类型。

代码第 12~18 行，将得到的 CSV 文件路径 filename 传入 load_csv 函数中。这里使用 match 来处理 load_csv 返回的 Result 类型。

代码第 19 行和第 20 行，声明了 output 变量绑定，代表输出 CSV 文件路径。因为 opt.output 是可以忽略的参数，所以这里使用 unwrap_or 方法定义了默认的输出路径。

代码第 21~29 行，将读取到的原始 CSV 文件内容 csv_data 和输出路径 output_file 传入 write_csv 方法中来输出 CSV 文件。这里也需要使用 match 来处理 Result，否则编译会发出警告。

执行 **cargo run input/challenge.csv City Beijing** 命令，会看到生成 output/output.csv 文件，其内容和 input/challenge.csv 一致。

但是挑战赛要求必须把指定字段（City）下的所有值都替换为新值（Beijing）。于是，接下来在 core/write.rs 中添加用于替换的函数。

10.3.5　替换 CSV 文件中的内容

替换的基本思路是：使用 lines 方法将读取到的原始 CSV 字符串转换为迭代器，这样就可以按行处理这些内容了。第一行内容就是 CSV 文件的头部，将其用逗号分隔存储为 Vec<&str> 数组。通过和指定的字段对比，就可以得到要替换字段的索引位置。然后将其他行的字符串存储到新的字符串中，继续通过 lines 方法转换为迭代器，结合前面得到的索引位置逐行替换相应位置的值。

考虑到处理替换同样需要 PathBuf、File 和 Error 这三种类型的支持，为了避免代码重复，现在将引入这三种类型的代码移动到 core.rs 文件中，如代码清单 10-54 所示。

代码清单 10-54：修改 core.rs 和 core/read.rs 文件

```
1.  // core.rs
2.  pub mod read;
3.  pub mod write;
4.  use crate::err::Error;
5.  use std::{
6.      path::PathBuf,
7.      fs::File,
8.      io::{Read, Write},
9.  };
10. // core/read.rs
11. use super::{Error, PathBuf, File, Read, Write};
```

在代码清单 10-54 中，将在 core/read.rs 中引入的 std 模块都移出来，此处使用了 Rust 2018 新模块系统支持的 use 语句内嵌语法。在修改 core.rs 的同时，也需要修改 core/read.rs，通过 super 前缀从父模块中引入要使用的类型。

接下来修改 core/write.rs 文件，如代码清单 10-55 所示。

代码清单 10-55：修改 core/write.rs 文件

```
1.  use super::*;
2.  pub fn replace_column(data: String, column: &str, replacement: &str)
3.      -> Result<String, Error> {
4.      let mut lines = data.lines();
5.      let headers = lines.next().unwrap();
6.      let columns: Vec<&str> = headers.split(',').collect();
7.      let column_number = columns.iter().position(|&e| e == column);
8.      let column_number = match column_number {
9.          Some(column) => column,
10.         None => Err("column name doesn't exist in the input file")?
11.     };
12.     let mut result = String::with_capacity(data.capacity());
13.     result.push_str(&columns.join(","));
14.     result.push('\n');
15.     for line in lines {
16.         let mut records: Vec<&str> = line.split(',').collect();
17.         records[column_number] = replacement;
18.         result.push_str(&records.join(","));
19.         result.push('\n');
20.     }
21.     Ok(result)
22. }
```

在代码清单 10-55 中，代码第 1 行，同样使用了 use spuer::*来引入父模块 core 中的类型。

代码第 2 行定义的 pub 函数 replace_column 接收三个参数：读取到的原始 CSV 字符串 data、指定的字段 column 和要匹配的新值 replacement。

代码第 4~11 行，通过 lines 方法将 data 转换为迭代器，通过调用一次 next 方法，得到 CSV 文件的头部 headers。然后通过 split 方法用逗号分隔将 headers 转换为 Vec<&str>数组 columns，就可以通过 position 方法获取到指定字段的索引位置 column_number。使用 match 匹配 position 方法的查找结果，因为有可能输入的字段是不存在的。

代码第 12~20 行，创建了一个可变的新字符串 result，将头部数组 columns 使用 join 方法 转换为用逗号分隔的字符串，加上换行符。然后将剩余的 lines 按行迭代，每一行先转换为 Vec<&str>可变数组 records，再通过 column_number 将指定位置的值替换为新值 replacement。 最后将替换好的 records 通过 join 方法转换为用逗号分隔的字符串，加上换行符。

代码第 21 行，返回最终结果。

现在就可以在 main 函数中使用 replace_column 方法了，如代码清单 10-56 所示。

代码清单 10-56：在 main.函数中使用 replace _column 方法

```
1.  // ......
2.  use self::core::{
3.      read::{load_csv, write_csv},
4.      write::replace_column,
5.  };
6.  fn main() {
7.      // ......
8.      let modified_data = match
```

```
9.      replace_column(csv_data, &opt.column_name, &opt.replacement)
10.     {
11.       Ok(data) => { data },
12.       Err(e) => {
13.         println!("main error: {:?}", e);
14.         process::exit(1);
15.       }
16.     };
17.     // ......
18.     match write_csv(&modified_data, &output_file) {
19.     // ......
20.     }
21. }
```

代码清单 10-56 展示了 main.rs 中需要修改的部分。代码第 2~5 行，使用 use 引入 core 模块中的子模块 read 和 write。

代码第 8~16 行，使用 replace_column 方法替换原始 CSV 内容并生成新的修改过的内容 modified_data。

代码第 18 行，将修改过的内容 modified_data 写入 output_file 中。

执行 **cargo run input/challenge.csv City Beijing** 命令，会看到在生成的 output/output.csv 文件中 City 字段下的所有值均被修改成 Beijing。大功告成！

10.3.6　进一步完善包

虽然代码功能基本可用，但如果公开给别人使用的话，则还缺少一些必要的测试和文档。接下来就为 csv_challenge 包增加一些测试和文档。Rust 支持四种测试：**单元测试**、**文档测试**、**集成测试**和**基准测试**。其中基准测试专门用于性能测试。

增加单元测试

Rust 允许在文件中使用 mod test 为相关功能提供单元测试。现在为 load_csv 函数增加单元测试，如代码清单 10-57 所示。

代码清单 10-57：为 load_csv 函数增加单元测试

```
1.  #[cfg(test)]
2.  mod test {
3.     use std::path::PathBuf;
4.     use super::load_csv;
5.     #[test]
6.     fn test_valid_load_csv(){
7.        let filename = PathBuf::from("./input/challenge.csv");
8.        let csv_data = load_csv(filename);
9.        assert!(csv_data.is_ok());
10.    }
11. }
```

在代码清单 10-57 中，代码第 1 行的**#[cfg(test)]**表示只有在执行 **cargo test** 时才编译下面的模块。

代码第 2 行定义了 test 模块，其中通过 use 引入了 PathBuf 和 load_csv，否则 PathBuf 和

load_csv 函数无法在 test 模块中使用。

代码第 5 行的**#[test]**属性表示其标识的函数为测试函数，否则为普通的函数。如果想忽略此测试函数，只需要在#[test]属性下面再添加**#[ignore]**属性即可。

代码第 6 行定义了测试函数。注意，对测试函数名称并没有特殊的规定。

执行 cargo test 会看到正常的测试输出。限于篇幅，这里只为 load_csv 增加测试函数，同理，还可以为 write_csv 和 replace_column 方法增加单元测试。可以在随书源码中查看 csv_challenge 包的完整源码及测试代码。

增加集成测试

有时候只有单元测试还不够，还需要增加集成测试来测试包的整体功能。但是 Rust 对于二进制包是不能增加集成测试的，因为二进制包只能独立使用，并不能对外提供可调用的函数。当前 csv_challenge 包是二进制包，需要将其改造一下。

为了支持集成测试，只需要新增 src/lib.rs 文件，将所有的模块都引入其中，并暴露对外可以调用的函数，然后在 main.rs 中调用这些函数即可，如代码清单 10-58 所示。

代码清单 10-58：新增 src/lib.rs 文件

```
1.  mod opt;
2.  mod err;
3.  mod core;
4.  // 重新导出
5.  pub use self::opt::Opt;
6.  pub use self::core::{
7.      read::{load_csv, write_csv},
8.      write::replace_column,
9.  }
```

在代码清单 10-58 中，分别引入了 opt、err 和 core 模块。

代码第 5~9 行，使用了叫作**重新导出**（Re-exporting）的功能，这是为了简化外部调用的导出路径，而且也不需要对外暴露模块。

然后修改 mian.rs 文件，如代码清单 10-59 所示。

代码清单 10-59：修改 main.rs 文件

```
1.  // ......
2.  use structopt::StructOpt;
3.  use csv_challenge::{
4.      Opt,
5.      {load_csv, write_csv},
6.      replace_column,
7.  };
8.  use std::path::PathBuf;
9.  use std::process;
10. // ......
11. fn main() {
12.     // ......
13. }
```

代码清单 10-59 展示了 main.rs 文件中需要修改的部分。代码第 3 行，通过引入库包

csv_challenge 来使用其中暴露的函数。

值得注意的是，这种 main.rs 配合 lib.rs 的形式，是二进制包的**最佳实践**。

如果使用 cargo build 命令编译正常，就可以增加集成测试了。在 csv_challenge 包的根目录下创建 tests 文件夹，在其中创建 integration_test.rs 文件。同时，在 input 目录下创建一个非法的 CSV 文件 no_header.csv，将去掉头部的 CSV 内容复制到其中，用于测试异常情况。

此时 csv_challenge 包的目录结构如下：

```
csv_challenge
    ├── Cargo.toml
    ├── input
    │   ├── challenge.csv
    │   ├── no_header.csv
    ├── output/
    └── src
        ├── core.rs
        │   ├── read.rs
        │   ├── write.rs
        ├── err.rs
        ├── opt.rs
        ├── lib.rs
        ├── main.rs
        └── tests
            └── integration_test.rs
```

接下来在 integration_test.rs 中增加集成测试，如代码清单 10-60 所示。

代码清单 10-60：integration_test.rs 中增加集成测试

```
1.  #[cfg(test)]
2.  mod test {
3.      use std::path::PathBuf;
4.      use csv_challenge::{
5.          Opt,
6.          {load_csv, write_csv},
7.          replace_column,
8.      };
9.      #[test]
10.     fn test_csv_challenge(){
11.         let filename = PathBuf::from("./input/challenge.csv");
12.         let csv_data = load_csv(filename).unwrap();
13.         assert!(csv_data.is_ok());
14.         let modified_data = replace_column(
15.             csv_data, "City", "Beijing"
16.         ).unwrap();
17.         assert!(modified_data.is_ok());
18.         let output_file = write_csv(
19.             &modified_data, "output/test.csv"
20.         );
21.         assert!(output_file.is_ok());
22.     }
23. }
```

在技术上，写集成测试和写单元测试相差无几，主要目的是为了全局性测试所有模块是否可以正常协调工作。直接执行 **cargo test** 命令就可以运行集成测试，因为 Cargo 可以自动识别 **tests** 目录。

增加文档和文档测试

Rust 支持通过注释来生成文档，以及在文档中进行测试，如代码清单 10-61 所示。

代码清单 10-61：为 core/read.rs 中的 write_csv 函数增加文档

```
1.  /// # Usage:
2.  /// ```ignore
3.  /// let filename = PathBuf::from("./files/challenge.csv");
4.  /// let csv_data = load_csv(filename).unwrap();
5.  /// let modified_data = replace_column(
6.  ///     csv_data, "City", "Beijing").unwrap();
7.  /// let output_file = write_csv(&modified_data, "output/test.csv");
8.  /// assert!(output_file.is_ok());
9.  /// ```
10. pub fn write_csv(csv_data: &str, filename: &str)
11. -> Result<(), Error>
12. {
13.     write(csv_data, filename)?;
14.     Ok(())
15. }
```

代码清单 10-61 展示了为函数 write_csv 增加文档。普通的注释使用两个斜杠（//），而文档注释使用三个斜杠（///）。在文档注释中支持 **Markdown** 语法，但是如果要增加代码块，则需要指定语言，如果没有指定语言，则默认会将其识别为 Rust 代码，并且会执行文档测试。"///"会为其注释下方的语法元素生成文档。

比如代码第 2 行，如果将 **ignore** 去掉，则在执行 cargo test 命令时注释中的代码会被当成 Rust 代码执行；如果去掉"```"语法，则生成代码时无法高亮显示。因为在前面已经为 write_csv 增加了单元测试，这里就没必要再进行测试了，所以使用"```ignore"可以在编译时忽略这段代码的文档测试属性，只用来生成文档。

也可以使用"//!"在包的根模块或任意模块文件顶部增加模块级文档，如代码清单 10-62 所示。所谓模块级文档，是指为整个模块而不是单独为其下方的语法元素生成文档。

代码清单 10-62：在 src/lib.rs 中增加模块级文档

```
1.  //! This is documentation for the `csv_challenge` lib crate
2.  //!
3.  //! Usage:
4.  //! ```
5.  //!     use csv_challenge::{
6.  //!         Opt,
7.  //!         {load_csv, write_csv},
8.  //!         replace_column,
9.  //!     };
10. //! ```
```

在代码清单 10-62 中，在 src/lib.rs 模块文件顶部使用"//!"增加了模块级文档，所以在执行 **cargo test** 命令时文档注释中的代码不会被作为文档测试执行。

现在执行 **cargo doc** 命令，则会在 target/doc 下根据文档注释生成相关的文档，**UI** 界面和标准库文档是一样的。

增加性能基准测试

Rust 也支持性能基准测试，在 csv_challenge 包的根目录下创建 **benches** 目录，该目录是基准测试的默认目录，Cargo 可以自动识别。

创建 benches/file_op_bench.rs 文件，在其中写入如代码清单 10-63 所示的内容。

代码清单 10-63：benches/file_op_bench.rs 文件内容

```
1.  #![feature(test)]
2.  extern crate test;
3.  use test::Bencher;
4.  use std::path::PathBuf;
5.  use csv_challenge::{
6.      Opt,
7.      {load_csv, write_csv},
8.      replace_column,
9.  };
10. #[bench]
11. fn bench_read_100times(b: &mut Bencher) {
12.     b.iter(|| {
13.         let n = test::black_box(100);
14.         (0..n).fold(0, |_,_|{test_load_csv();0})
15.     });
16. }
17. fn test_load_csv(){
18.     let filename = PathBuf::from("./input/challenge.csv");
19.     load_csv(filename);
20. }
```

要使用基准测试，必须启用**#[features(test)]**。注意，只有在 Rust 夜版下才可使用 features 功能。需要使用 extern crate 导入 test 包，此处不能省略。test::Bencher 提供了 iter 方法，它接收闭包作为参数。如果要写性能测试代码，那么只要将其放到该闭包中即可。

代码第 11~16 行，创建 bench_read_100times 函数，使用**#[bench]**属性对其标注，表示这是一个基准测试函数。在 iter 方法的闭包参数中，使用 test::black_box(100)来确保调用 test_load_csv 函数 100 次不受编译器优化的影响，可以较为准确地测出 load_csv 函数的性能。然后用 fold 方法调用 test_load_csv 函数 100 次，如代码第 14 行所示。

使用 **cargo bench** 命令执行基准测试，可以看到类似于下面这条内容的输出：

```
test bench_read_100times ... bench:  1,321,230 ns/iter (+/- 699,240)
```

发布到 crates.io

现在可以把具有完整功能的包发布到 **crates.io** 平台。首先需要注册 crates.io 网站的账号，登录之后在个人主页里生成一个 Api Token，将此 Token 配置到**.cargo/config** 的**[registry]**表下面，然后使用 cargo login 登录。注意，为了个人安全，不要对外公开此 Token。

接下来就可以直接在包的根目录下使用 **cargo publish** 命令，该命令会自动将其编译打包上传到 crates.io 平台。也可以单独使用 **cargo package** 命令先将其打包，然后再发布。打包以后的文件可以在 target/package 目录下找到。

如果执行 cargo publish 命令报出如下错误：

```
error: api errors: missing or empty metadata fields: description, license.
Please see http://doc.crates.io/manifest.html#package-metadata for how to
upload metadata
```

则说明该包 Cargo.toml 文件的**[package]**表中还缺失必要的元信息，比如 description、license 等。可以到错误信息提示的网址中查找更详细的内容。这些必要信息添加以后，就可以正常发布了。这样，其他开发者就可以通过 **cargo install** 命令来安装并使用此包了。

10.4　可见性和私有性

在 Rust 中代码以包、模块、结构体和 Enum 等复合类型、函数等分成不同层次结构的**项**（Item）。这些项默认是私有的，但是可以通过 pub 关键字来改变它们的可见性。通过这样的设定，开发者可以在创建对外公共接口的同时隐藏内部的实现细节。

代码清单 10-64 展示了 Rust 2015 模块的可见性。

代码清单 10-64：Rust 2015 模块可见性展示

```
1.  pub mod outer_mod {
2.      pub(self) fn outer_mod_fn() {}
3.      pub mod inner_mod {
4.          // 对外层模块 `outer_mod` 可见
5.          pub(in outer_mod) fn outer_mod_visible_fn() {}
6.          // 对整个 crate 可见
7.          pub(crate) fn crate_visible_fn() {}
8.          // 在`outer_mod` 内部可见
9.          pub(super) fn super_mod_visible_fn() {
10.             // 访问同一个模块的函数
11.             inner_mod_visible_fn();
12.             // 访问父模块的函数需要使用"::"前缀
13.             ::outer_mod::outer_mod_fn();
14.         }
15.         // 仅在`inner_mod`内部可见
16.         pub(self) fn inner_mod_visible_fn() {}
17.     }
18.     pub fn foo() {
19.         inner_mod::outer_mod_visible_fn();
20.         inner_mod::crate_visible_fn();
21.         inner_mod::super_mod_visible_fn();
22.         // 不能使用 inner_mod 的私有函数
23.         // inner_mod::inner_mod_visible_fn();
24.     }
25. }
26. fn bar() {
27.     // 该函数对整个 crate 可见
28.     outer_mod::inner_mod::crate_visible_fn();
29.     // 该函数只对 outer_mod 可见
30.     // outer_mod::inner_mod::super_mod_visible_fn();
```

```
31.        // 该函数只对 outer_mod 可见
32.        // outer_mod::inner_mod::outer_mod_visible_fn();
33.        // 通过 foo 函数调用内部细节
34.        outer_mod::foo();
35.    }
36. fn main() { bar() }
```

在代码清单 10-64 中，模块可见性的层级结构是 outer_mod 包含 inner_mod，而 outer_mod 又被包含于默认的顶级模块中，也就是当前 crate 范围。

代码第 2 行，使用 **pub(self)** 关键字标注 outer_mod_fn 函数的可见性，只限于 **self** 的范围。也就是说，在 outer_mod 和 inner_mod 内部都可见，但是对顶级模块不可见。

代码第 5 行，使用 **pub(in outer_mod)** 关键字标注 outer_mod_visible_fn 函数的可见性，只限于 outer_mod 范围。也就是说，该函数虽然定义于 inner_mod 内部，但是可以在 outer_mod 中访问，但不能在顶级模块中访问。

代码第 7 行，使用 **pub(crate)** 关键字标注 crate_visible_fn 函数的可见性，代表该函数对整个 crate 范围可见。

代码第 9 行，使用 **pub(super)** 关键字标注 super_mod_visible_fn 函数的可见性，代表该函数只在 outer_mod 内部可见，和 pub(in outer_mod) 效果等价。**super** 关键字表示当前模块的父模块。

代码第 13 行，在 super_mod_visible_fn 函数中调用 outer_mod 中定义的 outer_mod_fn 函数，需要使用 "::" 前缀，代表从根模块开始寻找相应的模块路径。所以，"**::outer_mod**" 就表示从顶级模块开始查找 outer_mod 模块，然后在此模块中查找 outer_mod_fn 函数。这种路径写法在 Rust 中叫作**统一路径**（**Uniform Path**）。

代码第 16 行，使用 **pub(self)** 在 inner_mod 中定义了 inner_mod_visible_fn 函数，表示该函数仅在 inner_mod 内部可见。

代码第 18~24 行，使用 **pub** 关键字定义了 foo 函数，其内部分别调用了在 inner_mod 中定义的那四个函数。但是在调用 inner_mod_visible_fn 函数时会出错，因为它仅对 inner_mod 可见。通过 pub 关键字，可以将 foo 函数对外开放给顶层模块去调用。这样就实现了对外公共统一接口，而封装了内部的实现细节。

代码第 26~35 行，在顶层模块中定义了 bar 函数。其中调用了在 outer_mod 中定义的函数——只有对整个 crate 可见的 crate_visible_fn 函数，以及对顶层模块可见的 foo 函数；而另外两个函数则无法在外层模块中被调用。

由此可推出下列结论：

- 如果不显示使用 pub 声明，则函数或模块的可见性默认为私有的。
- pub，可以对外暴露公共接口，隐藏内部实现细节。
- pub(crate)，对整个 crate 可见。
- pub(in Path)，其中 Path 是模块路径，表示可以通过此 Path 路径来限定可见范围。
- pub(self)，等价于 pub(in self)，表示只限当前模块可见。
- pub(super)，等价于 pub(in super)，表示在当前模块和父模块中可见。

有了这几种可见性的设定，接下来就可以方便地组织项目代码了。

然而，在 **Rust 2018** 中，模块系统有所变化，需要修改上面的代码，如代码清单 10-65

所示。

代码清单 10-65：Rust 2018 模块可见性展示

```
1.  pub mod outer_mod {
2.      pub(self) fn outer_mod_fn() {}
3.      pub mod inner_mod {
4.          // 在 Rust 2018 模块系统中必须使用 use 导入
5.          use crate::outer_mod::outer_mod_fn;
6.          // 对外层模块 `outer_mod` 可见
7.          pub(in crate::outer_mod)  fn outer_mod_visible_fn() {}
8.          // 在 `outer_mod` 内部可见
9.          pub(super) fn super_mod_visible_fn() {
10.             // 访问同一个模块的函数
11.             inner_mod_visible_fn();
12.             // 因为使用 use 导入了 outer_mod, 所以这里直接使用
13.             outer_mod_fn();
14.         }
15.         // 其他代码同上
16.     }
17.     pub fn foo() {
18.         // 代码同上
19.     }
20. }
21. // 其他代码同上
```

代码清单 10-65 展示了 Rust 2018 中模块可见性的相关变化。和 Rust 2015 相比，主要变化的地方有以下几处：

- **将统一路径**暂时改为了**锚定路径（Anchored Path）**。所以在代码第 5 行，需要使用 use 明确地将 outer_mod 模块引入 inner_mod 模块中。不过，在不久的将来，应该会向统一路径迁移。
- 代码第 7 行，**pub(in crate::outer_mod)** 中的路径需要以 **crate** 开头。因为 crate 代表当前 crate，也就是顶层模块。锚定路径是以顶层模块为**根（root）**来查找模块的。
- 代码第 13 行，可以直接使用 outer_mod_fn 函数，因为前面已经使用 use 从父模块中引入了该函数。

以上就是在 Rust 2018 中关于模块可见性的一些变化。

另外，需要注意的是，对于 **trait 中关联类型**和 **Enum 中变体**的可见性，会随着 trait 和 Enum 的可见性而变化。但是结构体中的字段则不是这样的，还需要单独使用 pub 关键字来改变其可见性。

10.5　小结

通过本章的学习，我们对 Rust 的模块化编程有了较为全面的了解。Rust 提供了现代化的包管理系统 Cargo，通过它提供的一系列命令，开发者可以方便地处理从开发到发布的整个流程。同时 Cargo 也非常易于扩展，Rust 社区中也有一些优秀的第三方包管理插件，比如 cargo-fix、rustfmt 和 clippy，是日常开发的必备利器。

Rust 的模块系统与文件系统有一定的联系。不仅可以使用 mod 关键字定义模块，而且单

个文件也是一个默认的模块。将单个文件都聚合到同一个文件夹下，然后通过 mod.rs 文件，就可以将它们组织成一个更大的以文件夹名称命名的模块。模块天生是封闭的，这意味着其中定义的一切语法元素都不是对外公开的。所以，如果想在外部使用某个模块或方法，就需要使用 pub 关键字来修改其可见性。模块之间的路径依赖也遵循文件系统的规律，默认从当前包的根目录开始查找，但是可以通过 super 或 self 来指定相对于当前模块的相对路径，super 表示上一层，self 表示当前模块，这和文件系统中的 ".." 和 "." 操作十分相似。

在 Rust 2018 中使用了新的模块系统，极大地提高了 Rust 代码模块化的可读性和可维护性。因此，在开发中要注意和 Rust 2015 模块系统的区别。

接下来，以一道编程挑战赛的题目为例，基于 Rust 2018 从实现思路到具体的代码实现都做了详细的描述，包括模块组织、代码复用、第三方包的选择、Path 和 I/O 相关模块，以及增加单元测试、集成测试和性能测试等。通过从零开始实现一个功能完整的包，我们对 Rust 的模块化编程有了更深入的理解。

最后，通过简单的示例我们了解了 Rust 2015 和 Rust 2018 中模块可见性的差异，主要和模块系统相关。

本章虽然涵盖了 Rust 包管理和模块的主要内容，但并非所有细节，书中未讲到的细节还需要读者自行探索。

第 11 章
安全并发

> 万物并育而不相害，道并行而不相悖。

周末到了，你想在线上订购一张期待已久的电影票，选好座位点击确认后，网站却弹出一个窗口，提示你所选择的座位已经被别人预订。工作中，你兴致勃勃地专注于功能开发时，产品经理却过来告诉你，这个需求需要修改。年关将近，你想在线上买一张回家的火车票，却发现早已销售一空。你永远不知道下一刻会发生什么，因为现实世界是并发的。

计算机是为人类提供服务的，也必须具备这种并发处理能力。在多道程序系统还未被支持的计算机发展早期，程序员就面临着一种尴尬：编写好的程序上机运行必须要排队。相比之下，现代计算机时代的程序员就幸运多了，可以在写代码的同时听音乐，在听音乐的同时使用搜索引擎来查阅各种资料。

在现实世界中，电影座位可以重新选择一个，火车票也可以重新选择另外一天的，开发流程可以重新修正，并发造成的结果是可以承受的。但是在计算机世界中，并发则可能会造成恶劣的影响。比如，提供电影票预订服务的手机 App，允许两个人同时预订同一个场次的同一个座位，这恐怕会引起纠纷。你可能会想，为什么会出现这种情况？如何避免？这正是本章接下来要探讨的内容。

11.1 通用概念

并发（Concurrency）的概念很容易和并行（Parallelism）混淆，事实上它们是不同的概念。

谷歌著名工程师罗布·派克（Rob Pike）说过，"并发就是**同时应对（Dealing With）**多件事情的能力，并行是**同时执行（Doing）**多件事情的能力"。这句话非常透彻地阐述了并发和并行的区别，在于"应对"和"执行"。

如果你在吃饭的时候观察一下餐馆中的某个服务员，你会发现他一会帮顾客点单，一会要端茶倒水，一会又要收钱，甚至有可能要去厨房催菜，这些事情表现起来像是同时发生的。其实服务员只是把这些事情切分成一个个小任务，将它们分配在不同的时间片内，交替完成。**这就是并发，关注点在于任务的切分，这是一种逻辑架构、一种能力**。将视角从某个固定的服务员移到其他不同的服务员，你会发现他们做的事情是类似的，但他们每一个人都是这些事情执行的个体，相互无影响，各自独立完成自己的工作。**这就是并行，关注点在于同时执行，这是具体的实施状态**。并发并不要求一定要并行，利用并发可以制造出并行的假象。

图 11-1 展示了并发和并行的区别。

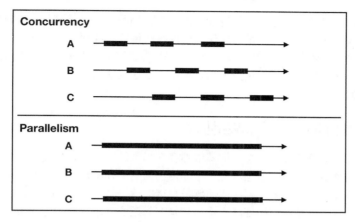

图 11-1：并发和并行的区别示意图

在实际编程中，对任务进行分解才是重点，一旦将任务分解正确，到了执行层面，并行就会自然发生，也容易保证正确性。如何分解任务是并发设计要解决的问题，所以，通常更关注并发而非并行。

使用并发主要出于两个主要原因：**性能**和**容错**。

随着多核计算机的普及，为了利用其日益增长的计算能力，就必须要编写并发程序。并发编程越来越受重视，甚至可能成为一种新的编程范式，Go 语言的横空出世就证明了这一点。另外，并发编程还可以将程序分为不同的功能区域，让程序更容易理解和测试，从而减少程序出错的可能性。

在计算机中，通常使用一些独立的运行实体对并发进行支持，分为如下两类：

- 操作系统提供的进程和线程。
- 编程语言内置的用户级线程。

11.1.1 多进程和多线程

进程是资源分配的最小单元，线程是程序执行时的最小单元。

从操作系统的角度来看，进程代表操作系统分配的内存、CPU 时间片等资源的基本单位，它为程序提供基本的运行环境。不同的应用程序可以按业务划分为不同的进程。从用户的角度来看，进程代表运行中的应用程序，它是动态条件下由操作系统维护的资源管理实体，而非静态的应用程序文件。每个进程都享有自己独立的内存单元，从而极大地提高了程序的运行效率。

可以使用多进程来提供并发，比如 Master-Worker 模式，由 Master 进程来管理 Worker子进程，Worker 子进程执行任务。Master 和 Worker 之间通常使用 Socket 来进行进程间通信（IPC）。这样的好处就是具有极高的健壮性，当某个 Worker 子进程出现问题时，不会影响到其他子进程。但缺点也非常明显，其中最让人诟病的是进程会占用相当可观的系统资源。除此之外，进程还有切换复杂、CPU 利用率低、创建和销毁复杂等缺点。

为了寻求比进程更小的资源占用，线程应运而生。线程是进程内的实体，它无法独立存在，必须依靠进程，线程的系统资源都来源于进程，包括内存。每个进程至少拥有一个线程，这个线程就是主线程。每个进程也可以生成若干个线程来并发执行多任务，但只能有一个主线程，线程和线程之间可以共享同一个进程内的资源。一个线程也可以创建或销毁另一个线程，所以线程会有创建、就绪、运行、阻塞和死亡五种状态。每个线程也有自己独享的资源，比如线程栈。线程和进程一样，都受操作系统内核的调度。线程拥有进程难以企及的优点，比如占用内存少，切换简单，CPU 利用率高，创建/销毁简单、快速等。线程的缺点也是非常明显的，比如编程相当复杂，调试困难等。正是由于这些缺点，导致多线程并发编程成为众多开发者心中的痛。

11.1.2　事件驱动、异步回调和协程

多线程虽然比多进程更省资源，但其依然存在昂贵的系统内核调度代价。互联网的发展让这个问题更加突出。在服务器领域有一个非常出名的 **C10K** 问题，主要是指单台服务器要同时处理 10K 量级的并发连接，解决此问题最直接的就是多进程（线程）并发，每个进程（线程）处理一个连接。但是，这种处理方式显然是有问题的，因为服务器根本没有这么多资源可以分配给如此多的进程（线程）。

为了解决 C10K 问题，**事件驱动编程**应运而生，最知名的就是 Linux 推出的 **epoll** 技术。事件驱动也可以称为事件轮询，它的优点在于编程更加容易，不用做并发设计的考虑，不需要引入锁，不需要考虑内部调度，只需要依赖于事件，最重要的是不会阻塞。所以它可以很方便地和编程语言相集成，比如 Node.js，也就是第一个事件驱动编程模型语言。在 Node.js 中，仅仅使用单线程就可以拥有强大的并发处理能力，其力量来源就是**事件驱动**和**异步回调**（**Callback**）。通过内置的事件循环机制，不断地从事件队列中查询是否有事件发生，当读取到事件时，就会调用和此事件关联的回调函数，整个过程是非阻塞的。

事件驱动和回调函数虽然解决了 C10K 的问题，但是对于开发者来说还远远没有那么完美。问题就出在回调函数上面，如果编写业务比较复杂的代码，开发者将陷入"**回调地狱（Call Hell）**"中，代码中充斥着各种回调嵌套，很快就会变成一团乱麻。回调函数的这种写法，并不符合人类的思维直觉，所以使用起来比较痛苦。

为了避免"回调地狱"，不停地有新方案被提出，比如 **Promise** 和 **Future**，这两种方案从不同的角度来处理回调函数。Promise 站在任务处理者的角度，将异步任务完成或失败的状态标记到 Promise 对象中。Future 则站在任务调用者的角度，来检测任务是否完成，如果完成则直接获取结果，如果未完成则阻塞直到获取到结果，或者编写回调函数避免阻塞，根据相应的完成状态执行此回调函数。虽然 Promise 和 Future 可以进一步缓解回调函数的问题，但它们还是不够完美，代码中依然充斥着各种冗余。

为了进一步完善基于事件驱动的编程体验，一种叫作**协程**的解决方案浮出水面。协程的概念很古老，甚至可以追溯到 20 世纪 60 年代的 COBOL 语言，但是因为时代使然，协程并未成为像线程那样的通用编程元素。然而，随着事件编程的兴起，协程又有了用武之地。

协程为协同任务提供了一种抽象，这种抽象本质上就是控制流的出让和恢复。协程的这种机制，正好符合现实世界中人类异步处理事务的直觉。比如，程序员可以暂停自己写代码的过程，进行场景切换，去参加产品经理组织的会议，当会议结束后，再切换回之前的场景继续编写代码。虽然处理了不同的事件，但对于程序员来说，都是顺序执行的。可以看出，协程和事件驱动属于绝配。当事件来临时，出让当前的控制权，切换场景，完成该事件，然后再切换回之前的场景，恢复之前的工作。如果说事件驱动编程和异步回调是站在事件发生的角度进行编程的，那么协程就是站在开发者的角度来进行编程的。开发者将自身代入各种事件中，看上去就是顺序执行的。总的来说，协程可以让开发者用写同步（顺序）代码的方式编写可异步执行的代码。

在现代编程语言中，实现协程的方法有很多，但其中的区别只在于是否有适合的应用场景。常见的有 Go 语言的 **go 程**（**goroutines**）、Erlang 语言的**轻量级进程**（**LWP**）。另外，像 Python、Ruby、JavaScript 这样的主流编程语言也实现了协程，当然 Rust 语言也支持协程。协程是以线程为容器的，协程的特点是内存占用比线程更小、上下文切换的开销更小、没有昂贵的系统内核调度，这也意味着协程的运行效率更加高效。协程非常轻量，也被称为用户态线程，所以可大量使用。但协程也不是"银弹"，它虽然充分挖掘了单线程的利用率，在单线程下可以处理高并发 I/O，但却无法利用多核。

图 11-2 展示了进程、线程和协程之间的关系。

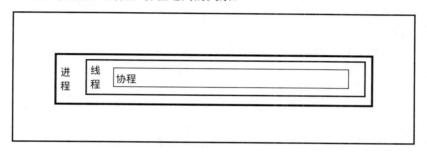

图 11-2：进程、线程和协程之间的关系示意图

当然，可以将协程和多线程配合使用，来充分利用多核。但是，从单线程迁移到多线程并不会只带来好处，它也会带来更多的风险。

11.1.3 线程安全

线程其实是对底层硬件运行过程的直接抽象，这种抽象方式既有优点又有缺点。**优点**在于很多编程语言都对其提供了支持，并且没有对其使用方式加以限制，开发者可以自由地实现多线程并发程序，充分利用多核。**缺点**包含两个方面：一方面，线程的调度完全由系统内核来控制[1]，完全随机，这就导致多个线程的运行顺序是完全无法预测的，有可能产生奇怪的结果；另一方面，编写正确的多线程并发程序对开发者的要求太高，对多线程编程没有充足知识储备的开发者很容易写出满是 Bug 的多线程代码，并且还很难重现和调试。

多线程存在问题主要是因为资源共享，比如共享内存、文件、数据库等。实际上，只有当一个或多个线程对这些资源进行写操作时才会出现问题，如果只读不写，资源不会发生变化，自然也不会存在安全问题。假如一个方法、数据结构或库在多线程环境中不会出现任何问题，则可以称之为**线程安全**。所以，多线程编程的重点就是如何写出线程安全的代码。

竞态条件与临界区

要想写出线程安全的代码，必须先了解安全的边界在哪里。代码清单 11-1 展示了一个线程不安全的函数示例。

代码清单 11-1：线程不安全的函数示例
```
1.  static mut V: i32 = 0;
2.  fn unsafe_seq() -> i32{
3.      unsafe{
```

1　此处并非特指某一个操作系统。在 Linux 内核中调度单位是 task，但也可以看作是线程。

```
4.           V += 1;
5.           V
6.      }
7.  }
```

在代码清单 11-1 所展示的示例中，首先初始化了一个可变的静态变量 V。在 unsafe_seq 函数中通过"+="操作来改变 V 的值。因为在 Rust 中默认不允许修改静态变量的值，所以需要在 unsafe 块中进行操作。

在单线程环境中，unsafe_seq 函数不会有任何问题，但是将其放到多线程环境中，则会有问题。问题主要出在代码第 4 行的"V += 1"操作上。实际上，该操作在运行过程中并非单个指令，而是可以分为三步：

（1）从内存中将 V 的初始值放入寄存器中。

（2）将寄存器中 V 的值加 1。

（3）将加 1 后的值写入内存。

这三步操作无法保证在同一个线程中被一次执行完成。因为系统内核调度的存在，很有可能在线程 A 执行第 2 步操作之后，从线程 A 切换到了线程 B，而线程 B 此时并不知道线程 A 已经执行了第 1 步操作，它又重复将 V 的初始值放入寄存器中，当又切换回线程 A 后，线程 A 会继续执行第 3 步操作，此时就从寄存器中读取了错误的值。

"V += 1"操作的整个过程如图 11-3 所示。

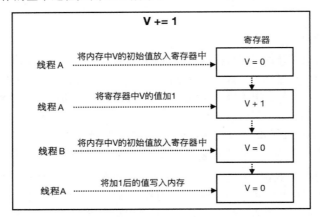

图 11-3："V += 1"操作的整个过程

代码清单 11-1 展示了一种常见的并发安全问题，叫作**竞态条件（Race Condition）**。当某个计算的正确性取决于多个线程交替执行的顺序时，就会产生竞态条件。也就是说，想计算出正确的结果，全靠运气。最常见的竞态条件类型是"**读取–修改–写入**"和"**先检查后执行**"操作。代码清单 11-1 展示的就是"读取–修改-写入"竞态条件；而"先检查后执行"竞态条件则出现在需要判断某个条件为真之后才采取相应的动作时。产生竞态条件的区域，就叫作**临界区**。

在代码清单 11-1 中展示的代码也同时引起了**数据竞争（Data Race）**。"数据竞争"这个术语很容易和竞态条件相混淆。当一个线程写一个变量而另一个线程读这个变量时，如果这两个线程没有进行同步，则会发生数据竞争。因为竞态条件的存在，读操作很可能在写操作之前就完成了，那么读到的数据就是错误的。**并非所有的竞态条件都是数据竞争**，也并非所

有的数据竞争都是竞态条件。

简单来说，当有多个线程对同一个变量同时进行读写操作，且至少有一个线程对该变量进行写操作时，则会发生数据竞争。也就是说，如果所有的线程都是进行读操作，则不会发生数据竞争。数据竞争的后果会造成该变量的值不可知，多线程程序的运行结果将完全不可预测，甚至直接崩溃。

而竞态条件是指代码受多线程乱序执行的影响，运行结果产生预料之外的变化。比如对于同一段程序，多次运行会产生不同的结果，完全无法预测，它由输入的数据和多线程执行的顺序决定。

现在用一个银行转账的示例来具体说明竞态条件和数据竞争的区别。代码清单 11-2 展示的伪代码为用于转账操作的函数 trans1。

代码清单 11-2：用于转账操作的函数

```
1.  trans1(amount, account_from, account_to){
2.      if (account_from.balance < amount) return FALSE;
3.      account_to.balance += amount;
4.      account_from.balance -= amount;
5.      return TRUE
6.  }
```

在多线程环境中，这个伪代码示例既包含了竞态条件，又包含了数据竞争，转账结果将不可预测。为了解决该问题，采用某种同步操作，比如使用互斥量（Mutex）或某种禁用中断操作的事务，将包含数据竞争的操作变为原子性操作，如代码清单 11-3 所示。

代码清单 11-3：改进转账操作的函数

```
1.  trans2(amount, account_from, account_to){
2.      atomic {  bal = account_from.balance; }
3.      if (bal < amount) return FALSE;
4.      atomic { account_to.balance += amount; }
5.      atomic { account_from.balance -= amount; }
6.      return TRUE;
7.  }
```

在代码清单 11-3 中使用的 atomic 块，表示将其范围内的操作变为原子性的某种手段。总之，现在数据竞争被消除了。但还存在竞态条件，不同的线程依然可以乱序执行代码第 4 行和第 5 行的操作。整个交易函数 trans2 的正确性，在不同的线程执行顺序之下，会出现不同的结果。所以还需要继续对其改进，如代码清单 11-4 所示。

代码清单 11-4：继续改进转账操作的函数

```
1.  trans3(amount, account_from, account_to){
2.      atomic {
3.          if (account_from.balance < amount) return FALSE;
4.          account_to.balance += amount;
5.          account_from.balance -= amount;
6.          return TRUE;
7.      }
8.  }
```

在 trans3 函数中，通过 atomic 块将整个函数的执行过程赋予原子性，这样就完全消除了数据竞争和竞态条件。可以看出，**消除竞态条件的关键在于判断出正确的临界区**。

还可以对其进一步改进，创建一个有数据竞争但无竞态条件的函数，如代码清单 11-5 所示。

代码清单 11-5：进一步改进转账操作的函数

```
1.  trans4(amount, account_from, account_to){
2.      account_from.activity = true;
3.      account_to.activity = true;
4.      atomic {
5.          if (account_from.balance < amount) return FALSE;
6.          account_to.balance += amount;
7.          account_from.balance -= amount;
8.          return TRUE;
9.      }
10. }
```

在 trans4 函数中增加了两行伪代码，如代码第 2 行和第 3 行所示，这两行代码表示这两个账号上会出现某些状态变更的行为。这两行代码会出现数据竞争，但不存在竞态条件。但这里的数据竞争并不会影响到交易行为的正确性，所以是无害的。

通过上面的四段伪代码，刻意区分了数据竞争和竞态条件之间的区别。在多线程编程中，数据竞争是最常见、最严重、最难调试的并发问题之一，可能会引起崩溃或内存不安全。

接下来看看 Rust 多线程代码实际产生竞态条件和数据竞争问题的例子。代码清单 11-6 展示了在多线程环境中使用 unsafe_seq 函数的情形。

代码清单 11-6：在多线程环境中使用 unsafe_seq 函数

```
1.  use std::thread;
2.  static mut V: i32 = 0;
3.  fn unsafe_seq() -> i32 {
4.      unsafe {
5.          V += 1;
6.          V
7.      }
8.  }
9.  fn main() {
10.     let child = thread::spawn(move || {
11.         for _ in 0..10 {
12.             unsafe_seq();
13.             unsafe{println!("child : {}", V);}
14.         }
15.     });
16.     for _ in 0..10 {
17.         unsafe_seq();
18.         unsafe{println!("main : {}", V);}
19.     }
20.     child.join().unwrap();
21. }
```

在代码清单 11-6 中，使用 std::thread 模块中提供的 spawn 方法在 main 主线程中生成子线程 child，并在其中循环使用 unsafe_seq 函数，如代码第 10~15 行所示。同样，在 main 主线程中也循环使用 unsafe_seq 函数，如代码第 16~19 行所示。最后在代码第 20 行，调用 child

子线程的 join 方法，让主线程等待子线程执行完再退出。

在正常情况下，对该段代码进行编译执行，期待的输出结果是 main 主线程和 child 子线程一共输出从 0 到 20 的数字。但实际执行多次会看到不同的输出结果，基本会出现以下两种情况：

- 在 main 主线程输出的结果中会莫名其妙地少一位，并不是从 0 到 10 的连续值。
- child 子线程输出的结果和 main 主线程输出的结果有重复。

可以看出，该段代码在多线程环境中的行为和结果完全无法预测，完全无法保证正确性。

同步、互斥和原子类型

综上所述，产生竞态条件主要是因为线程乱序执行，发生数据竞争主要是因为多线程同时对同一块内存进行读写。那么，要消除竞态条件，只需要保证线程按指定顺序来访问即可。要避免数据竞争，只需要保证相关数据结构操作的原子性即可。所以，很多编程语言都通过提供同步机制来消除竞态条件，使用互斥和原子类型来避免数据竞争。

同步是指保证多线程按指定顺序执行的手段。互斥是指同一时刻只允许单个线程对临界资源进行访问，对其他线程具有排他性，线程之间的关系表现为互斥。而原子类型是指修改临界数据结构的内部实现，确保对它们做任何更新，在外界看来都是原子性的，不可中断。

通常可以使用**锁**、**信号量**（**Semaphores**）、**屏障**（**Barrier**）和**条件变量**（**Condition Variable**）机制来实现线程同步。根据不同的并发场景分为很多不同类型的锁，有互斥锁（Mutex）、读写锁（RwLock）和自旋锁（Spinlock）等。锁的作用是可以保护临界区，同时达到同步和互斥的效果。不同的锁表现不同，比如互斥锁，每次只允许单个线程访问临界资源；读写锁可以同时支持多个线程读或单个线程写；自旋锁和互斥锁类似，但当获取锁失败时，它不会让线程睡眠，而是不断地轮询直到获取锁成功。

信号量可以在线程间传递信号，也叫作信号灯，它可以为资源访问进行计数。信号量是一个非负整数，所有通过它的线程都会将该整数减 1，如果信号量为 0，那么其他线程只能等待。当线程执行完毕离开临界区时，信号量会再次加 1。当信号量只允许设置 0 和 1 时，效果相当于互斥锁。

屏障可以让一系列线程在某个指定的点进行同步。通过让参与指定屏障区域的线程等待，直到所有参与线程都到达指定的点。而**条件变量**用来自动阻塞一个线程，直到出现指定的条件，通常和互斥锁配合使用。

通过一些锁机制，比如互斥锁，也可以用来避免数据竞争。本质上，是通过锁来保护指定区域的原子性的。有些语言也提供了原子类型来保证原子性，比如 Java、C++以及 Rust。具有原子性的操作一定是不可分割的，要么全部完成，要么什么都不做。原子类型使用起来简单，但其背后的机制却一点也不简单，了解其背后的机制有助于更好地使用原子类型。

原子类型与多线程内存模型

在计算机中程序需要经过 CPU、CPU 多级缓存和内存等协同工作才能顺利执行，在这种体系结构之下，如果是多核系统，其中一个 CPU 核心修改了变量，那么如何通知其他核心是一个重要的问题。并且为了提高性能，现代处理器和编程语言的编译器都对程序进行了极度优化，比如**乱序执行**和**指令重排**，所以机器并非按照实际编写的那样来执行，如图 11-4 所示。

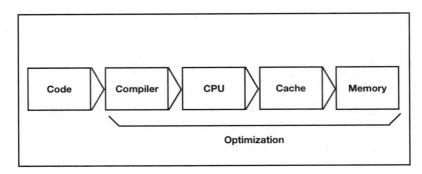

图 11-4：代码经过层层优化

在多线程编程中，只有保持顺序一致性，才能保证程序的正确性。所谓**顺序一致性**，主要是约定了两件事：

- 在单线程内部指令都是按程序确定的顺序来执行的。
- 多线程程序在执行过程中虽然是交替执行的，但从全局来看，也是按某种确定的顺序来执行的。

显然，在硬件层面并没有支持顺序一致性，所以需要编程语言和计算机系统（包括编译器、CPU 等）之间达成"契约"，该契约规定了多线程访问同一个内存位置时的语义，以及某个线程对内存位置的更新何时才能被其他线程看到。这个契约就是**多线程内存模型**。通过该内存模型，程序员就可以使用编程语言提供的同步原语（比如 C++和 Rust 提供的 Atomic 类型）来保证多线程下的顺序一致性，这也是无锁并发编程的基础。

Rust 的多线程内存模型来源于 C++ 11，而 C++ 11 中实现的 Atomic 类型是通过 store 和 load 这两个 CPU 指令进行数据存取（寄存器和内存之间的），并且额外接收一个**内存序列**（**Memory Order**）作为参数。C++ 11 支持 6 种内存排序约束，而 Rust 是基于 LLVM 实现的，所以 Rust 通过 LLVM 原子内存排序约束来实现不同级别的原子性。

为什么多线程编程这么难

既然有了这么多避免竞态条件和数据竞争的手段，那么为什么提到多线程编程还会让广大开发者心生恐惧呢？主要有以下几点原因：

- 虽然可以使用锁来同步，但开发者有可能忘记加锁。
- 即使没有忘记加锁，也可能出现死锁的情况。
- 多线程程序难以调试，如果出现了问题很难再现。

总的来说，主要因为开发者自身很难驾驭多线程编程。即便是技艺高超的开发者，也难以保证写出没有问题的多线程代码。难以驾驭背后的原因在于，开发者总是有意无意地将不该共享的数据错误地共享，将其暴露在多个线程可以操作的危险区。Rust 语言的出现正是要解决这个问题的。

11.2 多线程并发编程

Rust 为开发者提供的并发编程工具和其他语言类似，主要包括如下两个方面：

- **线程管理**，在 **std::thread** 模块中定义了管理线程的各种函数和一些底层同步原语。
- **线程同步**，在 **std::sync** 模块中定义了锁、Channel、条件变量和屏障。

11.2.1 线程管理

Rust 中的线程是本地线程，每个线程都有自己的栈和本地状态。创建一个线程很简单，如代码清单 11-7 所示。

代码清单 11-7：创建线程

```
1.  use std::thread;
2.  fn main() {
3.      let mut v = vec![];
4.      for id in 0..5 {
5.          let child = thread::spawn(move || {
6.              println!("in child: {}", id);
7.          });
8.          v.push(child);
9.      }
10.     println!("in main : join before ");
11.     for child in v {
12.         child.join();
13.     }
14.     println!("in main : join after");
15. }
```

在代码清单 11-7 中，必须使用 use 导入 std::thread 模块使用线程创建的函数 spawn。代码第 3 行，初始化了一个可变的动态数组 v，用于存放生成的子线程。

代码第 4~9 行，使用 for 循环迭代生成 5 个子线程，并将其存放到数组 v 中。其中代码第 5~7 行，使用 spawn 函数创建子线程，接收一个闭包作为参数，并且该闭包需要捕获循环变量 id，默认是按引用来捕获的。但这里涉及生命周期的问题，传递给子线程的闭包有可能存活周期长于当前函数，如果直接传递引用，则可能引起悬垂指针的问题，这是 Rust 绝对不允许的。所以，这里使用 **move** 关键字来强行将捕获变量 id 的所有权转移到闭包中。

代码第 11~13 行，对数组 v 进行迭代，调用其中每一个子线程的 **join** 方法，就可以让 main 主线程等待这些子线程都执行完毕。代码第 10 行和第 14 行，分别在子线程 join 的前后打印相应的信息。

可以对该段代码进行多次编译执行，代码清单 11-8 展示了其中某次执行的结果。

代码清单 11-8：执行结果

```
in child: 3
in child: 1
in child: 2
in child: 0
in main : join before
in child: 4
in main : join after
```

通过对比多次执行的结果可以看出，main 主线程和子线程永远是乱序执行的，"in main : join before"的输出位置并不固定，但是"in main : join after"的位置是固定的，永远在结尾。

假如在代码清单 11-7 中不使用 join 方法，main 主线程并不会等待子线程执行完毕，那么编译执行的结果就会变得更加难以预料。首先可以确定的是，在 main 主线程中打印的两条信息永远会输出，但是在子线程中打印的结果就不一定了。因为乱序执行的存在，有时候能看到一个子线程的输出，有时候能看到三个子线程的输出，有时候完全看不到，完全无法预料，因为谁也无法保证子线程一定会比 main 线程先执行完毕。

所以，如果想要多个线程协作，则通常会使用 join 方法来指定一个线程等待其他线程执行完之后再执行它自己的任务。线程 join 机制示意图如图 11-5 所示。

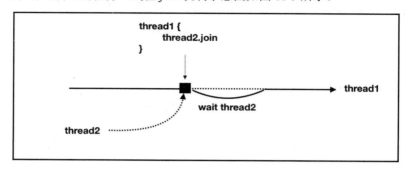

图 11-5：线程 join 机制示意图

从图 11-5 中可以看出，如果在 thread1 中调用 thread2 的 join 方法，则 thread1 就会在调用 join 方法的那一刻等待 thread2，并且阻塞自身，只有 thread2 执行完毕后才继续执行 thread1 中的任务。这也就是在代码清单 11-8 中 "in main : join after" 输出永远在最后的原因。

定制线程

直接使用 thread::spawn 生成的线程，默认没有名称，并且其栈大小默认为 2MB。如果想为线程指定名称或者修改默认栈大小，则可以使用 thread::Builder 结构体来创建可配置的线程，如代码清单 11-9 所示。

代码清单 11-9：使用 thread::Builder 来定制线程

```
1.  use std::panic;
2.  use std::thread::{Builder, current};
3.  fn main() {
4.      let mut v = vec![];
5.      for id in 0..5 {
6.          let thread_name = format!("child-{}", id);
7.          let size: usize = 3 * 1024;
8.          let builder = Builder::new()
9.              .name(thread_name).stack_size(size);
10.         let child = builder.spawn(move || {
11.             println!("in child: {}", id);
12.             if id == 3 {
13.                 panic::catch_unwind(|| {
14.                     panic!("oh no!");
15.                 });
16.                 println!("in {} do sm", current().name().unwrap());
17.             }
18.         }).unwrap();
19.         v.push(child);
20.     }
21.     for child in v {
```

```
22.        child.join().unwrap();
23.    }
24. }
```

代码清单 11-9 是对代码清单 11-7 的部分修改,使用 thread::Builder 来定制新的线程。代码第 6 行和第 7 行,分别声明了线程的名称和栈大小。代码第 8 行和第 9 行,通过 Builder::new 方法来生成新的 Builder 实例,然后分别将事先声明好的名称和栈大小参数传入 name 和 stack_size 方法中,就可以生成指定名称和栈大小的线程。这里值得注意的是,主线程的大小与 Rust 语言无关,这是因为主线程的栈实际上就是进程的栈,由操作系统来决定。修改所生成线程的默认值也可以通过指定环境变量 **RUST_MIN_STACK** 来完成,但是它的值会被 Builder::stack_size 覆盖掉。

代码第 10 行,调用 builder.spawn 方法来生成线程,该 spawn 方法是 Builder 实例的方法,与 thread::spawn 函数不一样。实际上,在 thread::spawn 内部也是使用 Builder 来生成默认配置的线程的。

代码第 12~17 行,特意在第三个线程中使用 panic!来产生恐慌,并且使用 catch_unwind 来捕获恐慌。在 catch_unwind 之后,再次输出一些特定信息。其中代码第 16 行使用了 thread::current 函数来获取当前线程。

注意代码第 18 行,在 spawn 方法结尾处又调用了 unwrap 方法。实际上,之前 thread::spawn 方法返回的是 **JoinHandle<T>** 类型,而 Builder 的 spawn 方法返回的是 Result<JoinHandle<T>> 类型,所以这里需要加 unwrap 方法。JoinHandle<T> 代表线程与其他线程 join 的权限。

代码清单 11-9 执行的结果如代码清单 11-10 所示。

代码清单 11-10:执行结果
```
thread 'child-3' panicked at 'oh no!', src/main.rs:14:24
note: Run with `RUST_BACKTRACE=1` for a backtrace.
in child: 1
in child: 0
in child: 2
in child: 4
in child: 3
in child-3 do sm
```

从代码清单 11-10 中可以看出,为线程指定的名称可以在线程发生恐慌时显示出来,此处为“child-3”。如果不给线程指定名称,则默认显示“unknow”。该正常输出的信息也都输出了,说明 child-3 线程中的恐慌已经被捕获,线程得以恢复。

线程本地存储

线程本地存储(Thread Local Storage, TLS) 是每个线程独有的存储空间,在这里可以存放其他线程无法访问的本地数据,如代码清单 11-11 所示。

代码清单 11-11:线程本地存储示例
```
1.  use std::cell::RefCell;
2.  use std::thread;
3.  fn main() {
4.      thread_local!(static FOO: RefCell<u32> = RefCell::new(1));
5.      FOO.with(|f| {
6.          assert_eq!(*f.borrow(), 1);
```

```
7.           *f.borrow_mut() = 2;
8.       });
9.       thread::spawn(|| {
10.          FOO.with(|f| {
11.              assert_eq!(*f.borrow(), 1);
12.              *f.borrow_mut() = 3;
13.          });
14.      });
15.      FOO.with(|f| {
16.          assert_eq!(*f.borrow(), 2);
17.      });
18. }
```

在代码清单 11-11 中，代码第 4 行，使用 **thread_local!**宏以一个类型为 RefCell\<u32\>并且初始值为 1 的静态变量 FOO 作为参数，最终会生成类型为 thread::LocalKey 的实例 FOO。为了提供内部可变性，有时候 thread_local!宏会配合 Cell 和 RefCell 一起使用。

thread::LocalKey 是一个结构体，它提供了一个 with 方法，可以通过给该方法传入闭包来操作线程本地存储中包含的变量。如代码第 5~8 行所示，首先判断初始值是否为 1，然后通过调用 borrow_mut 方法将线程本地存储内部的值修改为 2。

代码第 9~14 行，生成了子线程，并且该子线程也有一个线程本地存储实例 FOO，初始值为 1。当然，也可以通过 thread_local!宏在该子线程中重新创建一个 LocalKey 实例。但是本例中还是使用来自 main 主线程的 FOO 副本。代码第 11 行和第 12 行，首先验证 FOO 初始值，然后将它的值改为 3。

代码第 15~17 行，主要用来判断主线程中的线程本地存储实例 FOO 内部的值有没有发生变化。

通过编译执行该段代码，可以得知，main 主线程中的线程本地存储实例 FOO 内部的值并没有因为子线程中的修改而发生变化。在标准库中很多数据结构实现都使用了 thread_local!宏来定义单个线程内的一些独享数据，比如映射类型 HashMap。

底层同步原语

在 std::thread 模块中还提供了一些函数，用来支持底层同步原语，主要包括 park/unpark 和 yield_now 函数。

std::thread::park 函数提供了阻塞线程的基本能力，而 std::thread::Thread::unpark 函数可以将阻塞的线程重启。可以利用 park 和 unpark 函数来方便地创建一些新的同步原语，比如某种锁。但要注意 park 函数并不能永久地阻塞线程，也可以通过 std::thread::park_timeout 来显式指定阻塞超时时间。

代码清单 11-12 展示了 park 和 unpark 函数的用法。

代码清单 11-12：park 和 unpark 函数使用示例

```
1.  use std::thread;
2.  use std::time::Duration;
3.  fn main() {
4.    let parked_thread = thread::Builder::new()
5.        .spawn(|| {
6.            println!("Parking thread");
7.            thread::park();
```

```
8.          println!("Thread unparked");
9.      }).unwrap();
10.     thread::sleep(Duration::from_millis(10));
11.     println!("Unpark the thread");
12.     parked_thread.thread().unpark();
13.     parked_thread.join().unwrap();
14. }
```

在代码清单 11-12 中引入了 std::time 模块，其中的 **Duration** 类型专门用于表示系统超时，默认 new 方法生成以纳秒（ns）为时间单位的实例，但是也提供了 from_secs 和 from_millis 方法分别生成以秒（s）和毫秒（ms）为时间单位的实例。

代码第 4~9 行，通过 Builder 来生成线程，并在该线程传递的闭包中调用 thread::park 函数，目的在于阻塞该线程。

代码第 10 行，使用 thread::sleep 函数让主线程睡眠 10ms。等待子线程 parked_thread 生成完毕，目的在于让子线程能先打印出相关的信息。但值得注意的是，千万不要使用 sleep 来进行任何线程同步的操作，它并不会保证线程执行的顺序。

代码第 12 行，通过调用 parked_thread 的 thread 方法从 JoinHandle 中得到具体的线程，然后调用 unpark 函数，就可以将处于阻塞状态的 parked_thread 线程重启，该线程会继续沿着之前暂停的上下文开始执行。

代码清单 11-12 的执行结果如代码清单 11-13 所示。

代码清单 11-13：执行结果

```
Parking thread
Unpark the thread
Thread unparked
```

可以看出，thread::sleep 函数起作用了，首先输出的是子线程 parked_thread 阻塞前的打印信息，之后调用到 thread::park 函数，线程就会发生阻塞。接下来轮到 main 主线程开始执行，打印出"Unpark the thread"之后，获取 parked_thread 线程并执行 unpark 方法将其重启。最后通过 join 方法等待 parked_thread 线程执行完毕，输出最终结果。

除了阻塞/重启的同步原语，std::thread 模块还提供了主动出让当前线程时间片的函数 yield_now。众所周知，操作系统是抢占式调度线程的，每个线程都有固定的执行时间片，时间片是由操作系统切分好的，以便每个线程都可以拥有公平使用 CPU 的机会。但是有时开发者明确知道某个线程在一段时间内会什么都不做，为了节省计算时间，可以使用 yield_now 函数主动放弃当前操作系统分配的时间片，让给其他线程执行。

11.2.2 Send 和 Sync

从 Rust 提供的线程管理工具来看，并没有发现什么特殊的地方，和传统语言的线程管理方式非常相似。那么，Rust 是如何做到之前宣称的那样默认线程安全的呢？这要归功于 std::marker::**Send** 和 std::marker::**Sync** 两个特殊的内置 trait。Send 和 Sync 被定义于 std::marker 模块中，它们属于**标记 trait**，其作用如下：

- **实现了 Send 的类型，可以安全地在线程间传递所有权**。也就是说，可以跨线程移动。
- **实现了 Sync 的类型，可以安全地在线程间传递不可变借用**。也就是说，可以跨线程共享。

　　这两个标记 trait 反映了 Rust 看待线程安全的哲学：**多线程共享内存并非线程不安全问题所在，问题在于错误地共享数据**。通过 Send 和 Sync 将类型贴上"标签"，由编译器来识别这些类型是否可以在多个线程之间移动或共享，从而做到在编译期就能发现线程不安全的问题。和 Send/Sync 相反的标记是**!Send/!Sync**，表示不能在线程间安全传递的类型。

　　我们来观察 std::thread::spawn 函数的源码实现，如代码清单 11-14 所示。

代码清单 11-14：spawn 函数的源码实现

```
1.  pub fn spawn<F, T>(f: F) -> JoinHandle<T> where
2.      F: FnOnce() -> T, F: Send + 'static, T: Send + 'static
3.  {
4.      Builder::new().spawn(f).unwrap()
5.  }
```

　　在代码清单 11-14 中，spawn 函数中的闭包 F 与闭包的返回类型 T 都被加上了 **Send** 和 **'static** 限定。其中 Send 限定了闭包的类型以及闭包的返回值都必须是实现了 Send 的类型，只有实现了 Send 的类型才可以在线程间传递。而闭包的类型是和捕获变量相关的，如果捕获变量的类型实现了 Send，那么闭包就实现了 Send。

　　而**'static** 限定表示类型 T 只能是**非引用类型**（除&'static 之外）。其实这个很容易理解，闭包在线程间传递，如果直接携带了引用类型，生命周期将无法保证，很容易出现悬垂指针，造成内存不安全。这是 Rust 绝对不允许出现的情况。

　　既然不允许在线程间直接传递引用，那么如何才能在多个线程之间安全地共享变量呢？如果是不可变的变量，则可以通过 Arc<T>来共享。Arc<T>是 Rc<T>的线程安全版本，因为在 Rc<T>内部并未使用原子操作，所以在多个线程之间共享会出现安全问题；而在 Arc<T>内部使用了原子操作，所以默认线程安全。

　　代码清单 11-15 展示了为 Arc<T>实现 Send 和 Sync。

代码清单 11-15：为 Arc<T>实现 Send 和 Sync

```
1.  unsafe impl<T: ?Sized + Sync + Send> Send for Arc<T> {}
2.  unsafe impl<T: ?Sized + Sync + Send> Sync for Arc<T> {}
```

　　可以看出，只要 T 是实现了 Send 和 Sync 的类型，那么 Arc<T>也会实现 Send 和 Sync。值得注意的是，Send 和 Sync 这两个 trait 是 unsafe 的，这意味着如果开发者为自定义类型手动实现这两个 trait，编译器是不保证线程安全的。实际上，在 Rust 标准库 std::marker 模块内部，就为所有类型默认实现了 Send 和 Sync，换句话说，**就是为所有类型设定好了默认的线程安全规则**，如代码清单 11-16 所示。

代码清单 11-16：在标准库内部默认为所有类型实现了 Send 和 Sync

```
1.  unsafe impl Send for .. { }
2.  impl<T: ?Sized> !Send for *const T { }
3.  impl<T: ?Sized> !Send for *mut T { }
4.  unsafe impl Sync for .. { }
5.  impl<T: ?Sized> !Sync for *const T { }
6.  impl<T: ?Sized> !Sync for *mut T { }
7.  mod impls {
8.      unsafe impl<'a, T: Sync + ?Sized> Send for &'a T {}
9.      unsafe impl<'a, T: Send + ?Sized> Send for &'a mut T {}
10. }
```

在代码清单 11-16 中，代码第 1 行和第 4 行使用了一种特殊的语法，分别表示为所有类型实现了 Send 和 Sync。这里要注意 Send 和 Sync 本身只是标记 trait，没有任何默认的方法。如果想使用第 1 行和第 4 行这样的语法，**必须满足两个条件**：

- impl 和 trait 必须在同一个模块中。
- 在该 trait 内部不能有任何方法。

代码第 2 行和第 3 行以及代码第 5 行和第 6 行，分别为*const T 和*mut T 类型实现了!Send和!Sync，表示实现这两种 trait 的类型不能在线程间安全传递。

代码第 7~10 行，分别为**&'a T** 和**&'a mut T** 实现了 Send，但是对 T 的限定不同。&'a T 要求 T 必须是实现了 Sync 的类型，表示**只要实现了 Sync 的类型，其不可变借用就可以安全地在线程间共享**；而&'a mut T 要求 T 必须是实现了 Send 的类型，表示**只要实现了 Send 的类型，其可变借用就可以安全地在线程间移动**。

除在 std::marker 模块中标记的上述未实现 Send 和 Sync 的类型之外，在其他模块中也有。比如 Cell 和 RefCell 都实现了!Sync，表示它们无法跨线程共享；再比如 Rc 实现了!Send，表示它无法跨线程移动。

通过 Send 和 Sync 构建的规则，编译器就可以方便地识别线程安全问题。代码清单 11-17展示了在线程间传递可变字符串。

代码清单 11-17：在线程间传递可变字符串

```
1.  use std::thread;
2.  fn main() {
3.      let mut s = "Hello".to_string();
4.      for _ in 0..3 {
5.          thread::spawn(move || {
6.              s.push_str(" Rust!");
7.          });
8.      }
9.  }
```

代码清单 11-17 展示的示例是在多个线程中在字符串 s 尾部追加字符串。该段代码存在数据竞争隐患。虽然当前示例内容不会有什么危害，但是多个线程对同一个可变变量进行写操作比较危险。对此段代码进行编译，编译器会报出如下错误：

```
error[E0382]: capture of moved value: `s`
5 |         thread::spawn(move || {
  |                       ------- value moved (into closure) here
6 |             s.push_str(" hello");
  |             ^ value captured here after move
```

错误信息提示使用了所有权已经被移动的值 s，违反了 Rust 所有权机制。在这里 Rust所有权机制帮助发现了一个潜在的风险。

如果想在多个线程中共享 s，则需要使用 Rc 或 Arc。现在已经知道 Rc 实现了!Send，但是可以尝试使用它跨线程共享所有权，看看会发生什么情况，如代码清单 11-18 所示。

代码清单 11-18：尝试使用 Rc 共享所有权

```
1.  use std::thread;
2.  use std::rc::Rc;
3.  fn main() {
```

```
4.        let mut s = Rc::new("Hello".to_string());
5.        for _ in 0..3 {
6.            let mut s_clone = s.clone();
7.            thread::spawn(move || {
8.                s_clone.push_str(" hello");
9.            });
10.    }
11. }
```

在代码清单 11-18 中使用 Rc 包装了变量 s，然后在迭代中使用 clone 方法来共享所有权。编译该段代码，编译器会报出如下错误：

```
error[E0277]: the trait bound `std::rc::Rc<std::string::String>:
   std::marker::Send` is not satisfied in `[closure@src/main.rs:
   7:23: 9:10 s_clone:std::rc::Rc<std::string::String>]`
7 |        thread::spawn(move || {
  |        ^^^^^^^^^^^^^ `std::rc::Rc<std::string::String>` cannot be
sent between threads safely
```

通过错误信息可知，spawn 函数传入的闭包没有实现 Send，这是因为捕获变量没有实现 Send。捕获变量是 Rc<String>类型，实现的是!Send，正好和 Send 相反。同时，错误信息最后一句也提示了 Rc<String>不能在线程间进行安全移动。这是因为 Rc<T>底层不是原子操作，有可能发生多个线程同时修改引用计数器的情况，存在数据竞争。编译器又一次发现了线程不安全的隐患。

既然 Rc<T>不行，那么就换成可以在多线程间被移动和共享的 Arc<T>，如代码清单 11-19 所示。

代码清单 11-19：使用 Arc 共享所有权

```
1.  use std::thread;
2.  use std::sync::Arc;
3.  fn main() {
4.      let s = Arc::new("Hello".to_string());
5.      for _ in 0..3 {
6.          let s_clone = s.clone();
7.          thread::spawn(move || {
8.              s_clone.push_str(" world!");
9.          });
10.    }
11. }
```

在代码清单 11-19 中，使用 Arc 替换了 Rc，但是编译时还是会报出如下错误：

```
error[E0596]: cannot borrow immutable borrowed content as mutable
8 |          s_clone.push_str(" world!");
  |          ^^^^^^^ cannot borrow as mutable
```

该错误信息表明，把不可变借用当作可变借用，这是因为 Arc<T>默认是不可变的。如果想完成目标，还需要使用具备内部可变性的类型，比如 Cell、RefCell 等。现在我们已经知道，Cell 和 RefCell 均是线程不安全的容器类型，它们实现了!Sync，无法跨线程共享。代码清单 11-20 展示了使用 RefCell 来支持内部可变性。

代码清单 11-20：使用 RefCell 支持内部可变性

```
1.  use std::thread;
2.  use std::sync::Arc;
3.  use std::cell::RefCell;
4.  fn main() {
5.      let s = Arc::new(RefCell::new("Hello".to_string()));
6.      for _ in 0..3 {
7.          let s_clone = s.clone();
8.          thread::spawn(move || {
9.              let s_clone = s_clone.borrow_mut();
10.             s_clone.push_str(" world!");
11.         });
12.     }
13. }
```

在代码清单 11-20 中，使用 RefCell 来提供内部可变性，但是编译时依旧会报出如下错误：

```
error[E0277]: the trait bound
`std::cell::RefCell<std::string::String>:std::marker::Sync`   is   not
satisfied
8 |          thread::spawn(move || {
  |          ^^^^^^^^^^^^^^ `std::cell::RefCell<std::string::String>`
cannot be shared between threads safely
```

该错误信息表明，RefCell<String>没有实现 Sync，但是 Arc 只支持实现 Sync 的类型。同时，错误信息最后一句也提示了 RefCell<String>不能在线程间安全共享。编译器又一次避免了线程不安全的风险。

11.2.3　使用锁进行线程同步

要修复代码清单 11-20 中的错误，只需要使用支持跨线程安全共享可变变量的容器即可，所以可以使用 Rust 提供的 Mutex<T>类型，如代码清单 11-21 所示。

代码清单 11-21：使用 Mutex 在多线程环境中共享可变变量

```
1.  use std::thread;
2.  use std::sync::{Arc, Mutex};
3.  fn main() {
4.      let s = Arc::new(Mutex::new("Hello".to_string()));
5.      let mut v = vec![];
6.      for _ in 0..3 {
7.          let s_clone = s.clone();
8.          let child = thread::spawn(move || {
9.              let mut s_clone = s_clone.lock().unwrap();
10.             s_clone.push_str(" world!");
11.         });
12.         v.push(child);
13.     }
14.     for child in v {
15.         child.join().unwrap();
16.     }
17. }
```

编译代码清单 11-21，终于不再报错了，可以说该段代码实现了线程安全。因为 Mutex 消除了跨线程写操作的数据竞争风险，虽然存在竞态条件（比如 push_str 操作会乱序执行），但就当前示例而言，属于良性竞态条件。

互斥锁（Mutex）

Mutex<T>其实就是 Rust 实现的互斥锁，用于保护共享数据。如果类型 T 实现了 Send，那么 Mutex<T>会自动实现 Send 和 Sync。在互斥锁的保护下，每次只能有一个线程有权限访问数据，但在访问数据之前，必须通过调用 lock 方法阻塞当前线程，直到得到互斥锁，才能得到访问权限。

Mutex<T> 类 型 实 现 的 lock 方 法 会 返 回 一 个 LockResult<MutexGuard<T>> 类 型，LockResult<T>是 std::sync 模块中定义的错误类型，MutexGuard<T>基于 **RAII** 机制实现，只要超出作用域范围就会自动释放锁。另外，Mutex<T>也实现了 try_lock 方法，该方法在获取锁的时候不会阻塞当前线程，如果得到锁，就返回 MutexGuard<T>；如果得不到锁，就返回 Err。

跨线程恐慌和错误处理

当子线程发生恐慌时，不会影响到其他线程，恐慌不会在线程间传播。当子线程发生错误时，因为 Rust 基于返回值的错误处理机制，也让跨线程错误处理变得非常方便。std::thread::JoinHandle 实现的 join 方法会返回 Result<T>，当子线程内部发生恐慌时，该方法会返回 Err，但是通常不会对此类 Err 进行处理，而是直接使用 unwrap 方法，如果获取到合法的结果，则正常使用；如果是 Err，则故意让父线程也发生恐慌，这样就可以把子线程的恐慌传播到父线程，及早发现问题。

但是如果线程在获得锁之后发生恐慌，则称这种情况为"**中毒（Posion）**"，示例如代码清单 11-22 所示。

代码清单 11-22："中毒"示例

```
1.   use std::sync::{Arc, Mutex};
2.   use std::thread;
3.   fn main() {
4.       let mutex = Arc::new(Mutex::new(1));
5.       let c_mutex = mutex.clone();
6.       let _ = thread::spawn(move || {
7.           let mut data = c_mutex.lock().unwrap();
8.           *data = 2;
9.           panic!("oh no");
10.      }).join();
11.      assert_eq!(mutex.is_poisoned(), true);
12.      match mutex.lock() {
13.        Ok(_) => unreachable!(),
14.        Err(p_err) => {
15.            let data = p_err.get_ref();
16.            println!("recovered: {}", data);
17.        }
18.      };
19.  }
```

在代码清单 11-22 中，代码第 6~10 行，在子线程内部使用 panic!宏故意制造了一个恐慌。

需要注意的是，代码第 8 行使用解引用操作"*"来获取 data 中的数据，因为 data 是 MutexGuard<T>类型，该类型实现了 Deref 和 DerefMut。

代码第 11 行，使用 **is_poisoned** 方法来查看获得互斥锁的子线程是否发生了恐慌。代码第 12~18 行，main 主线程通过 lock 方法获得锁，因为子线程内部发生了恐慌，所以主线程调用这个 lock 方法就会返回 Err，这里直接处理了 Err 的情况。该 Err 是 PoisonError<T>类型，提供了 get_ref 或 get_mut 方法，可以得到其内部包装的 T 类型，所以代码第 16 行就可以对 data 数据进行打印直接输出"recovered: 3"。

死锁

现在使用多线程来模拟一个掷硬币的场景，硬币有正面和反面，规定连续掷出正面 10 次为一轮。采用 8 个线程，每个线程模拟一轮掷硬币，然后分别统计每一轮掷硬币的总次数和 8 个线程的平均掷硬币次数。

首先需要写一个模拟掷硬币的函数，如代码清单 11-23 所示。

代码清单 11-23：模拟掷硬币函数

```
1.   extern crate rand;
2.   fn main(){
3.    // TODO
4.   }
5.   fn flip_simulate(target_flips: u64, total_flips: Arc<Mutex<u64>>) {
6.     let mut continue_positive = 0;
7.     let mut iter_counts = 0;
8.     while continue_positive <= target_flips {
9.       iter_counts += 1;
10.      let pro_or_con = rand::random();
11.      if pro_or_con {
12.        continue_positive += 1;
13.      } else {
14.        continue_positive = 0;
15.      }
16.    }
17.    println!("iter_counts: {}", iter_counts);
18.    let mut total_flips = total_flips.lock().unwrap();
19.    *total_flips += iter_counts;
20. }
```

在代码清单 11-23 中引入了 **rand** 包，使用 rand::random 函数来获取随机的 bool 类型表示正反面。

代码第 5~20 行，实现了模拟掷硬币函数 flip_simulate，其中第一个参数 target_flips 表示要达到的正面朝上目标数，第二个参数 total_flips 表示总掷硬币次数。这里 total_flips 需要累计在多个线程内掷硬币次数的总和，属于多线程共享的可变数据，故使用 Arc<Mutex<64>> 类型。

代码第 6 行和第 7 行，分别声明了 continue_positive 和 iter_counts 来表示连续掷出正面的次数以及掷硬币次数。

代码第 8~16 行，在 while 表达式中模拟掷硬币，直到 continue_positiv 次数达到目标次数 target_flips 为止。其中代码第 9 行，每次循环都累计一次掷硬币次数；代码第 10 行，调用

rand::random 函数模拟掷硬币，该函数是一个泛型函数，但这里没有指定具体的类型，是因
为代码第 11~15 行是 if 条件表达式，Rust 编译器可以据此自动推断出随机函数值的类型，这
里为 bool 类型。当 rand::random 函数返回 true 时，continue_positiv 的值累计加 1，然后进行
下一次循环。

代码第 18 行，调用互斥体 total_flips 的 lock 方法获取锁，然后在代码第 19 行将当前线
程的掷硬币次数 iter_counts 累加到 total_flips 中。

接下来在 main 函数中生成 8 个线程进行掷硬币实验，如代码清单 11-24 所示。

代码清单 11-24：完善 main 函数

```
1.   extern crate rand;
2.   use std::thread;
3.   use std::sync::{Arc, Mutex};
4.   fn main() {
5.       let total_flips = Arc::new(Mutex::new(0));
6.       let completed = Arc::new(Mutex::new(0));
7.       let runs = 8;
8.       let target_flips = 10;
9.       for _ in 0..runs {
10.          let total_flips = total_flips.clone();
11.          let completed = completed.clone();
12.          thread::spawn(move || {
13.              flip_simulate(target_flips, total_flips);
14.              let mut completed = completed.lock().unwrap();
15.              *completed += 1;
16.          });
17.      }
18.      loop {
19.          let completed = completed.lock().unwrap();
20.          if *completed == runs {
21.              let total_flips = total_flips.lock().unwrap();
22.              println!("Final average: {}", *total_flips / *completed);
23.              break;
24.          }
25.      }
26.  }
27.  fn flip_simulate(target_flips: u64, total_flips: Arc<Mutex<u64>>) {
28.      // 同代码清单 11-23
29.  }
```

在代码清单 11-24 中，定义了两个互斥体变量 total_flips 和 completed。其中 total_flips
依旧表示总掷硬币次数，completed 用于记录掷硬币实验完成的总线程数。

代码第 9~17 行，执行 for 循环生成 8 个线程，在线程中调用 flip_simulate 函数来模拟掷
硬币。第 14 行和第 15 行，通过调用互斥体 completed 的 lock 方法获取到互斥锁，在掷硬币
完成之后对该线程进行计数。

代码第 18~25 行，利用 loop 循环来等待所有子线程完成掷硬币任务。代码第 20 行，如
果所有的线程都完成了掷硬币任务，那么用总掷硬币次数除以完成掷硬币任务的线程总数，
就可以得到掷硬币的平均数。

代码清单 11-24 的执行结果如代码清单 11-25 所示。

代码清单 11-25：执行结果

```
iter_counts: 204
iter_counts: 1522
iter_counts: 1464
iter_counts: 1460
iter_counts: 1974
iter_counts: 423
iter_counts: 9913
iter_counts: 5447
Final average: 2800
```

每次执行都会得到不同的结果。需要注意的是，在本次掷硬币实验的代码中，使用 Mutex<T> 保护的是在多个线程之间共享的数据，对于那些在函数中使用的局部变量，默认就是线程安全的。

上面的代码执行是没有问题的，但如果修改一下就可能发生死锁（Deadlock），如代码清单 11-26 所示。

代码清单 11-26：会产生死锁的代码

```
1.   fn main() {
2.       // 同代码清单 11-24
3.       // loop 循环的整段代码用下面四行代码来替换
4.       let completed = completed.lock().unwrap();
5.       while *completed < runs {}
6.       let total_flips = total_flips.lock().unwrap();
7.       println!("Final average: {}", *total_flips / *completed);
8.   }
9.   fn simulate(target_flips: u64, total_flips: Arc<Mutex<u64>>) {
10.      // 同代码清单 11-23
11.  }
```

在代码清单 11-26 中，只对代码清单 11-24 中的 loop 循环的整段代码进行了替换，其余部分不变。代码第 4~7 行和之前 loop 循环的代码相比，缺少了对完成线程总数和运行线程数的判断以及 break。该段代码在 Playgroud[1]平台执行时会发生死锁，报出如下错误：

```
/root/entrypoint.sh: line 7:    5 Killed
    timeout --signal=KILL ${timeout} "$@"
```

该超时错误是 Playground 平台的错误，但它是由死锁引起的。这是因为 main 主线程一直持有对 completed 互斥体的锁，将会导致所有的模拟掷硬币的子线程阻塞。子线程阻塞以后，就无法更新 completed 的值了，同时，main 主线程还在等待子线程完成任务。这就造成了死锁。

Rust 虽然可以避免数据竞争，但不能完全避免其他问题，比如死锁，还需要我们在日常开发中多加留意。

1　请参见 play.rust-lang.org。

读写锁（RwLock）

在 std::sync 模块中还提供了另外一种锁——**读写锁** RwLock<T>。RwLock<T>和 Mutex<T>十分类似，不同点在于，RwLock<T>对线程进行**读者（Reader）**和**写者（Writer）**的区分，不像 Mutex<T>只能独占访问。该锁支持多个读线程和一个写线程，其中读线程只允许进行只读访问，而写线程只能进行独占写操作。只要线程没有拿到写锁，RwLock<T>就允许任意数量的读线程获得读锁。和 Mutex<T>一样，RwLock<T>也会因为恐慌而"中毒"。

代码清单 11-27 展示了一个读写锁示例。

代码清单 11-27：读写锁示例

```
1.  use std::sync::RwLock;
2.  fn main() {
3.      let lock = RwLock::new(5);
4.      {
5.          let r1 = lock.read().unwrap();
6.          let r2 = lock.read().unwrap();
7.          assert_eq!(*r1, 5);
8.          assert_eq!(*r2, 5);
9.      }
10.     {
11.         let mut w = lock.write().unwrap();
12.         *w += 1;
13.         assert_eq!(*w, 6);
14.     }
15. }
```

在代码清单 11-27 中，使用 read 方法来获取读锁，使用 write 方法来获取写锁。**读锁和写锁要使用显式作用域块隔离开**，这样的话，读锁或写锁才能在离开作用域之后自动释放；否则会引起死锁，因为**读锁和写锁不能同时存在**。

11.2.4 屏障和条件变量

Rust 除支持互斥锁和读写锁之外，还支持**屏障（Barrier）**和**条件变量（Condition Variable）**同步原语。代码清单 11-28 展示了一个屏障示例。

代码清单 11-28：屏障示例

```
1.  use std::sync::{Arc, Barrier};
2.  use std::thread;
3.  fn main() {
4.      let mut handles = Vec::with_capacity(5);
5.      let barrier = Arc::new(Barrier::new(5));
6.      for _ in 0..5 {
7.          let c = barrier.clone();
8.          handles.push(thread::spawn(move|| {
9.              println!("before wait");
10.             c.wait();
11.             println!("after wait");
12.         }));
13.     }
14.     for handle in handles {
```

```
15.        handle.join().unwrap();
16.    }
17. }
```

屏障的用法和互斥锁类似，它可以通过 wait 方法在某个点阻塞全部进入临界区的线程，如代码第 10 行所示。屏障示例输出结果如代码清单 11-29 所示。

代码清单 11-29：屏障示例输出结果

```
before wait
before wait
before wait
before wait
before wait
after wait
after wait
after wait
after wait
after wait
```

一共 5 个线程，但输出结果就好像是线程被"一刀从中间切成两半"一样。实际上是 wait 方法阻塞了这 5 个线程，等全部线程执行完前半部分操作之后，再开始后半部分操作。屏障一般用于实现线程同步。

条件变量跟屏障有点相似，但它不是阻塞全部线程，而是在满足指定条件之前阻塞某一个得到互斥锁的线程。代码清单 11-30 展示了一个条件变量示例。

代码清单 11-30：条件变量示例

```
1.  use std::sync::{Arc, Condvar, Mutex};
2.  use std::thread;
3.  fn main() {
4.      let pair = Arc::new((Mutex::new(false), Condvar::new()));
5.      let pair_clone = pair.clone();
6.      thread::spawn(move || {
7.          let &(ref lock, ref cvar) = &*pair_clone;
8.          let mut started = lock.lock().unwrap();
9.          *started = true;
10.         cvar.notify_one();
11.     });
12.     let &(ref lock, ref cvar) = &*pair;
13.     let mut started = lock.lock().unwrap();
14.     while !*started {
15.         println!("{}", started); // false
16.         started = cvar.wait(started).unwrap();
17.         println!("{}", started); // true
18.     }
19. }
```

在代码清单 11-30 中，代码第 4 行使用互斥锁和条件变量声明了 Arc<(Mutex<bool>, Condvar)>类型的变量 pair。

代码第 6~11 行，创建子线程，并在子线程中得到互斥体 lock，通过调用 lock 方法获得互斥锁，然后修改其中包含的 bool 类型数据为 true。在修改完之后，通过调用条件变量的

notify_one 方法通知主线程。

代码第 12~18 行，得到互斥体 lock 的互斥锁，在 while 循环中通过条件变量的 wait 方法阻塞当前 main 主线程，直到子线程中 started 互斥体中的条件变为 true。

这里值得注意的是，**在运行中每个条件变量每次只能和一个互斥体一起使用**。在有些线程需要获取某个状态成立的情况下，如果单独使用互斥锁会比较浪费系统资源，因为只有多次出入临界区才能获取到某个状态的信息。此时就可以配合使用条件变量，当状态成立时通知互斥体就可以，因此减少了系统资源的浪费。

11.2.5 原子类型

互斥锁、读写锁等同步原语确实可以满足基本的线程安全需求，但是有时候使用锁会影响性能，甚至存在死锁之类的风险，因此引入了原子类型。

原子类型内部封装了编程语言和操作系统的"契约"，基于此契约来实现一些自带原子操作的类型，而不需要对其使用锁来保证原子性，从而实现无锁（Lock-Free）并发编程。这个契约就是**多线程内存模型**。Rust 的多线程内存模型借鉴于 C++ 11，它保证了多线程并发的顺序一致性，不会因为底层的各种优化重排行为而失去原子性。

对于开发者来说，如果说编程语言提供的锁机制属于"白盒"操作的话，那么原子类型就属于"黑盒"操作。做个简单的类比。锁机制就相当于自家的厨房，你可以自由使用各种厨具和食材做出想要的美食，整个过程对你是透明的；而原子类型相当于去餐馆，你只能选择菜单上提供的菜品，然后交由餐馆后厨来帮你完成，整个过程是建立在对餐馆信任的基础上的，相信餐馆会遵守"契约"。对于原子类型来说，所谓的"菜单上提供的菜品"就如下面所示的操作：

- **Load**，表示从一个原子类型内部读取值。
- **Store**，表示往一个原子类型内部写入值。
- 各种提供原子"读取-修改-写入"的操作。
  - ➢ **CAS（Compare-And-Swap）**，表示比较并交换。
  - ➢ **Swap**，表示原子交换操作。
  - ➢ **Compare-Exchange**，表示比较/交换操作。
  - ➢ **Fetch-***，表示 fetch_add、fetch_sub、fetch_and 和 fetch_or 等一系列原子的加减或逻辑运算。
  - ➢ 其他。

通过上面原子类型"对外公开"的一系列原子操作，就可以从外部来控制多线程内存模型内部的顺序一致性，从而不用担心底层各种指令重排会导致线程不安全的问题。

Rust 标准库中提供的原子类型

在 Rust 标准库 std::sync::atomic 模块中暂时提供了 4 个稳定的原子类型，分别是 AtomicBool、AtomicIsize、AtomicPtr 和 AtomicUsize，另外还有很多基本的原子类型会逐步稳定。这些原子类型均提供了一系列原子操作。代码清单 11-31 展示了使用原子类型实现一个简单的**自旋锁（Spinlock）**。

代码清单 11-31：使用原子类型实现一个简单的自旋锁

```
1.  use std::sync::Arc;
2.  use std::sync::atomic::{AtomicUsize, Ordering};
```

```
3.    use std::thread;
4.    fn main() {
5.        let spinlock = Arc::new(AtomicUsize::new(1));
6.        let spinlock_clone = spinlock.clone();
7.        let thread = thread::spawn(move|| {
8.            spinlock_clone.store(0, Ordering::SeqCst);
9.        });
10.       while spinlock.load(Ordering::SeqCst) != 0 {}
11.       if let Err(panic) = thread.join() {
12.           println!("Thread had an error: {:?}", panic);
13.       }
14.   }
```

在代码清单 11-31 中，使用了 **AtomicUsize** 原子类型。原子类型本身虽然可以保证原子性，但它自身不提供在多线程中共享的方法，所以需要使用 Arc<T>将其跨线程共享，如代码第 5 行所示。

代码第 7~9 行，在 spawn 函数生成的子线程中，通过调用 spinlock_clone 的 store 方法，将其内部 AtomicUsize 类型的值写为 0。

代码第 10 行，在 main 主线程中使用 spinlock 的 load 方法读取其内部原子类型的值，如果不为 0，则不停地循环测试锁的状态，直到其状态被置为 0 为止，这就制造了一个自旋锁。所以，所谓"自旋"就是指在语义上表示这种不断循环获取锁状态的行为。

代码第 11~13 行，使用 join 方法阻塞 main 主线程等待子线程完成，并且做了相应的错误处理。

这里值得注意的是，在使用 store 和 load 这两种原子操作的时候，参数中都出现了 Ordering::SeqCst，并且在代码第 2 行中也引入了 Ordering 类型。

内存顺序

原子类型除提供基本的原子操作之外，还提供了内存顺序参数。为了帮助理解，可以将该参数类比为在餐馆吃饭时，虽然后厨对用户来说是一个"黑盒"，但可以通过给每个菜品额外添加备注来设置少盐、微辣等偏好要求。同样，每个原子类型虽然对开发者而言是一个"黑盒"，但也可以通过提供内存顺序参数来控制底层线程执行顺序的参数。控制内存顺序实际上就是控制底层线程同步，以便消除底层因为编译器优化或指令重排而可能引发的竞态条件。

在 std::sync::atomic::Ordering 模块中定义了 Rust 支持的 5 种内存顺序，如代码清单 11-32 所示。

代码清单 11-32：在 std::sync::atomic::Ordering 模块中定义的 5 种内容顺序

```
1.    pub enum Ordering {
2.        Relaxed,
3.        Release,
4.        Acquire,
5.        AcqRel,
6.        SeqCst,
7.    }
```

在代码清单 11-32 中展示的这 5 种内存顺序，实际上可以归为三大类。

- **排序一致性顺序**：Ordering::SeqCst。
- **自由顺序**：Ordering::Relaxed。
- **获取–释放顺序**：Ordering::Release、Ordering::Acquire 和 Ordering::AcqRel。

Rust 支持的 5 种内存顺序与其底层的 LLVM 支持的内存顺序是一致的。

排序一致性顺序是最直观、最简单的内存顺序，它规定使用排序一致性顺序，也就是指定 Ordering::SeqCst 的原子操作，都必须是先存储（store）再加载（load）。这就意味着，多线程环境下，所有的原子写操作都必须在读操作之前完成。通过这种规定，就强行指定了底层多线程的执行顺序，从而保证了多线程中所有操作的全局一致性。但是简单是要付出代价的，这种方式需要对所有的线程进行全局同步，这就存在性能损耗。可以使用下餐馆进行类比，每位客人都存在点单和结账两种状态，使用排序一致性顺序相当于强制要求所有需要结账的客人，必须等所有点单的客户完成之后才可以结账。

自由顺序正好是排序一致性顺序的对立面，顾名思义，它完全不会对线程的顺序进行干涉。也就是说，线程只进行原子操作，但线程之间会存在竞态条件。使用这种内存顺序是比较危险的，只有在明确了解当前使用场景且必须使用它的情况下（比如只有读操作），才可使用自由顺序。

获取–释放顺序，是除排序一致性顺序之外的优先选择。这种内存顺序并不会对全部的线程进行统一强制性的执行顺序要求。在该内存顺序中，store 代表释放（Release）语义，而 load 代表获取（Acquire）语义，通过这两种操作的协作实现线程同步。其中，Ordering::Release 表示使用该顺序的 store 操作，之前所有的操作对于使用 Ordering::Acquire 顺序的 load 操作都是可见的；反之亦然，使用 Ordering::Acquire 顺序的 load 操作对于使用 Ordering::Release 的 store 操作都是可见的；Ordering::AcqRel 代表读时使用 Ordering::Acquire 顺序的 load 操作，写时使用 Ordering::Release 顺序的 store 操作。

获取-释放顺序虽然不像排序一致性顺序那样对全局线程统一排序，但是它让每个线程都能按固定的顺序执行。同样使用下餐馆进行类比，每位客人都存在点单和结账两种状态，假定客人 A 的点单由服务员甲负责，但是结账时由服务员乙来进行，不可能发生在结账时服务员乙过来再重新为其点单的情况，对于客人 A 来说，在餐馆吃饭的流程遵守固定的顺序即可。

在日常开发过程中，如何选择内存顺序呢？这和底层硬件环境也有关系，一般情况下建议使用 Ordering::SeqCst。在需要性能优化的情况下，先调研并发程序运行的硬件环境，再优先选择获取-释放顺序（Ordering::Release、Ordering::Acquire 和 Ordering::AcqRel 按需选择）。除非必要，否则不要使用 Ordering::Relaxed。

11.2.6　使用 Channel 进行线程间通信

坊间流传着一句非常经典的话：**不要通过共享内存来通信，而应该使用通信来共享内存。**这句话中蕴含着一种古老的编程哲学，那就是消息传递，通过消息传递的手段可以降低由共享内存而产生的耦合。

基于消息通信的并发模型主要有两种：**Actor** 模型和 **CSP** 模型。Actor 模型的代表语言是 Erlang，而 CSP 模型的代表语言是 Golang。这两种并发模型的区别如下：

- 在 Actor 模型中，主角是 Actor，Actor 之间直接发送、接收消息；而在 CSP 模型中，主角是 Channel，其并不关注谁发送消息、谁接收消息。
- 在 Actor 模型中，Actor 之间是直接通信的；而在 CSP 模型中，依靠 Channel 来通信。
- Actor 模型的耦合程度要高于 CSP 模型，因为 CSP 模型不关注消息发送者和接收者。

图 11-6 展示了 Actor 模型和 CSP 模型的区别。

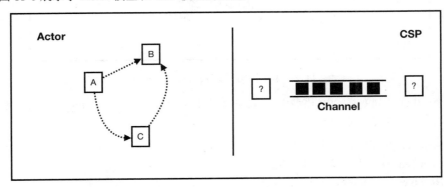

图 11-6：Actor 模型和 CSP 模型的区别

这两种模型都存在了很多年，随着 Golang 语言的出现，CSP 模型再次回到开发者的视线中。Rust 标准库也选择实现了 CSP 并发模型。

CSP 并发模型

CSP（Communicating Sequential Processes，通信顺序进程）是一个精确描述并发的数学理论，基于该理论构建的并发程序不会出现常见的问题，并且可以得到数学证明。CSP 对程序中每个阶段所包含对象的行为进行精确的指定和验证，它对并发程序的设计影响深远。

CSP 模型的基本构造是 **CSP 进程**和**通信通道**。注意，此处 CSP 进程是并发模型中的概念，不是操作系统中的进程。在 CSP 中每个事件都是进程，进程之间没有直接交互，只能通过通信通道来交互。CSP 进程通常是匿名的，通信通道传递消息通常使用同步方式。

CSP 理论在很多语言中得以实现，包括 Java、Golang 和 Rust 等。在 Rust 的实现中，线程就是 CSP 进程，而通信通道就是 Channel。在 Rust 标准库的 std::sync::mpsc 模块中为线程提供了 Channel 机制，其具体实现实际上是一个**多生产者单消费者**（Multi-Producer-Single-Consumer，MPSC）的先进先出（FIFO）队列。线程通过 Channel 进行通信，从而可以实现无锁并发。

生产者消费者模式与 Channel

生产者消费者模式是指通过一个中间层来解决数据生产者和消费者之间的耦合问题。生产者和消费者之间不直接通信，而是分别与中间层进行通信。生产者向中间层生产数据，消费者从中间层获取数据进行消费，这样就巧妙地平衡了生产者和消费者对数据的处理能力。

一般情况下，使用一个 FIFO 队列来充当中间层。在多线程环境下，生产者就是生产数据的线程，消费者就是消费数据的线程。Rust 实现的是多生产者单消费者模式，如图 11-7 所示。

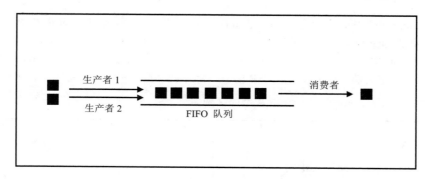

图 11-7：多生产者单消费者模式示意图

这个 FIFO 队列就是 CSP 模型中 Channel 的具体实现。在标准库 std::sync::mpsc 模块中定义了以下三种类型的 CSP 进程：

- **Sender**，用于发送异步消息。
- **SyncSender**，用于发送同步消息。
- **Receiver**，用于接收消息。

Rust 中的 Channel 包括两种类型：

- **异步无界 Channel**，对应于 channel 函数，会返回**(Sender, Receiver)**元组。该 Channel 发送消息是异步的，并且不会阻塞。**无界**，是指在理论上缓冲区是无限的。
- **同步有界 Channel**，对应于 sync_channel 函数，会返回**(SyncSender, Receiver)**元组。该 Channel 可以预分配具有固定大小的缓冲区，并且发送消息是同步的，当缓冲区满时会阻塞消息发送，直到有可用的缓冲空间。当该 Channel 缓冲区大小为 0 时，就会变成一个"点"，在这种情况下，Sender 和 Receiver 之间的消息传递是原子操作。

Channel 之间的发送或接收操作都会返回一个 Result 类型用于错误处理。当 Channel 发生意外时会返回 Err，所以通常使用 unwrap 在线程间传播错误，及早发现问题。

代码清单 11-33 展示了两个线程之间使用 Channel 通信的简单示例。

代码清单 11-33：两个线程之间使用 Channel 通信的简单示例

```
1.   use std::thread;
2.   use std::sync::mpsc::channel;
3.   fn main() {
4.       let (tx, rx) = channel();
5.       thread::spawn(move|| {
6.           tx.send(10).unwrap();
7.       });
8.       assert_eq!(rx.recv().unwrap(), 10);
9.   }
```

在代码清单 11-33 中，代码第 4 行，使用 channel 函数创建了一个用于线程间通信的通道，返回的元组**(tx, rx)**[1]称作通道的两端（Port）——**发送端**和**接收端**。

代码第 5~7 行，使用 spawn 生成子线程，并在该子线程中使用 tx 端口调用 send 方法向

1　缩写 tx 和 rx 为通信专业术语，tx 中的 t 代表 Transimt，rx 中的 r 代表 Receive，都加上 x 是为了避免缩写混淆。

Channel 中发送消息。

代码第 8 行，在 main 主线程中使用 rx 端口调用 recv 方法接收消息。这样就简单地使用 Channel 实现了线程间通信。

像代码清单 11-33 这种只有两个线程通信的 Channel，叫作**流通道（Streaming Channel）**。在流通道内部，实际上 Rust 会默认使用**单生产者单消费者队列（SPSC）**来提升性能。

代码清单 11-34 展示了多生产者使用 Channel 通信的示例。

代码清单 11-34：多生产者使用 Channel 通信示例
```
1.  use std::thread;
2.  use std::sync::mpsc::channel;
3.  fn main() {
4.      let (tx, rx) = channel();
5.      for i in 0..10 {
6.          let tx = tx.clone();
7.          thread::spawn(move|| {
8.              tx.send(i).unwrap();
9.          });
10.     }
11.     for _ in 0..10 {
12.         let j = rx.recv().unwrap();
13.         assert!(0 <= j && j < 10);
14.     }
15. }
```

在代码清单 11-34 中，代码第 5~10 行，在 for 循环中生成了 10 个子线程，同时，也将发送端 tx 拷贝了 10 次，于是就产生了 10 个生产者。

代码第 11~14 行，同样在 for 循环中，使用接收端 rx 消费 10 次数据。

像代码清单 11-34 这种多生产者单消费者的 Channel，叫作**共享通道（Sharing Channel）**。

上面的示例均为异步 Channel，代码清单 11-35 展示了使用同步 Channel 通信的示例。

代码清单 11-35：使用同步 Channel 通信示例
```
1.  use std::sync::mpsc::sync_channel;
2.  use std::thread;
3.  fn main() {
4.      let (tx, rx) = sync_channel(1);
5.      tx.send(1).unwrap();
6.      thread::spawn(move|| {
7.          tx.send(2).unwrap();
8.      });
9.      assert_eq!(rx.recv().unwrap(), 1);
10.     assert_eq!(rx.recv().unwrap(), 2);
11. }
```

在代码清单 11-35 中，代码第 4 行，使用 sync_channel 函数创建了一个同步 Channel，并将其缓冲区大小设置为 1。

代码第 5 行，使用发送端 tx 的 send 方法往同步 Channel 中发送消息。

代码第 6~8 行，在 spawn 生成的子线程中再次使用发送端 tx 发送消息。但是因为同步

Channel 的缓冲区大小只为 1，所以这次发送的消息在上一条消息被消费之前会一直阻塞，直
到 Channel 中缓冲区有可用空间才会继续发送。

代码第 9 行和第 10 行，使用接收端 rx 来消费 Channel 中的数据。如果 rx 未接收到数据，
则会发生恐慌。

Channel 死锁

并不是没有锁就不会发生死锁行为。请看代码清单 11-36。

代码清单 11-36：会发生死锁的 Channel 示例

```
1.   use std::thread;
2.   use std::sync::mpsc::channel;
3.   fn main() {
4.       let (tx, rx) = channel();
5.       for i in 0..5 {
6.           let tx = tx.clone();
7.           thread::spawn(move || {
8.               tx.send(i).unwrap();
9.           });
10.      }
11.      // drop(tx);
12.      for j in rx.iter() {
13.          println!("{:?}", j);
14.      }
15.  }
```

在代码清单 11-36 中，调用了 rx 的 iter 方法得到一个迭代器。输出结果如下：

```
/root/entrypoint.sh: line 7:    5 Killed
timeout --signal=KILL ${timeout} "$@"
0
1
4
2
3
4
```

该输出结果是在 Playground 平台编译执行后得到的，除正常打印从 0 到 4 之外，还有一
个 entrypoint.sh 脚本杀掉超时进程的提示。这说明代码清单 11-36 在执行过程中会发生死锁。

在本地编译该段代码就会发现，在 main 主线程输出从 0 到 4 结果之后，还会一直阻塞
main 主线程而不退出。这是因为 rx 的 iter 方法会阻塞线程，只要 tx 还没有被析构，该迭代
器就会一直等待新的消息，只有 tx 被析构之后，迭代器才能返回 None，从而结束迭代退出
main 主线程。然而，这里 tx 并未被析构，所以迭代器依旧等待，tx 也没有发送新的消息，
从而造成了一种死锁状态。要解决此问题也很简单，只需要显式调用 drop 方法将 tx 析构就
可以，去掉代码清单 11-36 中第 11 行的注释即可。

再来看另外一个示例，如代码清单 11-37 所示。

代码清单 11-37：不存在死锁的 Channel 示例

```
1.   use std::sync::mpsc::channel;
2.   use std::thread;
```

```
3.   fn main() {
4.     let (tx, rx) = channel();
5.     thread::spawn(move || {
6.         tx.send(1u8).unwrap();
7.         tx.send(2u8).unwrap();
8.         tx.send(3u8).unwrap();
9.     });
10.    for x in rx.iter() {
11.        println!("receive: {}", x);
12.    }
13.  }
```

在代码清单 11-37 中，也通过调用 rx 的 iter 方法获取迭代器来消费 tx 发送的消息，但是该段代码会正常编译执行，不会发生死锁。这是为什么呢？注意，在代码清单 11-36 中创建的是**共享通道**，而在代码清单 11-37 中创建的是**流通道**，也就是多个 Sender 和单个 Sender 的区别。发送端 tx 在离开 spawn 作用域之后会调用析构函数 drop，在 drop 中会调用 tx 内部的 drop_channel 方法来**断开**（DISCONNECT）Channel。当 Channel 是共享通道时，在 for 循环中调用 tx 的 clone 方法；当 Channel 是流通道时，tx 在离开子线程作用域之后通过析构函数就可以断开 Channel。之所以存在这样的区别，在于共享通道和流通道底层的构造有所不同。流通道底层自动使用 SPSC（单生产者单消费者）队列来优化性能，因为流通道只是用于两个线程之间的通信。但是共享通道底层使用的还是 MPSC（多生产者单消费者）队列，在析构行为上比流通道略为复杂。所以在通常的开发过程中，要注意这两类 Channel 的区别。

在底层不管是 SPSC 还是 MPSC 队列，甚至是同步 Channel 使用的内置独立的队列，都是**基于链表实现的**。使用链表的好处就是可以提升性能。在生产数据时，只需要在链表头部添加新的元素即可；在消费数据时，只需要从链表尾部取元素即可。

利用 Channel 模拟工作量证明

接下来，我们使用 Channel 来解决一个来自数字货币领域的问题。众所周知，比特币开创了数字货币时代，它不仅仅革新了金融领域，更重要的是它带来了区块链的概念。区块链采用密码学的方法来保证已有的数据不可篡改，采用共识算法为新增的数据达成共识，这完全是与生俱来的且去中心化的"公信力"。而信任是人类社会一切交易的前提，于是，这种借助于密码学和算法取得信任的区块链技术，正逐渐成为当前互联网上各种商业信用体的基础设施。

在比特币中，最流行的一个词就是"挖矿"。这个词极具诱惑性，听上去就像是在"挖金矿"一样。但是当了解了其背后的技术机制之后，就不会产生这种幻想了。实际上，"挖矿"就是比特币和以太坊中的一种共识机制，用专业术语来说，就是指**工作量证明**（Proof of Work，PoW）。

工作量证明机制其实不是比特币专有的，其存在已经很多年了，最早被用于防范拒绝服务攻击等领域。下面简单用一个示例来说明**工作量证明机制的基本原理**。

- 给定一个字符串或数字，比如 42。
- 给定一个工作目标：找到另外一个数字，要求该数字和 42 相乘后的结果，经过 Hash 函数处理后，满足得到的加密字串以"00000"开头。可以通过对"00000"增加或减少 0 的个数来控制查找的难度。
- 为了找到这个数字，需要从数字 1 开始递增查找，直到找到满足条件的数字。

要找到这个数字，就需要大量的计算。在这个示例中，数学期望的计算次数就是"工作量"，重复多次验证是否满足条件就是"工作量证明"，这是一个符合统计学规律的概率事件。当然，比特币和以太坊中真实的工作量证明算法比这个示例复杂一些，但原理是相似的。

现在，使用 Rust 来实现上述示例描述的模拟工作量证明过程。**代码结构设计如下：**

- 使用多线程来加速查找过程。
- 将查找到的符合条件的数字和加密字符串通过 Channel 传递到另外一个线程中并输出。

工作量证明过程代码结构示意图如图 11-8 所示。

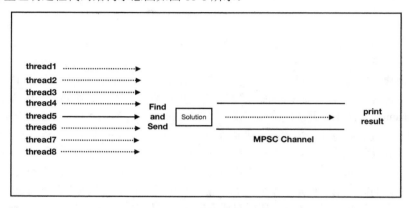

图 11-8：工作量证明过程代码结构示意图

为了简单起见，将整个代码都写到同一个文件中。接下来，使用 **cargo new --bin pow** 创建一个新项目。在实现此过程中，需要用到两个第三方包——用来求 Hash 值的 rust-crypto 和用来方便迭代的 itertools。首先在 Cargo.toml 文件中添加具体的依赖，如代码清单 11-38 所示。

代码清单 11-38：在 Cargo.toml 文件中添加 rust-crypto 和 itertools 依赖

```
1.  [dependencies]
2.  itertools = "0.7.8"
3.  rust-crypto = "^0.2"
```

然后在 mian.rs 文件中引入这两个包，如代码清单 11-39 所示。

代码清单 11-39：在 main.rs 文件中引入 rust-crypto 和 itertools

```
1.  // extern crate itertools;
2.  // extern crate crypto;
3.  use itertools::Itertools;
4.  use crypto::digest::Digest;
5.  use crypto::sha2::Sha256;
6.  use std::thread;
7.  use std::sync::{mpsc, Arc};
8.  use std::sync::atomic::{AtomicBool, Ordering};
9.  const BASE: usize = 42;
10. const THREADS: usize = 8;
11. static DIFFICULTY: &'static str = "00000";
12. struct Solution(usize, String);
```

在代码清单 11-39 中，代码第 1~5 行，引入了 rust-crypto 和 itertools 中所需要的模块，此处使用 Sha256 算法。在 Rust 2018 中，代码第 1 行和第 2 行可省略。

代码第 6~8 行，分别引入了线程、MPSC、Arc 和原子类型 AtomicBool，这些都是编写该并发程序时所需要的基本工具。

代码第 9 行和第 10 行，分别定义了常量 BASE 和 THREADS，用来存储工作量证明示例中基础的值 42 和多线程的线程数，方便修改和复用。

代码第 11 行，定义了静态全局字符串字面量 DIFFICULTY，可以随时通过修改"0"的位数来调整难度，"0"越多难度越高，也就是说，查找过程时间越长。

代码第 12 行，定义了 Solution(usize, String) 元组结构体，用来记录最终找到的数字及其加密后的结果。

接下来实现一个验证函数，用于验证所找到的数字是否满足条件，如代码清单 11-40 所示。

代码清单 11-40：在 main.rs 中实现验证函数 verify

```
1.  // 接上
2.  fn verify(number: usize) -> Option<Solution> {
3.      let mut hasher = Sha256::new();
4.      hasher.input_str(&(number * BASE).to_string());
5.      let hash: String = hasher.result_str();
6.      if hash.starts_with(DIFFICULTY) {
7.          Some(Solution(number, hash))
8.      } else { None }
9.  }
```

代码清单 11-40 中的验证函数很简单，它接收一个 usize 类型的数字 number，返回一个 Option<Solution> 类型的值，因为验证的结果有两种可能：解决和未解决。

代码第 3~5 行，使用 rust-crypto 包提供的 Sha256 类型来生成 number 和 BASE 乘积的 Hash 值 hash，并将其转换为 String 字符串。

代码第 6~8 行，使用 String 类型中提供的 starts_with 方法来判断 hash 是否以 DIFFICULTY 中指定的字符串开头。如果是，则返回 Some(Solution(number, hash))；如果不是，就返回 None。

接下来实现查找函数，如代码清单 11-41 所示。

代码清单 11-41：在 main.rs 中实现查找函数 find

```
1.  // 接上
2.  fn find(
3.      start_at: usize,
4.      sender: mpsc::Sender<Solution>,
5.      is_solution_found: Arc<AtomicBool>
6.  ) {
7.      for number in (start_at..).step(THREADS) {
8.          if is_solution_found.load(Ordering::Relaxed) { return; }
9.          if let Some(solution) = verify(number) {
10.             is_solution_found.store(true, Ordering::Relaxed);
11.             sender.send(solution).unwrap();
12.             return;
13.         }
14.     }
15. }
```

在代码清单 11-41 中，find 函数一共需要三个参数。第一个参数 **start_at** 是计算的起始数字。第二个参数 **sender** 是 Channel 的发送端，其类型是 mpsc::Sender<Solution>，因为需要将 Solution 类型的值通过 Channel 发送给接收线程。第三个参数 **is_solution_found** 用来记录满足条件的 Solution 是否被找到，它是一个全局性变量，被多个线程操作，应该使用原子类型，所以将其设置为 Arc<AtomicBool>。

代码第 7 行，开启一个无限递增的循环，以 start_at 为起点，以 THREADS 为步长，直到找到那个满足条件的数字。以 THREADS 为步长，是为了将查找的自然数进行分组，以便于平均划分多线程任务。

代码第 8 行，使用 load 方法读取原子类型 is_solution_found 中的值，如果已经设置为 true，则从循环中提前返回，否则就继续执行。此处设置内存顺序为**自由顺序**（**Ordering::Relaxed**）是安全的，因为底层的线程执行顺序并不会影响到 find 函数的结果，同时也提升了原子操作的性能。

代码第 9~13 行，使用 verify 函数验证循环中每个 number 的值是否满足条件。如果满足，则使用 store 方法将 is_solution_found 的值设置为 true，此处内存顺序同样使用自由顺序。然后将查找到的值 solution 通过 Channel 发送出去。如果完成了这些工作，则从当前循环中提前返回，否则继续循环。

对多线程任务的平均划分如图 11-9 所示。

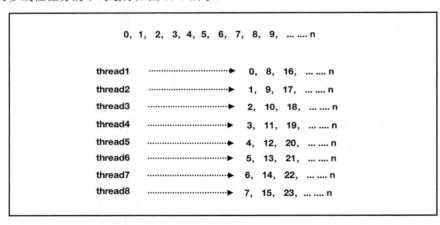

图 11-9：多线程任务平均划分示意图

从图 11-9 中可以看出，一共 8 个线程，所以每个线程按 8 的步长进行迭代，就可以将任务平均划分到这 8 个线程中。

最后，完善 mian 函数，如代码清单 11-42 所示。

代码清单 11-42：在 main.rs 中完善 main 函数

```
1.   // 接上
2.   fn main() {
3.       println!("PoW : Find a number,
4.           SHA256(the number  * {}) == \"{}......\" ", BASE, DIFFICULTY);
5.       println!("Started {} threads", THREADS);
6.       println!("Please wait...  ");
7.       let is_solution_found = Arc::new(AtomicBool::new(false));
8.       let (sender, receiver) = mpsc::channel();
```

```
9.      for i in 0..THREADS {
10.         let sender_n = sender.clone();
11.         let is_solution_found = is_solution_found.clone();
12.         thread::spawn(move || {
13.             find(i, sender_n, is_solution_found);
14.         });
15.     }
16.     match receiver.recv() {
17.         Ok(Solution(i, hash)) => {
18.             println!("Found the solution: ");
19.             println!("The number is: {},
20.                     and hash result is : {}.", i, hash);
21.         },
22.         Err(_) => panic!("Worker threads disconnected!"),
23.     }
24. }
```

在代码清单 11-42 中，首先打印两条提示信息，包括此次工作量证明示例中的基数、难度字串和线程数，如代码第 3~6 行所示。

代码第 7 行和第 8 行，分别声明了 is_solution_found 原子类型和 Channel，此处 is_solution_found 默认设置为 false。

代码第 9~15 行，按 THREADS 指定的线程数生成相应的子线程，并且在子线程中执行 find 任务。注意此处，在 find 函数内部已经通过设置循环步长完成了多线程任务的平均划分。

代码第 16~23 行，通过调用 receiver 的 recv 方法来阻塞当前 main 主线程，等待接收最终满足条件的值。如果接收到了值，则将其打印出来；如果出错，则制造恐慌来报告查找失败。

至此，整个代码实现完毕，只需要在此项目的根目录下执行 cargo run 命令即可运行。输出结果如代码清单 11-43 所示。

代码清单 11-43：工作量证明示例输出结果

```
PoW : Find a number, SHA256(the number  * 42) == "00000......"
Started 8 threads
Please wait...
Found the solution:
The     number    is:    834312,    and    hash    result    is    :
00000a31988d8c179097b2753c509b11520f4b5470dc77facedc5734f13d3394.
```

在整个实现过程中需要注意以下几个地方：

- 如何正确地分离生产线程和消费线程？
- 如何正确地划分并发任务？
- 如何正确地识别临界区，以及如何正确地使用原子类型及其内存顺序？

11.2.7 内部可变性探究

在 Rust 提供的并发编程工具中，基本都支持内部可变性，在行为上与 Cell<T>、RefCell<T> 比较相似。代码清单 11-44 展示了 Mutex 的源码实现。

代码清单 11-44：Mutex 源码实现

```
1. pub struct Mutex<T: ?Sized> {
```

```
2.     inner: Box<sys::Mutex>,
3.     poison: poison::Flag,
4.     data: UnsafeCell<T>,
5.   }
```

从代码清单 11-44 中可以看出，Mutex<T>有三个成员字段，即 inner、poison 和 data。其中 inner 字段包装了用于调用底层操作系统 API 的 sys::Mutex；poison 用于标记该锁是否已"中毒"；data 是锁包含的数据，使用了 **UnsafeCell<T>**类型。由此来看，内部可变性是由 UnsafeCell<T>提供的。

继续查看 Cell<T>、RefCell<T>、RwLock<T>锁、原子类型以及 mpsc::Sender 等的源码实现，如代码清单 11-45 所示。

代码清单 11-45：Cell<T>、RefCell<T>、RwLock<T>等源码实现

```
1.  pub struct Cell<T> {
2.      value: UnsafeCell<T>,
3.  }
4.  pub struct RefCell<T: ?Sized> {
5.      borrow: Cell<BorrowFlag>,
6.      value: UnsafeCell<T>,
7.  }
8.  pub struct RwLock<T: ?Sized> {
9.      inner: Box<sys::RWLock>,
10.     poison: poison::Flag,
11.     data: UnsafeCell<T>,
12. }
13. pub struct AtomicBool {
14.     v: UnsafeCell<u8>,
15. }
16. pub struct Sender<T> {
17.     inner: UnsafeCell<Flavor<T>>,
18. }
19. pub struct Receiver<T> {
20.     inner: UnsafeCell<Flavor<T>>,
21. }
```

从代码清单 11-45 中可以看出，这些拥有内部可变性的结构体都是基于 UnsafeCell<T> 实现的。继续查看 UnsafeCell<T>的源码实现，如代码清单 11-46 所示。

代码清单 11-46：UnsafeCell<T>源码实现

```
1.  #[lang = "unsafe_cell"]
2.  pub struct UnsafeCell<T: ?Sized> {
3.      value: T,
4.  }
5.  impl<T: ?Sized> !Sync for UnsafeCell<T> {}
6.  impl<T: ?Sized> UnsafeCell<T> {
7.      pub fn get(&self) -> *mut T {
8.          &self.value as *const T as *mut T
9.      }
10. }
```

在代码清单 11-46 中，UnsafeCell<T>只是一个泛型结构体，它属于**语言项（Lang Item）**，所以编译器会对它进行某种特殊的照顾。

代码第 5 行，为 UnsafeCell<T>实现了!Sync，因为单独使用该类型并不能保证线程安全。

UnsafeCell<T>的特别之处在于第 7 行和第 8 行实现的 get 方法，通过该方法可以将 UnsafeCell<T>中 T 类型的不可变借用转换为可变的原生指针（Raw Pointer）。在 get 方法内部，通过 as 将 T 类型的不可变借用先转换为***counst T**，再转换成***mut T**。

一般来说，在 Rust 中将不可变借用转换为可变借用属于未定义行为，编译器不允许开发者随意对这两种引用进行相互转换。但是，UnsafeCell<T>是唯一的例外。这也是 UnsafeCell<T>属于语言项的原因，它属于 Rust 中将不可变转换为可变的唯一合法渠道，对于使用了 UnsafeCell<T>的类型，编译器会关闭相关的检查。

因此，在上述各种拥有内部可变性的容器内部均使用了 UnsafeCell<T>，不会违反 Rust 的编译器安全检查。

11.2.8 线程池

在实际应用中，多线程并发更常用的方式是使用线程池。线程虽然比进程轻量，但如果每次处理任务都要重新创建线程的话，就会导致线程过多，从而带来更多的创建和调度的开销。采用线程池的方式，不仅可以实现对线程的复用，避免多次创建、销毁线程的开销，而且还能保证内核可以被充分利用。

实现一个线程池需要考虑以下几点。

- 工作线程：用于处理具体任务的线程。
- 线程池初始化：即通过设置参数指定线程池的初始栈大小、名称、工作线程数等。
- 待处理任务的存储队列：工作线程数是有限的，对于来不及处理的任务，需要暂时保存到一个队列中。
- 线程池管理：即管理线程池中的任务数和工作线程的状态。比如，在没有空闲工作线程时则需要等待，或者在需要时阻塞主线程等待所有任务执行完毕。

接下来参考第三方包 **threadpool**[1]的实现，来说明如何使用 Rust 标准库中提供的并发工具来实现一个简单的线程池。

- 线程池：通过创建一个线程池结构体来控制线程池的初始化。为此结构体实现 Builder 模式，定制初始化参数，并且实现生成工作线程的方法。
- 待处理任务队列：使用无界队列 mpsc::channel，缓存待处理的任务。
- 线程池管理：使用原子类型对工作任务状态进行计数，达到管理的目的。

这个简单的线程池模型示意图如图 11-10 所示。

---

1 threadpool 包的源码地址：https://crates.io/crates/threadpool，本章中与线程池相关的演示代码对其做了部分精简。

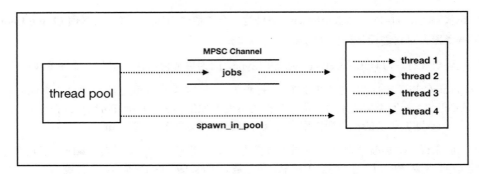

图 11-10：简单的线程池模型示意图

使用 **cargo new --bin thread_pool** 创建一个新项目 thread_pool，在 Cargo.toml 文件中添加第三方包 num_cpus 的依赖，如代码清单 11-47 所示。

代码清单 11-47：在 Cargo.toml 中添加 num_cpus 依赖

```
1.  [dependencies]
2.  num_cpus = "1.8"
```

在代码清单 11-47 中添加的 num_cpus 依赖可以识别当前运行的计算机中 CPU 的个数，将其作为线程池默认的工作线程数。

在 main.rs 文件中添加初始化代码，如代码清单 11-48 所示。

代码清单 11-48：在 main.rs 中添加初始化代码

```
1.  // extern crate num_cpus;
2.  use std::sync::mpsc::{channel, Sender, Receiver};
3.  use std::sync::{Arc, Mutex, Condvar};
4.  use std::sync::atomic::{AtomicUsize, Ordering};
5.  use std::thread;
6.  trait FnBox {
7.      fn call_box(self: Box<Self>);
8.  }
9.  impl<F: FnOnce()> FnBox for F {
10.     fn call_box(self: Box<F>) {
11.         (*self)()
12.     }
13. }
14. type Thunk<'a> = Box<FnBox + Send + 'a>;
```

在代码清单 11-48 中引入了 num_cpus 包。同时，在代码第 2 行引入了 channel、Sender 和 Receiver，随后会使用它们来管理工作任务。在代码第 3 行和第 4 行引入了 Arc、Mutex、Condvar 和 AtomicUsize，随后会用到。在代码第 5 行引入了 thread 模块，需要用它来生成具体的工作线程。

值得注意的是代码第 6~13 行，定义了 FnBox trait，并为 FnOnce 的闭包实现了该 trait，在 call_box 方法中执行闭包调用。这样做是为了避免使用**#![feature(fnbox)]**特性，可以回想一下第 6 章的内容。

代码第 14 行，使用 type 定义了一个类型别名，这是为了简化代码。

为了让线程池中维护的线程可以共享相同的数据，还需要一个共享数据的结构体，如代码清单 11-49 所示。

代码清单 11-49：在 main.rs 中添加 ThreadPoolSharedData 结构体

```
1.  // 接上
2.  struct ThreadPoolSharedData {
3.      name: Option<String>,
4.      job_receiver: Mutex<Receiver<Thunk<'static>>>,
5.      empty_trigger: Mutex<()>,
6.      empty_condvar: Condvar,
7.      queued_count: AtomicUsize,
8.      active_count: AtomicUsize,
9.      max_thread_count: AtomicUsize,
10.     panic_count: AtomicUsize,
11.     stack_size: Option<usize>,
12. }
13. impl ThreadPoolSharedData {
14.     fn has_work(&self) -> bool {
15.         self.queued_count.load(Ordering::SeqCst) > 0
16.         ||
17.         self.active_count.load(Ordering::SeqCst) > 0
18.     }
19.     fn no_work_notify_all(&self) {
20.         if !self.has_work() {
21.             *self.empty_trigger.lock()
22.                 .expect("Unable to notify all joining threads");
23.             self.empty_condvar.notify_all();
24.         }
25.     }
26. }
```

在代码清单 11-49 中，定义了 ThreadPoolSharedData 结构体，如代码第 2~12 行所示，其中字段的含义如下：

- **name**，用于标记线程的名称，线程池内的线程都用统一的名称。该值可有可无，所以使用 Option<String>类型。
- **job_receiver**，用于存储从 Channel 中接收任务的接收端（rx），此处为 Mutex<Receiver<Thunk<'static>>> 类型，是因为在多线程环境下，Reveiver<Thunk<'static>>类型不能被安全共享，为了线程安全，必须要加锁。此处 Thunk<'static>代表 Box<FnBox + Send + 'static>，要执行的具体任务均为闭包。
- **empty_trigger** 和 **empty_condvar**，分别是 Mutex<()>和 Condvar，代表空锁和空的条件变量，用于实现线程池的 join 方法，条件变量需要配合互斥锁才能使用。
- **queued_count** 和 **active_count**，代表线程池中的总队列数和正在执行任务的工作线程数。因为是多线程操作，所以使用原子类型 AtomicUsize 来保证原子性。
- **max_thread_count**，代表线程池允许的最大工作线程数。
- **panic_count**，用于记录线程池中发生恐慌的工作线程数，同样使用原子类型 AtomicUsize 来保证原子性。
- **stack_size**，用于设置工作线程栈大小，可有可无，所以为 Option<usize>类型。如果不设置栈大小，则默认为 8MB。

代码第 14~18 行，为 ThreadPoolSharedData 实现了 has_work 方法，当 queued_count 大于

0 或 active_count 大于 0 时，表示线程池处于正常工作状态。

代码第 19~25 行，实现了 no_work_notify_all 方法，通过 has_work 方法判断线程池的工作状态。如果线程池中的工作线程处于闲置状态，则代表所有任务均以完成，那么通过 empty_trigger 拿到锁，再调用 empty_condvar 的 notify_all 方法来通知所有阻塞的线程解除阻塞状态。该方法用于配合线程池的 join 方法。

接下来需要一个线程池结构体，如代码清单 11-50 所示。

代码清单 11-50：在 main.rs 中添加 ThreadPool 结构体

```
1.  // 接上
2.  pub struct ThreadPool {
3.      jobs: Sender<Thunk<'static>>,
4.      shared_data: Arc<ThreadPoolSharedData>,
5.  }
6.  impl ThreadPool {
7.      pub fn new(num_threads: usize) -> ThreadPool {
8.          Builder::new().num_threads(num_threads).build()
9.      }
10.     pub fn execute<F>(&self, job: F)
11.         where F: FnOnce() + Send + 'static
12.     {
13.         self.shared_data
14.             .queued_count.fetch_add(1, Ordering::SeqCst);
15.         self.jobs.send(Box::new(job))
16.             .expect("unable to send job into queue.");
17.     }
18.     pub fn join(&self) {
19.         if self.shared_data.has_work() == false {
20.             return ();
21.         }
22.         let mut lock = self.shared_data.empty_trigger.lock().unwrap();
23.         while self.shared_data.has_work() {
24.             lock = self.shared_data
25.                 .empty_condvar.wait(lock).unwrap();
26.         }
27.     }
28. }
```

在代码清单 11-50 中，定义了 ThreadPool 结构体，如代码第 2~5 行所示，其包含如下两个字段：

- **jobs**，用于存储 Channel 发送端（tx），使用它给工作线程发送具体的任务，为 Sender<Thunk<'static>>类型。
- **shared_data**，记录工作线程共享的数据，为 Arc<ThreadPoolSharedData>类型。

代码第 7~9 行，实现了 new 方法，用于初始化线程池。在该方法中使用构建者模式来定制生成工作线程。

代码第 10~17 行，实现了 execute 方法，用于将任务添加到 Channel 队列中，同时使用 AtomicUsize 的 fetch_add 方法将 queued_count 累加一次。可以通过此方法向队列中多次添加任务。

代码第 18~27 行，实现了 join 方法，该方法用于在需要时阻塞主线程等待线程池中的所有任务执行完毕。代码第 19~21 行，判断线程池如果处于闲置状态，则提前返回。代码第 22 行，通过 shared_data 中的 empty_trigger 来获得互斥锁。在代码第 23~26 行的 while 循环中，如果线程池中的工作线程一直处于正常工作状态，则调用 empty_condvar 的 wait 方法来阻塞当前线程，直到获得解除阻塞的通知（如 notify_all）。

接下来创建初始化线程池需要用到的 Builder 结构体和 build 方法，如代码清单 11-51 所示。

代码清单 11-51：在 main.rs 中添加 Builder 结构体及其方法

```
1.  // 接上
2.  #[derive(Clone, Default)]
3.  pub struct Builder {
4.      num_threads: Option<usize>,
5.      thread_name: Option<String>,
6.      thread_stack_size: Option<usize>,
7.  }
8.  impl Builder {
9.      pub fn new() -> Builder {
10.         Builder {
11.             num_threads: None,
12.             thread_name: None,
13.             thread_stack_size: None,
14.         }
15.     }
16.     pub fn num_threads(mut self, num_threads: usize) -> Builder {
17.         assert!(num_threads > 0);
18.         self.num_threads = Some(num_threads);
19.         self
20.     }
21.     pub fn build(self) -> ThreadPool {
22.         let (tx, rx) = channel::<Thunk<'static>>();
23.         let num_threads = self.num_threads
24.             .unwrap_or_else(num_cpus::get);
25.         let shared_data = Arc::new(ThreadPoolSharedData {
26.             name: self.thread_name,
27.             job_receiver: Mutex::new(rx),
28.             empty_condvar: Condvar::new(),
29.             empty_trigger: Mutex::new(()),
30.             queued_count: AtomicUsize::new(0),
31.             active_count: AtomicUsize::new(0),
32.             max_thread_count: AtomicUsize::new(num_threads),
33.             panic_count: AtomicUsize::new(0),
34.             stack_size: self.thread_stack_size,
35.         });
36.         for _ in 0..num_threads {
37.             spawn_in_pool(shared_data.clone());
38.         }
39.         ThreadPool {
40.             jobs: tx,
41.             shared_data: shared_data,
42.         }
43.     }
44. }
```

在代码清单 11-51 中，定义了 Builder 结构体，其包含三个字段：num_threads、thread_name 和 thread_stack_size，分别表示要创建的工作线程数、线程名称和线程栈大小，均为可选类型，如代码第 3~7 行所示。

代码第 9~15 行，为 Builder 结构体实现了 new 方法，生成一个字段初始值均为 None 的 Builder 实例。

代码第 16~20 行，实现了 num_threads 方法，通过参数可以设置工作线程数。

代码第 21~43 行，实现了 build 方法，用于初始化最终的线程池。代码第 22 行，使用 channel 函数创建一个无界队列。代码第 23 行和第 24 行，通过 num_threads 得到工作线程数，如果没有设置，则默认使用 num_cpus::get 方法返回当前计算机的 CPU 核心数。代码第 25~35 行，初始化了一个 ThreadPoolSharedData 实例，并将其放到 Arc 中。代码第 36~38 行，通过迭代 num_threads 次来生成相应的工作线程，其中 spawn_in_pool 函数用于生成工作线程。代码第 39~42 行，返回最终初始化完成的 ThreadPool 实例。

代码清单 11-52 展示了 spawn_in_pool 函数的具体实现。

代码清单 11-52：spawn_in_pool 函数的具体实现

```
1.   // 接上
2.   fn spawn_in_pool(shared_data: Arc<ThreadPoolSharedData>) {
3.       let mut builder = thread::Builder::new();
4.       if let Some(ref name) = shared_data.name {
5.           builder = builder.name(name.clone());
6.       }
7.       if let Some(ref stack_size) = shared_data.stack_size {
8.           builder = builder.stack_size(stack_size.to_owned());
9.       }
10.      builder.spawn(move || {
11.          let sentinel = Sentinel::new(&shared_data);
12.          loop {
13.              let thread_counter_val = shared_data
14.                  .active_count.load(Ordering::Acquire);
15.              let max_thread_count_val = shared_data
16.                  .max_thread_count.load(Ordering::Relaxed);
17.              if thread_counter_val >= max_thread_count_val {
18.                  break;
19.              }
20.              let message = {
21.                  let lock = shared_data.job_receiver.lock()
22.                      .expect("unable to lock job_receiver");
23.                  lock.recv()
24.              };
25.              let job = match message {
26.                  Ok(job) => job,
27.                  Err(..) => break,
28.              };
29.              shared_data.queued_count.fetch_sub(1, Ordering::SeqCst);
30.              shared_data.active_count.fetch_add(1, Ordering::SeqCst);
31.              job.call_box();
32.              shared_data.active_count.fetch_sub(1, Ordering::SeqCst);
```

```
33.            shared_data.no_work_notify_all();
34.        }
35.        sentinel.cancel();
36.    }).unwrap();
37. }
```

在代码清单 11-52 中，第 3~9 行，通过 shared_data 中存储的 name 和 stack_size 来定制生成线程。注意此处使用的是 thread 模块的 Builder::new 方法，而非当前 main.rs 中定义的 Builder。

代码第 10~36 行，使用 builder.spawn 方法来创建工作线程。

代码第 11 行中的 Sentinel 结构体用来对具体的工作线程进行监控。

代码第 12~34 行为一个 loop 循环，用于阻塞当前工作线程从任务队列中取具体的任务来执行。代码第 13 行和第 14 行，得到当前任务队列中的 active_count，注意这里 load 方法使用的内存顺序为 Ordering::Acquire，代表 load 方法能看到之前所有线程对 active_count 所做的修改。而代码第 15 行和第 16 行，获取 max_thread_count 数目使用的内存顺序为 Ordering::Relaxed，这是因为 max_thread_count 的值不会被底层线程读取顺序影响到，使用自由顺序可以提升性能。

代码第 17~19 行，如果工作队列数大于最大的线程数，则退出此循环。

代码第 20~24 行，先得到 job_receiver 的锁，然后调用 recv 方法从队列中获取任务。但此时并未执行任务。

代码第 25~28 行，通过 match 匹配从 message 中得到具体的闭包任务，当 message 是错误类型时则跳出循环。

代码第 29 行和第 30 行，将 shared_data 中的 queued_count 减 1，因为已经从任务队列中取到了一个任务，那么任务队列中的任务数就会减 1。将 active_count 通过 fetch_add 加 1，因为当前工作线程即将对该任务进行处理，那么正在执行任务的工作线程数就应该加 1。

代码第 31 行，通过调用 job 的 call_box 方法来执行具体的任务。

代码第 32 行，在执行完任务之后，将 active_count 减 1，表示该工作线程随时可以接受下一个任务。

代码第 33 行，通过调用 shared_data 的 no_work_notify_all 方法，来通知使用条件变量 wait 方法阻塞的线程在线程池中的任务执行完毕后解除阻塞。

代码第 35 行，使用 cancel 方法设置 sentinel 实例的状态，表示该线程正常执行完所有任务。

代码清单 11-53 展示了 Sentinel 的具体定义。

代码清单 11-53：Sentinel 的具体定义

```
1. //接上
2. struct Sentinel<'a> {
3.     shared_data: &'a Arc<ThreadPoolSharedData>,
4.     active: bool,
5. }
6. impl<'a> Sentinel<'a> {
7.     fn new(shared_data: &'a Arc<ThreadPoolSharedData>)
```

```
8.      -> Sentinel<'a> {
9.        Sentinel {
10.          shared_data: shared_data,
11.          active: true,
12.        }
13.    }
14.    fn cancel(mut self) {
15.        self.active = false;
16.    }
17. }
18. impl<'a> Drop for Sentinel<'a> {
19.    fn drop(&mut self) {
20.        if self.active {
21.          self.shared_data.active_count
22.              .fetch_sub(1, Ordering::SeqCst);
23.          if thread::panicking() {
24.            self.shared_data.panic_count
25.                .fetch_add(1, Ordering::SeqCst);
26.          }
27.          self.shared_data.no_work_notify_all();
28.          spawn_in_pool(self.shared_data.clone())
29.        }
30.    }
31. }
```

在代码清单 11-53 中，代码第 2~5 行定义了 Sentinel<'a>结构体，其中包含 shared_data 和 active 字段，分别是&'a Arc<ThreadPoolSharedData>和 bool 类型。该结构体用于监控当前工作线程的工作状态，shared_data 字段用来包装线程池共享数据；而 active 字段如果为 true，则代表当前工作线程正在工作，如果为 false，则代表当前工作线程正常执行完毕。

代码第 6~17 行，实现了 new 和 cancel 方法，分别用于创建 Sentinel<'a>实例和设置 active 状态为 false。

代码第 18~30 行，为 Sentinel<'a>实现了 Drop，用于处理处于非正常工作状态的工作线程。当工作线程（见代码清单 11-52）中的 Sentinel<'a>实例离开作用域时会调用析构函数 drop。在该函数中，会判断当前 Sentinel<'a>实例的状态，如果是 true，则证明该工作线程并未正常退出，所以会依次执行第 21~28 行代码。

代码第 21 行和第 22 行将 active_count 减 1，将当前工作线程正常归还到线程池中。代码第 23~26 行，通过 thread::panicking 函数来判断当前工作线程是否由于发生恐慌而退出，如果是，则将 panic_count 加 1。代码第 27 行，同样调用 shared_data 的 no_work_notify_all 方法，来通知使用条件变量的 wait 方法阻塞的线程在线程池中的任务执行完毕后解除阻塞。代码第 28 行，重新调用 spawn_in_pool 函数来生成工作线程。

至此，线程池实现完毕。在 main 函数中来使用线程池，如代码清单 11-54 所示。

代码清单 11-54：在 main 函数中使用线程池

```
1. fn main() {
2.    let pool = ThreadPool::new(8);
3.    let test_count = Arc::new(AtomicUsize::new(0));
4.    for _ in 0..42 {
5.        let test_count = test_count.clone();
```

```
6.          pool.execute(move || {
7.              test_count.fetch_add(1, Ordering::Relaxed);
8.          });
9.      }
10.     pool.join();
11.     assert_eq!(42, test_count.load(Ordering::Relaxed));
12. }
```

在代码清单 11-54 中，通过 ThreadPool::new(8)创建了拥有 8 个工作线程的线程池，如代码第 2 行所示。

代码第 3 行，创建了一个原子类型的变量 test_count，用于计数测试。

代码第 4~9 行，在迭代 42 次的 for 循环中，使用 pool.execute 将 test_count 加 1 的任务放到线程池中进行计算。

代码第 10 行，使用 pool 的 join 方法阻塞 main 主线程等待线程池中的任务执行完毕。

代码第 11 行，通过断言判断 test_count 的值最终为 42。

最后在项目根目录下执行 cargo run 命令，代码正常编译运行。通过此示例，我们了解到如何创建一个简单的线程池，同时也对 Rust 标准库中提供的多线程并发工具有了进一步的深入了解。

11.2.9 使用 Rayon 执行并行任务

Rayon[1]是一个第三方包，使用它可以轻松地将顺序计算转换为安全的并行计算，并且保证无数据竞争。Rayon 提供了两种使用方法：

- **并行迭代器**，即可以并行执行的迭代器。
- **join 方法**，可以并行处理递归或分治风格的问题。

代码清单 11-55 展示了使用 Rayon 的并行迭代器。

代码清单 11-55：使用 Rayon 的并行迭代器

```
1.  extern crate rayon;
2.  use rayon::prelude::*;
3.  fn sum_of_squares(input: &[i32]) -> i32 {
4.      input.par_iter().map(|&i| i * i).sum()
5.  }
6.  fn increment_all(input: &mut [i32]) {
7.      input.par_iter_mut().for_each(|p| *p += 1);
8.  }
9.  fn main(){
10.     let v = [1,2,3,4,5,6,7,8,9,10];
11.     let r = sum_of_squares(&v);
12.     println!("{}", r);
13.     let mut v = [1,2,3,4,5,6,7,8,9,10];
14.     increment_all(&mut v);
15.     println!("{:?}", v);
16. }
```

---

1 源码地址：https://github.com/rayon-rs/rayon。

　　在代码清单 11-55 中，代码第 1 行和第 2 行，分别引入了 rayon 包和 prelude 模块。代码第 3~5 行，定义了 sum_of_squares 函数，其中用到了 par_iter 迭代器，该迭代器就是 Rayon 提供的并行迭代器，它会返回一个不可变的并行迭代器类型。

　　代码第 6~8 行，定义了 increment_all 函数，其中使用了 par_iter_mut 迭代器，这是 Rayon 提供的可变并行迭代器。

　　在 main 函数中，分别调用了 sum_of_squares 和 increment_all 函数，最终输出结果如代码清单 11-56 所示。

代码清单 11-56：并行迭代器输出结果

```
385
[2, 3, 4, 5, 6, 7, 8, 9, 10, 11]
```

代码清单 11-57 展示了使用 join 方法进行并行迭代。

代码清单 11-57：使用 join 方法进行并行迭代

```
1.   extern crate rayon;
2.   fn fib(n: u32) -> u32 {
3.       if n < 2 { return n; }
4.       let (a, b) = rayon::join(
5.           || fib(n - 1), || fib(n - 2)
6.       );
7.       a + b
8.   }
9.   fn main() {
10.      let r = fib(32);
11.      assert_eq!(r, 2178309);
12.  }
```

　　在代码清单 11-57 中，代码第 2~8 行实现的 fib 函数用来计算指定位置的斐波那契序列值，在该函数中使用 rayon::join 方法接收两个闭包并行执行，迭代过程如图 11-11 所示。

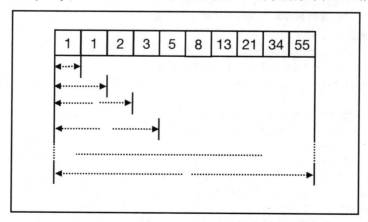

图 11-11：使用 join 方法并行计算递归式斐波那契序列值

　　使用 join 方法并不一定会保证并行执行闭包，Rayon 底层使用线程池来执行任务，如果工作线程被占用，Rayon 会选择顺序执行。Rayon 的并行能力基于一种叫作**工作窃取**（Work-Stealing）的技术，线程池中的每个线程都有一个互不影响的任务队列（双端队列），线程每次都从当前任务队列的头部取出一个任务来执行。如果某个线程对应的队列已空并且处于空闲状态，而其他线程的队列中还有任务需要处理，但是该线程处于工作状态，那么空闲的线程就可以从其他线程的队列尾部取一个任务来执行。这种行为表现就像空闲的线程去偷工作中的线程任务一样，所以叫作"工作窃取"。

关于 Rayon 的更多细节，可以参考其源码中 rayon-demo 目录下的示例。

11.2.10　使用 Crossbeam

Crossbeam 是比较常用的第三方并发库，在实际开发中通常用它来代替标准库。它是对标准库的扩展和包装，一共包含四大模块。

- 用于增强 std::sync 的原子类型。提供了 C++ 11 风格的 Consume 内存顺序原子类型 AtomicConsume 和用于存储和检索 Arc 的 ArcCell。
- 对标准库 thread 和各种同步原语的扩展，提供了很多实用的工具。比如 Scoped 线程、支持缓存行填充的 CachePadded 等。
- 提供了 MPMC 的 Channel，以及各种无锁并发数据结构。包括：并发工作窃取双端队列、并发无锁队列（MS-Queue）和无锁栈（Treiber Stack）。
- 提供了并发数据结构中需要的内存管理组件 crossbeam-epoch。因为在多线程并发情况下，如果线程从并发数据结构中删除某个节点，但是该节点还有可能被其他线程使用，则无法立即销毁该节点。Epoch GC 允许推迟销毁，直到它变得安全。在不久的将来，其还将支持险象指针（Hazard Pointer，HP）和 QSBR（Quiescent-State-Based Reclamation）回收算法。

扩展原子类型

Crossbeam 的 crossbeam-utils 子包中提供了 AtomicConsume trait，是对标准库中原子类型内存顺序的增强。该 trait 允许原子类型以"Consume"内存顺序进行读取。"Consume"内存顺序是 C++中支持的一种内存顺序，可以称为**消耗–释放顺序**。相对于获取-释放顺序而言，消耗-释放顺序的性能更好。因为获取-释放顺序会同步所有写操作之前的读操作，而消耗-释放顺序则只会同步数据之间有相互依赖的操作，粒度更细，所以性能更好。目前仅 ARM 和 AArch64 架构支持，在其他架构上还是要回归到获取-释放顺序。

通过 crossbeam-utils 包，已经为标准库 std::sync::atomic 中的 AtomicBool、AtomicUsize 等原子类型实现了该 trait，只需要调用 load_consume 方法就可以使用该内存顺序。

在最新的 crossbeam-utils 包中，还增加了一个原子类型 AtomicCell，其等价于一个具有原子操作的 Cell<T>类型。

使用 Scoped 线程

在标准库线程生成的子线程中，无法安全地使用父线程中的引用，如代码清单 11-58 所示。

代码清单 11-58：父线程中的引用无法在子线程中安全地使用

```
1.  fn main() {
2.      let array = [1, 2, 3];
3.      let mut guards = vec![];
4.      for &i in &array {
5.          let guard = std::thread::spawn(move || {
6.              println!("element: {}", i);
```

```
7.          });
8.          guards.push(guard);
9.      }
10.     for guard in guards {
11.         guard.join().unwrap();
12.     }
13. }
```

在代码清单 11-58 中，在 for 循环中需要使用&i 来解构引用得到数组中的值，才能在子线程中被安全地使用。也就是说，在子线程中无法完全地使用父线程中的引用。

Crossbeam 提供了一种 Scoped 线程，允许子线程可以安全地使用父线程中的引用，如代码清单 11-59 所示。

代码清单 11-59：使用 Crossbeam 提供的 Scoped 线程

```
1.  // extern crate crossbeam;
2.  use crossbeam::thread::scope;
3.  fn main() {
4.      let array = [1, 2, 3];
5.      scope(|scope| {
6.          for i in &array {
7.              scope.spawn(move || { println!("element: {}", i)});
8.          }
9.      });
10. }
```

在代码清单 11-59 中，代码第 1 行在 Rust 2018 版本中可以省略。使用 crossbeam::thread::scope 函数允许传入一个以 scope 为参数的闭包，在该闭包中由 scope 参数来生成子线程，其可以安全地使用父线程（main 主线程）中 array 数组的元素引用。

实际上，闭包中的 scope 参数是一个内部使用的 Scope 结构体，该结构体会负责子线程的创建、join 父线程和析构等工作，以便保证引用的安全。

使用缓存行填充提升并发性能

在并发编程中，有一个号称"无声性能杀手"的概念叫作**伪共享（False Sharing）**。为了提升性能，现代 CPU 都有自己的多级缓存。而在缓存系统中，都是以缓存行（Cache Line）为基本单位进行存储的，其长度通常是 64 字节。当程序中的数据存储在彼此相邻的连续内存中时，可以被 L1 级缓存一次加载完成，享受缓存带来的性能极致。当数据结构中的数据存储在非连续内存中时，则会出现缓存未命中的情况。

将数据存储在连续紧凑的内存中虽然可以带来高性能，但是将其置于多线程下就会发生问题。多线程操作同一个缓存行的不同字节，将会产生竞争，导致线程彼此牵连，相互影响，最终变成串行的程序，降低了并发性，这就是所谓的伪共享。因此，为了避免伪共享，就需要将多线程之间的数据进行隔离，使得它们不在同一个缓存行，从而提升多线程的并发性能。

避免伪共享的方案有很多，其中一种方案就是刻意增大元素间的间隔，使得不同线程的存取单元位于不同的缓存行。Crossbeam 提供了 CachePadded<T>类型，可以进行**缓存行填充（Padding）**，从而避免伪共享。

在 Crossbeam 提供的并发数据结构中就用到了缓存行填充。比如并发的工作窃取双端队列 crossbeam-deque，就用到了缓存行填充来避免伪共享，提升并发性能。

使用 MPMC Channel

Crossbeam 还提供了一个 std::sync::mpsc 的替代品 MPMC Channel，也就是多生产者多消费者通道。标准库 mpsc 中的 Sender 和 Receiver 都没有实现 Sync，但是 Crossbeam 提供的 MPMC Channel 的 Sender 和 Receiver 都实现了 Sync。

所以，可以通过引用来共享 Sender 和 Receiver。代码清单 11-60 展示了使用 Crossbeam 提供的 MPMC Channel。

代码清单 11-60：使用 Crossbeam 提供的 MPMC Channel

```
1.  use crossbeam::channel as channel;
2.  fn main(){
3.      let (s, r) = channel::unbounded();
4.      crossbeam::scope(|scope| {
5.          scope.spawn(|| {
6.              s.send(1);
7.              r.recv().unwrap();
8.          });
9.          scope.spawn(|| {
10.             s.send(2);
11.             r.recv().unwrap();
12.     });
13. });
```

代码清单 11-60 基于 Rust 2018，所以省略了 extern crate crossbeam。代码第 3 行，使用 unbounded 函数来创建**无界通道**。Crossbeam 提供的 MPMC Channel 和标准库的 Channel 类似，也提供了**无界通道**和**有界通道**两种类型。

接下来，使用 scope 函数创建了两个 Scoped 子线程，并通过获取通道发送端 s 和接收端 r 的引用来共享使用 Channel。当然，也可以通过 clone 方法来共享通道两端。

在 Crossbeam 中还提供了 select!宏，用于方便地处理一组通道中的消息，如代码清单 11-61 所示。

代码清单 11-61：使用 Crossbeam 提供的 select!宏

```
1.  use crossbeam_channel::select;
2.  use crossbeam_channel as channel;
3.  use std::thread;
4.  fn fibonacci(
5.      fib: channel::Sender<u64>, quit: channel::Receiver<()>
6.  ) {
7.      let (mut x, mut y) = (0, 1);
8.      loop {
9.          select! {
10.             send(fib, x) => {
11.                 let tmp = x;
12.                 x = y;
13.                 y = tmp + y;
14.             }
15.             recv(quit) => {
16.                 println!("quit");
17.                 return;
```

```
18.              }
19.          }
20.      }
21.  }
22.  fn main() {
23.      let (fib_s, fib_r) = channel::bounded(0);
24.      let (quit_s, quit_r) = channel::bounded(0);
25.      thread::spawn(move || {
26.          for _ in 0..10 {
27.              println!("{}", fib_r.recv().unwrap());
28.          }
29.          quit_s.send(());
30.      });
31.      fibonacci(fib_s, quit_r);
32.  }
```

代码清单 11-61 基于 Rust 2018，所以不需要显式使用#[macro_use]来导入 select!宏。在代码清单 11-61 中定义了 fibonacci 函数，用于从 fib 通道中计算斐波那契数列，并从 quit 通道中退出计算。

代码第 8~20 行，将 select!宏置于 loop 循环中，是因为 select!宏每次只会执行一个操作。对于 select!宏来说，如果同时有多个操作已经准备就绪，则会随机选择一个执行；否则，只选择最先准备就绪的那个操作来执行。

在 main 函数中，创建了两个有界通道，如代码第 23 行和第 24 行所示。但这两个有界通道是一种比较特殊的通道，在 Crossbeam 中叫作**零容量通道**。这种通道会一直阻塞，除非接收端可以对其进行操作。

代码第 25 行，使用标准库线程生成一个子线程。

代码第 26~28 行，在子线程中通过 for 循环来接收 fib_r 收到的前 10 个斐波那契数列。代码第 29 行，在 for 循环执行完毕后，就通过 quit_s 发送消息让 fibonacci 函数退出。所以，在 for 循环过程中，在 fibonacci 函数的 select!宏中只有 send 操作准备就绪，所以 fibonacci 函数不需要担心突然收到 quit 消息而意外退出。只有当 for 循环结束以后，select!宏中的 recv 操作才会执行。

其实在标准库 std::sync::mpsc 模块中也提供了 Select 类型，但目前还是实验特性。Crossbeam 提供的 select!宏还有很多其他功能，具体可以查看相关文档。

11.3　异步并发

在本章开头的"通用概念"中已经介绍了异步并发相关背景，了解到异步编程的发展一共经历了三个阶段。**第一个阶段**，直接使用回调函数，随之带来的问题是"回调地狱"；**第二个阶段**，使用 Promise/Future 并发模型，解决了回调函数的问题，但是代码依旧有很多冗余；**第三个阶段**，利用协程实现 async/await 解决方案，也号称"异步的终极解决方案"。

目前，很多编程语言都支持异步并发，但并非都支持到第三个阶段。比如异步开发大放异彩的 JavaScript 语言，也只是在 ES 7 中刚刚支持。虽然各种语言对异步编程的支持参差不齐，但异步编程解决方案 async/await 几乎已经成为业界的事实标准。然而，在 Rust 1.0 正式发布时，Rust 并没有包含任何异步开发的支持。这是因为 Rust 有自己的发展路线，它的首要目标是解决并发安全的问题。

在经过一系列版本迭代之后，Rust 才确定了新的发展路线，即：成为能开发出高性能网络服务的首选语言。因此，Rust 引入了生成器，随之又先后引入了 Future 并发模型和 async/await 方案。然而，引入异步并发模型的过程并非一帆风顺，本来计划在 Rust 2018 稳定版中包含 async/await 语法，但最后因为这样那样的问题不得不延期。主要原因是想要更好地提升 Rust 的异步开发的人体工程学。过程虽然曲折，但也体现了 Rust 追求安全、性能和并发三连击的决心。

11.3.1 生成器

如果要支持 **async/await** 异步开发，最好是能有协程的支持。所以，Rust 的第一步是需要引进**协程**（**Coroutine**）。

协程的实现一般分为两种，其中一种是**有栈协程**（**Stackful**）；另一种是**无栈协程**（**Stackless**）。对于有栈协程的实现，一般每个协程都自带独立的栈，功能强大，但是比较耗内存，性能不如无栈协程。而无栈协程一般是基于**状态机**（**State Machine**）来实现的，不使用独立的栈，具体的应用形式叫**生成器**（**Generator**），常见的有 ES 6 和 Python 语言中支持的生成器。这种形式的协程性能更好，而功能要弱于有栈协程，但也够用了。在 Rust 标准库中支持的协程功能，就属于无栈协程。

什么是生成器

我们先通过一个示例来了解 Rust 中生成器的用法，如代码清单 11-62 所示。

代码清单 11-62：Rust 生成器的用法

```
1.  #![feature(generators, generator_trait)]
2.  use std::ops::Generator;
3.  fn main(){
4.      let mut gen  = ||{
5.          yield 1;
6.          yield 2;
7.          yield 3;
8.          return 4;
9.      };
10.     unsafe {
11.         for _ in 0..4{
12.             let c = gen.resume();
13.             println!("{:?}", c);
14.         }
15.     }
16. }
```

在代码清单 11-62 中，代码第 1 行使用了**#![feature(generators, generator_trait)]**特性，这是因为 Rust 中提供的生成器功能目前属于实验性功能，还未稳定。

代码第 2 行，引入了 std::ops 模块中的 Generator trait。该 trait 定义了生成器的行为。

代码第 4~9 行，创建了一个 Generator，从形式上看像闭包，但它不是闭包，而是**生成器**。其中的 **yield** 是专门为生成器引入的关键字。需要注意，生成器不能像闭包那样接收参数。

代码第 10 行，使用了 unsafe 块，因为接下来需要调用 unsafe 的 resume 方法。在 for 循环中，调用 4 次 resume 方法。该方法会让程序的执行流程跳回到生成器中执行代码，并且在遇到 yield 关键字时跳出生成器，返回给调用者。生成器的执行流程如图 11-12 所示。

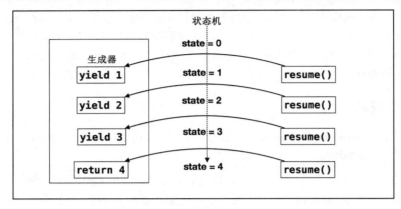

图 11-12：生成器的执行流程

在图 11-12 中展示了 yield 和 resume 的跳转过程。第一次调用 resume 方法，跳到生成器中，执行到"yield 1"，跳回到调用者。第二次调用 resume 方法，同样会跳到生成器中，然后继续从上次的"yield 1"位置开始执行代码，直到遇到"yield 2"，再跳回到调用者。依此类推，直到生成器代码执行完毕，到达 return 那里。

生成器使用 yield 来设置状态，然后通过调用 resume 方法来达到状态的流转。在代码清单 11-62 中，状态从初始状态 0 一直流转到状态 4。整个生成器实际上就是一个状态机。输出结果如代码清单 11-63 所示。

代码清单 11-63：输出结果

```
Yielded(1)
Yielded(2)
Yielded(3)
Complete(4)
```

该输出结果并非像图 11-12 所示那样用简单的数字来表示状态。返回的结果实际上是一种枚举类型 GeneratorState<Y, R>，该类型只包括 Yielded(Y) 和 Complete(R) 两种值。其中 Yielded(Y) 表示在生成器执行过程中产生的各种状态，也就是程序在生成器代码中挂起的位置；而 Complete(R) 表示生成器执行完成后最终返回的值。

生成器的实现原理

在 Rust 中 Generator 被定义为一个 trait，如代码清单 11-64 所示。

代码清单 11-64：Generator trait 源码

```
1.  pub trait Generator {
2.      type Yield;
3.      type Return;
4.      unsafe fn resume(&mut self) ->
5.          GeneratorState<Self::Yield, Self::Return>;
6.  }
```

在代码清单 11-64 中，Generator 包含了两种关联类型，即 Yield 和 Return，分别对应于 yield 的状态类型和生成器执行完成后最终返回的类型。

生成器语法像闭包，其实现原理也和闭包类似。比如在代码清单 11-62 中定义的生成器 gen，将会由编译器自动生成一个匿名的枚举体，然后为该枚举体自动实现 Generator。等价代码如代码清单 11-65 所示。

代码清单 11-65：代码清单 11-62 中生成器实例 gen 的等价生成代码

```
1.  #![feature(generators, generator_trait)]
2.  use std::ops::{Generator, GeneratorState};
3.  enum __Gen {
4.      Start,
5.      State1(State1),
6.      State2(State2),
7.      State3(State3),
8.      Done
9.  }
10. struct State1 { x: u64 }
11. struct State2 { x: u64 }
12. struct State3 { x: u64 }
13. impl Generator for __Gen {
14.     type Yield = u64;
15.     type Return = u64;
16.     unsafe fn resume(&mut self) -> GeneratorState<u64, u64> {
17.         match std::mem::replace(self, __Gen::Done) {
18.             __Gen:: Start=> {
19.                 *self = __Gen::State1(State1{x: 1});
20.                 GeneratorState::Yielded(1)
21.             }
22.             __Gen::State1(State1{x: 1}) => {
23.                 *self = __Gen::State2(State2{x: 2});
24.                 GeneratorState::Yielded(2)
25.             }
26.             __Gen::State2(State2{x: 2}) => {
27.                 *self = __Gen::State3(State3{x: 3});
28.                 GeneratorState::Yielded(3)
29.             }
30.             __Gen::State3(State3{x: 3}) => {
31.                 *self = __Gen::Done;
32.                 GeneratorState::Complete(4)
33.             }
34.             _ => {
35.                 panic!("generator resumed after completion")
36.             }
37.         }
38.     }
39. }
40. fn main() {
41.     let mut gen = __Gen:: Start;
42.     for _ in 0..4 {
43.         println!("{:?}", unsafe{ gen.resume()});
44.     }
45. }
```

在代码清单 11-65 中，使用了**#![feature(generators, generator_trait)]**特性，这是因为 Generator 目前是未稳定的特性，所以必须在 Nightly 版本下执行该代码。

首先，编译器会生成一个匿名的枚举体，这里用__Gen 来表示。因为在代码清单 11-62 中，在生成器实例 gen 中使用 yield 和 return 关键字一共定义了 4 种状态，所以在__Gen 中也包含了 4 个枚举值，即 State1(State1)、State2(State2)、State1(State3)、Done，但还必须包含一个初始状态 Start，如代码第 3~9 行所示。

除 Start 和 Done 之外，中间的三种状态需要存储状态值，分别用三个结构体 State1、State2 和 State3 表示，如代码第 10~12 行所示。

从代码第 13 行开始，为__Gen 实现 Generator。代码第 14 行和第 15 行，分别指定关联类型 Yield 和 Return 为 u64 类型。

代码第 16 行，实现 unsafe 的 resume 方法。在 resume 方法中调用 std::mem::replace 方法，传入&mut self 和__Gen::Done。每次调用 replace 方法，都会将 self 的值替换为__Gen::Done，然后返回替换前的 self 的值。接下来使用 match 匹配 replace 的结果，达到状态转移的目的。

代码第 18 行的 match 分支__Gen::Start，代表 replace 调用返回了__Gen::Start。那么就将状态转移到 State1，也就是将 self 的值修改为__Gen::State1(State1{x: 1})，并返回 GeneratorState::Yielded(1)。依此类推，调用一次 resume 方法，其内部的 self 的状态就会转移一次，直到结束。

在 main 函数中，展示了调用过程。定义了可变绑定 gen，将__Gen::Start 作为初始状态，然后循环 4 次，分别调用 4 次 resume 方法。最终的输出结果和代码清单 11-63 相同。

当然，代码清单 11-65 只是一个简单的生成器模拟代码，目的在于阐述生成器的执行原理。实际编译器生成的代码要比这个复杂。

生成器与迭代器

生成器是非常有用的一个功能。如果只关注计算的过程，而不关心计算的结果，则可以将 Return 设置为单元类型，只保留 Yield 的类型，也就是 Generator<Yield=T, Return=()>，那么生成器就可以化身为迭代器，如代码清单 11-66 所示。

代码清单 11-66：将生成器用作迭代器

```
1.    #![feature(generators, generator_trait)]
2.    use std::ops::{Generator, GeneratorState};
3.    pub fn up_to() -> impl Generator<Yield = u64, Return = ()> {
4.        || {
5.            let mut x = 0;
6.            loop {
7.                x += 1;
8.                yield x;
9.            }
10.           return ();
11.       }
12.   }
13.   fn main(){
14.       let mut gen = up_to();
15.       unsafe {
16.           for _ in 0..10{
```

```
17.              match gen.resume() {
18.                  GeneratorState::Yielded(i) => println!("{:?}", i),
19.                  _ => println!("Completed"),
20.              }
21.          }
22.      }
23. }
```

在代码清单 11-66 中定义了 up_to 函数，返回一个 impl Generator<Yield=64, Return=()>类型。注意，该代码要选择在 Rust 2018 或者最新的 Nightly Rust 中执行，因为 **impl Trait** 语法是在 Rust 2018 中加入的。

在 up_to 函数中，定义了一个生成器实例，在该生成器中利用 loop 循环，从 0 开始，逐渐加 1，生成自然数序列。

在 main 函数中，调用 up_to 函数，返回了生成器实例绑定给 b，注意这里是可变绑定。然后在 unsafe 中循环调用 b 的 resume 方法，并使用 match 对其结果进行匹配，从而产生了迭代的效果。

但生成器的性能比迭代器更高。因为生成器是一种**延迟计算**或**惰性计算**，它避免了不必要的计算，只有在每次需要时才通过 yield 来产生相关的值。

用生成器模拟 Future

只关注生成器的计算过程而忽略结果，生成器会化身为迭代器。如果反过来，不关心过程，只关注结果，则可以将 Yield 设置为单元类型，只保留 Return 的类型，也就是 Generator<Yield = (), Return = Result<T, E>>，生成器就可以化身为 Future，如代码清单 11-67 所示。

代码清单 11-67：用生成器模拟 Future

```
1.  #![feature(generators, generator_trait)]
2.  use std::ops::{Generator, GeneratorState};
3.  fn up_to(limit: u64) ->
4.      impl Generator<Yield = (), Return = Result<u64, ()>>
5.  {
6.      move || {
7.          for x in 0..limit {
8.              yield ();
9.          }
10.         return Ok(limit);
11.     }
12. }
13. fn main(){
14.     let limit = 2;
15.     let mut gen = up_to(limit);
16.     unsafe {
17.         for i in 0..=limit{
18.             match gen.resume() {
19.                 GeneratorState::Yielded(v) =>
20.                     println!("resume {:?} : Pending", i),
21.                 GeneratorState::Complete(v) =>
```

```
22.                    println!("resume {:?} : Ready", i),
23.               }
24.          }
25.      }
26. }
```

在代码清单 11-67 中定义的 up_to 函数返回了 impl Generator<Yield=(), Return=Result<u64, ()>>类型。同样，在 up_to 函数中，对应地，修改了 yield 和 return 的值。

然后在 main 函数中，对生成器实例 gen 进行 resume 循环调用，对得到的值进行匹配，最终得到的输出结果如代码清单 11-68 所示。

代码清单 11-68：代码清单 11-67 的输出结果

```
resume 0 : Pending
resume 1 : Pending
resume 2 : Ready
```

因为不关心生成器执行过程中的状态，所以只要还在计算过程中，就返回 **Pending**。一旦计算完成，就返回 **Ready**。

Future 是一种**异步并发模式**，它实际上是**代理模式**和**异步开发**的混合产物。Future 是对"未来"的一种代理凭证，凭借这个凭证可以异步地在未来某个时刻得到确定的结果，而不需要同步等待。比如网购一件商品，你下的订单就可以被看作是一种 **Future**。此时对你来说，订单的状态是 **Pending**，你下单后就可以去做其他事情，并不需要花时间关注商品从下单到发货的整个流程。商家看见订单，自然会按流程进行发货，在未来某个时刻，商品就会被快递到你手里，订单的状态就会变成 **Ready**。所以，整个网购过程是异步的，丝毫没有耽误你的日常生活。

然而，严格来说，生成器属于一种**半协程**（Semi-Coroutine）。半协程是一种特殊的且能力较弱的协程，它只能在生成器和调用者之间进行跳转，而不能在生成器之间进行跳转。所以，要想支持完整的异步编程，还需要在生成器的基础上进一步完善 Future 并发模式。

11.3.2   Future 并发模式

在实际的异步开发中，需要将一个完整的功能切分为一个个独立的异步任务，并且这些任务之间还可能彼此依赖，一个任务的输出也许是另一个任务的输入。比如服务器端处理基本的 HTTP 请求，就可以分解为建立连接、处理请求、返回响应这三步。如果将每一步都抽象为一个异步计算单元，那么一共就有三个异步计算单元，并且后两步的计算都依赖于前一步的计算结果。而且，每一个异步计算单元还可以细分为更小的异步计算组合。如果想要合理地调度和高效地计算这些异步任务，就需要一个完善的异步系统。

因此，Rust 对 Future 异步并发模式做了一个完整的抽象，包含在第三方库 **futures-rs** 中。该抽象主要包含三个部件：

- **Future**，基本的异步计算抽象单元。
- **Executor**，异步计算调度层。
- **Task**，异步计算执行层。

当然，futures-rs 库还包含其他部件，但这三个部件属于核心部件。

Future

在 Rust 中，Future 是一个 trait，其源码如代码清单 11-69 所示。

代码清单 11-69：Future trait 源码

```
1.  pub trait Future {
2.      type Output;
3.      fn poll(self: Pin<&mut Self>, lw: &LocalWaker)
4.          -> Poll<Self::Output>;
5.  }
```

代码清单 11-69 展示的是 std::future 模块中 Future trait 的源码[1]，它包含了用于指定返回类型的关联类型 Output 和 poll 方法。

其中 **poll** 方法是 Future 的核心，它是对**轮询**行为的一种抽象。先不用管参数中的 Pin 和 LocalWaker 类型，后面会详细介绍。在 Rust 中，每个 Future 都需要使用 poll 方法来轮询所要计算值的状态。该方法返回的 Poll 是一个枚举类型，其源码如代码清单 11-70 所示。

代码清单 11-70：Poll<T>类型源码

```
1.  pub enum Poll<T> {
2.      Ready(T),
3.      Pending,
4.  }
```

从代码清单 11-70 中可以看出，Poll<T>枚举类型包含了两个枚举值，即 **Ready(T)** 和 **Pending**。该类型和 Option<T>、Result<T, E>相似，都属于和类型。它是对**准备好**和**未完成**两种状态的统一抽象，以此来表达 Future 的结果。对于每个 Future 来说，无非就是这两种结果。

Executor 和 Task

Future 只是一个基本的异步计算抽象单元，具体的计算工作还需要由 Executor 和 Task 共同完成。

在实际的异步开发中，会遇到纷繁复杂的异步任务，还需要一个专门的调度器来对具体的任务进行管理统筹，这个工具就是 Executor。具体的异步任务就是 Task。拿 futures-rs[2]来说，Executor 是基于线程池实现的，其工作机制如图 11-13 所示。

第三方库 futures-rs 是由很多小的 crate 组合而成的，其中 futures-executor 库专门基于线程池实现了一套 Executor。

图 11-13 上半部分，展示了几个关键的复合类型：ThreadPool、PoolState、Message 和 Task。注意，此处复合类型中的字段或枚举值涉及的具体类型，为演示而做了简化，和实际代码中的有所差异。

---

1 此处基于 Rust Nightly 1.30 版本。

2 此处基于 futures-rs 0.3 版本。

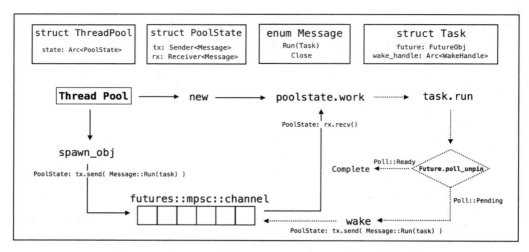

图 11-13：futures-rs 库的 Executor 和 Task 工作机制示意图

ThreadPool 是一个结构体，包含了一个字段 state，设置为 Arc<PoolState>类型，是为了共享线程池内的线程信息。

PoolState 同样是一个结构体，包含了 tx 和 rx 两个字段，分别是 Sender<Message>和 Receiver<Message>类型。这两个类型看起来与 std::sync::mpsc 模块中定义的用于 Channel 通信的发送端和接收端类型相似，但实际上是 futures-channel 中定义的类型。而 tx 和 rx 的作用是类似的，同样用于 Channel 通信。

Message 是一个枚举类型，包含了两个枚举值，其中最重要的就是 Run(Task)。该 Message 用作发送到 Channel 中的消息。这样的消息包含两种可能，其中一种是运行 Task；另一种是关闭线程池。

Task 是一个结构体，包含了 future 和 wake_handle 两个字段，分别为 FutureObj 和 Arc<WeakHandle>类型。顾名思义，FutureObj 就是 Future 对象，它实际上是 futures-executor 中实现的自定义 Future 对象，它是对一个 Future trait 对象的一种包装；而 WeakHandle 则是用来唤醒任务的句柄。

图 11-13 下半部分，展示了 Executor 完整执行流程的简单示意图。

Executor 提供了一个 **Channel**，实际上就是一个任务队列。开发者可以通过 ThreadPool 提供的 **spawn_obj** 方法将一个异步任务（Task）发送（send）到 Channel 中。实际上，在 spawn_obj 内部是通过 **PoolState** 结构体中存储的发送端 **tx** 将 **Message::Run(task)**发送到 Channel 中的。

通过 **ThreadPool::new** 方法，可以从线程池中调用一个线程来执行具体的任务。同时，在该线程中也调用了 PoolState 结构体的 **work** 方法来消费 Channel 中的消息。实际上，work 方法是通过 PoolState 结构体中存储的接收端 **rx** 接收并消费 **Message::Run(task)**的。

就这样，由 spawn_obj 往 Channel 中发送消息，由 work 来接收并消费消息，构成一个完整的工作流程。

当 work 方法接收到 **Message::Run(task)**之后，会调用 **Task** 中定义的 **run** 方法来执行具体的 task。在 run 方法中，调用存储于 task 实例中的 FutureObj 类型值的 poll_unpin 方法，将会执行具体的 poll 方法，返回 Pending 和 Ready 两种状态。如果是 Pending 状态，则通过 task 实例存储的 WakeHandle 句柄将此任务再次唤醒，也就是重新将该任务发送到 Channel 中，等待下一次轮询；如果是 Ready 状态，则计算任务完成，返回到上层进行处理。

以上就是整个 futures-rs 核心工作机制的简要概括。通过图 11-13，我们可以从整体上把握并建立 Rust 中 Future 异步开发的心智模型。

11.3.3 async/await

迄今为止，第三方库 futures-rs 经历了三个阶段的迭代。在 0.1 版本中，开发者可以通过 then 和 and_then 方法来安排 Future 异步计算的执行顺序。但是经过一段时间的用户反馈之后，发现这种方式会导致很多混乱的嵌套和回调链，不利于人体工程学。于是就引入了 **async/await** 解决方案。又经过两个阶段的重构，目前为 0.3 版本。

代码清单 11-71 展示了 futures-rs 先后提供的两种写法对比。

代码清单 11-71：futures-rs 两种写法对比

```
1.  // futures-rs 0.1
2.  fn download_and_write_tweets(
3.      user: String,
4.      socket: Socket,
5.  ) -> impl Future<Output = io::Result<()>> {
6.      pull_down_tweets(user)
7.          .and_then(move |tweets| write_tweets(socket))
8.  }
9.  // futures-rs 0.3
10. async fn download_and_write_tweets(
11.     user: &str,
12.     socket: &Socket,
13. ) -> io::Result<()> {
14.     let tweets = await!(pull_down_tweets(user))?;
15.     await!(write_tweets(socket))
16. }
```

在代码清单 11-71 中，用两种写法定义了异步函数 download_and_write_tweets，执行该函数，需要先执行 pull_down_tweets 异步函数，再执行 write_tweets 异步函数。可以看出，第一种写法使用 and_then 构成了很长的调用链；而第二种写法使用 async 关键字和 await!宏，在语义上要比使用 and_then 更加直观和精简。

Rust 当前以 async 关键字配合 await!宏来提供 async/await 异步开发方案。在不久的将来，await 也会变成关键字。

async/await 实际上是一种语法糖。async fn 会自动为开发者生成返回值是 impl Future 类型的函数。就像代码清单 11-71 中第二种写法生成的代码，实际上等价于第一种写法。

async/await 实现原理

Rust 不仅仅支持使用 async fn 定义异步函数，还支持 async 块，如代码清单 11-72 所示。

代码清单 11-72：async 块示意

```
1.  let my_future = async {
2.      await!(prev_async_func);
3.      println!("Hello from an async block");
4.  };
```

在代码清单 11-72 中，直接使用 async 块来创建一个 Future。实际上，使用 async fn 定义函数在底层也是由 async 块来生成 Future 的。图 11-14 展示了这个过程。

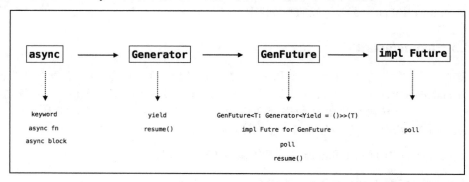

图 11-14：由 async 块生成 Future 过程示意图

如图 11-14 所示，async 关键字无论是用来定义异步函数，还是定义异步块，在 Rust 将代码解析为 AST 之后，在 HIR 层都会转换为 async 块的形式。再将 async 块生成一个 Generator<Yield=()>类型的生成器来使用。然后将该生成器通过单元结构体 GenFuture 进行包装，得到一个 GenFuture<T: Generator<Yield = ()>>(T)类型，最后为该 GenFuture 实现 Future，如代码清单 11-73 所示。

代码清单 11-73：为 GenFuture 实现 Future 源码

```
1.  impl<T: Generator<Yield = ()>> Future for GenFuture<T> {
2.      type Output = T::Return;
3.      fn poll(self: Pin<&mut Self>, lw: &LocalWaker)
4.          -> Poll<Self::Output>
5.      {
6.          set_task_waker(lw, ||
7.              match unsafe { Pin::get_mut_unchecked(self).0.resume() }
8.              {
9.                  GeneratorState::Yielded(()) => Poll::Pending,
10.                 GeneratorState::Complete(x) => Poll::Ready(x),
11.             }
12.         )
13.     }
14. }
```

代码清单 11-73 展示了在 std::future 模块中为 GenFuture 实现 Future 的源码。关键在于，在 poll 方法中调用了 resume 函数。此处的 Pin::get_mut_unchecked(self)会返回一个&mut self，所以这里等价于"&mut self.0.resume()"。通过匹配 resume 方法的调用结果，来轮询 Future 的计算结果。这和在代码清单 11-67 中用生成器模拟 Future 很相似。

接下来，通过 std::future 模块中的 from_generator 函数，将实现了 Future 的 GenFuture 作为返回值插入编译器生成的代码中。

以上就是 async 语法糖在编译器内部转化作为返回类型 GenFuture 的整个过程。当然，还需要 await!宏相互配合才可以。await!宏原理示意图如图 11-15 所示。

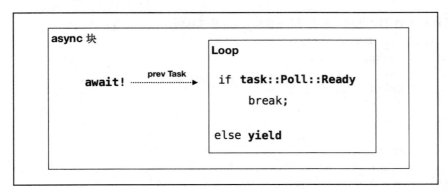

图 11-15：await!宏原理示意图

await!宏必须在 async 块中使用，不能单独使用。因为 await!宏实际展开的代码要在 loop 循环中对轮询结果进行判断。如果是 Ready 状态，则跳出 loop 循环；如果是 Pending 状态，则生成 yield。正因为这个 yield，才允许 async 块生成一个 Generator<Yield=()>类型的生成器。

Pin 与 UnPin

在前面的示例中，多次出现 Pin 类型，这是什么意思呢？Pin<T>实际上是一个被定义于 std::pin 模块中的智能指针。它是在 Rust 2018 版本中新增的语法，经过多次迭代之后，在 Rust 1.30 版本中定型为 Pin<T>。

那么，为什么需要它呢？回顾代码清单 11-62 中的生成器实例 gen，如果换种写法看看会有什么问题，如代码清单 11-74 所示。

代码清单 11-74：修改代码清单 11-62 中的生成器实例

```
1.  let mut gen = ||{
2.      let x = 1u64;
3.      let ref_x = &x;
4.      yield 1;
5.      yield 2;
6.      yield 3;
7.      return 4;
8.  };
```

在代码清单 11-74 中，为生成器实例增加了两个新的本地变量绑定：x 和 ref_x，其中 ref_x 是对 x 的引用。修改成这样，编译代码时会报错：

```
error[E0626]: borrow may still be in use when generator yields
|    let ref_x = &x;
|                ^
|    ...
|    ------- possible yield occurs here
```

该错误表示 Rust 不允许在生成器中使用对本地变量的引用，这个问题与生成器实现原理有关。

回顾代码清单 11-65。生成器会由编译器生成相应的结构体来记录状态，当生成器包含对本地变量的引用时，该结构体会生成一种**自引用结构体（Self-referential Struct）**。代码清单 11-75 展示了代码清单 11-74 中生成器实例生成代码。

代码清单 11-75：代码清单 11-74 中生成器实例生成代码

```
1.   enum __Gen<'a> {
2.       Start,
3.       State1(State1<'a>),
4.       State2(State2),
5.       State3(State3),
6.       Done
7.   }
8.   struct State1<'a> { x: u64, ref_x: &'a u64 }
9.   impl<'a> Generator for __Gen<'a> {
10.      type Yield = u64;
11.      type Return = u64;
12.      unsafe fn resume(&mut self) -> GeneratorState<u64, u64> {
13.          match std::mem::replace(self, __Gen::Done) {
14.              __Gen::Start => {
15.                  let x = 1;
16.                  let state1 = State1{x: x, ref_x: &x};
17.                  *self = __Gen::State1(state1);
18.                  GeneratorState::Yielded(1)
19.              }
20.              __Gen::State1(State1{x: 1, ref_x: &1}) => {
21.                  *self = __Gen::State2(State2{x: 2});
22.                  GeneratorState::Yielded(2)
23.              }
24.              // ...省略
25.          }
26.      }
27.  }
```

在代码清单 11-75 中，由 State1 结构体来存储生成器实例中对本地变量的引用，会生成一个自引用结构体，如代码第 8 行所示，该结构体中字段 ref_x 的值是对字段 x 的引用。

在 resume 函数中，代码第 15~17 行生成一个**自引用结构体**的实例。在 resume 函数被调用时，当内部状态从 State1 转移到 State2，也就是代码第 20 行所示的 match 分支执行时，说明 replace 方法已经将 State1 替换掉了。

replace 方法本质上是移动指针的内存位置，将 State1 替换为 State2。这就意味着，实际上 State1 的所有权已经发生了转移。State1 内存位置的改变会影响到字段 x 的位置，而这时其内部的字段 ref_x 还在引用字段 x 的值，这就造成了**悬垂指针**。这是 Rust 绝对不允许发生的事情。同时，这也是生成器的 resume 函数被标记为 unsafe 的原因。

所以，为了避免这种情况，开发者不得不使用 Box<T>或 Arc<T>等手段来解决此问题，这就造成了性能上的损耗。而生成器是为异步编程服务的，Rust 引入异步编程的目的是为了打造高性能服务开发的首选语言。现在因为自引用结构体的问题而无法让生成器的性能发挥到最大化，这是无法容忍的。所以，Rust 团队必须要解决这个问题。而 **Pin<T>**类型就是解决方案。

Pin<T>实际上是一个包装了指针类型的结构体，其中指针类型是指实现了 Deref 的类型。下面我们通过一个示例来了解 Pin<T>的用法，如代码清单 11-76 所示。

代码清单 11-76：Pin<T>用法示例

```
1.  #![feature(pin)]
2.  use std::pin::{Pin, Unpin};
3.  use std::marker::Pinned;
4.  use std::ptr::NonNull;
5.  struct Unmovable {
6.      data: String,
7.      slice: NonNull<String>,
8.      _pin: Pinned,
9.  }
10. impl Unpin for Unmovable {}
11. impl Unmovable {
12.     fn new(data: String) -> Pin<Box<Self>> {
13.         let res = Unmovable {
14.             data,
15.             slice: NonNull::dangling(),
16.             _pin: Pinned,
17.         };
18.         let mut boxed = Box::pinned(res);
19.         let slice = NonNull::from(&boxed.data);
20.         unsafe {
21.             let mut_ref: Pin<&mut Self> = Pin::as_mut(&mut boxed);
22.             Pin::get_mut_unchecked(mut_ref).slice = slice;
23.         }
24.         boxed
25.     }
26. }
27. fn main() {
28.     let unmoved = Unmovable::new("hello".to_string());
29.     let mut still_unmoved = unmoved;
30.     assert_eq!(still_unmoved.slice,
31.         NonNull::from(&still_unmoved.data));
32.     let mut new_unmoved = Unmovable::new("world".to_string());
33.     std::mem::swap(&mut *still_unmoved, &mut *new_unmoved);
34. }
```

在代码清单 11-76 中，代码第 1 行使用了**#![feature(pin)]**特性，这是因为目前 Pin<T>还是实验性特性。

代码第 2 行，引入了 Pin 和 Unpin。顾名思义，Pin 有"钉"之意。在 Rust 中，使用 Pin<T>则代表将数据的内存位置牢牢地"钉"在原地，不让它移动。Unpin 则正好和 Pin 相对应，代表被"钉"住的数据，可以安全地移动。大多数类型都自动实现了 Unpin。

代码第 3 行，引入了 Pinned，这是一个用于标记的结构体，被定义于 std::marker 模块中。如果一个类型中包含了 Pinned，则意味着该类型将不会默认实现 Unpin，但不影响手动实现。

代码第 4 行，引入了 NonNull<T>，这是为了创建自引用结构体而使用的。

代码第 5~9 行，定义了一个**自引用结构体** Unmovable，它包含的字段 slice 很可能会引用 data 字段。另外，Unmovable 还包含了 Pinned 字段，表示它将不会默认实现 Unpin。

代码第 10 行，手动为 Unmovable 实现 Unpin。

代码第 11~26 行，为 Unmovable 实现了 new 方法，它返回一个 Pin<Box<Self>>类型的值。在 new 方法中，首先创建了一个 Unmovable 实例 res，然后使用 Box::pinned 方法将 res 生成 Pin<Box<Unmovable>>类型的值 boxed，再利用 NonNull::from 函数将 boxed 实例的 data 字段转换为 NonNull 指针绑定给 slice 变量。接下来，在 unsafe 块中，通过 Pin::as_mut 函数从&mut boxed 得到一个 Pin<&mut Self>类型的值 mut_ref，在当前代码中具体类型为 Pin<&mut Unmovable>。最后通过 Pin::get_mut_unchecked 函数引用 Pin<&mut Unmovable>中的&mut Unmovable，并将其 slice 字段的值赋值为 slice 变量。这就创建了一个自引用结构体的实例。

在 main 函数中，使用 new 方法创建了 Unmovable 实例 unmoved，然后将其赋值给新的变量 still_unmoved，目的是想要转移 unmoved 的所有权。从第 30 行和第 31 行的断言代码中得知，该结构体实例在所有权转移之后，字段的地址并没有改变。slice 字段引用的 data 字段最初的地址，现在断言相等，就证明 data 字段的地址没有变。Pin<T>类型起作用了。

代码第 32 行和第 33 行，创建了一个新的 Unmovable 实例 new_unmoved，使用 std::mem::swap 来交换它和 still_unmoved 的引用地址，正常通过。这是因为代码第 10 行为 Unmovable 实现了 Unpin。如果将代码第 10 行注释掉，swap 代码将编译失败。如果此时继续将 Unmovable 的 Pinned 类型字段注释掉，则该结构体会默认实现 Unpin，swap 代码将正常编译。

现在回顾在代码清单 11-73 中 GenFuture 实现 poll 方法时，使用了 Pin<&mut Self>，就确保该类型最终生成的生成器不会出现因为自引用结构体而产生未定义行为的情况。然后在需要时使用 Pin::get_mut_unchecked 函数获取其包含的可变借用。Pin<T>结构体也包含了很多其他函数，读者可以到标准库文档中自行查看。

async/await 异步开发示例

当前，要想使用 Rust 进行异步开发，需要配合使用标准库和第三方 futures-rs 库。这是因为标准库中引入了 Future 和 Task 两种类型，是为了配合实现 async/await 关键字。而 Future 的大部分功能都由 futures-rs 来提供，未来标准库和 futures-rs 库可能会有所变化，但是大体的原理和机制基本不会改变，要变的也只能是 API。

接下来通过一个具体的示例来回顾 Rust 异步开发。使用 cargo new 命令创建一个新的 crate，命名为“futures-demo”。在 Cargo.toml 文件中引入第三方库 futures-preview，本书代码使用的是 0.3.0-alpha.7 版本，然后修改 main.rs 文件，如代码清单 11-77 所示。

代码清单 11-77：async/await 异步开发示例

```
1.  #![feature(arbitrary_self_types, futures_api)]
2.  #![feature(async_await, await_macro, pin)]
3.  use futures::{
4.      executor::ThreadPool,
5.      task::SpawnExt,
6.  };
7.  use std::future::{Future};
8.  use std::pin::Pin;
9.  use std::task::*;
10. pub struct AlmostReady {
11.     ready: bool,
12.     value: i32,
13. }
14. pub fn almost_ready(value: i32) -> AlmostReady {
```

```
15.     AlmostReady { ready: false, value }
16.  }
17.  impl Future for AlmostReady {
18.     type Output = i32;
19.     fn poll(self: Pin<&mut Self>, lw: &LocalWaker) ->
20.       Poll<Self::Output>
21.     {
22.        if self.ready {
23.           Poll::Ready(self.value + 1)
24.        } else {
25.           unsafe { Pin::get_mut_unchecked(self).ready = true ;}
26.           lw.wake();
27.           Poll::Pending
28.        }
29.     }
30.  }
31.  fn main() {
32.     let mut executor = ThreadPool::new().unwrap();
33.     let future = async {
34.        println!("howdy!");
35.        let x = await!(almost_ready(5));
36.        println!("done: {:?}", x);
37.     };
38.     executor.run(future);
39.  }
```

在代码清单 11-77 中使用了很多特性，包括#![feature(arbitrary_self_types, futures_api)]和
#![feature(async_await, await_macro, pin)]。这些都是异步开发需要的未稳定特性。

代码第 3~6 行，引入了 futures-rs 库中的 executor::ThreadPool 和 task::SpawnExt。回想一
下 Future 系统，这里需要 executor 和 task 模块来调度和执行具体的异步任务。

代码第 7~9 行，引入了标准库中的 Future、Pin 和 task 相关类型。它们是为 async/await
异步语法服务的。

代码第 10~13 行，创建了 AlmostReady 结构体，包含 bool 类型的 ready 和 i32 类型的 value
两个字段。

代码第 14~16 行，创建了 almost_ready 函数，它接收一个 i32 类型的值，返回一个 ready
默认为 false 的 AlmostReady 结构体实例。

代码第 17~30 行，为 AlmostReady 结构体实现 Future。其中 poll 方法的参数需要是
Pin<&mut Self>类型，以及一个可以唤醒任务的句柄 lw，它是一个引用类型&LocalWaker，
如果任务已经准备好轮询，则由它来通知 Executor 进行调度。在 poll 方法的实现中，会判断
当前任务，也就是 AlmostReady 实例的 ready 字段是否为 true。如果为 true，则返回
Poll::Ready(self.value+1)，表示异步计算的最终结果；如果为 false，则继续进行计算，直到将
ready 字段设置为 true，代表此时计算已完成。同时，通过 lw 句柄调用 wake 方法，将任务再
次唤醒，等待下一次轮询。所谓唤醒，实际上就是将该异步任务重新加入任务队列中。可以
回顾图 11-13 展示的 Executor 和 Task 工作机制。最后返回 Poll::Pending，代表本次轮询的结
果。

接下来，在 main 函数中定义和执行异步任务。

代码第 32 行，通过 ThreadPool::new 方法创建一个调度器实例 executor。

代码第 33~37 行，通过 async 块创建 Future 实例 future。在 async 块中将 almost_ready 函数返回的初始 AlmostReady 实例置于 await!宏中，等待异步任务执行的结果。

代码第 38 行，调用 executor 的 run 方法将 future 传入，异步任务将执行。继续回顾图 11-13 展示的 Executor 和 Task 工作机制。在 run 方法中，会将传入的 future 打包成一个 FutureObj 对象，并将其通过内置的 spawn_obj 方法发送到 Channel 队列中，等待 work 方法执行该任务。

对于该示例代码，可以到随书源码中本章目录下的 futures-demo 项目中进行查看。最后，编译运行该示例代码，输出结果如代码清单 11-78 所示。

代码清单 11-78：async/await 异步开发示例的输出结果

```
howdy!
done: 6
```

回顾整个异步开发机制，实际上可以总结为两点：

- 实现 Future，构造异步任务。
- 生成 Task，计算异步任务。

其中 Task 就像是在线程基础上又抽象出来的一层"轻量级线程"，其使用语法也和线程差不多，比如在 futures-rs 库中内置了 spawn_obj 和 spawn 等函数来方便开发者将 Future 放入其中，生成异步任务。正因为如此，也有人将 Future 异步开发体系称为**用户级线程**。

在 futures-rs 库中还提供了很多方便组合或嵌套 Future 异步任务的各种组合函数，限于篇幅，这里就不一一介绍了，读者可以自行查看其文档。

11.4　数据并行

在过去的几十年里，人类不停地提升计算机的算力。计算机在许多领域的发展十分迅猛，随着人类前进的步伐，越来越多的领域对计算的要求越来越高，待解决问题的规模也在不断增加。因此，对并行计算的要求就越来越强烈。

对于这个问题大致有两种解决方案：**任务并行（Task Parallelism）**和**数据并行（Data Parallelism）**。任务并行是指将所需要执行的任务分配到多个核上；数据并行是指将需要处理的数据分配到多个核上。因为数据并行处理起来比任务并行更加简单和实用，所以得到重点关注。

按 Flynn 分类法，将计算机系统结构分为四类，如图 11-16 所示。

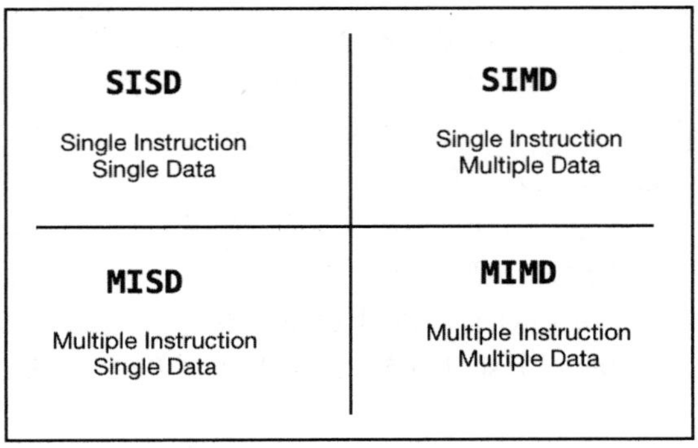

图 11-16：计算机系统结构分类

SISD 是指单指令单数据的单 CPU 机器，它在单一的数据流上执行指令。可以说，任何单 CPU 的计算机都是 SISD 系统。

MISD 则是指有 N 个 CPU 的机器。在这种架构下，底层的并行实际上是指令级的并行，也就是说，有多个指令来操作同一组数据。但是 MISD 在实际中很少被用到。

SIMD 是指包含了多个独立的 CPU，每一个 CPU 都有自己的存储单元，可以用来存储数据。所有的 CPU 可以同时在不同的数据上执行同一个指令，也就是**数据并行**。这种架构非常实用，便于算法的设计和实现。

MIMD 是应用最广泛的一类计算机体系。该架构比 SIMD 架构更强，通常用来解决 SIMD 无法解决的问题。

11.4.1　什么是 SIMD

SIMD 的思想其实很容易理解。以加法指令为例，如果采用 SISD 架构来计算，则需要先访问内存，取得第一个操作数，然后再访问内存，取得第二个操作数，最后才能进行求和运算。但是如果采用 SIMD 架构，则可以一次性从内存中获得两个操作数，然后执行求和运算。

更专业的描述是，SIMD 是一种采用一个控制器控制多个 CPU，同时对一组数据（向量数据）中的每一个数据分别执行相同的操作而实现空间上数据并行的技术。

起源和历史

SIMD 起源于美国首批超级计算机之一的 ILLIAC IV 大型机中，它拥有 64 个处理器单元，可以同时进行 64 个计算。随着现代多媒体技术的发展，各大 CPU 生产商陆续扩展了多媒体指令集，允许这些指令一次处理多个数据。最早是 Intel 的 **MMX（MultiMedia eXtensions）** 指令集，包含了 57 个多媒体指令、8 个 64 位寄存器。然后是 **SSE（Streaming SIMD Extensions）** 指令集，它弥补了 MMX 浮点数支持不足的问题，并将寄存器的宽度扩展到 128 位，引入了 70 个新指令。接下来陆续出现了 SSE2、SSE3、SSE4 和 SSE5 指令集。指令集的不断扩展，其实背后暗含了 CPU 巨头之间的市场战争。但是对于开发者来说，就比较麻烦了。

2011 年 Intel 发布了全新的处理器微架构，其中增加了新的指令集 **AVX（Advanced Vector Extensions）**，进一步把寄存器的宽带扩展到 256 位，并且革新了指令格式，支持三目运算。我国"天河二号"超级计算机的核心技术便是 AVX-512 的 SIMD，该技术将寄存器的宽度扩展到 512 位。AVX 具有 256 位寄存器，可同时进行 4 个 64 位计算，或 8 个 32 位计算，或 16 个 16 位计算，甚至 32 个 8 位计算。

术语介绍

按寄存器的宽度可以将 SIMD 看作不同的并行通道。拿 AVX-256 来说，如果按 4 个 64 位进行计算，就可以看成是 4 个并行计算通道。而在 SIMD 中并行计算可以分为多种计算模式，其中有垂直计算和水平计算，如图 11-17 所示。

在垂直计算中，每个并行通道都包含的待计算值称为标量值，通道按水平方向进行组织。将加法运算中 X 和 Y 的数据在垂直方向上进行求和。在垂直计算中，每组计算的标量值都来自不同的源。水平计算则是将并行通道垂直组织，依次对两个相邻通道的标量值进行求和。在水平计算中，每组计算的标量值都来自同一个源。

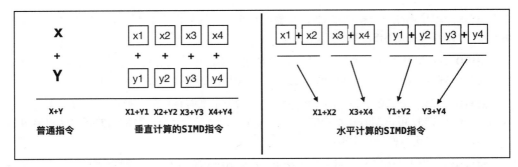

图 11-17：SIMD 指令的垂直计算和水平计算示意图

这种并行计算也是有限制的。对于不同的指令集，一次数据并行能接受的长度是固定的，比如 AVX-256，能接受的长度为 256 字节。

编写 SIMD 数据并行的代码称为**向量化（Vectorization）**。这是因为**向量（Vector）**是一个指令操作数，包含一组打包到一维数组的数据元素。大多数 SIMD 指令都是对向量操作数进行操作的，所以向量也被称为 **SIMD 操作数**或**打包操作数**。数据并行意味着可以同时对向量的所有数据元素执行变换操作。所以，将编写程序使用向量处理器的过程，称为向量化、矢量化或 SIMD 化。向量化可以由编译器自动优化，也可以由程序员手动指定。

11.4.2　在 Rust 中使用 SIMD

Rust 从 1.27 版本开始支持 SIMD，并且默认为 x86 和 x86_64 目标启用 SSE 和 SSE2 优化。Rust 基本支持市面上 90%的 SIMD 指令集，从 SSE 到 AVX-256。不过，目前还不支持 AVX-512，在不久的将来会支持。

Rust 通过标准库 std::arch 和第三方库 stdsimd 结合的方式来支持 SIMD。Rust 对 SIMD 的支持是属于比较底层的，在标准库中支持多种 CPU 平台架构，比如 x86、x86_64、ARM、AArch64 等。每种架构都有相应的模块，比如 std::arch::x86 模块定义的就是与 x86 平台相关的 SIMD 指令。并且在平台模块中所有的函数都是 unsafe 的，因为调用不支持的平台指令可能会导致未定义行为。

SIMD 使用示例

现在我们来看一个简单的示例。使用 cargo new 命令创建一个新的 crate，命名为 "simd-demo"。在 Cargo.toml 文件中加入依赖的第三方库 stdsimd，本书示例使用 0.1.0 版本，然后编写 src/main.rs 文件，如代码清单 11-79 所示。

代码清单 11-79：SIMD 使用示例

```
1.   #![feature(stdsimd)]
2.   use ::std as real_std;
3.   use stdsimd as std;
4.   #[cfg(target_arch = "x86")]
5.   use ::std::arch::x86::*;
6.   #[cfg(target_arch = "x86_64")]
7.   use ::std::arch::x86_64::*;
8.   fn main() {
9.       if is_x86_feature_detected!("sse4.2") {
10.          #[target_feature(enable = "sse4.2")]
```

```
11.          unsafe fn worker() {
12.              let needle = b"\r\n\t ignore this ";
13.              let haystack = b"Split a \r\n\t line  ";
14.              let a = _mm_loadu_si128(needle.as_ptr() as *const _);
15.              let b = _mm_loadu_si128(haystack.as_ptr() as *const _);
16.              let idx = _mm_cmpestri(
17.                  a, 3, b, 20, _SIDD_CMP_EQUAL_ORDERED
18.              );
19.              assert_eq!(idx, 8);
20.          }
21.          unsafe { worker(); }
22.      }
23. }
```

在代码清单 11-79 中，首先使用了**#![feature(stdsimd)]**特性，这意味着目前使用 stdsimd 库需要 Nightly 环境。

代码第 2 行，使用了 use 的别名功能，将标准库 std 的库名换成了另外一个名字"real_std"。因为这里想把 std 这个名称指代为 stdsimd 库，如代码第 3 行所示。

代码第 4 行，使用了**#[cfg(target_arch = "x86")]**条件编译属性，相当于静态检测 CPU 平台架构，如果是 x86 平台，则编译该属性下方的代码，也就是引入在 std::arch::x86 模块中定义的函数。

代码第 6 行，同理，静态检测 CPU 平台为 x86_64，然后进行条件编译。

在 main 函数中，代码第 9 行的 if 条件使用了 is_x86_feature_detected!("sse4.2")宏，它是一种动态检测 CPU 平台的技术，因为有时需要在运行时来检测 CPU 平台。这里是判断当前代码执行的 CPU 平台是否支持 SSE4.2 指令集。

代码第 11~20 行，定义了一个 unsafe 函数 worker，该函数将使用 SIMD 指令来执行字符串搜索任务。因为要用到 SIMD 指令，所以该函数被标记为 unsafe 的。

代码第 12 行和第 13 行，分别定义了搜索用到的两个字符串，即 needle 和 haystack。这里是想要在 haystack 中查找匹配 needle 的子串位置。

代码第 14 行，调用了_mm_loadu_si128 函数，该函数接收一个__m128i 类型的原生指针，它会从内存中将长度为 128 位的整数数据加载到向量寄存器中。它实际调用的是 Intel 的_mm_loadu_si128 指令。这里是将 needle 字符串加载到向量寄存器中。

代码第 15 行，同理，将 haystack 字符串加载到向量寄存器中，这个过程也称为**打包字符串**。

代码第 16 行，调用了_mm_cmpestri 函数。该函数的第一个参数 a 是指打包好的 needle 字符串；第二个参数是想要检索的长度，这里指定为 3；第三个参数是打包好的 haystack 字符串 b；第四个参数是其长度，这里指定为 20；第五个参数_SIDD_CMP_EQUAL_ORDERED 是指定比较模式说明符，它代表字符串相等检测模式。所以，整个_mm_cmpestri 函数要做的就是在 haystack 字符串中查找匹配 needle 前三位的索引位置。

代码第 19 行，通过断言说明，满足匹配条件的字符串索引位置是 8。

最后执行 cargo run 命令，该段代码可以正常编译运行。请注意运行该段代码的具体 CPU 架构，如果其不支持 SSE4.2，则无法运行。

以上是手动使用内置的平台函数向量化代码，其实 Rust 还可以利用 LLVM 自动向量化。在 src 目录下新增 auto_vector.rs 文件，并编写新代码，如代码清单 11-80 所示。

代码清单 11-80：利用 LLVM 自动向量化为 AVX2 指令集

```
1.  fn add_quickly_fallback(a: &[u8], b: &[u8], c: &mut [u8]) {
2.      for ((a, b), c) in a.iter().zip(b).zip(c) {
3.          *c = *a + *b;
4.      }
5.  }
6.  #[cfg(any(target_arch = "x86", target_arch = "x86_64"))]
7.  #[target_feature(enable = "avx2")]
8.  unsafe fn add_quickly_avx2(a: &[u8], b: &[u8], c: &mut [u8]) {
9.      add_quickly_fallback(a, b, c)
10. }
11. fn add_quickly(a: &[u8], b: &[u8], c: &mut [u8]) {
12.     #[cfg(any(target_arch = "x86", target_arch = "x86_64"))]
13.     {
14.         if is_x86_feature_detected!("avx2") {
15.             println!("support avx2");
16.             return unsafe { add_quickly_avx2(a, b, c) }
17.         }
18.     }
19.     add_quickly_fallback(a, b, c)
20. }
21. fn main() {
22.     let mut dst = [0, 2];
23.     add_quickly(&[1, 2], &[2, 3], &mut dst);
24.     assert_eq!(dst, [3, 5]);
25. }
```

在代码清单 11-80 中，代码第 1~5 行，首先定义了 add_quickly_fallback 函数，可以将传入的第三位参数切片中的元素替换为前两位参数切片的元素之和。

代码第 6~10 行，对 add_quickly_avx2 函数使用了 **#[cfg(any(target_arch = "x86", target_arch = "x86_64"))]** 和 **#[target_feature(enable = "avx2")]** 属性修饰，目的就是为了让 LLVM 自动向量化该函数，限定平台范围为 x86 和 x86_64，并且向量化为 AVX2 指令集。在该函数内部调用了 add_quickly_fallback 函数。

代码第 11~20 行，定义了 add_quickly 函数。在该函数内部同样使用了 #[cfg(any(target_arch = "x86", target_arch = "x86_64"))] 属性限定平台范围为 x86 和 x86_64。在此限定下，又使用动态检测宏 is_x86_feature_detected!("avx2") 判断当前执行平台是否支持 AVX2 指令集，只有在支持的情况下，才可以使用 add_quickly_avx2 函数。如果当前执行平台支持 AVX2，则代码第 15 行的打印语句会有相应的输出。

如果不是 x86 或 x86_64 平台，则继续使用 add_quickly_fallback 函数进行计算。这是一种平台兼容性策略。最后，在 main 函数中调用 add_quickly 函数。

接下来，还需要修改 **Cargo.toml** 文件，才能执行该段代码。因为在当前 src 目录下出现了 main.rs 和 auto_vector.rs 两个带有 main 函数的文件。打开 Cargo.toml 文件，进行 bin 相关配置，如代码清单 11-81 所示。

代码清单 11-81：在 Cargo.toml 文件中进行 bin 相关配置

```
[[bin]]
path = "src/auto_vector.rs"
name = "auto_vector"
[[bin]]
path = "src/main.rs"
name = "main"
```

通过这样的配置就可以让 crate 支持多个 main 函数文件。

最后，只要执行 **cargo run --bin auto_vector** 命令，就可以执行 auto_vector.rs 中的代码。同理，如果想执行 main.rs 中的代码，则需要使用 **cargo run --bin main** 命令。

SIMD 命名说明

在代码清单 11-79 中，调用 SIMD 函数的命名乍一看会感觉非常奇怪，但实际上它们的命名遵循一定的规则。就拿 x86 平台来说，其主要支持以下几种类型：

- **__m128i**，代表 128 位宽度的整数向量类型。
- **__m128**，代表 128 位宽度的 4 组 f32 类型。
- **__m128d**，代表 128 位宽度的 2 组 f64 类型。
- **__m256i**，代表 256 位宽度的整数向量类型。
- **__m256**，代表 256 位宽度的 8 组 f32 类型。
- **__m256d**，代表 256 位宽度的 4 组 f64 类型。

也有其他类型，这里不再赘述。像 ARM 平台支持的类型命名就比较直观，比如：

- **float32x2_t**，代表 64 位宽度的 2 组打包 f32 向量类型。
- **float32x4_t**，代表 128 位宽度的 2 组打包 f32 向量类型。
- **int32x2_t**，代表 64 位宽度的 2 组打包 i32 向量类型。
- **int32x4_t**，代表 128 位宽度的 2 组打包 i32 向量类型。

虽然各个平台的命名格式不同，但是其内部还是有规则可循的。

同理，函数命名也有规则。就拿函数 std::arch::x86::_mm256_add_epi64 来说，以_mm256_ 开头的代表 AVX 指令，然后跟随的是对应的指令操作，比如 add、mul 或 abs 之类的，最后是使用的类型，如_pd 用于双精度或 64 位浮点数，_ps 用于 32 位浮点数，_epi32 用于 32 位整数。在不同的平台架构下，基本的函数命名也遵循类似的组合规则。

第三方库介绍

除了官方提供的第三方库 stdsimd，Rust 社区中还有很多 simd 库，其中比较突出的是 faster 和 simdeez。这两个库的特色是，相比于 stdsimd 做了更进一步的抽象，对开发者友好。

就拿 faster 来说，它封装了很多函数，开发者就不需要记忆标准库中各个平台下函数的命名规则了，如代码清单 11-80 所示。

代码清单 11-82：第三方库 faster 提供的函数示例

```
1.  use faster::*;
2.  fn main() {
3.      let two_hundred = (&[2.0f32; 100][..]).simd_iter()
4.          .simd_reduce(f32s(0.0), f32s(0.0), |acc, v| acc + v)
5.          .sum();
```

```
6.        assert_eq!(two_hundred, 200.0f32);
7.    }
```

从代码清单 11-82 中可以看出，faster 库提供了很多可读性很高的函数来方便开发者开发 SIMD 代码。

11.5   小结

随着多核 CPU 的普及，多线程并发编程正逐渐成为主流的编程范式。但是多线程并发编程与生俱来的问题十分严重，使得开发者极难编写出正确的多线程并发程序。Rust 语言为安全而生，它不仅能保证内存安全，还能保证并发安全。Rust 依靠严谨的类型系统和所有权系统，帮助开发者在编译时就能发现多线程并发程序中出现的数据竞争问题，从而保证线程安全。

在 Rust 标准库中提供了保证线程同步的互斥锁和读写锁，以及屏障和条件变量。Rust 也从 C++ 11 那里继承了多线程内存模型，实现了原子类型。基于"使用通信来共享内存"的理念，提供了多生产者单消费者通信队列，可以实现跨线程通信，从而实现无锁编程。

通过本章中提供的大量多线程编程示例，可以使读者对使用 Rust 编写正确的多线程并发程序有更深入的了解。

除了多线程安全并发，Rust 的另一个目标是成为高性能网络服务开发的首选语言。所以，Rust 语言开始逐步支持 async/await 异步开发。通过本章的学习，我们了解到 Rust 支持 async/await 的曲折过程，同时也感受到了 Rust 异步开发的方便和强大之处。虽然目前异步开发还未稳定，但也用不了多久就会稳定的。

作为现代化系统编程语言，Rust 还支持 SIMD 数据并行。数据并行和异步开发类似，还未完全稳定，如果想使用它，则需要准备 Nightly 环境。

相信在不远的将来，Rust 在并发编程和数据并行领域将大放异彩。

第 12 章
元编程

道生一，一生二，二生三，三生万物。

元编程来源于 **Meta-Programming** 一词。**Meta** 表示"关于某事本身的某事"。比如 Meta-Knowledge，代表"关于知识本身的知识"，称为元知识。再如 Meta-Cognition，代表"关于认知本身的认知"，称为元认知。所以，Meta-Programming 就代表了**元编程**。人类通过培养和扩展自己的元知识或元认知，就可以拥有独立思考进一步产生新知识或新认知的能力。同样，通过元编程的手段可以让程序生成新的程序。Meta 被译为"元"，在语义上比较合理，"元"有本源和开端之意，和中国的道家思想相契合。

元编程在计算机领域是一个非常重要的概念，它允许程序将代码作为数据，在运行（或编译）时对代码进行修改或替换，从而让编程语言产生更加强大的表达能力。总之，元编程就是支持用代码生成代码的一种方式。各种编程语言中或多或少都提供了基本的元编程能力。像 C 或 C++中，可以使用预编译器对宏定义进行文本替换。像 Rust、Ruby 或 Elixir 等语言，则是通过操作抽象语法树（AST）来提供更强大的元编程能力。另外，Rust 中利用泛型进行静态分发，所以泛型也是元编程的一种能力，同样，C++中的模板也可以做到和泛型编程类似的事情。

元编程技术大概可以分为以下几类。

- **简单文本替换**，比如，C/C++中的宏定义，在编译期直接进行文本替换。
- **类型模板**，比如 C++语言支持模板元编程。
- **反射**，比如，Ruby、Java、Go 和 Rust 等或多或少都支持反射，在运行时或编译时获取程序的内部信息。
- **语法扩展**，比如，Ruby、Elixir、Rust 等语言可以对抽象语法树进行操作而扩展语言的语法。
- **代码自动生成**，比如，Go 语言提供 go generate 命令来根据指定的注释自动生成代码。

其实语法扩展和代码自动生成的关系比较微妙，语法扩展是对 AST 进行扩展，实际上也相当于生成了代码。但是语法扩展是为了扩展语法而生成代码，比如 Rust 的 derive 属性，可以为结构体自动实现一些 trait。而代码自动生成是指在开发中为了减少代码重复或其他原因而自动生成一些代码。

使用元编程可以做到很多普通函数做不到的事情，比如复用代码、编写领域专用语言（DSL）等。Rust 语言通过反射和 AST 语法扩展两种手段来支持元编程。

12.1　反射

反射（Reflect）机制一般是指程序自我访问、检测和修改其自身状态或行为的能力。Rust 标准库提供了 std::any::Any 来支持运行时反射。

代码清单 12-1 展示了 Any 的定义。

代码清单 12-1：Any 定义

```
1.  pub trait Any: 'static {
2.      fn get_type_id(&self) -> TypeId;
3.  }
4.  impl<T: 'static + ?Sized > Any for T {
5.      fn get_type_id(&self) -> TypeId { TypeId::of::<T>() }
6.  }
```

代码清单 12-1 中第 1~3 行展示了 **Any** 的定义，注意到该 trait 加上了 **'static** 生命周期限定，意味着该 trait 不能被非静态生命周期的类型实现。代码第 4~6 行显示，Rust 中满足 **'static** 生命周期的类型均实现了它。

其中，get_type_id 方法返回 **TypeId** 类型，代表 Rust 中某个类型的全局唯一标识，它是在编译时生成的。每个 TypeId 都是一个"黑盒"，不能检查其内部内容，但是允许复制、比较、打印等其他操作。TypeId 同样仅限于静态生命周期的类型，但在未来可能会取消该限制。

Any 还实现了一些方法用于运行时检测类型，比如 is 方法，如代码清单 12-2 所示。

代码清单 12-2：Any 中实现的 is 方法源码示意

```
1.  impl Any{
2.      pub fn is<T: Any>(&self) -> bool {
3.          let t = TypeId::of::<T>();
4.          let boxed = self.get_type_id();
5.          t == boxed
6.      }
7.  }
```

代码清单 12-2 中，为 Any 实现了 is 方法，因为 Any 是 trait，所以这里的 is 方法的&self 必然是一个 trait 对象。

代码第 3 行通过 TypeId::of 函数来获取类型 T 的全局唯一标识符 t。

代码第 4 行通过调用 self 的 get_type_id 方法，同样得到一个全局唯一标识符 boxed。通过代码清单 12-1 也得知，get_type_id 方法内部实际上也是调用了 TypeId::of 函数。

代码第 5 行通过比较 t 和 boxed 是否相等，最终返回 bool 类型的值。

12.1.1　通过 is 函数判断类型

代码清单 12-3 展示了 is 函数的一些用法。

代码清单 12-3：Any 中实现的 is 方法源码示意

```
1.  use std::any::{Any, TypeId};
2.  enum E { H, He, Li}
3.  struct S { x: u8, y: u8, z: u16 }
4.  fn main() {
```

```
5.      let v1 = 0xc0ffee_u32;
6.      let v2 = E::He;
7.      let v3 = S { x: 0xde, y: 0xad, z: 0xbeef };
8.      let v4 = "rust";
9.      let mut a: &Any;
10.     a = &v1;
11.     assert!(a.is::<u32>());
12.     println!("{:?}", TypeId::of::<u32>());
13.     a = &v2;
14.     assert!(a.is::<E>());
15.     println!("{:?}", TypeId::of::<E>());
16.     a = &v3;
17.     assert!(a.is::<S>());
18.     println!("{:?}", TypeId::of::<S>());
19.     a = &v4;
20.     assert!(a.is::<&str>());
21.     println!("{:?}", TypeId::of::<&str>());
22.  }
```

代码清单 12-3 中，第 2 行和第 3 行是两个自定义类型，枚举体 E 和结构体 S。在 main 函数中，通过调用 is 函数来判断类型。

代码第 5~8 行分别声明了绑定 v1 为 u32 类型、v2 为枚举体实例、v3 为结构体实例、v4 为字符串字面量。

代码第 9 行声明了可变绑定 a 为&Any 类型，&Any 在此处用作 trait 对象。从第 11 行开始，直到第 21 行，是分别把 a 的值指定为 v1 到 v4，然后通过 is 函数判断它们的类型。与此同时，使用了 TypeId::of 方法分别打印这些类型的全局唯一标识符。

代码可以正常编译运行，输出结果如代码清单 12-4 所示。

代码清单 12-4：输出结果

```
TypeId { t: 12849923012446332737 }
TypeId { t: 5631867483134288688 }
TypeId { t: 12999454250885020441 }
TypeId { t: 1229646359891580772 }
```

从代码清单 12-4 中看得出来，TypeId 是一个结构体，其字段 t 存储了一串数字，这就是**全局唯一类型标识符**，实际上是 u64 类型。代表唯一标识符的这串数字，在不同的编译环境中，产生的结果是不同的。所以在实际开发中，最好不要将 TypeId 暴露到外部接口中被当作依赖。

12.1.2　转换到具体类型

Any 也提供了 **downcast_ref** 和 **downcast_mut** 两个成对的泛型方法，用于将泛型 T 向下转换为具体的类型，返回值分别为 Option<&T>和 Option<&mut T>类型。其中 downcast_ref 将类型 T 转换为不可变引用，而 downcast_mut 将类型 T 转换为可变引用。代码清单 12-5 展示了 downcast_ref 的用法。

代码清单 12-5：使用 downcast_ref 向下转换类型

```
1.  use std::any::Any;
2.  #[derive(Debug)]
3.  enum E { H, He, Li}
```

```
4.    struct S { x: u8, y: u8, z: u16 }
5.    fn print_any(a: &Any) {
6.       if let Some(v) = a.downcast_ref::<u32>() {
7.          println!("u32 {:x}", v);
8.       } else if let Some(v) = a.downcast_ref::<E>() {
9.          println!("enum E {:?}", v);
10.      } else if let Some(v) = a.downcast_ref::<S>() {
11.         println!("struct S {:x} {:x} {:x}", v.x, v.y, v.z);
12.      } else {
13.         println!("else!");
14.      }
15.   }
16.   fn main() {
17.      print_any(& 0xc0ffee_u32);
18.      print_any(& E::He);
19.      print_any(& S{ x: 0xde, y: 0xad, z: 0xbeef });
20.      print_any(& "rust");
21.      print_any(& "hoge");
22.   }
```

代码清单 12-5 中，从第 5~15 行定义了 print_any 方法，以&Any 作为参数类型。在 print_any 方法中，使用 if let 语句对 downcast_ref 的转换结果进行匹配，如果转换成功，则打印相应的结果。

在 main 函数中，分别将不同类型的值传入 print_any 函数中。这里需要注意的是，参数必须是引用，因为参数类型为 trait 对象，而大部分类型都实现了 Any。最终的输出结果如代码清单 12-6 所示。

代码清单 12-6：打印结果

```
u32 c0ffee
enum E He
struct S de ad beef
else!
```

除使用&Any 外，也可以使用 Box<Any>，如代码清单 12-7 所示。

代码清单 12-7：使用 Box<Any>

```
1.   use std::any::Any;
2.   fn print_if_string(value: Box<Any>) {
3.      if let Ok(string) = value.downcast::<String>() {
4.         println!("String (length {}): {}", string.len(), string);
5.      }else{
6.         println!("Not String")
7.      }
8.   }
9.   fn main() {
10.      let my_string = "Hello World".to_string();
11.      print_if_string(Box::new(my_string));
12.      print_if_string(Box::new(0i8));
13.   }
```

代码清单 12-7 中定义了 print_if_string 函数，该参数使用了 Box<Any>类型。这里需要注意，因为 Box<Any>类型是独占所有权的类型，所以无法像代码清单 12-5 中的 print_any 方法那样匹配多种类型。

代码第 3 行的 if let 匹配中，使用了 Box<Any>实现的 downcast 方法将类型转换为 String。注意，downcast 方法最终返回的是 Result 类型。

代码执行的结果如代码清单 12-8 所示。

代码清单 12-8：打印结果

```
String (length 11): Hello World
Not String
```

12.1.3　非静态生命周期类型

非静态生命周期类型没有实现 Any，如代码清单 12-9 所示。

代码清单 12-9：非静态生命周期类型没有实现 Any

```
1.   use std::any::Any;
2.   struct UnStatic<'a> { x: &'a i32 }
3.   fn main() {
4.       let a = 42;
5.       let v = UnStatic { x: &a };
6.       let mut any: &Any;
7.       //any = &v;  // 编译错误
8.   }
```

代码清单 12-9 中定义了一个带引用字段的结构体 UnStatic< 'a>，注意其生命周期不是静态（**'static**）生命周期。

在 main 函数中，第 6 行声明了类型为&Any 的绑定 any，但是在第 7 行将 UnStatic 的引用实例&v 绑定给 any 的时候，编译会出错。

如果使用一个静态生命周期的值生成 UnStatic 实例，则不会出现编译错误，如代码清单 12-10 所示。

代码清单 12-10：使用静态生命周期类型的值创建 UnStatic 实例

```
1.   use std::any::Any;
2.   struct UnStatic<'a> { x: &'a i32 }
3.   static ANSWER: i32 = 42;
4.   fn main() {
5.       let v = UnStatic { x: &ANSWER };
6.       let mut a: &Any;
7.       a = &v;
8.       assert!(a.is::<UnStatic>());
9.   }
```

代码清单 12-10 中，第 3 行新增了静态绑定 ANSWER，其生命周期是静态的，其引用&ANSWER 也是静态的。所以在 main 函数中，使用&ANSWER 创建的 Unstatic 实例 v 的生命周期也是静态的。所以，在本例中，UnStatic 是实现了 Any 的类型。

代码第 6 行定义了&Any 类型的可变绑定 a，在第 7 行可以正常将&v 绑定给 a，同样在第 8 行可以正常调用 is 函数来判断类型。

12.2 宏系统

Rust 中反射功能虽然有限，但除此之外，Rust 还提供了功能强大的**宏**（Macro）来支持元编程。宏是一种批处理的称谓，通常来说，是指根据预定义的规则转换成相应的输出。这种转换过程叫作**宏展开**（Macro Expansion）。

12.2.1 起源

现在很多语言都提供了宏操作，大致可以分为两类：**文本替换**和**语法扩展**。

C 语言中的宏函数就属于文本替换，比如 "#define min(X, Y) ((X) < (Y) ? (X) : (Y))"，当调用 min(1, 2)时，通过预处理器将宏展开之后就会变为 " ((1) < (2) ? (1) : (2)) "。由于 C 的宏是纯文本替换，预处理器并不会对宏体做任何检查，所以使用它的时候经常会出现问题。

另外一种可以进行语法扩展的宏起源于 Lisp 语言。Lisp 的宏可以利用 **S 表达式**（S-Expr），将代码作为数据，生成新的代码，而这些代码又可以被执行，这就赋予了 Lisp 宏强大的可能性，包括可以由此进行语法扩展，甚至创造新的语法。简单来说，Lisp 宏就是将一个 S 表达式转变为另一个 S 表达式。如代码清单 12-11 所示。

代码清单 12-11：定义 Lisp 宏示意

```
1.  (defmacro one! (var)
2.      (list 'setq var 1)
3.  )
4.  (+ (one! x ) 2) // 调用 one!
5.  (+ (setq x 1) 2) // 宏展开
6.  )
```

代码清单 12-11 展示了 Lisp 语言中的宏定义。代码第 1~3 行通过 defmacro 定义了宏 one!。代码第 4 行定义了一个使用 one!调用的 S 表达式，该表达式会通过宏展开，将 one!替换为 " (setq x 1) "，从而生成新的 S 表达式 " (+ (setq x 1) 2) "。

所谓 S 表达式，是指人类可读的文本形式的一种三元结构，形如 " (1 2 3) "，在 Lisp 语言中既可以作为代码，也可用作数据。代码清单 12-11 中 " (+ (setq x 1) 2) " 就是一个 S 表达式。S 表达式实际上等价于二叉树结构，如图 12-1 所示。

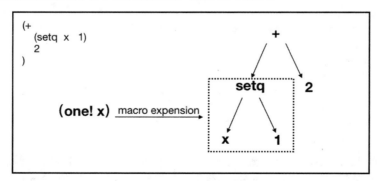

图 12-1：S 表达式等价于二叉树

图 12-1 中展示了和 S 表达式等价的二叉树结构，其中每个节点就是 S 表达式中的元素。当 S 表达式中存在宏的时候，就会将其展开，从而让之前的 S 表达式形成新的 S 表达式。**这里值得注意的是**，宏调用和函数调用之间的区别，宏调用产生的是 S 表达式，而函数调用会

产生具体的值，认清这个区别比较重要。S 表达式是 Lisp 语言的精华所在，这种思想对现在的很多语言都影响颇深。

除 C 语言的文本替换宏外，其他现代编程语言中提供的宏都可以通过直接操作抽象语法树的方式来进行语法扩展。不同的语言提供的宏形式有所不同。有的提供了显式的宏语法，比如 defmacro、macro 等关键字来定义宏，有的语言则通过其他形式，比如 Python 语言中的装饰器（decorator）和 Ruby 中的块（block），均可以达成操作抽象语法树的目的，殊途同归。而抽象语法树就等价于 Lisp 中的 S 表达式，用 S 表达式可以表示任何语言的抽象语法树。

Rust 也不例外，开发者可以编写特定的宏，在编译时通过宏展开的方式操作抽象语法树，从而达到语法扩展的目的。

12.2.2　Rust 中宏的种类

Rust 的宏系统按定义的方式可以分为两大类：

- **声明宏**（Declarative Macro）
- **过程宏**（Procedural Macro）

声明宏是指通过 macro_rules! 声明定义的宏，它是 Rust 中最常用的宏。当前在 Nightly 版本的 Rust 之下，使用**#![feature(decl_macro)]**就允许使用 macro 关键字来定义声明宏，在不远的将来，**macro** 关键字会在 Stable 版的 Rust 中稳定下来。

过程宏是编译器语法扩展的方式之一。Rust 允许通过特定的语法编写编译器插件，但该编写插件的语法还未稳定，所以提供了过程宏来让开发者实现自定义派生属性的功能。比如 Serde 库中实现的**#[derive(Serialize, Deserialize)]**就是基于过程宏实现的。

具体到宏使用的语法形式又分为以下两种：

- **调用宏**，形如 println!、assert_eq!、thread_local!等可以当作函数调用的宏。这种形式的宏通常由声明宏来实现，也可以通过过程宏实现。
- **属性宏**，也就是形如**#[derive(Debug)]**或**#[cfg]**这种形式的语法。这种形式的宏可以通过过程宏来实现，也可以通过编译器插件来实现。

按宏的来源，可以分为以下两类：

- **内置宏**，是指 Rust 本身内置的一些宏，包括两种：一种由标准库中具体的代码实现，另一种属于编译器固有行为。
- **自定义宏**，是指由开发者自己定义的声明宏或者过程宏等。

代码清单 12-12 展示了声明宏定义。

代码清单 12-12：定义 unless!宏

```
1.  macro_rules! unless {
2.      ($arg:expr, $branch:expr) => ( if !$arg { $branch };);
3.  }
4.  fn cmp(a: i32, b: i32) {
5.      unless!( a > b, {
6.          println!("{} < {}", a, b);
7.      });
8.  }
9.  fn main() {
```

```
10.    let (a, b) = (1, 2);
11.    cmp(a, b);
12.  }
```

代码清单 12-12 中使用 macro_rules!定义了 unless!声明宏，暂时不需要理会代码第 2 行所示的具体代码是什么意思，后面会进行详细介绍。现在只需要知道 unless!宏可以在条件为假的情况下执行分支代码。

在代码第 4~8 行定义了 cmp 函数，并调用 unless!宏判断 a 和 b 的大小，如果 a 大于 b 为假，则打印相应的结果。最终代码会输出"1 < 2"。

代码清单 12-13 展示了过程宏实现的自定义派生属性用例。

代码清单 12-13：使用自定义派生属性示例

```
1.  #[derive(new)]
2.  pub struct Foo;
3.  fn main(){
4.     let x = Foo::new();
5.     assert_eq!(x, Foo);
6.  }
```

代码清单 12-13 **假定**已经实现了自定义派生属性 new，可以通过**#[derive(new)]**的方式为结构体 Foo 在编译时自动生成 new 方法，如代码第 1 行和第 2 行所示。

在 main 函数中，可以直接调用 new 方法来创建 Foo 结构体的实例 x。目前可以利用过程宏的方法来自定义派生属性，具体如何实现，在本章后面会有详细介绍。

代码清单 12-14 展示了两种内置宏的定义。

代码清单 12-14：内置宏展示

```
1.  macro_rules! stringify { ($($t:tt)*) => ({ /* compiler built-in */ }) }
2.  macro_rules! println {
3.      () => (print!("\n"));
4.      ($fmt:expr) => (print!(concat!($fmt, "\n")));
5.      ($fmt:expr, $($arg:tt)*) =>
6.          (print!(concat!($fmt, "\n"), $($arg)*));
7.  }
```

代码清单 12-14 中代码第 1 行展示的是 **stringify!**宏，它的作用是可以将任何代码转换为字符串，通过源码可以看出，该宏的行为属于编译器内置行为，所以在源码层面上并未体现出具体的实现。

代码第 2~7 行是最常见的 println!宏。看得出来，它不属于编译器内置行为，而属于标准库内定义的声明宏，其中用到的 concat!也属于编译器内置行为的宏，而 print!是另外一个声明宏。

那么，如何编写自定义声明宏或过程宏呢？声明宏和过程宏的工作原理分别是什么？在寻找这两个问题的答案之前，还需要先了解 Rust 代码的编译过程。

12.2.3 编译过程

回顾一下 Rust 的整个编译过程，如图 12-2 所示。

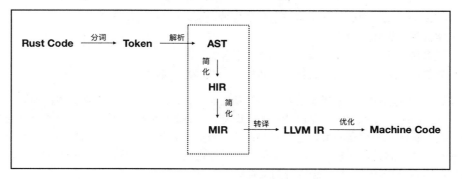

图 12-2：Rust 代码编译过程

Rust 源码的整个编译过程可以大致分为六个主要阶段[1]：

1. **分词阶段**，通过词法分析将源码分为一系列的词条（Token）。

2. **解析阶段**，通过语法解析，将词条解析为抽象语法树（AST）。

3. **提炼 HIR**，通过对抽象语法树进一步提炼简化，得到高级中间语言（High-Level IR，HIR），专门用于类型检查和一些相关的分析工作。HIR 相比于 AST，简化了语法信息，因为 HIR 不需要知道代码的语法元素。

4. **提炼 MIR**，通过对 HIR 的再次提炼，剔除一些不必要的元素之后得到中级中间语言（Middle-Level IR，MIR），专门用于检查以及其他的优化工作，比如支持增量编译等。

5. **转译为 LLVM IR**，将 MIR 转译生成为 LLVM IR 语言，交由 LLVM 去做后续处理。

6. **生成机器码**，将 LLVM IR 经过一系列的优化生成机器码（.o）文件，最终交给链接器处理。

以上工作均由 Rust 编译器来完成，不同的阶段使用了不同的内部组件，并且不同的编译阶段有不同的工作目标。现在只关注与宏系统相关的分词和解析。

词条流

Rust 代码编译的第一步，就是通过词法分析把代码文本分词为一系列的词条（Tokens），以代码清单 12-15 中的普通函数作为示例来看词法分析如何分词。

代码清单 12-15：普通函数示例

```
1.  fn t(i: i32) -> i32{
2.     i + 2
3.  }
4.  fn main(){
5.     t(1);
6.  }
```

可以将代码清单 12-15 中的代码保存为一个 Rust 文件，假定是 **main.rs** 文件。亦或是使用 Cargo 生成一个二进制 crate 项目，将上面的代码放到 src/main.rs 文件中。当使用 **rustc mian.rs** 或 **cargo build** 命令编译时，编译器就会按之前所述的流程对代码进行处理。

词条一般包括以下几类：

---

1 实际的编译过程并非是严格按这个先后顺序的，有些过程实际上是同时进行的。

- **标识符**，源码中的关键字、变量等都将被识别为标识符。
- **字面量**，比如字符串字面量。
- **运算符**，比如加、减、乘、除、逻辑运算符等。
- **界符**，比如分号、逗号、冒号、圆括号、花括号、箭头等。

以函数 t 为例来说，编译器会对该函数从左到右依次识别。**fn** 关键字会被识别为一个标识符（Identifier），函数名 t 同样也是一个标识符。当碰到圆括号的时候，编译器会以圆括号为界，将其看作一个独立的组合进行分词处理。函数签名代表返回值的右箭头（->）也会被识别为一个独立的界符词条，返回值类型 i32 同样也是一个标识符。最后的函数体会以花括号为界，作为一个独立的组合进行分词处理。

通过编译器提供的命令可以查看代码清单 12-15 生成的词条和抽象语法树信息，如代码清单 12-16 所示。

代码清单 12-16：输出语法树的 rustc 命令

```
// 假如是单独的文件执行此命令
$ rustc -Z ast-json main.rs
// 假如是 cargo 生成的二进制包执行此命令
$ cargo rustc -- -Z ast-json
```

该命令会生成 JSON 格式的 AST 信息，其中包含了词法分析之后的词条信息和抽象语法树信息。图 12-3 展示了从 JSON 信息中提取到的词条信息。

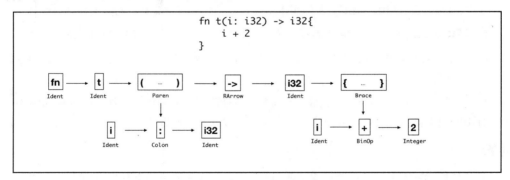

图 12-3：词条信息示意

图 12-3 展示了经过词法分析后函数 t 的词条信息。看得出来，代码中的空格换行已经被丢弃，关键字等各种语法元素已经被识别为单独的词条。整段函数最后就变为由词条组成的序列，称为词条流。词条流对于编译器后续生成抽象语法树来说意义重大。

抽象语法树

词条流虽然可以区分标识符、括号或箭头等其他语法元素，但本身并不携带任何语法信息，必须经过语法解析阶段，生成抽象语法树，编译器才能最终识别 Rust 代码的意义。

代码清单 12-17 展示了另外一个较复杂的示例。

代码清单 12-17：另外一个较复杂的示例

```
1.  fn main() {
2.      let (a, b, c, d, e) = (1, 2, 3, [4, 5], 6);
3.      a + b + ( c + d[0] ) + e;
4.  }
```

代码清单 12-17 定义了多个变量，代码第 3 行对多个变量进行求和。之所以称其为"复杂的示例"，是因为该示例生成的抽象语法树比代码清单 12-15 中的复杂。

图 12-4 展示了代码第 3 行编译后产生的抽象语法树结构示意。

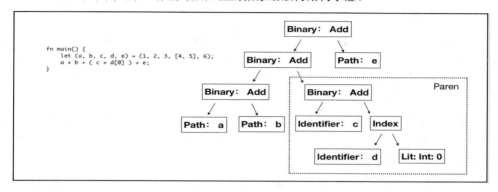

图 12-4：抽象语法树示意

图 12-4 展示的抽象语法树可以用 S 表达式表示，如代码清单 12-18 所示。

代码清单 12-18：用 S 表达式来表示抽象语法树

```
1.  // a + b + ( c + d[0] ) + e
2.  (
3.      +
4.      (
5.          +
6.          ( + a b )
7.          ( +  c (index d 0) )
8.      )
9.      e
10. )
```

在生成抽象语法树之后，编译器就可以完全识别原始代码中所携带的语法信息。接下来只需要依次遍历节点就可以进行之后的工作，比如，节点中如果包含了宏，则继续将其展开为抽象语法树，直到最终节点中不包含任何宏为止。

12.2.4 声明宏

声明宏是 Rust 语言中最常用的宏，它可以通过 macro_rules!来创建，它有时也被称为"示例宏（Macro by example，MBE）"。

声明宏的定义和展开过程

使用 macro_rules!定义声明宏，基本满足如代码清单 12-19 所示的格式。

代码清单 12-19：macro_rules!定义声明宏的格式示意

```
1.  macro_rules! $name {
2.      $rule0 ;
3.      $rule1 ;
4.      // …
5.      $ruleN ;
6.  }
```

代码清单 12-19 是伪代码示意，其中$name 表示宏的名字，$rule0 到$ruleN 表示 N 个宏要匹配的规则。其中每个规则也有固定的格式，如代码清单 12-20 所示。

代码清单 12-20：声明宏中每个匹配规则要满足的格式示意

```
( $pattern ) => ( $expansion )
```

代码清单 12-20 中，**$pattern** 代表每个匹配规则的模式，**$expansion** 代表与模式相应的展开代码。以之前代码清单 12-12 中出现过的 **unless!**宏定义来说，匹配模式为"($arg:expr, $branch:expr)"，展开代码是"(if !$arg { $branch };)"。声明宏中定义的规则也属于一种类似于 match 的模式匹配。

匹配模式中"$arg:expr"这种格式为声明宏定义中的通用格式。**$arg** 为**捕获变量**，可以自由命名，但必须以"$"字符开头。冒号后面的叫**捕获类型**，在该示例中 expr 对应于宏解析器解析生成之后词条的类型，指代表达式。

展开代码中包含了捕获变量$arg 和$branch，表示在宏规则匹配成功之后，将捕获到的变量的内容替换到相应的位置，从而达到生成代码的目的。

代码清单 12-21 继续沿用了 unless!宏定义。

代码清单 12-21：unless 宏定义示例

```
1.  macro_rules! unless {
2.      ($arg:expr, $branch:expr) => ( if !$arg { $branch };);
3.  }
4.  fn main() {
5.      let (a, b) = (1, 2);
6.      unless!( a > b, {
7.          b - a;
8.      });
9.  }
```

可以将代码清单 12-21 中的代码保存为 Rust 文件，比如 main.rs。然后对其进行编译，即可得到宏展开后的代码，如代码清单 12-22 所示。

代码清单 12-22：输出宏展开后代码的编译器命令

```
1.  // 假如是单独的文件则执行此命令
2.  $ rustc -Z unstable-options --pretty=expanded main.rs
3.  // 假如是 cargo 生成的二进制包则执行此命令
4.  $ cargo rustc -- -Z unstable-options --pretty=expanded
```

宏展开后的代码如代码清单 12-23 所示。

代码清单 12-23：宏展开后的代码

```
1.  fn main() {
2.      let (a, b) = (1, 2);
3.      if !(a > b) { { b - a; } };
4.  }
```

宏展开的过程如图 12-5 所示。

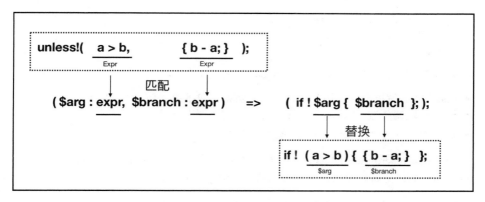

图 12-5：宏展开过程示意

代码清单 12-21 中第 6~8 行 unless!宏调用的展开过程如图 12-5 所示。看得出来，unless!宏调用之时，先根据宏定义中火箭符（=>）左侧的模式进行匹配，然后根据匹配之后捕获的结果对火箭符右侧的展开代码进行替换。这个匹配和替换的过程就是宏展开，整个过程发生在语法解析阶段。

实际上，编译器内部有两个解析器，一个是**通用解析器**（Normal Parser），另一个是**宏解析器**（Macro Parser）。通用解析器用于处理大部分词条流进一步生成抽象语法树，但是在碰到宏调用时则会跳过，并不对宏调用进行任何处理，反而会在抽象语法树中保留宏调用节点。然后，宏解析器会将这些宏调用节点展开为正常的抽象语法树节点，如图 12-6 所示。

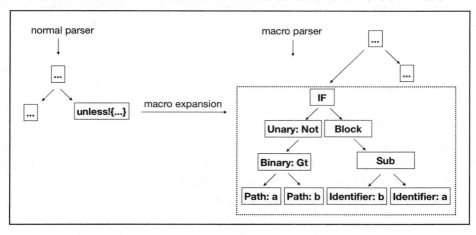

图 12-6：宏解析器将宏调用节点展开为正常的 AST 节点示意

图 12-6 以 unless!宏调用为例，首先经过通用解析器解析完整个模块中的代码，但是只保留 unless!宏调用节点，没有对它进行处理。然后宏解析器会将 unless!宏调用节点进一步展开为正常的抽象语法树节点。

声明宏的工作机制

宏解析器的工作机制大概等价于代码清单 12-24 所示的函数签名。

代码清单 12-24：宏解析器工作机制等价的函数签名示意

```
1.  fn macro_parser(
2.      sess: ParserSession,
```

```
3.      tts: TokenStream,
4.      ms: &[TokenTree]
5.  ) -> NamedParseResult
```

代码清单 12-24 中的函数签名 macro_parser 定义了三个参数：

- **sess**，代表解析会话，用于跟踪一些元数据，包括错误信息等。
- **tts**，代表**词条流**（TokenStream），是词条序列的抽象表示。
- **ms**，代表匹配器，代表一组词条树结构。

另一方面，macro_rules!本身也是一种声明宏，只不过它由编译器内部[1]所定义。它定义了一种声明宏的通用解析模式，形如代码清单 12-24 所示。

代码清单 12-24：宏定义通用模式示意

```
($lhs:tt) => ($rhs:tt );+
```

也就是说，当宏解析器碰到 macro_rules!定义的声明宏时，它会使用这个模式来解析该声明宏，将宏定义中火箭符左右两侧都解析为 **tt**，即**词条树**。然后，宏解析器会将左右两侧的词条树保存起来作为宏调用的匹配器（ms）。结尾的"+"代表该模式可以是一个或多个。

当宏解析器碰到宏调用时，首先会将宏调用中的具体参数解析为词条流（tts），然后在之前保存的匹配器（ms）中取左侧的词条树（$lhs）来匹配该词条流。对于代码清单 12-21 中 unless!宏调用的示例来说，其调用参数"(a > b, { b - a; })"会被宏解析器解析为词条流（tts）和宏定义中"($arg:expr, $branch:expr)"生成的词条树进行匹配，最终，"a > b"匹配到"$arg:expr"，"{ b - a; }"匹配到"$branch:expr"。然后通过捕获变量$arg 和$branch 替换匹配器（ms）中右侧的词条树（$rhs）上相应的代码，替换后的$rhs 词条树将生成最终的代码。

这就是宏解析器展开声明宏的全过程，整个过程和正则表达式的工作机制类似。匹配器（ms）相当于正则表达式中的模式，而宏调用参数生成的词条流则相当于正则表达式待匹配的字符串。甚至，宏定义中规则的模式是可以像正则表达式那样使用元符"+"或"*"来指定重复的，分别代表重复一次或一次以上。

前面的宏示例中也出现过声明宏内嵌套另外一个声明宏的情况，宏解析器碰到这样的嵌套会继续将其展开，直到抽象语法树中再无任何宏调用节点。但也不是无限制地展开，编译器内设置了一个上限来限定嵌套展开次数，如果超过该次数还存在宏调用节点，则编译器会报错。开发者也可以通过指定**#![recursion_limit="…"]**属性来修改包内允许的嵌套展开次数上限。

声明宏中可以捕获的类型不仅仅是表达式（expr），以下是捕获类型列表。

- **item**，代表语言项，就是组成一个 Rust 包的基本单位，比如模块、声明、函数定义、类型定义、结构体定义、impl 实现等。
- **block**，代表代码块，由花括号限定的代码。
- **stmt**，代表语句，一般是指以分号结尾的代码。
- **expr**，指代表达式，会生成具体的值。
- **pat**，指代模式。
- **ty**，表示类型。

---

1   定义于 Rust 源码 src/libsyntax/ext/tt/macro_rules.rs 文件中。

- **ident**，指代标识符。
- **path**，指代路径，比如 foo、std::iter 等。
- **meta**，元信息，表示包含在#[…]或#![…]属性内的信息。
- **tt**，TokenTree 的缩写，指代词条树。
- **vis**，指代可见性，比如 pub。
- **lifetime**，指代生命周期参数。

在写声明宏规则的时候，要注意这些捕获类型匹配的范围。比如 tt 类型，代表词条树，就比 expr 能匹配的范围要广，需要根据具体的情况来选择。只有了解声明宏的规则及其工作机制之后，才可以毫无障碍地编写声明宏。

声明宏的实现技巧

接下来，以一个具体的示例来说明实现声明宏过程中需要注意的地方。Rust 中初始化一个 HashMap 写起来比较烦琐，现在通过实现一个宏来简化这个过程。如代码清单 12-25 所示。

代码清单 12-25：hashmap!宏用法示意

```
1.   fn main(){
2.       let map = hashmap!{
3.          "a" => 1,
4.          "b" => 2,
5.       };
6.       assert_eq!(map["a"], 1);
7.   }
```

代码清单 12-25 展示了 hashmap!宏的最终用法，看上去非常简单且直观。这也是创建一个声明宏的第一步，先确定它将来要使用的形式。接下来如何实现该宏呢？

首先，匹配 "key => value" 这样的定义格式。按照声明宏的语法规则，首先能想到的匹配模式就是 "$key:expr => $value:expr"，不管 key 还是 value，在 Rust 里至少是一个表达式。但是，这样的键值对可能不止一对，而且数目是无法确定的。这就要求匹配模式可以重复匹配，幸好，Rust 的声明宏支持重复匹配。

声明宏重复匹配的格式是 "$ (…) sep rep"，具体说明如下：

- **$(...)**，代表要把重复匹配的模式置于其中。
- **sep**，代表分隔符，常用逗号（,）、分号（;）和火箭符（=>）。这个分隔符可依据具体的情况省略。
- **rep**，代表控制重复次数的标记，目前支持两种：星号（*）和加号（+），代表的意义和正则表达式中的一致，分别是 "重复零次及以上" 和 "重复一次及以上"。

那么，根据这样的规则，之前的匹配模式就改进为 "$($key:expr => $value:expr),*"，中间的分隔符用了逗号，这是因为每个键值对后面都有一个逗号进行分隔，当然也可以不用逗号分隔，**宏里的语法可以自由设计**。当前示例中选择使用逗号分隔。

到此，可以写出第一版 hashmap!宏，如代码清单 12-26 所示。

代码清单 12-26：hashmap!宏的实现

```
1.   macro_rules! hashmap {
2.       ($($key:expr => $value:expr),* ) => {
3.           {
```

```
4.              let mut _map = ::std::collections::HashMap::new();
5.              $(
6.                  _map.insert($key, $value);
7.              )*
8.              _map
9.          }
10.     };
11. }
```

在代码清单 12-26 中，代码第 2 行使用了 "$($key:expr => $value:expr) , *" 模式，该模式在处理最后一行键值对的时候，只能匹配没有逗号结尾的情况。匹配过程如图 12-7 所示。

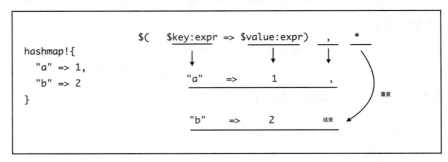

图 12-7：hashmap!宏匹配过程示意

代码第 4 行在生成代码中定义一个空的 HashMap 实例_map。注意，这里使用了绝对路径::std::collections::HashMap，这也是一个技巧，可以避免冲突。

代码第 5~7 行与匹配模式中的重复格式相对应，也使用 "$(...) *" 格式，不同点在于不需要分隔符了。在_map 里插入键值对，也需要根据匹配捕获的键值对重复插入。

最终 hashmap!宏调用展开的结果如代码清单 12-27 所示。

代码清单 12-27：hashmap!调用展开后代码示意

```
1.  let mut _map = ::std::collections::HashMap::new();
2.  _map.insert("a", 1);
3.  _map.insert("b", 2);
4.  _map
```

代码清单 12-27 中展示的正是预料中的代码。但是目前该宏还有一个问题，就是在调用的时候，最后一个键值对加上逗号时，编译就会出错。之前最后的键值对没有逗号的时候，匹配模式匹配完该键值对就会正常结束，但是现在加了逗号，当匹配模式匹配完逗号之后，就会继续匹配星号，从而激活重复匹配，但此时后续已经没有键值对供其匹配了。所以会报错，编译器宣告该宏意外结束。

解决这个错误有两种办法，第一种就是利用宏的递归调用，将最后一行的逗号消去，如代码清单 12-28 所示。

代码清单 12-28：hashmap!递归调用消去最后键值对的结尾逗号

```
1.  macro_rules! hashmap {
2.      ($($key:expr => $value:expr,)*) =>
3.          { hashmap!($($key => $value),*) };
4.      ($($key:expr => $value:expr),* ) => {
5.          {
```

```
6.              let mut _map = ::std::collections::HashMap::new();
7.              $(
8.                  _map.insert($key, $value);
9.              )*
10.             _map
11.         }
12.     };
13. }
```

代码清单 12-28 中第 2 行是新添加的一条匹配规则，注意其左侧的匹配规则为
"$($key:expr => $value:expr,)*"，逗号在匹配模式里面，而右侧递归调用了 hashmap!宏。
所以，该行规则经过 "hashmap! ($($key => $value),*)" 匹配之后，实际上会将 "hashmap!("a"
=> 1, "b" => 2,)替换为 "hashmap!("a" => 1, "b" => 2)"。再次调用 hashmap!的时候就会和代码
清单 12-27 一样直接匹配第二条规则生成代码。

另外一种方法更简单了，只需要利用重复匹配的技巧即可，如代码清单 12-29 所示。

代码清单 12-29：利用重复匹配技巧来匹配结尾逗号

```
1.  macro_rules! hashmap {
2.      ($($key:expr => $value:expr),* $(,)*) => {
3.          {
4.              let mut _map = ::std::collections::HashMap::new();
5.              $(
6.                  _map.insert($key, $value);
7.              )*
8.              _map
9.          }
10.     };
11. }
```

代码清单 12-29 中，在之前匹配模式 "$($key:expr => $value:expr,)" 的基础上，增加了
"$(,)*"，变为 "$($key:expr => $value:expr,) * $(,)*"。这样就可以同时匹配最后键值对结
尾是否带逗号的情况。

这下 hashmap!宏就可以正常使用了，但它还有改进空间。假如要在创建 HashMap 的时
候根据给定键值对的个数来预分配容量，该如何修改？

首要的问题就是要计算出键值对的个数。只需要想办法生成如代码清单 12-30 所示的代
码即可。

代码清单 12-30：生成代码示意

```
1.  let _cap = <[()]>::len(&[(), ()]);
2.  let mut _map = HashMap::with_capacity(_cap);
```

代码清单 12-30 中，是想利用 len 方法来计算传入键值对的个数，知道个数以后就可以
使用 HashMap 的 with_capacity 方法来预分配容量。因为 len 方法是**[T]**类型实现的方法，所
以可以通过 "<[()]>::len(&[..])" 这样的形式来调用。这里借用了 "[()]" 类型来辅助计算键值
对的个数，其实也可以使用其他类型，比如 String 字符串，但是这里用单元类型 "()" 的好
处是不占用空间。

接下来的问题就是，如何构造这个用于辅助计算键值对个数的 "[()]" 类型数组。基本思
路如图 12-8 所示。

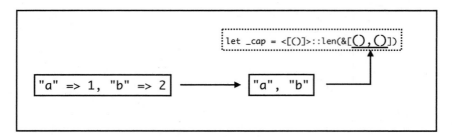

图 12-8：将给定的键值对替换为指定单元值数组过程示意

图 12-8 示意的思路如下：

- 通过匹配输入的键值对，得到所有的键。
- 将所有的键通过匹配替换为单元值。
- 生成最终预期的代码。

这里需要匹配两次，意味着可以通过创建两个不同的宏来完成需求。如代码清单 12-31 所示。

代码清单 12-31：可根据键值对个数预分配的 hashmap!宏

```
1.  macro_rules! unit {
2.      ($($x:tt)*) => (());
3.  }
4.  macro_rules! count {
5.      ($($key:expr),*) => (<[()]>::len(&[$(unit!($key)),*]));
6.  }
7.  macro_rules! hashmap {
8.      ($($key:expr => $value:expr),* $(,)*) => {
9.          {
10.             let _cap = count!($($key),*);
11.             let mut _map
12.                 = ::std::collections::HashMap::with_capacity(_cap);
13.             $(
14.                 _map.insert($key, $value);
15.             )*
16.             _map
17.         }
18.     };
19. }
20. fn main(){
21.     let map = hashmap!{
22.         "a" => 1,
23.         "b" => 2,
24.     };
25.     assert_eq!(map["a"], 1);
26. }
```

代码清单 12-31 中又定义了两个宏 unit!和 count!，借助这两个宏来完成图 12-8 所示的替换过程。具体的宏规则匹配过程如图 12-9 所示。

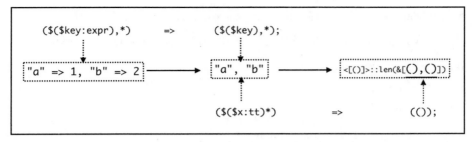

图 12-9：unit!和 count!宏规则匹配示意图

代码清单 12-31 虽然完成了预定的目标，但是引入了另外两个宏。这就导致目标宏 hashmap!依赖于两个独立的宏，如果以后想把 hashmap!宏放到独立的包（crate）中对外公开，那依赖的这两个独立的宏也必须公开，但是这两个宏对外部来说，基本没有其他作用。如何解决这个问题呢？答案很简单，只需要把依赖的两个宏转移到 hashmap!宏定义内部作为内部规则即可，如代码 12-32 所示。

代码清单 12-32：在 hashmap!宏内部定义依赖宏

```
1.  macro_rules! hashmap {
2.      (@unit $($x:tt)*) => (());
3.      (@count $($rest:expr),*) =>
4.          (<[()]>::len(&[$(hashmap!(@unit $rest)),*]));
5.      ($($key:expr => $value:expr),* $(,)*) => {
6.          {
7.              let _cap = hashmap!(@count $($key),*);
8.              let mut _map =
9.                  ::std::collections::HashMap::with_capacity(_cap);
10.             $(
11.                 _map.insert($key, $value);
12.             )*
13.             _map
14.         }
15.     };
16. }
```

注意代码清单 12-32 中第 2~4 行，分别把 unit!宏和 count!宏的定义移到了 hashmap!宏定义内部，并且这里利用了宏递归调用的特性。在代码第 7 行，当 hashmap!宏调用第一次匹配时，内部规则就会被激活，经过递归替换，最终生成目标代码。

其中 "@unit" 和 "@count" 相当于是内部宏规则的宏名，暂且称之为**内部宏**[1]。内部宏的名字必须放到真正的匹配规则之前，否则编译器会将其当作普通的匹配规则去处理。内部宏的名字并非必须用 "@" 符号开头，它只是一种社区惯用法。你可以使用 "unit" 或 "unit!" 命名。

调试宏

调试宏代码基本有**两种办法**：

- 使用编译器命令来输出展开后的代码，如代码清单 12-32 所示。

---

1 事实上没有这样的术语，这里只是为了方便说明。

● 在 Nightly 版本下使用#![feature(trace_macros)]属性来跟踪宏展开过程。

代码清单 12-33 展示了如何给代码清单 12-32 中定义的 hashmap!跟踪宏展开过程。

代码清单 12-33：调试 hashmap!宏

```
1.  #![feature(trace_macros)]
2.  macro_rules! hashmap {
3.      (@unit $($x:tt)*) => (());
4.      (@count $($key:expr),*) =>
5.          (<[()]>::len(&[$(hashmap!(@unit $key)),*]));
6.      ($($key:expr => $value:expr),* $(,)*) => ({
7.          let _cap = hashmap!(count! $($key),*);
8.          let mut _map =
9.              ::std::collections::HashMap::with_capacity(_cap);
10.         $(
11.             _map.insert($key, $value);
12.         )*
13.         _map
14.     });
15. }
16. fn main(){
17.     trace_macros!(true);
18.     let map = hashmap!{
19.         "a" => 1,
20.         "b" => 2,
21.     };
22. }
```

代码清单 12-33 中使用了#![feature(trace_macros)]属性，注意此时必须使用 Nightly 版本的 Rust 才能编译。在代码第 17 行也就是 hashmap!宏调用的上方，加上 trace_macros!(true)就可以调试宏展开过程。

编译结果如代码清单 12-34 所示。

代码清单 12-34：编译输出 hashmap!宏调试信息

```
note: trace_macro
…
= note: expanding `hashmap! { "a" => 1 , "b" => 2 , }`
= note: to `{
    let _cap = hashmap ! ( count ! "a" , "b" ) ;
    let mut _map = ::std::collections :: HashMap :: with_capacity ( _cap ) ;
    _map . insert ( "a" , 1 ) ;
_map . insert ( "b" , 2 ) ; _map }`
= note: expanding `hashmap! { count ! "a" , "b" }`
= note: to `< [ ( ) ] > :: len (
    & [ hashmap ! ( unit ! "a" ) , hashmap ! ( unit ! "b" ) ] )`
= note: expanding `hashmap! { unit ! "a" }`
= note: to `( )`
= note: expanding `hashmap! { unit ! "b" }`
= note: to `( )`
```

代码清单 12-34 展示了编译过程中输出的调试信息，完整地展示了 hashmap!宏的展开过程。除 trace_macros!宏外，还有其他的宏调试方法。限于篇幅，这里不再展开介绍。

声明宏的卫生性

声明宏在展开后，不会污染原来的词法作用域，具有这种特性的宏叫**卫生宏**（Hygienic Macro）。Rust 的声明宏具有部分卫生性，如代码清单 12-35 所示。

代码清单 12-35：展示声明宏的卫生性

```
1.  macro_rules! sum {
2.      ($e:expr) => ({
3.          let a = 2;
4.          $e + a
5.      })
6.  }
7.  fn main(){
8.      let four = sum!(a);
9.  }
```

代码清单 12-35 如果编译，会报错，如代码清单 12-36 所示。

代码清单 12-36：错误信息

```
error[E0425]: cannot find value `a` in this scope
 --> src/main.rs:8:22
   |
8  |     let four = sum!(a);
   |                     ^ not found in this scope
```

代码清单 12-36 的错误信息提示，在当前作用域找不到变量 a。预想中，sum!宏如果展开以后，会有一个变量 a 的定义，如代码清单 12-37 所示。

代码清单 12-37：假想中 sum!展开后的代码

```
1.  fn main(){
2.      let four = {
3.          let a = 2;
4.          a + a
5.      };
6.  }
```

事实上，声明宏展开以后的代码拥有独立的作用域，并不会污染当前宏调用的作用域。所以 Rust 编译器会报找不到变量 a 的错误。这就体现了 Rust 声明宏的卫生性。

目前 Rust 声明宏的卫生性并不完整，只有对变量和标签（比如循环外部的标签'out）可以保证卫生。像生命周期、类型等都无法保证卫生性，所以在写宏的时候，需要注意，在宏里如果使用非当前作用域内定义的变量，一定要用绝对路径，并且这些变量必须在使用宏的任何地方都可见。在宏的卫生性方面，Rust 还在逐渐完善。

导入/导出

在日常开发中，经常会将一些常用的宏打包起来方便使用，从而提高开发效率。比如，可以将 hashmap!宏打包起来。为了演示，现在使用 cargo 命令创建一个二进制包，此处命名为 hashmap_lite，默认会生成 src/main.rs 文件。然后在 src 文件夹内创建一个 lib.rs 文件，代码结构如代码清单 12-38 所示。

代码清单 12-38：hashmap_lite 包代码结构示意

```
├── Cargo.toml
├── src
│   ├── lib.rs
│   └── main.rs
```

然后，将 hashmap!的宏定义代码复制到 src/lib.rs 文件中，如代码清单 12-39 所示。

代码清单 12-39：src/lib.rs 代码示意

```
1.  #[macro_export]
2.  macro_rules! hashmap {
3.      // 同代码清单 12-32
4.  }
```

注意代码清单 12-39 中使用了**#[macro_export]**属性，表示其下面的宏定义 hashmap 对其他包也是可以见的。然后在 src/main.rs 中使用#[macro_use]属性导入此宏，如代码清单 12-40 所示。

代码清单 12-40：src/main.rs 代码示意

```
1.   // Rust 2015
2.   // #[macro_use] extern crate hashmap_lite;
3.   // Rust 2018
4.   use hashmap_lite::hashmap;
5.   fn main(){
6.       let map = hashmap!{
7.           "a" => 1,
8.           "b" => 2,
9.       };
10.      assert_eq!(map["a"], 1);
11.  }
```

代码清单 12-40 中，如果是 Rust 2015，则使用#[macro_use]属性用在 extern crate 之前，表示将 hashmap_lite 中定义的宏 hashmap!导出，然后 main 函数中才可以自由使用 hashmap!宏。需要注意的是，在 Rust 2015 中只有在包的根文件下才可以为 extern crate 使用#[macro_use]属性。如果是 Rust 2018，则只需要使用 use 将 hashmap_lite::hashmap 导入即可。并且在 Rust 2018 中，外部 crate 中定义的宏是可以在根文件之外的地方导入的。也就是说，哪里需要就在哪里导入。

#[macro_use]属性也可以用于导出同一个包内 mod 定义的模块上。如代码清单 12-41 所示。

代码清单 12-41：使用#[macro_ues]导出 mod 模块中的宏

```
1.  #[macro_use]
2.  mod macros {
3.      macro_rules! X { () => { Y!(); } }
4.      macro_rules! Y { () => {} }
5.  }
6.  fn main() {
7.      X!();
8.  }
```

代码清单 12-41 中 X!可以被正常调用。

当宏被导出到包外被使用的时候，可能会碰到麻烦。有时候导出的宏定义内部会依赖包内的一些函数，如代码清单 12-42 所示。

代码清单 12-42：mycrate 内定义的宏依赖于函数 incr

```
1.  pub fn incr(x: u32) -> u32 {
2.      x+1
3.  }
4.  #[macro_export]
5.  macro_rules! inc {
6.      ($x:expr) => ( ::mycrate::incr($x) )
7.  }
```

代码清单 12-42 展示了 mycrate 包内宏定义依赖于本地的函数 incr，所以在 inc!宏定义内部使用了绝对路径"::mycrate::incr($x)"来调用该函数。但是实际情况中，使用 mycrate 包的时候有可能将其改名，如代码清单 12-43 所示。

代码清单 12-43：extern crate mycrate 改名为 mc

```
1.  #[macro_use]
2.  extern crate mycrate as mc;
3.  fn main(){ // … }
```

碰到代码清单 12-43 所示的这种情况时，inc!宏中依赖的函数调用就会失效。Rust 为此提供了一种解决方案：在宏定义内使用$crate 变量。如代码清单 12-44 所示。

代码清单 12-44：使用$crate 变量

```
1.  #[macro_export]
2.  macro_rules! inc {
3.      ($x:expr) => ( $crate::incr($x) )
4.  }
```

代码清单 12-44 使用&crate 变量，就可以在该宏定义被导出的时候，自动根据上下文来选择函数调用路径中的包名，比如在代码清单 12-43 所示的情况下，会使用"::mc::incr($x)"。

另外需要注意的是，如果一个包中导入多个声明宏包含了重复的命名，则最后导入的声明宏会覆盖先导入的声明宏定义。

使用 macro 关键字

目前只有在 Nightly 版本的 Rust 之下，使用#![feature(decl_macro)]属性才能使用 macro 关键字。如代码清单 12-45 所示。

代码清单 12-45：使用 macro 关键字

```
1.  #![feature(decl_macro)]
2.  macro unless($arg:expr, $branch:expr) {
3.      ( if !$arg { $branch });
4.  }
5.  fn cmp(a: i32, b: i32) {
6.      unless!( a > b, {
7.          println!("{} < {}", a, b);
8.      });
9.  }
10. fn main() {
```

```
11.    let (a, b) = (1, 2);
12.    cmp(a, b);
13. }
```

代码清单 12-45 中使用 macro 关键字重新定义 unless!宏的代码。比起 macro_rules!定义的宏可读性更高。然而 macro 关键字属于官方的宏 2.0 计划，在不久的将来会稳定发布，到时候就不需要使用 feature 属性了。

12.2.5 过程宏

使用声明宏可以实现像函数一样被调用的宏，但是也仅局限于代码自动生成的场景。对于需要语法扩展的场景用声明宏无法满足，比如为现有结构体自动生成特定的实现代码，或者进行代码检查等。在过程宏出现之前，开发者可以通过 Rust 编译器的插件机制来满足语法扩展的诸多需求。但可惜的是，这些插件机制并未稳定，暂时只能在 Nightly 版本的 Rust 中使用#![feature(plugin_registrar)]这样的 feature 才能实现。

官方核心团队一直致力于解决稳定化发布插件机制的工作，因为这么强大的功能应该稳定地提供给开发者。所以，经过核心团队和社区的共同努力，终于确定了一种方案，就是过程宏（Procedural Macros）。图 12-10 从宏观层面展示了过程宏的工作机制。

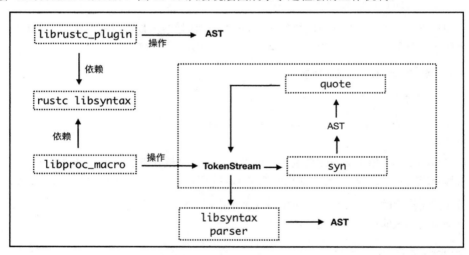

图 12-10：过程宏工作机制示意图

Rust 编译器插件机制由内置的 librustc_plugin 包提供，它通过直接操作 AST 来达成目的。所以，它依赖于内置的 libsyntax 包，该包中定义了词法分析、语法分析、操作语法树相关的各种操作。但是要稳定发布给开发者，就不能依赖于 AST 结构。因为 Rust 语言正处于上升发展期，Rust 内部还有很多工作要做，如果与 AST 结构耦合起来，将来 AST 结构有所变化，就会影响到广大开发者编写的程序，这是任何一门编程语言都在避免的问题。

所以，Rust 官方团队在 libsyntax 的基础之上，又抽象出一层通用的接口，这套接口就叫**过程宏**，它被定义于内置的 libproc_macro 包中。过程宏建立在**词条流**（TokenStream）的基础上，开发者可以借助于过程宏输入词条流，对其进行修改或替换，最后将修改后的词条流输出，交给语法解析器（libsyntax 中包含的 parser）处理。

基于词条流的好处在于未来不管语法如何变化，都不会影响到过程宏的使用，因为词法分析不需要关心语法信息。使用过程宏的时候，可以直接把传入的词法流转为字符串处理，也可以配合另外两个第三方库来使用：**syn** 和 **quote**。其中 syn 库可以将词条流再次解析为 AST 结构，然后开发者在此结构之上对其进行各种修改或替换，最后通过 quote 库，将修改后的 AST 结构重新转换为词条流输出，这样就比直接处理字符串要方便、精准，如图 12-10 右侧虚线框选中的部分所示。

所以，在学习 Rust 过程宏系统的时候，需要了解一个"变"与一个"不变"。

- **变**：Rust 在上升发展期，还在随时添加各种新的功能以及优化性能，有可能会影响到 AST 结构。所以会把过程宏、编译器插件、syn、quote 库都独立出来，以便更好地将过程宏机制向开发者稳定发布。
- **不变**：过程宏基于词条流，不会随语法的不断变化而受影响。

但要明白，"变"与"不变"只是指语言结构层面。比如 libproc_macro 库自身也在进化，在写本书的时候，又出现了 proc_macro2 库，它是对 libproc_macro 库的进一步抽象和包装，更易于使用。但基于词条流来处理过程宏的整体思路依然不变。

目前，使用过程宏可以实现三种类型的宏：

- **自定义派生属性**，可以自定义类似于#[derive(Debug)]这样的 derive 属性，可以自动为结构体或枚举类型进行语法扩展。在官方 RFC 或一些社区资料中，过程宏也被称为宏 1.1（Macro1.1）。
- **自定义属性**，可以自定义类似于#[cfg()]这种属性。
- **Bang 宏**，和 macro_rules!定义的宏类似，以 Bang 符号（就是叹号"！"）结尾的宏。可以像函数一样被调用。

接下来，使用 cargo 命令来创建一个 lib 包，名字为 simple_proc_macro，在此包中依次实现这三种过程宏。包目录结构如代码清单 12-46 所示。

代码清单 12-46：simple_proc_macro 目录结构示意

```
├── Cargo.toml
├── src
│   └── lib.rs
└── tests
    └── test.rs
```

在 Cargo.toml 中将该包设置为 proc_macro 类型，如代码清单 12-47 所示。

代码清单 12-47：Cargo.toml 中设置 lib 类型为 proc_macro

```
[lib]
proc_macro = true
```

编写过程宏必须要求放到 proc_macro 类型的 lib 包中。

自定义派生属性

可以使用 TDD[1]的方式来开发自定义派生属性，因为在开发之前，必须要设计好自动派生的代码是什么。打开 simple_proc_macro 包中的 tests/test.rs 文件，在其中先编写预期的测试代码，如代码清单 12-48 所示。

1　TDD：测试驱动开发。

代码清单 12-48：tests/test.rs 文件中写入测试代码

```
1.  #[macro_use]
2.  extern crate simple_proc_macro;
3.  #[derive(A)]
4.  struct A;
5.  #[test]
6.  fn test_derive_a() {
7.      assert_eq!("hello from impl A".to_string(), A.a());
8.  }
```

测试代码表示，打算实现一个**自定义派生属性#[derive(A)]**，然后为单元结构体 A 自动实现一个实例方法 a。在调用方法 a 的时候，输出指定的字符串，如代码第 7 行所示。注意，使用自定义的派生属性过程宏，需要用**#[macro_use]**将其导出。

打开 src/lib.rs 文件，开始实现自定义派生属性，如代码清单 12-49 所示。

代码清单 12-49：在 src/lib.rs 中实现#[derive(A)]过程宏

```
1.  extern crate proc_macro;
2.  use self::proc_macro::TokenStream;
3.  #[proc_macro_derive(A)]
4.  pub fn derive(input: TokenStream) -> TokenStream {
5.      let input = input.to_string();
6.      assert!(input.contains("struct A;"));
7.      r#"
8.          impl A {
9.              fn a(&self) -> String{
10.                 format!("hello from impl A")
11.             }
12.         }
13.     "#.parse().unwrap()
14. }
```

注意当前代码均基于 Rust 2018。

代码清单 12-49 中第 1 行和第 2 行分别引入了 Rust 内置的 proc_macro 包及其中定义的 TokenStream 结构体类型。值得注意的是，proc_macro 包属于 Rust 自带包，不需要在 Cargo.toml 中配置依赖。引入路径前的 self 前缀也不可省略。

代码第 3 行中，#[proc_macro_derive(A)]属性表示其下方的函数专门处理自定义派生属性，其中的 "A" 与#[derive(A)]中的 "A" 相对应。

代码第 4 行定义了函数 derive。注意其函数签名，输入的参数类型为 TokenStream，输出的参数类型也为 TokenStrem。

代码第 5 行将输入的参数 input 转换为字符串类型来处理。该示例用于演示实现自定义派生属性最简单的情况，即从字符串开始处理，并不涉及 AST 结构。

代码第 6 行展示了 input 实际上就是测试代码中#[derive(A)]下方的结构体 A 的定义。可以想象，当编译器在编译的时候碰到#[derive(A)]属性，就会自动将其下方的代码解析为词条流传入事先定义好的过程宏函数 derive 中进行处理。

代码第 7~13 行定义了一个字符串，并调用它的 parse 方法，该方法最终会返回一个 Result<TokenSteam, Err>类型，所以还需要再次用 unwrap 方法才能返回。该字符串中包含了一个硬编码的方法 a 的实现，该字符串最终转为 TokenStream 类型返回，会被 Rust 编译器再次处理，从而生成指定的代码。

在包的根目录下运行 cargo test，会发现测试将正常通过。

自定义属性

派生属性的目的比较单一，就是为了给结构体或枚举体自动派生各种实现，而属性的用途就相对比较多。可以说自定义派生属性是自定义属性的特例。Rust 自身有很多内置的属性，比如条件编译属性**#[cfg()]**和测试属性**#[test]**，早期版本的 Rust 可以通过编译器插件的方式来实现属性，但插件方式并未稳定，不推荐使用。过程宏实现自定义属性的功能还未稳定。在该版本稳定之前，必须在 Nightly 版本下使用**#![feature(custom_attribute)]**特性。但在编写本书时，最新的 NightlyRust 1.31 中，已经不需要此特性了。更改详情请参考随书源码中的对应示例。

依旧使用 TDD 的方式来实现自定义属性功能。继续打开 tests/test.rs 文件，编写新的测试代码，如代码清单 12-50 所示。

代码清单 12-50：继续在 tests/test.rs 中编写自定义属性的测试代码

```
1.   #![feature(custom_attribute)]
2.   use simple_proc_macro::attr_with_args;
3.   #[attr_with_args("Hello, Rust!")]
4.   fn foo() {}
5.   #[test]
6.   fn test_foo() {
7.       assert_eq!(foo(), "Hello, Rust!");
8.   }
```

代码清单 12-50 中使用#![feature(custom_attribute)]属性。新添加的测试代码表示要实现一个自定义属性#[attr_with_args("Hello, Rust!")]，作用于函数 foo 之上，并自动修改 foo 函数的定义和实现，按属性中指定的文本来输出结果，如代码清单 12-50 中第 7 行所示。

继续打开 src/lib.rs 文件，编写实现代码，如代码清单 12-51 所示。

代码清单 12-51：在 src/lib.rs 中继续编写自定义属性的实现代码

```
1.   #![feature(custom_attribute)]
2.   #[proc_macro_attribute]
3.   pub fn attr_with_args(args: TokenStream, input: TokenStream)
4.       -> TokenStream {
5.       let args = args.to_string();
6.       let input = input.to_string();
7.       format!("fn foo() -> &'static str {{ {} }}", args)
8.           .parse().unwrap()
9.   }
```

代码清单 12-51 中第 1 行使用了#![feature(custom_attribute)]特性。

代码第 2 行使用#[proc_macro_attribute]属性表示其下方的函数处理自定义属性。

代码第 3 行开始定义了 attr_with_args 函数，其函数签名包括两个输入参数 args 和 input，均为 TokenStream 类型，返回值也是 TokenStream 类型。输入参数 args 代表测试用例自定义属性**#[attr_with_args("Hello, Rust!")]**括号中的指定文本，而参数 input 则代表测试用例中该属性下方作用的函数定义 foo。

代码第 5 行和第 6 行分别将 args 和 input 转为字符串。

代码第 7 行通过 format!宏将 args 动态地替换到 foo 重新定义的字符串中，随后通过调用 parse 方法解析为 Result<TokenStream, Err>类型，经过 unwrap 之后返回。

执行 cargo test，测试正常通过。

编写 Bang 宏

在声明宏章节中，通过 macro_rules 实现过 hashmap!宏，可以作为函数调用，使用起来十分方便。现在使用过程宏重新实现 hashmap!宏，同样，先写测试用例，如代码清单 12-52 所示。

代码清单 12-52：继续在 tests/test.rs 中实现 hashmap!测试用例

```
1.   #![feature(proc_macro_non_items)]
2.   use simple_proc_macro::hashmap;
3.   #[test]
4.   fn test_hashmap() {
5.       let hm = hashmap!{ "a": 1, "b": 2,};
6.       assert_eq!(hm["a"], 1);
7.       let hm = hashmap!{ "a" => 1,"b" => 2,"c" => 3};
8.       assert_eq!(hm["d"], 4);
9.   }
```

代码清单 12-52 中引入了#![feature(proc_macro_non_items)]属性，是因为当前要用到。实现 Bang 宏，不需要通过#[macro_use]导出，而是通过 use 关键字直接导入。

可以看出，即将实现的 hashmap!宏支持两种宏语法格式，分别如代码第 5 行和第 7 行所示。

打开 src/lib.rs，开始写实现代码，如代码清单 12-53 所示。

代码清单 12-53：继续在 src/lib.rs 中编写实现代码

```
1.   #![feature(proc_macro_non_items)]
2.   #[proc_macro]
3.   pub fn hashmap(input: TokenStream) -> TokenStream {
4.       let input = input.to_string();
5.       let input = input.trim_right_matches(',');
6.       let input: Vec<String> = input.split(",").map(|n| {
7.          let mut data = if n.contains(":") { n.split(":") }
8.                         else { n.split(" => ") };
9.          let (key, value) =
10.            (data.next().unwrap(), data.next().unwrap());
11.         format!("hm.insert({}, {})", key, value)
12.      }).collect();
13.      let count: usize = input.len();
14.      let tokens = format!("
15.         {{
16.         let mut hm =
17.             ::std::collections::HashMap::with_capacity({});
18.             {}
```

```
19.            hm
20.        }}", count,
21.        input.iter().map(|n| format!("{};", n)).collect::<String>()
22.    );
23.    tokens.parse().unwrap()
24. }
```

代码清单 12-53 中，引入了#![feature(proc_macro_non_items)]特性，这就需要使用 Nightly Rust，只有该特性彻底稳定才可去掉。属性#[proc_macro]表示其下方的函数 hashmap 是要实现一个 Bang 宏，该函数前面输入和输出参数均为 TokenStream 类型。

整个 hashmap 函数的实现思路比较简单，就是把 input 转为字符串，将该字符串解析为数组，再通过 format!宏将字符串拼接为所需的格式，最后由 parse 方法解析返回。具体请查看随书源码中详细的注释。

这里值得注意的是，过程宏实现 Bang 宏的思路与 macro_rules!宏的思路相似，都是拼接生成代码，而代码清单 12-53 中，是完全对字符串进行解析和拼接，这种实现方法其实并不推崇。

其实 proc_macro 包中还提供了 TokenNode、TokenTree 等结构体，以及可以将这些结构转换为 TokenStream 的 quote!宏，只不过目前该功能尚未完善，要完成当前示例，使用起来还不如解析字符串来得方便。

使用第三方包 syn 和 quote

虽然官方的 proc_macro 包功能尚未完善，但是 Rust 社区提供了方便的包可以使用。通过 **syn** 和 **quote** 这两个包和 proc_macro2 的相互配合，可以方便地处理大部分需要用到过程宏的场景，比如自定义派生属性。序列化框架包 serde 就大量使用了 syn 和 quote，实际上，这两个包就是 serde 作者在编写 serde 过程中实现的。

其中，syn 完整实现了 Rust 源码的语法树结构。而 quote 可以将 syn 的语法树结构转为 proc_macro::TokenStrem 类型。接下来使用 proc_macro、syn 和 quote 共同实现一个自定义派生属性功能 derive-new[1]。

使用 cargo new 命令创建新的包 derive-new，并添加 tests/test.rs 文件，目录结构如代码清单 12-54 所示。

代码清单 12-54：derive-new 目录结构示意

```
├── Cargo.toml
├── src
│   └── lib.rs
└── tests
    └── test.rs
```

然后在 Cargo.toml 中引入要依赖的包，如代码清单 12-55 所示。

代码清单 12-55：Cargo.toml 配置文件

```
[lib]
proc-macro = true
[dependencies]
```

1　模仿 GitHub nrc/derive-new 的实现。

```
quote = "0.6"
syn = "0.15"
proc-macro2="0.4"
```

代码清单 12-55 中指定了该包为 proc-macro 类型的 lib 库，并且在依赖项配置了 quote 0.6 和 syn 0.15。需要注意的是，syn 和 quote 的这两个版本从 0.12 起进行了重构，API 接口有重大变动。

继续使用 TDD 的方式来编写代码，derive-new 的功能就是为结构体自动派生 new 方法。打开 tests/test.rs 文件，编写测试用例，如代码清单 12-56 所示。

代码清单 12-56：tests/test.rs 中编写测试用例

```
1.   use derive_new::New;
2.   // 无字段结构体
3.   #[derive(New, PartialEq, Debug)]
4.   pub struct Foo {}
5.   // 包含字段的结构体
6.   #[derive(New, PartialEq, Debug)]
7.   pub struct Bar {
8.       pub x: i32,
9.       pub y: String,
10.  }
11.  // 单元结构体
12.  #[derive(New, PartialEq, Debug)]
13.  pub struct Baz;
14.  // 元组结构体
15.  #[derive(New, PartialEq, Debug)]
16.  pub struct Tuple(pub i32, pub i32);
```

代码清单 12-56 中定义了四个结构体，均使用了 **#[derive(New, PartialEq, Debug)]** 属性，其中 New 属性就是即将要实现的自定义派生属性，用于给这四个结构体自动实现 new 方法，此处自动实现 PartialEq 和 Debug 用于比较和打印测试用例中的结构体实例。这四个结构体覆盖了 Rust 中结构体的全部种类：具名结构体、单元结构体和元组结构体。

结构体定义完之后，还需要编写这四种结构体实例分别调用 new 方法的测试用例，如代码清单 12-57 所示。

代码清单 12-57：tests/test.rs 中编写调用 new 方法的测试用例

```
1.   #[test]
2.   fn test_empty_struct() {
3.       let x = Foo::new();
4.       assert_eq!(x, Foo {});
5.   }
6.   #[test]
7.   fn test_simple_struct() {
8.       let x = Bar::new(42, "Hello".to_owned());
9.       assert_eq!(x, Bar { x: 42, y: "Hello".to_owned() });
10.  }
11.  #[test]
12.  fn test_unit_struct() {
13.      let x = Baz::new();
14.      assert_eq!(x, Baz);
```

```
15.    }
16.    #[test]
17.    fn test_simple_tuple_struct() {
18.        let x = Tuple::new(5, 6);
19.        assert_eq!(x, Tuple(5, 6));
20.    }
```

通过编写测试用例，对要编写的实现代码做了大致设计，对于三类结构体都需要支持自动实现 new 方法。现在打开 src/lib.rs 来编写实现代码，如代码清单 12-58 所示。

代码清单 12-58：src/lib.rs 中开始编写实现代码

```
1.    extern crate proc_macro;
2.    use {
3.        syn::{Token, DeriveInput, parse_macro_input},
4.        quote::*,
5.        proc_macro2,
6.        self::proc_macro::TokenStream,
7.    };
8.    #[proc_macro_derive(New)]
9.    pub fn derive(input: TokenStream) -> TokenStream {
10.        let ast = parse_macro_input!(input as DeriveInput);
11.        let result = match ast.data {
12.            syn::Data::Struct(ref s) => new_for_struct(&ast, &s.fields),
13.            _ => panic!("doesn't work with unions yet"),
14.        };
15.        result.into()
16.    }
```

代码清单 12-58 中第 1~7 行引入必须的包和 TokenStream 类型。

代码第 8 行使用#[proc_macro_derive(New)]属性，代表其下方的函数用于处理#[derive(New)]自动派生属性。

代码第 9 行开始定义 derive 函数，使用 pub 公开其可见性，输入参数和返回类型均为 TokenStream 类型。该函数主要做了三件事：

- 通过 parse_macro_input! 宏将 input 解析为 syn::DeriveInput 类型的抽象语法树结构。如代码第 10 行所示。
- 通过 ast.data 判断数据类型是否为结构体。syn::Data 是 syn 包中定义的枚举体，一共包含三个值：Struct(DataStruct)、Enum(DataEnum)和 Union(DataUnion)，分别代表结构体、枚举体和联合体。但是本示例中只处理结构体，对于结构体类型，通过 new_for_struct 函数进行处理，如代码第 11~14 行所示。
- 处理后的最终结果 result 应该属于 proc_macro2::TokenStream 类型，然后通过 into 方法将其转换为 TokenStream 类型并返回，如代码第 16 行所示。其中，proc_macro2 是对内置的 proc_macro 简单包装。它用于桥接 Rust 1.15 稳定的旧接口和 Rust 1.30 中引入新接口。在不久的将来，也许会合并到 Rust 中。

暂且将如何实现 new_for_struct 函数放一边，现在来看 syn::DeriveInput 这个类型，该类型是专门为 proc_macro_derive 宏而设计的，源码如代码清单 12-59 所示。

代码清单 12-59：syn::DeriveInput 结构体源码示意

```
1.    // syn::DeriveInput
```

```
2.  pub struct DeriveInput {
3.      pub attrs: Vec<Attribute>,
4.      pub vis: Visibility,
5.      pub ident: Ident,
6.      pub generics: Generics,
7.      pub data: Data,
8.  }
```

代码清单 12-59 中展示的 DeriveInput 结构体包含了五个字段，它们代表的信息如下：

- **attrs**，实际为 Vec<syn::Attribute>类型，syn::Atrribute 代表属性，比如#[repr(C)]，使用 Vec<T>代表可以定义多个属性。用于存储作用于结构体或枚举体的属性。
- **vis**，为 syn::Visibility 类型，代表结构体或枚举体的可见性。
- **ident**，为 syn::Ident 类型，将会存储结构体或枚举体的名称。
- **generics**，为 syn::Generics，用于存储泛型信息。
- **data**，为 syn::Data，包括结构体、枚举体和联合体这三种类型。

另外，DeriveInput 结构体还实现了一个重要的 trait，如代码清单 12-60 所示。

代码清单 12-60：syn::DeriveInput 结构体实现了 Parse 示意

```
1.  impl Parse for DeriveInput{…}
2.  pub trait Parse: Sized {
3.      fn parse(input: ParseStream) -> Result<Self>;
4.  }
```

在 syn 0.15 之前，Parse 由 Synom 代替。从 syn 0.15 开始，Synom 已移除。

Parse 中定义了 parse 方法，其输入参数类型为 syn::parse::ParseStream，用于 syn 内部解析 token 的缓冲流，由 TokenStream 转换而成。

可以使用 parse_macro_input! 宏将任意输入参数转换为实现了 Parse 的类型。在本例中是 DeriveInput 结构体。注意，该宏使用的是固定格式的宏语法：**parse_macro_input!(输入参数 as 目标类型)**，其中的 **as** 后面必须指定明确的类型。

除了使用 parse_macro_input! 宏，其实也可以直接调用 syn::parse 函数来解析输入参数 input。syn::parse 函数可以将输入的词法流都解析为指定的数据结构，也就是抽象语法树。syn::parse 函数签名如代码清单 12-61 所示。

代码清单 12-61：syn::parse 函数签名示意

```
pub fn parse<T: Parse>(tokens: TokenStream) -> Result<T, Error>
```

该函数内部会调用 T::parse 方法。所以，如果在代码清单 12-58 中使用 syn::parse 解析 input 参数，并将其声明为 syn::DriveInput 类型时，就可以调用 syn::DriveInput 中实现的 parse 方法，最终生成 syn::DriveInput 类型实例。

所以，syn 包主要是通过覆盖了全部 Rust 语法结构的自定义抽象语法树数据结构、syn::Parse 和 parse_macro_input!/syn::parse 这三大要素，满足开发者方便地将传入的 TokenStream 类型的词条流转化为指定的 syn 抽象语法树，如图 12-11 所示。另外，syn 还提供了功能强大的 Token![…]宏，用于实现自定义的 AST。读者可以通过查阅 syn 相关文档了解自定义 AST 的用法。

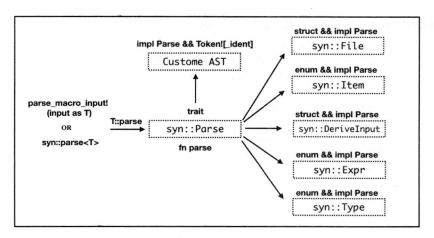

图 12-11： syn 三大要素示意

在对 syn 有一定认识之后，回到 derive-new 的示例中，接下来要实现 new_for_struct 函数。前面提到过，在 Rust 中，一共有三种结构体，那么该函数就必须同时满足这三种结构体才行。如代码清单 12-62 所示。

代码清单 12-62：在 src/lib.rs 中继续实现 new_for_struct 函数

```
1.    // 其他代码同上，此处省略
2.    fn new_for_struct(ast: &syn::DeriveInput,fields: &syn::Fields)
3.        -> proc_macro2::TokenStream
4.    {
5.        match *fields {
6.            syn::Fields::Named(ref fields) => {
7.                new_impl(&ast, Some(&fields.named), true)
8.            },
9.            syn::Fields::Unit => {
10.               new_impl(&ast, None, false)
11.           },
12.           syn::Fields::Unnamed(ref fields) => {
13.               new_impl(&ast, Some(&fields.unnamed), false)
14.           },
15.       }
16.   }
```

代码清单 12-62 中，new_for_struct 函数包括两个参数：ast 和 fields。其中 ast 是 syn::DeriveInput 引用类型，fields 是 syn::Fields 引用类型。该函数返回值为 proc_macro2::TokenStream 类型，因为该函数是在 derive 函数中被调用，最终需要转为 proc_macro2 的 TokenStream 类型。

此处用到的 syn::Fields 类型属于 syn::Expr 枚举体中定义的一个值，并且 syn::Fields 本身也是枚举体，定义了三个值：syn::Fields::Named、syn::Fields::Unit 和 syn::Fields::Unnamed，分别代表命名结构体、单元结构体和元组结构体中的字段信息。

函数实现比较简单，通过 match 匹配 fields 的类型，调用相应的 new_impl 函数，需要将 ast、不同结构体的字段信息、判断是否为命名结构体的布尔值一起传进去。

接下来继续实现 new_impl 函数，如代码清单 12-63 所示。

代码清单 12-63：在 src/lib.rs 中继续实现 new_impl 函数

```
1.  fn new_impl(ast: &syn::DeriveInput,
2.      fields: Option<&syn::punctuated::Punctuated
3.          <syn::Field, Token![,]>
4.      >,
5.      named: bool) -> proc_macro2::TokenStream
6.  {
7.      let struct_name = &ast.ident;
8.      let (impl_generics, ty_generics, where_clause) =
9.          ast.generics.split_for_impl();
10.     let (mut new, doc) = (
11.         syn::Ident::new("new", proc_macro2::Span::call_site()),
12.         format!("Constructs a new `{}`.", struct_name)
13.     );
14.     let args = "TODO";
15.     let inits = "TODO";
16.     quote! {
17.         impl #impl_generics #struct_name #ty_generics #where_clause {
18.             #[doc = #doc]
19.             pub fn #new(#(#args),*) -> Self {
20.                 #struct_name #inits
21.             }
22.         }
23.     }
24. }
```

代码清单 12-63 中，函数 new_impl 包含三个参数，其中 ast 和 named 类型已经介绍过。fields 的 Option<&syn::punctuated::Punctuated<syn::Field, Token![,]>> 类型看上去比较长，下面将其"拆解"为几个独立的部分来理解它：

- 最外层的类型为 Option<T>，表示 fields 类型整体是一个可选值，因为对于单元结构体来说，fields 的值为 None。
- 第二层是 syn::punctuated::Punctuated<T, P> 类型，该结构用于存储由标点符号分隔的语法树节点序列。常用的有：
    - Punctuated<Field, Token![,]>，用逗号分隔的结构体字段序列。
    - Punctuated<PathSegment, Token![::]>，用双冒号（::）分隔的路径序列。
    - Punctuated<TypeParamBound, Token![+]>，泛型参数序列。
    - Punctuated<Expr, Token![,]>，函数调用参数。
- 第三层是 <syn::Field, Token![,]>，分别是结构体字段和逗号标记。

所以，整个 fields 类型可以理解为表示类似于"Struct { a: 1, b: 2, c: 3}"或"Struct(1, 2, 3)"中字段的语法树结构。该函数返回值依然是 proc_macro2::TokenStream。

代码第 7 行中，因为 ast 是 DeriveInput 结构，所以调用它的 ident 字段，就可以得到当前结构体的名称 struct_name。

代码第 8 行和第 9 行通过 ast 的 generics 取得结构体中泛型相关的信息，然后通过调用 split_for_impl 方法返回元组结构，通过 let 模式匹配分别赋值给 impl_generics、ty_generics 和 where_clause。

代码第 10~13 行分别声明了 new 标识符和文档说明 doc，会用于后面的生成代码。这里值得注意的是，使用了 syn::Ident::new 方法将字符串转换为 syn 的语法树结构以备使用，在后面使用 quote!进行代码生成的时候不允许直接使用字符串，当然文档 doc 除外。

代码第 14 行和第 15 行声明了两个变量 args 和 inits，分别用于表示将来 new 函数中传入的参数和字段信息。这个比较复杂，此处暂时用字符串占位。

代码第 16~23 行中，quote!宏的使用方法和定义 macro_rules!宏时差不多，不同点在于，quote!宏中使用符号"#"来代替 macro_rules!宏中的"$"。整个 quote!宏相当于是生成代码的"模板"，等价于要生成代码清单 12-64。

代码清单 12-64：和 quote!宏要生成的代码等价的生成代码示意

```
1.  impl<T> Stuct<t> where T: Trait{
2.      #[doc="some desc"]
3.      pub fn new(arg1: T, arg2: T) -> Self{
4.          Struct{ arg1: arg1, arg2: arg2}
5.      }
6.  }
```

代码清单 12-64 使用伪代码展示了 quote!宏要生成的代码示意。由此可以看出，代码清单 12-63 中第 19 行定义 new 方法的时候，用到了"#(#args),*"模式，这和 marco_rules!宏的"$($args),*"模式类似，同样表示重复零次或多次，这里表示 new 参数可能是零个，也可能是多个。

接下来只需要搞定 args 和 inits 两个变量即可。因为字段信息比较复杂，所以需要一个独立的结构体来存储字段的信息，如代码清单 12-65 所示。

代码清单 12-65：在 src/lib.rs 中定义 FieldExt< 'a>结构体

```
1.  // 其他代码同上
2.  struct FieldExt<'a> {
3.      ty: &'a syn::Type,
4.      ident: syn::Ident,
5.      named: bool,
6.  }
```

代码清单 12-65 中定义了 FieldExt<'a>结构体，其中字段 ty 用来存储结构体字段的类型信息，ident 用于存储结构体字段的字段名，named 用来存储判断该字段是否为命名结构体的布尔标记。实际上，new 方法的参数名和字段名也是一一对应的，所以也可以用该结构体来存储参数信息。

接下来为 FieldExt<'a>结构体实现一些方法，如代码清单 12-66 所示。

代码清单 12-66：在 src/lib.rs 中为 FieldExt< 'a>结构体实现一些方法

```
1.  impl<'a> FieldExt<'a> {
2.      pub fn new(field: &'a syn::Field, idx: usize, named: bool)
3.          -> FieldExt<'a> {
4.          FieldExt {
5.              ty: &field.ty,
6.              ident: if named {
7.                  field.ident.clone().unwrap()
8.              } else {
9.                  syn::Ident::new(
10.                     &format!("f{}", idx),
```

```
11.                        proc_macro2::Span::call_site()
12.                    )
13.             },
14.             named: named,
15.         }
16.     }
17.     pub fn as_arg(&self) -> proc_macro2::TokenStream {
18.         let f_name = &self.ident;
19.         let ty = &self.ty;
20.         quote!(#f_name: #ty)
21.     }
22.     pub fn as_init(&self) -> proc_macro2::TokenStream {
23.         let f_name = &self.ident;
24.         let init =  quote!(#f_name);
25.         if self.named {
26.             quote!(#f_name: #init)
27.         } else {
28.             quote!(#init)
29.         }
30.     }
31. }
```

代码清单 12-66 中为 FieldExt<'a>结构体实现了 new 方法用于创建该结构体实例，as_arg 实例方法用于得到参数信息的 proc_macro2::TokenStream 结构，as_init 实例方法用于得到字段信息的 proc_macro2::TokenStream 结构。

代码第 2~15 行 new 方法中，第一个参数 field 为 syn::Field 的引用类型，该类型为结构体，记录了结构体字段的信息，包括类型（ty 字段）、字段名称（Option<Ident>）等。注意和前面出现过的 syn::Fields 区分。第二个参数 idx 是用于记录元组结构体的字段位置。

代码第 17~21 行中，as_arg 方法为 FieldExt<'a>结构体的实例方法。通过获取 ty 和 ident 信息，分别得到参数的类型和名称，最后通过 quote!宏生成函数参数形式的词条结构。

代码第 22~30 行中，as_init 方法用于处理字段的信息，如果命名结构体，生成形如 "#f_name: #init"这样的词条结构，否则只需要得到单独的"#init"词条结构即可。

注意，new 方法的参数名和返回结构体实例字段名是一样的，参考代码清单 12-64。

接下来继续完善 new_impl 函数，如代码清单 12-67 所示。

代码清单 12-67：在 src/lib.rs 中继续完善 new_impl 函数

```
1.  fn new_impl(ast: &syn::DeriveInput,
2.      fields: Option<
3.          &syn::punctuated::Punctuated<syn::Field, Token![,]>
4.      >,
5.      named: bool) -> proc_macro2::TokenStream
6.  {
7.      let struct_name = &ast.ident;
8.      let unit = fields.is_none();
9.      let empty = Default::default();
10.     let fields: Vec<_> = fields.unwrap_or(&empty).iter()
11.         .enumerate()
12.         .map(|(i, f)| FieldExt::new(f, i, named)).collect();
```

```
13.     let args = fields.iter().map(|f| f.as_arg());
14.     let inits = fields.iter().map(|f| f.as_init());
15.     let inits = if unit {
16.        quote!()
17.     } else if named {
18.        quote![ { #(#inits),* } ]
19.     } else {
20.        quote![ ( #(#inits),* ) ]
21.     };
22.     // 同上
23. }
```

代码清单 12-67 中代码第 8~21 行为新增内容。

代码第 8 行声明 unit 变量用于判断是否为单元结构体。代码第 9 行声明 empty 变量，利用 Default::default 方法自动推断单元结构体的字段值为单元值。

第 10~12 行通过迭代器将 fileds 转换为 FieldExt<'a>的数组集合。

代码第 13 行和第 14 行分别通过 as_args 和 as_init 得到参数和字段的词条结构。

代码第 15~21 行中，判断如果是单元结构体，则直接调用空的 quote!宏，没有任何宏体。如果是命名结构体，则使用"{ #(#inits),* }"模式，将字段循环生成形如"{ arg1: arg1, arg2: arg2 }"这样的词条结构。如果是元组结构体，则使用"(#(#inits),*)"模式，将字段循环生成形如"(arg1, arg2)"这样的词条结构。

至此，derive-new 的代码就全部完成了，执行 **cargo test** 命令之后，可以看到测试正常执行通过。上面的代码还有可以扩展的地方，比如通过属性为字段添加默认值，如代码清单 12-68 所示。

代码清单 12-68：改进#[derive(New)]属性，支持#[new(value=xxx)]为字段指定默认值

```
1.  #[derive(New)]
2.  pub struct Fred {
3.      #[new(value = "1 + 2")]
4.      pub x: i32,
5.      pub y: String,
6.      #[new(value = "vec![-42, 42]")]
7.      pub z: Vec<i8>,
8.  }
9.  #[test]
10. fn test_struct_with_values() {
11.     let x = Fred::new("Fred".to_owned());
12.     assert_eq!(
13.         x,
14.         Fred { x: 3, y: "Fred".to_owned(), z: vec![-42, 42] }
15.     );
16. }
```

要实现代码清单 12-68 测试用例描述的功能，需要使用#[proc_macro_derive(New, attributes(new))]宏，然后在对应的 derive 函数中处理 attributes 的信息。具体如何实现，就留给读者来完成。

12.3　编译器插件

Rust 中最强大的元编程工具非编译器插件莫属，但可惜的是，编译器插件目前还不稳定。在 Nightly 版本的 Rust 之下，配合#![feature(plugin_registrar)]特性，可以实现编译器插件。

编译器插件由内置的 **librustc_plugin** 包提供，该包对外公开了八种方法供开发者编写不同功能的编译器插件，具体如下：

- register_syntax_extension，可以通过它实现任意语法扩展。
- **register_custom_derive**，是对 register_syntax_extension 的包装，专门用于实现自定义派生属性。
- **register_macro**，同样是对 register_syntax_extension 的包装，用于实现 Bang 宏。
- register_attribute，用于实现编译器属性。

其他四种与 lint 属性和 llvm 相关。

接下来实现一个简单的编译器插件，使用 cargo new 命令创建一个 lib 包，名称为 plugin_demo，再添加 tests/test.rs 文件用于测试，目录结构如代码清单 12-69 所示。

代码清单 12-69：plugin_demo 目录结构

```
├── Cargo.toml
├── src
│   └── lib.rs
└── tests
    └── test.rs
```

在 Cargo.toml 文件中将 lib 设置为 plugin 类型，如代码清单 12-70 所示。

代码清单 12-70：Cargo.toml 文件中将 lib 设置为 plugin 类型

```
[lib]
plugin = true
```

打开 tests/test.rs 文件，编写测试用例，如代码清单 12-71 所示。

代码清单 12-71：在 tests/test.rs 中编写测试用例

```
1.  #![feature(plugin)]
2.  #![plugin(plugin_demo)]
3.  #[test]
4.  fn test_plugin() {
5.      assert_eq!(roman_to_digit!(MMXVIII), 2018);
6.  }
```

代码清单 12-71 中使用了**#![feature(plugin)]**特性，如第 1 行所示，所以需要在 Nightly 版本的 Rust 下运行。

代码第 2 行使用**#![plugin(plugin_demo)]**属性将 plugin_demo 中定义的语法扩展导出。

代码第 4 行定义了测试函数，该函数中使用 **roman_to_digit!**宏，将罗马数字 MMXVIII 转换为阿拉伯数字 2018，并对转换结果进行判断。

打开 src/lib.rs 文件并编写实现代码，如代码清单 12-72 所示。

代码清单 12-72：在 src/lib.rs 中编写插件的实现代码

```
1.  #![feature(plugin_registrar, rustc_private)]
```

```
2.  extern crate syntax;
3.  extern crate rustc;
4.  extern crate rustc_plugin;
5.  use self::syntax::parse::token;
6.  use self::syntax::tokenstream::TokenTree;
7.  use  self::syntax::ext::base::{ExtCtxt,  MacResult,  DummyResult,
    MacEager};
8.  use self::syntax::ext::build::AstBuilder;
9.  use self::syntax::ext::quote::rt::Span;
10. use self::rustc_plugin::Registry;
11. static ROMAN_NUMERALS: &'static [(&'static str, usize)] = &[
12.    ("M", 1000), ("CM", 900), ("D", 500), ("CD", 400),
13.    ("C", 100), ("XC", 90), ("L", 50), ("XL", 40),
14.    ("X", 10), ("IX", 9), ("V", 5), ("IV", 4),
15.    ("I", 1)
16. ];
```

代码清单 12-72 中第 1 行使用了 #![feature(plugin_registrar,rustc_private)]，包含特性 plugin_registrar 和 rustc_private。目前自定义编译器插件功能还未稳定，所以必须在 Nightly 下使用这两个特性。

代码第 2~10 行引入相关的包和类型。Syntax 包实际上就是 Rust 源码内的 libsyntax 包，而 rustc_plugin 就是 Rust 源码内的 librustc_plugin 包。

代码第 11~16 行定义一个静态变量 ROMAN_NUMERALS，其中记录了基本的罗马数字到阿拉伯数字的配对元组，用于后续计算。

接下来，实现具体的罗马数字到阿拉伯数字的转换函数，如代码清单 12-73 所示。

代码清单 12-73：继续在 src/lib.rs 中添加 expand_roman 函数

```
1.  fn expand_roman(cx: &mut ExtCtxt, sp: Span, args: &[TokenTree])
2.     -> Box<MacResult + 'static>
3.  {
4.    let text = match args[0] {
5.       TokenTree::Token(_, token::Ident(s, _)) => s.to_string(),
6.       _ => {
7.          cx.span_err(sp, "argument should be a single identifier");
8.          return DummyResult::any(sp);
9.       }
10.   };
11.   let mut text = &*text;
12.   let mut total = 0;
13.   while !text.is_empty() {
14.     match ROMAN_NUMERALS
15.        .iter().find(|&&(rn, _)| text.starts_with(rn))
16.     {
17.        Some(&(rn, val)) => {
18.           total += val;
19.           text = &text[rn.len()..];
20.        }
21.        None => {
22.           cx.span_err(sp, "invalid Roman numeral");
```

```
23.                    return DummyResult::any(sp);
24.               }
25.          }
26.     }
27.     MacEager::expr(cx.expr_usize(sp, total))
28. }
```

代码清单 12-73 中，定义了 expand_roman 函数，该函数包含以下三个参数：

- **cx**，代表代码的上下文环境，为 ExtCtxt 的可变引用类型。
- **Span** 类型，表示代码的位置等信息。
- **TokenTree** 切片数组，表示经过编译器分词器得到的代码词条树。

函数的返回值是 **Box<MacResult+'static>**类型，是一个 trait 对象。其中 **MacResult** 是一个 trait，该 trait 中定义了很多方法用于组装 AST 结构。因为编译器插件是直接修改 AST 结构来实现语法扩展的。

代码第 4~10 行定义了 text 绑定。其中 args[0]是一个 TokenTree 数据类型，通过 match 匹配，将 token::Ident 标识符类型的值 **s** 匹配出来，然后生成字符串，并赋值给 text。因为在测试代码中传给 **roman_to_digit!**宏的罗马数字 **MMXVIII** 会被识别为标识符。但是，如果匹配失败，则表示传入的参数不是标识符，而是其他类型，比如数字、字符串等。则通过调用 cx.span_err 方法，为位置信息 sp 设置错误提示，并通过 DummyResult::any 函数将错误信息 sp 返回去，以便使用者排除错误。

代码第 12 行定义 total 绑定，并赋值为 0，用于计算最终的阿拉伯数字。

代码第 13~26 行迭代得到的罗马数字字符串 text，将其中的字符在 ROMAN_NUMERALS 静态变量中查找相对应的阿拉伯数字，并累计求和，然后将结果赋予最终的 total 绑定。如果在 ROMAN_NUMERALS 静态变量中没有查到对应的罗马数字，则继续通过调用 cx.span_err 方法，为位置信息 sp 设置相应的错误提示，并将 sp 返回。

代码第 27 行通过 MacEager::expr 将最终的 total 和 sp 返回。cx.expr_usize 指定了 total 的类型为 usize。

MacEager 是一个枚举体，它定义 Rust 的语法结构作为枚举值，包括**表达式**（expr）、**模式**（pat）、**语言项**（items）、**实现项**（impl_items）、**语句**（stmts）和**类型**（ty）等。

接下来定义 roman_to_digit 宏，如代码清单 12-74 所示。

代码清单 12-74：继续在 src/lib.rs 中定义 roman_to_digit 函数

```
1. #[plugin_registrar]
2. pub fn roman_to_digit(reg: &mut Registry) {
3.     reg.register_macro("roman_to_digit", expand_roman);
4. }
```

代码清单 12-74 中第 1 行使用#[plugin_registrar]属性，表示其下方的函数实现编译器插件功能。在 roman_to_digit 函数中使用 reg 的 register_macro 来定义一个宏，名字叫作 roman_to_digit，然后对应 expand_roman 函数的功能。

最后，在 plugin_demo 包根目录下执行 cargo rest 命令，测试正常编译通过。需要注意的是，该自定义编译器插件示例当前可以在 Rust 1.30 下正常编译执行，在未来很有可能编译失败，因为 Rust 内部的 libsyntax 包是不断变化的。但是，即便 libsyntax 的语法会改变，基本的原理也是不变的，只要掌握基本的原理，也可以在编译失败的基础上很快将其修复。

通过此例可以看出，编写编译器插件和编写过程宏整体流程很相似，但是在细节上有差距，前者直接依赖 AST 结构，而后者只是依赖 TokenStream 词法结构。从语言功能稳定的角度看，过程宏要优于编译器插件，也属于宏 2.0 稳定发布的计划内容。另外，过程宏的文档比较全，而编译器插件的文档很少，开发者只能从源码中获取信息。所以，作为开发者，应该优先选择过程宏，而非编译器插件，除非过程宏无法达成目的。

12.4 小结

本章从元编程概念谈起，总结了编程语言中提供的元编程方式，包括反射和语法扩展。Rust 语言作为系统级静态语言，对于反射的支持相比其他动态语言来说，功能不够强大，仅仅可以识别静态生命周期的类型信息。但 Rust 提供的宏功能是强大的。

Rust 提供了两种宏，一种是声明宏，另一种是过程宏。

声明宏在 Rust 中最常用，它可以编写 Bang 宏，也就是可以像函数调用那样使用，但是和函数调用不同的地方在于，Bang 宏返回的是生成代码，而函数调用返回的是求值结果，分清这个差别很重要。当前只能用 macro_rules!来定义声明宏，但在 Rust 2018 发布之后，宏 2.0 计划应该可以实施完成，到时候就可以使用 macro 关键字来定义声明宏。

Rust 也支持编译器插件机制，但是编译器插件依赖于 AST 结构。如果要面向开发者稳定地自定义编译器插件功能，就不能太依赖于 AST 结构，因为 Rust 还在发展期，Rust 本身还在不断地优化，虽然在语法上已经稳定，但是其内部的语法树结构有可能会变化，这就不利于将其对外稳定公开给广大开发者。所以，过程宏就出现了，它基于词条流（TokenStream），不管语法树如何变化，它都不会改变，因为它本身不携带语法信息。

使用过程宏可以自定义派生属性、编写 Bang 宏，以及编写自定义属性。最早稳定的过程宏功能是自定义派生属性，也被称为宏 1.1。编写 Bang 宏在 Rust 1.30 中已稳定，在此版本前需要使用#![feature(proc_macro)]特性。若要使用过程宏编写自定义属性，则需要使用#![feature(custom_attribute)]特性。此处也注意参考随书源码中的更新。

过程宏配合第三方库 syn 和 quote 可以更方便地编码。但值得注意的是，syn 和 quote 只支持 Rust 的语法。如果想像声明宏那样定义比较自由的宏语法，是不支持的。这在一定程度上保证了 Rust 宏不会被滥用，即便开发者使用过程宏来定义 Bang 宏，其宏语法也只能是 Rust 的语法，而不是其他奇怪的语法。再加上宏展开过程也会经过 Rust 编译器的安全检查，所以大可放心地使用 Rust 的宏。

最后，通过一个简单的示例了解了如何编写编译器插件，虽然鼓励开发者优先选择过程宏，但是了解一下如何编写编译器插件也很有帮助。当前 Rust 社区的第三方包或框架也有使用编译器插件实现相应的语法扩展。比如 Web 开发框架 rocket，在 Rust 0.3 中就用了编译器插件的方式来实现自定义属性，如代码清单 12-75 所示。

代码清单 12-75：rocket 示例

```
1.  #![feature(plugin, decl_macro)]
2.  #![plugin(rocket_codegen)]
3.  extern crate rocket;
4.  #[get("/")]
5.  fn hello() -> &'static str {
6.      "Hello, world!"
7.  }
```

```
8.  fn main() {
9.      rocket::ignite().mount("/", routes![hello]).launch();
10. }
```

代码清单 12-75 展示了 Web 开发框架 rocket 的一个 Hello World 示例。从代码第 1 行看得出来，用到了 plugin 和 decl_macro 两个特性，代表 rocket 内部使用了编译器插件机制和 macro 关键字。

代码第 2 行中，#![plugin(rocket_codegen)]代表 rocket_codegen 包中使用编译器插件方式定义了一些语法扩展。

代码第 4 行中，#[get("/")]自定义属性，为第 5 行的 hello 函数自动生成了路由相关的代码，这样一来，当有 "GET https://domain/" 这样的 HTTP 请求时，就可以自动调用到 hello 函数。

这就是 Rust 关于元编程的一切，虽然 Rust 还在不断完善，但它实现元编程的"道"是不变的。

第 13 章
超越安全的边界

混沌涌现秩序，光明源自黑暗。

现代人类依靠钢筋混凝土结构的现代建筑来挡风遮雨、祛暑避寒，舒服地享受生活；在大气层和地球磁场的保护下，削弱了一次又一次能够重创现代文明的强太阳高能电子流和其他宇宙射线的冲击；木星、土星等巨行星形成的屏障，大大地降低了小天体撞击地球的概率。这是一个无奈的事实：**不安全是这个世界的本质，绝对的安全并不存在。**

计算机世界中亦是如此。Rust 语言通过一系列静态分析机制保障了内存安全。然而，作为系统级编程语言，Rust 无可避免地需要直接与操作系统或裸机打交道。操作系统主要由 C 语言实现，包括 UNIX、Linux、Windows 内核。所以，Rust 程序在和外部环境"打交道"的时候，无论 Rust 编译器有多么智能和强大，都很难检测到外部环境涉及的内存安全问题。

不妨打个比方。Rust 就像是一艘遨游于太空的宇宙飞船，不管外太空多么危险，宇航员只要待在飞船内部，就是安全的。当宇航员需要去飞船外执行任务时，就必须穿好宇航服，经由减压舱到达飞船外部。宇航员一旦进入外太空，就必须自己保证安全，因为此时他已完全暴露于不安全的环境之下。

严格地说，Rust 语言可以分为 **Safe Rust** 和 **Unsafe Rust** 两部分。Safe Rust 就是提供安全庇护的"宇宙飞船"，而 Unsafe Rust 就是"宇航服、减压舱，以及飞船外部与宇航员有一切关联的部分"。

Safe Rust 涵盖了前面章节中所介绍的内容，包括类型系统和所有权等静态分析机制。在使用 Safe Rust 的时候，开发者完全不必担心有内存不安全的问题出现。但是当需要和其他语言交互，甚至与底层操作系统或硬件设备交互的时候，就只能依靠另外一套"语言"：Unsafe Rust。

13.1 Unsafe Rust 介绍

Unsafe Rust 是 Safe Rust 的一个超集。也就是说，在 Unsafe Rust 中，并不会禁用 Safe Rust 中的任何安全检查。如代码清单 13-1 所示。

代码清单 13-1：unsafe 块中使用引用依旧会进行借用检查

```
1.  fn main(){
2.      unsafe {
3.          let mut a = "hello";
4.          let b = &a;
5.          let c = &mut a;
```

```
6.        }
7.   }
```

代码清单 13-1 中，在 unsafe 块中同时对变量 a 进行不可变借用和可变借用，这违反了借用规则，编译器会报错。所以，即使在 Unsafe Rust 下，如果依旧编写 Safe Rust 的代码，也完全可以保证某种程度的安全性。

Unsafe Rust 是指在进行以下五种操作的时候，并不会提供任何安全检查：

- 解引用裸指针。
- 调用 unsafe 的函数或方法。
- 访问或修改可变静态变量。
- **实现** unsafe trait。
- 读写 **Union** 联合体中的字段。

这五种操作基本上适用于 Rust 和外部环境"打交道"的所有场景。对于这些场景的操作来说，Rust 的安全检查完全无用武之地，反而会是一种障碍。比如解引用裸指针的时候，也许会是一个空指针或悬垂指针，此时就会造成未定义行为，即便此时编译器会进行安全检查，代码也无法通过编译，从而也就完全无法和外部环境"打交道"了。所以，针对这五种操作，就完全不提供任何安全检查。

Unsafe Rust 和 Safe Rust 的区分带来以下三方面结果：

- Unsafe Rust 由于不需要安全检查，意味着有一定的性能提升。
- Unsafe Rust 内存安全完全交由开发者来保证，否则会出现未定义行为。
- 区分了编译器和开发者的职责，如果代码出现了问题，可以先排查 Unsafe Rust 的代码。

这其中包含缺点，也有优点。值得注意的是，Unsafe Rust 的存在并不与 Safe Rust 相矛盾，也不与 Rust 语言保证内存安全的目标相冲突。反而是 Unsafe Rust 的存在成就了 Rust。

13.1.1   Unsafe 语法

通过 unsafe 关键字和 unsafe 块就可以使用 Unsafe Rust，它们的作用如下：

- **unsafe 关键字**，用于标记（或者说声明）函数、方法和 trait。
- **unsafe 块**，用于执行 Unsafe Rust 允许的五种操作。

unsafe 关键字

Rust 标准库中包含了很多被 unsafe 关键字标记的函数、方法和 trait。以 String 中实现的函数来说，如代码清单 13-2 所示。

代码清单 13-2：String 中内置的 unsafe 函数示意

```
1.   pub unsafe fn from_utf8_unchecked(bytes: Vec<u8>) -> String {
2.       String { vec: bytes }
3.   }
```

代码清单 13-2 中展示了 String 内置的 unsafe 函数 from_utf8_unchecked 的源码实现。其函数签名包含了 unsafe 关键字，该函数接收一个 Vec<u8>类型的字节数组，返回一个 String 类型。

乍一看，该函数中只是简单地返回一个 String 结构体实例而已，也没有进行 Unsafe Rust

允许的那五种操作中的任意一种,完全是正常的 Safe Rust 代码,而且也在编译器的安全检查之下。**那么这里为什么用 unsafe 关键字来标记该函数呢**?因为该函数并未对传入的参数 bytes 进行任何合法性验证,如果传入的是一个非法的 UTF-8 字节序列,则会出现内存不安全的问题。换句话说,就是使用该函数时有可能会发生违反"契约"的风险。

函数 from_utf8_unchecked 的"契约"是指,传入的参数是有效的 UTF-8 字节序列。这就是 unsafe 关键字存在的意义。该函数被标记上 unsafe 之后,使用该函数的开发者就会主动去了解这一"契约",看看当前的使用是否满足"契约"的要求。如果开发者没有做到满足"契约"的要求,将来出现了问题,也可以在 unsafe 标记的范围内排查问题。

所以,在使用 Rust 编写一个函数的时候,需要注意该函数在使用的时候是否存在违反"契约"的风险。如果存在风险,请使用 unsafe 关键字将其标记出来,在其他人使用该函数时,就可以多加注意。这里最大的风险在于,如果一个函数存在违反"契约"的风险,而开发者并没有使用 unsafe 关键字将其标记,那该函数就很可能会成为 Bug 的"温床"。

除标记函数或方法外,**unsafe** 也用于标记 **trait**。

标准库中包含的 **unsafe trait** 有 **Send** 和 **Sync**。编译器依赖 Rust 内置的类型和内部严格的规则,为开发者自定义的类型自动实现这两个 trait,这是 Rust 能保证并发安全的基石。使用 unsafe 对 Send 和 Sync 进行标记,就意味着开发者手动实现它会有安全风险。

标准库中另外一个 unsafe trait 就是 **std::str::pattern::Searcher**,在字符串章节中已介绍过它,它是字符串搜索模式的抽象,提供了一系列方法,行为像迭代器。如代码清单 13-3 所示。

代码清单 13-3:Searcher 示意

```
1.  pub unsafe trait Searcher<'a> {
2.      fn next(&mut self) -> SearchStep;
3.      // ...
4.  }
```

代码清单 13-3 中展示了 Searcher 源码示意,它是一个 unsafe trait。这里 unsafe 标记的为什么是 trait 而不是方法 next 呢?

这是因为要实现 Searcher 里的 next 方法,必须要保证其返回的索引位于有效的 UTF-8 边界上,否则会出现内存不安全的问题。而依据 Searcher 的工作机制来看,next 方法并不会引起任何内存不安全问题,只是它的返回结果在另外一个地方使用才会发生问题。而考虑到字符串检索的性能,Searcher 也不想对结果进行检查。所以,这里只能给 trait 加上 unsafe 标记,以此来警告实现该 trait 的开发者在实现该 trait 时必须遵守这些条件。另外,在实现 unsafe trait 的时候,也必须相应地使用 **unsafe impl** 才可以。

unsafe 块

被 unsafe 关键字标记的不安全函数或方法只能在 unsafe 块中被调用。如代码清单 13-4 所示。

代码清单 13-4:unsafe 块示意

```
1.  fn main() {
2.      let hello = vec![104, 101, 108, 108, 111];
3.      let hello = unsafe {
4.          String::from_utf8_unchecked(hello)
```

```
5.       };
6.       assert_eq!("hello", hello);
7.   }
```

代码清单 13-4 中使用 from_utf8_unchecked 函数将字节数组转为字符串，这里必须使用 unsafe 块，否则会报如代码清单 13-5 所示的错误。

代码清单 13-5：未使用 unsafe 块调用 unsafe 函数会报错

```
error[E0133]: call to unsafe function requires unsafe function or block
--> src/main.rs:
|         String::from_utf8_unchecked(hello);
|         ^^^^^^^^^^^^^^^^^^^^^^^^^^^^^^^^^^^ call to unsafe function
```

从代码清单 13-5 中看得出来，在未使用 unsafe 块的情况下就调用 unsafe 函数，编译器会报错。强制使用 unsafe 块，意味着强制让开发者将 unsafe 函数的调用和安全代码隔离起来，便于排查错误。

除调用不安全函数或方法外，unsafe 块也可以进行其他操作。

13.1.2　访问和修改可变静态变量

静态变量是全局可访问的。对于不可变静态变量来说，访问它不存在任何安全问题。Rust 也允许定义可变的静态变量，但是试想一下，如果多个线程同时访问这个可变静态变量，会发生什么？答案是：会引起数据竞争。这是 Rust 安全检查绝对不允许发生的事情。

所以，如果一定要定义可变的静态变量，就必须在 unsafe 块中进行操作，以此来警示该操作属于不安全行为，开发者必须保证其安全。如代码清单 13-6 所示。

代码清单 13-6：访问和修改可变静态变量必须在 unsafe 块中

```
1.   static mut COUNTER: u32 = 0;
2.   fn main() {
3.       let inc = 3;
4.       unsafe {
5.           COUNTER += inc;
6.           println!("COUNTER: {}", COUNTER);
7.       }
8.   }
```

代码清单 13-6 中定义了可变静态变量 COUNTER，并在 unsafe 块中对其进行修改和访问。如果此时不使用 unsafe 块，编译器就会报错提示你应该使用 unsafe 块来操作可变静态变量。

一般情况下，很少有人使用可变静态变量，但是要和其他语言交互（尤其是 C 语言）的时候，可变静态变量就会非常有用，在后面与 C 交互的内容会有更详细的介绍。

13.1.3　Union 联合体

Rust 也提供了像 C 语言中那样的 Union 联合体。Union 和 Enum 相似，Enum 属于 Tagged Union，优点在于其存储的 Tag 可以保证内存安全，缺点是 Tag 要占用多余的内存空间。而 Union 并不需要多余的 Tag，如果想访问其中的字段，就必须靠程序逻辑来保证其安全性，如果访问错误，就会引发未定义行为。所以，它的优点是比 Enum 省内存空间，缺点是使用起来不安全。

Union 的内存布局和 Enum 也是相似的，字段共用同一片内存空间，所以也被称为共用体。内存对齐方式也是按字段中内存占用最大的类型为主。Rust 里引入 Union 的主要原因还是为了方便 Rust 和 C 语言"打交道"。如代码清单 13-7 所示。

代码清单 13-7：使用 Union 联合体和 Struct 模拟 Enum 类型

```
1.  #[repr(C)]
2.  union U {
3.      i: i32,
4.      f: f32,
5.  }
6.  #[repr(C)]
7.  struct Value{
8.      tag: u8,
9.      value: U,
10. }
11. #[repr(C)]
12. union MyZero {
13.     i: Value,
14.     f: Value,
15. }
16. enum MyEnumZero {
17.     I(i32),
18.     F(f32),
19. }
20. fn main(){
21.     let int_0 = MyZero{i: Value{tag: b'0', value: U { i: 0 } } };
22.     let float_0 = MyZero{i: Value{tag: b'1', value: U { f: 0.0 } } };
23. }
```

代码清单 13-7 中使用 Union 和 Struct 来模拟一个 Enum 类型 MyZero。该类型的特点是，可以同时存储整数 0 和浮点数 0.0。

代码第 1~5 行使用 union 关键字定义了 Union 联合体，包含两个字段 i 和 f，用 i32 和 f32 类型分别代表整数和浮点数。当使用 Union 联合体时，配合使用了**#[repr(C)]**属性是必需的，该属性会告诉 Rust 编译器，此联合体应该使用和 C 语言一样的**内存布局**。如果不加#[repr(C)]属性，则有可能发生未定义行为。

代码第 6~10 行定义了结构体 Value，包含 tag 字段和 value 字段，是为了模拟 Enum 类型中的值。因为 Enum 类型中的每个值还包含一个 tag。此处也必须为结构体 Value 使用#[repr(C)]属性，因为 value 字段是联合体类型 U。

代码第 11~15 行定义了 MyZero 联合体，包含两个字段 i 和 f，它们的类型均为 Value。该联合体相当于代码第 16~19 行定义的一个 Enum 类型 MyEnumZero。

然后就可以在 main 函数中使用 MyZero 了，每次使用一个值。需要注意的是，代码清单 13-7 **并不能正常编译运行**。因为当前版本的 Rust **不支持 Union 联合体的字段为非 Copy**（Non-Copy）**类型**，联合体 MyZero 中的字段就是非 Copy 类型。如果使用**#![feature(untagged_unions)]**特性，该段代码就能正常编译，不久的将来该特性会稳定。

接下来对代码清单 13-7 做一次重构，让它可以正常运行。如代码清单 13-8 所示。

代码清单 13-8：对代码清单 13-7 进行重构

```
1.  #[repr(u32)]
2.  enum Tag { I, F }
3.  #[repr(C)]
4.  union U {
5.      i: i32,
6.      f: f32,
7.  }
8.  #[repr(C)]
9.  struct Value {
10.     tag: Tag,
11.     u: U,
12. }
13. fn is_zero(v: Value) -> bool {
14.     unsafe {
15.         match v {
16.             Value { tag: Tag::I, u: U { i: 0 } } => true,
17.             Value { tag: Tag::F, u: U { f: 0.0 } } => true,
18.             _ => false,
19.         }
20.     }
21. }
22. fn main() {
23.     let int_0 = Value{tag: Tag::I, u: U{i: 0}};
24.     let float_0 = Value{tag: Tag::F, u: U{f: 0.0}};
25.     assert_eq!(true, is_zero(int_0));
26.     assert_eq!(true, is_zero(float_0));
27.     assert_eq!(4, std::mem::size_of::<U>());
28. }
```

代码第 1、2 行定义了 Enum 枚举体 Tag，包含 I 和 F 两个值，分别代表整数和浮点数。注意，它使用了#[repr(u32)]属性来指定布局，如果不使用该属性，则默认是 Rust 类型。因为该枚举体准备在联合体中使用，所以必须指定好布局，否则可能会出现未定义行为。

代码第 3~7 行使用 union 关键字定义了联合体 U，包含字段 i 和 f，同代码清单 13-7 中一样。

代码第 8~12 行定义了结构体 Value，包含字段 **tag** 和 u，分别是 Tag 和 U 类型。该结构体所指代的意义和代码清单 13-7 中一致。

代码第 13~21 行定义了 is_zero 函数，该函数传入 Value 类型的参数，返回布尔值，目的是为了判断传入的 Value 是否为零。整数零和浮点数零均会返回 true。注意，该函数中对 Value 可能的值进行了匹配，包含在 unsafe 块中。对联合体 U 的字段进行操作是不安全的行为，所以必须放到 unsafe 块中。另外，代码第 17 行有浮点数字面量参与匹配，在编译时会发出警告，该问题暂时可以忽略，这里只作为教学示例，Rust 官方也正在完善此问题。

代码第 22~28 行的 main 函数中，声明了 int_0 和 float_0 两个 Value 的实例，调用 is_zero 函数均得到了预期的结果。代码第 27 行验证了联合体 U 的内存对齐是 4 字节，和预期的一致，并没有占空间的 **tag**。

联合体和枚举体一样，每次只能使用一个字段，因为联合体中的字段均共用内存空间。如果不小心使用了未初始化的字段，则可能发生未定义行为。如代码清单 13-9 所示。

代码清单 13-9：访问联合体中未初始化的字段

```
1.  #[repr(C)]
2.  union U {
3.      i: i32,
4.      f: f32,
5.  }
6.  fn main() {
7.      let u = U{i: 1};
8.      let i =unsafe{
9.          u.f
10.     };
11.     // 0.000000000000000000000000000000000000000000001
12.     println!("{}", i);
13.     // unsafe{
14.     //     let i = &mut u.i;
15.     //     let f = &mut u.f;
16.     // };
17. }
```

代码清单 13-9 中定义了联合体 U，在 main 函数中定义了 U 的实例。在代码第 9 行，本来应该访问字段 i，但是这里错误地访问了字段 f，导致第 12 行的输出为第 11 行注释中的浮点数。

值得注意的是，代码第 12 行的输出等价于 f32::from_bits(1)函数调用。在当前示例中，该输出属于正常的输出，不属于未定义行为。但是广义地看，这种用法是不安全的，在某些应用场合下很可能会造成不可预期的结果。

代码第 13~16 行被注释的原因是它们会报错。对于一个联合体来说，不能同时使用两个字段，当然也不能同时出借两个字段的可变借用。虽然可以同时出借两个不可变借用，但这种用法依旧不安全，没有人会故意这样使用。

13.1.4 解引用原生指针

Rust 提供了***const T**（不变）和***mut T**（可变）两种指针类型。因为这两种指针和 C 语言中的指针十分相近，所以叫其**原生指针**（Raw Pointer）。原生指针具有以下特点：

- **并不保证指向合法的内存**。比如很可能是一个空指针。
- **不能像智能指针那样自动清理内存**。需要像 C 语言那样手动管理内存。
- **没有生命周期的概念**。也就是说，编译器不会对其提供借用检查。
- **不能保证线程安全**。

可见，原生指针并不受 Safe Rust 提供的那一层"安全外衣"保护，所以也被称为"**裸指针**"。所以，在对裸指针进行解引用操作的时候，属于不安全行为。如代码清单 13-10 所示。

代码清单 13-10：解引用裸指针是不安全行为

```
1.  fn main() {
2.      let mut s = "hello".to_string();
3.      let r1 = &s as *const String;
4.      let r2 = &mut s as *mut String;
5.      assert_eq!(r1, r2);
6.      let address = 0x7fff1d72307d;
```

```
7.        let r3 = address as *const String;
8.        unsafe {
9.          println!("r1 is: {}", *r1);
10.         println!("r2 is: {}", *r2);
11.        // 段错误
12.        // assert_eq!(*r1, *r3)
13.      }
14. }
```

代码清单 13-10 中代码第 2~4 行，通过 as 操作符将变量 s 的不可变引用和可变引用分别转换成不可变裸指针 ***const String** 和可变裸指针 ***mut String**。注意，这里同时出现了不可变和可变的指针，但它们不是引用，Rust 借用检查会对它们"睁一只眼，闭一只眼"。创建裸指针本身并不会触发任何未定义行为，所以不需要放到 unsafe 块中操作。

代码第 5 行验证裸指针 r1 和 r2 是否相同。事实上，它们是相同的。

代码第 6、7 行通过随意指定一个地址 address，以及 as 操作符重新创建了一个裸指针 r3。

代码第 9、10 行通过"*"操作符对 r1 和 r2 进行解引用，打印输出字符串 s 的内容。但这个操作是不安全的，必须在 unsafe 块下进行。

被注释的代码第 12 行解引用裸指针 r3，会引发**段错误**（Segmentation Fault）。因为 r3 是随意定义的指针，开发者根本无法确定它指向的是否为合法内存。

13.2 基于 Unsafe 进行安全抽象

通过 unsafe 关键字和 unsafe 块可以执行一些跳过安全检查的特定操作，但并不代表使用了 unsafe 就不安全。在日常开发中，往往需要在 unsafe 的基础上抽象安全的函数。使用 unsafe 块的函数需要满足基本的"契约"，才能保证整个函数的安全性。除此之外，还需要了解一些其他的概念，才能更安全地使用 Unsafe Rust。

13.2.1 原生指针

原生指针是 Unsafe Rust 中最常用的，它主要有以下两种用途：

- **在需要的时候跳过 Rust 安全检查**。有些情况下，程序逻辑完全不会有任何内存安全问题，使用原生指针就可以避免那些不必要的安全检查，从而提升性能。
- **与 C 语言"打交道"**，需要使用原生指针。

标准库为原生指针内建了很多方法和函数，为开发者利用指针进行各种操作提供了方便。在此主要介绍以下几个内建函数和方法：

- std::ptr::null 函数和 is_null 方法
- offset 方法
- read/write 方法
- replace/swap 方法

这几个是比较常用的函数和方法，在标准库原生指针模块中还有其他很多方法，可以通过相关文档查看更多。

创建空指针

创建空指针并判断是否为空指针的实现如代码清单 13-11 所示。

代码清单 13-11：创建空指针并判断是否为空指针

```
1.  fn main() {
2.      let p: *const u8 = std::ptr::null();
3.      assert!(p.is_null());
4.      let s: &str = "hello";
5.      let ptr: *const u8 = s.as_ptr();
6.      assert!(!ptr.is_null());
7.      let mut s = [1, 2, 3];
8.      let ptr: *mut u32 = s.as_mut_ptr();
9.      assert!(!ptr.is_null());
10. }
```

代码清单 13-11 中的代码第 2、3 行，通过 **std::ptr** 模块提供的 null 函数可以创建一个空指针，通过 is_null 方法可以判断其是否为空。

代码第 4~6 行，通过&str 类型字符串 s 的 as_ptr 方法得到一个不可变原生指针，该指针指向合法的堆内存，所以它不是一个空指针。注意，第 5 行指针 ptr 的类型为***const u8**，这是因为字符串是以字节为单位存储的。

代码第 7~9 行，通过数组 s 的 as_mut_ptr 方法得到类型为***mut u32** 的可变原生指针，因为数组中的元素为数字类型。同样，它也不是空指针。

在创建空指针的时候，并不会引起任何未定义行为，所以这里并没有使用 unsafe 块。

使用 offset 方法

顾名思义，**offset** 就是指**偏移量**，通过该方法可以指定相对于指针地址的偏移字节数，从而得到相应地址的内容。如代码清单 13-12 所示。

代码清单 13-12：使用 offset 方法

```
1.  fn main() {
2.      let s: &str = "Rust";
3.      let ptr: *const u8 = s.as_ptr();
4.      unsafe {
5.          println!("{:?}", *ptr.offset(1) as char); // u
6.          println!("{:?}", *ptr.offset(3) as char); // t
7.          println!("{:?}", *ptr.offset(255) as char); // ÿ
8.      }
9.  }
```

代码清单 13-12 中，代码第 2、3 行得到一个***const u8** 类型的不可变指针 ptr，该指针指向字符串 s 的起始字符。然后通过 offset 方法获取字符串 s 中的其他字符。

代码第 4~8 行，因为 offset 方法是 unsafe 方法，所以要在 unsafe 块中调用。其中"***ptr.offset(1) as char**"等价于"***(ptr.offset(1)) as char**"。上面之所以可以省略括号，是因为**解引用操作优先级低于方法调用，但高于 as 操作符**。通过给 offset 方法指定偏移量（以字节为单位），就可以得到相应的字符。代码第 5、6 行分别得到字符 u 和 t。

因为 offset 方法并不能保证传入的偏移量是合法的，如果超出了字符串的边界，就可能会产生未定义行为，所以该方法被标记为 unsafe 方法。如代码第 7 行所示，打印出的字符完全是不可预料的。

使用 read/write 方法

通过 read 和 write 方法可以读取或写入指针相应内存中的内容。注意，这两个方法也是 unsafe 方法。代码清单 13-13 展示了 read 方法的使用。

代码清单 13-13：使用 read/write 方法

```
1.  fn main() {
2.      let x = "hello".to_string();
3.      let y: *const u8 = x.as_ptr();
4.      unsafe {
5.          assert_eq!(y.read() as char, 'h');
6.      }
7.      let x = [0, 1, 2, 3];
8.      let y = x[0..].as_ptr() as *const [u32; 4];
9.      unsafe {
10.         assert_eq!(y.read(), [0,1,2,3]);
11.     }
12.     let x = vec![0, 1, 2, 3];
13.     let y = &x as *const Vec<i32>;
14.     unsafe {
15.         assert_eq!(y.read(), [0,1,2,3]);
16.     }
17.     let mut x = "";
18.     let y = &mut x as *mut &str;
19.     let z = "hello";
20.     unsafe {
21.         y.write(z);
22.         assert_eq!(y.read(), "hello");
23.     }
24. }
```

代码清单 13-13 中第 2 行定义了 String 类型字符串 x，代码第 3 行通过调用 x 的 **as_ptr** 方法得到其**指向堆内存的原生指针**，因为 String 类型本质是一个字节序列数组，所以该指针类型是***const u8**，指向第一个字节序列。第 4~6 行在 unsafe 块中调用指针 y 的 read 方法，获取到字符串的第一个字符，并将其转换为字符类型，与预期的字符进行比较。

注意，read 方法是 unsafe 方法，这是因为 read 方法通过指针来读取当前指针指向的内存，但不会转移所有权。也就是说，在该指针读取完内存之后，该内存有可能会被其他内容覆盖。

代码第 7~11 行定义了固定长度数组 x，并通过调用 as_ptr 方法得到类型为***const [u32; 4]** 的原生指针 y。通过调用 y 的 read 方法，可以读取到数组的内容。注意，这里的原生指针类型是带长度的，如果将类型改为***const [u32; 3]**，则通过 read 方法只能读取到前三个元素的值。

代码第 12~16 行定义了一个动态数组 x，但这次并没有用 as_ptr 获取指向堆内存的原生指针，而是直接将 x 的引用通过 as 操作符转换为原生指针。这次调用该指针的 read 方法读出来的并不是该动态数组的第一个元素，而是全部元素。

要注意通过 as_ptr 获取和由引用转换为原生指针的区别。通过 as_ptr 得到的指针是字符串或数组内部的指向存放数据堆（或栈）内存的指针，而引用则是对字符串或数组本身的引用。

对应于 read 方法，代码第 17~23 行展示了 write 方法的使用。write 方法会覆盖掉指定位置上内存的内容。同理，write 方法也属于 unsafe 方法。

使用 replace/swap 方法

利用 replace 或 swap 方法，可以快速替换指定位置的内存数据。如代码清单 13-14 所示。

代码清单 13-14：使用 replace/swap 方法

```
1.  fn main() {
2.      let mut v: Vec<i32> = vec![1, 2];
3.      let v_ptr : *mut i32 = v.as_mut_ptr();
4.      unsafe{
5.          let old_v = v_ptr.replace(5);
6.          assert_eq!(1, old_v);
7.          assert_eq!([5, 2], &v[..]);
8.      }
9.      let mut v: Vec<i32> = vec![1, 2];
10.     let v_ptr  = &mut v as *mut Vec<i32>;
11.     unsafe{
12.         let old_v = v_ptr.replace(vec![3,4,5]);
13.         assert_eq!([1, 2], &old_v[..]);
14.         assert_eq!([3, 4, 5], &v[..]);
15.     }
16.     let mut array = [0, 1, 2, 3];
17.     let x = array[0..].as_mut_ptr() as *mut [u32; 2];
18.     let y = array[1..].as_mut_ptr() as *mut [u32; 2];
19.     unsafe {
20.         assert_eq!([0, 1], x.read());
21.         assert_eq!([1, 2], y.read());
22.         x.swap(y);
23.         assert_eq!([1, 0, 1, 3], array);
24.     }
25. }
```

代码清单 13-14 中，第 2、3 行通过 as_mut_ptr 得到动态数组 v 中指向堆内存的可变原生指针，所以该指针指向动态数组的第一个元素。第 4~8 行，在 unsafe 块中使用 **replace** 方法将 v 的第一个元素替换为 5。该方法会返回旧的值，所以 old_v 的值是 1，而动态数组 v 就变成了[5, 2]。

第 9~15 行同样是动态数组 v，但只是将 v 的可变引用转换为了可变原生指针，该指针指向数组的全部元素。所以在 unsafe 块中使用 replace 方法，传入的参数是整个 Vec<i32>类型的动态数组，而非单个元素。

代码第 16~24 行展示了 **swap** 方法的使用，该方法接收两个可变原生指针作为参数，并将其指向内存位置上的数据进行互换。

代码第 16~18 行定义了固定长度数组 array，并使用 as_mut_ptr 得到两个可变原生指针 x 和 y，类型均为***mut [u32; 2]**。

代码第 19~24 行通过 read 方法可以得到 x 和 y 的数据，分别为[0, 1]和[1, 2]。然后调用 x

的 swap 方法与 y 互换数据，最终得到结果[1, 0, 1, 3]。交互过程如图 13-1 所示。

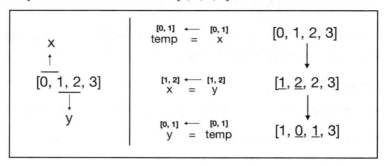

图 13-1：swap(x, y)过程示意

从图 13-1 可以看出，swap 方法因为传入的可变原生指针都来自同一个数组，操作的内存区域有重叠的地方，**这种操作很有可能引起内部数据混乱，从而引发未定义行为**，所以 swap 也是 unsafe 方法。

在 **std::mem** 模块中提供了一个安全的 **swap** 方法，其函数签名为 **fn swap<T>(x: &mut T, y: &mut T)**，注意其参数为可变引用。因为可变引用是独占的，不可能对同一个变量进行两次可变借用，所以就保证了该方法不可能出现内存重叠的情况。**同样**，std::mem 模块中也提供了**安全的 replace** 方法。

使用原生指针进行安全抽象

在标准库中有很多方法是基于 Unsafe Rust 实现的安全抽象。比如，Vec<T>动态数组的 insert 方法。假设使用 Safe Rust 来实现 insert 方法，可以想象得到，将无法避免要使用多次 &mut Vec<T>，这是完全无法做到的。Safe Rust 的借用检查不允许对同一个变量进行多次可变借用。在这种情况下，使用原生指针是唯一的办法。

代码清单 13-15 展示了 Vec<T>中 insert 方法的源码。

代码清单 13-15：Vec<T>的 insert 方法源码示意

```
1.  pub fn insert(&mut self, index: usize, element: T) {
2.      let len = self.len();
3.      assert!(index <= len);
4.      if len == self.buf.cap() {
5.          self.reserve(1);
6.      }
7.      unsafe {
8.          {
9.              let p = self.as_mut_ptr().offset(index as isize);
10.             ptr::copy(p, p.offset(1), len - index);
11.             ptr::write(p, element);
12.         }
13.         self.set_len(len + 1);
14.     }
15. }
```

代码清单 13-15 中，insert 方法传入了三个参数：&mut self、index 和 element，分别表示 Vec<T>的实例可变借用、要插入位置的索引和要插入的元素。

代码第 2、3 行通过断言保证了 index 的值不能超过数组长度 len，从而保证了该函数的基本"契约"：插入的索引不能越界。

代码第 4~6 行，判断数组的长度是否达到了数组的容量上限，如果达到，则通过 reserve 方法来扩容。传给 reserve 的参数 1 代表每次扩展一个类型大小的字节数。

从代码第 7 行开始，在 unsafe 块下进行操作。

代码第 8~12 行，将这三行代码放到一个单独块中是因为它们表示一个完整的插入逻辑。代码第 9 行通过 as_mut_ptr 方法获取到实例的原生可变指针，再进一步通过 offset 方法和 index 的值，得到要插入位置的指针 p。代码第 10 行通过 ptr::copy 方法将当前位置的内容右移一位，这样才能给当前位置留下空位来便于插入新的元素。代码第 11 行使用 ptr::write 向该位置写入新的元素。

代码第 13 行将数组的长度加一。至此，整个 insert 方法才算完整。

综合来说，insert 方法内部使用了 unsafe 块直接操作原生指针，**通过断言判断指定插入的 index 无法越界操作**，以及**通过判断长度是否达到容量极限来决定是否进行扩容**。如果没有这两个判断条件，insert 方法就无法保证安全，它就不是一个安全抽象，就必须在方法签名前面加 unsafe 标签。

13.2.2　子类型与型变

子类型（subtype）在计算机科学中是相对于另外一种有替代关系的数据类型（父类型，supertype）而言的。一般来说，可以用在父类型的地方，也可以用子类型来替代。在类型理论中，子类型关系一般写为 **A<:B**，这意味着 A 是 B 的子类型。

在面向对象语言中，子类型也被称为**子类型多态**（subtype polymorphism），通过多态消除了类型之间的耦合性，实现统一接口。比如，在需要圆形工作的环境，也可以使用其他任何圆形几何体（比如圆环），它们的关系可表示为 **Ring<:Circle**。在面向对象语言中，一般用**里氏替换原则**（Liskov Substitution Principle，LSP）来描述这种关系：所有引用基类（父类）的地方必须能透明地使用其子类的对象。通俗地说，就是允许子类可以方便扩展父类的功能，但不能改变父类原有的功能。LSP 是接口设计和继承复用的基石，遵循该原则可以让代码有更好的维护性和复用性。

型变的基本概念

在原始类型的基础上通过类型构造器构造更复杂的类型时，原始类型的子类型关系在复杂类型之上如何变化，也是支持子类型编程语言需要考虑的问题。计算机科学中把这种根据原始类型子类型关系确定复杂类型子类型关系的规则称为**型变**（variance）。比如，如果 Cat 是 Animal 的子类型，Cat 类型可以出现在任何需要 Animal 类型表达式的地方。那么 List<Cat> 是否可以出现在 List<Animal> 的地方？下面看看型变的三种形式就知道答案了。

型变一般可以分为三种形式：

- **协变**（covariant）。可以继续保持子类型关系。Cat 是 Animal 的子类型，那么 List<Cat> 也是 List<Animal> 的子类型。
- **逆变**（contravariant）。逆转子类型关系。Cat 是 Animal 的子类型，那么 List<Animal> 是 List<Cat> 的子类型。
- **不变**（invariant）。既不保持，也不逆转子类型关系。也就是说，Cat 是 Animal 的子类型，但 List<Animal>和 List<Cat>是没有关系的。

Rust 语言中只有生命周期具有子类型关系。如果有生命周期满足"**'long: 'short**"这样的关系，那么可以说**'long** 是**'short** 的子类型。这个关系代表生命周期**'long** 存活的时间比**'short** 要长，也可以说，长生命周期是短生命周期的子类型。比如，**&'static str** 是**&'a str** 的子类型。

了解由生命周期组成的复合类型，具体什么样的型变规则很重要。因为在编写 Unsafe 代码的时候，很可能会因为没有合理使用型变而造成未定义行为。

未合理使用型变将会引起未定义行为

代码清单 13-16 展示了自定义的内部可变类型。

代码清单 13-16：自定义内部可变类型 MyCell<T>

```
1.   struct MyCell<T> {
2.       value: T,
3.   }
4.   impl<T: Copy> MyCell<T> {
5.     fn new(x: T) -> MyCell<T> {
6.         MyCell { value: x }
7.     }
8.     fn get(&self) -> T {
9.         self.value
10.    }
11.    fn set(&self, value: T) {
12.        use std::ptr;
13.        unsafe {
14.            ptr::write(&self.value as *const _ as *mut _, value);
15.        }
16.    }
17.  }
```

代码清单 13-16 中第 1~3 行定义了泛型结构体 MyCell<T>，包含一个字段 value。

代码第 4~17 行为 MyCell<T>实现了 new、get 和 set 三个方法。其中，new 和 get 方法没什么特别，重点是 set 方法。

代码第 11~16 行在 set 方法中使用了 unsafe 块。通过 ptr::write 方法将当前值覆盖为新传入的值。其中 ptr::write 的第一个参数是由&self.value 先转为不可变原生指针，再由不可变原生指针转为可变原生指针，因为 **Rust 不允许直接将不可变借用转为可变原生指针**。

MyCell<T>看上去暂时没什么问题，接下来实现两个函数来使用它，如代码清单 13-17 所示。

代码清单 13-17：使用 MyCell<T>示例

```
1.  fn step1<'a>(r_c1: &MyCell<&'a i32>) {
2.      let val: i32 = 13;
3.      step2(&val, r_c1);
4.      println!("step1 value: {}", r_c1.value);
5.  }
6.  fn step2<'b>(r_val: &'b i32, r_c2: &MyCell<&'b i32>) {
7.      r_c2.set(r_val);
8.  }
```

```
9.  static X: i32 = 10;
10. fn main() {
11.    let cell = MyCell::new(&X);
12.    step1(&cell);
13.    println!(" end value: {}", cell.value);
14. }
```

代码清单 13-17 中第 1~5 行定义了函数 step1, 只接收一个参数 r_c1, 为&MyCell<&'a i32> 类型。函数体里定义了局部变量 val, 并将其引用&val 传给了 stpe2 函数。

代码第 6~8 行定义了 step2 函数, 接收两个类型分别为&'b i32 和&MyCell<&'a i32>的参数。

代码第 9 行定义了一个静态变量 X。

在 main 函数中, 代码第 11 行使用静态变量的引用&X 声明了 MyCell 实例 cell。代码第 12 行将&cell 传入 step1 函数中。最后打印 cell.value 的值。

代码清单 13-17 可以正常编译运行。但是**这里存在未定义行为的风险**。注意看代码第 3 行, step1 函数中调用 step2, 并传入了局部变量 val 的不可变引用&val。然后在 step2 函数中使用 set 函数将传入&val 的值设置为新值。整个过程都是通过传递引用&val 来实现的。试想一下: 当 step2 函数执行完再返回到 step1 会发生什么? 当 step1 调用执行完, 整个调用栈就会被清理, 局部变量 val 将不复存在, 那么&val 也会成为悬垂指针, 这意味着 cell.value 也会成为无法预期的值。

这里 Rust 的借用检查为什么没有起作用呢?

原因在于现在定义的 MyCell<T>是一个**协变类型**。Rust 中**大部分结构都是协变**的, 像这种自定义的结构体默认也是协变的。代码清单 13-17 中, **静态变量 X 的引用&X 的生命周期是'static** 的, 所以在 main 函数中传入 step1 的是&MyCell<&'static i32>类型, 而 step1 函数定义中要求是&MyCell<&'a i32>类型。正因为 MyCell<T>是协变, **&'static i32 是&'a i32 的子类型**, 所以&MyCell<&'static i32>是&MyCell<&'a i32>的子类型。按照子类型的规则, **&MyCell<&'static i32>可以代替&MyCell<&'a i32>**。

实际上, Rust 允许这种协变是以 "忘记原始生命周期" 为代价的。所以在代码第 3 行中, step1 函数第一个参数&val 的生命周期本来应该是'a, 因为允许协变而成为'static, 所以借用检查就正常通过了。

可见, 如果没有合理利用协变, 将会产生未定义行为的风险。那么如何修复它呢? 既然知道了问题的原因, **解决方案**就简单了: **把 MyCell<T>的协变性质改成逆变或不变就可以**。

使用 PhantomData<T>

之前的章节介绍过, **PhantomData<T>是一个零大小类型的标记结构体, 也叫作 "幻影类型"**, 在需要指定一个并不使用的类型时, 就可以使用它。除此之外, PhantomData<T>还**扮演以下三种其他角色**:

- **型变**。可以产生协变、逆变和不变三种情况。
- **标记拥有关系**。和 drop 检查有关。
- **自动 trait 实现**。比如 Send 和 Sync。

所以, 利用 PhantomData<T>的型变特性, 就可以修复代码清单 13-17 的问题, 如代码清单 13-18 所示。

代码清单 13-18：利用 PhantomData<T>修改 MyCell<T>为不变

```
1.  use std::marker::PhantomData;
2.  struct MyCell<T> {
3.      value: T,
4.      mark: PhantomData<fn(T)> ,
5.  }
6.  impl<T: Copy> MyCell<T> {
7.      fn new(x: T) -> MyCell<T> {
8.          MyCell { value: x , mark: PhantomData}
9.      }
10.     fn get(&self) -> T {
11.         self.value
12.     }
13.     fn set(&self, value: T) {
14.         use std::ptr;
15.         unsafe {
16.             ptr::write(&self.value as *const _ as *mut _, value);
17.         }
18.     }
19. }
```

代码清单 13-18 重构了 MyCell<T>的定义，重点是在之前的基础上增加了一个类型为
PhantomData<fn(T)>的 mark 字段。PhantomData<fn(T)>类型属于**逆变**，因为 **fn(T)**指针类型
在 Rust 中是逆变，未来的 Rust 版本中可能会修改为**不变**。

修改完 MyCell<T>之后再次执行代码清单 13-17 中的代码，编译器会报以下错误：

```
error[E0597]: `val` does not live long enough
 --> src/main.rs:
|    step2(&val, r_c1);
|          ^^^ borrowed value does not live long enough
|    println!("step1 value: {}", r_c1.value);
| }
| - borrowed value only lives until here
```

看得出来，Rust 借用检查开始正常工作，代码变得更加安全。

协变、逆变与不变类型列表

以下罗列了 Rust 中几个重要的型变类型：

- **&'a T** 在'a 和 T 上是协变，对应的*const T 也是协变。
- **&'a mut T** 在**'a** 上是协变，但是在 **T** 上是不变。
- **Fn(T) -> U** 在 T 上是不变，在 U 上是协变。
- **Box<T>**、**Vec<T>**，以及其他集合对于它们包含的类型来说都是协变。
- UnsafeCell<T>、Cell<T>、RefCell<T>、Mutex<T>，以及其他内部可变类型在 T 上都
  是不变，对应的*mut T 也是不变。

比如，**&mut &'static str** 和**&mut &'a str** 不存在子类型关系，所以它们是不变。如果允
许它们协变，将会有产生未定义行为的可能，正如代码清单 13-16 展示的那样。所以，
UnsafeCell<T>等内部可变性（包括可变原生指针***mut T**）都是**不变**。

对结构体来说，如果包含的字段全部是协变，则结构体是协变，否则为不变。所以，对 **Phantomdata\<T\>** 类型来说，则有以下规则：

- PhantomData\<T\>，在 T 上是协变。
- PhantomData\<&'a T\>，在'a 和 T 上是协变。
- PhantomData\<&'a mut T\>，在'a 上是协变，在 T 上是不变。
- PhantomData\<*const T\>，在 T 上是协变。
- PhantomData\<*mut T\>，在 T 上是不变。
- PhantomData\<fn(T)\>，在 T 上是逆变，如果以后修改语法，会成为不变。
- PhantomData\<fn() -> T\>，在 T 上是协变。
- PhantomData\<fn(T) -> T\>，在 T 上是不变。
- PhantomData\<Cell\<&'a ()\>\>，在'a 上是不变。

Rust 中仅存在函数指针 **fn(T)** 的**逆变**情况，如代码清单 13-19 所示。

代码清单 13-19：fn(T)的逆变示例

```
1.  trait A {
2.      fn foo(&self, s: &'static str);
3.  }
4.  struct B;
5.  impl A for B {
6.      fn foo(&self, s: &str){
7.          println!("{:?}", s);
8.      }
9.  }
10. impl B{
11.     fn foo2(&self, s: &'static str){
12.         println!("{:?}", s);
13.     }
14. }
15. fn main() {
16.     B.foo("hello");
17.     // let s = "hello".to_string();
18.     // B.foo2(&s)
19. }
```

代码清单 13-19 中，第 1~3 行定义了 trait A。该 trait 包含 foo 函数签名，接收一个&'static str 类型的参数。

代码第 4~9 行定义了结构体 B，并为其实现 A。注意，此时 foo 函数的签名已经改变为接收一个&str 类型的参数。

代码第 10~14 行为结构体 B 单独实现另外一个函数 foo2，接收类型为&'static str 的参数。

在代码第 15~19 行的 main 函数中，直接调用结构体实例 B 的 foo 方法，传入一个字符串字面量，可以正常编译运行。注意，字符串字面量为&'static str 类型。代码第 17、18 行编译会出错，所以将其注释。

从该示例中可以得出以下**结论**：

- **fn(T)在实现 trait 方法时，是逆变**。因为&'static str <: &'a str，而现在 fn(&'a str)可以替代需要 fn(&'static str)的情况，所以得出 fn(&'a str) <: fn(&'static str)，逆转了原有类型

的子类型关系。

- **普通的函数调用，参数是不变**。当参数需要&'static str 类型时，不能用&str 代替它。但是函数的返回值是协变，当返回值是&str 的时候，可以返回&'static str 类型的值作为替代。

代码清单 13-20 是另一个逆变的示例。

代码清单 13-20：另一个 fn(T)逆变示例

```
1.  fn foo(input: &str) {
2.      println!("{:?}", input);
3.  }
4.  fn bar(f: fn(&'static str), v: &'static str) {
5.      (f)(v);
6.  }
7.  fn main(){
8.      let v : &'static str = "hello";
9.      bar(foo, v);
10. }
```

代码清单 13-20 中，在 bar 函数签名中，参数 f 为 **fn(&'static str)**类型。在 main 函数中，代码第 9 行将函数指针 foo 传给了 bar 函数，代码正常编译运行。函数指针 foo 的类型为 **fn(&str)**，所以满足 **fn(&str) <: fn(&'static str)**，此处为逆变。

在不久的将来，Rust 官方有可能取消逆变。

总之，了解型变对写 Unsafe 代码很有帮助。**当协变不会引起未定义行为的时候，可以用协变，否则就保证该类型为不变或逆变。**

13.2.3　未绑定生命周期

Unsafe 代码很容易产生**未绑定生命周期**（Unbound Lifetime），即可以被随意推断的生命周期。主要**注意下面两种情况**：

- 当从原生指针得到引用时，比如**&*raw_ptr**。
- 使用 std::mem::transmute 方法但没有显式给定生命周期，比如 transmute::<&T, &U>(foo)。

代码清单 13-21 展示了从原生指针得到引用的情况。

代码清单 13-21：从原生指针得到引用

```
1.  fn foo<'a>(input: *const u32) -> &'a u32 {
2.      unsafe {
3.          return &*input
4.      }
5.  }
6.  fn main() {
7.      let x;
8.      {
9.          let y = 42;
10.         x = foo(&y);
11.     }
12.     println!("hello: {}", x);
```

```
13. }
```

代码清单 13-21 中定义了函数 foo，其参数 input 为原生指针***const u32** 类型，然后通过解引用原生指针和引用符号将其转为引用，其中 "**&*input**" 相当于 "**&(*input)**"。

在 main 函数中，代码第 8~11 行使用了作用域块，其中调用了函数 foo，并将借用&y 传入。在第 12 行打印 x 的值。如果按 Safe Rust 的规则，由于 foo 函数返回的是一个引用，此处是对 y 的引用，但是在离开作用域之后，y 已经被丢弃，所以此处 x 就是一个**悬垂指针**。Rust 编译器应该阻止该程序编译。但实际情况是，该程序可以正常编译。这是因为经过 **foo 函数产生了一个未绑定生命周期的借用，所以就跳过了 Rust 的借用检查**。

在 Debug 模式下编译运行会输出正常的结果 "hello: 42"，但是在 Release 模式下编译运行，则会输出超出预期的结果，比如 "hello: 1151157120"，产生了未定义行为。

代码清单 13-22 展示了另外一种产生未绑定生命周期的情形。

代码清单 13-22：使用 transmute 函数得到引用

```
1.  use std::mem::transmute;
2.  fn main() {
3.      let x: &i32;
4.      {
5.          let a = 12;
6.          let ptr = &a as *const i32;
7.          x = unsafe { transmute::<*const i32, &i32>(ptr) };
8.      }
9.      println!("hello {}", x);
10. }
```

代码清单 13-22 中，使用了 std::mem::transmute<T, U>函数，该函数可以将类型 T 转为类型 U。这是一个 unsafe 函数，使用不当将会产生未定义行为。

在 main 函数中，将原生指针 ptr 通过 transmute 函数转为&i32 类型，此时会产生未绑定生命周期。在离开作用域块之后，x 将会产生悬垂指针。跟代码清单 13-21 类似，在 Release 模式下编译将会产生无法预期的值，比如 "hello: -697728128"。

所以，从原生指针得到引用的时候，需要避免以上两种情况，从而避免未定义行为的发生。

13.2.4 Drop 检查

Drop 检查（dropck）是借用检查器的附属程序，它是为了让析构函数可以更安全合理地被调用而存在。

一般来说，析构函数的调用顺序与变量的声明顺序相反。也就是说，如果存在明确的声明顺序，则编译器可以推断析构函数的调用顺序。但是对于同时声明的情况，比如声明一个元组时，其内部元素的生命周期是相同的，编译器无法推断到底该先调用谁的析构函数。当出现这种情况的时候，就容易产生悬垂指针。

在 Safe Rust 中由 dropck 引起的问题

在 Safe Rust 中出现这种情况时，Rust 编译器会报错，如代码清单 13-23 所示。

代码清单 13-23：声明元组变量测试 dropck

```
1.  use std::fmt;
2.  #[derive(Copy, Clone, Debug)]
3.  enum State { InValid, Valid }
4.  #[derive(Debug)]
5.  struct Hello<T: fmt::Debug>(&'static str, T, State);
6.  impl<T: fmt::Debug> Hello<T> {
7.      fn new(name: &'static str, t: T) -> Self {
8.          Hello(name, t, State::Valid)
9.      }
10. }
11. impl<T: fmt::Debug> Drop for Hello<T> {
12.     fn drop(&mut self) {
13.         println!("drop Hello({}, {:?}, {:?})",
14.                 self.0,
15.                 self.1,
16.                 self.2);
17.         self.2 = State::InValid;
18.     }
19. }
20. struct WrapBox<T> {
21.     v: Box<T>,
22. }
23. impl<T> WrapBox<T> {
24.     fn new(t: T) -> Self {
25.         WrapBox { v: Box::new(t) }
26.     }
27. }
28. fn f1() {
29.     // let x; let y;
30.     let (x, y);
31.     x = Hello::new("x", 13);
32.     y = WrapBox::new(Hello::new("y", &x));
33. }
34. fn main() {
35.     f1();
36. }
```

代码清单 13-23 中第 2、3 行定义了枚举类型 **State**，目的是为了在析构函数中输出变量的状态。

代码第 4~19 行定义了一个泛型结构体 **Hello<T>**，并为其实现 new 方法和析构函数。该析构函数会在 Hello 被释放的时候调用，并输出预期的结果。

代码第 20~27 行定义了新的结构体 **WrapBox<T>**，是对 Box<T> 的包装，并为 WrapBox<T> 实现了 new 方法。

代码第 28~33 行实现了函数 f1。在第 30 行通过元组形式声明了变量，这是故意为之，目的是让编译器无法推断 x 和 y 的析构顺序。注意，在代码第 32 行中，WrapBox<T> 的实例包含了 x 的引用。

所以整个代码编译执行以后，会抛出代码清单 13-24 所示的错误。

代码清单 13-24：代码清单 13-23 编译产生的错误信息

```
error[E0597]: `x` does not live long enough
--> src/main.rs:
|     y = WrapBox::new(Hello::new("y", &x));
|                                        ^ borrowed value does not live
long enough
| }
| - `x` dropped here while still borroweds
= note: values in a scope are dropped in the opposite order they are created
```

代码清单 13-24 显示变量 x 存活时间不够久。这正是由于编译器无法准确推断 x 和 y 的析构顺序导致的。如果 x 先于 y 被释放，则&x 就成为悬垂指针，这是 Safe Rust 不允许出现的事情。

解决这个问题也很简单，只需要修改 x 和 y 的声明顺序即可，如代码清单 13-23 中第 29 行所示。只要按该行指定的顺序声明变量 x 和 y，整个代码就可以正常编译运行，因为此时编译器可以准确推断 x 和 y 的析构顺序。正常输出的结果如代码清单 13-25 所示。

代码清单 13-25：代码清单 13-23 经过修改后正常输出结果

```
drop Hello(y, Hello("x", 13, Valid), Valid)
drop Hello(x, 13, Valid)
```

代码清单 13-25 清楚地显示出，先调用 y 的析构函数，然后调用 x 的析构函数，并且两个变量在调用析构函数的时候都是 Valid 状态，表示一切安全，并未出现悬垂指针。

在 Safe Rust 中，WrapBox<T>包装了 Box<T>，会被 Rust 编译器识别为 WrapBox<T>通过 Box<T>间接拥有 T。虽然 WrapBox<T>没有显式实现 Drop，但因为这一层拥有关系，Rust 也会在 WrapBox<T>被释放之后逐个自动地调用 T 上的析构函数。

#[may_dangle]属性与 dropck

接下来尝试在修正后的代码清单 13-23 的基础上新增一个自定义的结构体 **MyBox<T>**，该结构体利用原生指针来替代 Box<T>。这就需要手动在堆上分配内存，所以需要在 Nightly Rust 版本之下使用**#![feature(allocator_api)]**特性，如代码清单 13-26 所示。

代码清单 13-26：使用原生指针的结构体

```
1.  #![feature(allocator_api)]
2.  use std::alloc::{GlobalAlloc, System, Layout};
3.  use std::ptr;
4.  use std::mem;
5.  // 此处省略 State、Hello、impl Hello 等定义
6.  struct MyBox<T> {
7.      v: *const T,
8.  }
9.  impl<T> MyBox<T> {
10.    fn new(t: T) -> Self {
11.        unsafe {
12.            let p = System.alloc(Layout::array::<T>(1).unwrap());
13.            let p = p as *mut T;
14.            ptr::write(p, t);
15.            MyBox { v: p }
16.        }
```

```
17.        }
18.    }
19. impl<T> Drop for MyBox<T> {
20.    fn drop(&mut self) {
21.        unsafe {
22.            let p = self.v as *mut _;
23.            System.dealloc(p,
24.                Layout::array::<T>(mem::align_of::<T>())).unwrap());
25.        }
26.    }
27. }
28. fn f2() {
29.    {
30.        let (x1, y1);
31.        x1 = Hello::new("x1", 13);
32.        y1 = MyBox::new(Hello::new("y1", &x1));
33.    }
34.    {
35.        let (x2, y2);
36.        x2 = Hello::new("x2", 13);
37.        y2 = MyBox::new(Hello::new("y2", &x2));
38.    }
39. }
40. fn main() {
41.    // f1();
42.    f2();
43. }
```

代码清单 13-26 中为了展示而省略了代码清单 13-23 中关于 State、Hello，以及为 Hello 实现 new 和 drop 的代码，但实际上它们还会被用到。

代码第 1、2 行使用#![feature(allocator_api)]特性，以及引入 std::alloc 模块中的 GlobalAlloc、System 和 Layout 都是为了在堆中分配内存。注意，本章使用的 feature 在未来的 Rust Nightly 版本中会有所变化，请以本书的随书源码为准。

代码第 3、4 行引入 **std::ptr** 和 **std::mem** 模块，要用到其中的函数。

代码第 6~8 行定义了新的结构体 MyBox<T>，其字段 v 是*const T 类型的原生指针。

代码第 9~18 行为 MyBox<T>实现了 new 方法，在 new 方法中使用 **System.alloc** 方法分配堆内存，其参数 **Layout::array::<T>(1)**按照 **T** 类型来指定布局。在分配好内存之后，再通过得到的指针写入数据。最后将指针存入 MyBox<T>结构体实例中。

代码第 19~27 行为 MyBox<T>实现 **Drop**，在 drop 方法中使用 ptr::read 读取指针 v 对应的数据 T，然后通过 **System.dealloc** 方法将 T 的内存释放，其参数 **Layout::array::<T>(mem::align_of::<T>())**表示按 T 的内存对齐方式获取相应的内存布局。

代码第 28~39 行实现了 f2 函数。最后在 main 函数中调用 f2 函数。注意，f1 函数已被注释。

代码清单 13-26 编译会报如代码清单 13-27 所示的错误。

代码清单 13-27：代码清单 13-26 编译错误信息

```
error[E0597]: `x1` does not live long enough
--> src/main.rs:
|         y1 = MyBox::new(Hello::new("y1", &x1));
|                                          ^^ borrowed value does not live
long enough
|    }
|    - `x1` dropped here while still borrowed
= note: values in a scope are dropped in the opposite order they are created
error[E0597]: `x2` does not live long enough
--> src/main.rs:
| y2 = MyBox::new(Hello::new("y2", &x2));
|                                    ^^ borrowed value does not live long
enough
|    }
|    - `x2` dropped here while still borrowed
= note: values in a scope are dropped in the opposite order they are created
```

代码清单 13-27 的错误依旧是因为编译器无法推断变量的析构顺序而引起的。编译器担心开发者会在 drop 方法中调用 T 的数据，避免出现悬垂指针。但现在代码清单 13-26 中 MyBox<T>的 drop 方法是开发人员自己实现的，并且没有使用到 T 的数据，不会出现悬垂指针。那么有什么办法让代码通过编译呢？答案是使用**#[may_dangle]**属性。

利用**#[may_dangle]**属性来修改 drop 方法，如代码清单 13-28 所示。

代码清单 13-28：修改 drop 方法

```
1.  #![feature(allocator_api, dropck_eyepatch)]
2.  //其他同上
3.  unsafe impl<#[may_dangle] T> Drop for MyBox<T> {
4.      fn drop(&mut self) {
5.          unsafe {
6.              println!("mybox drop");
7.              let p = self.v as *mut _;
8.              System.dealloc(p,
9.                  Layout::array::<T>(mem::align_of::<T>()).unwrap());
10.         }
11.     }
12. }
```

代码清单 13-28 中第 1 行引入了#![feature(allocator_api, dropck_eyepatch)]特性。

代码第 3 行变为 "**unsafe impl<#[may_dangle] T> Drop for MyBox<T>**"。其中，"**<#[may_dangle] T>**"代表在 drop 方法实现中，将不会用到 T，否则可能会出现悬垂指针（many_dangle 就是 may dangle pointer 的意思）。因为这是需要开发人员去保证的，所以要用 unsafe 关键字来标记 impl。

经过这样的修改之后，代码即可正常编译运行。**但是这样就可以了吗？答案是否定的。**如果在 drop 方法中使用了 T，则会发生悬垂指针，如代码清单 13-29 所示。

代码清单 13-29：修改 drop 方法和 f2 函数

```
1.  // 其他代码同上
2.  unsafe impl<#[may_dangle] T> Drop for MyBox<T> {
```

```
3.       fn drop(&mut self) {
4.          unsafe {
5.              ptr::read(self.v); // 此处新增
6.              let p = self.v as *mut _;
7.              System.dealloc(p,
8.                  Layout::array::<T>(mem::align_of::<T>()).unwrap());
9.          }
10.     }
11.  }
12.  fn f2() {
13.     {
14.         let (x1, y1);
15.         x1 = Hello::new("x1", 13);
16.         y1 = MyBox::new(Hello::new("y1", &x1));
17.     }
18.     {
19.         let (y2, x2); // 此处改变
20.         x2 = Hello::new("x2", 13);
21.         y2 = MyBox::new(Hello::new("y2", &x2));
22.     }
23.  }
```

代码清单 13-29 修改了两处，分别是代码第 5 行和第 19 行。

代码第 5 行新增了 ptr::read 函数读取 T 的内容。此行代码表示 MyBox<T>的 drop 方法中用到了 T。

代码第 19 行故意将之前 x2 和 y2 的声明顺序换了位置。于是代码编译之后，输出结果如代码清单 13-30 所示。

代码清单 13-30：打印结果
```
drop Hello(y1, Hello("x1", 13, Valid), Valid)
drop Hello(x1, 13, Valid)
drop Hello(x2, 13, Valid)
drop Hello(y2, Hello("x2", 13, InValid), Valid)
```

从代码清单 13-30 中可以看出，x1 和 y1 是正常的释放顺序，但是 x2 和 y2 就出现了问题。最后一行显示内层 Hello 实例的状态是 **InValid**，说明此处产生了悬垂指针，因为访问到已经执行了析构函数的 T 的值。

这样的结果有违 Rust 的安全理念，有什么办法可以让 Rust 执行更严格的 drop 检查呢？

使用 PhantomData<T>得到更严格的 drop 检查

因为 MyBox<T>用了原生指针，而原生指针没有所有权语义。也就是说，Rust 编译器不会认为 MyBox<T>拥有 T。这就意味着，在进行 drop 检查时，不会严格要求 T 的生命周期必须长于 MyBox<T>。所以在 MyBox<T>的 drop 方法中使用 T 的时候，编译器完全忽视了 T 很可能被提前释放的可能。前面提到 PhantomData<T>的功能之一就是标记拥有关系，正好可以解决这个问题。

在代码清单 13-29 的基础上，再重新创建 MyBox2<T>结构体，如代码清单 13-31 所示。

代码清单 13-31：新增 MyBox2<T>

```
1.  // 其余代码同上
2.  use std::marker::PhantomData;
3.  struct MyBox2<T> {
4.      v: *const T,
5.      _pd: PhantomData<T>,
6.  }
7.  impl<T> MyBox2<T> {
8.      fn new(t: T) -> Self {
9.          unsafe{
10.             let p = System.alloc(Layout::array::<T>(1).unwrap());
11.             let p = p as *mut T;
12.             ptr::write(p, t);
13.             MyBox2 { v: p, _pd: Default::default() }
14.         }
15.     }
16. }
17. unsafe impl<#[may_dangle] T> Drop for MyBox2<T> {
18.     fn drop(&mut self) {
19.         unsafe {
20.             ptr::read(self.v);
21.             let p = self.v as *mut _;
22.             System.dealloc(p,
23.                 Layout::array::<T>(mem::align_of::<T>()).unwrap());
24.         }
25.     }
26. }
27. fn f3() {
28.     // let (y, x);
29.     // let (x, y);
30.     let x; let y;
31.     x = Hello::new("x", 13);
32.     y = MyBox2::new(Hello::new("y", &x));
33. }
34. fn main() {
35.     // f1();
36.     // f2();
37.     f3();
38. }
```

代码清单 13-31 中，新增了 MyBox2<T>，与 MyBox<T>唯一的不同就是多了一个 PhantomData<T>字段_pd，该字段的作用就是告诉 Rust 编译器一个事实：**MyBox2<T>拥有 T**。这就意味着，在执行 MyBox2<T>的析构函数时，不管有没有使用#[may_dangle]属性，都必须要求 T 的生命周期长于 MyBox2<T>。

代码第 17~26 行为 MyBox2<T>实现了 Drop，并且使用了#[may_dangle]属性。

代码第 27~33 行定义了函数 f3。**在该函数中必须强制指定 x 和 y 的声明顺序，以便编译器推断变量的 drop 顺序**。对于代码第 28 行和第 29 行所注释的两种写法，编译器无法推断 drop 顺序，不予通过编译。

所以在处理 **drop** 检查的时候，可以通过以下两个维度来处理代码避免出现未定义行为：

- **#[may_dangle]**属性，该属性使用 unsafe 对 impl Drop 进行标记，以此来警示开发者不要在析构函数中使用其拥有的数据。
- **PhantomData<T>**，用于标记复合类型拥有其包含的数据。这意味着，该复合类型将会遵循严格的 drop 检查，包含数据的生命周期必须长于复合类型的生命周期。

来自标准库中的用法

在 Rust 标准库中经常结合两者使用。代码清单 13-32 展示了 Vec<T>和 LinkedList<T>的相关代码。

代码清单 13-32：标准库中 Vec<T>和 LinkedList<T>相关实现

```
1.  pub struct Vec<T> {
2.      buf: RawVec<T>,
3.      len: usize,
4.  }
5.  pub struct RawVec<T, A: Alloc = Global> {
6.      ptr: Unique<T>,
7.      cap: usize,
8.      a: A,
9.  }
10. pub struct Unique<T: ?Sized> {
11.     pointer: NonZero<*const T>,
12.     _marker: PhantomData<T>,
13. }
14. unsafe impl<#[may_dangle] T> Drop for Vec<T> {
15.     fn drop(&mut self) {
16.         unsafe {
17.             ptr::drop_in_place(&mut self[..]);
18.         }
19.     }
20. }
21. pub struct LinkedList<T> {
22.     head: Option<NonNull<Node<T>>>,
23.     tail: Option<NonNull<Node<T>>>,
24.     len: usize,
25.     marker: PhantomData<Box<Node<T>>>,
26. }
27. unsafe impl<#[may_dangle] T> Drop for LinkedList<T> {
28.     fn drop(&mut self) {
29.         while let Some(_) = self.pop_front_node() {}
30.     }
31. }
```

代码清单 13-32 中，Vec<T>通过 RawVec<T>间接拥有 T，而 RawVec<T>靠 Unique<T>间接拥有 T。在 Unique<T>中使用 **PhantomData<T>**来保证拥有关系，这样 drop 检查就会严格要求开发者保证析构顺序。

Vec<T>的析构函数使用了**#[may_dangle]**属性，这将警示编写该析构函数的开发者注意不要去使用拥有的数据。

同理，LinkedList<T>也使用了 PhantomData<T>和#[may_dangle]属性达到与 Vec<T>相同的目的。

使用 std::mem::forget 阻止析构函数调用

Rust 中的析构函数默认是会被调用的，但在有些场合不希望调用析构函数。比如，通过 FFI 和 C 语言交互，在 Rust 中创建的数据需要在 C 中被调用，如果在 Rust 中被释放，则 C 中调用的时候会出问题。所以 Rust 提供了一个函数 **std::mem::forget** 来处理这种情况。

如代码清单 13-33 所示。

代码清单 13-33：转移结构体中字段所有权示例

```
1.   struct A;
2.   struct B;
3.   struct Foo {
4.       a: A,
5.       b: B
6.   }
7.   impl Foo {
8.       fn take(self) -> (A, B) {
9.           (self.a, self.b)
10.     }
11.  }
12.  fn main(){}
```

代码清单 13-33 中定义了结构体 Foo，其字段 a 和 b 的类型分别是结构体 A 和 B。为 Foo 结构体实现了 take 方法，该方法返回由 Foo 字段值组成的(A,B)类型的元组。

这里的**重点**是，take 方法会将 Foo 结构体字段 a 和 b 的所有权转移。这是 Rust 允许的，该段代码是可以正常编译通过的。但是，**如果给 Foo 结构体实现了 Drop**，情况就会发生变化，如代码清单 13-34 所示。

代码清单 13-34：为结构体 Foo 实现 Drop

```
1.   // 其余代码同上
2.   impl Drop for Foo {
3.       fn drop(&mut self) {
4.           // 做一些事
5.       }
6.   }
```

代码清单 13-34 中为 Foo 结构体实现了 Drop，再次编译代码会出现代码清单 13-35 所示的错误。

代码清单 13-35：代码清单 13-34 的错误信息

```
error[E0509]: cannot move out of type `Foo`, which implements the `Drop` trait
--> src/main.rs:
|     (self.a, self.b)
|      ^^^^^^ cannot move out of here
error[E0509]: cannot move out of type `Foo`, which implements the `Drop` trait
--> src/main.rs:
|     (self.a, self.b)
|              ^^^^^^ cannot move out of here
```

代码清单 13-35 中错误信息显示，Rust 编译器不允许移动 Foo 结构体的两个字段，原因是 Foo 结构体实现了 Drop。在 Foo 的析构函数中，有可能会用到其字段，所以不能把所有权转移走。

如果在这种情况下必须转移 Foo 字段所有权，则可以使用 **std::mem::forget** 函数。如代码清单 13-36 所示。

代码清单 13-36：重新为 Foo 实现 take 方法

```
1.  use std::mem;
2.  // 其余代码同上
3.  impl Foo {
4.      fn take(mut self) -> (A, B) {
5.          let a = mem::replace(
6.              &mut self.a, unsafe { mem::uninitialized() }
7.          );
8.          let b = mem::replace(
9.              &mut self.b, unsafe { mem::uninitialized() }
10.         );
11.         mem::forget(self);
12.         (a, b)
13.     }
14. }
```

代码清单 13-36 中，将 Foo 结构体的 take 方法重新实现了一遍，代码将正常编译通过。该代码中主要用到两个重要的函数：**mem::uninitialized** 和 **mem::forget**。

其中，mem::uninitialized 是一个 unsafe 函数，在 take 方法中，将 a 和 b 的值都通过该函数修改为**"伪装的初始化值"**，用于跳过 **Rust** 的内存初始化检查。但这样做是危险的，如果此时对 a 和 b 进行读取或写入，都会**引起未定义行为**。该函数一般用于 FFI 和 C 语言交互。

另外，**mem::forget** 函数会将当前的 Foo 实例"忘掉"，这样 Foo 实例就不会被释放，析构函数也不会被调用。但 forget 函数不是 unsafe 函数，因为使用该函数引起的后果是**内存泄漏**，对 Rust 来说，**属于安全范畴**。而对开发者来说，**需要在适合的地方手动调用 drop 方法来运行析构函数**。

在析构函数中手动指定析构顺序

在 std::mem 模块中还提供了另外一个联合体 ManuallyDrop，通过它可以实现在析构函数中手动指定析构顺序。

如代码清单 13-37 所示。

代码清单 13-37：ManuallyDrop 使用示例

```
1.  use std::mem::ManuallyDrop;
2.  struct Peach;
3.  struct Banana;
4.  struct Melon;
5.  struct FruitBox {
6.      peach: ManuallyDrop<Peach>,
7.      melon: Melon,
8.      banana: ManuallyDrop<Banana>,
9.  }
10. impl Drop for FruitBox {
11.     fn drop(&mut self) {
```

```
12.        unsafe {
13.            ManuallyDrop::drop(&mut self.peach);
14.            ManuallyDrop::drop(&mut self.banana);
15.        }
16.    }
17. }
18. fn main(){}
```

代码清单 13-37 中，FruitBox 结构体中，peach 和 banana 两个字段的类型均为 ManuallyDrop<T>类型。所以在其析构函数中，通过 ManuallyDrop::drop 函数显式指定 peach 和 banana 的析构顺序。

那么，ManuallyDrop 是如何做到这一点的？Rust 代码中析构函数不是自动调用的吗？它有什么神奇之处呢？代码清单 13-38 展示了 ManuallyDrop 的源码。

代码清单 13-38：ManuallyDrop<T>源码示例

```
1.  #[allow(unions_with_drop_fields)]
2.  #[derive(Copy)]
3.  pub union ManuallyDrop<T>{ value: T }
4.  impl<T> ManuallyDrop<T> {
5.      pub const fn new(value: T) -> ManuallyDrop<T> {
6.          ManuallyDrop { value: value }
7.      }
8.      pub unsafe fn drop(slot: &mut ManuallyDrop<T>) {
9.          ptr::drop_in_place(&mut slot.value)
10.     }
11. }
```

代码清单 13-38 展示了 ManuallyDrop<T>的主要实现。ManuallyDrop<T>是一个联合体，**Rust 不会为联合体自动实现 Drop。因为联合体是所有的字段共用内存，不能随便被析构，否则会引起未定义行为。**

所以，只要通过 ManuallyDrop::new 方法创建一个 ManuallyDrop<T>实例，就只能通过 ManuallyDrop::drop 函数手动调用析构函数。实际上，std::mem::forget<T>函数的实现就是用了 ManuallyDrop::new 方法，如代码清单 13-39 所示。

代码清单 13-39：forget<T>函数源码示意

```
1.  pub fn forget<T>(t: T) {
2.      ManuallyDrop::new(t);
3.  }
```

代码清单 13-39 展示了 std::mem::forget<T>函数的源码实现，看上去十分简单。

13.2.5 NonNull<T>指针

NonNull<T>指针实际上是一种特殊的***mut T** 原生指针，它的特殊之处有两点：**协变**（covariant）和**非零**（non-zero）。

NonNull<T>旨在成为 Unsafe Rust 默认的原生指针，而非*const T 和*mut T。因为*const T 和*mut T 基本上是等价的，它们可以相互转换。但不能从*const T 直接得到&mut T。

在 NonNull 被引入之前，Unsafe 代码中最常见的模式就是使用*const T，结合

PhantomData<T>得到协变结构体，并且在需要的时候会将*const T 转换为*mut T。使用 **NonNull<T>**就不需要进行转换了，因为**它本身就等价于一个协变版本的*mut T**，但是还需要 PhantomData<T>在必要时提供**不变**或**加强 drop 检查**。

NonNull<T>的本质

代码清单 13-40 展示了 NonNull<T>的源码。

代码清单 13-40：NonNull<T>和 NonZero 源码示意

```
1.  pub struct NonNull<T: ?Sized> {
2.      pointer: NonZero<*const T>,
3.  }
4.  #[lang = "non_zero"]
5.  #[derive(Copy, Clone, Eq, PartialEq, Ord, PartialOrd, Debug, Hash)]
6.  pub struct NonZero<T: Zeroable>(pub(crate) T);
```

代码清单 13-40 展示了 NonNull<T>实际上是对 NonZero<*const T>的包装。因为*const T 是协变类型，所以 NonZero<*const T>是协变，NonNull<T>也是协变。NonNull<T>和代码清单 13-32 中展示的 Unique<T>非常相似，不同点在于 NonNull<T>少了一个 PhantomData<T>类型的字段。**所以 NonNull<T>和 T 没有严格的拥有关系。**

代码第 4~6 行展示了 **NonZero<T>** 的定义，它属于 Rust 核心库（core）的类型。其定义中的 **Zeroable** 限定用于判断 T 是否为零（Null 或零值）。NonZero<T>**的作用就是两个：协变和非零**，并且加上了**#[lang= "non_zero"]**属性让其成为**语言项**，方便编译器识别。

NonNull<T>也提供了一些方法，允许开发者可以更安全地使用原生指针，如代码清单 13-41 所示。

代码清单 13-41：NonNull<T>内置方法示例

```
1.  use std::ptr::{null, NonNull};
2.  fn main(){
3.      let ptr : NonNull<i32> = NonNull::dangling();
4.      println!("{:p}", ptr); // 0x4
5.      let mut v = 42;
6.      let ptr : Option<NonNull<i32>> = NonNull::new(&mut v);
7.      println!("{:?}", ptr); // Some(0x7fff73406a78)
8.      println!("{:?}", ptr.unwrap().as_ptr()); // 0x7fff73406a78
9.      println!("{}", unsafe{ptr.unwrap().as_mut()}); // 42
10.     let mut v = 42;
11.     let ptr  = NonNull::from(&mut v);
12.     println!("{:?}", ptr);  // 0x7fff73406a7c
13.     let null_p: *const i32 = null();
14.     let ptr  = NonNull::new(null_p as *mut i32);
15.     println!("{:?}",ptr);  // None
16. }
```

代码清单 13-41 中第 3、4 行使用了 **NonNull::dangling** 函数来创建一个新的悬垂 NonNull 指针，但它的内存是对齐的。它在一些场景里用于类型初始化，比如使用 Vec::new 创建一个空的动态数组，需要初始化一个指针。它是安全的。

代码第 5~7 行可以通过 **NonNull::new** 函数将已知的可变原生指针生成 Option<NonNull<T>> 类型。

代码第 8、9 行可以通过 as_ptr 和 as_mut 方法分别得到 NonNull<T>类型对应的*mut T 指针和&mut T 引用。注意，这里的 as_mut 方法得到的引用是有正常生命周期的引用，而非未绑定生命周期的引用。

代码第 10~12 行可以通过 **NonNull::from** 函数将一个可变引用转为 NonNull<T>类型。

代码第 13~15 行通过 **null** 函数创建了一个空指针，然后传给 NonNull::new 函数，将生成 None 值。

空指针优化

因为 NonNull 的**非零特性**，所以可以**帮助编译器进行优化**，如代码清单 13-42 所示。

代码清单 13-42：空指针优化展示

```
1.  use std::mem;
2.  use std::ptr::NonNull;
3.  struct Foo {
4.      a: *mut u64,
5.      b: *mut u64,
6.  }
7.  struct FooUsingNonNull {
8.      a: *mut u64,
9.      b: NonNull<*mut u64>,
10. }
11. fn main() {
12.     println!("*mut u64: {} bytes", mem::size_of::<*mut u64>());
13.     println!("NonNull<*mut u64>: {} bytes",
14.         mem::size_of::<NonNull<*mut u64>>());
15.     println!("Option<*mut u64>: {} bytes",
16.         mem::size_of::<Option<*mut u64>>());
17.     println!("Option<NonNull<*mut u64>>: {} bytes",
18.         mem::size_of::<Option<NonNull<*mut u64>>>());
19.     println!("Option<Foo>: {} bytes",
20.         mem::size_of::<Option<Foo>>());
21.     println!("Option<FooUsingNonNull>: {} bytes",
22.         mem::size_of::<Option<FooUsingNonNull>>());
23. }
```

代码清单 13-42 中定义了两个结构体 Foo 和 FooUsingNonNull，前者只用了原生指针，后者的字段中包含了 NonNull<*mut u64>指针。

在 main 函数中，通过 mem::size_of 函数比较它们的内存大小，代码清单 13-43 展示了输出结果。

代码清单 13-43：空指针优化输出结果

```
*mut u64: 8 bytes
NonNull<*mut u64>: 8 bytes
Option<*mut u64>: 16 bytes
Option<NonNull<*mut u64>>: 8 bytes
Option<Foo>: 24 bytes
Option<FooUsingNonNull>: 16 bytes
```

从代码清单 13-43 中可以看出，*mut u64 的大小和 NonNull<*mut u64>相等，

NonNull<*mut u64>和 Option<NonNull<*mut u64>>大小相等，但是 Option<*mut u64>的大小却不等于*mut u64。

这是因为 Rust 对包含了 NonNull<T>指针的 Option<T>类型进行了优化行为，这种优化叫作"空指针优化"。因为 NonNull<T>本身是不可能为空的，所以 Option<T>就不需要多余的判别式（tag）来判断是不是 None，这样在内存布局上就不需要占用多余的内存。而对*mut T 指针来说，无法保证它一定不是空指针，所以 Option<*mut u64>还需要保留判别式，内存布局还需要按正常的枚举体来进行对齐，所以会多占用一倍内存。

空指针优化固然可以省内存，但在使用 FFI 和 C 语言"打交道"的时候要慎用。

13.2.6　Unsafe 与恐慌安全

在 Unsafe Rust 中就需要小心恐慌安全，这里是 Rust 编译器鞭长莫及的地方，如代码清单 13-44 所示。

代码清单 13-44：Unsafe Rust 中需要注意恐慌安全问题

```
1.  impl<T: Clone> Vec<T> {
2.    fn push_all(&mut self, to_push: &[T]) {
3.      self.reserve(to_push.len());
4.      unsafe {
5.        self.set_len(self.len() + to_push.len());
6.        for (i, x) in to_push.iter().enumerate() {
7.          self.ptr().offset(i as isize).write(x.clone());
8.        }
9.      }
10.   }
11. }
```

代码清单 13-44 为 Vec<T>实现了一个 push_all 方法，在第 3 行使用 reserve 预留了传入数组大小的内存容量。然后使用了 unsafe 代码块，因为要使用 write 方法来直接覆盖内存的数据，属于 unsafe 操作。

整个函数唯一有可能发生恐慌的地方就是 **clone** 方法，因为其他方法都是简单的函数，并不会发生恐慌，**但是 clone 方法的实现是未知的，存在发生恐慌的可能**。所以整个 push_all 函数就不是恐慌安全的函数，它也不保证内存安全。假如 clone 方法发生了恐慌，那么后续的元素将无法继续写入内存，但是之前已经使用 reserve 方法预分配了内存，并通过 set_len 方法为数组重置了长度，如果后续的元素无法写入内存，那么就会出现未初始化的内存，最终导致内存不安全。但是出于 Rust 的设计，这些未初始化的内存并不会被暴露出来。所以，总的来说，相比于其他语言，比如 C++，Rust 程序员几乎不会担心恐慌安全的问题。

Rust 也提供了 **catch_unwind** 方法来让开发者捕获恐慌，恢复当前线程。但是，对于代码清单 13-44 中展示的非恐慌安全的 push_all 函数来说，如果想捕捉 clone 方法可能引发的恐慌，则需要小心。数组的长度已经确定，但是还有未初始化的内存，整个数据结构的不变性被破坏了。所以，Rust 编译器也不会允许开发者在 push_all 函数中使用 catch_unwind。

13.2.7　堆内存分配

在编写 Unsafe Rust 的过程中，也需要手动进行堆内存分配，所以 Rust 标准库 std::alloc 模块中也提供了堆内存分配的相关 API。

Rust 在 Rust 1.28 之前默认都是使用 **jemalloc** 作为默认内存分配器，虽然 jemalloc 很强大，但它也带来不少问题，所以在 Rust 1.28 中将 jemalloc 分配器从标准库中剥离了出来，作为一个可选的第三方库而存在，**标准库默认分配器就是 System 分配器。**

在 std::alloc 模块中有一个 **GlobalAlloc** trait，其源码如代码清单 13-45 所示。

代码清单 13-45：GlobalAlloc trait 源码示意

```
1.  pub unsafe trait GlobalAlloc {
2.      unsafe fn alloc(&self, layout: Layout) -> *mut u8;
3.      unsafe fn dealloc(&self, ptr: *mut u8, layout: Layout);
4.      // 其他方法省略
5.  }
```

在代码清单 13-45 中展示了 GlobalAlloc 中最重要的两个方法签名：**alloc** 和 **dealloc**，分别表示内存的分配和释放。

注意，GlobalAlloc 和其定义方法都用 unsafe 做了标记。要实现该 trait，**必须注意遵守以下约定：**

- 如果全局分配器发生了恐慌，则会产生未定义行为。
- 布局（Layout）的查询和计算必须正确。

这就意味着，开发者可以通过实现该 trait 而指定自己的全局分配器。如代码清单 13-46 所示。

代码清单 13-46：自定义全局分配器示例

```
1.  use std::alloc::{GlobalAlloc, System, Layout};
2.  struct MyAllocator;
3.  unsafe impl GlobalAlloc for MyAllocator {
4.      unsafe fn alloc(&self, layout: Layout) -> *mut u8 {
5.          System.alloc(layout)
6.      }
7.      unsafe fn dealloc(&self, ptr: *mut u8, layout: Layout) {
8.          System.dealloc(ptr, layout)
9.      }
10. }
11. #[global_allocator]
12. static GLOBAL: MyAllocator = MyAllocator;
13. fn main() {
14.     // 此处 Vec 的内存会由 GLOBAL 全局分配器来分配
15.     let mut v = Vec::new();
16.     v.push(1);
17. }
```

代码清单 13-46 中定义了结构体 MyAllocator，然后为其实现 GlobalAlloc trait，如代码第 2~10 行所示。具体的实现中使用了 **System.alloc** 和 **System.dealloc** 是标准库默认的分配器。

代码第 11、12 行使用#[global_allocator]属性就可以将静态变量 **GLOBAL** 指派的 MyAllocator 声明为全局分配器。在 main 函数中，Vec<T>数组的内存分配器就会默认使用自定义的 MyAllocator 分配器。

当然，也可以通过#[global_allocator]属性指定全局分配器为 **jemalloc**。如代码清单 13-47 所示。

代码清单 13-47：声明 jemalloc 为全局内存分配器

```
1.  extern crate jemallocator;
2.  use jemallacator::Jemalloc;
3.  #[global_allocator]
4.  static GLOBAL: Jemalloc = Jemalloc;
5.  fn main() {}
```

代码清单 13-47 展示了如何将 jemalloc 设置为全局内存分配器。在 Rust 1.28 中，jemalloc 分配器已经被独立为第三方包，叫作 jemallocator。这也是需要通过 extern crate 命令导入 jemallocator 的原因。

然后同样使用**#[global_allocator]**属性就可以将静态变量 GLOBAL 指派的 Jemalloc 作为全局分配器。**注意，该属性只能用于静态变量。**

同理，将来也可以使用其他的内存分配器，比如 Redox 操作系统中用纯 Rust 实现的 **ralloc** 内存分配器。

13.2.8 混合代码内存安全架构三大原则

除了前面介绍的编写 Unsafe 代码需要注意的事项，还有来自 Rust 社区的指导 Safe 和 Unsafe Rust 代码混合编程中保证内存安全三大原则[1]：

- 不安全的组件不应该削弱其安全性，特别是公共的 API 和数据结构。
- 不安全的组件应该尽可能小，并与安全组件分离（隔离和模块化）。
- 不安全的组件应该明确标记并轻松升级。

在开发中遵循上述原则进行架构设计，可以在一定程度上获得更好的安全保证。

13.3 和其他语言交互

在日常开发中，难免要和其他语言进行交互。其中，最显而易见的就是和 C 语言进行交互，比如 Rust 程序要进行系统调用，或者通过 Rust 来提升动态语言的性能瓶颈。这也是几乎所有编程语言都要面对的问题。

Common Lisp 语言规范中首次提出了术语"**外部函数接口**（Foreign Function Interface，FFI）"，用于规范语言间调用的语言特征。后来，该术语也逐渐被引入到 Haskell 和 Python 等大多数语言中。也有个别语言使用其他术语，比如 Ada 语言使用"**语言绑定**（Language Bindings）"，Java 语言则将 FFI 称为 **JNI**（Java Native Interface）。

所以，现在编程语言之间都是通过 FFI 技术来进行交互的。

13.3.1 外部函数接口

FFI 技术的主要功能就是将一种编程语言的**语义**和**调用约定**与另一种编程语言的语义和调用约定**相匹配**。如何匹配呢？

不管哪种编程语言，无论是编译执行还是解释执行，最终都会到达处理器指令这个环节。在这个环节所处的层面上，编程语言之间的语法、数据类型等语义差异均以消除，只需要匹

1　来自 rust-sgx-sdk 项目。

配调用约定，这就给编程语言之间的相互调用带来了可能。

应用程序二进制接口

调用约定如何匹配，与**应用程序二进制接口**（**ABI**）高度相关。

什么是 ABI？ABI 是一个规范，主要涵盖以下内容：

- **调用约定**。一个函数的调用过程本质就是参数、函数、返回值如何传递。编译器按照调用规则去编译，把数据放到相应的堆栈中，函数的调用方和被调用方（函数本身）都需要遵循这个统一的约定。
- **内存布局**。规定了大小和对齐方式。
- **处理器指令集**。不同平台的处理器指令集不同。
- **目标文件和库的二进制格式**。

ABI 规范由编译器、操作平台、硬件厂商等共同制定。**ABI 是二进制层面程序兼容的契约，只有拥有相同的 ABI，来自不同编译器之间的库才可以相互链接和调用**，否则将无法链接，或者即使可以链接，也无法正确运行。

不同的体系结构、操作系统、编程语言、每种编程语言的不同编译器实现基本都有自己规定或者遵循的 ABI 和调用规范。目前只能通过 FFI 技术遵循 C 语言 ABI 才可以做到编程语言的相互调用。也就是说，C 语言 ABI 是唯一通用的稳定的标准 ABI。这是由历史原因决定的，C 语言伴随着操作系统一路发展而来，导致其成为事实上的"标准 ABI"。

Rust 语言也提供了 ABI，但因为 Rust 语言目前处于上升期，语言还在不断地完善和改进，导致 ABI 还不能够稳定下来，在不久的未来，Rust ABI 应该是可以稳定的。Rust 提供了 FFI 技术，允许开发者通过稳定的 C-ABI 和其他语言进行交互。

图 13-2 展示了 Rust FFI 和 C 语言相互调用的原理。

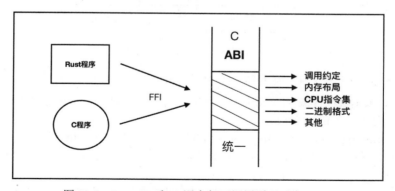

图 13-2：Rust FFI 和 C 语言相互调用原理示意

在 Rust 中使用 FFI 非常简单，只需要通过 **extern 关键字**和 **ertern 块**对 FFI 接口进行标注即可。在编译时会由 LLVM 默认生成 C-ABI。

链接与 Crate Type

有了统一的 ABI 之后，还需要经过**链接**才能实现最终的相互调用。

链接是将编译单元产生的目标文件按照特定的约定组合在一起，最终生成可执行文件、静态库或动态库。链接产生于程序开发的模块化。这里的模块是指编译层面的模块。比如 C 或 C++语言中每个文件都是一个编译单元，所以也可以说是一个编译模块，编译之后就能产生一个目标文件。Rust 和 C/C++不同，它以包（crate）为编译单元。在一个 Rust 包中通过 extern crate 声明来引入其他包之后，编译器支持各种方法可以将包链接在一起，生成指定的可执行文件、动态库或静态库。

在一个编译模块中，通常包含了函数和全局数据的定义。函数和数据由符号来标识，一般有全局和静态之分。全局符号可以在模块间引用，而静态符号只能在当前模块引用。编译各个模块的时候，编译器的一项重要工作就是建立**符号表**。符号表中包含了模块的哪些符号是全局符号，哪些是静态符号，每个符号都会关联一个地址。在链接过程中，链接器会扫描各个编译模块的符号表，建立全局符号表，由此决定，符号在哪里被定义，以及在哪里被调用。这个过程叫作**符号解析**。除此之外，因为可执行文件和库的内存地址空间使用的差异，还需要进行存储空间的分配。地址重新分配之后，相应符号的引用也需要重新被调整，这个过程叫作**重定位**。经过符号解析、存储空间分配和重定位之后，链接过程就完成了，最终生成可执行文件或库。

从概念上看，库可以分为两种：**静态库**和**动态库**。

静态库是这样一种库：在功能上，可以在链接时将引用的代码和数据复制到引用该库的程序中；在格式上，它只是普通目标文件的集合，只是一种简单的拼接。静态库使用简单，原理上容易理解，但是它容易浪费空间。**动态库**和静态库差异比较大。动态库可以把链接这个过程延迟到运行时进行，比如重定位发生在运行时而非编译时。动态库相对来说比较省空间。

除可执行文件外，Rust 一共支持四种库，如图 13-3 所示。

crate_type	Rust	其他语言
动态库	dylib	cdylib
静态库	rlib	staticlib

图 13-3：crate_type 类型示意

可以通过设置命令行参数 **Flag** 或者 **crate_type** 属性指定生成的库类型：

- --crate-type=bin 或 #[crate_type = "bin"]，表示将生成一个可执行文件。要求程序中必须包含一个 main 函数。
- **--crate-type=lib** 或#[crate_type = "lib"]，表示将生成一个 Rust 库。这里 lib 是对 Rust 库的统称，具体生成什么库，由编译器自行决定。一般情况下，默认会产生 **rlib** 静态库。
- --crate-type=rlib 或#[crate_type = "rlib"]，可以理解为静态 Rust 库，由 Rust 编译器来使用。
- **--crate-type=dylib** 或#[crate_type = "dylib"]，可以理解为动态 Rust 库，同样由 Rust 编译器来使用。该类型在 Linux 上会创建*.so 文件，在 MacOSX 上会创建*.dylib 文件，在 Windows 上会创建*.dll 文件。
- **--crate-type=staticlib** 或#[crate_type = "staticlib"]，将生成静态系统库。Rust 编译器永远不会链接该类型库，主要用于和 C 语言进行链接，达成和其他语言交互的目的。静态系统库在 Linux 和 MacOSX 上会创建*.a 文件，在 Windows 上会创建*.lib 文件。
- **--crate-type=cdylib** 或#[crate_type = "cdylib"]，将生成动态系统库。同样用于生成 C 接口，和其他语言交互。该类型在 Linux 上会创建*.so 文件，在 MacOSX 上会创建*.dylib

文件，在 Windows 上会创建***.dll** 文件。

需要注意的是，**crate_type 可以指定多个**。有时候会有这种情况出现：**包 A 依赖包 B**，而包 B 需要生成一个 staticlib 静态系统库。这时，就需要为包 B 同时指定 staticlib 和 rlib 两种包类型。

只要 ABI 统一，两个库就可以相互链接。在链接之后，就可以实现相互调用。所以，Rust 要和其他语言交互，可以通过导出为 C-ABI 接口的静态库或动态库，然后其他语言链接该库，就可以实现语言之间的相互调用。

交叉编译

以上说的是本地编译的情况，Rust 也支持**交叉编译**，几乎做到了开箱即用。在本地平台上编译出需要放在其他平台运行的程序，就叫交叉编译。比如，在 x86 平台上编译可以在 ARM 嵌入式单片机上运行的程序。

可以使用 rustc 进行交叉编译，只需要给 rustc 传递一个 target 参数即可。如代码清单 13-48 所示。

代码清单 13-48：rustc 交叉编译命令展示

```
$ rustc --target=arm-unknown-linux-gnueabihf hello.rs
```

这样就可以工作了。当然，如果是针对 ARM 嵌入式开发平台，你的 hello.rs 文件不能使用 std 标准库。如代码清单 13-49 所示。

代码清单 13-49：hello.rs 需要配置好 no_std

```
1.  // hello.rs
2.  #![crate_type = "lib"]
3.  #![no_std]
4.  fn main() {
5.      println!("Hello, world!");
6.  }
```

因为 std 不支持 ARM 单片机，所以这里使用了**#![no_std]**属性。当然，嵌入式推荐的做法应该是使用 **core**。

除了 rustc，也可以使用 Cargo 进行交叉编译。使用方法和 rustc 类似，给 **cargo build** 命令传递**--target** 参数即可。默认情况下，cargo 命令会使用 cc 作为交叉编译的链接器。也可以通过修改 Cargo 的配置文件来指定链接器。如代码清单 13-50 所示。

代码清单 13-50：使用 cargo 进行交叉编译示意

```
# 通过配置文件指定链接器
$ cat ~/.cargo/config
[target.arm-unknown-linux-gnueabihf]
linker = "arm-linux-gnueabihf-gcc-4.8"
# 使用 cargo 交叉编译
$ cargo new --bin hello
$ cd hello
$ cargo build --target=arm-unknown-linux-gnueabihf
```

上面的示例中，target 参数后面类似于 **arm-unknown-linux-gnueabihf** 这样的格式，叫作 **target triple** 格式。Triple 格式是交叉编译前必须要确认好的，格式含义如下：

```
{arch}-{vendor}-{sys}-{abi}
```

其中，**arch** 代表编译程序的主机系统，如果是嵌入式系统，就是 arm。第二个 **vendor** 是指供应商，如果是未知，就可以指定为 unknow。第三个 **sys** 代表操作系统，比如 Linux。最后的 abi 代表的是 ABI 接口，比如 gnueabihf 表示的是系统使用 glibc 作为 C 标准库（libc）的实现，并具有硬件加速浮点运算（FPU）功能。这样就得到了最终的 arm-unknown-linux-gnueabihf 目标 triple 格式。当然，有时候也可以省略最后的 abi，比如 x86_64-apple-darwin、wasm32-unknown-unknown 等[1]。

Rust 社区还提供了第三方交叉编译工具 **xargo**，使用该工具可以更方便地进行交叉编译，还允许开发者构建一个定制的 std 库。当前，Rust 官方着手进行 xargo 和 rustup 工具的整合。

extern 语法

Rust 提供了 extern 语法使得 FFI 非常便于使用。

- **extern 关键字**。通过 extern 关键字声明的函数，可以在 Rust 和 C 语言中自由使用。
- **extern 块**。如果在 Rust 中调用 C 代码，则可以使用 extern 块，将外部的 C 函数进行逐个标记，以供 Rust 内部调用。

编译器会根据 extern 语法自动在 Rust-ABI 和 C-ABI 之间切换。有三个 extern ABI 字符串是跨平台的：

- **extern "Rust"**，这是默认的 ABI，任何普通的 fn 函数都将使用该 ABI。
- **extern "C"**，这是指定使用 C-ABI，等价于 "extern fn foo()" 这样的函数声明。
- **extern "system"**，这和 extern "C" 是相似的，只是在 Win32 平台上等价于 "stdcall"。

除此之外，Rust 还支持其他 extern ABI 字符串，详情可以参见官方 Reference 页面[2]。另外还有三个 Rust 编译器专用的 ABI 字符串：

- extern "rust-intrinsic"，代表 Rust 编译器内部函数的 ABI。
- extern "rust-call"，Fn::call 的 ABI。
- extern "platform-intrinsic"，特定平台内在函数的 ABI。

接下来，看看具体如何使用 extern 语法和其他语言进行交互。

13.3.2　与 C/C++ 语言交互

C 语言这种万能"胶水"语言赋予了 Rust 和其他语言通信的能力。

Rust 中可以方便无缝地调用 C 函数，所以对于现有的操作系统和一些 C/C++ 实现的底层系统库，可以使用 Rust 进行安全无缝地绑定和扩展，达到从 C/C++ 向 Rust 迁移的目的，甚至也可以让 Rust 和 C/C++ 协同工作。比如，把系统中对安全要求高的部分迁移到 Rust，其余部分继续用 C/C++，保留原始的性能。

通过 C-ABI，Rust 也可以被其他语言调用。一般用于提升动态语言的性能，比如 Ruby、Python、Node.js 等。可以把系统中造成性能瓶颈的部分用 Rust 来重写，然后通过 FFI 在动态语言中调用。

1　官方所有支持平台的目标 triple 格式的列表：https://forge.rust-lang.org/platform-support.html.

2　https://doc.rust-lang.org/reference/items/external-blocks.html.

在 Rust 中调用 C 函数

代码清单 13-51 简单展示了在 Rust 中调用 C 标准库函数。

代码清单 13-51：Rust 中调用 C 标准库函数

```
1.  extern "C" {
2.      fn isalnum(input: i32) -> i32;
3.  }
4.  fn main() {
5.      unsafe {
6.          println!("Is 3 a number ?  the answer is : {}", isalnum(3));
7.          // println!("Is 'a' a number ? ", isalnum('a'));
8.      }
9.  }
```

代码清单 13-51 中，第 1 行在 extern "C" 块内部定义了 isalnum 函数签名。然后在 main 函数中就可以直接调用操作系统 C 标准库内置的 isalnum 函数。这里也可以直接使用 extern 块，而省略掉 ABI 字符串"C"。因为默认的 extern 块就是按 C-ABI 处理的。

注意，被注释的代码第 7 行给 isalnum 函数传入了字符'a'，但是编译会报错。这是因为在 extern 块内的函数签名要求参数必须是数字类型。可以看出，Rust 的类型系统在这里相当有用。

在 Rust 中调用 C++ 函数

在 Rust 中也可以调用 C++ 函数，前提是 C++ 也需要使用 C-ABI。

现在使用 cargo 来创建一个新的 bin 项目 rustcallcpp，如代码清单 13-52 所示。

代码清单 13-52：创建新项目 rustcallcapp

```
$ cargo new --bin rustcallcapp
```

接下来修改项目 rustcallcapp 中的 Cargo.toml 文件，如代码清单 13-53 所示。

代码清单 13-53：修改 Cargo.toml 文件

```
[package]
name = "rustcallcpp"
version = "0.1.0"
authors = ["blackanger <blackanger.z@gmail.com>"]
build = "build.rs"
edition = "2018"
[build-dependencies]
cc = "1.0"
```

代码清单 13-53 中，添加了 build.rs 文件配置，以及 build 依赖库 **cc**[1]。Rust 中想要调用 C/C++，首先需要链接 C/C++ 生成的静态/动态库。可以通过手动调用 gcc 或 g++ 来编译 C/C++ 文件，使用 **ar** 工具来生成静态库。但是，现在是制作 Rust 的 crate，这些工作需要自动化。所以这里要利用 **build.rs** 文件，在 Rust 构建之前，将依赖的 C/C++ 库打包好。构建依赖的库 **cc** 是对 gcc 等各大平台 C/C++ 编译器的抽象。

---

1 https://crates.io/crates/cc.

接下来在 rustcallcpp 项目中创建一个文件夹 cpp_src，用于放置 C++代码。在目录中创建
sorting.cpp 和 sorting.h 文件。整个项目的目录结构如代码清单 13-54 所示。

代码清单 13-54：当前 rustcallcpp 文件目录结构

```
├── Cargo.lock
├── Cargo.toml
├── build.rs
├── cpp_src
│   ├── sorting.cpp
│   └── sorting.h
└── src
    └── main.rs
```

该目录中的 sorting.cpp 文件正是 Rust 中调用的 C++函数定义所在。如代码清单 13-55 所
示。

代码清单 13-55：sorting.cpp 代码

```
1.  #include "sorting.h"
2.  void interop_sort(int numbers[], size_t size)
3.  {
4.      int* start = &numbers[0];
5.      int* end = &numbers[0] + size;
6.      std::sort(start, end, [](int x, int y) {  return x > y; });
7.  }
```

在 sorting.cpp 中定义了一个排序函数 interop_sort，接收两个参数，分别是数组和数组长
度。然后调用 C++内置的 sort 函数对传入的数组进行排序。

在 sorting.h 头文件中，为其声明 C 接口。如代码清单 13-56 所示。

代码清单 13-56：sorting.h 头文件代码

```
1.  #ifndef __SORTING_H__
2.  #define __SORTING_H__ "sorting.h"
3.  #include <iostream>
4.  #include <functional>
5.  #include <algorithm>
6.  #ifdef __cplusplus
7.  extern "C" {
8.  #endif
9.  void interop_sort(int[], size_t);
10. #ifdef __cplusplus
11. }
12. #endif
13. #endif
```

在 sorting.h 头文件中，使用 extern "C"将 interop_sort 函数导出为 C 接口，以便在 Rust
中调用。

接下来，在 src/main.rs 中调用该函数，如代码清单 13-57 所示。

代码清单 13-57：src/main.rs 代码

```
1.  #[link(name = "sorting", kind = "static")]
2.  extern {
```

```
3.        fn interop_sort(arr: &[i32;10], n: u32);
4.    }
5.    pub fn sort_from_cpp(arr: &[i32;10], n: u32) {
6.        unsafe {
7.            interop_sort(arr, n);
8.        }
9.    }
10. fn main() {
11.    let my_arr: [i32; 10] = [10, 42, -9, 12, 8, 25, 7, 13, 55, -1];
12.    println!("Before sorting...");
13.    println!("{:?}\n", my_arr);
14.    sort_from_cpp(&my_arr, 10);
15.    println!("After sorting...");
16.    println!("{:?}", my_arr);
17. }
```

代码清单 13-57 中，代码第 1 行使用**#[link(name = "sorting", kind = "static")]**属性，表示和 Rust 链接的是名为 **libsorting** 的静态库[1]。该属性也可以省略，Rust 会使用默认生成的名字。这个属性主要用于在需要的时候指定链接库的名字。

代码第 2~4 行在 extern 块中声明了 interop_sort 的函数签名。注意输入的参数类型，第一个是数组的引用，因为 C++中的数组实际上就是指针，这里要对应起来。

在代码第 5~9 行定义了 Rust 的函数 sort_from_cpp，是对 C++中 interop_sort 函数的安全抽象。接下来在 main 函数中进行调用。

到目前为止，C++和 Rust 两头的代码都写完了，是不是可以直接编译运行了呢？其实还差一个步骤，那就是编写自动链接的代码。还记得 build.rs 文件吗？如代码清单 13-58 所示。

代码清单 13-58：build.rs

```
1.  extern crate cc;
2.  fn main() {
3.  cc::Build::new()
4.      .cpp(true)
5.      .warnings(true)
6.      .flag("-Wall")
7.      .flag("-std=c++14")
8.      .flag("-c")
9.      .file("cpp_src/sorting.cpp")
10.     .compile("sorting");
11. }
```

在代码清单 13-58 中，使用了 cc 库。通过指定的参数，cc 库会帮助开发者把 cpp_src 中的 C++文件进行编译并自动生成静态库。整个过程相当于以下操作：

- **g++ -Wall -std=c++14 -c sorting.cpp**，使用 g++编译 sorting.cpp 文件。
- **ar rc libsorting.a sorting.o**，通过 ar 制作一份静态库 libsorting.a。

现在就可以执行 cargo run 命令来运行代码了。输出结果如代码清单 13-59 所示。

---

1 本书代码的平台是 Linux 或 macOS。

代码清单 13-59：输出结果

```
Before sorting...
[10, 42, -9, 12, 8, 25, 7, 13, 55, -1]
After sorting...
[-9, -1, 7, 8, 10, 12, 13, 25, 42, 55]
```

看得出来，C++中的排序函数输出了正确的结果。值得注意的是，如果 main.rs 中传入的数组长度小于 10 位，或者大于 10 位，均会引起 Rust 编译器报错。这也从侧面反映了从 C++迁移到 Rust 有利于提升程序的健壮性。同时，如果查看 target/debug/build 文件夹，会看到生成的 cpp_src/sorting.o 和 libsorting.a 文件。

如果不使用 cc 库，也可以在 build.rs 文件中使用 Command::new("g++")等命令来自动化编译 C++文件的过程，但是不如 cc 库方便。当然，cc 库也可以用于编写 C 绑定。

在 C 中调用 Rust 函数

在 C 中调用 Rust 函数中的思路同样也是通过静态库或动态库进行链接的。现在通过 cargo 命令创建 callrust 项目，如代码清单 13-60 所示。

代码清单 13-60：创建 callrust 项目

```
$ cargo new --lib callrust
```

为了生成链接库，必须使用--lib 参数创建库类型的项目。然后进入 callrust 项目中，创建需要的文件，目录结构如代码清单 13-61 所示。

代码清单 13-61：callrust 目录结构

```
├── Cargo.toml
├── c_src
│    └── main.c
├── makefile
└── src
     ├── callrust.h
     └── lib.rs
```

注意代码清单 13-61 中，新增的文件夹和文件包括以下四个：

- c_src，用于存放 C 文件。
- c_src/main.c，用于编写 C 代码。
- src/callrust.h，用于编写 Rust 暴露的外部 C 接口。
- makefile，自动化编译链接过程。

接下来，修改 Cargo.toml 文件，如代码清单 13-62 所示。

代码清单 13-62：修改 Cargo.toml 文件

```
[dependencies]
libc="0.2"
[lib]
name = "callrust"
crate-type = ["staticlib", "cdylib"]
```

在 Cargo.toml 文件中增加 **libc** 依赖。libc 库是对各大操作系统平台 C 标准库的 Rust 抽象，其中对 C 标准库接口函数做好了 Rust 绑定，可以直接拿来使用。

同时也设置了 Rust 链接库的名称为 **callrust**。指定了生成两种类型的链接库：**staticlib** 和 **cdylib**，分别代表兼容 C-ABI 的静态库和动态库。

然后修改 src/lib.rs 文件，如代码清单 13-63 所示。

代码清单 13-63：修改 src/lib.rs 文件

```
1.  use libc;
2.  #[no_mangle]
3.  pub extern fn print_hello_from_rust() {
4.      println!("Hello from Rust");
5.  }
```

代码清单 13-63 中引入了 libc 库。同时定义了 print_hello_from_rust 函数，**pub extern** 关键字声明表明该函数为外部调用接口，extern 默认是兼容 C-ABI 的。

其中，**#[no_mangle]** 属性是告诉 Rust 关闭函数名称修改功能。如果不加这个属性，Rust 编译器就会修改函数名，这是现代编译器为了解决唯一名称解析引起的各种问题所引入的技术。如果函数名被修改了，那么在 C 代码中就无法按原名称调用，开发者也没办法知道修改后的函数名。

接下来打开 src/callrust.h 头文件，在其中声明 print_hello_from_rust 函数。该头文件将用于 C 和 Rust 库的链接。如代码清单 13-64 所示。

代码清单 13-64：修改 src/callrust.h 文件

```
1.  void print_hello_from_rust();
```

现在可以编写 C 代码了，打开 c_src/main.c 文件编写以下代码，如代码清单 13-65 所示。

代码清单 13-65：修改 c_src/main.c 文件

```
1.  #include "callrust.h"
2.  #include <stdio.h>
3.  #include <stdint.h>
4.  #include <inttypes.h>
5.  int main (void) {
6.      print_hello_from_rust();
7.  }
```

代码清单 13-65 中引入了 **callrust.h** 头文件，以及其他标准头文件。然后在 main 函数直接调用 print_hello_from_rust 函数。

接下来还需要编写 **makefile** 文件，这样就可以把编译链接过程通过 **make** 命令进行自动化处理，如代码清单 13-66 所示。

代码清单 13-66：修改 makefile 文件

```
1.  GCC_BIN ?= $(shell which gcc)
2.  CARGO_BIN ?= $(shell which cargo)
3.  run: clean build
4.      ./c_src/main
5.  clean:
6.      $(CARGO_BIN) clean
7.      rm -f ./c_src/main
8.  build:
```

```
9.        $(CARGO_BIN) build
10.       $(GCC_BIN) -o ./c_src/main ./c_src/main.c -Isrc -L ./target/debug
     -lcallrust
```

代码清单 13-66 中定义了三个 make 命令：**run**、**clean** 和 **build**。其中 build 命令包含两步操作：

- 通过 **cargo build** 命令构建 Rust 程序，生成已指定的 C-ABI 兼容的静态库和动态库。
- 使用 **gcc** 命令编译 C 代码，链接 Rust 库，生成目标二进制可执行文件 main。

注意 makefile 文件中的缩进，必须是**制表符**（tab），而非空格。

接下来就可以在项目根目录下执行 make 命令或 make run 命令，编译并运行程序，输出结果如代码清单 13-67 所示。

代码清单 13-67：输出结果

```
/usr/bin/gcc -o ./c_src/main ./c_src/main.c -Isrc -L ./target/debug
-lcallrust
./c_src/main
Hello from Rust
```

代码清单 13-67 输出结果中包含了 make 执行的命令，以及最终 print_hello_from_rust 函数的执行结果。

类型匹配与内存布局

前面的演示代码中，没有展示 Rust 和 C 相互传递参数的情况。实际上，在开发 Rust 和 C 相互调用的程序时，根本无法避免相互传递参数。所以，在需要传递参数的情况下，必须保证参数的类型和内存布局可以满足调用约定。

继续使用 callrust 项目作为演示。在 Rust 中实现一个检测字符串长度的函数，然后在 C 中调用。在 callrust 项目的 src/lib.rs 中添加代码，如代码清单 13-68 所示。

代码清单 13-68：在 src/lib.rs 中新增代码

```
1.   use libc::{c_char, c_uint};
2.   use std::ffi::CStr;
3.   #[no_mangle]
4.   pub extern fn hm_chars(s: *const c_char) -> c_uint {
5.       let c_str = unsafe {
6.           assert!(!s.is_null());
7.           CStr::from_ptr(s)
8.       };
9.       let r_str = c_str.to_str().unwrap();
10.   r_str.chars().count() as c_uint
11. }
```

代码清单 13-68 中，定义了外部接口函数 hm_chars，该函数主要用于统计传入的字符串长度。这时就应该考虑这样一个问题：该函数会在 C 代码中被调用，但是 C 语言中的字符串是一个以 "**\n**" 结尾的字符数组，实际上由一个 **char *str** 指针来定义。那么在 Rust 中定义该函数时，**参数的类型应该是什么**？如图 13-4 所示。

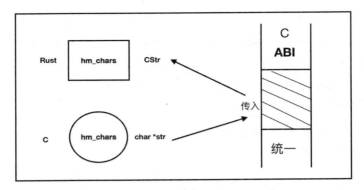

图 13-4：C 中调用 Rust 函数参数类型示意

C 中调用 hm_chars 函数时传入 char *str 指针，所以 Rust 中定义该函数时，也应该注意参数的类型与 C 语言的 char *str 指针相匹配。

Rust 的 Char 类型和 C 的 Char 类型完全不同，在 Rust 中 Char 类型是一个 Unicode 标量值，但是 C 中 Char 只是一个普通的整数。Rust 标准库在 std::os::raw 模块中提供了与 C 语言中各种类型相匹配的映射类型。比如提供了 c_char 类型，其实就是 i8 类型的别名。所以，hm_chars 函数的参数可以标注为 std::os_raw 模块中的 c_char 类型。

但是在 callrust 项目中已经依赖了 libc 库，该库也提供了对 C 中基本数据类型的映射。在本示例中选择使用 libc 库中的 c_char 类型。通常情况下，使用 std::os::raw 模块或 libc 都没有什么区别，除非使用了 libc 特有的功能。但是需要知道一个事实，libc 库不依赖 std，所以请根据实际的使用情况进行选择。

在 Rust 函数内部进行处理的时候，需要转换成 Rust 中的字符串类型。为了方便转换，Rust 标准库 std::ffi 模块中提供了 **CStr** 类型，该类型会产生一个以 "\n" 字符数组的引用。所以在代码第 5~8 行先通过 CStr::from 函数将 c_char 字符类型转成 Rust 可用的 CStr 类型。当然，要判断传入的字符串是否为空。

在代码第 9 行，将 CStr 类型的字符串转换成&strl 类型，然后在第 10 行中通过调用 chars 方法转换成 Rust 的字符数组，通过调用数组的 count 方法进行字符串长度统计，最终返回统计数字。这里需要再次注意，**该返回值在 C 代码中有可能被使用**，所以返回类型应该是兼容 C-ABI 的类型。这里使用了 libc 库中定义的 **c_uint** 类型。

接下来，在 **callrust.h** 头文件中添加 hm_chars 函数的声明，就可以保证其在链接之后在 C 代码中被调用。如代码清单 13-69 所示。

代码清单 13-69：在 src/callrust.h 头文件中新增代码

```
1.   #include <inttypes.h>
2.   uint32_t hm_chars(const char *str);
```

代码清单 13-69 中新增了两行声明，其中 hm_chars 返回值在 C 语言中是 **uint32_t** 类型，该类型在 **inttypes.h** 头文件中被定义，所以这里需要引入该头文件。

然后回到 c_str/main.c 文件中，在 main 函数中调用 hm_chars 函数。如代码清单 13-70 所示。

代码清单 13-70：在 c_str/main.c 文件的 main 函数中新增代码

```
1.   uint32_t count = hm_chars("The taö of Rust");
```

```
2.   printf("%d\n", count);
```

代码清单 13-70 展示的是在 main 函数中新增的两行代码。第 1 行调用 hm_chars 函数，传入字符串字面量，返回值赋值给 count 变量。第 2 行输出 count 的值。

在命令行中，callrust 项目根目录下执行 make 命令，代码正常编译运行。输出结果如代码清单 13-71 所示。

代码清单 13-71：执行 make 后的输出结果
```
//此处省略掉之前函数的输出
15
```

看得出来，输出结果是正确的。

接下来，在 src/lib.rs 中实现另外一个函数，如代码清单 13-72 所示。

代码清单 13-72：在 src/lib.rs 中实现新的函数
```
1.   use std::ffi::{CStr, CString};
2.   use std::iter;
3.   #[no_mangle]
4.   pub extern fn batman_song(length: c_uint) -> *mut c_char {
5.       let mut song = String::from("boom ");
6.       song.extend(iter::repeat("nana ").take(length as usize));
7.       song.push_str("Batman! boom");
8.       let c_str_song = CString::new(song).unwrap();
9.       c_str_song.into_raw()
10. }
```

代码清单 13-72 中定义了新的函数 batman_song，它的目的是输出一个字符串"boom nana nana nana Batman! boom"，可以称其为"蝙蝠侠之歌"。该字符串中的"nana"可以重复，重复次数是由 batman_song 函数的参数来指定。

该函数在 C 代码中被调用，传入 C 语言的一个数字类型，然后创建 Rust 的一个 String 字符串，只有 String 字符串才可以动态扩展。接着通过 std::ffi 模块中的 **CString** 类型将 String 转换成 C-ABI 兼容的字符串。这里和 **CStr** 的区别是，因为 String 是拥有所有权的数据类型，所以需要使用 CString。如代码第 8 行和第 9 行所示，先由 String 创建 CString 类型的数据，然后通过 into_raw 方法转换为 C 兼容字符串。

因为 CString 是拥有所有权的结构，现在将其返回为***mut c_char** 类型，供 C 代码使用。所有权的概念只存在于 Rust，在 C 代码中使用完毕，该字符串的内存不会被自动清理。所以还必须再实现一个释放字符串内存的方法供 C 代码调用，如代码清单 13-73 所示。

代码清单 13-73：在 src/lib.rs 中增加新的函数 free_song
```
1.   #[no_mangle]
2.   pub extern fn free_song(s: *mut c_char) {
3.       unsafe {
4.           if s.is_null() { return }
5.           CString::from_raw(s)
6.       };
7.   }
```

代码清单 13-73 中，新增了函数 free_song，主要是将***mut c_char** 指针类型通过 CString::from 函数转换为 CString 类型的字符串，然后就可以交给 Rust 编译器按所有权机制自动释放内存。

接下来需要在 src/callrust.h 头文件中声明上面两个函数，以便在 C 中可以被调用，如代码清单 13-74 所示。

代码清单 13-74：在 src/callrust.h 头文件中增加新的函数声明

```
1.  //省略其他函数声明
2.  char * batman_song(uint8_t length);
3.  void free_song(char *);
```

然后打开 c_src/main.c 文件，在 main 函数中调用，如代码清单 13-75 所示。

代码清单 13-75：在 c_src/main.c 文件的 main 函数中调用

```
1.  // 省略其他代码
2.  char *song = batman_song(5);
3.  printf("%s\n", song);
4.  free_song(song);
```

代码清单 13-75 中，调用完 batman_song 函数之后，还需要调用 free_song 函数释放生成的字符串对应的内存，否则会引起内存泄漏。总之，需要记住，由谁分配内存，就由谁来释放。本例中是由 Rust 分配了堆内存（String 字符串），所以依然需要由 Rust 来释放内存。

在终端执行 make 命令之后，代码正常编译运行，输出结果如代码清单 13-76 所示。

代码清单 13-76：输出结果

//此处省略之前函数的输出

```
boom nana nana nana nana nana Batman! boom
```

输出结果如预期显示，说明调用正常。

Rust 和 C 之间除了可以相互传递字符串，还可以传递更复杂的类型，比如切片、元组和结构体等。

现在编写一个函数，用于计算整数数组中奇数元素之和，如代码清单 13-77 所示。

代码清单 13-77：在 src/lib.rs 新增函数

```
1.  use std::slice;
2.  #[no_mangle]
3.  pub extern fn sum_of_even(n: *const c_uint, len: c_uint) -> c_uint
4.  {
5.      let numbers = unsafe {
6.          assert!(!n.is_null());
7.          slice::from_raw_parts(n, len as usize)
8.      };
9.      let sum = numbers.iter()
10.         .filter(|&v| v % 2 == 0)
11.         .fold(0, |acc, v| acc + v);
12.     sum as c_uint
13. }
```

C 函数中的数组就是指针加数组长度，对应于 Rust 中就是切片类型。所以代码清单 13-77 中新增的函数 sum_of_even 的参数就是***const c_uint** 类型的指针，以及 c_uint 类型的长度。

在代码第 5~8 行，使用 slice::from_raw_parts 函数将 C 语言对应的数组转为切片类型。然后在代码第 9~11 行中，通过迭代过滤掉偶数，并累计剩余奇数之和。最终将求和结果返回。

修改 src/callrust.h 头文件，声明该函数，如代码清单 13-78 所示。

代码清单 13-78：在 src/callrust.h 头文件中新增函数声明

```
1.  //省略其他函数声明
2.  #include <stdio.h>
3.  uint32_t sum_of_even(const uint32_t *numbers, size_t length);
```

在代码清单 13-78 中，需要引入 **stdio.h** 头文件，因为函数签名中用到了 **size_t** 类型。

接下来在 c_src/main.c 文件的 main 函数中添加调用代码，如代码清单 13-79 所示。

代码清单 13-79：在 c_src/main.c 文件的 main 函数中调用

```
1.  // 省略其他代码
2.  uint32_t numbers[6] = {1,2,3,4,5,6};
3.  uint32_t sum = sum_of_even(numbers, 6);
4.  printf("%d\n", sum);
```

执行 make 命令，可以看到正确的输出结果。

在 C 和 Rust 之间**如何传递元组**呢？C 语言中虽然没有元组类型，但是有结构体，**可以用结构体来模拟元组**。C 和 Rust 之间可以传递结构体，只需要满足调用约定即可，如代码清单 13-80 所示。

代码清单 13-80：在 src/lib.rs 中新增处理元组相关代码

```
1.  #[repr(C)]
2.  pub struct Tuple {
3.      x: c_uint,
4.      y: c_uint,
5.  }
6.  impl From<(u32, u32)> for Tuple {
7.      fn from(tup: (u32, u32)) -> Tuple {
8.          Tuple { x: tup.0, y: tup.1 }
9.      }
10. }
11. impl From<Tuple> for (u32, u32) {
12.     fn from(tup: Tuple) -> (u32, u32) {
13.         (tup.x, tup.y)
14.     }
15. }
16. fn compute_tuple(tup: (u32, u32)) -> (u32, u32) {
17.     let (a, b) = tup;
18.     (b+1, a-1)
19. }
20. #[no_mangle]
21. pub extern fn flip_things_around(tup: Tuple) -> Tuple {
22.     compute_tuple(tup.into()).into()
23. }
```

代码清单 13-80 中，第 1~5 行定义了结构体 Tuple，它是用来模拟元组的。该结构体使用 **#[repr(C)]**属性，表明它的内存布局兼容 C-ABI。**在 C 和 Rust 之间传递元组，本质就是传递该结构体。**

代码第 6~9 行为 Tuple 结构体实现 From<(u32, u32)>，这是为了方便将 Rust 的（u32, u32）元组类型转换为 Tuple 类型。同理，代码第 10~15 行为（u32, u32）实现了 From<Tuple>，是为了将 Tuple 类型逆转为元组类型。

代码第 16~19 行用于计算元组中的元素，并返回新的元组。

代码第 20~23 行则定义了外部函数接口 flip_things_around，其函数内部调用了 compute_tuple 函数。注意，调用 tup.into 方法是将 Tuple 转换为元组类型，传到 computer_tuple 函数中进行计算，并在之后返回新的元组。然后再次调用 into 方法，则可以由元组转换为 Tuple 类型并返回。

接下来修改 src/callrust.h 头文件，如代码清单 13-81 所示。

代码清单 13-81：在 src/callrust.h 头文件中新增函数声明

```
1.   //省略其他函数声明
2.   typedef struct {
3.       uint32_t x;
4.       uint32_t y;
5.   } tuple_t;
6.   tuple_t flip_things_around(tuple_t);
```

代码清单 13-81 中定义了结构体 **tuple_t**，和 Rust 中定义的 Tuple 结构体相对应。之后，再修改 src/main.c 文件中的 main 函数，如代码清单 13-82 所示。

代码清单 13-82：在 c_src/main.c 中新增函数调用

```
1.   // 省略其他代码
2.   tuple_t initial = { .x = 10, .y = 20 };
3.   tuple_t new = flip_things_around(initial);
4.   printf("(%d,%d)\n", new.x, new.y);
```

代码清单 13-82 中，初始化了 tuple_t 类型的结构体实例，然后传入 flip_things_around 函数中，并分别打印结构体字段 x 和 y 的值。在执行 make 命令之后，输出结果按预期显示为"(21,9)"。

如果 C 和 Rust 之间需要传递更加复杂的类型，可以使用 C 语言中的不透明数据类型（Opaque）和 Rust 中的 Box<T>相对应。如代码清单 13-83 所示。

代码清单 13-83：在 src/lib.rs 中新增代码

```
1.   use std::collections::HashMap;
2.   pub struct Database {
3.       data: HashMap<String, u32>,
4.   }
5.   impl Database {
6.       fn new() -> Database {
7.           Database {
8.               data: HashMap::new(),
9.           }
10.      }
11.      fn insert(&mut self) {
12.          for i in 0..100000 {
13.              let zip = format!("{:05}", i);
14.              self.data.insert(zip, i);
```

```
15.          }
16.      }
17.      fn get(&self, zip: &str) -> u32 {
18.          self.data.get(zip).cloned().unwrap_or(0)
19.      }
20. }
```

代码清单 13-83 中定义了结构体 Database，包含 HashMap<String, u32>类型的字段，用于模拟一个数据库，并且定义了 new 函数，以及 insert 和 get 方法。其中 new 函数用于创建 Database 实例。另外的 insert 方法则默认往结构体实例中插入 1000000 个形如 **"100086" =>100086"** 的键值对，其中字符串类型为键，数字类型为值。get 方法则是根据传入的字符串，取出对应的值。

注意，这里的 Database 结构体是需要传递给 C 代码使用的，但是为什么这里没有使用 **#[repr(C)]**来保证其内存布局是 C-ABI 兼容呢？**因为在 C 代码中，要使用抽象的结构体类型与其相对应，并非一个具体的结构体类型。**这种抽象的结构体类型叫作**不透明数据类型**。

如何在 C 代码中使用该结构体及其方法呢？如代码清单 13-84 所示。

代码清单 13-84：继续在 src/lib.rs 中新增代码

```
1.  #[no_mangle]
2.  pub extern fn database_new() -> *mut Database {
3.      Box::into_raw(Box::new(Database::new()))
4.  }
5.  #[no_mangle]
6.  pub extern fn database_insert(ptr: *mut Database) {
7.      let database = unsafe {
8.          assert!(!ptr.is_null());
9.          &mut *ptr
10.     };
11.     database.insert();
12. }
13. #[no_mangle]
14. pub extern fn database_query(ptr: *const Database,
15.     zip: *const c_char) -> c_uint
16. {
17.     let database = unsafe {
18.         assert!(!ptr.is_null());
19.         &*ptr
20.     };
21.     let zip = unsafe {
22.         assert!(!zip.is_null());
23.         CStr::from_ptr(zip)
24.     };
25.     let zip_str = zip.to_str().unwrap();
26.     database.get(zip_str)
27. }
28. #[no_mangle]
29. pub extern fn database_free(ptr: *mut Database) {
30.     if ptr.is_null() { return }
31.     unsafe { Box::from_raw(ptr); }
```

```
32. }
```

在代码清单 13-84 中定义了三个外部函数接口：database_new、database_insert 和 database_query，分别对应 Database 结构体的 new、insert 和 get。

代码第 2~4 行定义了 database_new 函数，返回值类型是*mut Database，代表 Database 结构体实例的原生可变指针。因为在 C 代码中使用的不透明数据类型实际上是一个指针。函数体内先使用 Database::new 函数创建了结构体实例，然后使用 Box::new 函数将其装箱，最后使用 Box::into_raw 生成*mut Database 类型原生指针返回。**将 Database 的结构体实例放到堆内存，是为了拥有稳定的内存地址，因此传递给 C 使用是安全的。**

代码第 5~27 行分别定义了 database_insert 和 database_query 方法，主要是对结构体实例中的 HashMap<String, u32>进行插入和查询操作。这里需要注意的是，第一个参数*mut Database 指针需要转换为引用才可以调用 Database 的实例方法。

代码第 28~32 行定义了 database_free 函数，**因为堆内存是在 Rust 中分配的，所以必须由 Rust 来释放**。在 C 代码中调用该函数就可以释放 Box 分配的堆内存。注意，释放内存的操作也很简单，只需要将原生指针转换为 Box 类型即可，因为 Box 拥有所有权，在该函数调用完毕会自动释放掉相应的堆内存。

接下来，就可以在 lib/callrust.h 头文件中声明这些函数接口，如代码清单 13-85 所示。

代码清单 13-85：在 src/callrust.h 头文件中声明新的函数接口
```
1.  //省略其他函数声明
2.  typedef struct database_S database_t;
3.  database_t * database_new(void);
4.  void database_free(database_t *);
5.  void database_insert(database_t *);
6.  uint32_t database_query(const database_t *, const char *zip);
```

代码清单 13-85 中第 2 行定义了抽象结构体 database_S 和 database_t 类型，也就是前面提到的不透明数据类型，它实际上是一个指针。

然后在 c_src/main.c 文件的 main 函数中调用这些函数，如代码清单 13-86 所示。

代码清单 13-86：在 c_src/main.c 文件的 main 函数中新增调用代码
```
1.  // 省略其他代码
2.  database_t *database = database_new();
3.  database_insert(database);
4.  uint32_t pop1 = database_query(database, "10186");
5.  uint32_t pop2 = database_query(database, "10852");
6.  database_free(database);
7.  printf("%d\n", pop2 - pop1);
```

执行 make 命令，代码正常编译运行，并输出预期结果为"666"。

第三方工具介绍

在前面编写 Rust 中调用 C 函数的代码时，重复最多的工作就是在 extern 块中声明外部函数接口。而在写 C 中调用 Rust 的代码时，重复最多的工作就是在头文件中增加外部函数接口。

于是社区中出现了一些工具可以帮助开发者自动完成以下这些工作：

- **rust-bindgen**[1]，该库可以根据头文件自动生成 Rust FFI 的 C 绑定，也支持部分 C++功能。
- **cbindgen**[2]，该库可以根据 Rust 代码自动生成头文件。
- **ctest**[3]，该库可以为 Rust FFI 的 C 绑定自动生成测试文件。

使用这三个库，就可以提升 FFI 的开发效率。更多的使用细节可以参考它们的文档。

另外，针对移动平台，也有两个库推荐：

- **cargo-lipo**[4]，提供 cargo lipo 命令，自动生成用于 iOS 的通用库。
- **jni**[5]，提供 Rust 的 JNI 绑定，用于和 Android 平台交互。

Rust 用于 iOS/Android 平台时，涉及交叉编译，要注意设置相关的 target 格式。

13.3.3　使用 Rust 提升动态语言性能

使用 Rust 可以为 Ruby、Python、Node.js 等动态语言编写本地扩展。在 Rust 诞生之前，普遍使用 C 和 C++为动态语言编写扩展，但是存在内存安全风险，甚至引起内存泄漏。使用 Rust 为动态语言编写扩展，既可以保证性能，还能提升内存安全。

动态语言都有自己的虚拟机，所以调用 Rust 代码不可能像 C/C++那样可以直接链接 Rust 的链接库获取相关的函数调用信息。所以，动态语言提供的 FFI 基本都是基于 **libffi** 库来实现动态调用 C 函数的能力，兼容 C-ABI 的链接库都可以直接被动态调用。该 libffi 库是动态语言虚拟机和二进制的一道桥梁。

为 Ruby 写扩展

在 Ruby 语言中，可以使用 ffi gem 来编写扩展。继续使用 callrust 项目的示例，在根目录下创建 Ruby 目录，并在其中创建 database.rb 文件，然后编写扩展代码。如代码清单 13-87 所示。

代码清单 13-87：在 Ruby/database.rb 中添加 Ruby 代码

```
1.   require 'ffi'
2.   class Database < FFI::AutoPointer
3.     def self.release(ptr)
4.       Binding.free(ptr)
5.     end
6.     def insert
7.       Binding.insert(self)
8.     end
9.     def query(zip)
10.     Binding.query(self, zip)
11.   end
12.   module Binding
13.     extend FFI::Library
```

---

1   https://github.com/rust-lang-nursery/rust-bindgen.

2   https://github.com/eqrion/cbindgen.

3   https://github.com/alexcrichton/ctest.

4   https://github.com/TimNN/cargo-lipo.

5   https://github.com/prevoty/jni-rs.

```
14.     ffi_lib "../target/debug/libcallrust.dylib"
15.     attach_function :new, :database_new, [], Database
16.     attach_function :free, :database_free, [Database], :void
17.     attach_function :insert, :database_insert, [Database], :void
18.     attach_function :query, :database_query,
19.       [Database, :string], :uint32
20.   end
21. end
22. database = Database::Binding.new
23. database.insert
24. pop1 = database.query("10186")
25. pop2 = database.query("10852")
26. puts pop2 - pop1
```

代码清单 13-87 是在 Ruby 中调用 Rust 中定义的 Database 及其方法。为此，引入了 ffi gem。

代码第 2~11 行定义了继承于 FFI::AutoPointer 的 Database 类。在 FFI::AutoPointer 中定义了一个 self.release 方法，该方法会被 Ruby 的 GC 自动调用，以达到回收内存的目的。本着在 Rust 里分配内存就必须由 Rust 来释放的原则，Database 类通过重载 self.release 方法，指定了一个 Rust 的回调方法来清理内存。同时也定义了 insert 和 query 实例方法，包装了 Rust 的函数调用。

代码第 12~20 行定义了 Binding 模块。该模块通过 extend 方法混入（Mixin）FFI::Library 模块，就可以使用底层 libffi 的功能，动态调用 Rust 的链接库中的方法。其中代码第 14 行通过 **ffi_lib** 方法指定了 Rust 共享库[1]（此处用动态链接库）的位置。然后通过 **attach_function** 方法将 Rust 共享库中的函数绑定为 Ruby 中的方法。

代码第 22~26 行在 Ruby 中调用这些方法。执行该 Ruby 文件，程序可正确运行。

在 Rust 社区也提供了一些工具帮助开发者更方便地编写 Ruby 扩展，罗列如下：

- **Ruru** 和 **Rutie**，均是 Rust 实现的 Ruby 虚拟机接口绑定，把 Ruby 中的各种内置数据类型、类定义等都进行了封装，方便编写 Ruby 扩展。
- **Helix**，同样是对 Ruby 虚拟机接口的绑定，但是其实现了一个 Ruby 运行时，使用起来可以和 Ruby 进行无缝对接，更加方便。Helix 还实现了 helix-rails gem 用于支持 Rails 框架，使用它可以方便地在 Rails 中引入 Helix 写的 Ruby 扩展。

这三个工具虽然方便，但都存在一个问题：就是在 Rust 中创建的 Ruby 对象，如果放到堆内存中再传递给 Ruby 中调用，Ruby GC 将无视该对象的存在，这样势必会引起**内存泄漏**。解决办法也比较简单，比如可以将这些 Ruby 对象用 Rust 中的固定长度数组包裹起来传给 Ruby，因为固定长度数组是在栈上。

为 Python 写扩展

同样，也可以为 Python 写 Rust 扩展。以 Python 3 为例，只需要使用内置的 CTypes 模块就可以。基于底层 libffi 的能力，CTypes 模块可以直接加载兼容 C-ABI 的共享库。

在 callrust 项目根目录中创建 Python 文件夹和 database.py 文件，并编写代码，如代码清单 13-88 所示。

1　笔者本地使用 macOS，其动态共享库格式为.dylib。

代码清单 13-88：在 Python/database.py 中添加 Python 代码

```python
1.  #!/usr/bin/env python3
2.  import sys, ctypes
3.  from ctypes import c_char_p, c_uint32, Structure, POINTER
4.  prefix = {'win32': ''}.get(sys.platform, '../target/debug/lib')
5.  extension = {'darwin': '.dylib', 'win32': '.dll'} \
6.      .get(sys.platform, '.so')
7.  class DatabaseS(Structure):
8.      pass
9.  lib = ctypes.cdll.LoadLibrary(prefix + "callrust" + extension)
10. lib.database_new.restype = POINTER(DatabaseS)
11. lib.database_free.argtypes = (POINTER(DatabaseS), )
12. lib.database_insert.argtypes = (POINTER(DatabaseS), )
13. lib.database_query.argtypes = (POINTER(DatabaseS), c_char_p)
14. lib.database_query.restype = c_uint32
15. class Database:
16.     def __init__(self):
17.         self.obj = lib.database_new()
18.     def __enter__(self):
19.         return self
20.     def __exit__(self, exc_type, exc_value, traceback):
21.         lib.database_free(self.obj)
22.     def insert(self):
23.         lib.database_insert(self.obj)
24.     def query(self, zip):
25.         return lib.database_query(self.obj, zip.encode('utf-8'))
26. with Database() as database:
27.     database.insert()
28.     pop1 = database.query("10186")
29.     pop2 = database.query("10852")
30.     print(pop2 - pop1)
```

代码清单 13-87 中第 2、3 行导入了 **CTypes** 模块及需要的类型。

代码第 4~6 行定义了 Rust 共享库所在位置。注意，这里做了跨平台处理。

代码第 7~8 行定义了空类 DatabaseS，是为了在后面使用。

代码第 9~14 行，使用 CTypes 模块中的方法动态加载共享库，并且为共享库中外部接口函数的参数和返回值指定了类型。**利用 CTypes 模块的 POINTER 函数将空类 DatabaseS 转换为指针类型，如果不用 DatabaseS 作为参数，则 POINTER 会产生空指针。**

代码第 15~25 行定义了 Database 类。除默认的构造方法、insert 和 query 外，还使用了 __enter__ 和 __exit__ 方法，这是为了让 Database 类的对象兼容 **with** 方法。with 方法可以定义一个**上下文管理器**。当出现 with 语句的时候，对象的 __enter__ 方法会被触发，其返回值会被赋值给 as 声明的变量。代码执行完之后，__exit__ 方法被触发进行最后的清理工作。

所以，在代码第 26~30 行中使用 with 语句调用共享库中绑定的函数。整个代码将正确执行，并且在执行完毕后，会触发 __exit__ 方法调用 Rust 中的 database_free 方法来释放内存。

与 Ruby 类似，**社区中也提供了一些第三方的工具**支持更方便地为 Python 开发 Rust 扩展：

- **rust-cpython**，是 Python 解释器的 Rust 绑定。支持 Python 2.7 和 Python 3.3+。
- **PyO3**，同样是 Python 解释器的 Rust 绑定，由 rust-cpython 分支演化而成，但比 rust-cpython 更好用。

两者有本质的不同，PyO3 性能更快，并且更方便扩展。

为 Node.js 写扩展

众所周知，Node.js 非常擅长处理 I/O，但是如果业务中包含计算密集的操作会严重影响到性能，比如网络服务中 URL 解析，随着流量上升，CPU 的占用就会越来越多。通常，Node.js 支持使用 C++编写原生模块来解决这个问题。但是既然现在有了更现代化的工具 Rust，就可以用它花费比以前更少的成本来编写更有效、更安全的原生模块。

Node.js 在 V8.0 之前，一般使用 **NAN**（Native Abstractions for Node.js）通用 API 来开发原生模块。但是在 V8.0 版本中加入了全新的 **N-API** 接口，相比 NAN，N-API 提供了兼容 C-ABI 的接口，消除了 Node.js 的版本差异，也消除了 JavaScript 引擎的差异。

在 callrust 项目中创建 Node.js/database.js 文件并编写代码，如代码清单 13-89 所示。

代码清单 13-89：在 Node.js/database.js 中添加代码

```
1.  const ffi = require('ffi-napi');
2.  const lib = ffi.Library('../target/debug/libcallrust.dylib', {
3.      database_new: ['pointer', []],
4.      database_free: ['void', ['pointer']],
5.      database_insert: ['void', ['pointer']],
6.      database_query: ['uint32', ['pointer', 'string']],
7.  });
8.  const Database = function() {
9.      this.ptr = lib.database_new();
10. };
11. Database.prototype.free = function() {
12.    lib.database_free(this.ptr);
13. };
14. Database.prototype.insert = function() {
15.    lib.database_insert(this.ptr);
16. };
17. Database.prototype.query = function(zip) {
18.    return lib.database_query(this.ptr, zip);
19. };
20. const database = new Database();
21. try {
22.    database.insert();
23.    const pop1 = database.query("10186")
24.    const pop2 = database.query("10852")
25.    console.log(pop2 - pop1);
26. }finally {
27.    database.free();
28. }
```

代码清单 13-89 中，第 1~7 行使用了 **ffi-napi** 包加载 Rust 共享库，为其中的函数参数和返回值指定了 Node.js 中相应的类型。其中，ffi-napi 包支持 N-API 接口[1]。

代码第 8~10 行定义了一个 JavaScript 类 Database，并将指针 lib.database_new 返回的指针指定给了 ptr 属性。

代码第 11~19 行通过 prototype 属性分别为 Database 添加 free、insert 和 query 方法，对应于 Rust 共享库中的 database_free、database_insert 和 database_query。

代码第 20~28 行创建 Database 实例，并且在 try 块中调用实例方法。在 finally 块中调用 database.free 方法是为了保证 Rust 中定义的对象可以得到正确释放。然后执行此代码，得到预期结果。

同样，社区中也提供第三方工具来提升 Node.js 写 Rust 扩展的效率，其中最常用的就是 **Neon**。

Neon 由 Rust 实现的安全快速的本地 Node.js 模块绑定。它提供了 JavaScript 类型的包装，以及工程化的命令行工具，可以极大地提升开发者的效率。但要注意，目前 Neon 底层还是基于 NAN 接口，还未适配 N-API。

为其他语言写扩展

除 Ruby、Python 和 Node.js 外，另外一种构建于 Erlang 虚拟机 BEAM 的动态语言 Elixir 也支持使用 Rust 进行扩展。

Elixir 写原生扩展的能力是继承自 Erlang 语言的 **NIF**（Native Implemented Function））功能。NIF 允许 Erlang 动态加载 C 语言的动态库到进程空间中（和 libffi 功能差不多），可以拥有和 C 接近的性能。但是 NIF 编写的扩展安全性不高，如果产生了段错误（使用 C/C++比较容易产生段错误），就会导致 NIF 崩溃，进而导致整个 Erlang 虚拟机崩溃。Erlang 的虚拟机如果崩溃了，那么 Erlang 所带来的可靠、容错等特性都将烟消云散。所以，使用 Rust 可以有效地解决编写 NIF 扩展安全性不高的问题。

Rust 社区提供了一个方便开发者编写安全 NIF 扩展的工具 **Rustler**，使用它不会导致 BEAM 崩溃，并且同时适用于 Erlang 和 Elixir。当然，优先适用于 Elixir。更多的内容可以参考 Rustler 的文档和示例。

通过 FFI，Rust 还可以和其他很多语言打交道，包括 Java、Swfit、Lua、Haskell 和 OCmal 等。社区中也存在如下方便的开发工具：

- **jni-rs**，Rust 的 JNI 绑定，用于和 Java 通信。
- **rlua**，Rust 的 Lua 绑定，用于和 Lua 通信。
- **rmal**，Rust 的 OCmal 绑定，用于和 OCmal 通信。

相信随着时间的推移，这些工具会越来越丰富。

13.4　Rust 与 WebAssembly

WebAssembly 是近两年兴起的一种**新的字节码格式**，它的缩写是"WASM"。这种格式背后的意义在于，在某种程度上，它将改变整个 Web 的生态。所以，Rust 2018 的重点发展目标之一就是建立针对便于开发 WebAssembly 的生态工具。

1　本例使用了 Node.js V10.7.0，在该版本中 N-API 已经稳定。

WebAssembly 项目是 Google、MicroSoft、Mozilla 等多家公司联合发起的一个面向 Web 的通用二进制和文本格式项目。它的出现并不是为了让开发者手写代码，而是作为 C/C++/Rust 语言的一种编译目标，这样就产生了一个巨大的意义：**在客户端提供了一种接近本地运行速度的多种语言编写代码的方式**。在某种意义上，WebAssembly 相当于一种**中间语言**（IR）。其实 WebAssembly 的名字也由此而来，就像汇编（Assembly）语言那样是所有语言转换成机器码的通用底层语言，WebAssembly 就是面向 Web 的汇编。

目前 WebAssembly 的重要应用领域是在浏览器中配合 JavaScript API 提升前端应用的性能，虽然 JavaScript 目前有很多优化的手段，效果也不错，但是它的计算性能还是很慢，对于一些计算密集型场景，就可以使用 WebAssembly 来替代。比如游戏的渲染引擎、物理引擎，图像音频/视频的处理和编辑、加密算法等。

WebAssembly 比 JavaScript 更快的原因主要体现在以下几方面：

- WebAssembly 体积更小，下载和解析更快。WebAssembly 的二进制格式就是为了更适合解析而设计，其解析速度要比 JavaScript 快一个数量级。
- WebAssembly 不受 JavaScript 的约束，可以利用更多的 CPU 特性。比如 64 位整数、内存读写偏移量、非内存对齐读写和多种 CPU 指令等。
- 生成 WebAssembly 编译器工具链的优化和改进。比如在 Rust 中，可以使用 wasm-gc 工具来优化生成的 wasm 文件的大小。
- WebAssembly 不需要垃圾回收。内存操作是手动控制，但也没必要担心内存泄漏的问题，因为 WebAssembly 使用的整个内存空间是由 JavaScript 分配的，它实际上是一个 JavaScript 对象，最终会由 JavaScript 的 GC 去管理。

同时，WebAssembly 还在不断地朝着执行效率更高的方向发展。目前 WebAssembly 还不支持 DOM 操作，但是已经有了解决方案，就是依赖 **Reference Types**[1] 和 **Host Bindings**[2] 技术在 WebAssembly 中直接操作 JavaScript + DOM 对象和调用其方法。

WebAssembly 名称里虽然包含了 Web，但其发展至今，**已经不仅仅局限于 Web**。为了将 WebAssembly 嵌入到不同的环境中，其规范是被拆分到了独立的文档中，并区分了层级：

- **核心层**。定义 WebAssembly 模块及其指令集的语义。
- **API 层**。定义应用程序接口，目前指定了两个 API：**JavaScript API** 和 **Web API**。

由此可看出，WebAssembly **是独立于 Web 的规范**，Web 只是其应用的特定环境。事实上，WebAssembly 还应用于除 Web 之外的其他领域：桌面图形化程序、区块链智能合约和编写操作系统微内核。

当然，也不仅仅局限于上面所列领域，还有更多的想象空间。随着该技术的发展，将会应用到更多领域。

13.4.1　WebAssembly 要点介绍

为了理解 WebAssembly 的工作机制，需要了解如下关键概念：

- **模块**。模块是 WebAssembly 的基本编译单位，一个 .wasm 文件就是一个模块。其中定义了各种函数，可以被 JavaScript 加载调用。

1　https://github.com/WebAssembly/reference-types/blob/master/proposals/reference-types/Overview.md.

2　https://github.com/WebAssembly/host-bindings/blob/master/proposals/host-bindings/Overview.md.

- **线性内存**。用于和 JavaScript 通信，是一个可变大小的 ArrayBuffer，由 JavaScript 分配。WebAssembly 提供了对其进行操作的指令。
- **表格**。用于存放函数引用，支持动态调用函数。
- **实例**。一个模块的实例包括其在运行时使用的所有状态，比如内存、表格和一系列的值。同一个模块的多个实例可以共享相同的内存和表格。
- **栈式机器**。WebAssembly 指令的运行是基于栈式机器定义的，每种类型的指令都是在栈上进行出栈和入栈操作。

文本格式 wast

WebAssembly 模块提供两种格式：**二进制**和**文本格式**。其中文本格式是基于 **S 表达式**，供人类读写，所以也称为 **wast**。文本格式和二进制格式也可以通过工具相互转换。

接下来通过手写几个示例来了解 WebAssembly。本书使用 webassembly.studio[1]在线 WebAssembly IDE 来编写示例代码。打开 webassembly.studio 网站，从弹出的窗口中选择 Empty Wat Project，单击下方的 create 按钮，就可以创建一个 WebAssembly 项目模板。项目目录如代码清单 13-90 所示。

代码清单 13-90：Empty Wat Project 模板目录

```
├── README.md
├── build.ts
├── package.json
├── src
│   ├── main.html
│   ├── main.js
│   ├── main.wat
```

代码清单 13-90 中 build.ts 文件专门用于构建 wasm 文件，并输出到 out 目录下。在 src 目录中，main.wat 是一个文本格式的 WebAssembly 文件，在构建之后，它生成一个 main.wasm 文件。然后在 main.js 中将生成的 wasm 文件导入，最终在 main.html 中使用。

接下来看看 main.wat 文件中默认的代码，如代码清单 13-91 所示。

代码清单 13-91：main.wat 代码展示

```
1.  (module
2.    (func $add (param $lhs i32) (param $rhs i32) (result i32)
3.      get_local $lhs
4.      get_local $rhs
5.      i32.add)
6.    (export "add" (func $add))
7.  )
```

看得出来，代码清单 13-91 中模块被表示为一个多行的 S 表达式。其中每一对括号都代表一个**节点**。括号内第一个元素是代表节点的类型，后面由空格分隔的是属性或子节点列表。所以，在代码清单 13-91 中一共可以分成三大节点：**module**、**func** 和 **export**。其中，module 显然表示模块，func 代表的是函数，export 是指将模块内定义的函数导出。

在代码第 2 行 func 节点中，定义了函数签名**$add**，以美元符**$**开头可以为参数、函数名

1　https://webassembly.studio/。

或局部变量等起一个名字。除了那些导入/导出的指令，模块中几乎所有的代码都被划分到函数中。由 func 定义的函数签名中包含的头两个 param 节点是表示函数的参数，均为 i32 类型。最后一个 result 节点代表函数的返回值，同为 i32 类型。

代码第 3~5 行则定义了函数体。其中 get_local 指令是用于获取参数的值，最后调用 i32.add 操作，表示将两个 i32 类型的参数进行相加，该操作是 WebAssembly 内置的运算符[1]。wasm 文件执行是以**栈式机器**定义的，**get_local** 指令会将它读到的参数值压到栈上，然后 i32.add 从栈上取出两个 i32 类型的值进行求和，将计算结果压到栈顶。

代码第 6 行中，export 节点是一个导出声明。在 export 指令后面定义的 "add" 是指定给 JavaScript 用的函数名。

这就是文本格式的 WebAssembly 代码，然后看看 main.js 中如何导入。如代码清单 13-92 所示。

代码清单 13-92：main.js 代码展示

```
1.  fetch('../out/main.wasm').then(response =>
2.    response.arrayBuffer()
3.  ).then(bytes => WebAssembly.instantiate(bytes))
4.    .then(results => {
5.      instance = results.instance;
6.      document.getElementById("container").innerText =
7.        instance.exports.add(1,1);
8.  }).catch(console.error);
```

代码清单 13-92 中使用了 **fetch** 方法来异步加载编译好的 out/main.wasm 二进制文件，然后将其转换成 **ArrayBuffer**。当然也可以使用 XHR 来加载 wasm 文件。

接着使用 **WebAssembly.instantiate** 方法编译并实例化模块，在此过程中会导出一个 add 方法给 JavaScript 使用。最后通过 **instance.exports.add** 调用该方法。

最终，通过单击 webassembly.studio 在线 IDE 提供的 build&run 按钮，编译并运行该示例，会输出结果"**2**"。

使用 WebAssembly 内存和 JavaScript 交互

因为 WebAssembly 当前只支持 **i32**、**i64**、**f32** 和 **f64** 这四种可用的基本类型，所以，为了处理字符串以及其他复杂的类型，WebAssembly 提供了内存。WebAssembly 的内存实际上**是一种可增长的线性字节数组，由 JavaScript 通过 WebAssembly.Memory 接口来创建**。

接下来重新编写 main.wat，让其可以输出字符串"Hi WASM"，如代码清单 13-93 所示。

代码清单 13-93：重写 main.wat 以便打印字符串

```
1.  (module
2.    (import "console" "log" (func $log (param i32 i32)))
3.    (import "js" "mem" (memory 1))
4.    (data (i32.const 0) "Hi WASM,")
5.    (data (i32.const 8) "I'm Coming")
6.    (func (export "writeHi")
7.      i32.const 0
```

1　这里查阅更多语义操作 https://webassembly.org/docs/semantics/。

```
8.    i32.const 18
9.    call $log)
10. )
```

代码清单 13-93 定义的模块中，一共包含三种主要的节点：**import**、**data** 和 **func**。

代码第 2 行和第 3 行的 **import** 节点是导入 JavaScript 的方法或对象供 WebAssembly 使用。其中第 2 行导入 console.log 方法，为其起名为**$log**。代码第 3 行导入由 JavaScript 创建的内存，并且指定了内存至少为 **1 页**（64KB）。导入的函数签名会被 WebAssembly 进行静态检查。

代码第 4 行使用 **data** 指令把数据写入到内存中。其中"（i32 const 0）"用于指定在线性内存中放置数据的**偏移量**，这里的数字 **0 代表起始位置**。代码第 5 行通过 data 指令把另一个字符串存入内存中，但是其偏移量为 8，这是因为第一个字符串"Hi WASM,"的长度为 8，而起始地址是 0，只有偏移量设置为 8 或者是大于 8 的数字，才不会覆盖第一个字符串。

代码第 6~9 行导出 writeHi 函数给 JavaScript 来调用。其中 call 指令调用了由 JavaScript 导入的$log 函数。

接下来修改 main.js，如代码清单 13-94 所示。

代码清单 13-94：重写 main.js

```
1.   var memory = new WebAssembly.Memory({ initial : 1 });
2.   function consoleLogString(offset, length) {
3.     var bytes = new Uint8Array(memory.buffer, offset, length);
4.     var string = new TextDecoder('utf8').decode(bytes);
5.     console.log(string);
6.   }
7.   var importObject = {
8.     console: {
9.       log: consoleLogString
10.    },
11.    js: {
12.      mem: memory
13.    }
14.  };
15.  WebAssembly.instantiateStreaming(
16.    fetch('../out/main.wasm'), importObject
17.  ).then(obj => {
18.    obj.instance.exports.writeHi();
19.  });
```

代码清单 13-94 中第 1 行使用 **WebAssembly.Memory** 方法为 wasm 分配指定的 1 页内存。

代码第 2~6 行实现了 consoleLogString 函数，通过传入内存偏移地址 offset 和字符串长度 length，调用 **Uint8Array** 和 **TextDecoder** 方法对 wasm **内存中的字符串进行解码，因为 wasm 中的字符串只是原始的字节，只有通过解码才能在 JavaScript 中使用**。

代码第 7~14 行定义了 importObject，该 JavaScript 对象是用于导入到 wasm 中使用的 log 方法和内存。与 wat 文本格式代码中的两个 import 节点相对应。

代码第 15~19 行，通过 **WebAssembly.instantiateStreaming** 方法直接从底层进行流式源码编译和实例化模块，这是加载 wasm 最有效、最优化的方法。

现在单击 webassembly.studio 在线 IDE 提供的 build&run 按钮，代码编译并正常运行，输出结果为预期的"**Hi WASM,I'm Coming**"[1]。

表格与动态链接

表格和内存类似，只不过表格是必须通过索引才能获取的可变大小的数组。在日常开发中，经常需要动态调用一些函数。而这些函数不能直接存储在内存中，因为内存会把存储的原始内容作为字节暴露出去。如果函数存储在内存中，wasm 就可以任意查看和修改原始函数地址，**这是极度不安全的行为**。所以，**在表格中存储函数引用，然后返回表格的索引**，通常为 i32 类型。通过 **call_indirect** 指令可以调用索引值，从而达到调用函数的目的。

多个 wasm 可以实现动态链接，模块实例可以共享相同的内存和表格。通过内存和表格，就可以实现 JavaScript 和 wasm 的基本互操作。接下来使用 webassembly.studio 在线 IDE 重新创建一个空的 wat 项目。将默认的 src/main.wat 删除，重新创建 src/shared0.wat 和 src/shared1.wat，然后修改 build.ts 代码，如代码清单 13-95 所示。

代码清单 13-95：修改 build.ts 中的代码

```
1.  gulp.task("build", async () => {
2.    const data0 = await Service.assembleWat(
3.      project.getFile("src/shared0.wat").getData()
4.    );
5.    const outWasm0 = project.newFile(
6.      "out/shared0.wasm", "wasm", true
7.    );
8.    outWasm0.setData(data0);
9.    const data1 = await Service.assembleWat(
10.     project.getFile("src/shared1.wat").getData()
11.   );
12.   const outWasm1 = project.newFile("out/shared1.wasm", "wasm", true);
13.   outWasm1.setData(data1);
14.  });
```

将 build.ts 文件中的 gulp.task 任务代码修改为代码清单 13-95 所示。因为现在需要编译 shared0.wat 和 shared1.wat 这两个 WebAssembly 文件。

打开 shared0.wat 文件编写代码，如代码清单 13-96 所示。

代码清单 13-96：为 shared0.wat 编写代码

```
1.  (module
2.    (import "js" "memory" (memory 1))
3.    (import "js" "table" (table 1 anyfunc))
4.    (elem (i32.const 0) $shared0func)
5.    (func $shared0func (result i32)
6.      i32.const 0
7.      i32.load)
8.  )
```

代码清单 13-96 中，第 2 行和第 3 行导入了由 JavaScript 定义的内存和表格。其中定义的表中数字 1 代表初始大小，表示该表中将存储 1 个函数引用，而 **anyfunc** 代表"任意签名的函数"。

---

1 完整代码地址为 https://webassembly.studio/?f=asqnsl6ru3o。

代码第 4 行，使用 **elem** 指令表示将**$shared0func** 函数存储到表格偏移量为 0 的位置上。该 elem 的用法和内存 **data** 操作类似。

代码第 5~7 行定义了函数**$shared0func**，包含两个指令。首先创建一个常数 0，然后使用 i32.load 指令从内存中获取存储到常数 0 位置的值，获取回来的值会被放到栈顶，就是该函数的返回值。

然后继续为 shared1.wat 编写代码，如代码清单 13-97 所示。

代码清单 13-97：为 shared1.wat 编写代码

```
1.  (module
2.    (import "js" "memory" (memory 1))
3.    (import "js" "table" (table 1 anyfunc))
4.    (type $void_to_i32 (func (result i32)))
5.    (func (export  "doIt") (result i32)
6.     i32.const 0
7.     i32.const 42
8.     i32.store
9.     i32.const 0
10.    call_indirect (type $void_to_i32))
11. )
```

代码清单 13-97 中同样导入了由 JavaScript 端创建的内存和表格对象。然后代码第 4 行通过 type 指令创建了一个函数类型$void_to_i32，该类型用于在后续的表格函数引用调用时进行类型检查。

代码第 5~10 行定义了导出给 JavaScript 用的函数 doIt。其中代码第 6~8 行的指令等价于"(i32.store (i32.const 0) (i32.const 42))"，就是将常量 42 存储到索引为 0 的内存中。

代码第 9、10 行等价于"(call_indirect (type $void_to_i32) (i32.const 0))"，是从表格中取索引为 0 的函数引用，该函数引用正是 shared0.wat 中所存储的$shared0func。

最后，编写 src/main.js 文件，在其中创建 wasm 需要的内存和表格，并加载由 shared0.wat 和 shared1.wat 生成的 wasm 二进制文件。如代码清单 13-98 所示。

代码清单 13-98：为 main.js 编写代码

```
1.  var importObj = {
2.    js: {
3.      memory : new WebAssembly.Memory({ initial: 1 }),
4.      table : new WebAssembly.Table({ initial: 1, element: "anyfunc" })
5.    }
6.  };
7.  Promise.all([
8.   WebAssembly.instantiateStreaming(
9.     fetch('../out/shared0.wasm'), importObj
10.  ),
11.  WebAssembly.instantiateStreaming(
12.    fetch('../out/shared1.wasm'), importObj)
13. ]).then(function(results) {
14.    console.log(results[1].instance.exports.doIt());
15. });
```

代码清单 13-98 中创建了 importObj 对象，通过 WebAssembly.Memory 和 **WebAssembly.Table**

分别创建内存和表格。

然后通过 Promise.all 方法异步加载 shared0.wasm 和 shared1.wasm，最后调用实例模块 shared1 中导出的函数 doIt。

现在单击 webassembly.studio 在线 IDE 提供的 build&run 按钮，代码编译并正常运行，输出结果为预期的 **"42"** [1]。

13.4.2 使用 Rust 开发 WebAssembly

固然可以手写 wat 文本格式开发 wasm 模块，但是效率显然不会很高。WebAssembly 设计之初也是为了作为一种编译目标而存在的，它可以作为很多编程语言的编译目标：

- **C/C++**，可以通过 **EmScripten** 工具来编译到 wasm。EmScripten 是一个 LLVM 后端工具，可以将 LLVM 中间码编译到 asm.js。所以，C/C++的编译流程是通过任何一个 LLVM 前端工具（比如 Clang）生成 LLVM IR，然后通过 EmScripten 生成 asm.js，最后通过一个 WebAssembly 编译工具链 Binaryen 将 asm.js 生成 wasm 二进制格式。其中 asm.js 是 JavaScript 的一个子集，可以说它是 WebAssembly 的雏形。在一些不支持 wasm 的浏览器中，也可以使用 asm.js 来代替。
- **Rust**，支持 wasm 的两种编译目标。
  - **wasm32-unknown-unknown**，使用的是 LLVM WebAssembly Backend 和 lld 链接器。
  - **wasm32-unknown-emscripten**，会继续使用 EmScripten，和 C/C++类似。

以 wasm32-unknown-unknown 目标为例，来看看 Rust 如何开发 wasm。首先，需要搭建 wasm 的开发环境。使用 rustup 命令即可，如代码清单 13-99 所示。

代码清单 13-99：rustup 命令
```
$ rustup toolchain install nightly
$ rustup target add wasm32-unknown-unknown --toolchain nightly
```

清单 13-99 中使用 rustup 命令选择 Nightly 工具链，然后使用 rustup target add 添加 wasm32-unknown-unknown 目标，rustup 会自动安装所需要的环境。

环境配置好以后，使用 **cargo new --lib** 命令创建新的项目 hello_wasm。先在 Cargo.toml 文件中添加 lib 配置，如代码清单 13-100 所示。

代码清单 13-100：修改 Cargo.toml
```
[lib]
path = "src/lib.rs"
crate-type = ["cdylib"]
```

然后修改 src/lib.rs 文件，如代码清单 13-101 所示。

代码清单 13-101：修改 src/lib.rs
```
1.  #[link(wasm_import_module = "env")]
2.  extern "C" {
3.      pub fn logit();
4.      pub fn hello(ptr: *const u8, len: u32);
5.  }
```

1 完整代码地址为 https://webassembly.studio/?f=ottwfve7all。

```
6.   #[no_mangle]
7.   pub extern "C" fn add_one(x: i32) {
8.      unsafe {
9.          logit();
10.         let msg = format!("Hello world: {}", x + 1);
11.         hello(msg.as_ptr(), msg.len() as u32);
12.     }
13. }
```

在代码清单 13-101 中，第 1~5 行通过 extern "C"块导入 JavaScript 中定义的函数 logit 和 hello 函数。其中 **logit** 函数是打算调用 JavaScript 中的 console.log 方法，而 **hello** 函数是接收指针和长度作为参数，目的是打算将 Rust 中的字符串通过 wasm 传递到 JavaScript 中使用。注意，在第 1 行使用了**#[link(wasm_import_module = "env")]**属性来指定 extern 块的 wasm 模块名字为 env，也可以改为其他名字，但如果不使用该属性，默认就是 env。

本质上，Rust 还是通过导出兼容 C-ABI 的接口，经过 **LLVM WebAssembly Backend** 的编译和 **lld** 的链接，最终输出为 wasm 二进制。所以这里使用 extern 块。

在代码第 6~12 行，使用**#[no_mangle]**和 **pub extern "C"**定义函数 **add_one**，该函数会接收一个 i32 整数类型，在函数中会对其进行指定的计算，最后输出一行字符串。该函数中调用了 logit 和 hello 函数。在第 9 行定义了 msg 字符串变量，然后通过调用 msg.as_ptr 方法得到该字符串的原生指针传给 hello 函数。

接下来在 hello_wasm 项目根目录下创建 hello.html 和 hello.js 文件，并修改 hello.html 文件，如代码清单 13-102 所示。

代码清单 13-102：修改 hello.html 文件

```
1.  <!DOCTYPE html>
2.  <html lang="en">
3.    <head>
4.      <meta charset="utf-8">
5.      <title>hello wasm</title>
6.      <script src="./hello.js"></script>
7.    </head>
8.  </html>
```

代码清单 13-102 是一个简单的 HTML 文件。注意，代码第 6 行引入了 hello.js 文件。然后开始修改 hello.js 文件，如代码清单 13-103 所示。

代码清单 13-103：修改 hello.js 文件

```
1.  var mod;
2.  var imports = {
3.    logit: () => {
4.      console.log('this was invoked by Rust, written in JS');
5.    },
6.    hello: (ptr, len) => {
7.      var buf = new Uint8Array(
8.        mod.instance.exports.memory.buffer, ptr, len
9.      )
10.     var msg = new TextDecoder('utf8').decode(buf);
11.     alert(msg);
12.   }
```

```
13.  }
14.  fetch('output/small_hello.wasm')
15.    .then(response => response.arrayBuffer())
16.    .then(bytes => WebAssembly.instantiate(bytes, {env: imports}))
17.    .then(module => {
18.      mod = module;
19.      module.instance.exports.add_one(41);
20.    });
```

代码清单 13-103 中第 1 行声明了 mod 变量，代表加载的 wasm 模块实例，供后面使用。在代码第 2~13 行定义了 imports 对象，包含了 logit 和 hello 的函数定义。

值得注意的是，hello 函数的 **ptr** 参数实际上只是一个数字，它**代表** WebAssembly.Memory **内存中数据的索引**。在该函数内部，通过 Uint8Array 和 TextDecoder 方法将 ptr 对应的内存中的值转换为 JavaScript 字符串。注意，Uint8Array 的第一个参数 **mod.instance.exports.memory. buffer** 将得到 ArrayBuffer 对象以供操作。

最后，在第 14~20 行使用 fetch 方法加载 wasm 文件，并得到 arrayBuffer，通过 WebAssembly.instantiate 将 imports 对象传给指定的模块 env，对 wasm 模块进行编译和实例化。最后调用模块实例化对象中的方法 add_one。

接下来就可以以将 Rust 代码编译为 wasm，在 **hello_wasm 目录下创建 output 目录**，以便存放生成的 wasm 文件。生成 wasm 需要三条命令，如代码清单 13-104 所示。

代码清单 13-104：生成 wasm 需要的三条命令

```
$ cargo build --target wasm32-unknown-unknown
$ cp target/wasm32-unknown-unknown/debug/hello_wasm.wasm output
$ wasm-gc output/hello_wasm.wasm output/small_hello.wasm
```

代码清单 13-104 中第一条是 cargo build 指定了 wasm32-unknown-unknown 作为 target，最终会在 taget/wasm32-unknown-unknown/debug 目录下生成 hello.wasm。然后将其复制到 output 目录下。最后使用 **wasm-gc** 工具将 output/hello_wasm.wasm 的大小进行裁剪，得到 output/small_hello.wasm 文件。当然也可以使用 make 自动化处理这三条命令。

可以通过 **cargo install wasm-gc** 安装该工具。在网页中加载的 wasm 越小越好。不过随着 lld 链接器的进一步完善，增加了**链接时优化**（LTO）功能就不需要使用 wasm-gc 了。

现在通过浏览器[1]打开 hello_wasm/hello.html，会看到弹出窗口中显示"**Hello world: 42**"，说明 Rust 代码编译的 wasm 已经可以正常使用。

13.4.3　打造 WebAssembly 开发生态

即便是使用 Rust 编写代码再编译为 wasm，开发效率还是比较低。WebAssembly 标准只定义了四种类型：两种数字和两种浮点数。在大多数情况下，这四种类型完全不够用。因此，Rust 官方打造了以 wasm-bindgen 为首的一系列工具，旨在提升 Rust 开发 wasm 的体验。这一系列工具重点包括：

- **wasm-bindgen**，核心是促进 Javascript 和 Rust 之间使用 wasm 进行通信。它允许开发者直接使用 Rust 的结构体、Javascript 的类、字符串等类型，而不仅仅是 wasm 支持

1　推荐使用 Firefox Nightly 版本。

的整数或浮点数。开发者只需要专注于他的业务即可。

- **wasm-pack**，一站式构建、发布 Rust 编译的 wasm 到 npm 平台。不需要安装 npm、node.js 等 JavaScript 环境，wasm-pack 会编译并优化生成 JavaScript 绑定，然后发布到 npm 中。
- **cargo-generate**，直接生成 wasm-bindgen 和 wasm-pack 项目模板，方便开发。

从这三个工具可以一瞥 Rust 官方对 Rust 和 WebAssembly 的愿景：**希望可以更方便地使用 Rust 开发 wasm，并且不需要改变现有开发流程。**

wasm-bindgen 致力于为 JavaScript 生态和 Rust crate 生态系统建立共享的基础。wasm-bindgen 通过内置的 **js-sys** 包提供了对所有全局 JavaScript API 的绑定，只需要通过 wasm_bindgen::js 即可调用。同样，通过内置的 **web-sys** 包提供了对所有 Web API 的绑定，方便开发者调用。

可以使用 **cargo install cargo-generate** 命令安装 cargo-generate，安装好之后使用 cargo-generate 命令可以生成 wasm-bindgen 项目的模板，如代码清单 13-105 所示。

代码清单 13-105：cargo-generate 命令生成模板项目

```
$ cargo-generate --git \
    https://github.com/ashleygwilliams/wasm-pack-template
```

此命令生成的模板项目会默认在 Cargo.toml 文件中配置好 wasm-bindgen。要使用 wasm-bindgen，目前必须在 Nightly 版本之下先安装 wasm-bindgem-cli 工具，如代码清单 13-106 所示。

代码清单 13-106：安装 wasm-bindgen-cli

```
$ cargo +nightly install wasm-bindgen-cli
```

安装好 wasm-bindgen-cli 工具就可以使用 wasm-bindgen 命令来开发 wasm 项目了。在开发完成之后使用 wasm-pack 工具，如清单 13-107 所示。

代码清单 13-107：安装 wasm-pack 以及使用 wasm-pack 打包命令

```
$ cargo install wasm-pack
$ wasm-pack build
```

代码清单 13-107 中展示了两条命令。第一条是安装最新版的 wasm-pack，第二条是 wasm-pack build 命令，在项目的根目录下执行该命令，就会自动生成 JavaScript 相关文件，方便打包 wasm 到 npm 平台。

这就是 Rust 的一站式 wasm 开发体验。更多详细的内容可以参考 wasm-bindgen 的文档[1]和项目中的示例代码。

除官方外，社区也在不断地对 WebAssembly 进行探索，比较有代表性的框架有：

- **stdweb**，基于 Rust 和 WebAssembly 实现的 Web 客户端标准库。该库主要用于写 Web 客户端。未来可能会被 web-sys 替代。
- **cargo-web**，方便编写 Web 客户端的 Cargo 子命令库。
- **yew**，用于构建客户端 Web 应用的 Rust 框架，基于 stdweb 库，灵感来自 Elm 和 React 框架。
- **percy**，实现了一个虚拟 Dom，可以根据服务端的 HTML 字符串渲染到浏览器的 Dom，

1　https://rustwasm.github.io/wasm-bindgen/introduction.html.

完全同构，纯 Rust 和 Wasm 实现一个 Web 应用。

- **ruukh**，一个实验性的 Rust Web 前端开发框架。受 Vue.js 和 React.js 的启发，基于 Rust 和 WebAssembly。

看来，使用 Rust 进行全栈 Web 开发指日可待。

13.5　小结

只有彻底了解什么是不安全，才能对安全有更深的认知。学习 Unsafe Rust 的过程，才能对 Safe Rust 有更深的理解。从这个角度来说，本章算得上是全书的"点睛之笔"。

可以说，Safe Rust 是构建于 Unsafe Rust 之上的。使用 Unsafe Rust 意味着编译器将不能百分百地保证类型安全和内存安全，将会有产生未定义行为的风险。Unsafe Rust 是将保证安全的职责交给了开发者。本章通过深入探讨 Unsafe Rust 编程中可能产生未定义行为的情况，阐述了如何对 Unsafe 代码进行安全抽象。标准库里也封装了很多 Unsafe 代码。事实上，Rust 迄今为止曝光的安全漏洞基本和 Unsafe 代码有关。

当然，目前 Rust 官方还在努力构建 Unsafe Rust 的内存模型。在未来，也许可以由 Rust 编译器检查出 Unsafe 代码中的未定义行为。

为了和其他语言"打交道"，Rust 也提供了 FFI，允许开发者非常方便地生成兼容 C-ABI 的库。本章通过 Rust 和 C、CPP、Ruby、Python、Node.js 语言交互的示例，阐述了 Rust 如何编写 FFI，以及深入理解 FFI。

随着 WebAssembly 技术的兴起，Rust 在 2018 年也开始以"打造 WebAssembly 最佳开发工具链"为目标发展。本章介绍了 WebAssembly 基础，以及如何使用 Rust 开发 WebAssembly。此外，Rust 官方还推出了 wasm-bindgen 和 wasm-pack 工具链，为 WebAssembly 的开发提供了极大的便利。

除了 WebAssembly，Rust 还应用于众多领域，比如 Web、网络基础、分布式系统、游戏和区块链等。因篇幅有限，本书不能一一为读者展现。读者在学会 Rust 之后，可以自行探索感兴趣的领域。

附录 A
Rust 开发环境指南

A.1　无须安装环境也可以玩转 Rust

不需要在本地安装 Rust，也可以玩转 Rust。官方提供了在线的 PlayGroud 环境：https://play.rust-lang.org/，如图 A-1 所示。你只需要有网络，打开浏览器，输入此网址，就可以方便地玩转 Rust。

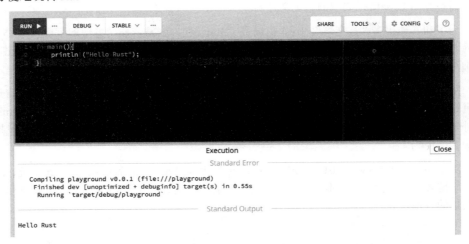

图 A-1：Playground 示意

Rust 并没有提供方便的交互式运行（Read-eval-print-loop，REPL）环境，虽然也有第三方库，但并不好用。所以 Playgroud 暂时就是最佳的选择，也许以后会有更好用的 REPL 工具。

PlayGroud 的功能很丰富，你可以方便地查看编译后的 ASM、LLVM IR 和 MIR，如图 A-2 所示。

单击 MIR 按钮，就可以看到输出了 MIR 代码。PlayGroud 还可以选择 Rust 的不同版本，比如 Stable、Beat 和 Nightly，也可以选择编译模式，例如，Debug 和 Release。

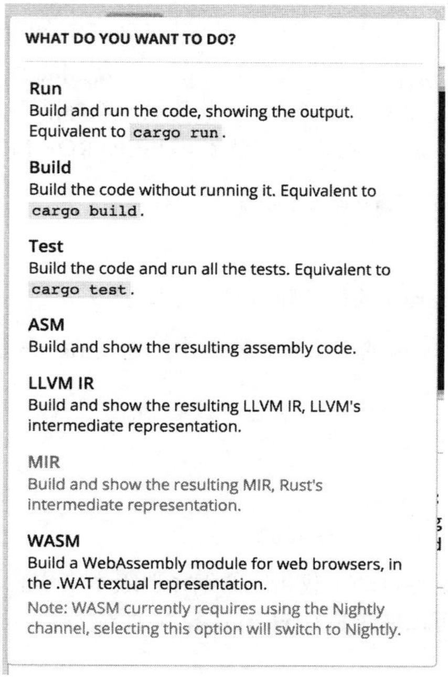

WHAT DO YOU WANT TO DO?

Run
Build and run the code, showing the output.
Equivalent to `cargo run`.

Build
Build the code without running it. Equivalent to
`cargo build`.

Test
Build the code and run all the tests. Equivalent to
`cargo test`.

ASM
Build and show the resulting assembly code.

LLVM IR
Build and show the resulting LLVM IR, LLVM's
intermediate representation.

MIR
Build and show the resulting MIR, Rust's
intermediate representation.

WASM
Build a WebAssembly module for web browsers, in
the .WAT textual representation.
Note: WASM currently requires using the Nightly
channel, selecting this option will switch to Nightly.

图 A-2：可以选择要编译的目标格式

A.2 在本地安装 Rust

Rust 工具集里包含了两个重要的组件：rustc 和 cargo。

- rustc，是 Rust 的编译器。
- cargo，是 Rust 的包管理器，包含构建工具和依赖管理。

Rust 的工具集分为以下三类版本：

- Nightly，通常称之为"夜版"。它是 Rust 日常开发的主分支，其中包含了一些特性是不稳定的，有可能会改。
- Beta，测试版。该版本是每六周发布一次，其中只包含 Nightly 版本中被标记为稳定的特性。
- Stable，稳定版。该版本也是每六周发布一次，基于修复了已发现 Bug 的最新 Beta 版来发布。

开发人员一般是基于 Stable 版本来开发的，但是 Nightly 版本包含很多新的特性，一些第三方库有时也会用到 Nightly 版本。

A.2.1 安装 Rust

Rust 为我们提供了非常方便的安装工具：rustup，此工具和 Ruby 的 rbenv、Python 的 pyenv，以及 Node 的 nvm 类似。

通过执行以下命令来安装 rustup：

```
curl https://sh.rustup.rs -sSf | sh
```

也可以通过参数指定默认使用 Nightly 版本：

```
curl https://sh.rustup.rs -sSf | sh -s -- --default-toolchain nightly -y
```

此工具是全平台通用的，所以不管是 Windows，还是 Mac 或 Ubuntu，都适用。rustup 会在 Cargo 目录下安装 rustc、cargo、rustup，以及其他一些标准工具。类 UNIX 平台默认安装于$HOME/.cargo/bin，Windows 平台默认安装于%USERPROFILE%\.cargo\bin。

安装完毕，可以通过输入如下命令检测：

```
rustc --version
```

如果能看见终端显示出 rust 的最新版本号，则安装成功。

rustup 可以帮助你管理本地的多个编译器版本，通过 rustup default 命令指定一个默认的 rustc 版本：

```
rustc default nightly
```

或者

```
rustc default nightly-2018-05-12
```

通过指定日期，rustup 会自动下载相应的编译器版本来安装，如果报错，可以换一个日期，直到成功为止。你还可以通过执行 **rustup -h** 来查看关于 rustup 的其他帮助。

A.2.2   修改国内源

国内有些地区访问 Rustup 的服务器不太顺畅，可以配置中国科学技术（USTC）的 Rustup 镜像。

（1）设置环境变量。

```
export RUSTUP_DIST_SERVER=http://mirrors.ustc.edu.cn/rust-static
export RUSTUP_UPDATE_ROOT=http://mirrors.ustc.edu.cn/rust-static/rustup
```

（2）设置 cargo 使用的国内镜像。

在 CARGO_HOME 目录下（默认是~/.cargo）建立一个名叫 config 的文件，内容如下：

```
[source.crates-io]
registry = "https://github.com/rust-lang/crates.io-index"
replace-with = 'ustc'
[source.ustc]
registry = "http://mirrors.ustc.edu.cn/crates.io-index"
```

A.3   在 Docker 中使用 Rust

在你的 Dockerfile 中添加如下配置：

```
FROM phusion/baseimage
ENV RUSTUP_HOME=/rust
ENV CARGO_HOME=/cargo
ENV PATH=/cargo/bin:/rust/bin:$PATH
RUN curl https://sh.rustup.rs -sSf | sh -s -- --default-toolchain nightly
    -y
```

如果你不想使用 Nightly 版本，可以将 nightly 换成 stable。如果你想指定固定的 nightly 版本，则可以再添加如下一行命令：

```
RUN rustup default nightly-2018-05-12
```

A.4　Rust IDE 或编辑器

IDE 有很多选择，比如 Visual Studio Code、IntelliJ IDEA 等。

当然，你也可以用你最熟悉的编辑器：Emacs、Emacspace、Vim、Atom 等。

A.5　开发依赖工具介绍

A.5.1　Racer 代码补全

Racer 是 Rust 代码补全库，很多编辑器都需要安装它（Interllij IDEA Rust 已经默认包含了代码补全功能，但并非基于 Racer，而是基于其自己实现的相关语言 AST）：

```
cargo install racer
```

代码补全需要源代码。以前需要下载源代码，手动放到某处并定期更新，现在有了 rustup 很方便：

```
rustup component add rust-src
```

之后需要配置环境变量为：

```
export RUST_SRC_PATH="$(rustc --print sysroot)/lib/rustlib/src/rust/src"
```

A.5.2　RLS

RLS 是 Rust Language Server 的简写，微软提出编程语言服务器的概念，将 IDE 的一些编程语言相关的部分由单独的服务器来实现，比如代码补全、跳转定义、查看文档等。这样，不同的 IDE 或编辑器只需要实现客户端接口即可。

RLS 是 Rust 官方提供的，不过现在只有 Visual Studio Code 支持，并且需要在系统中安装 nightly 版本的 Rust（不必启用）。

RLS 的安装请查阅项目 README[1]，也是 rustup 轻松完成。但因为目前部分功能还依赖于 racer 来实现，需要配置 racer 的环境变量（不必安装）。

A.5.3　cargo 插件

作为 Rust 最常用的工具，cargo 提供对项目的依赖管理、build、文档生成、发布等功能支持，还可以通过插件的方式扩展。下面这几个就是必装的 cargo 插件。

clippy

可以分析你的源代码，检查代码中的 Code Smell。可以通过 rustup 工具安装 clippy。

```
rustup component add clippy
```

---

[1] https://github.com/rust-lang-nursery/rls#setup.

rustfmt

可以帮助你统一代码风格，团队开发中推荐使用。使用 cargo 可以方便地安装：

```
rustup component add rustfmt
```

cargo fix

从 1.29 版本开始，Cargo 自带子命令 cargo fix，可以帮助开发者自动修复编译器中有警告的代码。

附录 B
Rust 如何调试代码

本文通过调试 Rust 语言的一个安全漏洞来展示 Rust 如何调试代码。Rust 语言在 2018 年 9 月曝光过一个安全漏洞，编号为 CVE-2018-1000657[1]。Rust 官方的 GitHub 仓库也有 issues[2] 的相关讨论。

该漏洞的成因如下：

- 混用了 VecDeque<T>容器中"逻辑"容量和"物理"容量引发的 UB。
- Rust 产生 segfault 的条件，正是因为产生了 UB。
- Rust 里产生 UB，只可能是在 Unsafe Rust 之下。
- 这个 UB 是因为逻辑漏洞导致指针错乱，然后导致 std::ptr::write 指针覆盖了合法数据。但这个不是段错误的原因。
- Rust 在函数执行完之后，自动执行析构函数，也就是 VecDeque 的析构函数，其中也用到了 unsafe，因为指针是错乱的，那么析构也错乱了。析构错乱导致合法的内存数据被释放，发生 Segfault。

接下来使用 **LLDB** 对相关 issues 中的代码进行调试，以便验证漏洞分析是否正确。LLDB 是 macOS 平台下的工具，命令和 Linux 平台的 GDB 基本相似。

B.1 环境配置

首先，使用 **rustup install 1.20.0** 命令安装好有漏洞的 Rust 版本。别忘记使用 rustup default 1.20.0 选择该版本为 Rust 默认版本。

有关调试工具，笔者使用的是 **VSCode**，需要安装 **CodeLLDB** 插件（Mac 环境，Linux 请用 GDB 相关）。环境配置好之后，使用 **cargo new lldb_demo** 命令在 **src/main.rs** 文件中保存 issues 中相关的示例代码。

代码大致如下：

```
1.  use std::fmt;
2.  use std::collections::VecDeque;
3.  pub struct Packet
4.  {
5.      pub payload: VecDeque<u8>,
6.  }
```

---

1   https://cve.mitre.org/cgi-bin/cvename.cgi?name=%20CVE-2018-1000657.

2   https://github.com/rust-lang/rust/issues/44800.

```
7.    pub struct Header
8.    {
9.        pub data: Vec<u8>,
10.   }
11.   // 省略
12.   impl Header
13.   {
14.       pub fn new() -> Self
15.       {
16.           let data = Vec::with_capacity(20);
17.           Header{data}
18.       }
19.   // 省略
20.   }
21.   fn push_ipv4(packet: &mut Packet)
22.   {
23.       // 省略
24.   }
25.   fn push_mac(packet: &mut Packet)
26.   {
27.       let mut header = Header::with_capacity(30);
28.       // 省略
29.       println!("new packet = {:?}", packet);
30.   }
31.   fn main()
32.   {
33.       let mut packet = Packet::new();
34.       push_ipv4(&mut packet);
35.       push_mac(&mut packet);
36.   }
```

完整代码可以在随书源码 src/appendix/lldb.rs 中找到。当然，你可以使用 lldb 命令进行调试，安装 rust-lldb，但是不如使用 VSCode 方便。如图 B-1 所示，在 VSCode Debug 界面选择好配置，可以直接选择 Add Configuration... 来添加新的配置。

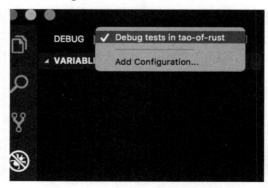

图 B-1：在 VSCode Debug 界面选择配置

如图 B-2 所示，在选择 Debug 配置时，只需要选择 LLDB: Debug Cargo Output 就可以自动配置。然后，就可以开始进行调试了。

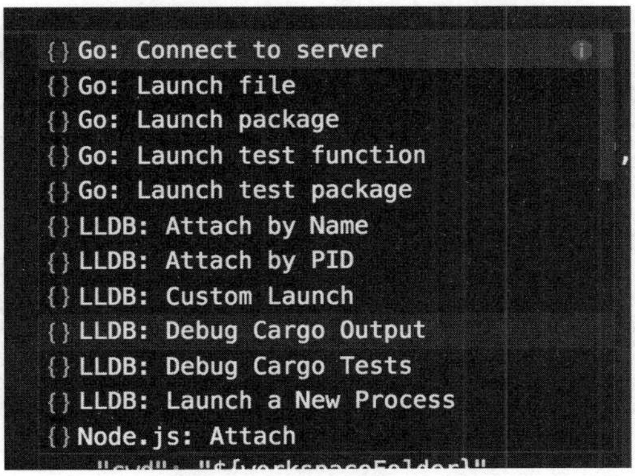

图 B-2：选择 Debug 配置

B.2 调试代码

经过前文的分析，已经知道在哪里设置断点。如图 B-3 所示，在 main 函数中设置断点，因为问题出在 main 函数调用结束后的析构函数中。当然，只有这两个断点是不够的。但是可以开始进行调试了。

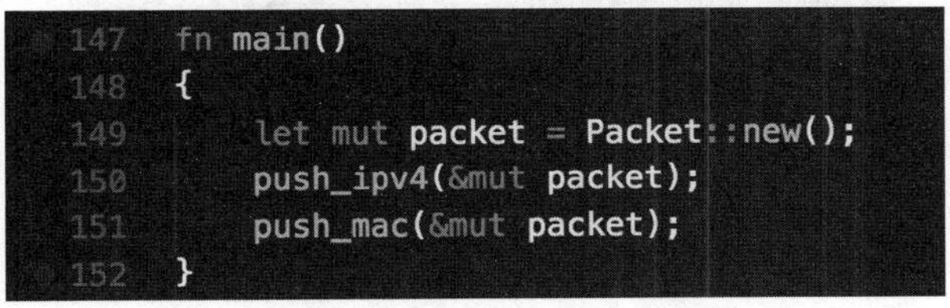

图 B-3：在 main 函数中设置好断点

选择 Debug 界面，并单击该界面左上角的绿色三角形按钮，就可以开始调试代码。

如图 B-4 所示，刚开始缓慢单击 Step Over（F10）按钮，也就是调试悬浮窗口的第二个按钮。

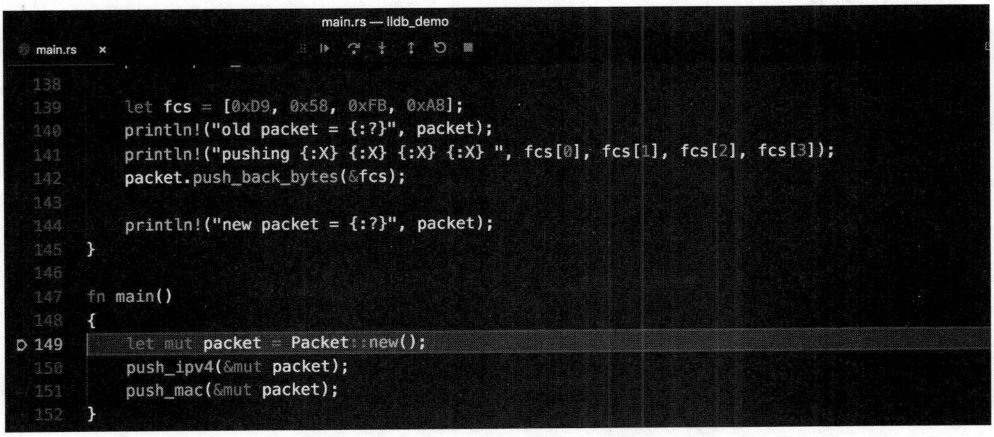

图 B-4：单击 Step Over（F10）按钮调试代码

直到程序执行完 main 函数，有结果输出为止，如图 B-5 所示。

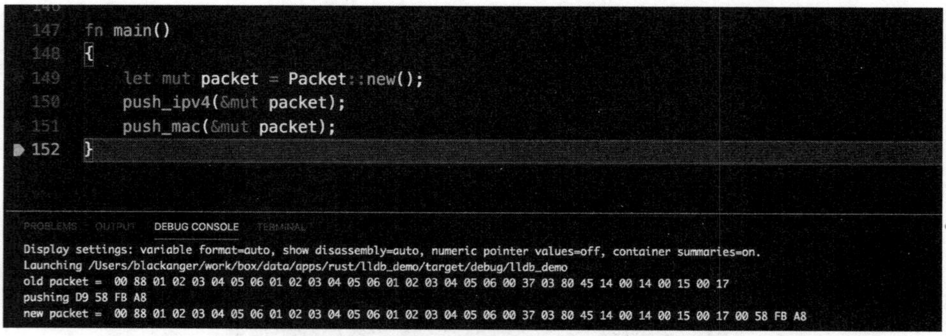

```
147  fn main()
148  {
149      let mut packet = Packet::new();
150      push_ipv4(&mut packet);
151      push_mac(&mut packet);
▷ 152  }
```

```
PROBLEMS   OUTPUT   DEBUG CONSOLE   TERMINAL

Display settings: variable format=auto, show disassembly=auto, numeric pointer values=off, container summaries=on.
Launching /Users/blackanger/work/box/data/apps/rust/lldb_demo/target/debug/lldb_demo
old packet = 00 88 01 02 03 04 05 06 01 02 03 04 05 06 01 02 03 04 05 06 00 37 03 80 45 14 00 14 00 15 00 17
pushing D9 58 FB A8
new packet = 00 88 01 02 03 04 05 06 01 02 03 04 05 06 01 02 03 04 05 06 00 37 03 80 45 14 00 14 00 15 00 17 00 D9 58 FB A8
```

图 B-5：单击 Step Over（F10）按钮直到有结果输出为止

此时观察 VSCode 侧边栏左侧的 CALL STACK 栏目，如图 B-6 所示。

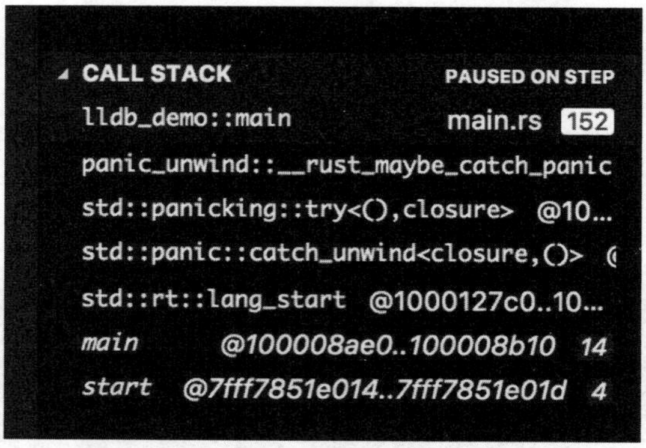

图 B-6：CALL STACK 栏展示了当前的函数调用栈

这里首先需要介绍一个知识点：

- main 函数执行的时候，Rust 提供了一个很小的运行时 std::rt::lang_start，会将 main 函数作为一个闭包传进去。
- lang_start 支持 Gloabl Heap 和栈回溯支持。main 函数中如果出现了 panic，则会由它来负责恢复。
- Rust 是基于 LLVM 的，实际上异常处理会分为两个阶段：搜索阶段和清理（cleanup）阶段。在搜索阶段，会检查 panic，并决定是否捕获它。在清理阶段，会决定到底运行哪个（如果有的话）清理代码对当前堆栈进行清理。它会调用析构函数和内存释放等。

前面分析漏洞的成因，可能是因为逻辑 Bug 导致析构函数释放了合法的内存，进而引起段错误。现在调试是想确认到底是不是这个原因。所以需要在 rt::lang_start 调用的时候打上断点，这样才可以更精细地调试到底层的每个细节。所以需要单击 CALL STACK 栏中的 std::rt::lang_start，这时调试界面会跳转到一个汇编界面，在默认选中的那行代码设置好断点，如图 B-7 所示。

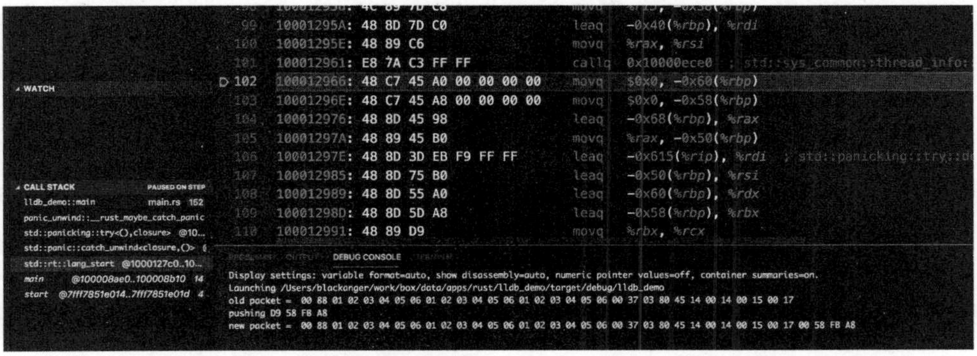

图 B-7：在 CALL STACK 中选中 std::rt::lang_start 并设置断点

此时再次单击 Step Over 应该会跳入汇编界面，如图 B-8 所示。

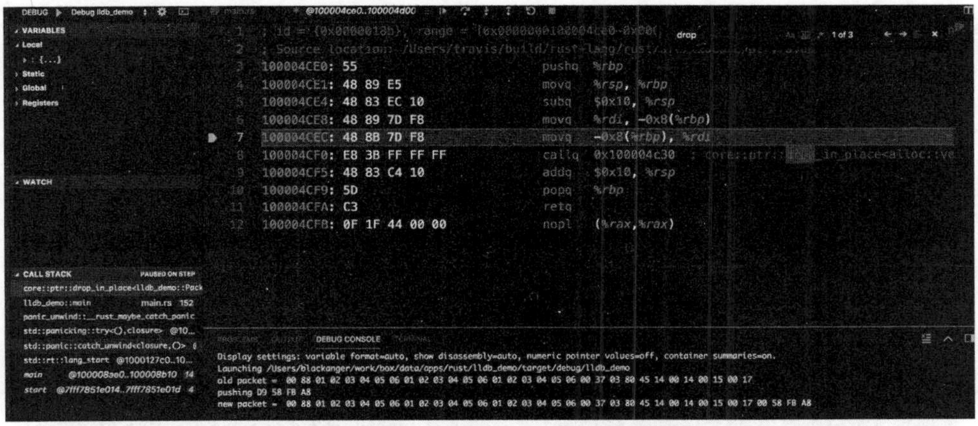

图 B-8：单击 Step Over（F10）按钮跳到汇编界面

此时使用 Step Into（F11）按钮，单步递进调试代码。看到左侧 CALLSTACK 调用栈已经执行到了 core::ptr::drop_in_place 函数，这应该是 VecDeque 调用析构函数，正在释放内存。继续 Step Into，会看到另外一个 core::ptr::drop_in_place 函数调用，如图 B-9 所示。

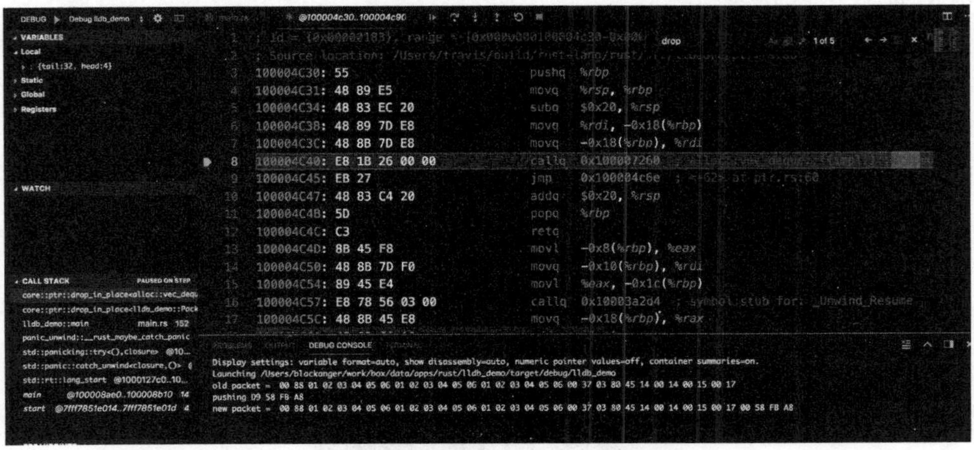

图 B-9：单击 Step Into（F11）看到执行了另外一个 drop_in_place 函数

现在回顾一下 VecDeque 函数的析构函数定义。

```
1.    // VecDeque<T>析构函数
2.    unsafe impl<#[may_dangle] T> Drop for VecDeque<T> {
3.        fn drop(&mut self) {
4.            let (front, back) = self.as_mut_slices();
5.            unsafe {
6.                // 调用 [T]的析构函数
7.                ptr::drop_in_place(front);
8.                ptr::drop_in_place(back);
9.            }
10.           // RawVec 处理内存释放
11.       }
12.   }
```

看来此时代码已经释放了 VecDeque 的内存。但是此时代码还在正常运行，并未报出段错误。所以，继续使用 Step Into 单步递进调试，发现 VecDeque::drop 开始调用，如图 B-10 所示。

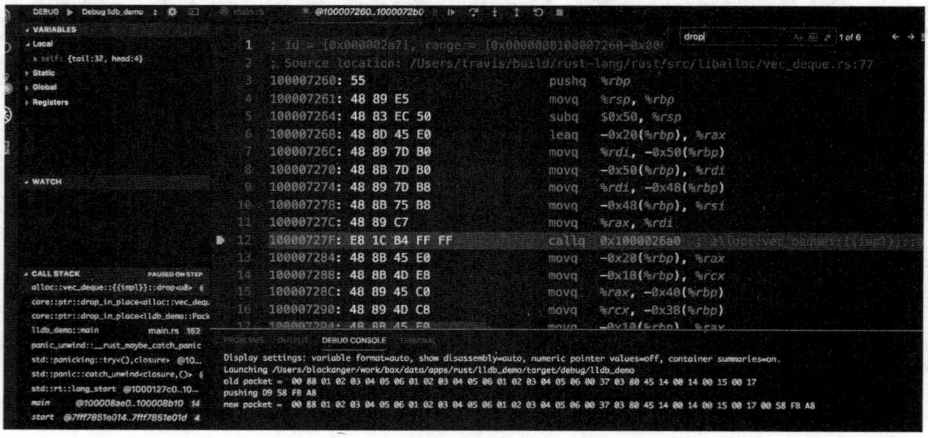

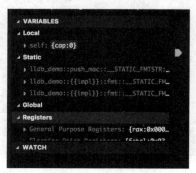

图 B-10：单击 Step Into（F11）看到执行了 vec_deque::drop 函数

继续使用 Step Into，发现 drop 函数执行完毕，代码依旧正常运行，说明段错误不是在析构函数的时候发生的。继续调试。

因为当前是 main 函数在执行。在析构函数执行完毕，main 函数退出之前，Rust 会将内存再归还给操作系统。那么接下来运行的代码应该都是做这一部分工作。在调试过程中，还可以通过左上角的 VARIABLES 栏观察函数调用中变量值的变化，如图 B-11 所示。

图 B-11：在 Step Into 过程中，通过 VARIABLES 窗口观察变量值的变化

　　这个调试过程需要比较长的时间，在这个过程中，还能看到 VecDeque 底层的 RawVec 在析构函数调用之后，多次调用 dealloc_buffer 来释放内存，如图 B-12 所示。

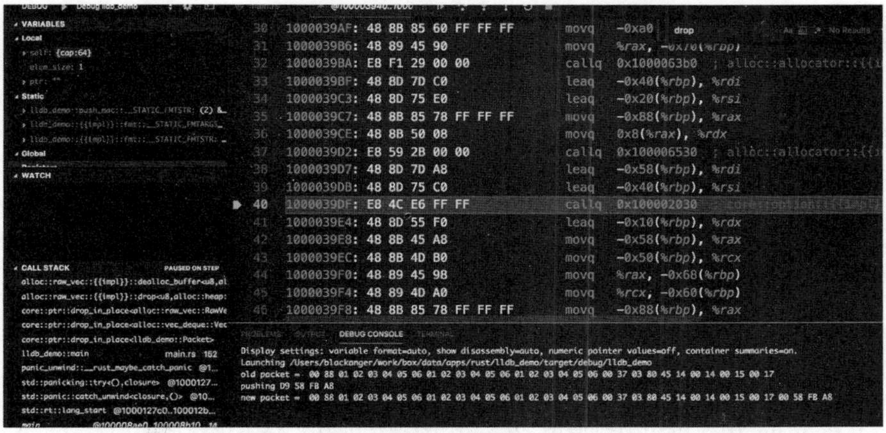

图 B-12：在 Step Into 过程中，能观察到多次 dealloc_buffer 被调用

　　继续调试，会看到 heap::dealloc 被调用，这意味着堆内存被释放，如图 B-13 所示。

图 B-13：在 Step Into 过程中，看到 heap::dealloc 被调用

　　还会看到 jemalloc 的相关函数被调用，如图 B-14 所示。

图 B-14：在 Step Into 过程中，看到 jemalloc 的 dealloc 方法被调用

　　在 Rust 1.20 中，Rust 的默认内存分配器是 Jemalloc，这里调用 dealloc，意味着 Jemallloc 把内存归还给操作系统。直到此时，代码依旧正常运行。

　　直到最后的清理阶段完成之后，代码崩溃了，让 VSCode 出现了死锁，如图 B-15 所示。

图 B-15：代码崩溃

直到执行完 std::syscommon::at_exit_imp::cleanup 之后，段错误才发生。std::syscommon::at_exit_imp 是 rt 运行时的最后退出阶段，此时代码执行完毕，要将内存归还给操作系统。

同时，VSCode LLDB Debug 工具抛出了 EXC_BAD_ACCESS 错误，并且此时代码调用停留在 pthread_mutex_lock 调用处。pthread_mutex_lock 其实是调用 libc 库中的一个系统 API，已经到操作系统底层了。抛出 EXC_BAD_ACCESS 错误一般是由"调用了已经释放的内存空间，或者说重复释放了某个地址空间"而引起的。

分析到这里，真相已经浮出了水面。

B.3   总结

（1）前文中分析段错误产生的原因经过了 LLDB 的实证。

（2）因为容量使用错误，导致指针混乱。

（3）在 main 函数析构函数调用之后，因为指针混乱，将不该释放的内存释放掉了。但是此时并未发生 panic。

（4）在 main 函数退出运行时的时候，需要将内存归还给操作系统。此时调用了另外一个 cleanup 方法，在给操作系统归还内存的过程中，通过抛出的错误 EXC_BAD_ACCESS 分析，应该是调用了本来不该释放但已经释放的内存空间。

（5）错误发生在操作系统接口 pthread_mutex_lock 中，Rust 根本无法捕捉，所以发生段错误。